·孙鑫精品图书系列·
SunXin's Series

孙鑫 著

Java 无难事

详解 Java编程核心思想与技术（第2版）

电子工业出版社
Publishing House of Electronics Industry
北京·BEIJING

内 容 简 介

《Java 无难事》让你学习 Java 再无难事！本书系统地讲解了 Java 开发人员需要掌握的核心知识，按照中国人的思维习惯，由浅入深、循序渐进、引导式地带领你快速掌握 Java 知识。

全书秉承作者一贯的写作风格，对知识的讲解让你知其然且知其所以然。

全书语言通俗易懂、幽默风趣，在内容安排上由浅入深，在知识讲解上深入浅出，为你节省脑细胞，让你轻松愉快地掌握 Java 知识。看书累了，没关系，还有视频。同步学习视频并不是书中内容的重复，而是有力的补充和完善。

本书还讲解了依赖注入（IoC/DI）容器、面向切面编程（AOP）、对象关系映射（ORM）框架的实现原理，同时还给出了并发编程领域中经常用到的线程池的实现。

本书涵盖了从 Java 5 到 Java 11 的所有重要新特性，不仅适合初学 Java 编程的读者，也适合有一定经验的读者，甚至对于正在从事 Java 开发工作的读者也适用。

未经许可，不得以任何方式复制或抄袭本书之部分或全部内容。
版权所有，侵权必究。

图书在版编目（CIP）数据

Java 无难事：详解 Java 编程核心思想与技术 / 孙鑫著. —2 版. —北京：电子工业出版社，2023.1
（孙鑫精品图书系列）
ISBN 978-7-121-44554-5

Ⅰ. ①J… Ⅱ. ①孙… Ⅲ. ①JAVA 语言—程序设计 Ⅳ. ①TP312.8

中国版本图书馆 CIP 数据核字（2022）第 218295 号

责任编辑：高洪霞
文字编辑：黄爱萍
印　　刷：三河市良远印务有限公司
装　　订：三河市良远印务有限公司
出版发行：电子工业出版社
　　　　　北京市海淀区万寿路 173 信箱　　邮编：100036
开　　本：850×1168　1/16　　印张：52.75　　字数：1434.8 千字
版　　次：2020 年 11 月第 1 版
　　　　　2023 年 1 月第 2 版
印　　次：2023 年 1 月第 1 次印刷
定　　价：168.00 元

凡所购买电子工业出版社图书有缺损问题，请向购买书店调换。若书店售缺，请与本社发行部联系，联系及邮购电话：（010）88254888，88258888。

质量投诉请发邮件至 zlts@phei.com.cn，盗版侵权举报请发邮件至 dbqq@phei.com.cn。
本书咨询联系方式：010-51260888-819，faq@phei.com.cn。

前　　言

笔者推出《Java 无难事》的教学视频，曾获得广大用户的充分肯定；历经多年创作了这本同名图书，无论从广度还是深度上来看，内容都比当年的视频更加丰富、全面、深入。笔者的写作目的只有一个：让 Java 的学习再无难事！

本书特色

将深奥的知识以最浅显的语言讲述出来！
循序渐进、以幽默风趣的语言一步步引导读者，真正掌握 Java 开发的所有知识！

- 快速入门

按照中国人的思维习惯和学习规律，内容安排上由浅入深，知识讲解上深入浅出，为读者节省脑细胞，帮助读者轻松愉快地掌握 Java 知识。

- 实例丰富

理论脱离实践则毫无意义，本书在进行理论讲解的同时，给出了大量的示例。全书示例数量达到数百个，以示例验证理论，跟着示例边学边做，你学习起来会更简单、轻松、高效。

- 知其然而知其所以然

秉承作者一贯的写作风格，对知识的讲解让你知其然且知其所以然，绝不会出现含糊不清、一遇难点即跳过的情形。以第 1 章为例，就不仅告诉你 Java 有哪些版本，还告诉你 Java 混乱名称的由来，不让你脑海里有任何疑问。本书为你扫清 Java 学习路途中所有的绊脚石。

- 涵盖从 Java 5 到 Java 11 的新特性

目前最新的 Java 长期支持版本是 Java 11，但还有很多企业使用的是 Java 8 版本，本书涵盖了从 Java 5 到 Java 11 的绝大部分新增特性，将常用特性无一疏漏地贯穿在全书中。此外，考虑到读者在工作中使用的 Java 版本不是由自己决定的，本书尽可能地对知识点来自 Java 哪个版本的新增特性给出了说明。

- 贴近实战的练习题

本书每章结尾都给出了贴近实战的练习题，难度有浅、有深，适合各类型的读者，帮助读者巩固所学知识。若能够完成本书的练习题，就代表读者已经彻底掌握本书的内容了。

- 三个框架、一个线程池

随着本书内容的逐步推进，书中还为学有余力的读者讲解了依赖注入（IoC/DI）容器、面向切面编程（AOP）、对象关系映射（ORM）框架的实现原理，同时还给出了并发编程领域中经常用到的线程池的实现。

本书的内容组织

Java 发展至今，早已不是当年那个花费一两周时间就能掌握的版本了，其应用的领域也越来越多。笔者可以负责任地告诉读者，本书基本涵盖了你未来从事 Java 领域开发所需要了解和掌握的 Java SE 的所有知识。

现阶段的 Java 也是越来越复杂，学习起来会有很多难以理解的知识点，不过读者不用担心，本书并不是对知识点的简单罗列，实际上，作者按照知识的连贯性，遵循中国人的思维习惯，对 Java 知识进行了编排，尽最大努力以通俗易懂的语言，循序渐进地引导读者快速掌握这些内容。本书的内容详尽而丰富，建议读者仔细阅览本书的章节目录来了解本书的内容结构。

如何阅读本书

没有学过任何程序设计语言的读者，建议结合视频同步学习，视频对书中的内容有更详细的讲解。而有经验的读者，则可以根据自己对知识掌握的程度和自己的需要，结合本书，选择对应的视频观看。例如，可以先看一下第 21 章的内容，掌握 Eclipse 的使用，然后利用 Eclipse 来编写本章的示例程序。

如果读者后期想要进一步学习 Java Web 开发的内容，可以参看笔者的另一本著作《Servlet/JSP 深入详解》。

视频同步学习与增值服务

本书附增超值视频。读者扫描书中各知识点旁边的二维码即可观看相关视频，视频并不是书中内容的简单重复，而是对本书内容有力的补充和完善。

看完本书就结束了吗？不！本书还为广大读者提供后续服务。微信扫描封底二维码即可加入本书学习交流群，在这里，你可以享受到在线答疑、Java 的资料分享，甚至面试指导。当然，你也可以在这里结识编程路上志同道合的朋友。

本书面向的读者

本书不仅适合想要学习 Java 开发的新手，也适合有一点编程经验的读者。正在从事 Java 开发的读者也可以通过本书夯实 Java 基础，完善 Java 的知识面。

当然对于曾经从事 Java 开发工作，后来转用别的语言做开发，现在又需要重新了解 Java 新版本的读者，本书也适用。

孙鑫

2022 年 11 月

目　录

第 1 章　Java 初窥 ············· 1
1.1　Java 的起源 ············· 1
1.2　Java 能做什么 ············· 1
1.3　相关概念 ············· 2
　　1.3.1　JDK ············· 2
　　1.3.2　Java 家族的三个成员 ············· 2
　　1.3.3　Java 1、Java 2 和 Java 5 ············· 3
　　1.3.4　JRE ············· 3
1.4　安装 JDK ············· 3
　　1.4.1　下载 JDK 11（Java SE 11） ············· 4
　　1.4.2　安装 JDK ············· 5
　　1.4.3　下载帮助文档 ············· 6
1.5　Java 的特性 ············· 6
　　1.5.1　简单 ············· 6
　　1.5.2　面向对象 ············· 7
　　1.5.3　健壮 ············· 7
　　1.5.4　安全 ············· 7
　　1.5.5　结构中立 ············· 7
　　1.5.6　可移植 ············· 7
　　1.5.7　高性能 ············· 8
　　1.5.8　解释执行 ············· 8
　　1.5.9　平台无关 ············· 8
　　1.5.10　多线程 ············· 8
　　1.5.11　动态 ············· 9
1.6　Java 跨平台的原理 ············· 9
　　1.6.1　Java 源文件的编译过程 ············· 9
　　1.6.2　Java 解释器运行机制 ············· 9
　　1.6.3　Java 字节码的执行方式 ············· 10
　　1.6.4　理解 JVM ············· 10
1.7　第一个程序 ············· 11
　　1.7.1　了解 JDK ············· 11
　　1.7.2　编写第一个 Java 程序 ············· 11
1.8　扫清 Java 征途中的两块绊脚石 ············· 15
　　1.8.1　有用的 PATH ············· 15
　　1.8.2　难缠的 CLASSPATH ············· 17
1.9　交互式编程环境 JShell ············· 19
1.10　为 Java 程序打包 ············· 20
　　1.10.1　JAR 文件 ············· 20
　　1.10.2　将字节码文件打包到 JAR 包中 ············· 20
　　1.10.3　将目录中所有文件打包到 JAR 文件中 ············· 21
　　1.10.4　清单文件 ············· 21
1.11　总结 ············· 22
1.12　实战练习 ············· 22

第 2 章　初识 Java 语言 ············· 23
2.1　标识符 ············· 23
2.2　数据类型 ············· 23
　　2.2.1　整数类型 ············· 24
　　2.2.2　浮点类型 ············· 25
　　2.2.3　字符（char）型 ············· 25
　　2.2.4　布尔（boolean）型 ············· 26
　　2.2.5　String 类型 ············· 26
2.3　变量和字面常量 ············· 26
　　2.3.1　变量 ············· 26
　　2.3.2　字面常量 ············· 27
2.4　类型转换的奥秘 ············· 30
2.5　运算符 ············· 32
　　2.5.1　赋值运算符 ············· 32
　　2.5.2　自增和自减运算符 ············· 32
　　2.5.3　算术运算符 ············· 33
　　2.5.4　关系运算符 ············· 34
　　2.5.5　布尔运算符 ············· 34
　　2.5.6　位运算符 ············· 35
　　2.5.7　移位运算符 ············· 37
　　2.5.8　一元和二元运算符 ············· 39
　　2.5.9　三元运算符 ············· 39
　　2.5.10　优先级 ············· 39
2.6　表达式与语句 ············· 40
2.7　程序结构 ············· 40

	2.7.1	分支语句	41
	2.7.2	循环语句	46
2.8	数组		54
	2.8.1	数组类型与声明数组	54
	2.8.2	创建数组	55
	2.8.3	使用数组	56
	2.8.4	匿名数组	57
	2.8.5	多维数组	57
	2.8.6	数组的初始值和越界	59
2.9	分隔符		60
2.10	注释		60
	2.10.1	传统注释	60
	2.10.2	JavaDoc 注释	61
2.11	Java 中的关键字		63
2.12	总结		63
2.13	实战练习		63

第 3 章 进入对象的世界 65

3.1	面向对象思想	65
3.2	对象的状态和行为	66
	3.2.1 对象都有一组固定的行为	66
	3.2.2 注意思维习惯	66
3.3	面向对象编程的难点	67
3.4	Java 的类与对象	67
3.5	字段（field）与方法	68
	3.5.1 字段	68
	3.5.2 方法	68
	3.5.3 方法的参数与返回值	69
3.6	构造方法与 new 关键字	71
3.7	方法重载	74
3.8	特殊变量 this	75
3.9	关键字 static	79
	3.9.1 静态字段	79
	3.9.2 静态方法	81
	3.9.3 static 语句块	82
3.10	常量	82
3.11	枚举（enum）	83
	3.11.1 原始的枚举实现	83
	3.11.2 枚举类型	84
	3.11.3 枚举值的比较	86
	3.11.4 自定义枚举值	86

| 3.12 | 总结 | 87 |
| 3.13 | 实战练习 | 87 |

第 4 章 高级面向对象编程 88

4.1	继承	88
4.2	方法的覆盖（override）	90
4.3	多态（polymorphism）	91
	4.3.1 何为多态	91
	4.3.2 多态的实际应用	92
	4.3.3 Java 编译器如何实现多态	94
	4.3.4 类型转换	94
	4.3.5 协变返回类型	96
	4.3.6 在构造方法中调用被覆盖的方法	97
4.4	特殊变量 super	98
	4.4.1 访问父类被子类覆盖的方法或隐藏的变量	98
	4.4.2 调用父类构造方法	100
4.5	封装与 private	103
4.6	对外发布的接口——public	107
4.7	再谈 final	109
	4.7.1 final 类	109
	4.7.2 final 方法	109
	4.7.3 final 参数	110
4.8	对象的销毁	110
4.9	面向对象的四个基本特性	111
4.10	总结	112
4.11	实战练习	112

第 5 章 包和访问控制 114

5.1	在包中的类	114
5.2	导入类	117
5.3	静态导入	119
5.4	静态导入枚举类型	120
5.5	访问控制	121
	5.5.1 类的访问说明符	121
	5.5.2 类成员的访问说明符	122
5.6	总结	126
5.7	实战练习	126

第 6 章 抽象类与接口 127

| 6.1 | 抽象方法和抽象类 | 127 |

6.2	接口	131
6.3	接口中的数据成员	133
6.4	接口的继承与实现	133
6.5	接口的应用	135
6.6	深入接口——通信双方的协议	137
6.7	接口的默认方法和静态方法	139
	6.7.1 默认方法	139
	6.7.2 静态方法	144
6.8	接口的私有方法	145
6.9	总结	146
6.10	实战练习	147

第 7 章 内部类（Inner Class） 149

7.1	创建内部类	149
7.2	访问外部类	150
7.3	内部类与接口	153
7.4	局部内部类	155
7.5	匿名内部类	157
	7.5.1 创建匿名内部类	157
	7.5.2 匿名内部类的构造方法	159
7.6	静态内部类	160
7.7	内部类的继承与覆盖	161
	7.7.1 内部类的继承	161
	7.7.2 内部类的覆盖	162
7.8	内部类规则总结	163
7.9	回调与事件机制	163
	7.9.1 回调（callback）	163
	7.9.2 事件（event）	167
7.10	总结	169
7.11	实战练习	169

第 8 章 异常处理 170

8.1	什么是异常	170
8.2	捕获异常	172
8.3	使用 finally 进行清理	175
8.4	抛出异常与声明异常	179
8.5	RuntimeException	182
8.6	创建自己的异常体系结构	184
8.7	try-with-resources	188
	8.7.1 自动关闭资源	188
	8.7.2 声明多个资源	189
	8.7.3 catch 多个异常	191
	8.7.4 使用更具包容性的类型检查重新抛出异常	192
8.8	总结	193
8.9	实战练习	193

第 9 章 深入字符串 194

9.1	String 类	194
9.2	==运算符与 equals 方法	194
9.3	compareTo 方法	197
9.4	字符串拼接	198
9.5	操作字符串	198
	9.5.1 获取字符串的长度	199
	9.5.2 查找字符或字符串	199
	9.5.3 判断字符串的开始与结尾	200
	9.5.4 获取指定索引位置的字符	200
	9.5.5 截取子字符串	201
	9.5.6 分割字符串	201
	9.5.7 替换字符或字符串	202
	9.5.8 合并字符串	203
	9.5.9 重复字符串	203
	9.5.10 大小写转换	203
	9.5.11 去除字符串首尾空白	204
	9.5.12 判断字符串是否为空	204
	9.5.13 提取字符串的行流	205
	9.5.14 与字节数组相互转换	205
9.6	StringBuffer 类和 StringBuilder 类	206
9.7	格式化输出	207
	9.7.1 格式说明符	208
	9.7.2 参数索引	208
	9.7.3 格式说明字符	208
	9.7.4 宽度和精度	209
	9.7.5 标志字符	210
	9.7.6 生成格式化的 String 对象	211
9.8	正则表达式	211
	9.8.1 正则表达式的优点	211
	9.8.2 一切从模式开始	213
	9.8.3 创建正则表达式	213
	9.8.4 量词	216
	9.8.5 String 类的正则表达式方法	216
	9.8.6 Pattern 和 Matcher	218

9.8.7 邮件地址验证 ·················· 218
9.8.8 获取组匹配的内容 ·············· 220
9.8.9 替换字符串 ···················· 221
9.9 总结 ·································· 221
9.10 实战练习 ···························· 222

第 10 章 Java 应用 ······················ 223

10.1 再论引用类型 ························ 223
  10.1.1 引用类型——数组 ············ 223
  10.1.2 方法传参 ···················· 225
10.2 操作数组 ···························· 226
  10.2.1 数组的复制 ·················· 226
  10.2.2 数组的排序 ·················· 229
  10.2.3 搜索数组中的元素 ············ 232
  10.2.4 填充数组 ···················· 233
10.3 基本数据类型与封装类 ············ 234
  10.3.1 基本数据类型与封装类
      对象的互相转换 ············ 235
  10.3.2 封装类对象与字符串的
      互相转换 ···················· 236
  10.3.3 基本数据类型与字符串的
      互相转换 ···················· 236
  10.3.4 自动装箱与拆箱 ·············· 236
10.4 对象的克隆 ·························· 237
10.5 国际化与本地化 ···················· 242
  10.5.1 Locale ······················ 242
  10.5.2 资源包 ······················ 244
  10.5.3 消息格式化 ·················· 248
10.6 总结 ·································· 249
10.7 实战练习 ···························· 249

第 11 章 泛型 ···························· 250

11.1 为什么需要泛型 ···················· 250
11.2 泛型与基本数据类型 ················ 253
11.3 泛型类中的数组 ···················· 254
11.4 元组 ·································· 256
11.5 泛型接口 ···························· 258
  11.5.1 一个简单的泛型接口 ·········· 258
  11.5.2 匿名内部类实现泛型接口 ······ 259
  11.5.3 map 机制的实现 ·············· 260
11.6 泛型方法 ···························· 262
  11.6.1 简单的泛型方法 ·············· 262

11.6.2 完善映射机制的实现 ········ 263
11.7 通配符类型 ·························· 264
  11.7.1 通配符的子类型限定 ·········· 266
  11.7.2 通配符的超类型限定 ·········· 267
11.8 类型参数的限定 ···················· 269
11.9 深入泛型机制 ························ 270
11.10 泛型的一些问题 ···················· 272
  11.10.1 接口的二次实现 ············ 272
  11.10.2 方法重载 ·················· 273
  11.10.3 泛型类型的实例化 ·········· 273
  11.10.4 异常 ······················ 274
11.11 使用泛型的限制 ···················· 275
11.12 类型参数的命名约定 ·············· 275
11.13 总结 ································ 275
11.14 实战练习 ·························· 276

第 12 章 Lambda 表达式 ·············· 277

12.1 理解 Lambda 表达式 ················ 277
12.2 Lambda 表达式的语法 ·············· 278
12.3 函数式接口 ·························· 279
12.4 内置函数式接口 ···················· 280
12.5 方法引用 ···························· 281
12.6 构造方法引用 ························ 282
12.7 数组引用 ···························· 284
12.8 总结 ·································· 284
12.9 实战练习 ···························· 284

第 13 章 集合类 ·························· 285

13.1 集合框架中的接口与实现类 ······ 285
  13.1.1 集合框架中的接口 ············ 286
  13.1.2 集合框架中的实现类 ·········· 286
  13.1.3 Collection 类型的集合 ········ 286
  13.1.4 Map 类型的集合 ············ 288
13.2 迭代 ·································· 289
  13.2.1 Iterator 接口 ················ 289
  13.2.2 迭代器与"for each"循环 ·· 291
  13.2.3 新增的 forEach 方法 ········ 292
  13.2.4 ListIterator 接口 ············ 293
  13.2.5 迭代与回调 ·················· 295
13.3 数据结构简介 ························ 296
  13.3.1 链表 ························ 296
  13.3.2 栈 ·························· 299

目　录

　　13.3.3　队列 ·················· 299
13.4　List ························ 299
　　13.4.1　ArrayList ·············· 300
　　13.4.2　LinkedList ············· 303
　　13.4.3　List 集合类的性能 ······· 306
13.5　Set ························ 309
　　13.5.1　HashSet ················ 309
　　13.5.2　TreeSet ················ 314
　　13.5.3　LinkedHashSet ·········· 315
　　13.5.4　Set 集合类的性能 ········ 316
13.6　Queue ······················ 317
　　13.6.1　Queue 接口 ·············· 317
　　13.6.2　PriorityQueue 类 ······· 318
　　13.6.3　Deque 接口 ·············· 319
13.7　Collections 类 ············· 320
　　13.7.1　排序集合中的元素 ······· 320
　　13.7.2　获取最大和最小元素 ····· 322
　　13.7.3　在集合中搜索 ··········· 323
　　13.7.4　获取包装器集合 ········· 324
13.8　再探 Comparator 接口 ········ 325
13.9　深入 Map 类型 ··············· 328
　　13.9.1　Map 接口 ················ 328
　　13.9.2　Map 的工作原理 ········· 329
　　13.9.3　HashMap ················· 331
　　13.9.4　TreeMap ················· 332
　　13.9.5　LinkedHashMap ··········· 333
　　13.9.6　Map 性能测试 ············ 334
13.10　遗留的集合 ················· 336
　　13.10.1　Enumeration 接口 ······· 336
　　13.10.2　Vector 类 ·············· 336
　　13.10.3　Stack 类 ··············· 337
　　13.10.4　Hashtable 类 ··········· 337
　　13.10.5　Properties 类 ·········· 337
　　13.10.6　BitSet 类 ·············· 339
13.11　集合工厂方法 ··············· 340
　　13.11.1　of 方法 ················ 340
　　13.11.2　copyOf 方法 ············ 341
13.12　总结 ······················· 342
13.13　实战练习 ··················· 342

第 14 章　Stream ··············· 344
14.1　什么是 Stream ··············· 344
14.2　创建流 ····················· 345
14.3　并行流与串行流 ············· 348
14.4　有序流和无序流 ············· 348
14.5　中间操作 ··················· 348
　　14.5.1　筛选和截断 ············· 349
　　14.5.2　映射 ··················· 351
　　14.5.3　排序 ··················· 352
　　14.5.4　peek ··················· 353
14.6　终端操作 ··················· 354
　　14.6.1　遍历 ··················· 354
　　14.6.2　查找与匹配 ············· 355
　　14.6.3　最大/最小与计数 ········ 356
　　14.6.4　收集统计信息 ··········· 357
　　14.6.5　reduce ················· 357
　　14.6.6　collect ················ 361
14.7　并行流的性能 ··············· 366
14.8　总结 ······················· 368
14.9　实战练习 ··················· 369

第 15 章　Class 类与反射 API ···· 370
15.1　Class<T>类 ················· 370
15.2　获取类型信息 ··············· 372
　　15.2.1　获取方法和字段信息 ····· 372
　　15.2.2　获取基类和接口信息 ····· 374
　　15.2.3　获取枚举信息 ··········· 375
　　15.2.4　获取泛型信息 ··········· 376
　　15.2.5　获取注解信息 ··········· 379
15.3　检测类型 ··················· 379
15.4　使用 Class 和反射创建类的
　　　对象 ······················· 380
15.5　使用反射调用对象的方法 ····· 383
15.6　使用反射修改对象的字段 ····· 384
15.7　依赖注入容器 ··············· 385
15.8　动态代理 ··················· 391
15.9　ClassLoader ················ 395
　　15.9.1　类加载器的分类 ········· 396
　　15.9.2　类加载器的加载机制 ····· 397
　　15.9.3　自定义类加载器 ········· 398
15.10　适可而止 ·················· 400

15.11	方法句柄	401
15.12	服务加载器	403
15.13	总结	407
15.14	实战练习	407

第16章 注解（Annotation） 408

- 16.1 预定义的注解 408
  - 16.1.1 @Override 408
  - 16.1.2 @Deprecated 409
  - 16.1.3 @SuppressWarnings 410
  - 16.1.4 @SafeVarargs 411
  - 16.1.5 @FunctionalInterface 412
- 16.2 自定义注解 412
- 16.3 元注解 413
  - 16.3.1 @Documented 414
  - 16.3.2 @Retention 414
  - 16.3.3 @Target 415
  - 16.3.4 @Inherited 416
  - 16.3.5 @Repeatable 416
- 16.4 注解与反射 417
- 16.5 编写注解处理器 421
  - 16.5.1 依赖注入容器的注解实现 421
  - 16.5.2 使用注解生成数据库表 423
- 16.6 总结 428
- 16.7 实战练习 428

第17章 多线程 429

- 17.1 基本概念 429
  - 17.1.1 程序和进程 429
  - 17.1.2 线程 429
- 17.2 Java对多线程的支持 430
- 17.3 Java线程 430
  - 17.3.1 Thread类 431
  - 17.3.2 创建任务 432
  - 17.3.3 让步 433
  - 17.3.4 休眠 434
  - 17.3.5 优先级 436
  - 17.3.6 加入一个线程 437
  - 17.3.7 捕获线程的异常 438
  - 17.3.8 后台线程 440
  - 17.3.9 线程组 442
  - 17.3.10 线程的状态 442

- 17.4 线程同步 443
  - 17.4.1 错误地访问共享资源 444
  - 17.4.2 同步语句块 445
  - 17.4.3 同步方法 446
  - 17.4.4 死锁 448
- 17.5 线程本地存储 450
  - 17.5.1 使用ThreadLocal类 450
  - 17.5.2 ThreadLocal的实现原理 452
- 17.6 生产者与消费者 453
- 17.7 线程的终止 458
  - 17.7.1 取消一个任务 458
  - 17.7.2 在阻塞中中止 459
  - 17.7.3 注意清理 461
- 17.8 线程池 462
- 17.9 总结 474
- 17.10 实战练习 475

第18章 Java常用工具类 476

- 18.1 java.lang.Math类 476
- 18.2 随机数 479
  - 18.2.1 Math.random方法 479
  - 18.2.2 Random类 480
  - 18.2.3 ThreadLocalRandom类 481
- 18.3 大数字运算 482
  - 18.3.1 BigInteger 482
  - 18.3.2 BigDecimal 486
- 18.4 日期时间工具 491
  - 18.4.1 Date类 492
  - 18.4.2 DateFormat类 493
  - 18.4.3 SimpleDateFormat类 495
  - 18.4.4 Calendar类 497
- 18.5 Java 8新增的日期/时间API 499
  - 18.5.1 新的日期/时间类 500
  - 18.5.2 构造日期/时间对象 500
  - 18.5.3 格式化和解析日期/时间字符串 501
  - 18.5.4 操作日历字段 502
  - 18.5.5 计算时间间隔 503
  - 18.5.6 使用Instant计算某项操作花费的时间 504
  - 18.5.7 判断闰年 504

18.5.8　与 Date 和 Calendar 的
　　　　相互转换 …………………… 505
18.6　Optional 类 ………………………… 506
　　18.6.1　创建 Optional 类的实例 …… 506
　　18.6.2　判断 Optional 的值是否
　　　　　　存在 ………………………… 506
　　18.6.3　获取 Optional 的值 ………… 507
　　18.6.4　过滤与映射 ………………… 508
　　18.6.5　得到 Stream 对象 …………… 508
　　18.6.6　为什么要使用 Optional …… 509
　　18.6.7　OptionalInt、OptionalLong 和
　　　　　　OptionalDouble …………… 512
18.7　Base64 编解码 …………………… 512
18.8　Timer 类 …………………………… 514
18.9　Runtime 类与单例设计模式 …… 516
18.10　总结 ……………………………… 518
18.11　实战练习 ………………………… 518

第 19 章　Java I/O 操作 ………………… 519

19.1　File 类 …………………………… 519
　　19.1.1　分隔符 ………………………… 519
　　19.1.2　创建文件夹 …………………… 520
　　19.1.3　文件操作 ……………………… 520
　　19.1.4　搜索目录中的文件 …………… 521
　　19.1.5　移动文件 ……………………… 524
　　19.1.6　临时文件 ……………………… 525
19.2　流式 I/O …………………………… 526
19.3　输入输出流 ………………………… 527
　　19.3.1　InputStream ……………………… 527
　　19.3.2　OutputStream …………………… 528
　　19.3.3　字节数组输入/输出流 ………… 529
　　19.3.4　文件输入/输出流 ……………… 530
　　19.3.5　过滤流 ………………………… 532
　　19.3.6　缓冲的输入/输出流 …………… 532
　　19.3.7　数据输入/输出流 ……………… 534
　　19.3.8　管道流 ………………………… 535
　　19.3.9　复制文件 ……………………… 537
19.4　Java I/O 库的设计原则 …………… 537
19.5　Reader 和 Writer …………………… 538
19.6　InputStreamReader 和
　　　OutputStreamWriter ………………… 540

19.7　字符集与中文乱码问题 …………… 542
　　19.7.1　字符集 ………………………… 542
　　19.7.2　对乱码产生过程的分析 ……… 547
　　19.7.3　Charset 类 ……………………… 549
19.8　RandomAccessFile 类 ……………… 551
19.9　标准 I/O …………………………… 552
　　19.9.1　从标准输入中读取数据 ……… 553
　　19.9.2　Scanner ………………………… 553
　　19.9.3　I/O 重定向 …………………… 556
19.10　对象序列化 ……………………… 557
　　19.10.1　使用对象流实现序列化 …… 558
　　19.10.2　对象引用的序列化 ………… 560
　　19.10.3　序列化过滤器 ……………… 564
　　19.10.4　定制序列化 ………………… 566
　　19.10.5　替换对象 …………………… 568
　　19.10.6　使用 Externalizable 接口
　　　　　　　定制序列化 ………………… 571
　　19.10.7　序列化版本 ………………… 573
19.11　NIO ………………………………… 573
　　19.11.1　缓冲区（Buffer）…………… 574
　　19.11.2　通道（Channel）…………… 579
　　19.11.3　使用通道复制文件 ………… 581
　　19.11.4　视图缓冲区 ………………… 583
　　19.11.5　字节顺序 …………………… 585
　　19.11.6　直接和非直接缓冲区 ……… 586
　　19.11.7　分散和聚集 ………………… 587
　　19.11.8　字符缓冲区的问题 ………… 590
　　19.11.9　内存映射文件 ……………… 593
　　19.11.10　对文件加锁 ………………… 598
　　19.11.11　管道 ………………………… 599
19.12　Files 类与 Path 接口 …………… 601
　　19.12.1　Path 接口 …………………… 601
　　19.12.2　读写文件 …………………… 603
　　19.12.3　遍历目录 …………………… 606
　　19.12.4　小结 ………………………… 608
19.13　异步文件通道 …………………… 608
　　19.13.1　写入数据 …………………… 609
　　19.13.2　读取数据 …………………… 611
19.14　总结 ……………………………… 613
19.15　实战练习 ………………………… 613

第 20 章　Java 并发编程 ················ 615
- 20.1　Callable 和 Future 接口 ········ 615
- 20.2　新的任务执行框架 ················ 617
  - 20.2.1　Executor 接口 ············ 617
  - 20.2.2　ExecutorService 接口 ···· 617
  - 20.2.3　Executors 工具类 ········ 618
  - 20.2.4　ThreadFactory ············ 620
  - 20.2.5　ScheduledExecutorService ··· 621
  - 20.2.6　批量执行任务 ············ 623
  - 20.2.7　CompletionService 接口 ···· 625
  - 20.2.8　ThreadPoolExecutor 类 ···· 628
- 20.3　锁对象 ························ 631
  - 20.3.1　Lock 接口 ················ 631
  - 20.3.2　重入互斥锁 ················ 632
  - 20.3.3　读写锁 ···················· 633
  - 20.3.4　StampedLock ·············· 635
- 20.4　条件对象 ························ 639
- 20.5　同步工具类 ······················ 642
  - 20.5.1　CountDownLatch ·········· 642
  - 20.5.2　CyclicBarrier ············ 644
  - 20.5.3　Semaphore ················ 646
  - 20.5.4　Exchanger ················ 650
- 20.6　线程安全的集合 ·················· 652
  - 20.6.1　写时拷贝 ···················· 653
  - 20.6.2　阻塞队列 ···················· 654
  - 20.6.3　延迟队列 ···················· 657
  - 20.6.4　传输队列 ···················· 660
  - 20.6.5　ConcurrentHashMap ········ 660
  - 20.6.6　ConcurrentSkipListMap ···· 662
- 20.7　Fork/Join 框架 ·················· 663
- 20.8　CompletableFuture ·············· 666
  - 20.8.1　异步执行任务 ················ 666
  - 20.8.2　构造异步任务链 ············ 667
  - 20.8.3　结果转换 ···················· 668
  - 20.8.4　组合异步任务 ················ 669
  - 20.8.5　任务链完成时的结果处理和异常处理 ······················ 670
- 20.9　原子操作 ························ 675
  - 20.9.1　AtomicInteger 类 ············ 676
  - 20.9.2　LongAdder ·················· 679
- 20.10　变量句柄 ························ 680
- 20.11　总结 ···························· 683
- 20.12　实战练习 ························ 683

第 21 章　Eclipse 开发工具 ············ 684
- 21.1　Eclipse 简介 ···················· 684
- 21.2　下载并安装 ······················ 684
- 21.3　Eclipse 开发环境介绍 ············ 686
- 21.4　配置 Eclipse ···················· 690
  - 21.4.1　配置 JDK ···················· 690
  - 21.4.2　配置字体 ···················· 691
  - 21.4.3　配置和使用快捷键 ·········· 692
  - 21.4.4　配置字符集 ················ 693
- 21.5　开发 Java 程序 ·················· 693
- 21.6　调试代码 ························ 696
- 21.7　JUnit 单元测试 ·················· 698
- 21.8　导入现有的 Eclipse 项目 ········ 702
- 21.9　总结 ···························· 703
- 21.10　实战练习 ······················ 703

第 22 章　图形界面编程 ················ 704
- 22.1　AWT ···························· 704
  - 22.1.1　第一个 AWT 应用程序 ······ 705
  - 22.1.2　关闭窗口 ···················· 706
  - 22.1.3　向窗口内添加组件 ·········· 708
- 22.2　布局管理器 ······················ 709
  - 22.2.1　BorderLayout ················ 709
  - 22.2.2　FlowLayout ·················· 711
  - 22.2.3　GridLayout ·················· 713
  - 22.2.4　CardLayout ·················· 714
  - 22.2.5　GridBagLayout ················ 714
  - 22.2.6　组合多个布局管理器 ········ 716
- 22.3　事件模型 ························ 718
  - 22.3.1　按钮点击事件的处理 ········ 719
  - 22.3.2　事件监听器 ·················· 720
  - 22.3.3　观察者模式 ·················· 721
- 22.4　Swing ···························· 724
  - 22.4.1　基本的框架窗口 ·············· 724
  - 22.4.2　添加文本域和菜单栏 ········ 725
  - 22.4.3　菜单功能 ···················· 727
  - 22.4.4　弹出菜单 ···················· 730

22.5　Swing 与并发 ………………… 731
22.6　使用 WindowBuilder 快速
　　　开发图形界面程序 …………… 733
　　22.6.1　安装 WindowBuilder ……… 734
　　22.6.2　用户登录界面 ……………… 735
　　22.6.3　注册事件监听器 …………… 739
22.7　总结 ………………………………… 741
22.8　实战练习 …………………………… 741

第 23 章　Java 网络编程 …………… 742

23.1　网络基础知识 ……………………… 742
　　23.1.1　计算机网络 ………………… 742
　　23.1.2　IP 地址 ……………………… 743
　　23.1.3　协议 ………………………… 743
　　23.1.4　网络的状况 ………………… 743
　　23.1.5　网络异质性问题的解决 …… 744
　　23.1.6　ISO/OSI 七层参考模型 …… 744
　　23.1.7　数据封装 …………………… 746
　　23.1.8　TCP/IP 模型 ………………… 747
　　23.1.9　端口 ………………………… 747
　　23.1.10　套接字（Socket）………… 748
　　23.1.11　客户机/服务器模式 ……… 748
23.2　基于 TCP 的套接字编程 ………… 748
　　23.2.1　服务器程序 ………………… 749
　　23.2.2　客户端程序 ………………… 751
　　23.2.3　多线程的服务器程序 ……… 752
　　23.2.4　套接字超时 ………………… 753
23.3　基于 UDP 的套接字编程 ………… 754
　　23.3.1　接收端 ……………………… 755
　　23.3.2　发送端 ……………………… 756
　　23.3.3　获取发送端的信息 ………… 757
23.4　非阻塞的套接字编程 ……………… 757
　　23.4.1　SocketChannel ……………… 757
　　23.4.2　ServerSocketChannel ……… 758
　　23.4.3　Selector …………………… 758
　　23.4.4　非阻塞的服务器程序 ……… 760
　　23.4.5　非阻塞的客户端程序 ……… 763
23.5　URL 和 URLConnection ………… 764
　　23.5.1　URL 类 ……………………… 764
　　23.5.2　URLConnection 类 ………… 765
　　23.5.3　一个实用的下载程序 ……… 765

23.6　HTTP Client API ………………… 768
　　23.6.1　HttpClient …………………… 769
　　23.6.2　HttpRequest ………………… 770
　　23.6.3　HttpResponse ……………… 772
　　23.6.4　异步发送多个请求 ………… 773
　　23.6.5　启用 HttpClient 的日志
　　　　　　记录功能 ………………… 774
23.7　总结 ………………………………… 775
23.8　实战练习 …………………………… 775

第 24 章　数据库访问 ………………… 776

24.1　JDBC 驱动程序的类型 …………… 776
　　24.1.1　JDBC-ODBC 桥 …………… 777
　　24.1.2　部分本地 API 的 Java
　　　　　　驱动程序 ………………… 777
　　24.1.3　JDBC 网络纯 Java
　　　　　　驱动程序 ………………… 778
　　24.1.4　本地协议的纯 Java
　　　　　　驱动程序 ………………… 778
24.2　安装数据库 ………………………… 778
24.3　下载 MySQL JDBC 驱动 ………… 782
24.4　JDBC API ………………………… 783
24.5　加载并注册数据库驱动 …………… 783
　　24.5.1　Driver 接口 ………………… 783
　　24.5.2　加载与注册 JDBC 驱动 …… 784
　　24.5.3　服务加载 …………………… 786
24.6　建立到数据库的连接 ……………… 788
24.7　访问数据库 ………………………… 789
　　24.7.1　Statement …………………… 789
　　24.7.2　ResultSet …………………… 792
　　24.7.3　PreparedStatement ………… 796
　　24.7.4　CallableStatement ………… 798
　　24.7.5　元数据 ……………………… 799
24.8　事务处理 …………………………… 802
24.9　可滚动和可更新的结果集 ………… 806
　　24.9.1　可滚动的结果集 …………… 806
　　24.9.2　可更新的结果集 …………… 807
24.10　行集 ……………………………… 808
　　24.10.1　行集的标准实现 ………… 808
　　24.10.2　行集的事件模型 ………… 809

24.10.3 CachedRowSet ……………810
24.11 JDBC 数据源和连接池 …………811
24.12 总结 …………………………812
24.13 实战练习 ……………………813

第 25 章 Java 平台模块系统 ………814

25.1 Java 平台的模块 ………………814
25.2 模块的物理结构 ………………816
25.3 创建模块 ……………………817
25.4 模块依赖 ……………………818
25.5 导出包 ………………………819
25.6 可传递的模块与静态依赖 ……821
25.7 开放包 ………………………821
25.8 限定导出和开放 ………………824
25.9 服务加载 ……………………824
25.10 未命名模块 …………………825
25.11 自动模块 ……………………826
25.12 为什么要引入模块系统 ………827
25.13 总结 …………………………828
25.14 实战练习 ……………………828

第 1 章 Java 初窥

1.1 Java 的起源

扫码看视频

Java 源自 Sun 公司的一个叫 Green 的项目，其初始目的是为家用消费电子产品开发一个分布式代码系统，让人们可以通过这个技术，把 E-mail 发送给电冰箱、电视机等家用电器，并对家用电器进行控制或与它们进行信息交流。开始，Sun 公司的技术人员准备采用 C++来完成这个设想，但是 C++太复杂，安全性差，使得技术人员不得不放弃直接使用 C++。于是技术人员使用 C++开发了一种新的语言 Oak（Java 的前身），Oak 是一种用于网络的、精巧而安全的语言，Sun 公司曾以此投标一个交互式电视项目，但是这个项目被 SGI 公司中标。可怜的 Oak 几乎就要"倒闭"了！恰巧 Mark Ardreesen 开发的 Mosaic 和 NetScape 启发了 Oak 项目组成员，项目组成员用 Java 编制了 HotJava 浏览器，得到了 Sun 公司首席执行官 Scott McNealy 的支持，并推动 Java 进军 Internet。

Java 的命名也是很有意思的，由于 Oak 这个名称无法注册商标，Oak 小组的成员在讨论给这个语言起个新名字时，也正在咖啡馆喝着爪哇咖啡，这时，有人灵机一动说就叫它 Java 怎么样，大家都很认可这个想法，于是，Java 这个名字就这样诞生了。

1.2 Java 能做什么

Java 本身是一种语言，自然可以用来编写各种各样的应用，只不过由于该语言的特性，有些领域是它擅长的，有些领域则是它表现糟糕的地方。实际上，单纯从编程语言的角度来说，Java 可以编写的应用是很丰富的，例如：

- 操作系统
  - ◇ 开源的 Java 操作系统——jNode
  - ◇ 基于 Java 的嵌入式操作系统——SavaJe XE
- 手持设备软件
  - ◇ 手机游戏

- 通讯录
- 电话日历
- 桌面应用
  - 大名鼎鼎的开发平台——Eclipse
  - Oralce 推出的开发数据库应用的开发工具——JDeveloper
- Web 应用
  - 网上银行系统
  - 税务系统
  - 政务系统
  - 淘宝网

Java 操作系统估计读者听都没听说过，这是因为这个领域并不是 Java 语言擅长的，所以即使有，也是很小众和不流行的。

1.3 相关概念

在深入学习 Java 之前，有一些基本的概念需要掌握。掌握了这些概念，就可以从全局的角度更好地了解 Java。

1.3.1 JDK

什么是 JDK 呢？JDK 的全称是 Java Develop Kit，即 Java 开发包（有时也称为 Java SDK，Java 软件开发包），JDK 中包含了 Java 的类库、执行 Java 程序所需的运行环境，以及各种开发辅助工具。有了 JDK 我们就可以开发 Java 程序了。

1.3.2 Java 家族的三个成员

在 Java 家族中，有三个成员：Java SE（Java Standard Edition）、Java EE（Java Enterprise Edition）和 Java ME（Java Mobile Edition）。

> 提示：在 Java 1.5 及之前版本中，Sun 公司使用了 J2SE、J2EE，J2ME 来命名这三个成员。

1. Java SE（Java Platform, Standard Edition）

Java SE 是 Java 平台的标准版开发包，它包含了 Java 的核心类库，以及很多常用的工具类。初学者首先就是从 Java SE 入手开始学习 Java 开发，我们所说的 JDK 指的就是 Java SE。

2. Java EE（Java Platform, Enterprise Edition）

Java EE 是 Java 平台企业版本开发包，主要用于企业级应用软件的开发。目前有很多大型的应用，都是基于 Java EE 开发的。例如，某些电子商务网站和税务局的网上报税系统，就是基于 Java EE 开发的。

3. Java ME（Java Platform, Micro Edition）

Java ME 主要应用于手持设备（如手机、平板电脑等）应用的开发。在还没有 Android 的时候，基于 Java ME 开发手机应用也是相当流行的，而现在，Java ME 已日落西山。

1.3.3 Java 1、Java 2 和 Java 5

Java 1、Java 2 和 Java 5 都是 Java 语言的版本。1998 年 12 月，Sun 公司发布了 Java 语言的 1.2 版本，开始使用 "Java 2" 这一名称，从 Java 1.2 到 Java 1.4，在这 3 个主要的版本中，Java 语言在基本语法和功能特性上没有什么大的变化，所以它们被统称为 Java 2。在那个阶段，我们经常会看到 J2SE、J2EE 和 J2ME 的叫法。

2004 年 9 月 30 日，Sun 公司发布了 JDK 1.5 版本，这个版本的 Java 有了很大的改进，它加入了泛型、枚举、注解等新特性，使得 Java 编程更加方便。为了纪念这次重大的革新，Sun 公司不再延续之前使用的 1.x 版本号，而是直接将版本改为了 5.0，相当于一个里程碑似的版本发布。所以在这一阶段，你会看到 Java 5、J2SE 5.0、JDK 5.0、JDK 1.5 等叫法。从 JDK 1.6 开始，Sun 公司又 "突发奇想"，再次将 Java 的版本改名，将 J2SE 改名为 Java SE，将 J2EE 改名为 Java EE，将 J2ME 改名为 Java ME，也就是去掉了中间那个使用了很长时间的标识版本的 2。这更加剧了 Java 版本称呼上的混乱，所以在这一阶段 Java 的叫法可以说是 "千奇百怪"，对在那时进入 Java 领域的新手造成了一些混乱，而对于 Java "老司机" 来说，很清楚地知道 J2SE 就是 Java SE，J2SE 1.6 就是 Java SE 6.0，JDK 1.6 就是 JDK 6.0。

经过这么多年的发展，Java 家族各个成员和版本之间的称呼也逐渐统一了起来，都开始使用 Java SE 8、Java EE 6、JDK 8.x（或者 JDK 1.8.x）这种规范的命名了。

1.3.4 JRE

JRE 的英文全称是 Java Runtime Environment，即 Java 运行环境，是运行 Java 程序所必需的。

当我们编写 Java 程序时，需要安装 JDK，因为在该开发包中有我们开发要用到的各种工具，如编译工具、文档生成工具、打包工具等，而在运行 Java 程序时，我们只需要有一个运行环境即可，也就是 JRE。在下载的 JDK 中默认就有 JRE，如果我们只是要运行 Java 程序，那么也可以单独下载 JRE。

> 提示：2010 年 10 月 24 日，Sun 公司被美国数据软件巨头甲骨文（ORACLE）公司收购了，因此 Java 现在是甲骨文公司的了。

> 提示：JDK 11 已经不再提供单独的 JRE 下载。

1.4 安装 JDK

目前 JDK 的发布模型分为 Oracle JDK 和 Open JDK。

使用 Oracle JDK 需要商业许可证，Oracle JDK 每 3 年发布一次 LTS（Long Term Support）版本，即长期支持版本，该版本支持的期限是 8 年。2018 年 9 月发布的 JDK 11 是第一个 LTS 版本，该版本支持到 2026 年 9 月。Oracle JDK 每年会有 4 个更新版本发布（Update Release）。

Open JDK 可以免费使用，从 JDK 9 开始，Open JDK 每 6 个月发布一

扫码看视频

次，也就是每年的 3 月份、9 月份各发布一次，称为功能版本发布（Feature Release）。Open JDK 除功能版本发布外，每个季度还会提供一个更新版本发布，分别在 1 月份、4 月份、7 月份和 10 月份。所以 Open JDK 在每个功能版本发布之后，都会有两个更新版本发布。

作为学习者来说，只要知道现在 Java 已经不是"免费的午餐"了就行了。

1.4.1 下载 JDK 11（Java SE 11）

在写作本书时，Oracle JDK 的最新版本是 14.0.1，但该版本不是长期支持版本，因此我们选择 Java SE 11 下载并安装。在下载页面找到"Java SE 11 (LTS)"，如图 1-1 所示。

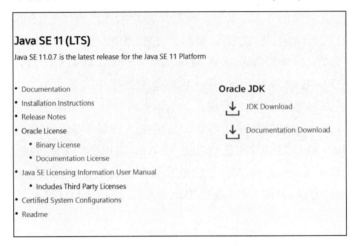

图 1-1　Java SE 11 (LTS)下载页面

单击右侧的"JDK Download"下载链接，进入 JDK 下载页面，然后根据你的计算机所用的操作系统选择对应版本的 JDK 进行下载，如图 1-2 所示。

图 1-2　不同操作系统的 jdk-11.0.7 各版本下载

笔者选择的是"jdk-11.0.7_windows-x64_bin.exe"，单击该链接，选中"接受协议"，然后开始下载。

当然，你也可以下载对应的 Open JDK，功能基本都是一样的。

1.4.2 安装 JDK

运行下载的"jdk-11.0.7_windows-x64_bin.exe",稍等片刻,就可以看到如图 1-3 所示的界面。

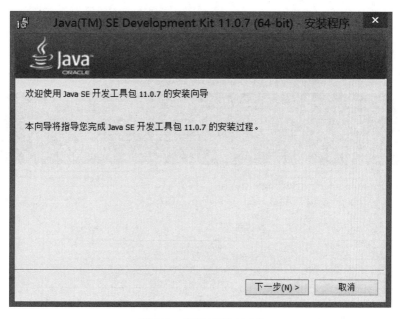

图 1-3　安装 JDK 11.0.7

单击"下一步"按钮,可以看到如图 1-4 所示的界面。在这个界面中选择安装内容和指定安装路径。可以使用默认的安装位置,也可以单击"更改"按钮来修改安装路径。

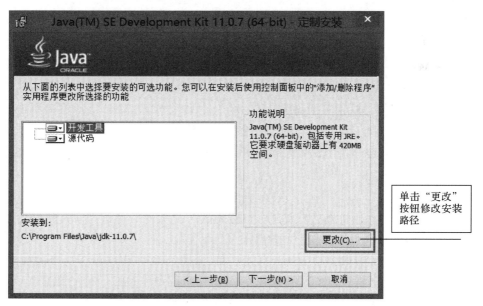

图 1-4　"定制安装"对话框

单击"下一步"按钮开始安装 JDK,在安装完成后,单击"关闭"按钮,完成安装。

1.4.3 下载帮助文档

在学习 Java 和从事 Java 开发时，一定要学会看帮助文档。Java 类库中的类有很多，每个类的使用方法也有很多，我们不可能记住所有的类，也不可能记住所有的类的使用方法，因此帮助文档就成了我们必不可少的贴心小助手，在遇到问题时，就可以询问这个小助手。

单击图 1-1 右侧的"Documentation Download"下载链接，进入 Java 帮助文档的下载页面，如图 1-5 所示。

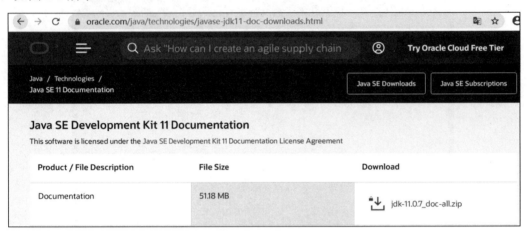

图 1-5　Java 帮助文档的下载页面

单击"jdk-11.0.7_doc-all.zip"下载链接，选中"接受协议"，然后开始下载。下载完成后的文件是一个.zip 压缩文件，解压缩这个文件，得到一个 docs 文件夹，JDK 的帮助文档就在该文件夹中。你可以将 docs 文件夹放到 JDK 的安装目录下，未来在你的计算机上可能会安装多个版本的 JDK，将帮助文档与对应版本的 JDK 放在一起，会比较方便。

1.5　Java 的特性

早在 Java 诞生之初，Sun 公司就发表了一份白皮书，用了一连串的修饰语来定义 Java，称 Java 是简单的、面向对象的、健壮的、安全的、结构中立的、可移植的、高性能的、解释执行的、多线程的、动态的、平台无关的语言。下面就让我们一起看一下 Java 的这些特性。

1.5.1　简单

Java 最初是为了对家用电器进行集成控制而被设计出来的一种语言，因此它必须简单明了。Java 语言的简单性主要体现在三个方面：

- 在设计时，Java 吸取了 C++的一些语法特性，因而 C++程序员在初次接触 Java 语言时，就会对其感到很熟悉。从某种意义上讲，Java 语言是 C 及 C++语言的一个变种，因此，C++程序员可以很快地掌握 Java 编程技术。
- Java 摒弃了 C++中容易引发程序错误的一些特性，如指针、结构、操作符重载、多重继承等。
- Java 提供了丰富的类库。利用 Java 提供的类库，我们可以快速开发文件读写程序、图形界面程序、网络通信程序等许多应用程序。

1.5.2 面向对象

提到 Java，就不得不说它的面向对象的特性。了解 C++的人都知道，C++为了向下兼容 C 语言，因此既支持面向对象，又支持面向过程的开发。而 Java 则是一个完全面向对象的语言，在 Java 的世界中，一切都是对象！面向对象的所有核心特性（如封装、继承、多态等），Java 都给予了很好的支持。

1.5.3 健壮

Java 致力于检查程序在编译和运行时的错误。与 C++类似，Java 也是一种强类型的语言，不过在类型检查方面，Java 比 C++还要严格！类型检查可以帮助我们检查出许多在开发早期就出现的错误。

除了类型检查外，Java 还引入了垃圾内存回收（GC）机制，这个功能有效地避免了内存泄漏的问题，让程序运行更加稳定。在 C 和 C++中，我们经常会定义一个指针，然后为其动态分配一块堆内存，当我们利用这个指针完成某个功能后，经常忘记释放为这个指针所分配的内存，这样就会造成内存泄漏。在 Java 语言中，当我们为一个对象分配内存后，不需要去考虑什么时候为这个对象释放内存，所有这一切都由 Java 的垃圾内存回收机制来完成，它会自动帮助我们回收无用的内存。

1.5.4 安全

Java 被设计为用于网络/分布式的环境，这意味着其安全性就格外重要了。Java 的安全性可以从两个方面得到保证。一方面，在 Java 语言里，删除了指针和释放内存等 C++功能，避免了非法内存操作；另一方面，通过 Java 的安全体系架构来确保 Java 代码的安全性。当我们从网上下载 Java 代码在本地执行时，Java 的安全架构能确保恶意的代码不能随意访问我们本地计算机的资源，例如，删除文件、访问本地网络资源等操作都是被禁止的。

1.5.5 结构中立

Java 被设计为支持应用程序部署到各种不同的网络环境中。在这样的环境中，Java 应用程序必须能够在各种不同的硬件环境和各种不同的操作系统平台下运行。为了实现这一目标，Java 编译器将 Java 源代码编译成一种结构中立的中间文件格式——字节码（bytecodes）。字节码与特定的计算机体系结构无关，只要有 Java 运行环境的机器就都能够执行这种中间代码。

1.5.6 可移植

Java 所具有的同体系结构无关的特性使得其应用程序可以在配备了 Java 解释器和运行环境的任何计算机系统上运行，这成为 Java 应用软件便于移植的良好基础。但仅仅如此还不够，如果基本数据类型设计依赖于具体实现，也将为程序的移植带来很大的不便。例如在 Windows 3.1 中整数为 16 位，在 Windows 95 中整数为 32 位，在 DEC Alpha 中整数为 64 位，在 Intel 486 中整数为 32 位。通过定义独立于平台的基本数据类型及其运算，Java 数据得以在任何硬件平台上保持一致。Java 语言的基本数据类型及其表示方式如下：

- byte——8-bit 二进制补码
- short——16-bit 二进制补码

- int——32-bit 二进制补码
- long——64-bit 二进制补码
- float——32-bit IEEE 754 浮点数
- double——64-bit IEEE 754 浮点数
- char——16-bit Unicode 字符

1.5.7 高性能

Java 可以在运行时直接将目标代码翻译成机器指令，这主要是由 Java 虚拟机中的 JIT（Just In Time，即时编译）编译器来实现的。随着 JIT 编译器技术的发展，Java 代码的运行速度越来越接近于 C++代码。

1.5.8 解释执行

用 C++语言编写的程序是通过编译器编译成本地机器指令，然后执行的，这种方式生成的代码指令可以被 CPU 直接"读懂"。而 Java 则采用了另外一种方式，Java 也有编译器，但是 Java 编译器是将 Java 程序编译成字节码，这是一种中间代码。CPU 当然是"读不懂"字节码的，因此 Java 还需要一个翻译来把这个字节码翻译成 CPU 能"读懂"的机器码，而这个"翻译"就是 Java 解释器。

1.5.9 平台无关

在上面提到了 Java 是解释执行的，正因为有了这个前提，Java 程序才能在任何机器平台上运行。

对 Linux 或 UNIX 操作系统有了解的读者知道，Linux 操作系统会针对不同的 CPU 发布不同的版本。由于 Linux 系统是使用 C 语言开发的，而 C 语言编译器生成的是机器代码，所以，不同类型的 CPU 只能使用针对该类型 CPU 编译的 Linux 版本。

举个例子，中国的民用电压是 220V，美国的民用电压是 110V，如果把符合中国电压标准的电器直接拿到美国使用，那么由于美国电压太低，电器肯定工作不了，反过来，美国的电器直接在中国使用可能就会被烧坏了。如果在市电与电器中间加入一个智能变压器，这个变压器根据不同的电网规格和电器规格对电压进行调配，那么任何一个电器，在任何一个国家都可以正常工作了，而 Java 的解释器就类似于这个智能变压器。

由于有了 Java 解释器，所以只要针对不同 CPU 开发出不同的 Java 解释器，那么 Java 程序就可以在不同的平台下稳定运行了。

1.5.10 多线程

Java 语言的另一个重要特性就是在语言级支持多线程的程序设计。线程对有些读者来说可能是一个新名词，那么什么是线程？多线程又能带来什么好处呢？读者可以把一个线程想象为一个人，如果某项工作由 1 个人（单线程）来做要花费 10 分钟，那么由 5 个人（5 个线程）来做可能只需要 2～3 分钟。可以看出，多线程可以提高工作效率。

在 C++中，要想使用多线程，我们必须寻找一个第三方的库来实现对线程的操作（如Windows 的线程库等），毕竟 C++标准并没有与线程相关的定义。但是在 Java 中，与线程相关的库已经包含在了 Java 的类库中，而且与线程相关的规范也写入了 Java 语言的标准当中，这样我们就不用费心去寻找一个线程库了。

> 提示：C++ 11 标准已经引入了对多线程的支持。

1.5.11 动态

Java 的动态特性是其面向对象设计方法的扩展，它允许程序动态地装入运行过程中所需要的类，这是我们使用 C++语言进行面向对象程序设计所无法实现的。

在 C++程序设计过程中，每当在类中增加一个实例变量或一个成员函数后，继承该类的所有子类就都必须重新编译，否则将导致程序崩溃，而 Java 则采用了一些措施来解决这个问题。

首先，Java 编译器不是将对象实例变量和成员函数的引用编译为数值引用，而是将符号引用信息保存在字节码中，传递给解释器，由解释器在完成动态链接类后，将符号引用信息转换为数值偏移量。一个在存储器中生成的对象不在编译过程中决定，而是延迟到运行时由解释器确定。这样，对类中变量和方法进行更新时就不至于影响现有的代码。在解释执行字节码时，这种符号信息的查找和转换过程仅在一个新的名字出现时才进行一次，随后，代码便可以全速运行。在运行时确定引用的好处是可以使用已被更新的类，而不用担心影响其他代码。如果程序链接了网络中另一个系统中的某一个类，该类的所有者也可以自由地对该类进行更新，而不会使任何引用该类的程序崩溃。

1.6 Java 跨平台的原理

在了解了 Java 的一些特性之后，我们知道 Java 是平台无关的，那么 Java 是怎么做到跨平台的呢？这一切的"魔法"源于 JVM（Java Virtual Machine，Java 虚拟机）。

1.6.1 Java 源文件的编译过程

Java 应用程序的开发周期包括编译、下载、解释和执行几个部分。Java 编译器将 Java 源程序翻译为 JVM 可执行的代码——字节码。这一编译过程与 C/C++的编译有些不同，C/C++编译器生成的代码是针对某一硬件平台的代码。因此，在编译过程中，编译器通过查表将所有对符号的引用转换为特定的内存偏移量，以保证程序的正确运行。而 Java 编译器则不会把对变量和方法的引用编译为数值引用，也不确定程序运行过程中的内存布局，而是将这些符号引用信息保留在字节码中，由解释器在运行时去创建内存布局，然后再通过查表来确定一个方法所在的地址，这样就有效地保证了 Java 的可移植性和安全性。

1.6.2 Java 解释器运行机制

运行字节码的工作是由解释器来完成的。解释执行过程分为三步：代码装入、代码校验、代码执行。

代码装入的工作由类加载器（Class Loader）来完成。类加载器负责加载运行程序所需要的所有代码。当类加载器加载一个类之后，类被放在自己的名字空间中，除了通过符号引用自己名字空间以外的类，类与类之间没有其他办法可以相互影响。当加载了运行程序所需要的所有类之后，解释器便可以确定整个可执行程序的内存布局，并为符号引用同特定地址空间建立对应关系查询表。通过在这一阶段确定代码的内存布局，Java 很好地解决了由于基类改变而导致子类崩溃的问题，同时也防止了代码对地址的非法访问。

当代码被装入之后，字节码校验器开始对字节码进行检查。校验器可以发现操作数栈的溢出和非法数据类型转换等多种错误。在校验通过后，Java 代码便开始执行了。

1.6.3 Java 字节码的执行方式

Java 在执行字节码时有两种方式：即时编译方式和解释执行方式。即时编译方式（JIT Just In Time）先将字节码编译成机器码，再执行机器码。这种运行方式的优点是执行经过二次编译后的机器码可以提高程序的执行速度。

解释执行方式是解释器通过每次解释，并执行一小段代码来完成 Java 字节码程序的所有操作。比如，若 Java 字节码要对两个数值进行加法操作，则解释器调用自身的一段代码来完成加法操作。

1.6.4 理解 JVM

前面提到了 JVM、解释器、编译器、字节码等概念，那么它们之间的关系是怎样的呢？让我们来举个例子说明一下。

我们把 Java 源程序想象为 C++源程序，那么 Java 编译器生成的字节码就相当于 C++编译器编译的针对 Intel x86 平台的机器码（二进制程序文件）。由于字节码是通过 JVM 来运行的，所以 JVM 可以被看成一台配备 Intel CPU 的计算机。Java 解释器是 JVM 中的一部分，它是用来实际执行 Java 字节码的，所以解释器更像是 Intel CPU。JVM 与 Java 解释器和字节码的关系如图 1-6 所示。

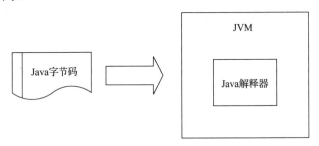

图 1-6 JVM 与解释器

Java 解释器相当于运行 Java 字节码的"CPU"，而这个 CPU 不是由硬件实现的，而是由软件实现的。Java 解释器实际上是一个针对不同硬件平台设计的一个软件。只要实现了特定平台下的 Java 解释器，Java 字节码就可以通过解释器在该平台下执行。这就是 Java 跨平台的根本。

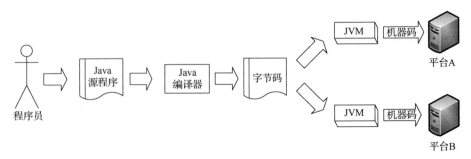

图 1-7 Java 跨平台原理

不过，并不是在所有的平台下都有 Java 解释器，也就是说 Java 程序并不能在所有的平台下运行，Java 程序只能在实现了 Java 解释器程序的平台下运行。

1.7 第一个程序

1.7.1 了解 JDK

扫码看视频

要开发 Java 程序,我们离不开 JDK,JDK 包含了开发一个 Java 程序所需要的所有基本工具。下面我们来了解一下 JDK 安装目录下的文件和文件夹,如图 1-8 所示。

图 1-8 JDK 安装目录下的文件和文件夹

docs 目录是我们在 1.4.3 节下载的 JDK 帮助文档,我们将其放到了 JDK 的安装目录下,JDK 本身是不带这个文件夹的。

bin 目录中包含了 JDK 中的可执行程序,如图 1-9 所示。其中,最常用的两个程序是 javac.exe 和 java.exe,javac.exe 是 Java 编译器,它负责把 Java 源程序编译为 JVM 可执行的字节码。java.exe 是 Java 的解释器,当我们需要执行一个 Java 程序时,就要使用 java.exe 了。

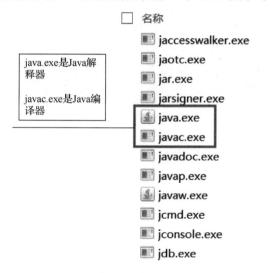

图 1-9 bin 文件夹中的可执行程序

其他文件夹我们暂时不需要去了解,未来估计你也用不上。

1.7.2 编写第一个 Java 程序

下面编写第一个 Java 程序。

首先寻找一个能存放 Java 程序的文件夹，在该文件夹下新建一个文本文档，并将其改名为：Hello.java（我们称之为 Java 源文件）。然后使用文本编辑工具（如记事本、UltraEdit 等）进行编辑。Java 源程序与 C/C++ 源程序类似，它们都是纯文本文件。

> **题外话** 至于编写 Java 程序的文本编辑器，读者可以根据自己的喜好选择一个即可。不过像 Word、写字板这种带文档样式功能的字处理软件就不合适了。

用文本编辑器打开 Hello.java，输入代码 1.1。

代码 1.1　Hello.java
```
class Hello{
}
```

类是 Java 程序的基本编码单元，所以在 Hello.java 中，我们使用 class 关键字定义了一个名为 Hello 的类，这个类目前什么代码也没有。

接下来，我们来编译一下 Hello.java 这个源文件。打开命令提示符工具，进入 Hello.java 所在的文件夹。在第 1.7.1 节，我们介绍了 javac.exe 是 Java 的编译器，在命令提示符窗口中输入 javac Hello.java。

这时出现错误提示："'javac'不是内部或外部命令，也不是可运行的程序"，如图 1-10 所示。看来，我们不能直接输入 javac 来编译 Java 源程序了。换一种方法，输入 javac.exe 文件的完整路径，在笔者的机器上，javac.exe 位于 D:\Java\jdk-11.0.7\bin 文件夹下，于是我们输入：

```
D:\Java\jdk-11.0.7\bin\javac Hello.java
```

这次编译成功了。

图 1-10　编译 Hello.java 出错了

在 Hello.java 文件编译之后，编译器会生成一个 Hello.class 的文件，这个文件就是 Hello 类的字节码文件，如图 1-11 所示。

图 1-11　编译后生成 Hello.class 文件

下面我们用 java.exe 来运行一下这个 Hello 程序，在命令提示符窗口中输入：

```
D:\Java\jdk-11.0.7\bin\java Hello
```

> **注意**：java.exe 执行的是 Java 类，也就是我们编译后的 Hello 类，但不要添加.class 后缀名。

结果如图 1-12 所示。

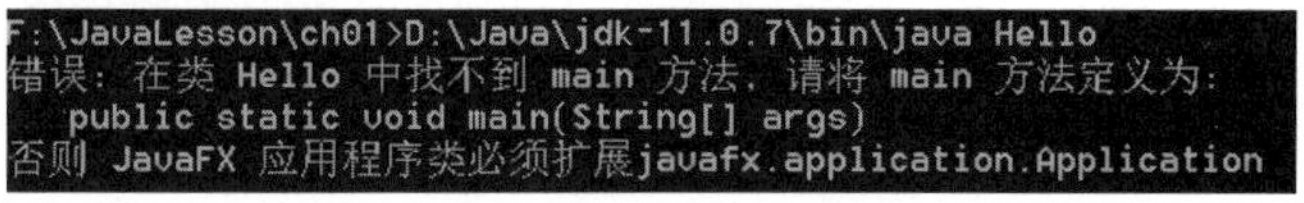

图 1-12 运行 Hello 程序报错

错误提示指出"在类 Hello 中找不到 main 方法"。接触过 C 语言的读者可能会想到 C 语言中经典的入门示例"Hello World"，在这个示例中，有一个 main 函数，作为程序的入口函数。没错，在 Java 程序中也需要有一个 main 方法，作为程序的入口方法。接下来修改一下 Hello.java 文件，如代码 1.2 所示。

代码 1.2　Hello.java

```
class Hello{
    public static void main(String[] args){
        System.out.println("Hello world!");
    }
}
```

System.out.println()方法会在控制台窗口中输出方法参数的字符串值，并输出一个换行符。

然后，我们按照前述方法编译 Hello.java，执行 java Hello，结果如图 1-13 所示。

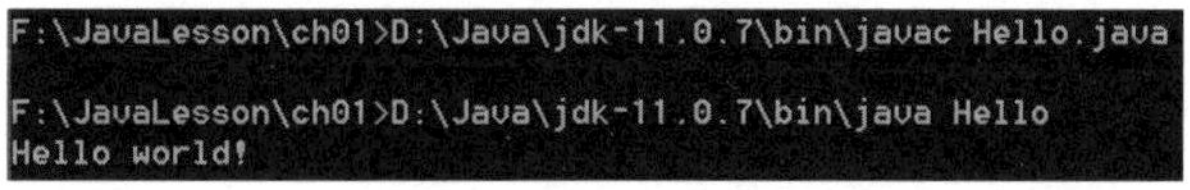

图 1-13 运行结果

这就是一个 Java 版本的"Hello World"。读者暂时不用去理会这些代码的具体含义，只需要先感受一下 Java 程序的编写、编译和运行的过程即可。

初学者有时候可能会疏忽，把"D:\Java\jdk-11.0.7\bin\java Hello"错误地输入成了："D:\Java\jdk-11.0.7\bin\java hello"。当出现这种情况时，Java 解释器会有何反应呢？让我们来看图 1-14。

图 1-14 执行小写的 hello 类报错

当我们忽略 Hello 类的大小写时，Java 解释器会报告"找不到 hello 类"，我们在 Hello.java 中定义的类名是 Hello，而 java.exe 程序接收的参数是类的名称而不是一个文件名。由于 Java 对大小写非常敏感，Hello 类与 hello 类是两个不同的类，所以在执行 hello 类时会出现无法找到类的错误。因此，读者一定要注意类名称的大小写，以免出现上述的错误。

接下来，我们在 Hello.java 中再加入一些代码，如代码 1.3 所示。

代码 1.3　Hello.java

```
class Hello{
    public static void main(String[] args){
```

```
        System.out.println("Hello world!");
    }
}

class Welcome{
}
```

粗体显示的代码是新增的。

至此，我们在 Hello.java 中已经定义了两个类：Hello 和 Welcome。再次使用 javac 编译 Hello.java，你会发现此时在程序所在的文件夹下生成了两个.class 文件。由此，我们可以推断出，Java 编译器会把每个类的编译结果单独放到一个.class 文件中，如图 1-15 所示。

图 1-15　编译生成两个.class 文件

我们在编写 Java 程序时，可以在一个.java 文件中编写多个类，Java 编译器会把不同的类编译到不同的.class 文件中。**不过在使用 java.exe 运行 Java 程序时，需要执行的是有 main 方法所在的类**。针对本例，执行的是 Hello 类而不是 Welcome 类。

修改代码 1.3，在 Welcome 类的 class 关键字前面添加一个 public 修饰符，如代码 1.4 所示。

代码 1.4　Hello.java
```
class Hello{
  public static void main(String[] args){
        System.out.println("Hello world!");
    }
}
public class Welcome{

}
```

再次编译 Hello.java，你会看到如图 1-16 所示的错误。

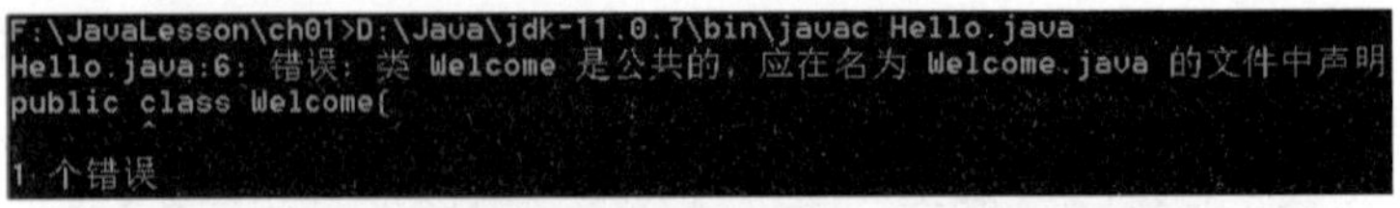

```
F:\JavaLesson\ch01>D:\Java\jdk-11.0.7\bin\javac Hello.java
Hello.java:6: 错误: 类 Welcome 是公共的, 应在名为 Welcome.java 的文件中声明
public class Welcome{

1 个错误
```

图 1-16　public 类名与文件名不符错误

这是因为，Java 要求：当一个类声明为 **public** 时，那么该类所在的文件名必须与类名相同。由于 Welcome 类现在声明为 public，而文件名是 Hello.java，类名与文件名不符，所以在编译时就提示了错误。

将文件 Hello.java 的名字修改为 Welcome.java，编译 Welcome.java，此时一切正常。那么一个 Java 源文件中能否存在两个 public 类呢？显而易见，这肯定是不行的，如果允许存在两个 public 类，那么文件名就不知道该用哪个类名来命名了。如果你这样做了，在编译时就会提示如图 1-17 所示的错误。

```
F:\JavaLesson\ch01>D:\Java\jdk-11.0.7\bin\javac Welcome.java
Welcome.java:1: 错误: 类 Hello 是公共的, 应在名为 Hello.java 的文件中声明
public class Hello{
       ^
1 个错误
```

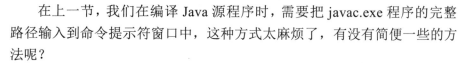

图 1-17　因源文件中存在两个 public 类而报错

1.8　扫清 Java 征途中的两块绊脚石

1.8.1　有用的 PATH

扫码看视频

在上一节，我们在编译 Java 源程序时，需要把 javac.exe 程序的完整路径输入到命令提示符窗口中，这种方式太麻烦了，有没有简便一些的方法呢？

当然有，你可以在程序所在的文件夹（即 D:\Java\jdk-11.0.7\bin）下执行 javac.exe，不过你的 Java 源程序就需要输入完整路径了，但是这样做貌似同样麻烦。

在 Windows 操作系统中，我们可以通过环境变量 PATH 来指定可执行程序所在的路径，在执行程序时只需要输入程序的名称，操作系统就会自动按照 PATH 所设定的目录去查找对应的程序。如果在 PATH 环境变量设置的所有路径中都没有找到该可执行程序，就会提示如图 1-10 所示的错误。

下面，我们先在命令提示符窗口中输入如下的命令设置 PATH 路径。

```
path D:\Java\jdk-11.0.7\bin
```

或者

```
set path=D:\Java\jdk-11.0.7\bin
```

注意：等号两边不要有空格。

然后执行 javac Hello.java，可以看到此时找到了 javac.exe，也成功编译了 Hello.java，如图 1-18 所示。

```
F:\JavaLesson\ch01>path D:\Java\jdk-11.0.7\bin

F:\JavaLesson\ch01>javac Hello.java

F:\JavaLesson\ch01>
```

图 1-18　设置 PATH 路径后编译 Hello.java

不过，这种方式不是一劳永逸的，当我们再打开一个命令提示符窗口，输入“javac”时，系统还是会提示找不到该程序，这是因为我们在当前命令提示符窗口中设置的环境变量只对当前窗口生效。那么如何让系统永远地记住这个路径呢？

其实也很简单，我们只需要配置系统的环境变量 PATH，将 Java 可执行程序的路径包含进去就好了。在文件资源管理器中，用鼠标右键单击【这台电脑】，在弹出的菜单中选择【属性】→【高级系统设置】，在【高级】选项卡中单击【环境变量】，如图 1-19 所示。

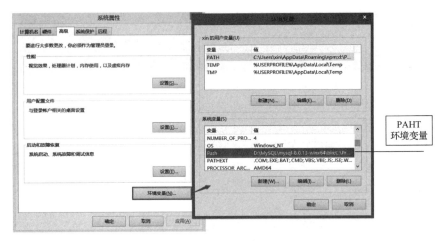

图 1-19　设置环境变量

在“系统变量(S)”下找到“Path”变量，单击“编辑(I)...”按钮，在弹出的“编辑系统变量”对话框中的“变量值(V)”文本框中输入“D:\Java\jdk-11.0.7\bin;”，注意末尾的分号，PATH 环境变量的值中的各个路径都是以英文的分号（;）作为分隔的，如图 1-20 所示。之后一直单击“确定”按钮，完成 PATH 环境变量的设置。

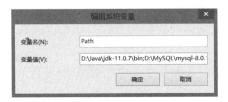

图 1-20　编辑 PATH 变量

重新打开命令提示符窗口，输入 javac，你会发现系统找到了该可执行程序，如图 1-21 所示。

```
F:\JavaLesson\ch01>javac
用法: javac <options> <source files>
其中, 可能的选项包括:
  @<filename>                  从文件读取选项和文件名
  -Akey[=value]                传递给注释处理程序的选项
  --add-modules <模块>(,<模块>)*
        除了初始模块之外要解析的根模块; 如果 <module>
                为 ALL-MODULE-PATH, 则为模块路径中的所有模块。
  --boot-class-path <path>, -bootclasspath <path>
        覆盖引导类文件的位置
  --class-path <path>, -classpath <path>, -cp <path>
        指定查找用户类文件和注释处理程序的位置
  -d <directory>               指定放置生成的类文件的位置
  -deprecation                 输出使用已过时的 API 的源位置
  --enable-preview             启用预览语言功能。要与 -source 或 --release 一起使用。
  -encoding <encoding>         指定源文件使用的字符编码
  -endorseddirs <dirs>         覆盖签名的标准路径的位置
  -extdirs <dirs>              覆盖所安装扩展的位置
  -g                           生成所有调试信息
  -g:{lines,vars,source}       只生成某些调试信息
  -g:none                      不生成任何调试信息
  -h <directory>               指定放置生成的本机标头文件的位置
  --help, -help, -?            输出此帮助消息
  --help-extra, -X             输出额外选项的帮助
  -implicit:{none,class}       指定是否为隐式引用文件生成类文件
  -J<flag>                     直接将 <标记> 传递给运行时系统
  --limit-modules <模块>(,<模块>)*
        限制可观察模块的领域
  --module <module-name>, -m <module-name>
        只编译指定的模块, 请检查时间戳
  --module-path <path>, -p <path>
        指定查找应用程序模块的位置
  --module-source-path <module-source-path>
        指定查找多个模块的输入源文件的位置
  --module-version <版本>        指定正在编译的模块版本
  -nowarn                      不生成任何警告
  -parameters                  生成元数据以用于方法参数的反射
  -proc:{none,only}            控制是否执行注释处理和/或编译。
  -processor <class1>[,<class2>,<class3>...]
        要运行的注释处理程序的名称; 绕过默认的搜索进程
  --processor-module-path <path>
        指定查找注释处理程序的模块路径
  --processor-path <path>, -processorpath <path>
        指定查找注释处理程序的位置
  -profile <profile>           请确保使用的 API 在指定的配置文件中可用
  --release <release>          针对特定 VM 版本进行编译。支持的目标: 6, 7, 8, 9, 10, 11
```

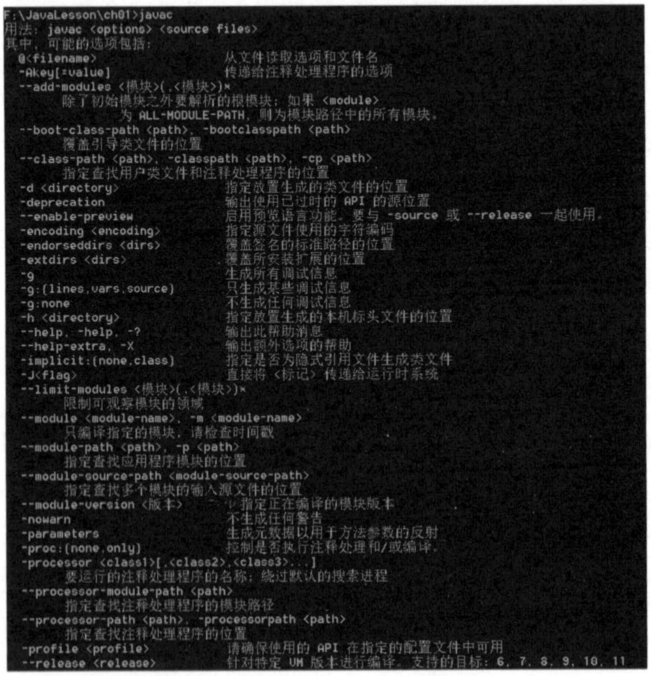

图 1-21　在设置 PATH 环境变量之后

> **提示：**（1）Windows 环境变量名是不区分大小写的。
>
> （2）在用户变量下也可以设置 PATH 环境变量，只不过该变量的值只针对当前登录系统的用户才有效。
>
> （3）之所以要把我们安装的 JDK 的 bin 目录设置在 PATH 环境变量的开始位置处，是为了防止电脑中其他与 Java 相关的软件也在 PATH 变量下设置了路径，从而导致在编译和执行我们的 Java 程序时，系统自动选择了该软件自带的 Java 编译器和解释器，由于版本的不同，使得程序得不到正确的结果，毕竟系统是以路径的先后顺序来查找可执行程序的。

1.8.2 难缠的 CLASSPATH

在使用 java.exe 执行 Hello 类时，是在 Hello 程序所在的文件夹下运行的。如果我们换一个目录，如 E 盘的根目录，那么再输入 java Hello 看看会发生什么情况，如图 1-22 所示。

```
E:\>java Hello
错误: 找不到或无法加载主类 Hello
原因: java.lang.ClassNotFoundException: Hello
```

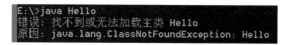

图 1-22　在 E 盘根目录运行 Hello 程序

这时出现了一个错误，提示“找不到或无法加载主类 Hello”。由于 Hello.class 文件在 F:\JavaLesson\ch01 目录下，而在 E 盘的根目录下不存在 Hello.class 这个文件，因此 Java 解释器自然就找不到 Hello 这个类了。

那么，我们试一下执行 java F:\JavaLesson\ch01\Hello，结果如图 1-23 所示。

```
E:\>java F:\JavaLesson\ch01\Hello
错误: 找不到或无法加载主类 F:\JavaLesson\ch01\Hello
原因: java.lang.ClassNotFoundException: F:\JavaLesson\ch01\Hello
```

图 1-23　执行 java F:\JavaLesson\ch01\Hello 报错

显然采用这种方式来执行 Java 类也是行不通的，这是因为 java.exe 接收的参数是 Java 类名，你将类名连同路径一起传递给 java.exe，它就认为这个完整路径是一个类名，找这么一个复杂名字的类自然是找不到的。

在 Java 中，有一个环境变量叫 CLASSPATH，该变量可以用于设置 Java 类所在的路径，在命令提示符窗口中先输入下面的命令设置 Hello 类所在的路径。

```
set classpath=F:\JavaLesson\ch01
```

> **注意：**等号两边不要有空格。

然后再次执行 java Hello，结果如图 1-24 所示。

```
E:\>set classpath=F:\JavaLesson\ch01

E:\>java Hello
Hello world!
```

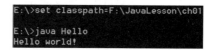

图 1-24　设置 CLASSPATH 变量后执行 Hello 类

可以看到这个时候 java.exe 找到了 Hello 类。要注意，CLASSPATH 环境变量，表示的是类路径，该变量是在执行 java.exe 命令时用来查找 Java 类的，不要和 Windows 操作系统的环境变量 PATH 搞混淆了。

接下来我们回到 Hello.class 所在的文件夹下，再次设置 CLASSPATH 环境变量的值为 E:，执行 java Hello，结果如图 1-25 所示。

```
F:\JavaVideo\ch01>set classpath=e:

F:\JavaVideo\ch01>java Hello
错误: 找不到或无法加载主类 Hello
原因: java.lang.ClassNotFoundException: Hello
```

图 1-25　在 Hello.class 所在文件夹下执行 Hello 类提示找不到

在 F:\JavaVideo\ch01 目录下明明有 Hello.class，为什么找不到 Hello 类呢？这是因为一旦你设置了 CLASSPATH 环境变量，Java 解释器就会严格按照该变量设置的路径（现在 CLASSPATH 配置的类路径是 E 盘）查找 Java 类，即使你是在 Java 类所在的文件夹下执行的，它也"看不到"这个类。如果没有设置 CLASSPATH 环境变量，那么在 Java 类所在目录下执行该类是可以找到的，不过，为了防止其他软件也配置了 CLASSPATH 而导致找不到我们编写的类，我们还是应该手动配置一下 CLASSPATH。由于我们通常都是在当前目录下编译执行 Java 程序，所以在设置 CLASSPATH 变量时，可以用一个点号（.）作为它的值，代表当前目录。

当然，也可以在操作系统的系统变量下一劳永逸地设置 CLASSPATH 环境变量，方法和设置 PATH 变量相同。

在文件资源管理器中，用鼠标右键单击【这台电脑】，在弹出的菜单中选择【属性】→【高级系统设置】，在【高级】选项卡中单击【环境变量】，然后在"系统变量(S)"下单击"新建(W)…"按钮，变量名为：CLASSPATH，变量值为：.，如图 1-26 所示。

图 1-26　设置 CLASSPATH 环境变量

一路单击"确定"按钮，完成 CLASSPATH 环境变量的设置。经过这个设置后，即使其他 Java 软件也设置了 CLASSPATH，那么在 Java 类所在的文件夹下执行该类，也是能正确找到该类的。

还有一种方式是执行 Java 程序时指定 --class-path 参数，在该参数后给出类路径。让我们切换到任意的目录，如 D 盘根目录，然后执行下面的命令：

```
java --class-path F:\JavaLesson\ch01 Hello
```

结果如图 1-27 所示。

图 1-27　使用--class-path 参数执行 Hello 类

> 提示：Java 11 简化了 Java 程序的编译与运行，直接使用 java 命令执行 Java 源文件，即可运行程序，也就是省略了之前版本需要的 javac 编译过程。例如：
> `java Hello.java`
> 不过你必须保证之前没有编译过 Hello.java，也就是说在执行 java 命令的目录下不存在 Hello.class 文件。此外也不要在一个源文件中包含多个类，否则可能会出现找不到 main 方法所在的类的错误。

1.9　交互式编程环境 JShell

扫码看视频

JShell 是 Java 9 新增的一个交互式的编程环境工具，它允许你无须编写类或者方法，就可以执行 Java 中的表达式。

在命令提示符窗口中执行 jshell，如图 1-28 所示。

图 1-28　JShell 的交互式编程环境

你可以根据提示输入：/help intro，查看 JShell 的介绍，或者直接输入：/help，查看 JShell 的相关命令。

在提示符（jshell>）后面可以直接输入表达式，JShell 会给出表达式计算的结果，如图 1-29 所示。

图 1-29　计算表达式

图 1-29 中的$1 和$2 表示表达式计算的结果，可以用于后面的表达式计算，如图 1-30 所示。

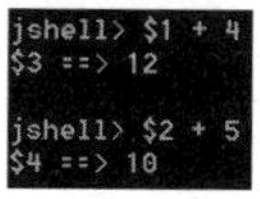

图 1-30　继续表达式的计算

在 JShell 中可以编写方法并调用它，如图 1-31 所示。

图 1-31　编写方法并调用方法

还可以访问 Java 类库中的类，例如 Math 类，查看 Math 类中的方法：先输入"Math."，然后按下 Tab 键（不要按回车键），就会列出该类所有的方法，如图 1-32 所示。

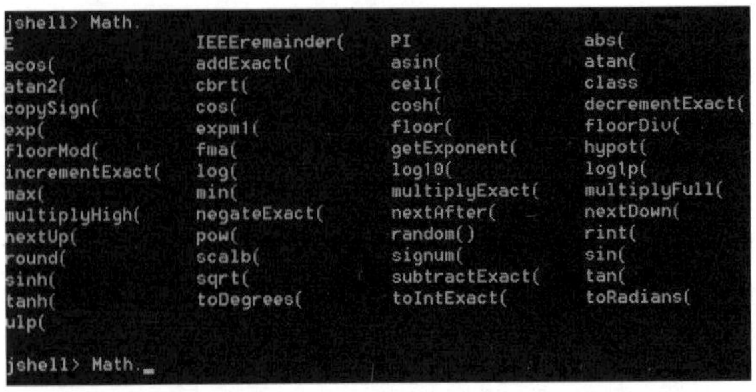

图 1-32　查看 Math 类中的所有方法

接下来输入 mi，按下 Tab 键，这时会自动补全 min 方法，如图 1-33 所示。

图 1-33　自动补全 min 方法

min 方法可以计算两个值的最小值，接下来输入两个数字，计算最小值，如图 1-34 所示。

图 1-34　调用 Math.min 方法

在 JShell 的交互式编程环境中，也支持 Windows 命令提示符窗口的方向键操作，如 ↑ 可以列出上一个命令，↓ 可以列出下一个命令。

要退出 JShell，只需要输入 /exit 即可。

JShell 的更多用法就有待读者自己探索了。

1.10　为 Java 程序打包

扫码看视频

1.10.1　JAR 文件

前面我们已经介绍过，在编译 Java 源程序时，每个类都会单独编译为一个 .class 文件，但在一个大型项目中，可能会有上千个类，编译后就会生成上千个字节码文件，在部署或者其他人要使用这些类时，直接拷贝这上千个文件也是一件很让人头疼的事，为此，Java 给我们提供了一个 jar.exe 工具，用于将这些分散的字节码文件压缩并打包到一个文件中，而这个文件就是 JAR 文件。

jar.exe 在 JDK 安装目录的 bin 文件夹下，我们已经在 1.7.1 节的 PATH 环境变量下配置了该路径，所以可以在任意目录下直接执行该程序。打包后的 JAR 文件使用的是 ZIP 格式压缩的，所以可以使用 7-Zip 等压缩与解压缩软件，打开这些 JAR 文件来查看其中包含的内容。

1.10.2　将字节码文件打包到 JAR 包中

我们之前编写的 Hello.java，在编译后生成了两个字节码文件 Hello.class 和 Welcome.class。我们可以通过 jar 程序把这些文件打包到一个 .jar 文件中。打开命令提示符窗口，进入 Hello 程序所在的文件夹，输入下面的命令：

```
jar cvf hello.jar Hello.class Welcome.class
```

结果如图 1-35 所示。

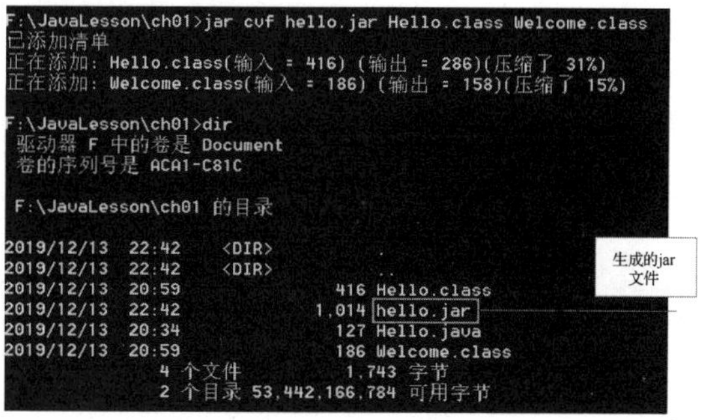

第 1 章　Java 初窥

图 1-35　打包 jar 文件

在这个命令中，jar 是程序名称，cvf 是参数，其中 c 表示创建一个新的 jar 文件，v 表示在标准输出中生成详细输出，f 用于指定生成的 jar 文件名，这三个参数也是最常用的参数。如果想更进一步了解 jar 程序的其他参数，可以直接在命令提示符窗口中输入 jar --help 并按回车键，即可看到 jar 程序的详细用法。

1.10.3　将目录中所有文件打包到 JAR 文件中

上一节只是把一些字节码文件打包到 JAR 文件中，我们同样也可以把一个目录下的所有文件打包到 JAR 文件中。在命令提示符窗口中先退到 F:\JavaLesson 目录下，然后输入下面的命令：

```
jar cvf hello.jar ch01/
```

结果如图 1-36 所示。

图 1-36　打包文件夹下的所有文件

上面的命令把 ch01 文件夹中的所有文件都打包到了 hello.jar 文件中。

1.10.4　清单文件

用解压缩软件打开 hello.jar 文件，你会看到一个 META-INF 目录，在该目录中有一个 MANIFEST.MF 文件，这个文件就是清单文件，用于描述 JAR 文件的内容，并在运行时向 JVM 提供应用程序的信息。

用文本编辑工具打开这个默认生成的清单文件，可以看到其中的内容为：

```
Manifest-Version: 1.0
Created-By: 11.0.7 (Oracle Corporation)
```

内容的第一行说明清单文件的版本，第二行说明该文件是使用 JDK 11.0.7 版本的 jar 工具生成的。

清单文件的格式非常简单，每一行都是由名-值对组成的，格式为：属性名: 属性值，属性名冒号（:）后面需要有一个空格。整个清单文件以一个空行结束。

我们感兴趣的属性是 Main-Class，这个属性用于指定 JAR 文件中包含 main 方法的类，设置了该属性，就可以让一个 JAR 文件变成可执行的。在本例中，Hello 类有一个 main 方法，在打包时，可以通过参数 e 指定 Hello 类为程序的主类。

先删除前面生成的 JAR 文件，进入 ch01 目录，执行下面的命令重新生成 JAR 文件。

```
jar cvfe hello.jar Hello Hello.class Welcome.class
```

再次用解压缩软件打开 hello.jar，META-INF 目录下的 MANIFEST.MF 文件内容如下所示：

```
Manifest-Version: 1.0
Created-By: 11.0.7 (Oracle Corporation)
Main-Class: Hello
```

现在就可以运行 hello.jar 程序了，在命令提示符窗口中，执行 java.exe，使用 -jar 参数指定 JAR 文件，如图 1-37 所示。

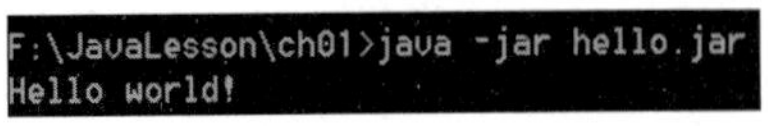

```
F:\JavaLesson\ch01>java -jar hello.jar
Hello world!
```

图 1-37　运行 JAR 文件

我们也可以提前编辑好清单文件，在打包时，使用参数 m 将清单文件一起打包到 JAR 文件中，这样就不需要在打包时指定包含 main 方法的类了。

新建一个名为 manifest.mf 的文本格式的文件，文件内容为：

```
Manifest-Version: 1.0
Created-By: sun
Main-Class: Hello
```

记得在文件内容最后加一个空行。清单文件名是什么都无所谓，依照惯例，我们取名为：manifest.mf。

在命令提示符窗口中执行下面的命令，将清单文件也添加到 JAR 文件中。

```
jar cfm hello.jar manifest.mf Hello.class Welcome.class
```

继续执行下面的命令就可以看到程序的输出结果了。

```
java -jar hello.jar
```

1.11　总结

本章介绍了 Java 的起源和 Java 能做什么，并帮助读者明晰了 Java 的相关概念。目前的 JDK 分为 Oracle JDK 和 Open JDK，因为我们只是学习使用，为了与以前的 JDK 版本有延续性，本书选择了 Oracle JDK 进行下载并安装。

之后我们介绍了 Java 的特性，以及 Java 跨平台的原理。通过编写一个 Java 程序，为读者讲解了 Java 源程序的编译和执行过程，以及在学习过程中会用到的 PATH 和 CLASSPATH 环境变量，前者是 Windows 操作系统使用的变量，后者是 Java 解释程序使用的变量。

最后我们介绍了 Java 程序的打包方式。

1.12　实战练习

正确安装 JDK，编写一个"Hello World"程序，并成功编译执行。

第 2 章 初识 Java 语言

2.1 标识符

扫码看视频

在 Java 语言中，为各种变量、方法和类等起的名字称为标识符（identifier）。在日常编程中，我们需要与大量的变量、方法和类打交道，给它们起个"名字"是非常有必要的。起名字可是一门学问，在 Java 语言中，标识符是以字母、下画线（_）、美元符号（$）开头的，后面跟字母、下画线、美元符号、数字的一个字符序列。

下面来举几个正确的例子：age、_privateValue、$str。

有时，人们也会犯一些错误：3rdValue、#foo、class

在命名标识符时，比较容易犯的错误就是使用了数字开头，或使用了 Java 的关键字（如 class、interface），以及 true、false、null 等字面常量。命名标识符也是一门"艺术"，虽说不用把名字起得很诗意，但是简单、清晰、望名知意还是必要的。

> 提示：在 Java 中是可以使用汉字作为标识符来命名一个变量的，不过很少有人这么做，因为可读性很差，而且与大众的习惯也不同，所以在此并不推荐读者使用中文作为标识符。

2.2 数据类型

扫码看视频

Java 的数据类型分为基本数据类型和引用数据类型，如图 2-1 所示。

基本数据类型分为四类（共 8 种）：
- 布尔型——boolean
- 字符型——char
- 整数类型——byte、short、int、long
- 浮点数型——float、double

引用数据类型包括类、接口、数组和枚举。

本节我们介绍 Java 中的 8 种基本数据类型和常用的 String 类型。

图 2-1　Java 的数据类型

2.2.1　整数类型

Java 各整数类型有固定的表数范围和字节长度,而不受具体操作系统的影响,以保证 Java 程序的可移植性,如表 2-1 所示。

表 2-1　Java 的整数类型

类　型	占用存储空间	表数范围
byte	1 字节	$-128 \sim 127$
short	2 字节	$-2^{15} \sim 2^{15}-1$
int	4 字节	$-2^{31} \sim 2^{31}-1$
long	8 字节	$-2^{63} \sim 2^{63}-1$

1. byte 类型

byte 类型是一个有符号的 8 位二进制数(也就是 1 个字节),它的表数范围是:-128～127。下面声明了一个 byte 类型的变量:

```
byte byteVal;
```

需要注意的是,byte 类型是一个有符号的 1 个字节的整数,如果你给 byteVal 赋值-129 或者 128,这就超过了 byte 类型的表数范围,编译器会报告错误"不兼容的类型:从 int 转换到 byte 可能会有损失"。

2. short 类型

short 类型是一个有符号的 16 位二进制数(也就是 2 个字节),它的表数范围是:$-2^{15} \sim 2^{15}-1$。下面声明了一个 short 类型的变量:

```
short sVal;
```

3. int 类型

int 类型是一个有符号的 32 位二进制数(也就是 4 个字节),它的表数范围是:$-2^{31} \sim 2^{31}-1$。下面声明了一个 int 类型的变量:

```
int iVal;
```

4．long 类型

long 类型是一个有符号的 64 位二进制数（也就是 8 个字节），它的表数范围是：-2^{63}～$2^{63}-1$。下面声明了一个 long 类型的变量：

```
long lVal;
```

2.2.2 浮点类型

Java 浮点类型遵循 IEEE 754 标准，关于该标准，感兴趣的读者可以自行查阅相关资料。不过有一点需要读者注意：浮点数的存储方式与整数是不同的。Java 浮点类型有固定的表数范围和字节长度，如表 2-2 所示。

表 2-2　Java 的浮点类型

类　　型	占用存储空间	表数范围
float	4 字节	-3.403E38～3.403E38
double	8 字节	-1.798E308～1.798E308

1．float 类型

float 类型是单精度浮点类型，它占用 4 个字节的存储空间。

```
float fVal;
fVal = 3.14f;
```

上面的代码声明了一个 float 类型的变量，并赋值为 3.14。读者会发现 3.14 后面有个字母"f"，这个"f"标识前面的数字是 float 类型的浮点数。如果我们把 f 去掉会是什么结果呢？编译器会报告错误："不兼容的类型：从 double 转换到 float 可能会有损失"。

在 Java 源程序中，当我们直接书写一个小数（如 1.5）时，Java 编译器默认这个数值是一个 double 类型的浮点数。因此，我们在为一个 float 类型的变量赋值时，需要在数字后面添加字母"f"或者"F"。

2．double 类型

double 类型是双精度浮点类型，它占用 8 个字节的空间，精度比 float 类型要高。

```
double dVal;
dVal = 3.14;
```

上面的代码声明了一个 double 类型的变量，并赋值为 3.14。在给 double 类型的变量赋值时，书写的小数就不需要添加任何后缀了。

2.2.3 字符（char）型

char 类型数据用来表示通常意义上的"字符"。在 Java 中，char 类型比较特殊，它本质上是一个无符号的 16 位二进制数（2 个字节）。Java 为了让 char 类型能够存储多种语言的字符，采用了 Unicode 来对字符进行编码，而 Unicode 是采用双字节无符号数对字符进行编码的字符集，所以在 Java 中，char 类型占用 2 个字节。

```
char chVal;
chVal = 'a';
```

上面的代码声明了一个 char 类型的变量 chVal，并赋予了一个字符"a"。当我们给一个 char 类型的变量赋值时，一定要注意使用单引号将字符括起来，你也可以赋值一个大于 0 小于 65535 的值（Unicode 编码）。

```
char chVal;
chVal = "a";
```

若我们无意间使用了双引号，在编译时编译器就会报告错误："不兼容的类型: String 无法转换为 char"。从这个错误提示中我们可以知道，用双引号括起来的字符 "a" 是一个字符串类型（String），而 chVal 变量是 char 类型，所以出现了类型不匹配的错误。

2.2.4 布尔（boolean）型

boolean 类型适用于逻辑运算，一般用于程序流程控制。它只有两个值：true 和 false，不可以用 0 或非 0 的整数来替代 false 和 true。熟悉 C++的读者一看到 boolean，就会想到 C++ 中的 bool 类型，不过 Java 的 boolean 类型要特殊一些，它只接收 true 和 false，在 C++中，我们可能习惯于声明一个 bool 类型的变量，并给它赋 0 或 1 这种数值，但是这种方式在 Java 中是不允许的。

```
boolean bVal;
bVal = true;
```

我们可以把 boolean 类型的变量想象成开关，它无非就是开或者关两个状态。在声明 boolean 类型的变量时，熟悉 C++的读者可能会把 boolean 关键字写成 bool，这种笔误需要读者小心。

2.2.5 String 类型

String 类型并不属于上面介绍的 8 种基本类型，不过 String 类型在 Java 中是一个很常用的类型，表示字符串类型。确切地说，String 是一个类，它封装了一些关于字符串的操作。

```
String str;
Str = "Hello World!";
```

上面两行代码声明了一个 String 类型的变量，并给变量赋值为"Hello World!"。注意，在声明字符串变量时，要注意"String"的大小写，不要把"String"写成"string"了，而且在给字符串赋值时要使用双引号包裹住字符串。

给字符串变量赋值还有一些其它的方法：

```
String str1 = new String("Hello World!");
String str2 = "Hello World!";
```

扫码看视频

2.3 变量和字面常量

2.3.1 变量

在上一节中，我们使用了变量这个概念，像 bVal、dVal、iVal 等这些都是变量。可以看出,变量是用于保存特定类型的数据。变量代表某个地址单元中可修改的数据。

变量是有作用范围的,这个范围叫变量的作用域,若超出变量的作用域访问变量;则会产生编译错误。一个变量的作用域局限在变量声明所在的最小的花括号中。如:

例子 1:

```
{
    int a = 10;
}
a += 5;        //错误!超出了 a 的作用域
```

例子 2:

```
{
    {
        int a = 10;
    }
    System.out.println(a);        //错误!a 的作用域在第二级大括号范围内
}
```

例子 3:

```
{
    int a = 10;
    {
        System.out.println(a);  //正确,a 的作用域在第一级大括号范围内
    }
}
```

2.3.2 字面常量

常量代表某个地址单元中的不可修改的数据。

```
int i = 10;
boolean bFlag = true;
char ch = 'x';
```

在上面 3 行代码中,10、true、x 就是所谓的字面常量。

1. 整数字面常量

整数的字面常量可以使用八进制、十进制、十六进制和二进制进行书写。
- 八进制字面常量:0721,在数值前面加 0。
- 十进制字面常量:23,直接输入数字。
- 十六进制字面常量:0xA167,在数值前面加 0x 或者 0X。
- 二进制字面常量:0b10011101,在数值前面加 0b 或者 0B(Java 7 新增)。

下面的例子在控制台窗口中打印 4 个 23。

代码 2.1　FourNumbers.java

```
class FourNumbers {
    public static void main(String[] args){
        System.out.println(23);         //十进制
        System.out.println(027);        //八进制
```

```
            System.out.println(0x17);         //十六进制
            System.out.println(0b10111);      //二进制
    }
}
```

在数值后面加上字母 l 或者 L 代表长整型，如：

```
long a = 123L;
long a = 0xF364L;
```

2．浮点数字面常量

浮点数字面常量直接输入 10 进制的小数即可，不过编译器会把这些数值理解为 double 类型的字面常量，如果要输入 float 类型的字面常量，则需要在小数后面加上字母 f 或 F。

```
double d = 3.14;
float f = 3.14f;
```

如果要输入的值是 0.x，则前面的 0 可以省略。当然，科学计数法也是可用的。

```
float f = .3f;
float f = 3.1415e-2f      //科学计数法，e-2 代表 10 的-2 次方
```

3．布尔字面常量

布尔字面常量很简单，除了 true 就是 flase，在此就不赘述了。

4．字符字面常量

在我们给 char 类型赋值时，可以使用字符字面常量。直接使用单引号括住一个字符即可。

```
char ch = 'a';
```

当我们要赋值单引号时，需要使用一个反斜杠来进行转义：\'。在介绍 char 类型时，我们也提到 char 类型存储采用的是 Unicode 编码，所以也可以使用 "\u" 转义来直接输入 Unicode 值。

```
char ch1 = '\'';
char ch2 = '\u4E2D';              //Unicode 编码
```

5．字符串字面常量

字符串字面常量是用双引号括起来的内容。在字符串字面常量中，如果包含特殊字符，那么需要使用转义字符来表示这些特殊的字符，如使用 "\n" 来表示换行等。表 2-3 列出了常见的一些转义字符。

表 2-3　转义字符

转义字符	意义	ASCII 码值（十进制）
\b	退格（BS），将当前位置移到前一列	8
\f	换页（FF），将当前位置移到下页开头	12
\n	换行（LF），将当前位置移到下一行开头	10
\r	回车（CR），将当前位置移到本行开头	13
\t	水平制表符（HT），跳到下一个 TAB 位置	9

续表

\v	垂直制表符（VT）	11
\\	代表一个反斜杠字符 \	92
\'	代表一个单引号字符	39
\"	代表一个双引号字符	34
\ddd	1 到 3 位八进制数所代表的任意字符	
\uhhhh	4 位十六进制所代表的任意字符	

我们看代码 2.2：

代码 2.2　字符串与转义

```
public class MyString {
    public static void main(String[] args){
        System.out.println("Hello World!\n\tThe \"Second\" Line.");
    }
}
```

程序输出的结果为：

```
Hello World!
        The "Second" Line.
```

6. null 字面常量

在 Java 中，null 代表什么都没有，跟 C++中的 null 类似。不过在 C++中，null 可以用 0 来代替，而在 Java 中，null 表示对象的引用为空，0 是数值类型，两者不能混用。

7. 在数字字面量中使用下画线

这是 Java 7 新增的特性，允许在数字字面量的数字之间使用下画线字符（_），可以用来对较长的数字进行分组，从而提高代码的可读性。

```
long mobile = 139_1234_8888L;
long creditCardNumber = 5187_2345_1768_6123L;
```

下画线只能出现在数字之间，以下的位置不能出现下画线：

- 数字的开头和结尾。
- 浮点数中与小数点相邻。
- 浮点数后缀 f 或 F，以及长整型后缀 l 或 L 之前。
- 十六进制字面常量前缀 0x 或 0X，以及二进制字面常量前缀 0b 或 0B 之后。
- 预期出现数字的位置。

例如：

```
int x1 = _52;              // 无效；_52 是一个标识符，不是数字字面量
int x2 = 5_2;              // OK
int x3 = 52_;              // 无效；不能放在数字的结尾
int x4 = 5_____2;          // OK，即整数 52
int x5 = 0_52;             // OK，即八进制数 52

float f1 = 3_.14F;         // 无效；不能和小数点相邻
```

```
float f2 = 3._14F;                       // 无效；不能和小数点相邻
long mobile = 139_1234_8888_L;           // 无效；不能放在 L 后缀之前

int x6 = 0_x52;                          // 无效；不能放在 0x 中间
int x7 = 0x_52;                          // 无效；不能放在 0x 之后
int x8 = 0x5_2;                          // OK
```

扫码看视频

2.4 类型转换的奥秘

先看一个例子，代码 2.3 如下：

代码 2.3　TypeConverting.java

```
class TypeConverting {
    public static void main(String[] args){
        byte b = 3;
        b = b * 3;
        System.out.println(b);
    }
}
```

当我们编译这个类时，编译器会报告一个错误：

```
TypeConverting.java:4: 错误: 不兼容的类型: 从 int 转换到 byte 可能会有损失
            b = b * 3;
                ^
```

编译器告诉我们类型不兼容，无法把 int 类型转换为 byte 类型，而且编译器还告诉我们问题出在了 TypeConverting.java 的第 4 行，即下面的代码：

```
b = b * 3
```

变量 b 是 byte 类型，数值 3 也没有超出 byte 类型的存储范围，那么为什么会出现"不兼容的类型：从 int 转换到 byte 可能会有损失"这样的错误呢？第一感觉应该是数值 3 被编译器认为是一个 int 类型的整数字面常量，那么我们把数值 3 强行转换为 byte 类型应该就可以了，强制类型转换的语法是在变量前加上"(变量类型)"，修改第 4 行的代码：

```
b = b * (byte)3;
```

再次编译，结果还是出现了上述错误，看来问题不是出在数值 3 上，那么应该是"b * 3"的结果是 int 类型，也就是说，虽然计算结果为 9，并未超出 byte 类型的表数范围，但该结果被自动数据类型提升为了 int 类型，所以导致出现类型不兼容的问题。下面把第 4 行改为：

```
b = (byte)(b * 3);
```

现在，编译通过了。有些读者可能会问：为什么要在"b * 3"外面加上一个圆括号呢？在 Java 中，类型转换运算的优先级比乘法运算符的优先级要高，所以要转换"b * 3"的计算结果的类型，应该在"b * 3"外面加上括号，否则就是转换 b 为 byte 类型了。

现在，我们已经了解了如何进行类型转换，但是上面例子的类型转换还是比较正常的，下面我们来看一个会出现问题的例子，如代码 2.4 所示。

代码 2.4　Overflow.java

```
class Overflow {
    public static void main(String[] args){
        short a;
        int b = 0x3FFFFF;   //0x3FFFFF 的 10 进制值为 4194303
        a = (short)b;
        System.out.println(b);
        System.out.println(a);
    }
}
```

程序的运行结果为：

```
4194303
-1
```

我们发现 4194303 变为了-1。虽然编译器没有报告类型错误，但是程序的执行结果并不能让我们接受。在 2.2.1 节中，我们已经知道 short 类型占用 2 个字节，int 类型占用 4 个字节。在上面的例子中，0x3FFFFF 这个十六进制数占用了 3 个字节，当我们使用 int 类型变量存储时没有任何问题，但是当我们转换为 short 类型时，就会出现多出 1 个字节无处存放的问题，这就是类型转换时的溢出。

当我们使用类型转换时，多出来的一个字节会被直接抛弃。那么 Java 是抛弃最前面的 3F，还是抛弃最后面的 FF 呢？从 a 变量的结果来看，Java 抛弃的是前面的 3F（a 变量的值在 16 进制下是 0xFFFF，转换为 10 进制则是-1）。

```
字节：         1   2   3   4
int        [00][3F][FF][FF]
short              [FF][FF]
```

> **注意**：在我们使用类型转换时，要注意溢出这种情况，尤其是当占用字节数较多的类型转换为占用字节数较少的类型时，一定要注意是否会出现溢出的情况。

下面我们来看看把浮点数转换成整数的情况，如代码 2.5 所示。

代码 2.5　Float2Int.java

```
public class Float2Int {
    public static void main(String[] args){
        float f = 3.1415926f;
        int i = (int)f;
        System.out.println(i);
    }
}
```

程序的运行结果为：

```
3
```

从结果可以看出，Java 直接把浮点数小数点后面的值抛弃，保留整数部分。那么在浮点数转换为整数时，会不会四舍五入呢？答案是不会，读者可以把 3.1415926 改为 3.9 试试。

那么int是否可以转换成boolean类型呢？很不幸，Java不允许这么做。

代码2.6　Num2Bool.java
```
public class Num2Bool {
    public static void main(String[] args){
        int i = 1;
        boolean bool = (boolean)i;
        System.out.println(bool);
    }
}
```

当用javac编译上面的程序时，编译器会提示"错误: 不兼容的类型: int无法转换为boolean"。也就是说，并不是任何类型之间都能相互转换的。

要注意的是，在Java中并没有提供地址访问功能，所以不能像C++那样使用指针随意地进行强制类型转换，Java中的强制类型转换，不仅要考虑数据的内存布局是否兼容，还要考虑数据本身是否兼容。比如上例的boolean类型，虽然它只占用1个字节，在理论上和整型数据可以互相转换，但该类型的数据只用于逻辑运算（只有两个值：true和false），Java编译器强制保证boolean类型和其他类型之间无法通过类型转换来互相使用，这有助于我们编写健壮和安全的程序。

2.5　运算符

Java的运算符风格和功能与C\C++类似，运算符接1~2个操作数，运算后产生一个新的值。在Java中，运算符有许多，不过常用的是"+""-""*""/""="等。

扫码看视频

2.5.1　赋值运算符

赋值操作是由"="运算符来完成的，意思是等号左边的变量（左值）取右边的值。赋值运算符的右边（右值）可以是任意的常量、变量、能返回值的表达式，但是赋值运算符左边必须是明确的变量。例如：a = 4，即将a变量赋值为4；但是4 = a就是错误的，因为赋值运算符左边是一个字面常量。

扫码看视频

2.5.2　自增和自减运算符

有过C++语言经验的读者或许对C++中的自增和自减运算符记忆犹新，它可以把变量增加1。

自增运算符：

```
i++; ++i
```

它相当于 i = i + 1。

自减运算符：

```
i--; --i
```

它相当于 i = i − 1。

有些读者会对++和--在变量前后的运算顺序搞不明白，你只需要记住，如果++（或--）运算符在变量前面，就先计算自增（或自减），如果++（或--）运算符在变量后面就先取变量的值再计算自增（或自减）。把下面的代码理解之后，对于自增和自减运算符在变量前后的区别就明白了。

```
int a, b, i;
i = 1;
a = i++;    //a = 1
b = ++i;    //b = 3
```

2.5.3　算术运算符

在 Java 中，我们接触到的算术运算符有加（+）、减（-）、乘（*）、除（/）、取模（%）。**整数相除（/）如果有余数，则舍弃余数，保留整数（即商），不进行四舍五入。整数取模运算（%），即整数相除求余数；浮点数取模运算会返回小数余数。**

扫码看视频

在 Java 中，同样借鉴了 C++的运算并赋值的简化符号（即复合赋值运算符），如果想把 x 加 4 然后把结果赋值给 x 可以写成"x += 4"。下面的例子演示了算术运算符的使用。

代码 2.7　MathOperator.java

```java
class MathOperator {
    public static void main(String[] args){
        int a, b, c, d;
        a = 1; b = 2; c = 3; d = 4;
        System.out.println(a + b);
        System.out.println(c - a);
        System.out.println(b * c);
        System.out.println(c / b);
        System.out.println(c % b);

        a += 1;
        System.out.println(a);
        b -= 1;
        System.out.println(b);
        c *= 2;
        System.out.println(c);
        d /= 2;
        System.out.println(d);
        c = 3;
        c %= 2;
        System.out.println(c);
        System.out.println(3.5%2);
        System.out.println(3f/2f);
    }
}
```

2.5.4　关系运算符

扫码看视频

关系运算符用于在两个操作数之间判断关系，如果关系成立，则返回 boolean 类型的 true 值，如果关系不成立，则返回 boolean 类型的 false 值。这些关系运算符与 C++语言的关系运算符相同：等于（==）、不等于（!=）、大于（>）、大于等于（>=）、小于（<）、小于等于（<=）。

例如：4 == 5 的值为 false，5 >= 2 的值为 true。

> **注意**：在进行等于判断时，不要将两个等号写成一个，否则会变成赋值操作，导致不必要的问题出现。

2.5.5　布尔运算符

扫码看视频

Java 沿用了 C++的习惯，用&&表示逻辑与，|| 表示逻辑或，! 表示逻辑非。布尔运算符根据它的操作数的逻辑关系计算结果为 true 或 false。逻辑与（&&）只有在两个操作数都为 true 时，其结果才为 true；逻辑或（||）只要任何一个操作数为 true，其结果就是 true。逻辑非（!）顾名思义，非真即为假，非假即为真。

例如：true && false 的结果为 false，true || false 的结果为 true，!ture 的结果为 false。

此外，要注意的是，&& 和 || 都是按照"短路"的方式求值的，我们看下面的例子：

代码 2.8　Logical.java

```
class Logical {
    public static void main(String[] args){
        int a, b;
        boolean bool;
        a = 0; b = 0;
        bool = (a >= 0) && (++b > 1);   // a >= 0 计算为true，因此判断第二个表达式
        System.out.println(b);          //b为1
        a = 0; b = 0;
        bool = (a > 0) && (++b > 1);    // a > 0 计算为false，因此第二个表达式不
                                        会被计算
        System.out.println(b);          // b 为 0

        a = 0; b = 0;
        bool = (a >= 0) || (++b > 1);   // a >= 0 计算为true，因此第二个表达式不
                                        会被计算
        System.out.println(b);          // b 为 0
        a = 0; b = 0;
        bool = (a > 0) || (++b > 1);    // a > 0 计算为false，因此判断第二个表达式
        System.out.println(b);          // b 为 1
    }
}
```

程序的计算结果为：

1

```
0
0
1
```

从计算结果可以看出，当逻辑与运算符的第一个表达式为 false 时，才会计算第二个表达式，因为 false 和任何操作数进行逻辑与运算其结果都是 false，因此没有必要去计算第二个表达式。当逻辑或运算的第一个表达式为 true 时，不会计算第二个表达式，因为 true 和任何操作数进行逻辑或运算，其结果都是 true，因此没有必要去计算第二个表达式。换句话说，&& 和 || 是按照"短路"的方式求值的。

2.5.6 位运算符

为了方便对二进制位进行操作，Java 提供了 4 个位运算符：按位与(&)、按位或（|）、按位异或（^）、按位取反（~）。

扫码看视频

1．按位与

按位与和逻辑与的计算有些类似，只不过是把 true 改为了二进制的 1，把 false 改为了二进制的 0，不过，逻辑与是针对布尔值进行逻辑判断，而按位与则是对一个数的二进制位进行操作。

操作数 A	01101101
操作数 B	00110111
按位与 &	00100101

按位与其实很好掌握，你只需记住只有 1、1 为 1 就行了，其他都是 0。

2．按位或

同样，按位或预算与逻辑或运算也是类似的，只不过把 true 改为二进制的 1，把 false 改为二进制的 0 即可。按位或是对一个数的二进制位进行操作。

操作数 A	01101101
操作数 B	00110111
按位或 |	01111111

按位或也很好掌握，你只需记住只有 0、0 为 0 就可以了，其他都是 1。

3．按位异或

按位异或有些不太好理解：两个二进制位的值不同时为 1，相同时则为 0。我们看表 2-4。

表 2-4 按位异或操作

二进制位 1	二进制位 2	异或结果
1	1	0
1	0	1
0	1	0
0	0	1

操作数 A	01101101
操作数 B	00110111
按位异或 ^	01011010

从上面的例子可以看出，只要 A 和 B 的相同位的值不同时计算，结果就为 1，否则为 0。

位异或运算在某些场景下是非常有用的，比如我们要交换两个变量的值，通常的做法是定义一个临时变量来辅助完成两个变量值的交换，如代码 2.9 所示。

代码 2.9　Exchange.java

```java
class Exchange {
    public static void main(String[] args){
        int a = 5, b = 3;
        int temp = a;
        a = b;
        b = temp;
        System.out.println("a = " + a);   //输出: a = 3
        System.out.println("b = " + b);   //输出: b = 5
    }
}
```

在去企业面试的时候可能会让你不使用临时变量完成两个数的交换，为此我们可以修改代码 2.9 的实现，如代码 2.10 所示。

代码 2.10　Exchange.java

```java
class Exchange {
    public static void main(String[] args){
        int a = 5, b = 3;
        a = a + b;
        b = a - b;
        a = a - b;
        System.out.println("a = " + a);   //输出: a = 3
        System.out.println("b = " + b);   //输出: b = 5
    }
}
```

这也实现了两个数的交换，不过这种实现方式有些问题，我们知道整数类型都有其表数范围，一旦超过了该范围，数据就会溢出。如果是两个很大的整数，你先进行相加操作，就有可能会造成数据的溢出，从而导致结果不正确，这个时候，使用位异或运算就能完美地解决这个问题，而且执行效率会很高，因为 CPU 执行位运算的效率是非常高的，这也是为什么很多算法都采用了位运算的原因。

继续修改代码 2.10 的实现，如代码 2.11 所示。

代码 2.11　Exchange.java

```java
class Exchange {
    public static void main(String[] args){
        int a = 5, b = 3;
        a = a ^ b;
        b = a ^ b;
        a = a ^ b;
        System.out.println("a = " + a);   //输出: a = 3
        System.out.println("b = " + b);   //输出: b = 5
    }
}
```

读者可以将 5 和 3 的二进制位列出来，然后按照位异或运算自己演算一下，就能更好地明白这个交换过程。

4. 按位取反

取反就是把 0 变为 1，1 变为 0，这是非常简单的一个概念。下面是一个按位取反的例子。

操作数	00110111
按位取反～	11001000

在对某个变量进行位运算后再赋值给该变量时，也可以使用复合赋值运算符，例如，把变量 a 与数值 0xFF 进行与运算并把结果赋值给 a，可以写成：a &= 0xFF。

下面的例子综合了所有的位运算符。

代码 2.12　BitOperators.java

```java
class BitOperators {
    public static void main(String[] args){
        int a = 0x3333;
        System.out.println(a & 0xFF);
        System.out.println(a | 0x330000);
        System.out.println(a ^ 0xCCCC);
        System.out.println(Integer.toHexString(~a));
        a = 0x3333; a &= 0xFF;
        System.out.println(a);
        a = 0x3333; a |= 0x330000;
        System.out.println(a);
        a = 0x3333; a ^= 0xCCCC;
        System.out.println(a);
    }
}
```

程序的计算结果为：

```
51
3355443
65535
ffffcccc
51
3355443
65535
```

读者可以使用 Windows 自带的计算器，查看十六进制值对应的十进制值。代码中 Integer 类的 toHexString 方法可以把一个整数转换成十六进制表示的字符串。

2.5.7　移位运算符

移位运算符也是对二进制位的操作，在 Java 中，移位运算符包括左移运算符（<<）、带符号右移运算符（>>）和无符号右移运算符（>>>）。

下面我们来看一下移位运算符的计算方式（假定整数 17 占一个字节），首先是左移运算：

扫码看视频

数值	x	x<<2
17	00010001	00|01000100
−17	11101110	11|10111000

当进行左移运算时，17 的二进制值向左移动两位，并在右边补 0，而左边多出的两位舍弃，得到结果：01000100，把它转换为十进制数就是 68，而 $17 \times 2^2 = 68$，也就是说左移运算相当于对源操作数进行乘法运算，乘数是 2 的左移位数次方。不过这仅限于无符号整数，且没有溢出的情况下（也就是左边抛弃的值均为 0 时）。-17 的位移运算原理相同。

接下来是带符号右移运算：

```
数值     x          x>>2
17    00010001   00000100|01
-17   11101110   11111011|10
```

当进行带符号右移运算时，17 的二进制值向右移动两位，并在左边补 0，而右边多出的两位舍弃，得到结果：00000100，把它转换为十进制数就是 4，而 $17 \div 2^2 = 4$ 余 1。也就是说，带符号右移运算相当于对源操作数进行除法，除数是 2 的右移位数次方，而余数就是舍弃的值。不过这也仅限于无符号整数。

对于-17 来说，带符号右移只是在左边补位时补 1，而右边多出的两位舍弃，得到结果：11111011。

最后是无符号右移运算：

```
数值     x          x>>2
17    00010001   00000100|01
-17   11101110   00111011|10
```

对于正数来说，无符号右移与带符号右移计算结果相同，对于负数来说，无符号右移是在左边的空位上补 0。

下面用一个例子来熟悉一下移位运算符。

代码 2.13　ShiftOperators.java

```java
class ShiftOperators {
    public static void main(String[] args){
        System.out.println(17 << 2);
        System.out.println(-17 >> 2);
        System.out.println(-17 >>> 2);
        
        System.out.println(0xBFFFFFFF);
        System.out.println(0xBFFFFFFF << 1);
    }
}
```

计算结果为：

```
68
-5
1073741819
-1073741825
2147483646
```

> **注意**：本例的数值 17 是作为 int 类型参与运算的，移位运算符的计算结果也是 int 类型，所以"-17 >>> 2"的计算结果很大。由于是无符号右移，最左边的位置补 0，因此结果变成了正数。

2.5.8 一元和二元运算符

一元和二元运算符是针对操作数的个数来说的,只需要一个操作数的运算符就称为一元运算符,如正号(+)、负号(-)、逻辑非(!)、自增(++)、自减(--)等。需要两个操作数的运算符就称为二元运算符,如算术运算符和关系运算符等。

2.5.9 三元运算符

熟悉 C++的读者肯定会想到"?:"运算符,这个运算符接受三个操作数。它很像 if/else 语句,下面用一个例子来说明这个三元运算符的运算方式。

扫码看视频

```
a == 3 ? a : a - 3;
```

"?"前面的表达式要返回一个布尔值,当"a == 3"成立时,则执行冒号(:)左边的表达式,否则执行冒号右边的表达式。有时,这个三元运算符可以完成条件赋值的工作,而且比使用 if/else 语句要简便一些。

```
a = (flag > 1)? c : d;
```

2.5.10 优先级

运算符优先级是规定表达式中出现多个不同运算符时的计算顺序。Java 有着一套严格的运算符优先级定义,如表 2-5 所示。

表 2-5 运算符的优先级

运算符	结合性
[] . () (方法调用)	从左向右
! ~ ++ -- + (一元运算) - (一元运算) () (强制类型转换) new	从右向左
* / %	从左向右
+ -	从左向右
<< >> >>>	从左向右
< <= > >= instanceof	从左向右
== !=	从左向右
&	从左向右
^	从左向右
|	从左向右
&&	从左向右
||	从左向右
?:	从右向左
= += -= /= %= &= |= ^= <<= >>= >>>=	从右向左

运算符的优先级从上往下依次递减,即表格第一行的运算符优先级最高,最后一行的运算符优先级最低,同一行内的运算符具有相同的优先级。

在小学学数学时，老师会告诉我们先乘除、后加减的运算顺序，知道这一点就差不多够用了，没有必要去死记表 2-5 列出的运算符之间的优先级。在遇到运算符优先顺序不是很明确的情况下，最简单的方法就是使用圆括号来包裹表达式。例如：

```
x = a + b - 3 / 3 - c
```

如果是想计算 b-3 与 3-c 相除的结果再加上 a，那么可以使用圆括号来界定表达式的计算顺序，如下所示：

```
x = a + (b - 3)/(3 - c)
```

提示：不要痴迷于运算符的优先级，写出"i = ++i+i+++i+++i;"这样的表达式并不能说明你的水平很高，使用圆括号比研究那些晦涩难理解的运算符优先级要简单许多。

2.6 表达式与语句

表达式是运算符与操作数的结合，通常用于对变量或值执行运算和操作。像其他语言一样，表达式也是 Java 语言重要的构造块。表 2-6 列出了合法的 Java 表达式。

表 2-6 合法的 Java 表达式

表达式名	例子
算术表达式	x + 5、x * 5
赋值表达式	x = 5
自增和自减表达式	x++、--x
关系表达式	a > b && a < c
位运算表达式	17 >> 2
三元运算表达式	a == 3 ? a : a – 3;
方法调用	System.out.println(x)

Java 中的语句以分号（;）结尾。通常，一条语句占一行，如果想要结束该条语句，则需要使用分号结尾。

一条语句可以由一个表达式组成也可以由多个表达式组成，或者没有表达式。例如：在一行书写一个单独的分号（;），这是一条空语句，虽合法但没用，因为 Java 编译器在编译的时候会自动去掉这条空语句。表达式可以作为语句的是赋值表达式、自增/自减表达式以及方法调用表达式，记得在其后添加分号。

2.7 程序结构

扫码看视频

Java 的程序结构基本上是从 C++中沿用而来的，不过随着 Java 本身和技术的发展，Java 在这方面还有一些小的改进。

从结构化程序设计角度出发，程序有三种结构：
- 顺序结构
- 选择结构
- 循环结构

1. 顺序结构按照代码的先后顺序依次执行，先执行 A，再执行 B，如图 2-2 所示。
2. 选择结构：存在某个条件 P，若 P 为真，则执行 A，否则执行 B，如图 2-3 所示。

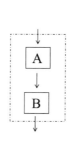

图 2-2 顺序结构

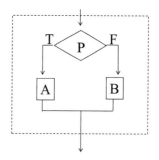

图 2-3 选择结构

由选择结构可以派生出另一种基本结构——多分支结构，如图 2-4 所示。

3. 循环结构分为两种：当型和直到型。

（1）当型：当 P 条件成立时（为真），反复执行 A，直到 P 为假时才停止循环，如图 2-5 所示。

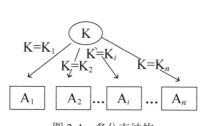

图 2-4 多分支结构

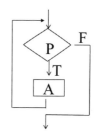

图 2-5 当型循环

（2）直到型：先执行 A，再判断条件 P，若为真，再执行 A，如此反复，直到 P 为假，如图 2-6 所示。

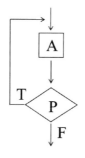

图 2-6 直到型循环

2.7.1 分支语句

分支语句实现程序流程控制的功能，即根据一定的条件有选择地执行或跳过特定的语句。Java 中的分支语句有两种：if/else 语句和 switch 语句。

扫码看视频

1．if 语句

if 语句有以下三种形式。

形式 1：if(boolean 类型表达式) 语句 A

当表达式的值为 true 时，执行语句 A，否则跳过语句 A。执行流程如图 2-7 所示。

例如：

```
if (x > y)
    z = x;
```

形式 2：if(boolean 表达式) 语句 A else 语句 B

当表达式为 true 时，执行语句 A；当表达式为 false 时，执行语句 B。执行流程如图 2-8 所示。

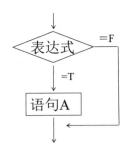

图 2-7　if 语句执行流程图

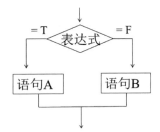

图 2-8　if/else 语句执行流程

例如：

```
if (x>y)
    z = x;
else
    z = y;
```

形式 3：
if(boolean 类型表达式 1)　语句 1
else if (表达式 2) 语句 2
else if (表达式 3) 语句 3
…　　　　…
else　if(表达式 n)　语句 n
else 语句 n+1

执行流程如图 2-9 所示。

例如：

```
if(score >= 85){
    System.out.println("优秀");
}else if(score >= 60){
    System.out.println("及格");
}else{
    System.out.println("不及格");
}
```

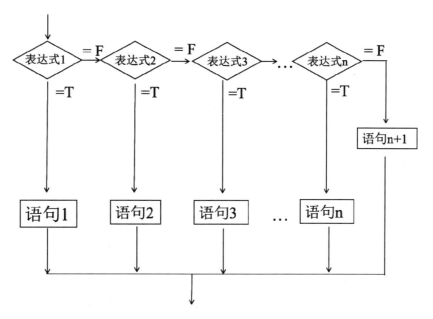

图 2-9　if/elseif/else 语句执行流程

上面这个代码是一个典型的 if/elseif/else 语句的示例，逻辑很简单，就是根据学生成绩打印输出成绩评价。if、elseif 和 else 是互斥的条件判断，如果一个条件满足，后面的条件就不会再去判断。假设 score 变量的值是 70，因为它不满足第一个条件，所以才会进行第二个条件判断（score >= 60），而该表达式计算为 true，于是输出：及格，之后的 else 不会被执行。同理，如果 score 变量的值是 90，那么第一个条件就满足了，输出：优秀，之后 else if 条件根本不会进行判断，else 后的语句也不会被执行。

if 语句也可以嵌套使用，一般的形式为：

if (表达式1)
　　if (表达式2) 语句1　⎤
　　else 语句2　　　　　⎦ 内嵌 if
else
　　if (表达式3) 语句3　⎤
　　else 语句4　　　　　⎦ 内嵌 if

> **注意**：else 总是与最近的 if 配对的。

> **注意**：在 Java 语言中，if 语句只接受 boolean 类型的条件值，或者返回 boolean 类型的表达式。在 C++ 中，我们可以使用非 0 值来代表 true，0 代表 false，但是在 Java 中这种方式是不允许的。当然，这一规则也适用于 while、do…while 循环。

2. switch 语句

switch 语句的语法结构如下：

```
switch(表达式){
case const1:
```

扫码看视频

```
        statement1;
        break;
case const2:
    statement2;
break;
...
case constN:
    statementN;
break;
[default:
    statement_default;
break; ]
}
```

switch 语句根据表达式计算的值,与 case 后的常量值进行比较,当相等时则执行 case 中的代码。如果所有的 case 子句都没有匹配成功,则执行可选的 default 子句中的代码。这里有以下三个知识点需要注意:

(1) switch 语句的表达式的类型在 Java 5 之前只能是 byte、short、int 或者 char 类型。Java 5 在新增了枚举类型,以及自动装箱与拆箱特性后,switch 语句表达式的类型也扩充为支持枚举、Byte、Short、Integer 和 Character。在 Java 7 中,又进一步增加了对字符串类型(String)的支持。

(2) case 后接的是常量,不能是变量,且所有 case 子句中的值应是不同的。

(3) default 子句是可选的,一般用于在没有匹配成功时执行默认的操作。

我们注意到,在 switch 语句的所有 case 子句和 default 子句中都有一条 break 语句,该语句是用来在执行完一个 case 分支后使程序跳出 switch 语句块的。为什么在 switch 语句中要使用 break 语句呢,这是由 switch 语句特有的工作方式来决定的。我们看代码 2.14。

代码 2.14　SwitchCase.java

```
class SwitchCase {
    public static void main(String[] args){
        int a = 3;
        switch(a){
        case 1:
            System.out.println("1st");
        case 2:
            System.out.println("2nd");
        case 3:
            System.out.println("3rd");
        case 4:
            System.out.println("4th");
        case 5:
            System.out.println("5th");
        default:
            System.out.println("Out");
        }
    }
}
```

在本例的 switch 语句中没有使用 break 语句,执行结果为:

```
3rd
4th
5th
Out
```

变量 a 的值是 3，于是从 case 3 开始，后面的代码会一直按顺序执行下去，而不会再去匹配，于是，"4th、5th、Out"也被输出到控制台了，这就是 switch 语句的工作方式。

为了避免出现这种情况，我们需要在每一个 case 子句后面都添加一条 break 语句，用于在匹配成功执行完代码后终止 switch 语句。修改上述代码，如代码 2.15 所示。

代码 2.15 SwitchCase.java

```java
switch(a){
case 1:
    System.out.println("1st");
    break;
case 2:
    System.out.println("2nd");
    break;
case 3:
    System.out.println("3rd");
    break;
case 4:
    System.out.println("4th");
    break;
case 5:
    System.out.println("5th");
    break;
default:
    System.out.println("Out");
    break;
}
```

加入 break 语句后，程序运行的结果就符合预期了：

```
3rd
```

有的读者可能会奇怪：为什么 default 子句中也要添加 break 语句呢？首先要明确一点，default 子句虽然经常书写在最后，作为没有匹配成功后的默认操作，但该子句并没有强制要求一定要书写在最后。换句话说，你在 default 子句后依然可以继续添加 case 子句，在这种情况下，为 default 子句添加 break 语句就是必要的。总之，为 switch 语句中的每个子句都添加 break 语句是一个良好的习惯！

在某些场景下，我们也可以利用 switch 语句的工作方式来简化代码的编写，例如 switch 的表达式有多个值对应了相同的处理结果，那么我们可以将处理代码放到最后一个匹配的 case 子句中，只在该子句中使用 break 语句，如代码 2.16 所示：

代码 2.16 SwitchCase2.java

```java
class SwitchCase2 {
    public static void main(String[] args){
        String code = "201";
```

```
            switch(code){
            case "201":
            case "202":
            case "203":
                System.out.println("成功");
                break;
            case "400":
                System.out.println("客户端错误");
                break;
            case "500":
                System.out.println("服务端错误");
                break;
            default:
                System.out.println("未知错误");
                break;
            }
        }
    }
```

code 的值是字符串"201",与第一个 case 子句的值匹配,但是该子句没有代码,也没有 break 语句,于是继续往下执行,直到 case "203"下的输出语句后有 break 语句,终止了 switch。这段代码的目的就是在 code 的值为字符串"201""202"或者"203"时都输出:成功。

> 提示:代码 2.16 需要在 Java 7 及之后的版本中才能编译运行,因为 Switch 语句对字符串类型的支持是在 Java 7 中才引入的。

2.7.2 循环语句

有个笑话,一名记者采访一群南极企鹅,记者问,"你们每天都做什么呢?"企鹅们都回答"吃饭、睡觉、打豆豆",当问到最后一只企鹅时,它说"吃饭、睡觉"。记者很奇怪,问"你为什么不打豆豆呢",结果这只企鹅满脸悲愤地说"我就是豆豆"。

这个笑话只是为了让读者轻松一下,但也说明在我们生活中有很多周而复始的行为,比如学生,"起床、上学、做作业、睡觉、起床、上学……",程序也一样,有很多重复的工作要执行,这就需要使用循环了。

循环语句用于在循环条件满足时,反复执行特定的代码。循环语句一般由 4 个部分组成:
- 初始化部分(init_statement)
- 循环条件部分(test_exp)
- 循环体部分(body_statement)
- 迭代部分(alter_statement)

在 Java 中,循环语句有四类:
- while 循环
- do…while 循环
- for 循环
- "for each"循环

1. while 循环

while 语句是 Java 中最简单的循环，它是一种"当型"循环，其语法格式为：

```
while(condition){
    statements;
}
```

扫码看视频

condition 是一个类型为 boolean 的条件表达式，当该值为 true 时，则执行 statements，然后再次判断条件并反复执行，直到条件不成立为止。

图 2-10　while 循环

while 循环在循环开始就判断 condition 条件，所以，statements 的执行次数是 $0\sim n$。

while 后面的语句一般为语句块，即需要使用一对花括号（{ }）来包裹语句，语句块中应该有让 condition 为 false 的语句，否则就会出现无限循环，即我们常说的死循环。while 语句的完整形式如下：

```
[init_statement]
    while( test_exp){
        body_statement;
        [alter_statement;]
    }
```

下面我们通过 while 循环计算 1+2+3+…+100 的结果，代码如 2.17 所示。

代码 2.17　WhileLoop.java

```
class WhileLoop {
    public static void main(String[] args){
        int sum = 0;
        int i = 1;          //初始化部分
        while(i <= 100){    //循环条件部分
            sum += i;       //循环体部分
            i++;            //迭代部分
        }
        System.out.println("1 加到 100 的结果为：" + sum);
    }
}
```

输出结果为：1 加到 100 的结果为：5050

2. do…while 循环

do…while 循环是一种专门的"直到型"循环语句，该循环的语法格式为：

扫码看视频

```
do{
    statments
}while(condition);
```

先执行 statements，再判断 condition 条件的值，如果为 true，则继续执行 statements，否则结束循环。

do...while 循环的执行流程如图 2-11 所示。

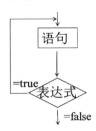

图 2-11　do...while 循环的执行流程

与 while 循环不同的是，do...while 循环执行 statements 的次数是 1～n。所以当我们需要至少执行一次代码时，使用 do...while 比较方便。

do...while 语句的完整形式如下：

```
[init_statement]
do {
    body_statement;
    [alter_statement;]
} while( test_exp);
```

下面我们使用 do...while 循环来计算 1+2+3+…+100 的结果，代码如 2.18 所示。

代码 2.18　DoWhileLoop.java

```
class DoWhileLoop {
    public static void main(String[] args){
    int sum = 0;
    int i = 1;           //初始化部分
    do {
      sum += i;          //循环体部分
      i++;               //迭代部分
    } while(i <= 100);   //循环条件部分

    System.out.println("1 加到 100 的结果为：" + sum);
    }
}
```

输出结果同代码 2.17。

扫码看视频

3. for 循环

for 循环是一种使用频率非常高的循环，它的语法格式为：

```
for (init_statement; test_exp; alter_statement) {
    body_statement
}
```

在 for 循环的圆括号中有 3 个表达式，第一个表达式 init_statement 通常用于对循环计数器进行初始化；第二个表达式 test_exp 代表条件部分，该部分在每次循环时都要进行计算和判断；第三个表达式 alter_statement 通常用于更新循环计数器；body_statement 就是每次循环条件满足时要执行的循环体部分。

for 循环的执行流程是：首先计算 init_statement，接着执行 test_exp，如果值为 ture，则执行 body_statement，接着计算 alter_statement，再判断 test_exp 的值。依次重复下去，直到 test_exp 的值为 false。从这个过程中，我们可以知道 init_statement 部分在整个 for 循环中只执行一次，而其他部分则会在条件满足时，多次重复执行。

图 2-12 给出了 for 循环执行流程。

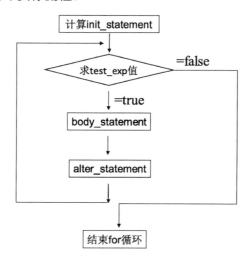

图 2-12　for 循环的执行流程

下面的代码将数字 1~10 输出到控制台窗口中。

```
for(int i = 0; i < 10; i++){
    System.out.print(i);
}
```

当在 for 语句的初始化部分声明计数器变量 i 时，i 变量的作用域仅限于 for 循环内部，如果在 for 循环外部访问 i 变量，则会出现编译时错误。

下面我们使用 for 循环来计算 1+2+3+…+100 的结果，代码如下：

代码 2.19　ForLoop.java

```
class ForLoop {
  public static void main(String[] args){
    int sum = 0;
    for(int i = 1; i <= 100; i++){
      sum += i;
    }

    System.out.println("1 加到 100 的结果为：" + sum);
  }
}
```

可以看到使用 for 循环代码更加简洁。

for 循环在使用时有一些特例，具体如下。

（1）for 语句的第一部分可以省略，例如：

```
int sum = 0, i = 1;
for(; i <= 100; i++){
    sum += i;
}
```

（2）for 语句的第二部分一般不可以省略，否则就会变成无限循环，例如：

```
for (int i=1; ; i++)  sum=sum+i;
```
等价于：
```
int i = 1;
while (true) {
    sum=sum+i;
    i++;
}
```

（3）for 语句的第三部分也可以省略，但在循环体中必须有语句修改循环计数变量，以使条件表达式在某一时刻为 false，从而正常结束循环。例如：

```
int sum, i;
for (sum=0, i=1; i<=100; ) {
    sum=sum+i;
    i++;
}
```

（4）如果同时省略 for 语句的第一部分和第三部分，则相当于 while 循环语句。例如：

```
for (; i <= 100;) {sum+=i; i++;}
```
等价于：
```
while (i <= 100) {
    sum+=i;
    i++;
}
```

（5）如果将 for 语句的三个部分全部省略，即 for(; ;)，则相当于 while(true)语句。

（6）for 语句的第一部分和第三部分还可以是复合的表达式，以使循环计数变量值在修改时可以对其他变量进行赋值。例如：

```
for (sum=0, i=1; i<=100; sum+=i, i++)
```
等价于：
```
sum=0;
for (i=1; i<=100; i++)  {
    sum+=i;
}
```

扫码看视频

4．"for each" 循环

Java SE 5.0 引入了一种新的"for each"循环，提供了一种简便的方式来遍历数组或集合中的各个元素。

这种 for 循环的语法格式为：

```
for(type variable : array/collection){
}
```

"for each"循环语句由两部分组成,并用冒号(:)分隔,在冒号前定义一个变量(type variable),用来临时存储数组或集合中的各个元素,在冒号后的内容是要遍历的数组或集合对象(array/collection)。"for each"循环在遍历数组或集合时,会将数组或集合中的每个元素都取出并赋值给我们定义的临时变量variable,在循环体中,可以直接通过variable来得到数组或集合中的各个元素并进行处理。

关于"for each"循环,我们会在介绍数组和集合时有更进一步地讲解,下面我们看一个例子,如代码2.20所示。

代码2.20　ForEach.java

```java
class ForEach {
    public static void main(String[] args){
        int[] array = new int[]{1,1,2,3,5,8,13};
        for(int elt : array){
            System.out.print(elt);
            System.out.print(" ");
        }
    }
}
```

不带ln后缀的print方法不会输出换行符。

程序的运行结果为:

```
1 1 2 3 5 8 13
```

可以看到,使用"for each"循环来遍历数组是非常简单的,不过要注意的是,在"for each"语句中定义的临时变量的类型要与数组或集合中的元素类型相匹配。

"for each"循环虽然可以让代码更加简洁,让我们在使用时更加方便,但它也有局限性,主要体现在:

(1)只能按顺序遍历所有元素,无法实现较为复杂的循环,如在某些条件下需要回退到之前遍历过的某个元素。

(2)循环计数变量不可见,不能通过下标来访问数组元素。

(3)在遍历集合时,集合对象必须已经实现了Iterable接口。

5. break语句和continue语句

break语句和continue语句主要用于控制循环语句的流程。

(1)break语句

在switch语句中我们已经使用过了break语句,其用于结束switch。同样,在循环语句中也可以使用break语句来退出循环。

扫码看视频

```java
int i = 0;
while(true){
    i++;
    if(i > 10) break;
}
System.out.println(i);
```

在上面的例子中,while循环的条件恒为true,因此while循环内部的代码将永远重复地执行下去。i这个变量会从0一直往上增长,直到无穷大。"System.out.println(i);"这行代码也许永远都无法执行。难道就让 CPU 一直做这种没有意义的工作吗？我们并不喜欢这种无限循环。

if 语句来了，它带着 break 语句来解救 CPU 了。当 i 大于 10 的时候，break 语句大吼一声："不要继续了，我受够了，这一切该结束了！"于是 while 语句建立的一个延续千秋万代的循环被打破了。最高兴的应该是 "System.out.println(i);" 这行代码，它终于有机会大显身手了。

上面程序的运行结果是：

```
11
```

如果在嵌套的循环中使用 break 语句，那么它将退出整个循环，还是只退出当前循环呢？我们可以通过下面的例子来验证一下。

代码 2.21　BreakStatement.java

```java
class BreakStatement {
    public static void main(String[] args){
        for(int i=0; i<3; i++){
          for(int j=0; j<3; j++){
            if(j == 0) break;
            System.out.println("内层循环");
          }
          System.out.println("外层循环");
        }

        System.out.println("结束循环");
    }
}
```

程序运行的结果为：

```
外层循环
外层循环
外层循环
结束循环
```

从结果中可以得知，在嵌套的循环中，break 语句只是退出当前循环。有时候我们希望能够在某个条件触发的时候直接退出指定的循环，这可以使用带标签的 break 语句来实现。

标签放置在需要跳出的循环之前，后面紧跟一个冒号（:)，修改代码 2.21，在最外层循环前面添加一个标签，并使用 "break 标签名" 的形式跳出循环，如代码 2.22 所示。

代码 2.22　BreakStatement.java

```java
class BreakStatement {
    public static void main(String[] args){
        outer:
        for(int i=0; i<3; i++){
          for(int j=0; j<3; j++){
            if(j == 0) break outer;
            System.out.println("内层循环");
          }
          System.out.println("外层循环");
        }
```

```
        System.out.println("结束循环");
    }
}
```

程序运行的结果为：

结束循环

（2）continue 语句

continue 语句用于跳过当前循环的一次执行，注意与 break 语句的区别，break 是退出当前循环，而 continue 仅仅是跳过本次执行。

我们看下面的代码：

```
for(int i = 0; i < 10; i++){
    if(i % 2 == 0) continue;
    System.out.print(i);
    System.out.print(" ");
}
```

这个程序运行的结果为：

1 3 5 7 9

在上面的程序中，当 i 是 2 的整数倍时（i 除以 2 余 0），continue 被执行，当 continue 执行后，后面两行向控制台输出数据的代码就不会被执行了，程序转而从 for 语句的 i++ 表达式开始，进行下一次循环。

当 continue 语句出现在多层嵌套的循环语句体中时，可以通过标签指明要跳过的是哪一层循环的本次执行。

下面我们看一个求素数的例子。

代码 2.23　PrimeNumber.java

```
class PrimeNumber {
  public static void main(String args[]) {
    int n = 0;
    outer:
    for(int i=101; i<200; i+=2) {        //外层循环
      for(int j=2; j<i; j++) {           //内层循环
        if(i%j == 0)
          continue outer;                //不能使用"break",为什么
      }
      System.out.print(" " + i);
      n++;
      if(n < 6)
        continue;
      System.out.println();              //输出六个数据后换行
      n = 0;
    }
  }
}
```

程序的运行结果为：

```
101  103  107  109  113  127
131  137  139  149  151  157
163  167  173  179  181  191
193  197  199
```

请读者自行编写一下上述程序，然后仔细理解代码中的含义，就能掌握 continue 语句的用法了。即使一时理解不了 continue 语句的用法，也没关系，因为我们通过其他代码逻辑也能实现 continue 语句能实现的功能，所以读者可以放宽心，不用刻意强求理解 continue。

下面，再用一个例子熟悉一下 break 语句和 continue 语句。

代码 2.24　BreakContinue.java

```java
class BreakContinue {
    public static void main(String[] args){
        int i = 0;
        while(true){
            i++;
            if(i % 2 == 0) continue;
            if(i > 10) break;
            System.out.print(i);
            System.out.print(" ");
        }
        System.out.print("\n");
        System.out.print(i);
    }
}
```

程序运行结果为：

```
1 3 5 7 9
11
```

扫码看视频

2.8　数组

数组是一种数据结构，用来存储同一类型的数据。在内存布局上，数组是一系列连续排列的数据，因此访问速度很快。

数组中的元素是通过一个整型的下标来访问的，代表该元素在数组中的索引位置，数组的索引是从 0 开始的。

2.8.1　数组类型与声明数组

1．数组类型

在 Java 中，数组是一种特殊的类型，被称为数组类型（Array Type）。若声明一个数组类型的变量则使用其元素类型后接[]，加上数组的名字。例如，声明一个 int 类型的数组 arr，则可以写为：

```java
int[] arr;
```

在 main 方法的定义中"public static void main(String[] args)",args 参数的类型就是 String 数组。

2．声明数组

在 C++语言中,我们习惯使用"int arr[3];"这种方式在声明一个数组的同时指定数组的容量,不过在 Java 中,这行不通,Java 中数组变量的声明和数组容量的分配(即数组对象的创建)是分开进行的。

```
int num[];
int[] num;
int [] num;
int []num;
```

上述声明一个 int 类型的数组变量的四种方式都是合法的,第二种方式是我们推荐的方式,因为它将数组类型(int[])和变量名(num)清晰地区分开了。

2.8.2 创建数组

在声明一个数组之后,就可以为这个数组分配内存空间了,可以看下面的代码。

```
int[] num;
num = new int[3];
int[] num2 = new int[3];
```

第二行代码,我们使用 new 运算符来创建一个包含 3 个 int 类型元素的数组。第三行代码只不过是把前两行代码写在了一行当中。在 Java 中,new 运算符是用来分配内存的,数组的存储需要内存,对象的存储也需要内存,所以当创建一个数组或对象时,我们需要使用 new 运算符。

```
num[0] = 11;
num[1] = 22;
num[2] = 33;
```

上面的代码是给 num 数组的三个元素进行赋值的,使用访问运算符([])来访问数组的元素,在中括号([])中的数值叫作数组的下标,也就是第几个元素。需要注意的是,数组第一个元素的下标为 0。如果一个数组的大小为 n,那么数组的下标范围是 $0 \sim n-1$。

不过我们也可以在声明数组的同时给数组分配初始值,看下面的代码。

```
int[] num = {11, 22, 33};
```

这行代码定义了一个包含 3 个 int 类型元素的数组,并且这 3 个元素的值依次为:11、22、33。要注意的是,这种写法必须在同一行,如果把上面代码分成两行书写则会出现编译问题。

```
int[] num;
num = {11, 22, 33}; //编译错误
```

给数组分配初始值还有一种写法:

```
int[] num = new int[]{11, 22, 33};
```

不过,在使用这种写法时,要注意不要写成下面的形式了:

```
int[] num = new int[3]{11, 22, 33};
```

我们的想法是声明一个包含 3 个 int 类型元素的数组，并赋初始值，但不幸的是，这种写法编译器会报错。

2.8.3 使用数组

在声明数组变量并创建数组后就可以通过数组名来使用数组了。数组的使用无非是给指定元素赋值或者获取指定元素的值。前面我们已经了解到，可以使用访问运算符来给数组的元素赋值，同样，使用访问运算符可以获取指定下标元素的值。

我们看代码 2.25。

代码 2.25　ArrayUse.java

```java
class ArrayUse {
    public static void main(String[] args){
        int[] nums = {11, 22, 33};
        for(int i = 0; i < 3; i++){
            System.out.println(nums[i]);
        }
    }
}
```

程序运行结果为：

```
11
22
33
```

这段程序很简单，通过 for 循环依次获取数组中的元素并输出到控制台窗口中。这里我们知道数组的元素个数是 3，因此循环条件设置为 i < 3，假如我们不知道数组中元素的个数怎么办呢？**Java** 中的数组都有一个默认的 **length** 属性，该属性的值就是数组中元素的个数，在数组变量上可以使用点号（.）运算符来访问 length 属性。

我们看代码 2.26。

代码 2.26　ArrayUse.java

```java
class ArrayUse {
    public static void main(String[] args){
        int[] nums = {11, 22, 33};
        for(int i = 0; i < nums.length; i++){
            System.out.println(nums[i]);
        }
    }
}
```

如果只是遍历访问数组中的元素，那么使用"for each"循环会让你的代码更加简洁，如代码 2.27 所示。

代码 2.27　ArrayUse.java

```java
class ArrayUse {
    public static void main(String[] args){
```

```
        int[] nums = {11, 22, 33};
        for(int num: nums){
            System.out.println(num);
        }
    }
}
```

2.8.4　匿名数组

在上面的例子中，创建的数组都是保存在一个数组变量中的。有时，在调用方法时，需要传入一个数组类型的参数，为了方便，我们会在传参时直接创建一个数组，而不是把数组保存到一个变量中再传递，如代码 2.28 所示。

代码 2.28　UnnamedArray.java

```
class UnnamedArray {
    public static void main(String[] args){
        UnnamedArray.method(new int[]{1, 2, 3});    //传入一个匿名数组
    }

    public static void method(int[] array){
        for(int num : array){
            System.out.println(num);
        }
    }
}
```

在第三行代码中，我们直接用 new 运算符创建了一个包含 3 个 int 类型元素的数组，并设定初始值为：1、2、3。然后，把这个数组直接传入 UnnamedArray 类的 method 方法。以这种方式创建的数组我们就称之为匿名数组。

当使用匿名数组时，需要注意以下两点：

（1）一定要使用 new 运算符为数组分配空间并进行初始化。

（2）要使用"new int[]{11, 22, 33}"这种方式来创建并初始化数组，如果使用"{11, 22, 33}"方式来创建并初始化数组，则会产生编译错误。

2.8.5　多维数组

下面以二维数组为例。

1．声明二维数组

现在我们已经知道，声明一个一维数组是在类型名称后面加上一对方括号，那么声明二维数组就是在类型名称后面加上两对方括号。

```
int[][] num;
int num[][];
```

上面两行代码都是声明一个二维数组。同样，我们推荐采用第一种声明方式。

2．创建二维数组

创建二维数组也使用 new 关键字，并在两对方括号中指定二维数组的最大行数和最

大列数。

```
int[][] num;
num = new int[3][3];
int[][] num2 = new int[3][3];
```

上面的代码创建了两个二维数组,它们的大小都是3行3列。在数学中,我们称之为矩阵。

Java的二维数组还有一个特性,就是它可以针对各个行来创建包含不同列数的二维数组(不规则数组)。

矩阵型数组（3行3列）	不规则的数组（3行）
行1:　　　X X X	X X X
行2:　　　X X X	X X X X X
行3:　　　X X X	X X

不过,列数不同的数组创建起来比较麻烦。

```
int[][] num;
num = new int[3][];
num[0] = new int[3];    //第一行为3列
num[1] = new int[5];    //第二行为5列
num[2] = new int[2];    //第三行为2列
```

> 提示：Java中的二维数组可以看成一个保存一维数组的一维数组。

3. 初始化二维数组

初始化二维数组可以用访问运算符（[]）给每个元素赋值,也可以在二维数组声明时直接创建数组并赋初始值。

```
int[][] num = {{1, 2}, {3, 4}, {5, 6}};
int[][] num = new int[][]{{1, 2}, {3, 4}, {5, 6}};
```

我们在声明二维数组变量num的同时创建了一个3行2列的数组,并给数组分配了初始值。同样,我们也可以使用这种方法创建一个不规则的二维数组。

```
int[][] num = {{1}, {2, 3}, {4, 5, 6}};
```

4. 使用二维数组

与一维数组相同的是,使用访问运算符（[]）和下标来访问二维数组中的指定元素,如代码2.29所示。

代码2.29　MDArray.java

```java
class MDArray {
    public static void main(String[] args){
        int[][] num = {{1}, {2, 3},{4, 5, 6}};
        System.out.print(num[0][0]);
        System.out.print(" ");
        System.out.print(num[1][1]);
        System.out.print(" ");
        System.out.print(num[2][2]);
        System.out.print("\n");
```

```
            for(int[] row : num){
                for(int col : row){
                    System.out.print(col);
                    System.out.print(" ");
                }
            }
        }
    }
```

程序的运行结果为:

```
1 3 6
1 2 3 4 5 6
```

在访问一维数组的例子中,我们体会到了使用"for each"循环的优势。在使用"for each"循环遍历二维数组时,我们需要使用嵌套循环,外层循环遍历二维数组的行,内层循环遍历二维数组的列。在外层"for each"循环中,我们要注意行元素的类型是"int[]"。

2.8.6 数组的初始值和越界

若我们不为数组赋初始值,而直接访问数组中的元素,那么会出现什么情况呢?

```
int[] num = new int[3];
System.out.println(num[1]);
```

代码运行的结果为:

```
0
```

在我们使用 new 运算符创建一个数组时,Java 会为数组中的每个元素都赋一个初始值,这个初始值根据元素数据类型的不同而不同。如表 2-7 所示列出了 Java 8 种基本数据类型的初始值(如果数组中的元素是对象类型,则初始值是 null)。

表 2-7　Java 8 种基本数据类型的初始值

类型	初始值
byte	0
short	0
int	0
long	0
float	0.0
double	0.0
boolean	false
char	\u0000

当我们声明一个包含 3 个元素的数组,而访问下标为 3 的元素时,会发生什么情况呢?我们看代码 2.30。

代码 2.30　ArrayErrors.java

```
public class ArrayErrors {
    public static void main(String[] args){
```

```
        int num[] = {1, 2, 3};
        System.out.println(num[3]);
    }
}
```

程序运行的结果为：

```
Exception in thread "main" java.lang.ArrayIndexOutOfBoundsException: Index 3 out of bounds for length 3
        at ArrayErrors.main(ArrayErrors.java:4)
```

这时，系统会抛出一个异常，报告数组的下标越界。

2.9 分隔符

分隔符是单字符的标记，出现在其他标记之间。Java 中有 9 个分隔符，分别如下：

- (

  用于打开方法的参数列表和在表达式中建立操作的优先级。

-)

  用于关闭方法的参数列表和在表达式中建立操作的优先级。

- {

  用于打开语句块和初始化列表。

- }

  用于关闭语句块和初始化列表。

- [

  放在表达式前面用作数组索引。

-]

  放在表达式后面用作数组索引。

- ;

  用在表达式语句末尾和分隔 for 语句的各个部分。

- ,

  用于分隔列表中的内容。

- .

  用作小数点，或者分隔包名与类名，以及方法名或变量名等。

扫码看视频

2.10 注释

在代码中加入注释有助于记录在编写代码时的瞬间灵感，注释更大的作用是提醒自己，以及告诉其他程序员你所写的代码的作用是什么。

与大多数程序设计语言一样，Java 中的注释也不会出现在编译后的代码中。

2.10.1 传统注释

Java 完全借鉴了 C++ 的注释风格：

```
// 注释单行文本
/* 注释多行文本 */
```

第一种方法用于单行注释,从双斜杠(//)开始到本行结束的所有字符均作为注释而被编译器忽略。

第二种方法用于多行注释,从"/*"开始,直到遇到第一个"*/"为止,它们之间的内容均为注释而被编译器忽略。

至于使用哪种注释风格,完全取决于读者的喜好。有时我们在开发一些项目或者使用一些特殊的文档生成工具时,注释的风格会受到一定的约束,不过这是一种规范的体现,接受这种规范能使得协同工作更加顺畅。

2.10.2 JavaDoc 注释

如果读者看过 Java 的 API 文档,你会看到包的说明、类的说明、方法的说明等,而这些内容可以以注释的方式写在我们的源程序中,然后通过 JDK 中的 javadoc 工具来生成网页版的说明文档。这种注释以 /** 开始,以 */ 结束,我们称之为 JavaDoc 注释。

下面是一个包含了 JavaDoc 注释的类,如代码 2.31 所示。

代码 2.31　JavaDoc.java

```
/**
 * JavaDoc 类
 * 用于介绍 javadoc 注释
 * 可以使用 HTML 标签来格式化注释内容<br>
 * <b>粗体字符</b><br>
 * <code>JavaDoc</code>类(JavaDoc 为代码样式)<br>
 * 下面是列表项:
 * <ul>
 * <li><a href="http://www.baidu.com">链接到百度的超链接</a>
 * </ul>
 *
 * @author sunxin
 * @version 1.0
 */
public class JavaDoc {
    /**
     * 示例方法
     *
     * @param arg1  参数 1
     * @param arg2  参数 2
     * @return 返回 1
     */
    public int method(String arg1, int arg2){
        return 1;
    }

    /**
     * 该方法可能抛出 Exception 类型的异常
     * @throws Exception 抛出的 Exception 类型异常
     */
    public void throwSomeException() throws Exception{
```

```
    }
    /**
     * 主函数
     * @param args   命令行参数
     */
    public static void main(String[] args){

    }
}
```

JavaDoc 注释以"/**"开始并独占一行，以"*/"结尾。至于中间各行是否要在开头添加一个星号（*），并没有强制要求，而是由开发者自行决定的，当然，目前绝大多数开发者会采用这种风格。在 JavaDoc 注释里，有以"@"字符开头的标记，这些标记修饰后面的内容为标记单词的含义。如：@auther sunxin 说明作者是 sunxin。下面介绍一些常用的标签：

```
@auther       说明后面的内容是作者姓名
@version      说明后面的内容是类的版本
@param        说明后面的内容是方法的参数说明
@return       说明后面的内容是方法的返回值说明
@throws       说明后面的内容是方法可能抛出的异常的说明
@see          引用其他类或方法
```

读者可以打开命令提示符窗口，输入下面的命令来生成 JavaDoc 文档。

```
javadoc -d doc -author -version JavaDoc.java
```

参数-d 指定输出文件的目标目录，参数-author 和-version 是告诉 javadoc 在生成的文档中包含@author 和@version 字段。

你会看到在当前目录的 doc 子目录下生成了很多文件，打开 index.html，如图 2-13 所示。

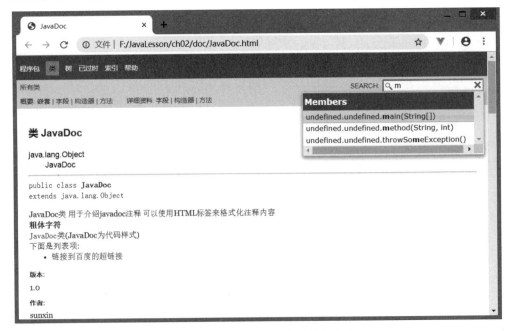

图 2-13　javadoc 工具自动生成的帮助文档

要查看 javadoc 命令的详细用法，可以使用-help 参数来执行该命令，如下所示。

```
javadoc -help
```

 提示：Java 9 对 JavaDoc 文档作出了一些改进，执行 javadoc 命令时带上 -html5 参数，可以让生成的文档支持 HTML 5，同时在文档中还会生成一个搜索框，便于我们查找类、方法等。而目前 JDK 版本的 javadoc 工具默认使用 HTML 5 来生成文档，所以无需添加-html5 参数。

2.11 Java 中的关键字

Java 的关键字是不能用作标识符的，包括：

```
abstract    continue    for         new         switch
assert      default     if          package     synchronized
boolean     do          goto        private     this
break       double      implements  protected   throw
byte        else        import      public      throws
case        enum        instanceof  return      transient
catch       extends     int         short       try
char        final       interface   static      void
class       finally     long        strictfp    volatile
const       float       native      super       while
```

其中，goto 和 const 作为保留关键字，但当前并未使用。另外，boolean 类型的字面量值 true 和 false，以及表示对象引用为空的字面量值 null，也可以看作是 Java 的关键字。

2.12 总结

本章详细介绍了 Java 语言的基本语法，如果 Java 语言是读者接触的第一种高级语言，那么建议读者主要把程序结构掌握好，并熟悉 Java 中一维数组的创建方式。如果读者有其他高级程序设计语言的基础，那么主要掌握 Java 语言和其他语言之间的区别就行了。

2.13 实战练习

1. 将整数 110 的二进制数从右端开始的 3～6 位（最右端的二进制位是第 1 位）变为 0。
2. 对两个 int 类型的整数按数值由小到大的次序输出（使用 if 语句）。
3. 对三个 int 类型的整数按数值由大到小的次序输出（使用 if 语句）。
4. 给出一个数字代表年份，判断是不是闰年（使用 if 语句）。闰年判断的条件为：
   - 当年份能被 4 整除但不能被 100 整除时，为闰年。
   - 当年份能被 400 整除时，为闰年。
5. 给出一个成绩等级，输出相应的分数段（使用 switch 语句）：
   A：90－100

B：80－90

C：70－79

D：60－69

E：60以下

其他：错误

6．使用 for 循环计算 1+3+5+7+…+ 99 的值，并输出计算结果。然后使用 while 和 do…while 循环分别实现该功能。

7．输出 100～200 之间的不能被 3 整除的数。

8．输出 0～200 之间能被 7 整除但不能被 4 整除的所有整数；要求每行显示 6 个数据。

9．输出 1～100 之间所有的素数。

10．求整数的阶乘，阶乘计算形式如下：

  3!=1*2*3=6；6!=1*2*3*4*5*6

11．输出斐波那契数列的前 40 个数，斐波那契数列的形式如下：

  1 1 2 3 5 8 13 21 ...

  第一和第二个数都是 1，从第三个数开始，每个数都是前两个数相加的结果。

12．给出任意行数，输出如下的由星号组成的三角形。

```
   *
  ***
 *****
*******
********
```

第 3 章 进入对象的世界

3.1 面向对象思想

扫码看视频

诚然，Java 最吸引人的特征莫过于其面向对象编程了。简单来说，面向对象编程（Object Oriented Programming，OOP）就是描述对象与对象之间的相互作用。

回想一下，在 C 语言这种面向过程的语言大行其道的日子里，我们要编写一个程序，通常要思考：怎么一步一步地达成目标。就像那个"把大象放进冰箱"的笑话一样，我们编写程序的思维模式就是：打开冰箱门，把大象放进冰箱，然后把冰箱门关上。

到了 Java 这里，一切都变了，就像面向对象程序设计语言 Smalltalk 的发明人之一 Alan Kay 所说的那样："万物皆对象。"也许你要问了，什么是对象？好，静下心来，环顾一下四周，其实你正处在一个对象的世界中，你手中的这本书就是一个对象，头顶的灯也是，只不过我们在日常生活中并不使用这种思维方式罢了。

对象里有什么呢？用日常语言来讲，对象有状态和行为。举个例子，拿头顶的灯来说，它的状态就是：灯的功率为 100 瓦；它的行为是：灯可以被点亮。回到 Java 的世界，对象的状态就是变量，对象的行为就是方法（或者称为函数）。

不能不佩服人类的总结和归纳能力，它可以让我们认识到不同物体的共同点。就拿手中的书来说吧，每本书都不相同，但是它们都有共同的特点：上面有文字，有图，我们可以从中学到知识。人们很善于给事物分类，从生物学的物种分类：界、门、纲、目、科、属、种，就可以看出来。

在面向对象世界中，也有类这个概念，这也正表现了人们善于分类的习惯。我们可以把相似的对象划归为一个类来描述。在软件中，类是对象的模板，可以根据类这个模板来大量创建对象。自然，我们可以总结出这样一个关系：类（Class）是对象（Object）的模板，对象是类的实例（Instance）。

对于类与对象的关系理解起来可能有些困难，下面举个例子来让这个概念更加实际化一些。劳累了一天的张三，回到家想找个沙发坐下，于是他坐在了客厅的沙发上。好了，在前面的句子中出现了两个"沙发"，而这两个沙发代表了不同的意思。第一个"沙发"是张三在脑子里想的，它是张三脑子中的一个概念，在面向对象中这个"沙发"可以被认为是类。

而第二个"沙发"是一个名副其实的实物，它就放在客厅，在面向对象中，这第二个"沙发"可以被认为是对象。类是一个抽象的概念，而对象是一个实际存在的事物，占据着一定的空间。

3.2 对象的状态和行为

前面，我们已经了解了类和对象的概念，下面我们针对对象来了解一下状态和行为的概念。对于一个对象来说，它有状态和行为两个特征。举个例子来说，一个椅子对象，它的高度、宽度等参数就是这个对象的状态；对于一辆汽车来说，车门可以打开、车子可以移动这些动作就是这个对象的行为。

从语言的语法角度来看，状态通常用名词来修饰，而行为通常用动词来修饰。

3.2.1 对象都有一组固定的行为

面向对象体现的一个核心价值是它可以简化操作。每个对象对外都暴露一组固定的行为，而这些固定的行为把复杂的实现隔开了。使用者只需要熟悉这个对象所提供的行为就可以熟练地操作（或者使用）对象。就拿电视机来说吧，它的"行为"就是开关电视，切换频道，我们只需要知道按哪个键可以开关电视，按哪个键可以换台就可以了，至于电视机怎么接通电信号，怎么切换频道，频道的电信号怎么转换为图像等这些复杂的工作全部由电视机这个对象为我们封装好了。

面向对象设计的难点之一就是定义一个对象的行为。我们要思考如何设计一组简洁的行为，而且还要有一定的灵活性。现在的工业设计都讲究人性化了，人性化的好处是能让用户使用更方便的同时而不需要花费太多的时间去学习如何使用。想想看，一个糟糕的设计，显示器的电源开关在显示器的背面，这种不方便的设计肯定会大大影响显示器的销量！没有人会接受这种用起来"受罪"的产品。

对于学习时间来说，简单的东西肯定比复杂的东西更容易上手。有 20 多个按钮的电视机遥控器使用起来很方便，因为它按钮比较少。如果电视机遥控器有 200 多个按钮，天哪，换个电视台简直就是受罪！当然，对于本来就不简单的东西来说，还是值得花点时间来学习一下的。

3.2.2 注意思维习惯

在为一个对象定义行为时，还应该注意的一点就是思维习惯。在日常生活中，我们已经习惯了很多规则，在马路上靠右行使、红灯指示停车、绿灯指示放行。这是大趋势、大潮流的运动方向，反其道而行多半没有什么好结果。巧妙地使用习惯思维来设计对象的行为，可以减少很多学习时间。因为人们在解决某一类问题时，已经建立了一套成熟的机制，每个人都在学习这套机制，所以当设计的行为与这套机制相似时，人们就会依照经验和直觉来使用这套行为。就像无论你使用哪个版本的 Windows 操作系统，你都知道可以从"开始"菜单中找到计算机安装的程序一样。

当对象的行为确定之后，对象就确定了它所能接收的请求。但是，在程序中一定要有满足这些请求的代码，这些代码和隐藏在类里的数据就构成了实现。在类中，每个可接受的请求都有一个方法与之对应，当向对象发送请求时，与该请求对应的方法就被调用。这个过程用一句话来说就是：向某个对象"发送消息"，对象在接收到这个消息指令后，执行对应的代码。

```
String str = new String("This is a string");
str.length();
```

上面这个例子中,类的名称是 String,为了创建一个 String 类的对象,我们首先声明一个 String 类型的变量 str,然后使用 new 运算符来创建该类型的新对象,并将该对象的引用保存到 str 变量中。为了向对象发送消息,需要先创建对象的名称(这里就是变量 str),然后使用点号(.)把对象名称与消息连接起来。对于这个例子来说,我们向 str 对象发送了一个 length 消息,这个消息的目的是获得该对象包含的字符总长度。

3.3 面向对象编程的难点

面向对象是一种程序设计的思维模式,只要使用得当就可以发挥很好的功效。

平常,我们在面对一个问题时,总是在想这个问题的解决步骤是什么,这就是典型的面向过程的编程思维。在我们的大脑中,问题总是一步一步地来解决的。

而面向对象则是另外一种思考方式,首先我们从找出问题领域中的对象开始,进而抽象出类,然后再去想这些类的对象之间的关系,并借助这些关系来解决问题。

要想使用好面向对象就应该转变思维模式。不过,要用好面向对象就是一个积累的过程了,多想多做才能达到一定的层次。有时我们可能会觉得面向对象非常好,于是就唾弃面向过程的代码,偏执地大量使用类和对象。注意,这并不是好兆头,面向对象和面向过程之间并不是对立的!技术是为我们服务的,不要把自己绑在某一个技术上而不能脱身,这样会成为技术的奴隶。

3.4 Java 的类与对象

扫码看视频

回到 Java 的世界,Java 是一种完全面向对象的语言,它支持几乎所有的面向对象特性。下面我们从最基本的类和对象讲起。

在前面两章中我们已经创建过类了。创建一个类再简单不过了:一个 class 关键字,跟随一个类名称,最后是一对花括号。

```
class Point{

}
```

上面的代码就创建了一个 Point 类。若想创建这个类的对象,则可以使用 new 运算符。

```
Point pt = new Point();
```

在 class 关键字前面可以加上 public 修饰符(modifier)。

```
public class Point{

}
```

当加入了 public 修饰符之后,就要注意了,保存该类的.java 文件的文件名必须与类名相同。也就是说,现在这个 Point 类所在的源代码文件名必须为 Point.java,并且大小写也要注意。如果是 point.java 的话,编译器会报告编译错误,并提示文件名应该为"Point.java"。

3.5 字段（field）与方法

扫码看视频

仅声明一个类没有什么意义，在类中通常还需要有字段（也称为数据成员、成员变量或者实例变量）和方法（也称为成员方法、成员函数或者实例方法），才能完成它要承担的任务。字段对应着上面提到的对象的状态，方法对应上面提到的对象的行为。

3.5.1 字段

声明一个类的字段就如同声明一个变量，如代码 3.1 所示。

代码 3.1　声明字段

```java
public class Point {
    int x;
    int y;
}
```

x 和 y 都是一个 int 类型的字段。要想使用这两个字段也很简单。

```java
Point pt = new Point();
pt.x = 3;
pt.y = 4;
System.out.println(pt.x);
System.out.println(pt.x);
```

这段代码运行的结果为：

```
3
4
```

3.5.2 方法

现在，Point 类中有了字段，但是还缺少方法。我们为 Point 类添加一个 show 方法，如代码 3.2 所示。

代码 3.2　定义 show 方法

```java
public class Point{
    int x;
    int y;

    void show(){
      System.out.println(x);
      System.out.println(y);
    }
}
```

方法与 C/C++语言中的函数类似。一个返回值类型，跟随一个方法名称，后接以圆括号括起来的参数列表，最后是一对花括号扩起来的方法体代码。**如果该方法没有返回值，那么使用关键字 void 声明该方法即可。**

调用方法也很简单，创建一个对象，并使用点号"."运算符来调用指定方法即可。

```
Point pt = new Point();
pt.show();
```

程序运行的结果为：

```
0
0
```

3.5.3 方法的参数与返回值

1．参数传递

接下来我们为 Point 类新增一个 init 方法，它带有两个参数 a 和 b，分别用来对点的两个坐标值（x 和 y）进行初始化，如代码 3.3 所示。

代码 3.3　新增 init 方法

```java
public class Point{
    int x;
    int y;

    void init(int a, int b){
        x = a;
        y = b;
    }
    void show(){
        System.out.println(x);
        System.out.println(y);
    }

    public static void main(String[] args){
        Point pt = new Point();
        pt.init(5, 3);
        pt.show();
    }
}
```

Point 类的 init 方法接受两个 int 类型的参数，调用该方法会对 Point 类的数据成员 x 和 y 进行初始化。这个程序的运行结果为：

```
5
3
```

在"void init(int a, int b)"中"int a"和"int b"是 init 方法的两个参数，它们之间用逗号分隔符分开。a 和 b 是 init 方法的形参。"pt.init(5, 3);"这行代码调用 init 方法，并传入两个实参 5 和 3，在参数传入后，a 的值为 5，b 的值为 3。之后将 a 变量的值赋值给 x，b 变量的值赋值给 y。

2．变长参数

使用过 C 语言的读者对 printf 函数肯定不陌生，printf 函数最大的特点就是它可以接受不定量的参数，也就是变长参数（可变参数）。同样，从 Java SE 5.0 开始，也新增了方法的变长参数。声明变长参数，只需要在参数类型后面添加"..."即可，表示该方法可以接受多个该类型的参数。我们看代码3.4。

代码3.4　MyMath.java
```java
public class MyMath{
    void sum(int... args){
        long result = 0;
        for(int x : args){
            result += x;
        }
        System.out.println(result);
    }

    public static void main(String[] args){
        MyMath mm = new MyMath();
        mm.sum(1, 2, 3, 4);

        int[] intArr = {5, 6, 7, 8};
        mm.sum(intArr);
    }
}
```

在这个例子中，sum 方法可以接受不定量的参数。在 sum 方法中，args 变量是一个 int 类型的数组，该数组的长度与传入参数的个数有关。当我们使用代码"mm.sum(1, 2, 3, 4);"向 sum 方法传入 4 个参数之后，args 变量就是一个包含 4 个整型元素的数组，当然也可以直接向 sum 方法传入一个数组。之后，可以使用 for 循环来遍历 args 数组中的各个元素。

需要注意的是，当一个方法需要使用变长参数时，要将变长参数放到整个参数列表的最末尾。

```java
void strSum(String str, int... list){...}    //正确
void strSum(int... list, String str){...}    //错误
```

 提示：声明变长参数的"..."无论跟在类型后面，还是放在参数名前面都可以，例如，int... list 和 int ...list 都是合法的，不过建议读者在编写代码时始终保持统一的编码风格。

3. 方法返回值

前面我们编写的都是无返回值的方法，至于是否需要返回值，这要根据方法本身完成的功能来决定。接下来我们改造一下 MyMath 类，使用带返回值的方法，如代码3.5所示。

代码3.5　MyMath.java
```java
public class MyMath{
    long sum(int ...args){
        long result = 0;
        for(int x : args){
            result += x;
        }
        return result;
    }
```

```
int subtract(int a, int b){
    return a - b;
}

public static void main(String[] args){
    MyMath mm = new MyMath();
    System.out.println("5 - 3 = " + mm.subtract(5,3));
    System.out.println(mm.sum(1, 2, 3, 4));


}
}
```

在声明一个带返回值的方法时,要指定返回值的类型,在"int subtract (int a, int b)"代码中,subtract 前面的 int 就是方法返回值的类型。当方法需要返回一个值时,可以使用 return 关键字,并在后面跟随要返回的值。

> 提示:对于没有返回值的方法,也可以使用一个空的 return 语句,这时的 return 语句是用来结束方法运行的。

若声明了一个有返回值的方法,则必须在方法运行结束前返回一个值,否则编译器会报告错误。有时在 if/else 语句中会出现忘记返回值的情况。

```
int error(boolean cound){
    cound = true;
    //...
    if(cound){
        return 1;
    }
}
```

在使用 javac 编译这个程序时,编译器会提示下面的错误:

```
MyMath.java:29: 错误: 缺少返回语句
   }
   ^
```

3.6　构造方法与 new 关键字

扫码看视频

当对象被创建之后,我们会设置对象的一些字段或者调用一些方法,目的是让对象能够进入工作状态。就如同你买了一台电视,需要进行一些初始化设置,将你喜欢看的各个电视台搜索出来,调整一些画面、亮度、声音等设置。

在代码 3.3 中,我们为 Point 类定义了一个 init 方法,该方法用于在 Point 对象创建后,对点的两个坐标值进行初始化。然而现实中也有一些对象是在创建后即可使用的,比如你买的手机,在手机开机后即可正常使用,里面还预装了一些必备和常用的手机软件。在代码 3.3

中，在 Point 对象创建之后，我们通过调用 init 方法对该对象进行初始化，那么能不能在 Point 对象创建的同时就完成初始化工作呢？毕竟这样还可以避免用户一时疏忽而忘记调用 init 方法。在 Java 中，为我们提供了一种构造方法（Constructor，也称为构造器）来进行对象的初始化。

构造方法的名称与类名相同，并且没有返回值。

代码 3.6 中为 Point 类定义了一个构造方法 Point。

代码 3.6　Point.java

```java
public class Point{
    int x;
    int y;

    Point(){
        x = 5;
        y = 3;
    }
    void init(int a, int b){
        x = a;
        y = b;
    }
    void show(){
        System.out.println(x);
        System.out.println(y);
    }

    public static void main(String[] args){
        Point pt = new Point();
        pt.show();
    }
}
```

程序的输出结果是：

```
5
3
```

注意粗体显示的 Point 方法就是构造方法，在该方法中，我们对 Point 类的成员变量 x 和 y 进行了初始化。在 main 方法中，使用 new 关键字构造一个 Point 类的对象，这将引起 Point 类的构造方法的调用，从而对 x 和 y 字段进行初始化，最终调用 pt.show()输出 5 和 3。

要注意的是，在定义构造方法时，方法名前面不要添加任何的类型说明符，构造方法不返回任何结果。这与没有返回值的普通方法不同，一个方法即使不需要返回值，也必须使用 void 这种空类型说明符来修饰。如果你给一个构造方法添加了类型说明符，那么该方法就会被视为一个普通方法。例如，代码 3.7 给 Point 方法名前面添加了 void 关键字。

代码 3.7　Point.java

```java
public class Point{
    int x;
    int y;
```

```
void Point(){
   x = 5;
   y = 3;
}

void show(){
   System.out.println(x);
   System.out.println(y);
}

public static void main(String[] args){
   Point pt = new Point();
   pt.show();
}
}
```

最终程序的输出结果是：

```
0
0
```

这是因为 Java 编译器将 Point 方法当成了普通方法，虽然该方法很奇怪，但是一个合法的普通方法，在构造 Point 类的对象时，这个普通方法并未被调用，因此输出结果是 0 和 0。

构造方法主要用于为类的对象定义初始化状态。我们不能直接调用构造方法，必须通过 new 关键字来自动调用，从而创建类的实例。

在构造对象时，**new 关键字有三个作用：**

- 为对象分配内存空间
- 引起对象构造方法的调用
- 为对象返回一个引用

Java 的类都要求有构造方法，如果没有定义构造方法，Java 编译器就会为我们提供一个默认的构造方法，它不接受任何参数。在 Java 的官方文档中，这个构造方法叫无参数构造方法。不过当我们定义了一个构造方法之后，Java 编译器就不会再提供默认构造方法了。

默认的构造方法对对象的数据成员也会进行初始化，Java 编译器会用默认值来初始化对象的数据成员，不同数据类型的默认值是不一样的，表 3-1 列出了各种数据类型的默认值。

表 3-1 各种数据类型的默认值

类型	默认值
数值型	0
boolean	false
char	'\0'
对象	null

这也是为什么代码 3.7 的输出结果是 0 和 0 的原因，Point 方法错误地添加了 void 关键字，从而被 Java 编译器认为是普通方法，在构造 Point 类的对象时，调用的是 Java 编译器为 Point 类提供的默认构造方法，x 和 y 是 int 类型，用默认值 0 进行初始化。

扫码看视频

3.7 方法重载

上面我们为 Point 类定义的构造方法是没有参数的，考虑到用户可能希望在构造 Point 对象时，自己来设置点的坐标的初始值，为此，我们为 Point 类再提供一个带参数的构造方法，如代码 3.8 所示。

代码 3.8　Point.java

```java
public class Point{
    int x;
    int y;

    Point(){
        x = 5;
        y = 3;
    }

    Point(int x, int y){
        x = x;
        y = y;
    }

    void init(int a, int b){
        x = a;
        y = b;
    }
    void show(){
        System.out.println(x);
        System.out.println(y);
    }

    public static void main(String[] args){
        Point pt = new Point(5, 5);
        pt.show();
    }
}
```

注意代码中粗体显示的部分。

Point 类又给出了一个带参数的构造方法，现在 Point 类共有两个构造方法了，在构造 Point 类的对象时，如果要调用带参数的构造方法，那么在 new 关键字后面就要跟带参数的构造方法。

现在 Point 类有两个同名的构造方法，区别是一个有参数，另一个无参数，这就是方法的重载（Overload）。**重载构成的条件是：方法的名称相同，但参数类型或参数个数不同，才能构成方法的重载。** Java 编译器根据参数的类型和个数来区分不同的重载方法，因此，即使是同名的方法也能很好地区分开。

重载并不是构造方法的特殊待遇，类中的任何方法都可以被重载。下面看一些重载的例子：

```
public class Overload{
    int method(int a, int b){/*...*/}
    int method(int c, int d){/*...*/}   //错误
    int method(int a, double b){/*...*/}
    int method(double a, int b){/*...*/}
}
```

第二个 method 方法和第一个 method 方法并不构成重载。初次接触重载的读者可能会犯这种错误，方法重载是根据参数类型来区分的，而不是根据参数名称。

注意一下第三个和第四个重载方法，这两个方法是有效的重载方法，编译也不会有问题，但是它可能会给使用者带来一些混淆。

既然重载方法是根据参数类型进行区分的，那么能否根据方法的返回值类型来区分呢？

```
void method(){};
double method(){return 1.1;};
```

如果编译器根据方法调用的上下文"double a = method();"来进行分析，那么还是有可能区分这两个方法的。但是如果我们仅仅调用这个方法（例如，程序的一行代码为"method();"），那么编译器就无能为力了。所以可以得出结论：**只有方法的返回值类型不同是不能构成方法的重载的**。其实，我们只需要记住，方法重载构成的条件只有参数类型或参数个数不同，至于返回值类型是否相同并不需要去考虑，换句话说，返回值类型相同与否并不是方法重载构成的条件。

3.8 特殊变量 this

扫码看视频

我们继续分析代码 3.8，读者可以思考一下该程序的输出结果，然后编译运行，看看实际结果是否符合预期。在 main 方法中，在构造 Point 对象时，调用 new Point(5, 5)，有参的构造方法 Point 中的形参 x 和 y 都被赋值为 5，我们的设想是将形参 x 的值赋值给 Point 的成员变量 x，形参 y 的值赋值给 Point 的成员变量 y，这样在 main 方法中调用 pt.show()，最终输出结果预期为 5 和 5，然而实际输出结果却是 0 和 0。这是为什么呢？

在 2.3.1 节，我们介绍过变量是有作用域范围的，在带参数的 Point 构造方法中，形参 x 和 y 的作用域范围是整个方法体（由一对花括号所包裹），在该方法体中，Point 的成员变量 x 和 y 因为和形参 x 和 y 同名，因此是不可见的。在带参数的 Point 构造方法中，我们相当于做了无用功，将形参 x 的值又赋给形参 x，将形参 y 的值又赋给了形参 y，而 Point 的成员变量 x 和 y 根本没有被赋值，因此当调用 pt.show() 时，输出的 pt 对象的数据成员 x 和 y 的值是 0 和 0。

要如何解决这个问题呢？最简单的办法自然是将方法的形参改名，比如改成 a 和 b，如同 Point 类的 init 方法。但如果我们不想改名呢？这个时候就轮到一个特殊的变量 this 登场了。

Java 中的 this 变量代表对象自身，若类中有两个同名变量，一个属于类（类的成员变量），而另一个属于某个特定的方法（方法中的局部变量），则使用 this 区分成员变量和局部变量。

修改代码 3.8，如代码 3.9 所示。

代码 3.9   Point.java

```
public class Point{
```

```java
    int x;
    int y;

    Point(){
        x = 5;
        y = 3;
    }

    Point(int x, int y){
        this.x = x;
        this.y = y;
    }

    void init(int a, int b){
        x = a;
        y = b;
    }
    void show(){
        System.out.println(x);
        System.out.println(y);
    }

    public static void main(String[] args){
        Point pt = new Point(5, 5);
        pt.show();
    }
}
```

注意粗体显示部分的代码，this.x 指代的就是 Point 类的成员变量 x，this.y 指代的就是 Point 类的成员变量 y。

程序的输出结果是：

```
5
5
```

很多读者无法理解 this 指代对象本身是什么意思。我们修改一下代码 3.9，在 main 方法中再创建一个 Point 类的对象，如代码 3.10 所示。

代码 3.10　Point.java

```java
public class Point{
    ...

    public static void main(String[] args){
        Point pt = new Point(5, 5);
        pt.show();
        Point pt2 = new Point(3, 3);
        pt2.show();
    }
}
```

程序的输出结果是：

```
5
5
3
3
```

当构造 pt 对象时，代码中的 this 指代的是 pt 对象，当构造 pt2 对象时，代码中的 this 指代的是 pt2 对象。你可以理解为：this 变量在对象创建之前是没有值的，只有当对象创建之后才有引用当前对象的值。

从输出结果上来看，pt 和 pt2 对象分别有自己的数据成员，换句话说，类中的数据成员每个对象都有自己的一份独立拷贝，占据独立的内存空间。与数据成员不同的是，类中的实例方法并不是每个对象都有一份，而是一个类只有一份方法的代码，存放在内存的方法区，所有对象调用的是同一份方法代码。那么问题来了，如果在方法中访问了类中的数据成员，当调用方法时，既然代码都是一样的，那么如何能够准确地定位到不同对象各自的数据成员呢？答案就是 this 变量了，**每当调用一个实例方法时，this 变量将被设置成引用该实例方法的特定的类对象，方法的代码会与 this 所代表的对象的特定数据建立关联**。这就是 this 变量背后隐藏的秘密。

> **注意**：this 变量只能用在类的方法代码当中。

this 变量除了可以调用数据成员外，还可以调用方法。在一般情况下（除非变量名存在冲突），为了明确访问类中的数据成员，可以显式地加上 this，在其他情况下，是否通过 this 来访问数据成员，看个人的喜好。对于方法而言，加不加 this 都是一样的，因为方法代码只有一份。当使用 IDE（集成开发环境）的时候，由于 IDE 有代码自动提示功能，所以有时候为了编码方便，我们通过输入 this 调出代码自动提示窗口，以便查找和选择要调用的方法。

this 变量还有一些特殊的用法，我们看代码 3.11。

代码 3.11　Point.java

```java
public class Point{
    int x;
    int y;

    Point(){
        //x = 5;
        //y = 3;
        this(2, 2);
    }

    Point(int x, int y){
        //this.x = x;
        //this.y = y;
        this.init(x, y); //等价于 init(x, y)
    }

    void init(int a, int b){
        this.x = a;     //等价于 x = a;
        this.y = b;     //等价于 y = b;
    }
```

```java
    void show(){
        System.out.println(x);
        System.out.println(y);
    }

    public static void main(String[] args){
        Point pt = new Point(5, 5);
        pt.show();
        Point pt2 = new Point();
        pt2.show();
    }
}
```

我们先看粗体显示的代码。原本两个构造方法中的代码是有冗余的，为此，我们可以使用 this 来指代构造方法的调用，在无参构造方法中通过 this(2, 2)来调用第二个构造方法，当用户使用无参构造方法来创建 Point 对象时，点的两个坐标将被初始化为 2 和 2。**这就是 this 的另一种方法，代替构造方法的调用，要注意，不能直接通过构造方法名字调用它，只能通过 this 来调用。**

在有参数的构造方法中，我们通过 this 来调用 init 方法，从而完成坐标 x 和 y 的初始化，这里只是演示 this 的用法，并无实际意义。

在 main 方法中，pt 对象通过有参构造方法来创建，pt2 对象通过无参构造方法来创建，程序最终输出结果是：

```
5
5
2
2
```

在使用 this 调用其他构造方法时，一定要注意：（1）this 必须是该构造方法的第一行代码；（2）不要造成递归调用。我们看代码 3.12。

代码 3.12　Constructor.java
```java
public class Constructor {
    String name;
    int age;

    Constructor(String name){
        this(0);
        this.name = name;
    }

    Constructor(int age){
        this("NoName");
        this.age = age;
    }
}
```

代码 3.12 在构造方法中就出现了递归调用。当构造方法出现递归调用时，Java 编译器会给出错误信息。一般来说，我们使用 this 来调用重载构造方法都基于一个目的：**使用一个通用的构造方法来初始化对象，使用重载的构造方法来设置一些默认值**，如代码 3.13 所示。

代码 3.13 People.java

```java
public class People{
    String name;
    int age;
    People(){
        this("NoName", 0);
    }

    People(String name){
        this(name, 0);
    }

    People(int age){
        this("NoName", age);
    }

    People(String name, int age){
        this.name = name;
        this.age = age;
    }
}
```

在这个例子中，People(String name, int age)方法就是最基本的构造方法，它负责具体的初始化操作。其余的重载构造方法利用 this 调用，在缺少参数的情况下设置对象数据成员的默认值。

3.9 关键字 static

3.9.1 静态字段

扫码看视频

前面我们介绍了，类中的数据成员在该类的每个对象所在的内存中都有自己的一份独立拷贝。但有时候，我们需要在某个类的多个对象间共享同一份数据，比如，在程序中要统计 Point 对象创建的个数，为此，可以声明一个 count 字段，并在类型前面用 static 关键字进行修饰，如代码 3.14 所示。

代码 3.14 Point.java

```java
public class Point{
    int x;
    int y;
    static int count;
    Point(){
        this(2, 2);
    }

    Point(int x, int y){
        this.init(x, y); //等价于 init(x, y)
        count++;
    }

    void init(int a, int b){
```

```java
        this.x = a;      //等价于 x = a;
        this.y = b;      //等价于 y = b;
    }
    void show(){
        System.out.println(x);
        System.out.println(y);
    }
    public static void main(String[] args){
        Point pt = new Point(5, 5);
        System.out.println("Point 类的对象创建的个数是: " + pt.count);

        Point pt2 = new Point();
        System.out.println("Point 类的对象创建的个数是: " + pt2.count);
    }
}
```

在有参的构造方法中，我们让静态变量 count 自加一，因为在无参构造方法中调用了有参的构造方法，所以不管 Point 类的对象如何创建，count 都会加一。

如果 count 字段不是静态成员变量，由于类的每个对象都有自己的数据成员，所以输出结果就应该是：

```
Point 类的对象创建的个数是: 1
Point 类的对象创建的个数是: 1
```

然而实际的输出结果是：

```
Point 类的对象创建的个数是: 1
Point 类的对象创建的个数是: 2
```

从结果中可以看到，pt 和 pt2 对象访问的是同一个静态成员变量 count，由于在先前创建 pt 对象时，count 已经自加一，当 pt2 对象创建时，count 再次加一，就变成了 2。

为了更好地理解静态成员变量，读者可以在 main 方法的最后添加下面两句代码：

```
pt.count++;
System.out.println(pt2.count);
```

通过 pt 对象访问 count 变量，让其自加一，然后通过 pt2 访问 count，将其值输出，结果是：3。

这就是静态数据成员和普通数据成员（我们可以称之为实例数据成员或对象数据成员）的区别，在类中定义的静态数据成员由该类的所有对象所共享，它们单独存放在一个内存区域。静态数据成员并不属于类的对象，而是属于类本身。

在访问静态数据成员时，一般不通过对象访问，虽然这是合法的，但并不是一个好的编码习惯，我们应该始终通过类名来访问类中的静态成员，形式为：类名.静态成员名，如下面的代码所示：

```
Point.count++;
System.out.println(Point.count);
```

细心而又善于思考的读者可能已经发现，我们经常使用的 System.out.println，其实 out 就是 System 类中的一个静态成员，该成员是一个对象，println 是该对象的一个方法。

在 C/C++中，可以在一个函数内部定义静态的局部变量，而在 Java 中，这是不允许的，静态变量只能作为类的静态成员而存在。下面的代码会引发编译错误。

```
void method(){
    static int svar = 0;
    ...
}
```

> 提示：为了与静态成员变量以示区分，我们通常称非静态的成员变量为实例变量，代表这是对象所属的变量。

3.9.2 静态方法

既然有静态字段，自然也会有静态方法。在前面章节中我们接触的最多的静态方法就是 main 方法：

```
public static void main(String[] args)
```

声明一个静态方法就是在方法声明时加入 static 关键字。注意，这个 static 关键字要放在返回值类型前面。如果 main 方法声明成："public void static main(String[] args)"就错了。

在 Point 类中加入一个静态方法：

```
static void staticMethod(){
    System.out.println("Call a static method.");
}
```

下面我们来看看如何调用静态方法。

```
Point pt = new Point();
pt.staticMethod();              //通过对象调用
Point.staticMethod();           //通过类名称调用
```

两种调用方法均可以，不过 Java 还是推荐我们使用"类名称.静态方法名(参数列表)"的方式来调用静态方法。

既然可以通过对象来调用静态方法，那么在类的实例方法代码中，使用 this 变量来调用静态方法也是可以的。反之，在静态方法中，我们无法使用 this 变量。静态方法和静态字段一样，只属于类本身，与对象没有关系，在静态方法中的 this 变量并不知道它应该引用哪个对象，因此在静态方法中的 this 变量没有任何意义。

从生命周期的角度来看，类中的静态字段和静态方法在类加载的时候就已经分配好了内存，而类中的实例变量和实例方法，在创建对象时才完成变量内存分配和方法入口地址分配。程序代码归根结底，都是内存地址之间的访问，因此在实例方法中可以随意访问静态字段和静态方法，因为此时静态成员在内存中都已经存在；而在静态方法中，则不能访问非静态的方法（实例方法），也不能引用非静态的成员变量（实例变量），因为此时非静态的成员还未分配内存。

在什么情况下需要定义静态的数据成员呢？比如该类中的某些数据不依赖于某个特定对象而存在，需要在所有对象间共享，那么就可以将这些数据成员定义成静态的。

在什么情况下需要定义静态方法呢？比如这些方法并不访问类中的实例变量，或者该类根本就没有实例变量，所有需要计算的数据都是由外部通过方法参数传进来的，那么就可以将这些方法定义为类的静态方法。在代码 3.4 中，我们给出的 MyMath 类中的方法就非常适合定义成静态方法，该类中的方法主要用于完成与数学相关的计算，而这些方法依赖的数据都是通过方法参数传进来的。

3.9.3 static 语句块

构造方法主要用于为类的对象定义初始化状态，在使用 new 关键字构造对象的时候调用，而 static 语句块则是在类加载时被调用，用于初始化一些全局的设置。下面我们通过代码 3.14，来了解一下 static 语句块的运行时机。

代码 3.15 StaticStatementBlock.java

```java
public class StaticStatementBlock {
    static{
        System.out.println("Initialize in static statement block.");
    }
    
    StaticStatementBlock(){
        System.out.println("In constructor.");
    }
    
    public static void main(String[] args){
        System.out.println("Before create object.");
        StaticStatementBlock ssb1 = new StaticStatementBlock();
        StaticStatementBlock ssb2 = new StaticStatementBlock();
    }
}
```

程序运行的结果为：

```
Initialize in static statement block.
Before create object.
In constructor.
In constructor.
```

从运行结果中可以看出，Java 先执行了 static 语句块中的代码，输出"Initialize in static statement block."，然后执行了 main 方法中的第一行代码，输出"Before create object."，最后才是创建两个 StaticStatementBlock 类型的对象。

如果需要在类加载的时候执行某些代码，那么使用 static 语句块是一个很好的选择。

3.10 常量

扫码看视频

常量就是在整个程序运行期间不会改变也不能被改变的固定值。比如数学中的 π 这个值就是一个常量。在 C/C++中，我们可以使用 const 关键字来定义一个常量，但在 Java 中，并没有启用 const 关键字（只是作为保留关键字），要定义一个常量，需要使用 final 关键字。

```java
public class ConstVar{
    final double PI = 3.14;
}
```

上面的代码定义了一个常量 PI, 它的值是 3.14。作为一种约定, 在定义常量时, 常量名通常采用全大写形式。

final 常量可以在声明的同时赋初值, 也可以在构造方法中赋初值。我们看下面的代码。

```
public class ConstVar {
    final double PI;

    ConstVar(){
        PI = 3.14;
    }
}
```

切记, 当我们重载构造方法时, 不要忘记为 PI 赋初始值。如果在重载的构造方法中忘记了为常量赋初值, 那么 Java 编译器会提示如下的错误:

```
ConstVar.java:10: 错误: 可能尚未初始化变量 PI
      }
      ^
1 个错误
```

在不同的构造方法中重复为 final 常量赋初值, 一是烦琐, 二是容易出错, 这时候, 就应该合理地使用 this 来调用其他的构造方法, 这样只需要在一个基础的构造方法中编写一次常量的初始化代码就可以了。

final 常量一旦赋初值后, 就不能被改变, 任何试图修改常量的代码在编译时都会被报告错误。既然常量的值不能被改变, 那么将其定义为类的实例成员就没有什么意义, 反而由于每个对象都拥有一份只读的数据拷贝而增加了内存的占用。因此, 在定义常量时通常会将其声明为静态的, 如下所示:

```
static final double PI = 3.14;
```

在这种情况下, 就只能在声明常量的同时为常量赋初始值, 或者在 static 语句块中为常量赋值。我们看代码 3.16。

代码 3.16　ConstVar.java

```
public class ConstVar {
    static final int CONST_VAR1 = 0;
    static final int CONST_VAR2;

    static{
        CONST_VAR2 = 3;
    }
}
```

3.11　枚举（enum）

3.11.1　原始的枚举实现

在 Java 5 之前, 没有枚举类型。要想模拟一个枚举类型, 可以使用静态常量。

扫码看视频

代码 3.17　Week.java

```java
public class Week {
    static final int SUNDAY = 0;
    static final int MONDAY = 1;
    static final int TUESDAY = 2;
    static final int WEDNESDAY = 3;
    static final int THURSDAY = 4;
    static final int FRIDAY = 5;
    static final int SATURDAY = 6;
}
```

要使用这些模拟的枚举值时，直接用 Week 类名调用对应的静态常量就可以了。

```
Week.SUNDAY
```

不过这种方式并不保险，当声明一个方法接受 int 类型的参数时，我们也可以使用 Week 的枚举值作为参数传入这个方法。

```java
int subtract(int a, int b){return a - b}
//调用 subtract 方法
subtract(Week.FRIDAY, Week.THURSDAY);
```

编译器并不会报错，但是这种代码会让人疑惑：这个方法到底接收的是什么参数？

3.11.2　枚举类型

Java 5 新增了枚举数据类型，这使得代码更为安全，如果 Week 是真正的枚举类型，那么上面调用 subtract 方法的代码将无法通过编译。

定义枚举类型需要使用 enum 关键字，我们看代码 3.18。

代码 3.18　Week.java

```java
enum Week{
    Sunday, Monday, Tuesday, Wednesday,
    Thursday, Friday, Saturday ;
}
```

上述代码定义了一个枚举类型 Week，用该类型声明的变量只能存储枚举类型定义中给出的某个枚举值，或者 null 值。

在定义好枚举类型后，如何使用呢？代码 3.19 给出了一种用法。

代码 3.19　TestWeek.java

```java
class TestWeek{
    static void UseWeek(Week day){
        switch(day){
        case Sunday:
            System.out.println("7");
            break;
        case Monday:
            System.out.println("1");
            break;
        case Tuesday:
            System.out.println("2");
            break;
        case Wednesday:
```

```
                System.out.println("3");
                break;
            case Thursday:
                System.out.println("4");
                break;
            case Friday:
                System.out.println("5");
                break;
            case Saturday:
                System.out.println("6");
                break;
        }
    }
    public static void main(String[] args){
        TestWeek.UseWeek(Week.Friday);
    }
}
```

可以用 switch 语句很方便地判断枚举的值。

如果我们使用 JDK 自带的 javap 工具来反编译 Week.class 文件,就会发现输出的结果为:

```
F:\JavaLesson\ch03>javap Week.class
Compiled from "TestWeek.java"
final class Week extends java.lang.Enum<Week> {
  public static final Week Sunday;
  public static final Week Monday;
  public static final Week Tuesday;
  public static final Week Wednesday;
  public static final Week Thursday;
  public static final Week Friday;
  public static final Week Saturday;
  public static Week[] values();
  public static Week valueOf(java.lang.String);
  static {};
}
```

从上述反编译后的代码我们可以看出,实际上枚举类型还是一个类,枚举值还是静态常量,只不过这些静态常量的类型就是该类本身。

从反编译的代码中可以看到编译器给 Week 类增加了两个静态方法 values 和 valueOf,前者可以得到所有的枚举常量,后者可以通过传入一个枚举常量的名字字符串来得到枚举常量,例如:

```
Week[] weeks = Week.values();
for(Week week : weeks){
    System.out.print(week + " ");
}
System.out.println();
System.out.println(Week.valueOf("Monday"));
```

输出结果为:

```
Sunday Monday Tuesday Wednesday Thursday Friday Saturday
Monday
```

与 C++中的枚举类似,Java 枚举类型中的各个枚举值都有一个数值标识,这个数值可以通过调用枚举值的 ordinal 方法来获取，如以下代码所示。

```
Week.Friday.ordinal()
```

这个数值标识是按照枚举值的声明顺序从 0 开始依次递增的数字。

3.11.3 枚举值的比较

如果只是简单地比较两个枚举类型的值是否相等，那么直接使用"=="即可。如果需要更进一步地比较，则可以使用枚举值的 compareTo 方法。

我们知道，ordinal 方法可以获取枚举值的一个数值标识，可以根据这个数值标识来比较两个枚举值。Java 给枚举类型加入了一个 compareTo 方法，通过比较 ordinal 的值来比较枚举值，如以下代码所示。

```
System.out.println(Week.Monday.compareTo(Week.Thursday));
```

代码的运行结果为：-3

当结果小于 0 时，compareTo 左边的枚举值小于右边的枚举值；当结果为 0 时，则说明两个枚举值相等；当结果大于 0 时，则说明 compareTo 右边的枚举值小于左边的枚举值。

需要读者注意的是，在 C++中，可以直接使用 ">"、"<" 等比较运算符来比较两个枚举值的大小，但是在 Java 中是不允许的。

3.11.4 自定义枚举值

对于枚举来说，既然它在本质上是一个类，那么自然也可以给枚举类型添加方法和字段。我们可以给枚举值定义一些自己的标识数值，如代码 3.20 所示。

代码 3.20　Week.java
```
enum Week{
    Sunday(70), Monday(10), Tuesday(20), Wednesday(30),
    Thursday(40), Friday(50), Saturday(60) ;

    private final int number;

    Week(int num){
        number = num;
    }

    public int serialNumber(){
        return number;
    }
}
```

这个枚举类型比较复杂，不但声明了一个常量，还定义了一个构造方法和 serialNumber 方法。从 javap 反编译的结果可以得知，Sunday、Monday 等这些枚举值只是一个 Week 类的对象，那么在 Week 中书写的 Sunday、Monday 则等价于用 new 关键字创建对象，于是可以用"Sunday(70)"这种方式来隐式地调用 Week 的构造方法，并把 70 赋值给 Week 类的 number 字段。我们可以用下面的代码来获取枚举值的 number 字段值：

```
Week.Friday.serialNumber();
```

为了便于按照 number 字段进行枚举值的比较，我们可以编写自己的 compareNumber 方法：

```
public int compareNumber(Week other){
    return this.number - other.number;
}
```

注意，自定义的比较方法不能取名为 compareTo，因为所有枚举类型生成的类都是从 Enum 类继承的，而 Enum 类中的 compareTo 方法不能被覆盖，所以不允许自定义的比较方法取名为 compareTo。关于继承和覆盖，请读者参看下一章。

3.12 总结

本章正式进入面向对象领域，开始面向对象编程。讲述了何为面向对象编程，以及面向对象编程的一些难点。

本章介绍了 Java 的类与对象，以及如何定义字段和方法。读者在学习本章时，一定要理解构造方法的作用，掌握方法重载的使用，弄清楚 this 的使用，同时一定要区分清楚类的非静态成员与静态成员，能够根据不同场景合理地使用静态与非静态成员来完成任务。

最后我们介绍了常量与枚举，常量相对简单一些，如果读者暂时不能理解枚举也没关系，可以先暂时放一下，等学到后面的内容，自然就能明白了。

3.13 实战练习

1. 编写一个学生类 Student，该类有三个数据成员：姓名（name）、学号（no）、年龄（age）。编写一个构造方法，该构造方法带有三个参数，用这三个参数分别给成员变量 name、no 和 age 赋值。编写一个 toString() 方法，通过学生对象调用该方法，可以输出该学生的所有信息，包括姓名、学号和年龄，输出信息的格式不限。

2. 编写一个雇员类 Employee，该类有四个数据成员：员工姓名（name）、基本工资（basePay）、奖金（bonus），税率（taxRate）。编写合适的构造方法，对上述四个数据成员进行初始化。编写一个成员方法 calculateSalary()，该方法用于计算员工的薪水收入，公式为：(基本工资 + 奖金) × 税率，并输出：XXX（XXX 为员工姓名），当月实发薪水为 YYY（YYY 代表员工的实际薪水）。

3. 写一个类，名为 Animal，该类有两个数据成员：name（代表动物的名字）和 legs（代表动物的腿的条数）。编写两个重载的构造方法，一个需要两个参数，分别用这两个参数给数据成员 name 和 legs 赋值；另一个无参，默认给 name 赋值为 AAA，给 legs 赋值为 4；另要求在第二个构造方法中调用第一个构造方法。该类还有两个重载的 move() 方法，其中一个无参，在屏幕上输出一行文字：XXX Moving!（XXX 为该动物的名字）；另一个需要一个 int 参数 n，在屏幕上输出 XXX Moving n 米!

4. 编写一个数学类 MyMath，该类有四个静态方法：add()、subtract()、multiply()、divide()，分别完成两个整数的加、减、乘、除操作。此外，该类还有一个静态的常量 PI，值为 3.14，并提供一个计算圆面积的方法：roundArea()，该方法接受一个 double 类型的参数，即圆的半径，用户输入圆的半径后，要求使用该方法计算出圆面积，并返回结果。

第 4 章 高级面向对象编程

这一章我们继续介绍面向对象编程的进阶知识。

4.1 继承

扫码看视频

我们先来看一段代码,如代码 4.1 所示。

代码 4.1 Animal.java
```
public class Animal{
    void eat(){
        System.out.println("animal eat");
    }
    void sleep(){
        System.out.println("animal sleep");
    }
    void breathe(){
        System.out.println("animal breathe");
    }
}
```

这段代码很简单,定义了一个 Animal 类,对于一个动物来说,它具有吃、睡觉、呼吸等行为,为此,我们在 Animal 类中分别定义了 eat、sleep 和 breathe 方法。

之后,我们想编写一个 Fish 类,代表鱼的抽象,鱼也具有吃、睡觉和呼吸的行为,那么在定义 Fish 类时,要再编写一遍 eat、sleep 和 breathe 方法,显得很烦琐!

鱼也是一种动物,在面向对象的程序设计中,对于同一归属的类,可以采用继承的方式来重用代码。继承可以让一个类拥有另外一个类的方法和成员变量,理解继承是理解面向对象程序设计的关键。

在 Java 中,通过关键字 extends 继承一个已有的类,被继承的类称为父类(超类、基类),新的类称为子类(派生类)。我们看代码 4.2。

代码 4.2 Animal.java
```
public class Animal{
    void eat(){
```

```
        System.out.println("animal eat");
    }
    void sleep(){
        System.out.println("animal sleep");
    }
    void breathe(){
        System.out.println("animal breathe");
    }
}

class Fish extends Animal{
    public static void main(String[] args){
        Animal an = new Animal();
        an.eat();

        Fish fh = new Fish();
        fh.eat();
        fh.sleep();
        fh.breathe();
    }
}
```

从代码中可以看到，Fish 类除了使用 extends 关键字从 Animal 类继承，没有编写任何方法，但是在构造完 Fish 类的对象 fh 后，可以调用 eat、sleep 和 breathe 这三个方法，这就是继承的魅力，Fish 类继承了 Animal 类的方法。

程序运行的结果为：

```
animal eat
animal eat
animal sleep
animal breath
```

此外，还需要提醒读者的是，在第 1.7.2 节中我们已经介绍过：

（1）在一个 Java 源文件中只能存在一个 public 类。

（2）在执行 Java 程序时，执行的类是 main 方法所在的类，针对本例，java.exe 执行的是 Fish 类。

（3）与 C++不同，在 Java 中，不允许多继承。

子类除了拥有继承自父类的方法外，还可以有自己的方法。比如鱼可以在水里游动，因此我们可以给 Fish 类再定义一个 swim 方法，如代码 4.3 所示。

代码 4.3　Animal.java

```
public class Animal{
    ...
}

class Fish extends Animal{
    void swim(){
        System.out.println("fish swim");
    }

    public static void main(String[] args){
```

```
        Fish fh = new Fish();
        fh.breathe();
        fh.swim();
    }
}
```

程序运行的结果是:

```
animal breath
fish swim
```

当构造子类对象时,父类对象会不会同时被构造呢?下面我们给 Animal 类和 Fish 类分别添加一个构造方法,在构造方法中输出一些信息,以便确认在子类对象构造时,它们是否会被调用,以及调用的先后顺序,如代码 4.4 所示。

代码 4.4   Animal.java

```
public class Animal{
    Animal(){
        System.out.println("animal construct");
    }
    ...
}

class Fish extends Animal{
    Fish(){
        System.out.println("Fish construct");
    }
    void swim(){
        System.out.println("fish swim");
    }
    
    public static void main(String[] args){
        Fish fh = new Fish();
    }
}
```

在 main 方法中,我们只构造了一个子类 Fish 的对象。编译并运行程序,结果是:

```
animal construct
Fish construct
```

可以看到,虽然代码中只是构造了一个子类对象,但父类 Animal 的构造方法也被调用了,而且是先调用的。其实这也很好理解,没有父亲哪里来的孩子呢?

好了,可以先将两个类的构造方法注释起来,准备后面内容的学习。

扫码看视频

4.2   方法的覆盖(override)

使用继承,我们可以让子类很容易地拥有父类的方法,从而实现代码的重用。不过有时候,子类的行为与父类的行为会存在一些差异,比如鱼的呼吸与一般动物的呼吸不太一样,因为鱼在水里的呼吸的行为更像是吐泡泡，因此基类 Animal 的呼吸方法有些不太适合 Fish 对象，这时候，我们可以在派生类 Fish 中重写 breathe 方法，如代码 4.5 所示。

代码 4.5　Animal.java
```
public class Animal{
    ...
    void breathe(){
        System.out.println("animal breathe");
    }
}

class Fish extends Animal{
    ...

    void breathe(){
        System.out.println("fish bubble");
    }
    public static void main(String[] args){
        Animal an = new Animal();
        an.breathe();

        Fish fh = new Fish();
        fh.breathe();
    }
}
```

从以上代码中可以看到，Fish 类的 breathe 方法与 Animal 类的 breathe 方法完全一样。在**子类中定义一个与父类同名、返回类型、参数类型均相同的一个方法，称为方法的覆盖。方法的覆盖发生在子类（派生类）与父类（基类、超类）之间。**

程序运行的结果是：

```
animal breath
fish bubble
```

很完美！Animal 对象按照一般动物的呼吸方式呼吸，而 Fish 对象按照鱼的呼吸方式吐泡泡。

4.3　多态（polymorphism）

4.3.1　何为多态

扫码看视频

修改代码 4.5，将 main 方法中的代码修改为下面两句代码：

```
Animal an = new Fish();
an.breathe();
```

由于 Fish 是 Animal 的子类，所以可以将 Fish 对象的直接隐式类型转换为 Animal 类的对象，这种类型转换很好理解，毕竟鱼也是一种动物。

接下来调用 an.breathe()，程序会输出"动物呼吸"，还是"鱼吐泡"呢？输出结果是：

fish bubble

为什么 an 的类型是 Animal，输出结果却是调用的子类的 breathe 方法呢？这就是 Java 的多态性，多态性是面向对象的一个重要特性，它是通过覆盖父类的方法来实现的，在运行时根据传递的实际对象引用，来调用相应的方法。

在这里，虽然 an 的类型是 Animal，但它实际引用的是 Fish 对象，因此在运行时最终调用的是 Fish 的 breathe 方法。

4.3.2 多态的实际应用

读者现在知道了多态性是怎么回事，但是这个特性如何在实战中发挥作用，怕是依然很迷惑。下面我们给出一个例子，来帮助读者更好地理解多态性及其应用。在魔兽争霸这类游戏中，每个兵种都是一个单位，为此，我们可以先定义一个 Unit 类来表示任意单位，如代码 4.6 所示。

代码 4.6　game\Unit.java

```java
public class Unit {
    int HP;
    int AP;

    public Unit(int HP, int AP){
        this.HP = HP;
        this.AP = AP;
    }

    public void move(){
        System.out.println("Unit move");
    }

    public void attack(){
        System.out.println("Unit attack");
    }
}
```

每个单位都有它的生命值（HP）和攻击力（AP），而且每个单位都可以移动和攻击。

接下来，我们以 Unit 类为基类，派生出具体的兵种，包括：步兵（Footman）、火枪手（Rifleman）、骑士（Knight）等，如代码 4.7～代码 4.9 所示。

代码 4.7　game\Footmen.java

```java
public class Footmen extends Unit {
    public Footmen() {
        super(420, 12);
    }

    public void move(){
        System.out.println("Footmen move");
    }
}
```

代码 4.8　game\Riflemen.java

```java
public class Riflemen extends Unit {
    public Riflemen(){
        super(505, 21);
    }

    public void move(){
        System.out.println("Riflemen move");
    }
}
```

代码 4.9　game\Knight.java

```java
public class Knight extends Unit {
    public Knight(){
        super(835, 31);
    }

    public void move(){
        System.out.println("Knight move");
    }
}
```

上述三个兵种子类都覆盖了父类 Unit 的 move 方法。

接下来我们编写一个游戏类，如代码 4.10 所示。

代码 4.10　game\Game.java

```java
public class Game {
    public static void moveUnit(Unit un){
        un.move();
    }

    public static void main(String[] args){
        Game.moveUnit(new Footmen());
        Game.moveUnit(new Riflemen());
        Game.moveUnit(new Knight());
    }
}
```

看到这里不知道读者对于多态性的应用是否有些感悟了。我们在编写程序时，由于有多态性的存在，程序的基本结构可以提前编写好，正如这里的 moveUnit 方法，它接受的参数是一个 Unit 类的对象，Unit 类作为所有兵种类的基类，可以接受任意子类对象的传入，根据多态性的原理，最终调用的方法是子类对象覆盖的方法。这样做的好处是，如果后期有新的兵种加入，那么我们只需要编写一个继承 Unit 类的新的兵种类，覆盖相应的方法，然后构造一个新兵种对象，传入 moveUnit 方法即可，最终调用的是新兵种对象自己的方法。

本例的代码我们统一放到了 game 子目录下，在编译时，可以先进入该目录，然后执行下面的语句一次性编译所有的 Java 源文件。

```
javac *.java
```

运行时，执行 java Game，程序的输出结果是：

```
Footmen move
Riflemen move
Knight move
```

4.3.3 Java 编译器如何实现多态

有了多态特性，我们的代码会变得更加灵活。那么多态特性到底是如何实现的呢？这主要是通过动态绑定（dynamic binding）来实现的，也称为后期绑定（late binding）。既然有动态绑定，自然也有静态绑定（static binding），也称为早期绑定（early binding）。例如在 C++ 中调用非虚函数时，采用的就是静态绑定，在编译阶段就直接在函数调用处填写好了函数代码所在内存的地址偏移量。对于静态绑定来说，函数（方法）的调用是被固化到程序的二进制代码当中的，在程序运行时是不能被改变的，所以它无法根据运行时提供的类型来改变自身的操作。

动态绑定是在编译时不确定具体调用的方法，而在程序运行时，根据对象的实际类型来调用对应的方法（函数）。Java 天生就是多态的，它通过方法表来实现：每个类被加载到虚拟机时，在方法区保存元数据，其中，就有一个叫作方法表（method table）的东西，表中记录了这个类定义的方法所在的地址，每个表项指向一个具体的方法代码。如果一个子类重写了父类中的某个方法，则对应表项指向新的代码实现处。从父类继承来的方法位于子类定义的方法的前面。

面向对象程序设计语言都使用了动态绑定机制来实现多态，无论是 Java、C++、C#，还是 Ruby，虽然它们的实现方式可能不同，但是原理都是相同的。

4.3.4 类型转换

前面我们已经看到，在将子类对象赋给父类型变量的时候，不需要进行强制类型转换，例如：

```
Footmen fm = new Footmen();
Unit ui = fm;
```

由于在画 UML 类图的时候，基类通常放在上方，所以这种类型转换称为向上转型（upcasting）。如图 4-1 所示。

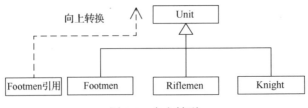

图 4-1 向上转型

向上转型会让子类对象"缩小"，只能调用父类中的方法，对于子类中新增的方法就无法调用了。在这里，如果通过 ui 来调用，则只能调用 Unit 类中的方法。如果通过 fm 来调用，则可以调用继承的父类中的方法，以及子类 Footmen 中新增的方法。

既然有向上转型，自然也有向下转型（downcasting），通俗地讲，向下转型就是从父类型转换为子类型。我们看代码 4.11。

代码 4.11　　DownCasting.java

```
class Father {
    public void a(){}
    public void b(){}
}

class Child extends Father {
    public void c(){}
    public void d(){}
    public void e(){}
}

public class DownCasting {
    public static void main(String[] args) {
        Father[] arr = new Father[2];
        arr[0] = new Father();
        arr[1] = new Child();
        arr[0].a();
        arr[1].b();
        
        //arr[1].d();            //编译错误！无法找到d方法
        ((Child)arr[0]).d();  //运行时错误！无法把Father转换为Child
        
        ((Child)arr[1]).d();
    }
}
```

从上面的代码中可以看出，在给 arr 数组赋值时，进行了一次向上转型，Child 对象转换为 Father 类型。在转换之后，Child 对象还是 Child 对象，只不过在 arr 数组中，它被当成 Father 对象来使用。接下来，分别调用数组中两个对象的 a 和 b 方法，这不会有任何问题，毕竟大家都有 Father 类中定义的方法。当调用 arr[1].d()时，问题来了，由于 Child 对象现在是被当作 Father 对象来看待的，而 Father 类中并没有 d 方法，所以在编译时就会报错，提示找不到 d 方法。

我们知道 arr[1]实际上就是 Child 对象，为了调用它的 d 方法，就需要进行向下转型，从父类型转换为具体的子类型。接下来的代码把 arr 数组的两个元素都转换为 Child 对象，然后调用 d 方法。从代码中可以看到，向下转型需要强制类型转换。

现在有了一个新的问题，对于 arr[1]来说，它就是 Child 对象，类型转换后调用 d 方法没有问题，但对于 arr[0]来说，它是一个 Father 对象，它根本就没有 Child 对象的特征，又怎么能够调用 d 方法呢？不幸的是，这种错误在编译期间是无法被发现的，编译不会报错，但在你运行程序时就会抛出一个类型转换异常。

所以在进行向下转型时一定要小心，要确保对象确实是转换后的类型的实例。**为了避免不正确的类型转换所引发的错误，可以先用 instanceof 运算符来判断一下对象是不是某个类型的实例**，如果是，则该运算符会返回 true，否则返回 false。更为安全的类型转换代码如下所示：

```
if(arr[0] instanceof Child){
    ((Child)arr[0]).a();
}
```

instanceof 运算符左边是要判断的对象,右边是引用类型。如果 arr[0]不是 Child 的实例,if 语句中的代码就不会被执行,那么也就不会出现运行时的类型转换错误了。

4.3.5 协变返回类型

协变返回类型是从 Java 5 才加入的新特性,它可以让子类(派生类)覆盖的方法的返回值类型为父类(基类)方法返回值类型的某个子类。我们看代码 4.12。

代码 4.12　ConvariantReturn.java

```java
class Liquor {
    public String toString(){
        return "Liquor";
    }
}

class Beer extends Liquor {
    public String toString(){
        return "Beer";
    }
}

class LiquorFactory {
    public Liquor make(){
        return new Liquor();
    }
}

class BeerFactory extends LiquorFactory {
    public Beer make(){
        return new Beer();
    }
}

public class ConvariantReturn {
    public static void main(String[] args) {
        LiquorFactory lf = new LiquorFactory();
        Liquor l = lf.make();
        System.out.println(l);
        lf = new BeerFactory();
        l = lf.make();
        System.out.println(l);
    }
}
```

Beer 是 Liquor 类的子类,LiquorFactory 类的 make 方法的返回值类型是 Liquor 类,BeerFactory 是 LiquorFactory 类的子类,覆盖了 make 方法,在正常情况下,重写的 make 方法的返回值类型也应该是 Liquor 类,但这里使用了 Java 5 新增的特性:协变返回类型,返回的是 Liquor 的子类型 Beer。

程序运行的结果为:

```
Liquor
Beer
```

若上面的例子在 Java 5 之前的版本编译，则编译器会提示 BeerFactory 类的 make 方法应该返回 Liquor 类型。

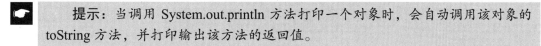   提示：当调用 System.out.println 方法打印一个对象时，会自动调用该对象的 toString 方法，并打印输出该方法的返回值。

4.3.6 在构造方法中调用被覆盖的方法

如果我们在父类的构造方法中调用了一个被子类覆盖的方法会出现什么问题呢？如果在父类的构造方法中调用了一个被子类覆盖的方法，那么当构造子类对象时，由于 Java 的多态性，其结果就是父类的构造方法会毅然地调用子类覆盖的方法，而自己的方法会被弃之不用。

出现这种情况并不是 Java 解释器的问题，它确实在按照 Java 的规则做事。不过对于程序员来说，这种情况可能会导致灾难：基类的某些资源没有被正确地初始化。

我们看代码 4.13。

代码 4.13　MusicPlay.java

```
class Music {
    public void play(){
        System.out.println("Play Music");
    }

    public Music(){
        System.out.println("Construct Music");
        play();
    }
}

class Jazz extends Music {
    public void play(){
        System.out.println("Play Jazz");
    }

    public Jazz(){
        System.out.println("Construct Jazz");
    }
}

public class MusicPlay {
    public static void main(String[] args){
        new Jazz();
    }
}
```

程序运行的结果为：

```
Construct Music
Play Jazz
Construct Jazz
```

可以看到，Music 基类初始化时调用了 Jazz 类的 play 方法。虽然这个例子不会出现问题，但是如果基类初始化时调用的方法涉及资源的分配（如打开文件、建立网络连接等），那么就会造成一些难以查找的错误。因此，在编写构造方法时，最好不要调用其他方法。如果初始化代码较多或多个构造方法中存在重复的代码，就确实需要封装为一个方法来调用，那么可以将该方法声明为私有的（private）或者 final 方法，这样可以避免子类覆盖这些方法，从而解决多态性导致的初始化问题。

关于私有方法和 final 方法，请读者参看第 4.5 和第 4.7 节。

4.4 特殊变量 super

虽然面向对象的继承特性可以让我们很方便地重用代码，不过也存在一些问题，比如上一节中提到的子类对象的行为与父类对象的行为存在差异，又或者父类的方法在功能实现上存在不足之处，这些都可以通过方法的覆盖来解决。但在某些情况下，我们并不想整个替换父类的方法代码，只是希望在继承父类方法的同时，添加一些额外的功能。那这要怎么实现呢？如果子类覆盖了父类的对应方法，子类对象调用的就是重写的方法，那能不能在重写的方法中先调用父类的方法，再添加额外的功能实现代码呢？这就需要一个特殊的变量 super 登场了。

4.4.1 访问父类被子类覆盖的方法或隐藏的变量

特殊变量 super 提供了对父类（基类、派生类）的访问，如代码 4.14 所示。

代码 4.14　Animal.java

```
public class Animal{
   ...
   void breathe(){
      System.out.println("animal breath");
   }
}

class Fish extends Animal{
   ...
   void breathe(){
      super.breathe();
      System.out.println("fish bubble");
   }
   public static void main(String[] args){
      Fish fh = new Fish();
      fh.breathe();
   }
}
```

在子类的 breathe 方法中，通过特殊变量 super 先调用父类被覆盖的 breathe 方法，然后是子类自己的代码。程序运行的结果是：

```
animal breath
fish bubble
```

下面我们为 Animal 类添加两个数据成员：height 和 weight，分别代表动物的高度和重量。在 Fish 类中添加一个无参的构造方法，在构造方法中，可以直接访问继承的数据成员 height 和 weight，并对其进行初始化，如代码 4.15 所示。

代码 4.15　Animal.java

```
public class Animal{
    int height, weight;
    ...
}

class Fish extends Animal{
    Fish(){
        height = 5;
        weight = 3;
    }
    ...

    public static void main(String[] args){
        Fish fh = new Fish();
        System.out.println(fh.height);
        System.out.println(fh.weight);
    }
}
```

这段代码很简单，只是演示了除子类可以继承父类的方法以外，数据成员也可以继承。但这不是我们要说的重点，接下来为 Fish 类添加两个同名的数据成员：height 和 weight，如代码 4.16 所示。

代码 4.16　Animal.java

```
public class Animal{
    int height, weight;
    ...
}

class Fish extends Animal{
    int height, weight;
    Fish(){
        height = 5;
        weight = 3;
    }
    ...

    public static void main(String[] args){
        Fish fh = new Fish();
        System.out.println(fh.height);
        System.out.println(fh.weight);
    }
}
```

这时，在子类 Fish 中拥有了与父类同名的两个成员变量 height 和 weight，那么在 Fish 构造方法中访问的是子类的 height 和 weight，还是父类的 height 和 weight 呢？显然，访问的是子类的 height 和 weight。这种情况不叫覆盖，而是变量的隐藏。如果在子类中还想访问被隐藏的父类成员变量，那么一样可以通过 super 来访问，如代码 4.17 所示。

代码 4.17　Animal.java

```java
public class Animal{
    int height, weight;
    ...
}

class Fish extends Animal{
    int height, weight;
    Fish(){
        super.height = 50;
        super.weight = 30;
        height = 5;
        weight = 3;
    }
    ...

    public static void main(String[] args){
        Fish fh = new Fish();
        System.out.println("鱼的高度：" + fh.height);
        System.out.println("鱼的重量：" + fh.weight);

        Animal an = fh;
        System.out.println("动物的高度：" + an.height);
        System.out.println("动物的重量：" + an.weight);
    }
}
```

在 Fish 构造方法中，我们通过 super 访问 Animal 类被隐藏的成员变量 height 和 weight。程序运行的结果是：

```
鱼的高度：5
鱼的重量：3
动物的高度：50
动物的重量：30
```

代码 4.17 其实并无实际意义，在真实的项目开发中，几乎不会在子类中去定义与父类同名的成员变量，因为子类本身就可以直接或者间接地去使用父类中的数据成员。如果有这种情况出现，多半是类的设计出现了问题。我们给出这个例子，只是为了帮助读者区分变量的隐藏和方法的覆盖，以及介绍如何通过 super 变量来访问父类被子类隐藏的变量或覆盖的方法。

4.4.2　调用父类构造方法

下面我们先将 Fish 类的构造方法和成员变量定义代码都注释起来，然后为 Animal 类编写一个带两个参数的构造方法，方法的两个参数分别用于为数据成员 height 和 weight 赋初值，如代码 4.18 所示。

代码 4.18　Animal.java

```
public class Animal{
   int height, weight;
   Animal(int height, int weight){
      this.height = height;
      this.weight = weight;
   }
   ...
}

class Fish extends Animal{
   void swim(){
      System.out.println("fish swim");
   }

   void breathe(){
      super.breathe();
      System.out.println("fish bubble");
   }

   public static void main(String[] args){
      Fish fh = new Fish();
   }
}
```

编译 Animal.java，你会看到如图 4-2 所示的错误。

图 4-2　父类定义了有参构造方法导致的错误

第 4.1 节我们已经介绍过，在子类对象构造时会先构造父类对象，而默认调用的是父类无参的构造方法，但现在父类 Animal 定义了一个有参的构造方法，Java 编译器就不会再提供默认的构造方法。当你想要构造子类对象时，默认会去调用父类无参的构造方法，但这个构造方法并不存在，于是父类对象无法产生，自然子类对象也就无法构造了。

如何解决这个问题呢？自然也通过 super 来解决，实际上，**每个子类构造方法的第一条语句都是隐含地调用 super()**，如果父类（基类、超类）没有这种形式的构造方法（即无参的构造方法），那么在编译的时候就会报错。

下面先为 Fish 类添加一个构造方法，然后通过 super 显式地调用父类的有参构造方法，如代码 4.19 所示。

代码 4.19　Animal.java

```
public class Animal{
   int height, weight;
   Animal(int height, int weight){
      this.height = height;
      this.weight = weight;
```

```
        }
        ...
    }

    class Fish extends Animal{
        Fish(){
            super(50, 30);
        }
        ...

        public static void main(String[] args){
            Fish fh = new Fish();
        }
    }
```

在 Fish 构造方法中，通过 super(50, 30)调用父类的有两个参数的构造方法，并向该方法传值。

再次编译运行，一切正常。

在真实场景中，更常见的是子类也提供带参数的构造方法（参数数量可以少于或等于父类构造方法），通过 super 调用传递默认值，或者直接以子类构造方法的参数去调用父类的构造方法，如代码 4.20 所示。

代码 4.20　Animal.java

```
public class Animal{
    int height, weight;
    Animal(int height, int weight){
        this.height = height;
        this.weight = weight;
    }
    ...
}

class Fish extends Animal{
    Fish(int weight){
        super(50, weight);
    }

    Fish(int height, int weight){
        super(height, weight);
    }
    ...

    public static void main(String[] args){
        Fish fh = new Fish(30);
        Fish fh2 = new Fish(20, 20);
    }
}
```

4.5 封装与 private

扫码看视频

封装是面向对象的基本特性之一。想想你使用的手机、观看的电视、驾驶的汽车，你都是通过这些对象预先定义好的接口来操作它们（通过说明书告知你）的，但这些对象内部的状态和内部的工作机制你知道吗？不知道，也不需要知道，作为用户，我们只需要知道按下一个按键，对象能做出正确的响应就行了。这就是对象的封装！屏蔽复杂的实现细节，通过公开、暴露的方法来操作对象，使得对象的操作简单又高效。

前面我们讲述了类的设计，在类中定义了数据成员和方法，当实例化一个类的对象后，通过该对象可以任意访问类中的数据成员和方法，这显然不符合真实的对象设计。在现实世界中，对象是独立的、自治的个体，不能任意去修改某个对象的状态，比如你的父母希望你长高 1 厘米，他们不能直接去修改你的身高，合理的方式是通过调用你的吃饭方法，给你传入牛奶、鸡蛋、牛肉等，调用你的运动方法，然后你的身体内部的工作流程经过计算，在条件满足后，身高增长 1 厘米。

为了对外屏蔽一些类的实现细节，我们需要用到 private 关键字，这是一个访问说明符，用于说明类中的成员是私有的，对外不可以访问。

通常来说，类中的成员变量都应该声明为 private，以防止外部直接访问这些变量，例如，代码 4.20 中的 Animal 类的成员变量 height 和 weight，我们就应该将它们声明为 private，如代码 4.21 所示。

代码 4.21　Animal.java

```java
public class Animal{
    private int height, weight;
    Animal(int height, int weight){
        this.height = height;     //在类中，可以直接访问私有的成员变量
        this.weight = weight;
    }
    ...
}

class Fish extends Animal{
    Fish(int weight){
        // 只是调用父类的构造方法，并由父类的构造方法完成其私有成员变量的初始化
        // 所以没有任何问题
        super(50, weight);
    }

    Fish(int height, int weight){
        super(height, weight);
    }
    ...

    public static void main(String[] args){
        Animal an = new Animal(50, 30);
        an.height = 40;           // 错误，不能在类的外部访问私有的成员变量
```

        }
    }

上述代码在编译时会提示如图 4-3 所示的错误信息。

```
Animal.java:40: 错误: height 在 Animal 中是 private 访问控制
        an.height = 40;           // 错误, 不能在类的外部访问私有的成员变量
1 个错误
```

图 4-3　在类的外部访问其私有成员变量报错

现在，Animal 的成员变量 height 和 weight 只能在调用 Animal 的构造方法时通过传入参数来改变，如果希望在对象构造完毕后，还有机会修改这两个变量，以及能够得到它们的值，那么可以为它们提供访问器方法。

所谓访问器方法，就是针对私有的成员变量提供一对 get/set 方法，方法的命名一般是 get/set + 成员变量名大写的首字母 + 成员变量名剩余字母。例如，针对 Animal 类的成员变量 height 和 weight，提供的访问器方法如代码 4.22 所示。

代码 4.22　Animal.java

```java
public class Animal{
    private int height, weight;
    Animal(int height, int weight){
        this.height = height;    //在类中，可以直接访问私有的成员变量
        this.weight = weight;
    }

    int getHeight(){
        return height;
    }

    void setHeight(int height){
        this.height = height;
    }

    int getWeight(){
        return weight;
    }

    void setWeight(int weight){
        this.weight = weight;
    }

    ...
}

class Fish extends Animal{
    Fish(int weight){
        // 只是调用父类的构造方法，并由父类的构造方法完成私有成员变量的初始化
        // 所以没有任何问题
        super(50, weight);
    }
```

```
    Fish(int height, int weight){
        super(height, weight);
    }

    ...

    public static void main(String[] args){
        Animal an = new Animal(50, 30);

        an.setHeight(40);
        an.setWeight(40);

        System.out.println("动物的高度: " + an.getHeight());
        System.out.println("动物的重量: " + an.getWeight());
    }
}
```

有的读者可能要问,为何要多此一举,而提供两个方法来完成成员变量的读写操作,还不如放开权限,让用户直接访问成员变量。要注意,这一切都是为了访问控制!如果让用户可以直接修改对象的状态,那么对象的状态将变得不可预知,也破坏了我们前面所说的封装,虽然这里看到的访问器方法实现很简单,只是简单地取值和赋值,但是不要忘了,这毕竟是方法,所以在需要的时候,我们完全可以在访问器方法内部添加额外的代码来进行如逻辑验证、权限判断等操作,只有在满足条件时才允许用户访问。

此外,访问器方法并没有要求说一定要有,这根据你的类的设计需求来决定。也没有说必须要成对提供,如果你的成员变量是只写访问,那么提供一个 setXxx 方法即可;如果是只读访问,那么提供一个 getXxx 方法即可。

> **题外话** 如果一个类满足以下的条件,则称之为 JavaBean 组件。
> (1)是一个公开的(public)类。
> (2)有一个默认的构造方法,也就是不带参数的构造方法(在实例化 JavaBean 对象时,需要调用默认的构造方法)。
> (3)提供 setXxx 方法和 getXxx 方法(访问器方法)来让外部程序设置和获取 JavaBean 的属性。
> (4)实现 java.io.Serializable 或者 java.io.Externalizable 接口,以支持序列化。
>
> 属性(Property)是 JavaBean 组件内部状态的抽象表示,外部程序使用属性来设置和获取 JavaBean 组件的状态。为了让外部程序能够知道 JavaBean 提供了哪些属性,JavaBean 的编写者必须遵循标准的命名方式。
>
> 例如,类中有一个实例变量为 username,有一对方法 getName 和 setName 用于获取和设置实例变量 username 的值,那么属性名为 name。也就是说,JavaBean 的属性和实例变量不是一个概念,属性和实例变量也不是一一对应的关系,属性可以不依赖于任何的实例变量而存在,而是 JavaBean 组件内部状态的抽象表示。
>
> 例如:
> ```
> public String getInfo(){
>     return "类的描述信息;
> }
> ```
> 如果没有 setInfo 方法,那么 info 就是一个只读的属性,且没有对应任何的实例变量。

> get/set 命名方式有一个例外，那就是对于 boolean 类型的属性应该使用 is/set 命名方式（也可以使用 get/set 命名方式），例如，有一个 boolean 类型的属性 married，它所对应的方法如下：
> ```
> public boolean isMarried()
> public void setMarried(boolean b)
> ```

除了成员变量一般都声明为 private，很多时候，我们也将有些方法声明为 private，这些方法大多是用于辅助完成某个功能的，它们并不是提供给外部用户调用的，而是用于内部逻辑的辅助实现。声明为 private 的方法（即私有的方法），也不能在类的外部被访问，我们看代码 4.23。

代码 4.23　Animal.java

```java
public class Animal{
    private int height, weight;

    Animal(int height, int weight){
        this.height = height;
        this.weight = weight;
    }
    ...
}

class Fish extends Animal{
    Fish(int weight){
        super(50, weight);
    }

    Fish(int height, int weight){
        super(height, weight);
    }
    void swim(){
        log();       //私有方法，在类的内部调用，没有问题
        System.out.println("fish swim");
    }

    private void log(){
        System.out.println("logger: The swim method is called");
    }
    ...

    public static void main(String[] args){
        Fish fh = new Fish(20, 20);
        fh.log();    // 在这里调用 log 方法，会报错吗
    }
}
```

在 Fish 类中定义了一个私有的方法 log，它负责在每次 swim 方法被调用的时候都做一个记录。在 Fish 类的内部，可以随意访问 log 方法，但是在类的外部，就不能被访问了。

上述代码在 main 方法中提出了一个问题，这个问题也是很多新手没有搞明白的，特别

是从 C++转而学习 Java 的读者。按理说，fh.log()这句代码相当于是在类的外部访问了私有方法，在编译时理应报错，但实际情况却是没有错误。这里容易让人迷惑的地方主要是 main 方法，main 方法作为程序的入口方法，在 Java 程序中必须要放到一个类中，即使该方法跟这个类没有任何成员关系。上述代码的 main 方法在 Fish 类中，你也可以将它看成是 Fish 类的一个静态方法，fh.log()的调用仍然是在 Fish 类的内部完成的，所以编译时并不会报错。如果你将 main 方法移到 Animal 类中，在编译时，就会提示如图 4-4 所示的错误信息。

图 4-4　在类的外部访问私有的成员方法报错

读者可以思考一下，在子类中能不能访问父类中的私有方法？能不能覆盖私有方法？要注意，私有的成员只能在该类的内部被访问，子类也算类的外部，所以是不能访问的，自然也就不能被覆盖了。

我们看代码 4.24，其在编译时，会提示如图 4-5 所示的错误。

代码 4.24　Parent.java

```java
public class Parent{
    private void privateMethod(){
        System.out.println("Call private method!");
    }
}

class Child extends Parent{
    Child(){
        super.privateMethod();
    }
}
```

图 4-5　子类访问父类的私有方法报错

关于更多的访问说明符，请读者参看第 5 章。

4.6　对外发布的接口——public

扫码看视频

在类的设计中，一些实现细节需要对外隐藏，因此我们会使用 private 来提供私有的访问控制，同样，我们也需要对外暴露一些方法，以便用户可以操作类的对象，来完成业务功能。这些对外暴露的方法会采用 public 来声明，表示公共的方法，可以看成对象提供给外部的访问接口，随便访问。

上一节我们提到类的实例变量可以提供一组 get/set 方法，以便外部可以获取和修改对象的状态，而这一组方法通常就会声明为 public，我们看代码 4.25。

代码 4.25　Animal.java

```java
public class Animal{
    private int height, weight;
```

```java
    public Animal(int height, int weight){
        this.height = height;
        this.weight = weight;
    }

    public int getHeight(){
        return height;
    }

    public void setHeight(int height){
        this.height = height;
    }

    public int getWeight(){
        return weight;
    }

    public void setWeight(int weight){
        this.weight = weight;
    }
      ...
}

class Fish extends Animal{
    public Fish(int weight){
        super(50, weight);
    }

    public Fish(int height, int weight){
        super(height, weight);
    }
    public void swim(){
        log();         //私有方法,在类的内部调用,没有问题
        System.out.println("fish swim");
    }

    private void log(){
        System.out.println("logger: The swim method is called");
    }

     ...

    public static void main(String[] args){
        Fish fh = new Fish(20, 20);
        fh.swim();
    }
}
```

现在 Animal 类和 Fish 类已经接近实际类的设计了。在实际开发中,你所看到的类大多数都如代码 4.25 中所示的类,实例变量声明为 private,需要对外访问的方法声明为 public。

这时,读者可能会问,你给这些方法添加了 public 访问说明符,在访问上和原来没有添加的时候好像没有什么区别啊。确实如此,就本例而言,不管是否添加 public,都不影响类

中方法的访问。至于为什么，读者可以先暂时放下好奇心，性急的读者可以提前阅读第 5 章的内容，现在我们只需要记住，对外暴露的方法一般都应该声明为 public 即可。

除了方法可以声明为 public 外，类的成员变量也可以声明为 public，这样在类的外部就可以任意访问这些变量。当然，这不是一个好的设计习惯，除了静态成员变量外，在 99% 的情况下，类的实例变量都应该声明为 private。

4.7 再谈 final

扫码看视频

在 Java 中，final 关键字代表"不能被改变的"，它可以用于修饰类、成员变量、方法和参数。当修饰成员变量时，就是我们在第 3.10 节介绍的常量。

4.7.1 final 类

final 类代表不能被继承的类。在面向对象程序设计中，有些类我们是作为标准类来使用的，这些类没有必要也不希望被当作基类使用，这时就可以使用 final 来声明这些类。我们看代码 4.26。

代码 4.26 FinalClass.java

```java
public final class FinalClass {
    public void doSomething(){
        System.out.println("Do something.");
    }
}
```

当我们试图继承 FinalClass 类时，Java 编译器会报告错误："无法从最终 FinalClass 进行继承"。

4.7.2 final 方法

方法也可以声明为 final，声明为 final 的方法不可以被子类所覆盖。我们看代码 4.27。

代码 4.27 FinalMethod.java

```java
public class FinalMethod{
    public final void Speak(){
        System.out.println("Speak something");
    }
}

class ExtendsFromFinalMethod extends FinalMethod{
    //错误！无法覆盖 final 方法
    public void Speak(){
        System.out.println("Speak nothing");
    }
}
```

上面的代码会出现编译错误，因为 ExtednsFromFinalMethod 类试图覆盖基类的 final 方法。那什么时候需要将某个方法声明为 final，以避免子类重写该方法呢？如果类中的某个方法用于实现固定的计算步骤，或实现某种标准操作，而不希望子类去改变，那么就可以将该方法声明为 final。

例如，我们知道超市的商品经常打折，商品的最终价格由很多因素决定，比如是否是会员、当前商品是否参加了促销活动等，假定商品实际价格的计算逻辑是固定的，那么就可以在商品基类中编写一个 final 方法，该方法调用其他一些方法（如计算折扣的方法等）完成商品价格的计算逻辑。具体的某个商品类从基类派生，重写折扣方法，给出本商品的折扣，当计算具体某项商品（子类）价格的时候，调用继承的基类的 final 方法，由于多态性的缘故，在该 final 方法中，实际调用的是子类的折扣方法，从而计算出该项商品的实际价格。

某些时候，为了效率上的考虑，将方法声明为 final，让编译器对此方法的调用进行优化。要注意的是：编译器会自行对 final 方法进行判断，并决定是否进行优化。通常，当方法的体积很小，且我们确实不希望它被覆盖时，才将它声明为 final。

对于私有方法来说，它们是不能被其他任何类访问的，自然也就不能被覆盖，所以私有的方法也是 final 方法。当然，我们也可以显式地声明私有方法为 final，不过，这样做无非是画蛇添足而已，并不能起到什么特殊效果。

类中的 static 方法也是不能被覆盖的，所以静态方法自然也是 final 方法。

4.7.3　final 参数

还可以在方法的参数列表中声明参数为 final，这意味着 final 参数无法在方法内部被修改。我们看代码 4.28。

代码 4.28　FinalParams.java

```java
class Game{
    public int prop;

    public void play(){
        System.out.println("Play this game.");
    }
}
public class FinalParams {
    public void FinalParams(final int a, final Game g){
        //a = 1;              //错误！不能修改 final 参数
        //g = new Game();     //错误！不能修改 final 参数
        g.prop = 10;          //可以修改类的数据成员
    }
}
```

在上面的例子中，"a = 1;" 和 "g = new Game();" 这两行代码试图修改 final 参数，是 Java 编译器所不允许的，但是修改 g 的 prop 字段则是可以的。

4.8　对象的销毁

在 C++中，使用 new 关键字在堆中创建的对象需要自己去调用 delete 来释放，如果忘记了释放对象，就会导致内存泄漏。而 Java 使用了不同的方式，它采用垃圾内存回收（GC：garbage collection）机制来动态清理内存。

当一个对象不存在任何引用，或者对象超出了作用域范围时，垃圾回收器就会运转，帮助我们回收内存。不过要注意的是，垃圾回收器并不是即时运行的，并不是一旦对象无用了，垃圾回收器就立马运行，进行内存回收，而是会按照既定的规则运行。所以，如果在一个极短时间内，产生了大量的无用对象，同样也会耗尽内存。

4.9 面向对象的四个基本特性

在面试的时候可能会被问到：面向对象有几个基本特性，分别是什么？面向对象有四个基本特性：抽象、封装、继承和多态性。

扫码看视频

1. 抽象

抽象就是忽略问题领域中与当前目标无关的方面，只关注与当前目标有关的方面。例如，同样是学生对象，在学生成绩管理系统中，我们只关心他/她的学号、班级、成绩等，而他/她的身高、体重、血型这些信息则不需要去关注。如果切换到校医院信息系统，则学生对象就需要关注他/她的身高、体重、血型这些信息了。

抽象包括两个方面：过程抽象和数据抽象。

过程抽象是指任何一个明确定义了功能的操作都可以被抽象为一个对象来看待，尽管这个操作实际上可能由一系列更低级的操作来完成。例如，驾驶汽车这个操作可以抽象为，人这个对象对汽车这个对象的操作。

数据抽象定义了数据类型与施加于该类型对象上的操作，并限定了对象的值只能通过使用这些操作修改和观察。例如，人这个对象的身高和体重只能通过吃和运动等方法来修改。

2. 封装

前面我们已经介绍过封装，它是对象和类概念的主要特征。封装把数据和操作过程封装在一起，对数据的访问只能通过已定义的接口（如第 4.5 节介绍的 get/set 方法）。面向对象计算始于一个基本概念：即现实世界可以被描绘成一系列完全自治、封装的对象，这些对象通过接口访问其他对象。一旦定义了一个对象的特性，就有必要决定这些特性的可见性，即哪些特性对外部世界是可见的，哪些特性用于表示内部状态，在这个阶段定义对象的接口。通常禁止直接访问一个对象的内部实现，而应该通过操作接口来访问对象，这称为信息隐藏。事实上，信息隐藏是用户对封装性的认识，封装则为信息隐藏提供支持。封装保证了对象具有较好的独立性，使得程序修改和维护更为容易，对应用程序的修改仅限于类的内部，因而可以将应用程序修改带来的影响降低到最低限度。

3. 继承

继承是一种联结类的层次模型，并且允许和鼓励类的重用，它提供了一种明确表述共性的方法。对象的一个新类可以从原有的类中派生，这个过程称为类继承。新类继承了原始类的特性，新类称为原始类的派生类（子类），而原始类称为新类的基类（父类、超类）。派生类可以从它的基类那里继承方法和实例变量，并且类可以修改或增加新的方法，使之更适合特殊的需要，这也体现了大自然中一般与特殊的关系。继承很好地解决了软件的可重用性问题。例如，所有的 Windows 应用程序都有一个窗口，可以将它们看作都是从一个窗口类派生出来的，但是有的应用程序用于文字处理，有的应用程序用于绘图，这是因为派生出了不同的子类，各个子类添加了不同的特性。

4．多态性

多态性是指不同类的对象对同一消息做出不同的响应。例如，同样的加法，把两个时间加在一起和把两个整数加在一起肯定完全不同；又如，同样的复制-粘贴操作，在字处理程序和绘图程序中肯定有不同的效果。

多态性在程序运行期间根据对象的实际类型来调用该类的方法，从而在不修改源代码的情况下就可以改变运行的结果，增强了扩展性和灵活性。

4.10 总结

本章继续讲解面向对象编程的知识，介绍了继承、方法的覆盖、多态，Java天生就是多态的，多态通过方法覆盖来实现，读者要在理解多态的基础上，学会如何应用多态来设计我们的类结构。

本章还介绍了特殊变量super，通过super可以调用父类被覆盖的方法，隐藏的变量还可以调用父类的构造方法。

本章还介绍了封装，封装的意思就是对外屏蔽实现细节，只暴露想给用户调用的接口。从表现形式上来看，对象的状态和一些内在实现，通过private访问控制说明符来限制用户的访问，公开暴露的接口（即方法）通过public来说明。

final关键字可以用来修饰类、成员变量、方法和参数，其用在不同的地方，代表的含义有所不同，但最终都是意味着"不能被改变"。

最后我们简单介绍了一下对象的销毁和面向对象的四个基本特性。

4.11 实战练习

1．类练习，具体如下。

（1）写一个类，名为Animal，该类有两个私有的成员变量：name（代表动物的名字）和legs（代表动物的腿的条数）；要求为两个私有成员变量提供public的访问方法。编写两个重载的构造方法，一个需要两个参数，分别用这两个参数给私有成员变量name和legs赋值；另一个无参，默认给name赋值为AAA，给legs赋值为4；另要求在第二个构造方法中调用第一个构造方法。该类还有两个重载的move方法，其中一个无参，在屏幕上输出一行文字：XXX Moving!（XXX为该动物的名字）；另一个需要一个int参数n，在屏幕上输出：XXX Moving n 米!

（2）写一个类Fish，继承自Animal类，并提供一个构造方法，该构造方法需要一个参数name，并给legs赋默认值0；该类还要求覆盖Animal类中的无参move方法，要求输出：XXX Swimming!

（3）写一个类Bird，继承自Animal类，并提供一个构造方法，该构造方法需要一个参数name，并给legs赋默认值2；该类还要求覆盖Animal类中的无参move方法，要求输出：XXX Flying!

（4）写一个类Zoo，定义一个main方法，在main方法中分别生成若干个Animal、Fish和Bird类的对象，并调用它们的方法。

2. 写一个类 Person，包含以下数据成员：
   String name;   （姓名）
   int age;   （年龄）
   boolean gender; （性别）
   Person partner; （配偶）

   为 Person 类写一个 marry(Person p)方法，代表当前对象和 p 结婚，如果可以结婚，则输出恭贺信息，否则输出不能结婚的原因。要求在另外一个类中写一个 main 方法，测试两个 Person 对象是否能够结婚。

   下列情况不能结婚：
   （1）同性；
   （2）未达到法定结婚年龄，男<22 岁，女<20 岁；
   （3）某一方已婚。

3. 写一个电话卡的类（PhoneCard），账号：cardNumber，初始金额：initMoney，使用时间：time（单位：分钟），计费方式：minMoney。编写两个电话卡的子类：ip 卡和 201 卡，它们的计费方式不同（每分钟费用分别为 0.3 和 0.45）；两张卡的初始金额是 30，给定一个时间 time=5，分别计算出剩余金额。

第 5 章
包和访问控制

现在我们已经知道 Java 程序是以类为编码单元的，在编译时每个类都会被单独编译为一个字节码文件（.class 文件）。在一个大型软件系统中，可能会存在成千上万的类，为了便于管理数目众多的类，解决类命名冲突的问题，Java 引入了包（package），图 5-1 展示了包的结构。

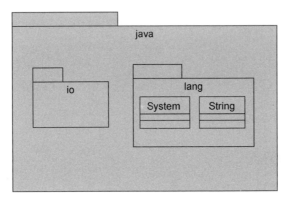

图 5-1　包的结构

java 是顶层包，其下有两个子包：io 和 lang，在 lang 子包中有两个类：System 和 String。这种组织结构有点像 Windows 的文件夹组织结构，文件夹层层嵌套，最后是文件。确实如此，Java 包的组织结构和 Windows 的文件夹组织结构是类似的。

我们都知道，在同一个文件夹下是不能有同名的文件存在的，但是在不同的文件夹下则是可以的。同样的规则，在同一个包下，不允许有重名的类，但是在不同的包下，则是可以的。这就解决了软件系统中大量类可能重名的问题，毕竟人们都喜欢对一些常见的事物取相同的名字。此外，有了包和子包的层次嵌套关系，加上包和子包的名字，就可以更好地对软件系统进行模块化划分，实现分而治之，简化系统的复杂性。

扫码看视频

5.1　在包中的类

要将类放入一个包中，需要使用 package 关键字，后接包的名字，如代码 5.1 所示。

代码 5.1 Printer.java

```java
package sunxin;

public class Printer{
    public void print(String str){
        System.out.println(str);
    }
    public static void main(String[] args){
        Printer p = new Printer();
        p.print("Printer.");
    }
}
```

现在，Printer 类就被包含在了"sunxin"包中。

要注意的是：

（1）package 语句必须是文件中的第一条语句。也就是说，在 package 语句之前，除了空白和注释之外不能有任何语句。

（2）如果没有使用 package 语句，则指定为默认包（default package）或无名包。前面章节我们编写的所有类都在默认包中。

接下来在命令提示符窗口中编译并执行 Printer 类，如图 5-2 所示。

图 5-2　编译并执行 Printer 类

可以看到，在执行 Printer 类时，出现了问题，提示"找不到或无法加载主类 Printer"，这是怎么回事呢？

上面我们提到了包与文件夹之间的关系，实际上，Java 中的包对应着文件系统的目录层次结构。现在 Printer 类在 sunxin 包中，那么编译后的 Printer.class 文件就应该放到 sunxin 文件夹下。既然这样，我们先建立一个名为 sunxin 的文件夹，然后把 Printer.class 文件移动到该文件夹下，最后进入 sunxin 文件夹下，执行 Printer 类，如图 5-3 所示。

图 5-3　在包对应的文件夹中执行 Printer 类

从图 5-3 中可以看到，在 sunxin 文件夹下确实存在 Printer.class 文件，但为何还是找不到 Printer 类呢？有一句古诗说明了这种情况："只缘身在此山中"。我们需要明确的是，包确实对应着文件系统的目录结构，但同时也是给类名添加了限定名，就如同 C++ 和 C# 的 namespace，简单来说，现在完整的类名是 sunxin.Printer。

所以，我们应该先回到包名对应的文件夹的上一级目录中，然后执行 sunxin.Printer，结果如图 5-4 所示。

图 5-4　执行 sunxin.Printer 的输出结果

也可以使用"java sunxin/Printer"命令来执行 Printer 类，注意，包名称与类名称之间要使用斜杠"/"来分隔。不过，这种方式不常用。

在一个真实软件系统中，包名不会如此简单，通常会有多层嵌套，如果我们去查看 Java 的 API 文档，就会发现 Java 类库使用的包名称并不是简简单单的一个单词，而是像 java.io、com.sun.management 这种形式，这样的包名说明它是一个多层嵌套的包结构，对应了多级目录结构。

下面我们修改一下 Printer 类所在的包，在 package 语句中，用"."来指明包（目录）的层次。如代码 5.2 所示。

代码 5.2 Printer.java

```java
package com.sunxin;

public class Printer{
    public void print(String str){
        System.out.println(str);
    }
    public static void main(String[] args){
        Printer p = new Printer();
        p.print("Printer.");
    }
}
```

当然，编译之后的 Printer.class 文件应该放到 com\sunxin 文件夹下。在执行时，要写上完整的类名 com.sunxin.Printer，如图 5-5 所示。

图 5-5 编译并执行 com.sunxin.Printer 类

要是每次编译完一个带包名的类，都要手动建立对应的目录层次结构，岂不是很麻烦？如果在编译的时候，能够让编译器自动根据包名帮助我们生成目录层次结构，岂不完美？这是可以做到的，Java 编译器有这个功能。在命令提示符窗口中，输入 javac 并回车，就会列出 javac 命令的选项，其中有一个 -d 选项，如图 5-6 所示。

```
-d <directory>              指定放置生成的类文件的位置
```

图 5-6 javac 命令的 -d 选项

-d 选项用于指定在哪一个目录下生成字节码文件，该选项附加的作用就是会自动根据源程序中指定的包名建立对应的目录层次结构。

下面将先前生成的 Printer.class 文件所在的顶层文件夹 com 删除，在命令提示符窗口中执行下面的命令：

```
javac -d . Printer.java
```

-d 后面的"."代表当前目录，也就是在当前目录下生成字节码文件，注意"."前后的空格。在执行该命令后，你会欣喜地发现，Java 编译器自动帮我们创建了与包层次结构对应的目录结构。

如果你想在其他位置存放生成的字节码文件，例如 D 盘，可以将"."换成 D:或 D:\，如下所示：

```
javac -d D: Printer.java
```

这会在 D 盘根目录下生成包名对应的目录结构和 Printer.class 文件。

在第 1.8.2 节我们介绍过 CLASSPATH 环境变量，该变量用于设置 Java 类所在的路径，如果我们想执行 D 盘根目录的 Printer 类，那么该如何设置 CLASSPATH 变量的值呢？是直接指向 Printer.class 文件所在的文件夹，还是指向顶层包 com 所在文件夹（即 D 盘）呢？答案是后者，我们现在一定要明确 Printer 类的完整限定名是 com.sunxin.Printer，所以你不要把包名对应的目录真的当成 Windows 系统的文件夹。

将当前目录下的 com 文件夹删除，在命令提示符窗口中设置 CLASSPATH 环境变量，指向 D 盘，执行 com.sunxin.Printer 类，如图 5-7 所示。

图 5-7　执行 D 盘上的 com.sunxin.Printer 类

你可能想知道这个包应该如何命名，其实很简单，因为项目通常都是在公司开发的，大多数公司都是有域名的，可以先将域名作为包名，假定笔者有一个域名是：sunxin.com，那么将顶级域名 com 放前面，包名就是 com.sunxin，也就是将平常习惯的域名书写顺序倒过来。之后，再将你开发的软件系统的名称作为子包名，例如笔者开发的是一个 OA 系统，那么包名就是 com.sunxin.oa，其后的子包名再根据系统的模块划分，软件分层结构去设计包名。

有的读者可能会问，如果没有域名，该如何设计包名呢？很简单，可以用你名字的拼音作为包名啊，而且你是在学习阶段，包名如何取由你自己说了算。就如同这里的包名 com.sunxin，就是作者随便取的。**在此也强调一下，作者本人没有 sunxin.com 这个域名，不要试图通过这个域名去联系作者。**

5.2　导入类

扫码看视频

下面，我们编写一个新的类来调用 Printer 类的 print 方法，输出一些信息，如代码 5.3 所示。

代码 5.3　UseImport.java

```
public class UseImport{
    public static void main(String[] args){
        Printer p = new Printer();
        p.print("UseImport");
    }
}
```

UseImport 类没有添加包名，因此在默认包中。

编译 UseImport.java，会提示找不到 Printer 类，如图 5-8 所示。

图 5-8　找不到 Printer 类

读者应该知道为什么会出现这种错误吧，并不是因为 Printer.class 文件不存在，而是因为 Printer 类的完整限定名是 com.sunxin.Printer，但我们在程序中使用的类名是 Printer，自然就找不到了。

修改代码 5.3，使用 Printer 类的完整限定名来引用该类，如代码 5.4 所示。

代码 5.4　UseImport.java

```
public class UseImport{
    public static void main(String[] args){
        com.sunxin.Printer p = new com.sunxin.Printer();
        p.print("UseImport");
    }
}
```

再次编译 UseImport.java，一切正常。

> 提示：（1）类中引用的其他类，其字节码文件（即.class 文件）必须已经存在，且能够被找到，而不能只是存在该类的源文件（即.java 文件）。（2）在需要编译多个 Java 源文件时，可以执行 javac *.java，这不仅可以提高编译效率，还可以解决两个类互相引用的问题（因为存在谁先编译、谁后编译的问题，执行 javac *.java，编译器能够很好地解决这个问题）。（3）对于有包名的多个类编译，可以执行 javac -d . *.java。

这种使用完整限定名来引用类的方式未免有些复杂了，增加了编码量。要简化带包名的类的访问，我们可以使用 import 语句来导入包中的类，如代码 5.5 所示。

代码 5.5　UseImport.java

```
import com.sunxin.Printer;

public class UseImport{
    public static void main(String[] args){
        Printer p = new Printer();
        p.print("UseImport");
    }
}
```

当使用 import 语句导入 com.sunxin.Printer 类后，在其后的代码中就可以直接使用类名 Printer，有了导入语句，Java 编译器就很清楚，程序中遇到的 Printer 类是 com.sunxin.Printer。

与 pacakge 语句不同的是，import 语句是可以有多个的，如果有多个类需要导入，就可以使用多条 import 语句，如代码 5.6 所示。

代码 5.6　UseImport.java

```
import com.sunxin.Printer;
import java.io.File;

public class UseImport{
    public static void main(String[] args){
        Printer p = new Printer();
        p.print("UseImport");

        File f = new File("文件");
```

```
        p.print(f.getName());
    }
}
```

File 类是 Java 类库中 java.io 包中的一个表示文件和目录路径名的类。

如果程序中需要用到一个包中大量的类，那么将类一一导入显然是很烦琐的，为此，可以用通配符"*"来代表类名，表示引入这个包中的所有类，例如：

```
import java.io.*;
```

这将导入 java.io 包中的所有类，之后该包中的类可以直接通过类名来引用，而不需要使用完整的限定名。

> 提示：（1）Java 类库中的 java.lang 包是最核心的一个包，包含了一些 Java 语言的基本类与核心类，如 String、Math、Integer、System 和 Runtime 等，提供了常用的功能，**这个包中的所有类都是被隐式导入的**，这也是为什么我们在前面章节的代码中使用 System 类时无须导入该类的原因。（2）导入一个包中的所有类，并不会导入该包的子包中的类，如果使用了子包中的类，还需要单独导入。例如，"import java.awt.*;" 导入了 java.awt 包中的所有类，程序中需要使用 ActionEvent 类，而该类在 java.awt.event 子包中，因此也需要导入 "import java.awt.event.ActionEvent;"。

但在导入多个包中的类时，如果出现类名冲突的情况，那么还是得老老实实地使用类的完整限定名。例如，假定 java.util 包中有一个 Arrays 类，com.sunxin 包中也有一个 Arrays 类，那么在同时导入这两个类的情况下，使用 Arrays 类时就必须给出类的完整限定名，以明确使用的到底是哪个包中的 Arrays 类。

```
import java.util.Arrays;
import com.sunxin.Arrays;

public class UseImport {
    public static void main(String[] args){
        int[] iarr = {10, 8, 15, 2, 6};
        System.out.println(java.util.Arrays.toString(iarr));
    }
}
```

在同一个包中的类可以互相引用，无须 import 语句。例如，我们将 UseImport 类也放入 com.sunxin 包中，那么 UseImport 和 Printer 这两个类之间是可以直接访问的，无须导入。我们前面章节编写的类因为都在默认包中，所以都是直接引用的。那么如果一个有包的类访问默认包的类，需要导入吗？当然不需要，默认包中类的完整名字就是它的类名，无须导入！

5.3 静态导入

静态导入是从 Java 5 开始引入的新功能，我们知道对于类中的静态成员，是通过"类名.静态成员名"的方式来调用的，如果这个类在某个包中，那么首先要导入该类（不建议使用该类的完整限定名，太烦琐），然后通过

扫码看视频

"类名.静态成员名"来调用,而静态导入可以简化我们对静态成员的访问,直接书写静态成员名就可以了。

在 Java 类库中 java.lang 包下有一个 Math 类,该类是一个 final 类,包含了执行基本数值运算的方法,如计算绝对值、获取随机数、求平方根、三角函数等,这些方法都是静态的。此外,该类也有静态常量,如 PI(圆周率)。

下面我们编写一个类,使用 java.lang.Math 中的静态成员来完成一些数学运算,如代码 5.7 所示。

代码 5.7　UseStaticImport.java

```java
import static java.lang.Math.PI;
import static java.lang.Math.max;
import static java.lang.Math.min;

public class UseStaticImport{
    public double area(double radius){
        return PI * radius * radius;
    }

    public int maxValue(int x, int y){
        return max(x, y);
    }

    public int minValue(int x, int y){
        return min(x, y);
    }
    public static void main(String[] args){
        UseStaticImport usi = new UseStaticImport();
        System.out.println("圆面积: " + usi.area(3));
        System.out.println("5 和 3 的最大值是: " + usi.maxValue(5,3));
        System.out.println("5 和 3 的最小值是: " + usi.maxValue(5,3));
    }
}
```

静态导入的是类中的静态成员,所以在静态导入时,需要输入包名、类名和静态成员名(方法名或变量名)。在静态导入后,就可以直接访问或调用静态成员了。

同样地,如果用到的某个类中的静态成员有很多,那么一一导入会很烦琐,这时就可以用通配符"*"来代替静态成员名,从而实现导入类中所有的静态成员。

下面的静态导入语句将导入 java.lang.Math 类中的所有静态成员:

```java
import static java.lang.Math.*;
```

5.4　静态导入枚举类型

对于枚举类型来说,枚举值都是一个静态的常量,所以枚举值也可以使用静态导入来直接引用。首先我们创建一个枚举,如代码 5.8 所示。

代码 5.8　Color.java

```java
package com.sunxin;
```

```
public enum Color {
    RED, BLUE, YELLO, GREEN
}
```

接下来，再编写一个类，体验一下对枚举的静态导入，如代码 5.9 所示。

代码 5.9　UseColor.java
```
import com.sunxin.Color;
import static com.sunxin.Color.*;

public class UseColor {
    public static void main(String[] args){
        Color col;
        col = GREEN;
        switch(col){
        case RED:
            System.out.println("Red");
            break;
        case BLUE:
            System.out.println("Blue");
            break;
        case GREEN:
            System.out.println("Green");
            break;
        case YELLO:
            System.out.println("Yello");
            break;
        }
    }
}
```

有了静态导入，"col = GREEN;" 这行代码就可以通过编译了。

静态导入可以让我们在编写代码时减少一些代码量，同时也要注意导入包中的类和静态导入的区别。

5.5　访问控制

访问控制分为类的访问控制和类成员的访问控制。

5.5.1　类的访问说明符

类的访问说明符其实我们都已经用过了，只有两种：public 和 default（不加访问说明符时），前者让该类成为公共的类，可以被任意包中的类所访问；后者让该类具有包访问权限，只能被同一个包中的类所访问。

代码 5.10 展示了在 com.sunxin 包中定义的两个类，Animal 类具有默认访问权限（即包访问权限），Fish 类具有 public 访问权限。

扫码看视频

代码 5.10　Fish.java

```
package com.sunxin;

class Animal{
}

public class Fish extends Animal{
}
```

由于 Animal 类和 Fish 类在同一个包中，所以 Fish 类是可以直接访问 Animal 类的。同时也不要忘记 public 类必须保存在与类名相同名字的源文件中。

接下来我们在 org.sx 包中定义一个类 Zoo，分别访问 Animal 类和 Fish 类，如代码 5.11 所示。

代码 5.11　Zoo.java

```
package org.sx;

import com.sunxin.Animal;
import com.sunxin.Fish;

public class Zoo{
    public static void main(String[] args){
        new Animal();
        new Fish();
    }
}
```

上述代码在编译时，会提示如图 5-9 所示的错误。

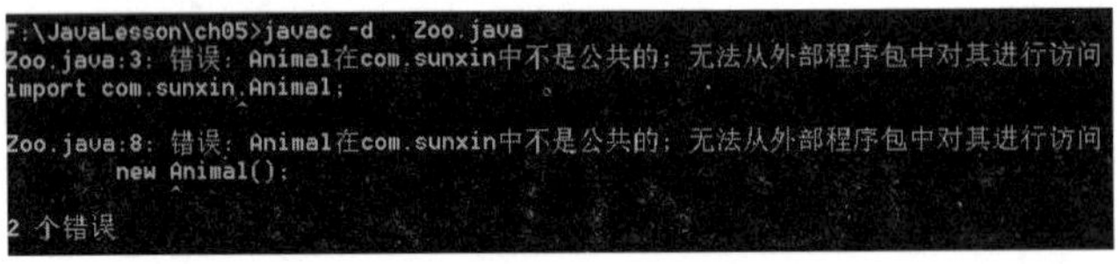

图 5-9　在另一个包中访问包访问权限的类报错

在实际开发中，一般都把类声明为 public，只是在设计一些基础类库的时候，某些类只用于为同一个包中的其他类提供服务，这时候会将这些类设定为包访问权限。

扫码看视频

5.5.2　类成员的访问说明符

我们已经见过三种类成员的访问说明符了，即：public、default（不加访问说明符时）和 private。还有一种是 protected，接下来，我们分别看一下这四种访问说明符。

1. public

类的 public 成员作为公共的成员，可以被其他类随意访问，public 方法作为对象提供给外部的访问接口，很少情况会把类的实例变量设置为 public。

代码 5.12 和代码 5.13 演示了不同包中的类访问类中的 public 方法。

代码 5.12　A.java

```
package com.sunxin;

public class A{
    public void pubMethod(){
        System.out.println("pubMethod");
    }
}
```

代码 5.13　B.java

```
package org.sx;

import com.sunxin.A;

public class B{
    public static void main(String[] args){
        A a = new A();
        a.pubMethod();
    }
}
```

2．protected

proctected 即受保护的访问权限，也称为继承访问权限，使用 protected 说明的成员可以在子类中被访问。除此之外，protected 还提供了包访问权限，也就是说，在同一个包中的其他类（没有继承关系）也可以访问 protected 成员，这一点是和 C++中的 protected 访问权限不同的。

我们看代码 5.14 和代码 5.15。

代码 5.14　A.java

```
package com.sunxin;

public class A{
    protected void proMethod(){
        System.out.println("proMethod");
    }
}
```

代码 5.15　B.java

```
package org.sx;

import com.sunxin.A;

public class B{
    public static void main(String[] args){
        A a = new A();
        a.proMethod();
    }
}
```

在编译 B.java 时，编译器会提示如图 5-10 所示的错误。

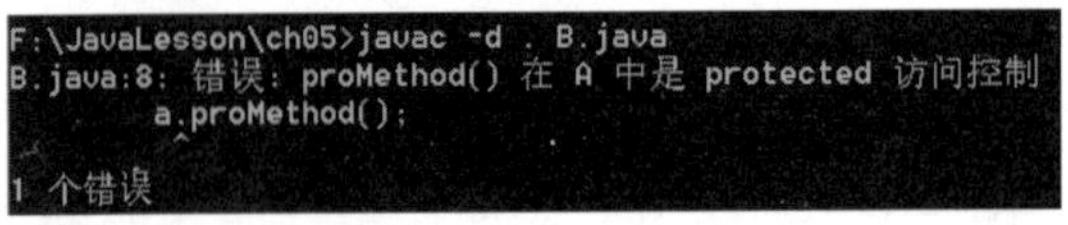

图 5-10　在不同的包中访问类的 protected 方法引发错误

修改类 B 的代码，让类 B 从类 A 继承，如代码 5.16 所示。

代码 5.16　B.java

```
package org.sx;

import com.sunxin.A;

public class B extends A{
    public void test(){
        proMethod();
    }
    public static void main(String[] args){
        B b = new B();
        b.test();
    }
}
```

现在类 B 从类 A 继承，也就继承了 proMethod 方法。再次编译 B.java，可以发现一切正常。当然，你也可以直接在 main 方法中构造类 B 的对象，然后调用 proMethod 方法，前面章节已经说过，虽然 main 方法比较特殊，但是将它放在哪个类中，就可以把这个方法看成该类的静态成员方法。因此，在 main 方法中通过类 B 的对象调用 proMethod 方法也是可以的，仍然是在子类中的调用。

假如先在 main 方法中构造类 A 的对象，然后通过该对象调用 proMethod 方法，是否可行？如下面的代码所示：

```
A a = new A();
a.proMethod();
```

读者自行测试一下，就能更好地理解 protected 访问权限可以在子类中被访问的真正含义。

接下来再编写一个类 C，与类 A 在同一个包中，但是没有继承关系，在类 C 中访问类 A 的 proMethod 方法，如代码 5.17 所示。

代码 5.17　C.java

```
package com.sunxin;

public class C{
    public static void main(String[] args){
        A a = new A();
        a.proMethod();
    }
}
```

编译 C.java，发现一切正常。说明在同一个包中的其他类是可以访问 protected 成员的，它们之间不需要有继承关系。

在设计类的继承体系结构时，某些方法或者数据成员只想让子类访问，而不希望其他类访问，那么就可以将这些成员声明为 protected。

3. default

default 访问权限即包访问权限，当类中的成员没有添加任何访问说明符时，即为默认访问权限。前面章节给出的代码如果没有使用访问说明符，那么这些类的成员都是默认访问权限，具有默认访问权限的类成员，只能被在同一个包中的其他类所访问。

代码 5.18～代码 5.20 演示了具有默认访问权限的类成员访问情况。

代码 5.18　A.java

```java
package com.sunxin;

public class A{
    void defMethod(){
        System.out.println("defMethod");
    }
}
```

代码 5.19　B.java

```java
package org.sx;

import com.sunxin.A;

public class B{
    public static void main(String[] args){
        A a = new A();
        a.defMethod();
    }
}
```

B.java 在编译时会提示如图 5-11 所示的错误。

图 5-11　在其他包中访问具有默认访问权限的方法报错

代码 5.20　C.java

```java
package com.sunxin;

public class C{
    public static void main(String[] args){
        A a = new A();
        a.defMethod();
    }
}
```

类 C 与类 A 在同一个包中，所以可以访问类 A 的具有默认访问权限的方法。编译 C.java，一切正常。

默认访问权限允许将包内所有相关的类组织在一起,这些类彼此之间可以互相调用,而包外的类则无法访问,这提供了一种代码组织的方式。

4．private

在第 4.5 节我们已经详细介绍过 private 访问权限,私有的成员只能在该类中被访问,这里我们就不再赘述了。

我们总结一下类成员的这四种访问说明符的访问范围,如表 5-1 所示。

表 5-1 类成员的访问控制

访问说明符 不同情形下	public	protected	default	private
同类	✓	✓	✓	✓
同包	✓	✓	✓	
子类	✓	✓		
通用性	✓			

注:✓号代表可以访问。

5.6 总结

本章详细介绍了包、导入包中的类、静态导入,以及类和类成员的访问控制。

5.7 实战练习

1．通过编写同包中的类与不同包中的类,仔细理解 Java 中类和成员的访问控制。

第 6 章 抽象类与接口

在类的继承体系结构设计中,基类的某些行为是未知的,其具体的行为要由子类来确定。即使你给基类的未知行为定义一些实现方法,这些方法的代码也根本用不上,还浪费时间和精力,同时让类的设计存在缺陷。本章讲述的内容,就可以很好地解决这个问题。

6.1 抽象方法和抽象类

扫码看视频

在设计动物基类 Animal 时,考虑到不同的动物的睡觉方式不一样,比如一般动物躺着睡觉,而马站着睡觉,所以在设计 sleep 方法时,我们给 sleep 方法添加一个 abstract 关键字来声明该方法是一个抽象的方法,如代码 6.1 所示。

代码 6.1　Animal.java

```java
public class Animal{
    public void eat(){
        System.out.println("animal eat");
    }
    public abstract void sleep();

}

class Horse extends Animal{
    public void sleep(){
        System.out.println("horse sleep");
    }

    public static void main(String[] args){
        Horse horse = new Horse();
        horse.sleep();
    }
}
```

可以看到,**抽象方法就是使用 abstract 关键字声明的没有方法体的方法**。

编译 Animal.java,编译器提示如图 6-1 所示的错误。

```
F:\JavaLesson\ch06>javac Animal.java
Animal.java:1: 错误: Animal不是抽象的，并且未覆盖Animal中的抽象方法sleep()
public class Animal
         ^
1 个错误
```

图 6-1　具体类中包含了抽象方法编译报错

Horse 类继承自 Animal 类，并且也覆盖了抽象方法 sleep，那为什么还会报错呢？错误的真正原因是：sleep 是抽象方法，因此该方法所在的类必须声明为抽象类，即用关键字 abstract 声明类。为什么要这样做呢？这是为了避免当实例化一个含有抽象方法的类的对象时，若类中含有抽象方法，则意味着该种行为是不确定的。如果允许你实例化该类的对象，那么当你调用对象的抽象方法时，应该给出什么样的表现行为呢？

修改代码 6.1，将 Animal 类声明为抽象的，如代码 6.2 所示。

代码 6.2　Animal.java
```java
public abstract class Animal{
    public void eat(){
        System.out.println("animal eat");
    }
    public abstract void sleep();

}

class Horse extends Animal{
    public void sleep(){
        System.out.println("horse sleep");
    }

    public static void main(String[] args){
        Horse horse = new Horse();
        horse.sleep();
    }
}
```

注意，abstract 关键字，要放在 class 关键字之前，一般是放在 public 访问说明符之后。若将类声明为抽象的，则该类将无法被实例化。

再次编译 Animal.java 并执行 Horse，可以看到一切正常。

修改代码 6.2，将覆盖的方法 sleep 注释起来，如代码 6.3 所示。

代码 6.3　Animal.java
```java
public abstract class Animal{
    public void eat(){
        System.out.println("animal eat");
    }
    public abstract void sleep();

}

class Horse extends Animal{
    /*public void sleep(){
        System.out.println("horse sleep");
    }*/
```

```
    public static void main(String[] args){
        Horse horse = new Horse();
        horse.sleep();
    }
}
```

编译 Animal.java，编译器提示如图 6-2 所示的错误。

图 6-2 子类未重写抽象父类中的抽象方法而报错

由于 Horse 类继承自 Animal 类，但未覆盖 Animal 类的抽象方法 sleep，因此 Horse 类的实现也是不完整的，不能用于实例化对象。为了保证非完整实现类不能产生对象，Java 编译器要求将类声明为抽象的，也就是说，**如果一个子类没有实现抽象基类中所有的抽象方法，那么子类也成为一个抽象类。**

抽象类通常都是作为基类来使用的，可以在抽象类中定义派生类的公共行为（抽象方法），并提供一些基本的方法实现。

我们看一个类设计的例子，定义一个形状基类 Shape，它有一个绘制方法 draw，绘制什么形状呢？不确定，所以 draw 方法声明为 abstract，Shape 声明为抽象基类。从 Shape 派生出具体的形状子类：点（Point）、线（Line）、矩形（Rectangle）。一条线可以由两个点来确定，一个矩形可以由左上角和右下角的两个点来确定，因此 Line 类和 Rectangle 类还会用到 Point 类的对象，最终代码如 6.4 所示。

代码 6.4 Shape.java

```java
public abstract class Shape{
    public abstract void draw();
}

class Point extends Shape{
    private int x, y;
    public Point(int x, int y){
        this.x = x;
        this.y = y;
    }
    
    public Point(){
        this(0, 0);
    }
    
    public void draw(){
        System.out.printf("画点: (%d,%d)\n", x, y);
    }
}

class Line extends Shape{
    private Point startPt;
    private Point endPt;
```

```java
    public Line(Point startPt, Point endPt){
        this.startPt = startPt;
        this.endPt = endPt;
    }

    public void draw(){
        System.out.println("画线");
    }
}

class Rectangle extends Shape{
    private Point leftTopPt;
    private Point rightBottomPt;

    public Rectangle(Point leftTopPt, Point rightBottomPt){
        this.leftTopPt = leftTopPt;
        this.rightBottomPt = rightBottomPt;
    }
    public void draw(){
        System.out.println("画矩形");
    }
}

class Graph{
    public static void drawGraph(Shape s){
        s.draw();
    }

    public static void main(String[] args){
        Point pt = new Point(5, 5);
        Graph.drawGraph(pt);

        Point pt1 = new Point(0, 0);
        Point pt2 = new Point(100, 100);

        Line line = new Line(pt1, pt2);
        Graph.drawGraph(line);

        Rectangle rect= new Rectangle(pt1, pt2);
        Graph.drawGraph(rect);
    }
}
```

希望读者能够仔细阅读上述代码,这对掌握面向对象的类设计很有帮助。
上述程序的输出结果如下:

```
画点: (5,5)
画线
画矩形
```

我们可以将一个没有任何抽象方法的类声明为 abstract,避免由这个类产生对象。有时候,一个接口中声明了很多方法，但实现类往往只会用到其中很少的方法，为了减轻实现类的负担，可以编写一个基类对接口中声明的所有方法给出空实现（即只有代表方法体的一对花括号），由于这个类对接口中的方法都是空实现，直接使用该类的对象毫无意义，所以可以将该类声明为抽象的，以避免由该类直接产生对象。需要用到接口的类可以直接从这个基类派生，然后根据需要重写相应的方法即可。虽然基类是抽象的，但其中的方法都是有实现的（虽然是空实现），所以并不需要去覆盖所有的方法。可参看 Java 类库中的 java.awt.event.WindowListener 接口和 java.awt.event.WindowAdapter 类。关于接口，请参看下一节。

构造方法、静态方法、私有方法、final 方法不能被声明为抽象的。这些方法有一个共同点，就是不能被覆盖，如果允许它们声明为抽象的，但是子类又不能覆盖这些方法，那不就矛盾了吗？

> **题外话** 熟悉 C++的读者可以把 Java 的抽象方法视为 C++类中的纯虚函数。

6.2　接口

扫码看视频

如果一个抽象类中所有的方法都是抽象方法，那么可以将该类使用接口来实现。代码 6.4 的抽象基类 Shape 只有一个抽象方法 draw，因此也可以将 Shape 定义为接口。

接口使用关键字 interface 来定义，如代码 6.5 所示。

代码 6.5　Animal.java
```
public interface Animal {
    void bark(); //等价于 public abstract void bark();
    void move(); //等价于 public abstract void move();
}
```

接口中所有的方法都是 **public abstract**，因此在声明方法时，可以省略 public 和 abstract 这两个说明符。

与 **public** 类一样，**public** 接口也必须定义在与接口同名的文件中。

在接口中声明方法时，不能使用 **native**、**final**、**synchronized**、**protected** 等说明符。

与继承不同的是，要使用接口，需要编写一个类去实现（使用 implements 关键字）该接口，并给出接口中所有方法的具体实现。

下面我们编写一个 Dog 类，实现 Animal 接口，如代码 6.6 所示。

代码 6.6　Animal.java
```
class Dog implements Animal{
    public void bark(){
        System.out.println("Dog bark");
    }

    public void move(){
        System.out.println("Dog run");
    }
}
```

如果 Dog 类只实现了 bark 方法（读者可以将 move 方法的实现注释起来），那么在编译时会提示如图 6-3 所示的错误。

图 6-3　实现类、未全部实现接口中的方法而报错

这个错误其实很好理解，接口中所有方法都是抽象的，若编写一个类实现接口，但未全部实现接口中的方法，那么就意味着某些行为是未知的，这样的一个类自然就不允许实例化，编译器要求将这个类声明为抽象的。也就是说，实现一个接口，就实现该接口中所有的方法，如果只是有选择性地实现，那么这个类必须声明为 abstract。

下面我们再编写一个类 Cat 实现 Animal 接口，如代码 6.7 所示。

代码 6.7　Animal.java

```java
class Cat implements Animal {
    void bark(){
        System.out.println("Cat miaow");
    }

    void move(){
        System.out.println("Cat walk");
    }
}
```

在编译时会提示如图 6-4 所示的错误。

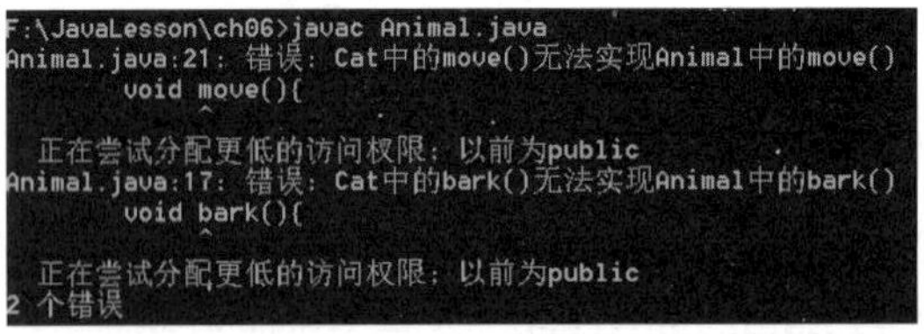

图 6-4　实现接口时方法分配了更低的访问权限而报错

Java 要求：**在覆盖或实现方法时，覆盖或实现的方法设置的访问权限必须高于或等于被覆盖或被实现的方法的访问权限**。方法的访问说明符有 4 种，其访问权限从高到低依次是：public、protected、default（不加访问说明符时）、private。接口中的所有方法都是 public 访问权限，因此在实现接口时，方法的访问权限必须设置为 public。

读者可自行修改代码 6.7，给 bark 和 move 方法添加 public 访问说明符。

接口与抽象类的区别是：接口只是定义了实现它的类应该用什么方法，相当于为类的实现制定了一个规约；而抽象类除了抽象方法外，还可以定义一些方法的默认实现。后面我们会介绍接口更多的用法，你将更清楚接口与抽象类的区别。

> **题外话**　如何在抽象类与接口间取舍呢？当我们需要一个公共实现来简化子类的创建时，使用抽象类就比较合适。如果是对外提供一个统一的操作模型，则使用接口更加合适。当然，抽象类和接口并不是非此即彼的关系，在很多应用中，既有抽象类也有接口。

6.3 接口中的数据成员

在接口中也可以有数据成员,这些成员默认都是 **public static final**。我们看代码6.8。

扫码看视频

代码 6.8　Week.java

```java
public interface Week {
    int SUNDAY = 0;         //等价于 public static final int SUNDAY = 0;下同。
    int MONDAY = 1;
    int TUESDAY = 2;
    int WEDNESDAY = 3;
    int THURSDAY = 4;
    int FRIDAY = 5;
    int SATURDAY = 6;
}

class DoSomethingWithWeek implements Week {
    void doWeek(int day){
        switch(day){
        case SUNDAY:
            //...
        case MONDAY:
            //...
        }
    }
}
```

接口中的数据成员默认都是公共的、静态的常量,因此在声明时可以省略 public static final。接口中的静态常量通过"接口名称.常量名称"的方式来访问,如 Week.FRIDAY,如果某个类实现了该接口,也可以通过"类名称.常量名称"的方式来访问,如 DoSomethingWithWeek.FRIDAY。当然,如果是在接口或实现类的内部访问静态常量,那么直接访问即可。

6.4 接口的继承与实现

扫码看视频

正如类之间可以继承一样,一个接口也可以继承另一个接口,但这种继承更应该称为扩展。例如,考虑到某些动物是可以飞行的,为此我们再定义一个 FlyableAnimal 接口,让它从 Animal 接口继承,同时声明一个 fly 方法,如代码6.9所示。

代码 6.9　FlyableAnimal.java

```java
public interface FlyableAnimal extends Animal{
    void fly();
}
```

上述代码定义了一个 FlyableAnimal 接口,扩展了 Animal 接口,定义了可飞行的动物应该具有的特征。陆地上的动物可以实现动物接口，而飞禽则可以实现 FlyableAnimal 接口。

为了避免多重继承带来的基类方法调用冲突的问题，Java 只允许类的单继承，但允许接口的多继承。例如，现在有一个玩具厂商生产了一种会说话的动物玩具，有各种形式的动物，那么我们就可以定义一个动物玩具接口 AnimalToys，让它从 Animal 接口继承，从而具有了动物的行为特征。我们知道人是可以说话的，但是要让动物玩具从人继承，或者实现人接口，就有点不合情理了。为此，我们可以单独定义一个 Speakable 接口，在该接口中声明一个 say 方法，由于 Java 支持接口的多继承，因此可以让 AnimalToys 接口也继承 Speakable 接口，如代码 6.10 所示。

代码 6.10 AnimalToys.java

```java
interface Speakable{
    void say();
}

public interface AnimalToys extends Animal, Speakable{
    //...
}
```

现在具体的动物玩具类直接实现 AnimalToys 接口即可。

类在实现接口时，也可以同时实现多个接口。飞行的行为具有通用性，并不仅限于飞禽，例如玩具飞机也可以飞，所以我们单独定义一个 Flyable 接口，在该接口中声明 fly 方法，如代码 6.11 所示。

代码 6.11　Flyable.java

```java
public interface Flyable{
    void fly();
}
```

现在我们要编写一个 Bird 类，它是动物，又会飞，因此可以让 Bird 类同时实现 Animal 和 Flyable 这两个接口，如代码 6.12 所示。

代码 6.12　Bird.java

```java
public class Bird implements Animal, Flyable {
    public void bark(){
        System.out.println("Bird singing");
    }

    public void move(){
        System.out.println("Bird jump");
    }

    public void fly(){
        System.out.println("Bird fly");
    }
}
```

6.5 接口的应用

在第 4.3.4 节，我们介绍了父对象与子对象之间的类型转换，实际上，这种转换规则对于接口也是适用的。我们先看一段代码，如代码 6.13 所示。

代码 6.13　Zoo.java
```java
public class Zoo {
    public static void main(String[] args){
        Animal[] animals = {new Dog(),new Cat(), new Bird()};
        for(Animal an : animals){
            an.bark();
            an.move();
        }
        ((Flyable)animals[2]).fly();
    }
}
```

程序的输出结果为：

```
Dog bark
Dog run
Cat miaow
Cat walk
Bird singing
Bird jump
Bird fly
```

从上面的代码来看，我们可以把任何实现了 Animal 接口的类的对象都转型为 Animal 接口类型，这是合法的，且不需要强制类型转换。转型为 Animal 接口类型后，只要调用的方法是该接口中声明的方法，一切就都可以正常运行。在代码的倒数第 3 行，我们把 Bird 对象转换为 FlyableAnimal 接口类型，由于 animals[2]是 Animal 接口类型，因此需要强制类型转换，然后就可以调用 FiyableAnimal 接口所定义的 fly 方法了。

使用接口可以让我们摆脱对特定类的依赖。我们看代码 6.14。

代码 6.14　DogTrainer.java
```java
class DogTrainer {
    private Dog dog;

    public DogTrainer(Dog dog){
        this.dog = dog;
    }

    public void train(){
        dog.bark();
        dog.move();
    }
}

class CatTrainer {
```

```
    private Cat cat;

    public CatTrainer(Cat cat){
        this.cat = cat;
    }

    public void train(){
        cat.bark();
        cat.move();
    }
}

class BirdTrainer {
    private Bird bird;

    public BirdTrainer(Bird bird){
        this.bird = bird;
    }

    public void train(){
        bird.bark();
        bird.move();
    }
}
```

我们需要为动物园中的这些动物请一些驯兽师,比如专门为狗请一个驯兽师,同时也为猫和鸟各请一个驯兽师,那么代码就会像上面一样,驯兽师(Trainer)依赖于特定的动物。如果动物园又来了一个新成员(比如大象),那么我们还要再请一个驯兽师,于是继续扩充代码,直到有一天我们不再有耐心为每个动物都写一个 Trainer 类。

这是一种多么愚蠢而且拙劣的设计!

下面我们来看看如何轻松地完成这个任务,仅仅需要一个 Trainer 就可以了,如代码 6.15 所示。

代码 6.15　Trainer.java
```
public class Trainer {
    private Animal an;

    public Trainer(Animal an){
        this.an = an;
    }

    public void train(){
        an.bark();
        an.move();
    }
}
```

无论新来的动物是什么,它至少是个动物(Animal 接口类型),因此,我们可以用一个 Animal 类型的变量来引用任何动物对象,在驯兽师(Trainer)的训练方法(train)中,让动物叫两声、走两步。

这样一来，我们设计的 Trainer 类就摆脱了对特定类型的依赖，于是在 Zoo 类中也就不需要为每个动物都去创建对应的 Trainer 了。我们看代码 6.16。

代码 6.16　Zoo.java

```
public class Zoo {
    public static void main(String[] args){
        Animal[] animals = {new Dog(), new Cat(), new Bird()};
        Trainer tr;
        for(Animal an : animals){
            tr = new Trainer(an);
            tr.train();
        }
    }
}
```

看，这些代码如此的简洁，而这些都得益于接口。

上面介绍的例子是接口的一种应用方式。在此，并不是要求读者一定要如此设计代码，只是告诉读者，如果这么使用接口，则会使事情变得更加美好。

6.6　深入接口——通信双方的协议

扫码看视频

前面我们了解到了如何定义和使用接口，其实接口还有一个更重要的作用，那就是作为模块与模块之间通信的协议。

在软件领域，一直以来都希望能够实现像硬件生产一样，不同的零部件由不同的厂商生产，然后按照标准的接口进行组装，得到成品。以计算机为例，要组装一台计算机，我们需要主板、CPU、显卡、内存等配件，虽然这些配件是由不同厂家生产的，但这并不影响我们组装成一台计算机，我们只需要将这些配件插在主板的对应插槽中就可以了，因为主板生产商和其他配件生产商都会针对某个插槽定义的规范进行生产，而配件在主板上的这些插槽就类似于 Java 中的接口。

在大型软件系统中，通常都是多人协作开发，将整个系统进行拆解，划分出子系统和模块，然后分工协作，不同的开发人员负责不同的模块开发。而模块之间如何调用，则可以通过接口来约定，也就是说，接口可以作为模块与模块之间通信的协议。定义接口，相当于制定了模块之间通信的协议，两个模块要想通过接口进行通信，那么必然是一个模块实现了接口，提供了接口中声明的方法实现，而另一个模块则通过接口来调用其实现。

上面的内容比较抽象，下面我们通过一个计算机组装的例子来看看接口是如何作为通信双方的协议的。

首先，我们定义两个接口 CPU 和 GraphicsCard，代表主板上的 CPU 和显卡接口。如代码 6.17 和代码 6.18 所示。

代码 6.17　computer\CPU.java

```
package computer;

public interface CPU {
    void calculate();
}
```

代码 6.18　computer\GraphicsCard.java

```java
package computer;

public interface GraphicsCard{
    void display();
}
```

前面说了,通过接口通信的双方,必然有一方要实现接口,另一方通过接口来调用其实现。上面两个接口定义了 CPU 和显卡需要实现的方法,于是 CPU 厂商和显卡厂商根据各自的接口定义开始生产相应的产品,代码如 6.19 和代码 6.20 所示。

代码 6.19　computer\IntelCPU.java

```java
package computer;

public class IntelCPU implements CPU {
    public void calculate() {
        System.out.println("Intel CPU calculate.");
    }
}
```

代码 6.20　computer\NVIDIACard.java

```java
package computer;

public class NVIDIACard implements GraphicsCard {
    public void display() {
        System.out.println("Display something");
    }
}
```

IntelCPU 类和 NVIDIACard 类分别给出了 CPU 接口和 GraphicsCard 接口的实现。

接下来该轮到主板登场了,主板上应该有 CPU 和显卡的插槽,从软件的角度来说,就是主板类应该持有 CUP 和显卡接口的引用,如代码 6.21 所示。

代码 6.21　computer\Mainboard.java

```java
package computer;

public class Mainboard {
    private CPU cpu;
    private GraphicsCard gCard;

    public void setCpu(CPU cpu) {
        this.cpu = cpu;
    }

    public void setGraphicsCard(GraphicsCard gCard) {
        this.gCard = gCard;
    }

    public void run(){
        System.out.println("Starting computer...");
```

```
        cpu.calculate();
        gCard.display();
    }
}
```

在 Mainboard 类中,包含了两个私有的实例变量:cpu 和 gCard,它们的类型分别是 CPU 和 GraphicsCard 接口类型。我们知道,接口是不能直接实例化对象的,真实的 CPU 和 GraphicsCard 对象是通过 setCpu 和 setGraphicsCard 方法传递进来的,至于真实的 CPU 和显卡对象是什么,我们需要知道吗?不需要,我们只需要知道传进来的对象已经实现了对应的接口就可以了。这就像我们买主板时,不需要关心主板上的相应插槽最终插的是哪个厂商的配件一样,因为我们知道所选购的配件都是符合插槽规范的,可以和主板一起工作。

在 Mainboard 类的 run 方法中,调用 CPU 接口和 GraphicsCard 接口的方法,完成计算机的启动与显示工作。

Mainborad 类只是与 CPU 和 GraphicsCard 接口打交道,并没有依赖于具体的实现类,所以在组装计算机时,可以任意创建实现了 CPU 和 GraphicsCard 接口的类的对象,然后"安装"到主板上。

最后,我们要组装计算机了,也就是编写一个 Computer 类,如代码 6.22 所示。

代码 6.22　computer\Computer.java

```java
package computer;

public class Computer {
    public static void main(String[] args) {
        Mainboard mb = new Mainboard();
        mb.setCpu(new IntelCPU());
        mb.setGraphicsCard(new NVIDIACard());
        mb.run();
    }
}
```

从这个例子中可以看到,Mainboard 类并不关心"插"在它上面的 CPU 和显卡的具体类型,它只需要按照 CPU 和 GraphicsCard 接口中声明的方法使用显卡和 CPU 即可。而 Computer 类的 main 方法创建了 CPU 和 GraphicsCard 的实现对象,并通过 setXxx 方法把 CPU 和显卡"插"到主板上,接着调用 Mainboard 类的 run 方法启动计算机运行。

对于上面的例子来说,Mainboard 类可以由一个人来开发,IntelCPU 类可以由一个人来开发,NVIDIACard 类可以由一个人来开发,而这三个人只需要按照 CPU 和 GraphicsCard 接口中声明的方法来进行编码就可以了,最终的程序通过 Computer 类来组装。

6.7　接口的默认方法和静态方法

接口的默认方法和静态方法是 Java 8 新增的特性。

6.7.1　默认方法

前面已经介绍过,接口中的方法都是抽象的,某个类实现了接口,就要实现接口中的所有方法,如果没有完全实现接口中的方法,那么这个类就必须声明为抽象类。在接口和实现类都编写完毕后，如果需要在接口中新增一个方法，那么该接口的实现类也必须重新编码，以实现这个新增的方法。如果该接口的实现类还比较多，那么修改起来就比较痛苦了，为此，Java 8 新增了接口的默认方法这一特性，允许你在接口中定义带有默认实现的方法，默认方法需要用 default 关键字来声明。为原有的接口添加新的默认方法，不会影响到现有的实现类。

我们可以给 Animal 接口添加两个默认方法，如代码 6.23 所示。

代码 6.23　Animal.java

```java
public interface Animal {
    void bark();
    void move();
    default void desc(){
        System.out.println("动物");
    }
    default String getName(){
        return "unknown";
    }
}
```

与接口中的普通方法一样，默认方法默认就是 public 访问权限，不同的是，默认方法有方法体。与我们通常所理解的"默认"代表一个有所区别，接口中的默认方法可以有多个。

在 Animal 接口添加默认方法后，并不会影响到现有的实现了 Animal 接口的类，前述的程序依然可以照常运行。

接口中的默认方法本身是有实现的，因此接口的实现类并不需要去实现这个默认方法，可以自动继承默认方法。

修改代码 6.15，添加对默认方法的调用，如代码 6.24 所示。

代码 6.24　Trainer.java

```java
public class Trainer {
    private Animal an;

    public Trainer(Animal an){
        this.an = an;
    }

    public void train(){
        an.desc();
        an.bark();
        an.move();
    }
}
```

直接执行代码 6.16 中的 Zoo 类，程序输出结果是：

```
动物
Dog bark
Dog run
动物
Cat miaow
Cat walk
动物
```

```
Bird singing
Bird jump
```

当然实现类也是可以重写接口的默认方法的。我们在 Dog 类和 Cat 类中重写 Animal 接口的默认方法 desc，如代码 6.25 所示。

代码 6.25　Animal.java

```java
public interface Animal {
    void bark();
    void move();
    default void desc(){
        System.out.println("动物");
    }
    default String getName(){
        return "unknown";
    }
}
class Dog implements Animal{
    public void desc(){
        System.out.println("狗");
    }
    ...
}

class Cat implements Animal {
    public void desc(){
        System.out.println("猫");
    }
    ...
}
```

编译 Animal.java，执行 Zoo 类，程序的输出结果是：

```
狗
Dog bark
Dog run
猫
Cat miaow
Cat walk
动物
Bird singing
Bird jump
```

我们知道，在子类中可以通过 super 关键字来调用父类被覆盖的方法，那么接口中被重写的默认方法能不能被调用呢？又要如何调用呢？答案是可以调用，不过需要采用特殊的语法格式："接口名字.super.方法名"。

修改代码 6.25 中的 Dog 类，在重写的 desc 方法中调用 Animal 接口的默认方法 desc，如代码 6.26 所示。

代码 6.26　Animal.java

```java
public interface Animal {
    ...
```

```
}
class Dog implements Animal{
    public void desc(){
        Animal.super.desc();
        System.out.println("狗");
    }
    ...
}

class Cat implements Animal {
    ...
}
```

编译 Animal.java，执行 Zoo 类，程序的输出结果是：

```
动物
狗
Dog bark
Dog run
猫
Cat miaow
Cat walk
动物
Bird singing
Bird jump
```

接下来，我们给代码 6.11 的 Flyable 接口也添加一个默认方法 desc，如代码 6.27 所示。

代码 6.27　Flyable.java

```
public interface Flyable{
    default void desc(){
        System.out.println("会飞的");
    }
    void fly();
}
```

编译 Flyable.java，再编译代码 6.12 的 Bird.java，你会看到如图 6-5 所示的错误。

图 6-5　类实现的两个接口中有同名的默认方法而出错

这是因为 Animal 接口有默认方法 desc，而 Flyable 接口也有一个同名的默认方法 desc，Bird 类同时实现了这两个接口，如果 Bird 类的对象调用 desc 方法，那么应该调用哪个接口中的 desc 方法呢？无法确定，所以编译器在编译的时候就报出了错误。

这就是新增了接口默认方法特性后所带来的一个问题。在 Java 8 之前的接口方法都是抽象的，没有方法实现，方法实现是在实现类中给出的，因此不管类实现了几个接口，也不管这些接口中的方法是否同名，在程序中该方法的代码都只存在一份，在调用时根本不会存在二义性的问题。但默认方法是有方法实现的，不同的接口都有各自的实现，因此类在实现多个接口时，如果存在相同的默认方法，就无从选择了。

要解决这个问题，只能是在实现类中重写接口的默认方法，给出自己的实现，或者通过"接口名字.super.方法名"来调用指定接口的默认方法。修改代码 6.12 的 Bird 类，重写 desc 方法，分别给出两种解决方案的实现，如代码 6.28 和代码 6.29 所示。

代码 6.28　Bird.java
```java
public class Bird implements Animal, Flyable {
    public void desc(){
        System.out.println("鸟");
    }
    ...
}
```

代码 6.29　Bird.java
```java
public class Bird implements Animal, Flyable {
    public void desc(){
        Animal.super.desc();
    }
    ...
}
```

由于引入了接口的默认方法，因而在接口继承和实现时，情况就会变得复杂，如代码 6.30 所示。

代码 6.30　InterfaceDefualtMethod.java
```java
interface A{
    default void print(){
        System.out.println("A");
    }
}

interface B extends A{
    default void print(){
        System.out.println("B");
    }
}

public class InterfaceDefualtMethod implements A, B{
    public static void main(String[] args){
        InterfaceDefualtMethod idm = new InterfaceDefualtMethod();
        idm.print();
    }
}
```

接口 A 有一个默认方法 print，接口 B 扩展了接口 A，同时也给出了一个同名的默认方法 print，类 InterfaceDefualtMethod 同时实现了接口 A 和接口 B，在 main 方法中调用 idm.print() 会输出什么结果呢？

执行该程序，可以看到结果是"B"。为什么是"B"不是"A"呢？这里要记住一个规则，如果一个接口继承了另外一个接口，两个接口中包含了相同的默认方法，那么继承接口

（子接口）的版本具有更高的优先级。比如这里，B 继承了 A 接口，那么优先使用 B 接口中的默认方法 print。当然，如果实现类覆盖了默认方法，则优先使用实现类中的方法。

我们再看另外一种情况，在接口 A 中有一个默认方法，接口 B 和 C 都继承了 A 接口，然后一个类同时实现了接口 B 和 C，如代码 6.31 所示。

代码 6.31　InterfaceDefualtMethod.java

```java
interface A{
    default void print(){
        System.out.println("A");
    }
}

interface B extends A{}
interface C extends A{}

public class InterfaceDefualtMethod implements B, C{
    public static void main(String[] args){
        InterfaceDefualtMethod idm = new InterfaceDefualtMethod();
        idm.print();
    }
}
```

上述程序可以正常编译和执行，输出结果是"A"。可以发现，出现问题的情况，都是实现类继承了多个同名的默认方法，如果实现类中只存在一份默认方法的代码，那么情况就会变得简单，程序就不会出错，也不会有歧义。

6.7.2　静态方法

Java 8 还为接口增加了静态方法特性，也就是说，现在可以在接口中定义静态方法，如代码 6.32 所示。

代码 6.32　InterfaceStaticMethod.java

```java
interface Math{
    static int add(int a, int b){
        return a + b;
    }
}

public class InterfaceStaticMethod {
    public static void main(String[] args){
        System.out.println("5 + 3 = " + Math.add(5, 3));
    }
}
```

与接口中的默认方法一样，静态方法默认也是 public 访问权限，而且也必须有方法体。

这里我们可能会有些疑问，Java 8 新增的接口默认方法，可以解决给接口添加新方法而导致的已有实现类出现的问题，但新增的接口静态方法貌似和在类中直接定义静态方法没什么区别。实际上并非如此，在接口中定义的静态方法，只能通过该接口名来调用，通过子接口名或者实现类名来调用都是不允许的。修改代码 6.32，让 InterfaceStaticMethod 类实现 Math

接口，同时在 main 方法中通过实现类的类名来调用 add 方法，如代码 6.33 所示。

代码 6.33　InterfaceStaticMethod.java

```
interface Math{
    static int add(int a, int b){
        return a + b;
    }
}

public class InterfaceStaticMethod implements Math{
    public static void main(String[] args){
        System.out.println("5 + 3 = " + InterfaceStaticMethod.add(5, 3));
    }
}
```

编译 InterfaceStaticMethod.java，会提示如图 6-6 所示的错误。

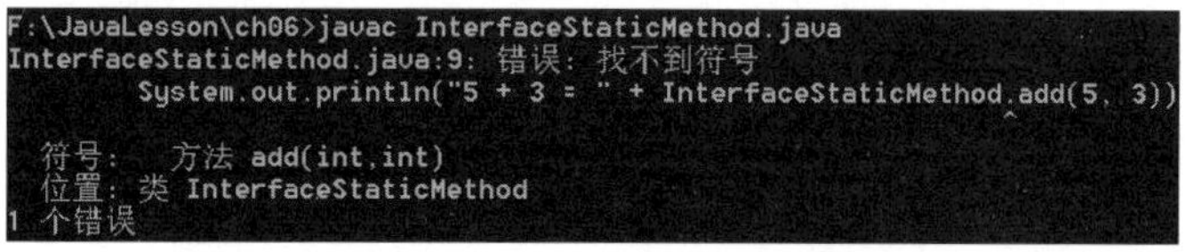

图 6-6　通过实现类的类名来调用接口中的静态方法导致出错

说明这和类中定义的静态方法调用还是有区别的，类中定义的静态方法是可以通过子类名来调用的。也就是说，**实现接口的类或者子接口不会继承接口中的静态方法。**

还要注意的是，默认方法不能同时是静态方法，即 static 关键字和 default 关键字不能同时使用。

6.8　接口的私有方法

Java 8 新增了接口的默认方法和静态方法，默认方法和静态方法都是有实现的，如果多个方法中有相同的代码，就只能重复书写这些代码。如果是类，则可以提取这些相同的代码到一个私有的辅助方法中，然后在需要这些代码的地方调用这个私有方法就可以了。

为了解决接口中代码冗余的问题，Java 9 为接口新增了私有方法，可以是普通的私有方法，也可以是私有的静态方法。

我们看代码 6.34。

代码 6.34　InterfacePrivateMethod.java

```
interface Logging{
    /**
     * 私有方法
     */
    private void log(String message, String prefix) {
     opFile();
        System.out.println(prefix + ": " + message);
        closeFile();
    }
    /**
     * 私有静态方法
```

```java
     */
    private static void opFile() {
        System.out.println("Open file");
    }
    /**
     * 私有静态方法
     */
    private static void closeFile() {
        System.out.println("Close file");
    }

    default void logDebug(String message) {
        log(message, "DEBUG");
    }
    default void logInfo(String message) {
        log(message, "INFO");
    }
    default void logWarn(String message) {
        log(message, "WARN");
    }
    default void logError(String message) {
        log(message, "ERROR");
    }
}
final class MyLogger implements Logging {
}
public class InterfacePrivateMethod{
    public static void main(String[] args){
        MyLogger logger = new MyLogger();
        logger.logDebug("调试信息");
        System.out.println("----------------");
        logger.logWarn("警告信息");
    }
}
```

程序中定义了一个私有方法和两个私有静态方法，在私有方法中，分别调用了这两个私有静态方法。

程序中还有四个默认方法，它们都是通过调用私有辅助方法 log 来实现的。

程序运行的结果为：

```
Open file
DEBUG：调试信息
Close file
----------------
Open file
WARN：警告信息
Close file
```

6.9 总结

本章详细介绍了抽象方法和抽象类，以及接口。

抽象类通常都是作为基类来使用的，可以在抽象类中定义派生类的公共行为（抽象方法），并提供一些基本的方法实现。

接口可以在类的体系结构设计中引入不适合继承的行为，此外，依赖于接口可以实现类之间的解耦。接口另一个重要的作用是可以作为模块与模块之间通信的协议。

最后我们介绍了 Java 8 新增的接口默认方法和静态方法，以及 Java 9 中新增的接口私有方法。

6.10 实战练习

1. 使用面向对象的思想设计以下类结构。
（1）人口类：抽象类
实例变量：生命值、攻击力、占用人口个数
方法：进攻（抽象方法）
子类：农民、机枪兵、坦克、飞机
（2）建筑类：抽象类
实例变量：生命值
方法：创建人口（抽象方法）
子类：指挥中心（创建农民）、兵营（创建机枪兵）、工厂（创建坦克）、飞机场（创建飞机）

2. 按以下要求给出你的类结构设计。
（1）定义一个接口 Assaultable（可攻击的），该接口有一个抽象方法 attack()。
（2）定义一个接口 Mobile（可移动的），该接口有一个抽象方法 move()。
（3）定义一个抽象类 Weapon，实现 Assaultable 接口，但并没有给出方法的具体实现。
（4）定义三个类：Tank、Flighter、MissileTurret，它们都继承自 Weapon，分别给出 attack()方法的不同实现；Tank 和 Flighter 类还实现了 Mobile 接口，也给出 move()方法的不同实现。
（5）写一个类 Army，代表一支军队，这个类有一个实例变量 Weapon 数组 w（用来存储该军队所拥有的所有武器）；该类还提供一个构造方法，通过传一个 int 类型的参数来限定该类所能拥有的最多的武器数量，并用该参数来初始化数组 w 的容量；该类还提供一个方法 addWeapon(Weapon wp)，表示把参数 wp 所代表的武器加入数组 w 中；在这个类中还定义两个方法，其中 attackAll()让 w 数组中的所有武器攻击，moveAll()让 w 数组中的所有可移动的武器移动。

（6）写一个 main 方法测试上述程序。

3. 编写程序模拟汽车装配发动机。
（1）设计一个发动机接口（IEngine），需要提供如下功能：
- 启动（start）
- 停止（stop）
- 加速（speedup）

提示：设计接口的意义在于，只要发动机实现了这些功能，就可以装配到汽车上。
（2）设计两个发动机实现上述功能。
第一个发动机叫"YAMAHA"，实现功能：
A. 启动方法中显示"YAMAHA 启动，速度 60"。

B. 停止方法中显示"YAMAHA 停止，速度 0"。

C. 加速方法中显示"YAMAHA 加速，速度 80"。

第二个发动机叫"HONDA"，实现功能：

A. 启动方法中显示"HONDA 启动，速度 40"。

B. 停止方法中显示"YAMAHA 停止，速度 0"。

C. 加速方法中显示"YAMAHA 加速，速度 120"。

（3）设计一个汽车类（Car），汽车应该有一个成员变量是代表发动机的（思考一下，应该用 IEngine、YAMAHA 还是 HONDA 作为成员变量）。编写一个方法 testEngine()，用于测试发动机的性能，测试的内容主要有：

A. 测试发动机启动

B. 测试发动机启动

C. 测试发动机停止

（4）在现实中，我买了一辆车（提示：在 main 方法中新建一个汽车类），首先把一个 YAMAHA 的发动机装在了汽车上（提示：新建一个 YAMAHA 对象），然后测试一下发动机（提示：调用 testEngine 方法）。然后发现我不喜欢 YAMAHA 的发动机，于是换了一个 HONDA 的发动机，重新测试一下。

（5）思考以下两个问题：

A. 如果发动机不采用接口的方式，该怎样设计这个模型？

B. 读者可以尝试着给自己的汽车装上不同样式的车门。

第 7 章 内部类 (Inner Class)

在 Java 中，允许在一个类的内部定义另外一个类，这个类就称为内部类。

内部类是一个非常有用的特性，它可以让我们把在逻辑上相关的一组类组织起来，并由外部类（outer class）来控制内部类的可见性。

7.1 创建内部类

扫码看视频

创建内部类很简单，就是在一个类中定义另外一个类，如代码 7.1 所示。

代码 7.1　Outer.java
```java
public class Outer{
    private int index = 100;

    public void print() {
        Inner i = new Inner();
        i.print();
    }

    class Inner{
        void print(){
            System.out.println(index);
        }
    }
}
class Test{
    public static void main(String[] args){
        Outer o = new Outer();
        o.print();
    }
}
```

在 Outer 类中，我们定义了一个内部类 Inner，该类有一个 print 方法，打印输出 index 变量的值，该变量是外部类 Outer 中定义的私有成员变量。在 Outer 类中同样定义了一个 print

方法，在该方法内部构造了一个 Inner 类的对象，调用该对象的 print 方法。接下来我们编写了一个 Test 类，用于测试内部类。在 main 方法中，构造 Outer 类的对象，并调用 print 方法。

编译 Outer.java，并执行 Test 类，程序输出结果为：

```
100
```

o.print()方法最终调用的是内部类对象的 print 方法，而后者输出的是外部类对象的私有成员变量 index 的值。既然私有的成员变量可以在内部类中被访问到，那么外部类其他的成员变量自然也可以被访问了，也就是说，内部类可以随意地访问外部类的成员，包括成员方法和成员变量。

读者可以看一下编译 Outer.java 之后生成的字节码文件，你会发现有三个.class 文件，前面我们说过，Java 编译器会将每个类单独编译为一个字节码文件，Inner 类虽然是内部类，但也会被单独编译为一个字节码文件，Outer$Inner.class 就是内部类 Inner 的字节码文件，用$作为外部类与内部类名称的分隔。如果 Inner 类包含了 main 方法，那么要执行这个类，就直接执行 java Outer$Inner 即可（在 Unix/Linux 系统中必须转义$）。

扫码看视频

7.2 访问外部类

当我们创建一个内部类的对象时，它就拥有了与外部类对象之间的一种联系，这是通过一个特殊的 **this** 引用形成的，使得内部类对象可以随意地访问外部类中的所有成员。图 7-1 展示了这一过程。

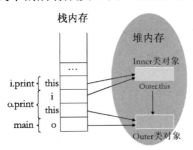

图 7-1 内部类对象可以访问外部类的成员的原理图

注意图中的 Outer.this，在内部类中访问外部类的成员，可以通过"**外部类名称.this**"的形式来获得外部类对象的引用。代码 7.1 中 Inner 类的 print 方法内部访问外部类的实例变量 index，也可以通过 Outer.this.index 的方式来访问。当然，在一般情况下，不需要这么麻烦，因为这种关系是隐含建立的，所以不需要显式地去使用"外部类名称.this"的方式来访问外部类成员。不过当内部类中的成员和外部类中的成员重名时，或者内部类有多层嵌套时，就需要使用"外部类名称.this"这种方式来显式地指定访问的是哪一个成员。我们看代码 7.2。

代码 7.2　Outer.java

```java
public class Outer{
    private int index=100;

    class Middle{
        private int index = 50;

        class Inner{
```

```
        private int index = 25;

        public void print(){
            System.out.println(index);
            System.out.println(Outer.Middle.this.index);
            System.out.println(Outer.this.index);
        }
    }
  }
}
```

在 Outer 类中定义了一个内部类 Middle，在 Middle 类中还有一个内部类 Inner，这三个类都有一个同名的实例变量 index，在 Inner 类的 print 方法中，为了明确访问的是哪一个 index，我们需要使用"外部类名称.this"的形式来指定引用的变量。

接下来我们想看看代码 7.2 运行的结果，这时就牵涉如何创建内部类的对象了。代码 7.1 的 Inner 类对象是在外部类 Outer 的 print 方法中创建的，如果我们想在外部类之外直接创建内部类的对象是否可以呢？修改代码 7.2，在 Test 类的 main 方法中添加直接创建 Inner 类对象的代码，如代码 7.3 所示。

代码 7.3　Outer.java

```
public class Outer{
    private int index = 100;

    class Middle{
        private int index = 50;

        class Inner{
            private int index = 25;

            public void print(){
                System.out.println(index);
                System.out.println(Outer.Middle.this.index);
                System.out.println(Outer.this.index);
            }
        }
    }
}
class Test{
    public static void main(String[] args){
        Outer.Middle.Inner in = new Outer.Middle.Inner();
        in.print();
    }
}
```

如果在外部类之外访问内部类，那么可以把外部类名称看成是名称空间，采用"外部类名称.内部类名称"的形式来引用内部类，如果内部类有多层嵌套，那么一一加上其外围类的名称即可，如上述代码 7.3 所示。

编译 Outer.java，编译器提示如图 7-2 所示的错误。

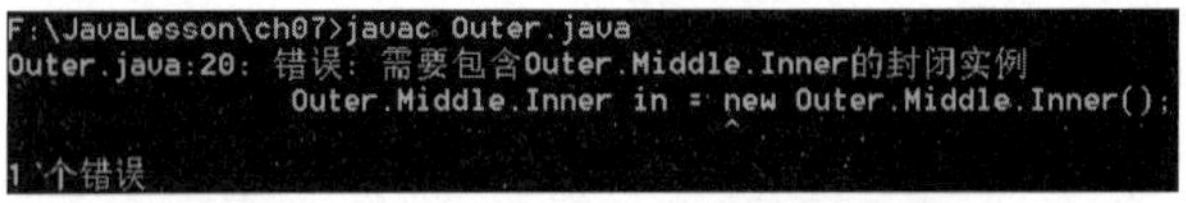

图7-2 创建内部类的对象报错

这个错误是什么意思呢?前面刚说了,内部类之所以可以随意访问外部类的成员,其原因在于内部类对象被创建时,会自动建立与外部类对象的一种联系,这种联系首先需要外部类的对象存在才可以建立。现在我们直接创建内部类对象,根本不存在外部类对象,怎么去建立这种联系呢?自然要报错了。

若要创建内部类对象,则需要先创建外部类对象,我们修改代码 7.3,先创建外部类对象,如代码 7.4 所示。

代码 7.4　Outer.java

```
...
class Test{
    public static void main(String[] args){
        Outer ou = new Outer();
        Outer.Middle mi = new Outer.Middle();
        Outer.Middle.Inner in = new Outer.Middle.Inner();
        in.print();
    }
}
```

有没有觉得这段代码很奇怪,其分别创建了三个类的对象,难道这三个类的对象就自动建立联系了吗?答案是否定的,编译上述代码,依然会出现如图 7-2 所示的错误。

由于内部类对象需要与外部类对象建立关联,因此内部类对象必须通过外部类对象来创建,这样才能建立联系,而不是简单地 new。要建立这种联系,需要使用"外部类对象.new 内部类名称([构造方法参数列表])"这种特殊的语法形式来创建内部类对象。

修改代码 7.4,如代码 7.5 所示。

代码 7.5　Outer.java

```
...
class Test{
    public static void main(String[] args){
        Outer ou = new Outer();
        Outer.Middle mi = ou.new Middle();
        Outer.Middle.Inner in = mi.new Inner();
        in.print();
    }
}
```

在.new 之后,不需要再添加外部类的名称了,因为前面已经有类型的完整名称了。

编译 Outer.java,一切正常,执行 Test 类,输出结果如下:

```
25
50
100
```

可以看到内部类对象的创建是比较麻烦的,不过读者不用担心,在实际开发中,如果需要在外部用到内部类对象,则一般由外部类给出一个获取内部类对象的方法。这不仅可以简化内部类对象的创建，还可以对外屏蔽内部类对象的创建细节。

修改代码 7.5，如代码 7.6 所示。

代码 7.6　Outer.java

```java
public class Outer{
    private int index=100;
    
    class Middle{
        private int index = 50;
        
        class Inner{
            private int index = 25;
            
            public void print(){
                System.out.println(index);
                System.out.println(Outer.Middle.this.index);
                System.out.println(Outer.this.index);
            }
            
        }
        
        public Inner getInner(){
            return new Inner();
        }
        
    }
    
    public Middle getMiddle(){
        return new Middle();
    }
    
}
class Test{
    public static void main(String[] args){
        Outer ou =  new Outer();
        Outer.Middle.Inner in = ou.getMiddle().getInner();
        in.print();
    }
}
```

在 Middle 类中给出了获取 Inner 类对象的方法，在 Outer 类中给出了获取 Middle 类对象的方法，于是在 main 方法中的代码就变得熟悉而亲切了。

7.3　内部类与接口

当内部类与接口组合在一起使用的时候，就能真正展现内部类的实用性了。让内部类实现一个接口，然后通过接口变量来引用这个内部类的实例，于是不用再和内部类的名称打交道，更重要的是可以屏蔽内部类的实现细节。

扫码看视频

我们看代码 7.7。

代码 7.7　StringHolder.java

```java
interface Iterator{
    boolean hasNext();
    String next();
}

public class StringHolder {
    private String[] values;
    private int pos;

    public StringHolder(int length){
        values = new String[length];
        pos = 0;
    }

    public void put(String val){
        values[pos++] = val;
    }

    public String get(int index){
        return values[index];
    }

    public Iterator iterator(){
        return new StringIterator();
    }

    private class StringIterator implements Iterator {
        private int ipos = 0;
        public String next(){
            return values[ipos++];
        }
        public boolean hasNext(){
            return ipos < values.length;
        }
    }

    public static void main(String[] args){
        StringHolder sh = new StringHolder(10);
        for(int i = 0; i < 10; i++){
            sh.put(((Integer)(i * 3)).toString());
        }
        Iterator it = sh.iterator();
        while(it.hasNext()){
            System.out.print(it.next());
            System.out.print(" ");
        }
    }
}
```

StringHolder类的作用是用于存储字符串，并提供字符串的迭代功能。

在这个例子中，我们定义了一个 Iterator 的接口，然后让 StringHolder 类的内部类 StringIterator 实现了这个接口。StringHolder 类还给出了一个 iterator 方法，方法的返回类型是 Iterator 接口类型，方法内部创建了一个内部类 StringIterator 的对象，并返回它，该对象会被向上转型为接口类型。当需要使用这个内部类的实例时，调用外部类对象的 iterator 方法，并通过 Iterator 接口类型的变量来引用该对象即可，就像代码中"Iterator it = sh.iterator();"展示的一样，这样就不需要与内部类的名称打交道了。既然不需要直接访问内部类，为了更好地屏蔽内部类的实现细节，我们将该类声明为 private，如同外部类的其他私有成员一样，我们将无法在外部类之外访问这个内部类。

程序的运行结果是：

```
0 3 6 9 12 15 18 21 24 27
```

> 提示：这段代码使用了迭代器（Iterator）设计模式。在 Java 的类库中，有 Iterator 和 Iterable 接口，当外部类实现了 Iterable 接口，并且有一个内部类实现了 Iterator 接口之后，就可以使用"for each"循环来遍历外部类中的元素了。

StringHolder 类内部的实现采用数组来存储字符串，假如现在我们想给用户多一些选择，比如以链表来存储字符串，那么就可以再编写一个类，该类的内部类同样实现 Iterator 接口，对于用户来说，遍历字符串的方式都是一样的，都是通过 Iterator 接口声明的方法来遍历的，而外部类采用什么存储方式，具体怎么实现的存储则不需要关心。如果考虑到让新编写的类能够无缝替换旧的类，则可以让新旧两个类实现同样的接口，比如 Iterable 接口，该接口声明一个方法：Iterator iterator()，由于新旧两个类实现了相同的接口，所以用户就知道它们都有 iterator 方法，可以得到 Iterator 接口类型的对象，至于该对象实际的内部类实现根本无须关心，这实际上就是迭代器设计模式的应用了。读者可以根据这里给出的思路，给出新的存储方式的类实现。

7.4 局部内部类

扫码看视频

还可以在方法中定义内部类，甚至在语句块中也可以定义内部类，这种情况通常是某个方法需要创建一个类来辅助完成该方法的功能，而这个类只用在该方法中。局部内部类需要配合接口来一起使用。我们看一个例子，如代码 7.8 所示。

代码 7.8   LocalInnerClass.java

```java
interface Speaker{
    void speak();
}
public class LocalInnerClass {
    Speaker getSpeaker(String str){
        class MySpeaker implements Speaker{
            private String str;
            public MySpeaker(String str){
                this.str = str;
            }
```

```
            public void speak() {
                System.out.println(str);
            }
        }
        return new MySpeaker(str);
    }

    public static void main(String[] args) {
        LocalInnerClass lic = new LocalInnerClass();
        lic.getSpeaker("Local inner class").speak();
    }
}
```

局部内部类限定了该类只能在局部作用域内被访问,因此是无法直接返回该类型的对象的,需要向上转型为其实现的接口类型。此外,**局部内部类不能使用 public 和 private 访问说明符进行声明**。

程序的运行结果是:

```
Local inner class
```

在本例中,局部内部类 MySpeaker 有一个实例变量 str,其值是方法 getSpeaker 的形参 str 的值,在构造内部类对象时,通过 new MySpeaker(str)传入进去。实际上,在局部内部类中可以直接访问方法的参数,这样就可以减少内部类的实例变量数。修改代码 7.8,删除内部类 MySpeaker 的实例变量 str,改为直接访问 getSpeaker 方法的参数,如代码 7.9 所示。

代码 7.9   LocalInnerClass.java

```
interface Speaker{
    void speak();
}
public class LocalInnerClass {
    Speaker getSpeaker(String str){
        class MySpeaker implements Speaker{
            public void speak() {
                System.out.println(str);
            }
        }
        return new MySpeaker();
    }

    public static void main(String[] args) {
        LocalInnerClass lic = new LocalInnerClass();
        lic.getSpeaker("Local inner class").speak();
    }
}
```

可以看到,代码变得更加简洁了。

我们来分析一下 main 方法中的调用过程:

(1) 创建 LocalInnerClass 类的对象 lic。

(2) 调用 lic 的 getSpeaker 方法,传入实参"Local inner class",方法形参 str 有值了。

（3）getSpeaker 方法返回 Speaker 接口类型的对象，该方法结束，清理方法所在的栈空间，形参 str 被清理。

（4）调用 Speaker 对象的 speak 方法，输出 getSpeaker 方法的形参 str 的值。

嗯？形参 str 不是被清理了，不复存在了吗？

实际上，早期版本的 JDK 要求局部内部类在访问本地变量时（方法形参或方法内部定义的局部变量），该本地变量必须声明为 final，而我们知道 final 代表的是 "最终的" "不可修改的"，这样该变量就变成了常量，并被保存到常量池中，简单来说，就是改变了本地变量的生存时间。背后的实现就是在编译后的内部类中自动生成了一个名字为 "val$变量名" 的 final 实例变量，然后在内部类对象创建时，将方法的参数传递给构造方法，用于初始化这个 final 常量。之后内部类对象访问的都是自己的这个 final 常量。

从 Java 8 开始，已经不要求将本地变量必须声明为 final，不过其背后的实现原理是一样的，这些工作都是由编译器来完成的。

7.5 匿名内部类

7.5.1 创建匿名内部类

扫码看视频

在代码 7.9 中，我们定义了一个局部内部类 MySpeaker，该类只能在 getSpeaker 方法内部访问，外部访问该类的对象是通过其实现的接口 Speaker 来访问的。既然如此，这个类有没有名字就不重要了，那么可以将其改造成匿名的内部类。我们看代码 7.10。

代码 7.10　LocalInnerClass.java

```java
interface Speaker{
    void speak();
}
public class LocalInnerClass {
    Speaker getSpeaker(String str){
        return new Speaker(){
            public void speak() {
                System.out.println(str);
            }
        };
    }

    public static void main(String[] args) {
        LocalInnerClass lic = new LocalInnerClass();
        lic.getSpeaker("Local inner class").speak();
    }
}
```

注意代码中粗体显示的部分。

"new Speaker(){...};" 去掉一对花括号及其中的内容，变成 "new Speaker();"，这不就是创建对象的语法吗？然而 Speaker 是接口，是无法实例化的，需要有接口的实现，于是在 "Speaker()" 和 ";" 之间，以一对花括号给出接口的实现，该实现没有类名，其实就是匿名的内部类。

同样，代码 7.7 也可以改成匿名内部类来实现相同的功能，如代码 7.11 所示。

代码 7.11　StringHolder.java

```java
interface Iterator{
    boolean hasNext();
    String next();
}

public class StringHolder {
    ...

    public Iterator iterator(){
        return new Iterator(){
            private int ipos = 0;
            public String next(){
                return values[ipos++];
            }
            public boolean hasNext(){
                return ipos < values.length;
            }
        };
    }

    public static void main(String[] args){
        ...
    }
}
```

一旦掌握了匿名的内部类，可以让你的代码更加简洁清晰。不过要注意的是，**匿名内部类一定是一个实现某个接口或者继承某个类的类**，所以我们必须在使用匿名内部类之前定义一个接口或者类。如果匿名内部类继承自某个类，那么还有需要注意的地方，如代码 7.12 所示。

代码 7.12　AnonymousInnerClass.java

```java
class Desc {
    public String getVal(){
        return "Desc";
    }
}

public class AnonymousInnerClass {
    public Desc getDesc(){
        return new Desc(){
            public String getVal(){
                return "Inner Desc";
            }
            public String cannotAccess(){
                return "Cannot Access";
            }
        };
    }
    public static void main(String[] args) {
        AnonymousInnerClass aic = new AnonymousInnerClass();
        System.out.println(aic.getDesc().getVal());
```

```
        //错误!无法访问匿名类中新增的方法
        //System.out.println(aic.getDesc().cannotAccess());
    }
}
```

程序运行的结果为:

```
Inner Desc
```

从运行结果可以看出,调用的 getVal 方法是匿名内部类的 getVal 方法,该方法覆盖了基类 Desc 的 getVal 方法。但是,当我们试图访问匿名内部类新增的方法 cannotAccess 时,问题就出现了,编译器告诉我们找不到 cannotAccess 方法。想想匿名内部类的存在条件:需要实现一个已经声明的接口或者继承某个类,再看看返回匿名内部类对象的方法返回值,其类型已经被限定了,只能是实现的接口或者继承的基类类型,这是一种向上类型转换,匿名内部类新增的方法并不能被加入到已经定义的接口或者基类中。

我们能不能访问这个 cannotAccess 方法呢?有些读者可能会想到向下类型转换,但是我们没有为这个类起名字,那么要转换成什么类型呢?没错,我们对这个方法确实无能为力。

匿名内部类主要用于创建一个临时的实现某个接口的类,然后返回其对象,所以在使用匿名内部类时考虑的是如何实现接口中声明的方法。当然,我们也可以加入一些其他的辅助方法来帮助完成任务,但是不要想着去加入一些新的希望被用户调用的方法,这没有意义。

使用匿名内部类与使用常规的类相比会有一些限制,虽然匿名内部类可以继承类,也可以实现接口,但是二者只能选择其一,而且当实现接口时,也只能实现一个接口。

7.5.2 匿名内部类的构造方法

匿名内部类本身没有名字,自然也就无法定义自己的构造方法。如果想通过构造方法传递参数,那么只能选择继承某个类,并且该类有带参数的构造方法。我们看代码 7.13。

代码 7.13 AnonymousInnerClass.java

```java
class Desc {
    protected String desc;

    public Desc(String str){
        this.desc = str;
    }

    public String getVal(){
        return desc;
    }
}

public class AnonymousInnerClass {
    public Desc getDesc(String str){
        return new Desc(str){
            public String getVal(){
                return "Inner Desc: " + this.desc;
            }
        };
    }

    public static void main(String[] args) {
```

```
        AnonymousInnerClass aic = new AnonymousInnerClass();
        System.out.println(aic.getDesc("Happy").getVal());
    }
}
```

程序运行结果为:

```
Inner Desc: Happy
```

Desc 类有一个构造方法,它接受一个字符串参数。在 AnonymousInnerClass 类的 getDesc 方法中,我们定义了继承自 Desc 的匿名内部类,在构造内部类对象时调用"new Desc(str)",向基类的构造方法传递参数。

实际上,方法中的内部类是可以直接访问方法的参数或者局部变量的,因此在绝大多数情况下,匿名的内部类都不需要通过构造方法来传递参数。本例只是用于讲解知识,并无实际意义,完全可以修改为直接访问 getDesc 方法的参数 str,这个交由读者自行完成。

如果确实需要在内部类中添加自定义的构造方法,那么请使用命名的内部类。

扫码看视频

7.6 静态内部类

当不需要内部类对象与外部类对象有任何联系时,可以使用 static 关键字来声明这个内部类,这种静态内部类也称为嵌套类(nested class)。当我们创建一个静态内部类的对象时,并不需要先创建外部类的对象,与类中静态成员的约定一样,在静态内部类中也不能访问外部类的非静态成员。

我们看代码 7.14。

代码 7.14　StaticInnerClass.java

```
public class StaticInnerClass {
    public static void output(int a){
        System.out.println(a);
    }

    public static class StaticInner{
        private int index;
        StaticInner(int a){
            index = a;
        }

        public void print(){
            output(index);
        }
    }
}

class Test{
    public static void main(String[] args) {
        StaticInnerClass.StaticInner si = new StaticInnerClass.StaticInner(100);
        si.print();
    }
}
```

StaticInnerClass 类中定义了一个静态的内部类 StaticInner，类中的方法 print 调用外部类的静态方法 output，打印输出静态内部类 StaticInner 的实例变量 index。

在 main 方法中，可以看到，可以直接创建静态内部类的对象，并不需要依赖外部类对象。与类中静态成员的访问方式一样，静态内部类也是通过"外部类名称.静态内部类名称"来访问的。

实际上，可以把静态内部类看成是包裹在外部类名称空间下的一个独立的类，只不过这个类可以随意访问外部类的所有静态成员。

静态内部类与普通的内部类还有一个重要区别：普通的内部类中的成员不能声明为 static，因而也就不能再有嵌套的静态内部类；反之，在静态的内部类中可以声明 static 成员，自然也就可以有嵌套的静态内部类。

在正常情况下，接口中是不能有任何代码的（Java 8 新增的默认方法和静态方法，以及 Java 9 新增的私有方法除外），不过，在接口中定义一个静态内部类并不违反接口的规则，可以理解为：这个类是接口名称空间下的一个类。代码 7.15 演示了在接口中的静态内部类。

代码 7.15　InterfaceInnerClass.java

```java
public interface InterfaceInnerClass{
    class StaticInner{        //等同于 public static class StaticInner
        public void hello(){
            System.out.println("你好，《Vue.js 从入门到实战》");
        }
    }
}

class Test{
    public static void main(String[] args){
        InterfaceInnerClass.StaticInner si = new InterfaceInnerClass.StaticInner();
        si.hello();
    }
}
```

在接口中定义的类自然就是 public 和 static 的，因此不要显式地添加这两个说明符。

由于静态内部类具有这种独立性，所以可以实现一些有意思的功能，比如让接口中的静态内部类实现该接口，相当于接口自带了一个实现，任何需要该接口的地方都可以直接使用接口中静态内部类的实现，非常方便。有不同需求的地方，可以自行实现这个接口。

7.7　内部类的继承与覆盖

7.7.1　内部类的继承

由于创建内部类对象的时候需要外部类的对象，所以在继承内部类的时候情况就会变得复杂，我们需要确保内部类对象与外部类对象之间的引用正确建立，为了解决这个问题，Java 给我们提供了一种特殊的语法，来说明它们之间的关系。

我们看代码 7.16。

代码 7.16　InheritInner.java

```
class Outer {
    public class Inner{
        public void hello(){
            System.out.println("Hello, 《Vue.js 从入门到实战》");
        }
    }
}
public class InheritInner extends Outer.Inner {
    public InheritInner(Outer ou) {
        ou.super();
    }
}

class Test {
    public static void main(String[] args) {
        Outer ou = new Outer();
        InheritInner ii = new InheritInner(ou);
        ii.hello();
    }
}
```

类 InheritInner 从 Outer 类中的内部类 Inner 继承，为了建立内部类 Inner 的对象到外部类 Outer 的对象之间的联系，需要在子类 InheritInner 中定义一个特殊的构造方法，其参数是外部类对象的引用，然后在构造方法中使用"ou.super();"这种特殊语法的语句，来建立内部类对象到外部类对象的引用关系。

在 main 方法中，可以看到，依然是先建立外部类对象，然后将该对象的引用传递给 InheritInner 类的构造方法。程序运行的结果是：

```
Hello, 《Vue.js 从入门到实战》
```

7.7.2　内部类的覆盖

编写一个类，从一个外部类继承，然后在类中重新定义外部类中的内部类，那么会发生什么情况呢？内部类是否会被重写呢？

我们编写代码 7.17，来看看内部类是否会被覆盖。

代码 7.17　OverrideInner.java

```
class Outer{
    class Inner{
        public void foo(){
            System.out.println("Foo");
        }
    }
    
    public Outer(){
        new Inner().foo();
    }
}
```

```
public class OverrideInner extends Outer {
    class Inner {
        public void foo(){
            System.out.println("Bar");
        }
    }

    public static void main(String[] args) {
        new OverrideInner();
    }
}
```

类 OverrideInner 从外部类 Outer 继承，并重新定义了 Outer 中的内部类 Inner。在基类 Outer 的构造方法中调用了内部类的 foo 方法，如果 OverrideInner 类对内部类 Inner 的覆盖成功，那么在构造 OverrideInner 这个派生类对象时，根据多态性的原理，应该调用的是被重写后的 Inner 类的 foo 方法，输出"Bar"，然而，程序运行的实际结果却是"Foo"。也就是说，OverrideInner 类的内部类 Inner 对 Outer 类的内部类 Inner 没有任何影响，它们并不存在覆盖的关系，是完全独立的两个内部类，各自在自己的名称空间下。

7.8 内部类规则总结

扫码看视频

比起普通的顶层类来说，内部类有着更为复杂的规则。首先，内部类如同类中的成员一样，有访问权限，可以声明为 public、protected、default（不加访问说明符时）或 private，这与普通的类是不一样的，普通的类只能声明为 public 或者 default（不加访问说明符时）。

除了访问权限之外，我们还可以声明内部类为 abstract、final 或者 static。当一个内部类被声明为抽象类时，我们就不能直接实例化这个内部类了；当一个内部类被声明为 final 类时，说明这个类不能被继承；当一个内部类被声明为静态类时，我们就可以直接创建这个内部类的对象，这一点在前面已经讲过了。

当我们声明一个静态的内部类（嵌套类）时，可以在这个内部类中加入静态方法，但是不能访问外部类的非静态成员。在非静态的内部类中不能包含静态成员，静态成员属于类本身，可以直接通过类名来访问，而非静态的内部类对象依赖于外部类对象，也就是说，必须得有外部类对象存在，而这与静态成员属于类本身，通过类名来调用冲突了。

7.9 回调与事件机制

7.9.1 回调（callback）

回调这个词听起来很深奥，不过这个概念并不是 Java 所特有的，在使用 WIN32 API 进行 Windows 编程时，就会用到回调。下面我们来看看 Windows 编程中的回调，如代码 7.18 所示。

代码 7.18   这是一段使用 WIN32 API 编写的代码

```
LRESULT CALLBACK WndProc(HWND, UINT, WPARAM, LPARAM);
```

```
ATOM MyRegisterClass(HINSTANCE hInstance)
{
    ...
    wcex.lpfnWndProc    = (WNDPROC)WndProc;
    ...
    return RegisterClassEx(&wcex);
}

LRESULT CALLBACK WndProc(HWND hWnd, UINT message, WPARAM wParam, LPARAM lParam)
{
    ...
}
```

在 C 语言中，回调其实就是一个函数指针，当我们把这个指针告诉操作系统时，操作系统会根据需要来调用这个函数。

在 C#中，也有回调这个概念，不过我们在使用.Net 进行编程时更多地使用了事件这个概念。与 C 语言类似，C#中的回调也是一个类似函数指针的类型——代理（delegate）。

于是我们可以得出一个结论：回调就是一段代码，在需要的时候被调用。

在 C 语言中，我们可以使用函数指针来指向这段回调代码，在 C#中我们可以使用代理（delegate）来指向这段回调代码，那么 Java 既没有指针也没有代理，它是如何做到这一点的呢？答案是接口。

我们看代码 7.19。

代码 7.19   Callback.java

```
interface Operation{
    void operate();
}

class MyImplement implements Operation {
    public void operate() {
        System.out.println("My operation");
    }
}

class Caller {
    private Operation callbackReference;
    public Caller(Operation op){
        this.callbackReference = op;
    }
    public void call(){
        callbackReference.operate();
    }
}
public class Callback {
    public static void main(String[] args) {
        Caller mycaller = new Caller(new MyImplement());
        mycaller.call();
    }
}
```

程序运行的结果为：

```
My operation
```

我们在 Operation 接口中声明了一个方法（也就是回调方法），然后让 MyImplement 类来实现了这个接口，接下来我们定义了一个 Caller 类来负责调用这个回调方法。在 main 方法中，我们向 Caller 类的对象传入了一个 MyImplement 对象（在回调概念中，可以说是注册回调方法）。

在这个例子中，我们没有使用内部类，而且花费了好大力气就是为了得到一个简单的结果，这看起来没有什么意义。实际上，我们只是通过这个例子来说明 Java 中回调机制的工作模式。

接下来我们使用一个比较复杂的例子来说明在回调中使用内部类的优势，如代码 7.20 所示。

代码 7.20　MyWindow.java

```java
interface ClickHandler {
    void onClick();
}

class Button {
    private String name;
    private ClickHandler clickHandler = null;

    public Button(){
        this.name = "NoName";
    }

    public Button(String name){
        this.name = name;
    }

    public void click(){
        if(clickHandler != null)
            clickHandler.onClick();
    }

    public void registeHandler(ClickHandler handler){
        clickHandler = handler;
    }

    public String getName(){
        return name;
    }
    public void setName(String name){
        this.name = name;
    }
}

public class MyWindow {
    public static String arg = "This is my window.";
    private Button bt1 = new Button("Button 1");
```

```
    private Button bt2 = new Button("Button 2");

    private class Btn1ClickHandler implements ClickHandler{
        public void onClick() {
            System.out.println(bt1.getName() + " Click!");
        }
    }
    private ClickHandler btn2ClickHandler = new ClickHandler(){
        public void onClick() {
            System.out.println(bt2.getName() + " Click!");
            bt1.setName(arg);
        };
    };

    public MyWindow(){
        bt1.registeHandler(new Btn1ClickHandler());
        bt2.registeHandler(btn2ClickHandler);
    }

    public void run(){
        bt1.click();
        bt2.click();
        System.out.println(bt1.getName());
        System.out.println(bt2.getName());
    }

    public static void main(String[] args) {
        MyWindow mw = new MyWindow();
        mw.run();
    }
}
```

程序运行结果为:

```
Button 1 Click!
Button 2 Click!
This is my window.
Button 2
```

在上面的例子中，我们同时使用了内部类和匿名内部类来实现 ClickHandler 接口，它们对接口方法 onClick 的实现就是后面要调用的回调代码。由于内部类和匿名内部类都可以访问外部类中的所有成员，于是我们在处理 bt2 对象的 click 事件的回调方法中（即匿名内部类的 onClick 方法），修改 MyWindow 的 bt1 对象的名字。图 7-3 给出了整个例子的 UML 结构图。

从这张类图中我们可以看出，Button 类只跟 ClickHandler 回调接口打交道，而 MyWindow 中的两个内部类：Btn1ClickHandler 和匿名内部类，则实现了 ClickHandler 接口，它们生成的对象向上类型为 Clickhandler 接口类型，并通过 Button 类的 registerHandler 方法传递给 MyWindow 中的两个 Button 对象（btn1 和 btn2）。当 MyWindow 类的 run 方法调用两个 Button 对象的 click 方法时，这两个对象就分别调用 Btn1ClickHandler 类和匿名内部类对象的 onClick 方法。

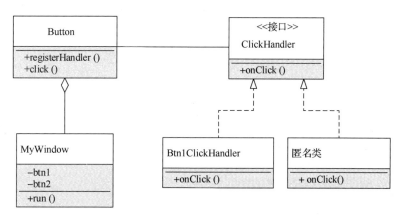

图 7-3 代码 7.20 的 UML 类图

虽说这个过程看起来比较复杂,但是这种设计方式就是 Java 图形界面编程中事件处理的核心。

7.9.2 事件(event)

在了解了回调之后,我们来研究一下事件。在 Java 的图形界面 API——Swing 中,会大量接触到事件这个概念,你会更进一步地发现内部类在处理事件时得天独厚的优势。

事件机制的核心是回调,但是它还包含了一些其他的内容:事件类(Event)、事件监听器(Event Listener)和产生事件的对象。代码 7.21 简单地描述了一个事件系统的工作方式,这个事件系统的原型来自 Java 的 Swing。

代码 7.21　EventSystem.java

```java
abstract class Event {
    private Object source;
    private Object arg;
    private long time;
    public Event(Object src){
        this(src, null);
    }
    public Event(Object src, Object arg){
        this.source = src;
        this.arg = arg;
        this.time = System.nanoTime();
    }
    public Object getArg() {return arg;}
    public Object getSource() {return source;}
    public long getEventTime() {return time;}
}

interface ActionListener {
    void doAction(Event e);
}

class ClickEvent extends Event {
    public ClickEvent(Object src){
        super(src);
    }
```

```java
}
class MyButton {
    private String name;
    private ActionListener al = null;
    public MyButton(){this("NoName");}

    public MyButton(String name){
        this.name = name;
    }
    public void RegisterListener(ActionListener al){
        this.al = al;
    }
    public void click(){
        if(al != null)
            al.doAction(new ClickEvent(this));
    }
    public String getName() {
        return name;
    }
    public void setName(String name) {
        this.name = name;
    }
}

public class EventSystem {
    MyButton mybutton = new MyButton();
    public EventSystem(){
        mybutton.setName("Button 1");
        mybutton.RegisterListener(new ActionListener(){
            public void doAction(Event e) {
                ClickEvent ce = (ClickEvent)e;
                String name = ((MyButton)ce.getSource()).getName();
                System.out.println(name + " Clicked.");
                System.out.print("Event time: ");
                System.out.print(ce.getEventTime());
            }
        });
    }

    public void run(){
        mybutton.click();
    }
    public static void main(String[] args) {
        EventSystem es = new EventSystem();
        es.run();
    }
}
```

程序的运行结果为:

```
Button 1 Clicked.
Event time: 25523387252716
```

这段代码展现了一个事件系统的基本工作方式，代码模拟了按钮点击的过程。下面我们来阐述一下事件系统的工作原理。

首先，我们可以把"点击按钮"看成一个事件，于是就有了事件这个概念（Event）。

其次，与这个事件相关的一些信息（事件的发起者、事件的发生时间、事件的其他描述等）应该被记录下来，我们可以称这些信息为事件的参数（argument）。

然后，应该有"人"对这个事件感兴趣，其一直在等待这个事件的发生，这个"人"我们称之为事件监听者（Event Listener），"人"可以是一个，也可以是多个。

最后，事件系统负责把发生的事件推送给对此事件感兴趣的监听者，并由监听者处理这个事件，对事件做出响应。

有了上述的事件概念之后，理解上面的例子就不是很困难了。当 MyButton 对象的 click 方法被调用时（按钮被点击），MyButton 类会生成一个 ClickEvent 对象（产生一个点击事件），并把事件的发起者和事件的发生时间保存在 ClickEvent 对象中，然后把这个事件对象传递给已经注册到 MyButton 对象中的 ActionListener 对象（事件监听器）。注册到 MyButton 对象的 ActionListener 对象是一个匿名的内部类对象，它负责处理 ClickEvent 事件。

我们通过定义 Event 基类来提供一个基础的事件模型，同时在 ActionListener 接口的 doAction 方法中使用 Event 类型的参数，这样可以保证整个程序的灵活性。

7.10 总结

本章详细介绍了 Java 的内部类。内部类不仅可以让我们将逻辑上相关的一组类组织起来，并由外部类来控制内部类的可见性，而且与接口的结合还能实现更为灵活与强大的功能。

Java 并不支持类的多继承，当需要从多个类继承的时候，可以让外部类继承一个类，同时编写内部类来继承另一个类。这样既能得到多继承的好处，又避免了 C++ 多继承存在的问题。

随着学习的深入，相信读者会越来越理解内部类，从而掌握在什么时机下使用它，尤其是匿名的内部类。

7.11 实战练习

1. 编写一个 Person 类，Person 类中包含一个 PersonEmotion 类型的实例变量 emotion，PersonEmotion 类是 Person 类中定义的一个内部类。同时，Person 类还包含两个方法 happy() 和 sad()，分别打印 XXX happy 和 XXX sad（XXX 为该 Person 的 name）。PersonEmotion 类有一个私有的实例变量：boolean happy，代表情绪类型，如果为 true，则代表高兴，否则就是不高兴；PersonEmotion 类中为这一实例变量提供公共的访问方法，每次在改变 happy 的值时都要去调用外部类中相应的 happy() 或 sad() 方法。在 Person 类的外部生成若干个 Person 对象，并设计程序验证以上的代码。

2. 定义一个接口 Weapon，声明一个方法 shoot()；定义一个类 Army，该类有一个静态方法 attack(Weapon w)，要求传一个 Weapon 对象作为参数，表示让这个 Weapon 对象发射。在 main 方法中调用 attack 方法，使用匿名内部类对象作为参数。

第 8 章 异常处理

一个软件程序不可避免地会发生错误,比如程序员的手误、代码逻辑不严谨、外部资源出现问题等,都会导致程序出现问题,有些错误可以在编译期间由编译器发现并报告从而得到修正,有些错误只有在运行期间才会被发现。本章主要介绍的就是在程序运行期间的错误处理。

早期程序语言的错误处理比较简单,主要依赖于程序员的编程水平来避免一些在运行时发生的错误,比如 C 语言,采用全局错误变量(errno)或者函数的返回值来检测错误。例如,在使用 malloc 函数分配内存时,如果内存分配失败,malloc 就会返回一个空指针表示函数调用失败。在程序中我们需要对 malloc 函数的返回值进行判断,如果为 NULL,则提示错误信息,如下所示:

```
/*这是一个C语言的程序*/
char* str;
str = (char*)malloc(STRLEN * sizeof(char));
if(str == NULL){
    printf("Error! cannot allocate memory");
    return ;
}
/*...*/
```

这种处理方式虽然有效,但比较原始,依赖于程序员的自觉性,如果程序员对函数返回值不进行检测,那么就会留下隐患。相反,如果在每次调用函数时都对返回值进行检测,就又会导致错误处理代码与程序业务代码混杂在一起,造成阅读困难,也不利于修改和维护。

Java 借鉴了 C++的异常机制,建立了自身完善的异常处理机制。

8.1 什么是异常

我们先看一段代码,如代码 8.1 所示。

代码 8.1 ExcepTest.java

```java
public class ExcepTest{
    public int divide(int a, int b){
        int c = a / b;
```

扫码看视频

```
        return c;
    }
    public static void main(String[] args){
        ExcepTest et = new ExcepTest();
        et.divide(5, 0);
         System.out.println("完成除法运算");
    }
}
```

这段代码很简单，在 ExcepTest 类中定义了一个实现整数除法运算的 divide 方法，在 main 方法中调用 ExcepTest 对象的 divide 方法，除数传递的是 0，但是，我们都知道在除法运算中，除数是不能为 0 的。编译并运行该程序，程序果然报错，如图 8-1 所示。

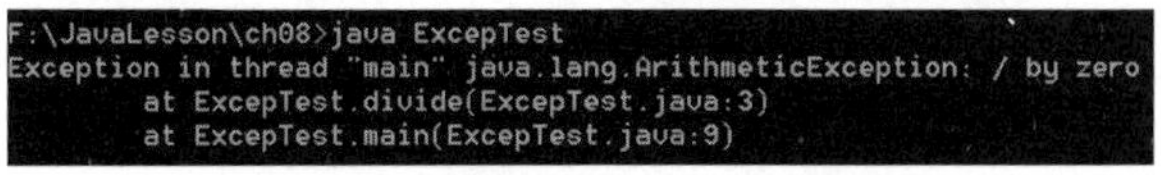

图 8-1 除数为 0 引发的异常

从图 8-1 中可以看到，有一个 java.lang.ArithmeticException 类，这是一个异常类，代表了发生的一类错误，在类名后面给出了异常的描述信息："/ by zero"。在 Java 中，打开一个不存在的文件、网络连接中断、数组下标越界、正在加载的类文件丢失等都会引发异常。如果 Java 程序在执行过程中出现异常，会自动生成一个异常类对象，该异常对象将被提交给 Java 运行时系统，这个过程称为抛出（throw）异常。Java 运行时系统接收到异常后，会将异常对应的类名称、异常的描述、异常发生的位置跟踪信息都输出到 System.err 中，并终止程序的运行，如图 8-1 中所示。

Java 中的异常类都是从 java.lang.Exception 类直接或间接派生而来的，而这个类又是从 java.lang.Throwable 继承而来的，图 8-2 展示了异常类的层次结构。

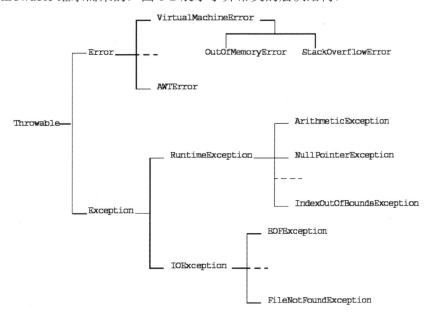

图 8-2 异常类的层次结构

当然，Java 中的异常类有很多，并不仅限于图 8-2 中给出的这少数几个，这里只是给出了大致的继承体系结构。

从图 8-2 中可以看到,从 Throwable 继承的还有一个 Error 类,这个类定义了程序中不能恢复的严重错误,如内存溢出、类文件格式错误等。这一类错误由 Java 运行时系统处理,不需要我们去处理,我们也没有能力去处理。若发生这一类错误,程序就只能无奈地终止。

Exception 这一分支定义了程序中遇到的"轻微"错误,这些错误是可以被捕获并进行处理的,从而让程序可以继续运行。

8.2 捕获异常

扫码看视频

当 Java 运行时系统接收到异常对象时,会寻找能处理这一异常的代码,并把当前异常对象交给其处理,这一过程称为捕获(catch)异常。如果 Java 运行时系统找不到可以捕获异常的代码,则运行时系统将终止,相应的 Java 程序也将退出。最终 Java 运行时系统将异常的相关信息输出到 System.err 中,就如图 8-1 所示的那样。

那么如何捕获异常呢?在 Java 中,捕获异常需要使用 catch 关键字,而后紧跟 catch 关键字的语句块就是错误处理代码。捕获异常犹如狩猎,无法发现猎物就谈不上捕猎,所以在 catch 语句块的前面需要一个 try 语句块来监视异常的抛出。try 语句块就是 try 关键字跟随的语句块,其中是可能引发异常的代码。如下所示:

```
try{
    //一些可能抛出异常的代码
}catch(TypeofException1 e1){
    //处理 TypeofException1 类型异常的代码
}catch(TypeofException2 e2){
    //处理 TypeofException2 类型异常的代码
}
```

这就是 Java 中异常处理的模式:先监视(try)后捕获(catch)。至于异常本身,它也是一个对象,有它自己的类型,所以我们的 catch 需要指定一个异常的类型。当程序在运行期间出现一个错误时,Java 运行时系统会在对象堆中创建一个异常类型的对象,并在指定的 catch 语句块中赋给匹配的异常类型的变量(上例中的 e1 和 e2)。

下面修改代码 8.1,添加异常捕获代码,如代码 8.2 所示。

代码 8.2　ExcepTest.java

```
public class ExcepTest{
    public int divide(int a, int b){
        int c = a / b;
        return c;
    }

    public static void main(String[] args){
        ExcepTest et = new ExcepTest();
        try{
            et.divide(5, 0);
        }
        catch(ArithmeticException ae){
            System.err.println("除数不能为0");
        }
```

```
        System.out.println("完成除法运算");
    }
}
```

程序运行的结果为：

```
除数不能为 0
完成除法运算
```

终于不用看到"奇怪"的异常信息了。这就是异常捕获的好处，可以给用户更友好的提示信息，并且程序在捕获了异常后，还可以继续运行。

> **提示**：在 java.lang.System 类中有三个静态对象：out、err 和 in，分别代表标准输出流、标准错误输出流和标准输入流，out 对象和 err 对象的类型都是 java.io.PrintStream，因此它们的方法都是一样的。

所有异常类的基类都是 Throwable，在这个类中有三个常用的方法，用于输出异常的相关信息，如下所示：

- public String getMessage()
  返回异常对象的详细信息。
- public String toString()
  返回异常对象的简短描述。
- public void printStackTrace()
  将异常对象的栈跟踪信息打印到标准的错误流（System.err 对象）中。

下面修改代码 8.2，使用上述三个方法，输出异常的相关信息，如代码 8.3 所示。

代码 8.3　ExcepTest.java

```
public class ExcepTest{
    ...
    public static void main(String[] args){
        ExcepTest et = new ExcepTest();
        try{
            et.divide(5, 0);
        }
        catch(ArithmeticException ae){
            System.err.println("getMessage: " + ae.getMessage());
            System.out.println("-------------------------");
            System.err.println("toString: " + ae.toString());
            System.out.println("-------------------------");
            ae.printStackTrace();
        }
        System.out.println("完成除法运算");
    }
}
```

注意，printStackTrace 方法本身就是输出异常的栈跟踪信息，因此不需要、也不能调用 System.err.println。

程序运行的结果为：

```
getMessage: / by zero
------------------------
toString: java.lang.ArithmeticException: / by zero
------------------------
java.lang.ArithmeticException: / by zero
    at ExcepTest.divide(ExcepTest.java:3)
    at ExcepTest.main(ExcepTest.java:10)
完成除法运算
```

从输出结果可以看到：（1）toString 方法所谓的异常对象简短描述，其信息比 getMessage 方法要更详细；（2）printStackTrace 方法输出的信息很全面，包含了异常发生时的栈跟踪信息，这与没有进行异常捕获时，Java 运行时系统输出的信息是一样的。

在实际开发时，可以根据需要选择这三个方法中的一个来获取或输出异常信息，当然也可以像代码 8.2 那样，给出错误提示信息。

一段代码可能会引发多种异常，因此捕获异常的 catch 语句可以有多个，我们看代码 8.4。

代码 8.4　ExcepTest.java

```java
public class ExcepTest{
    ...
    public static void main(String[] args){
        ExcepTest et = new ExcepTest();
        try{
            et.divide(5, 0);
        }
        catch(Exception e){
            System.err.println(e.toString());
        }
        catch(ArithmeticException ae){
            System.err.println("除数不能为0");
        }
        System.out.println("完成除法运算");
    }
}
```

编译 ExcepTest.java，编译器提示错误如图 8-3 所示。

```
F:\JavaLesson\ch08>javac ExcepTest.java
ExcepTest.java:15: 错误: 已捕获到异常错误ArithmeticException
        catch(ArithmeticException ae){
1 个错误
```

图 8-3　因 catch 异常类型顺序错误而引发错误

引起这个错误的原因是：Exception 类是所有异常类的基类，因此不管抛出何种异常，catch(Exception e)都能进行捕获，异常捕获机制是，只要发现了有匹配的，就不会再执行后面的 catch 语句，因此 catch(ArithmeticException ae)就成了摆设，编译器发现了这个问题，就报告错误了。

因此，在使用多个 catch 语句捕获异常时，要将特殊的、具体的异常类型（派生类）放前面，一般化的异常类型（基类）放后面。修改代码 8.4，如代码 8.5 所示。

代码 8.5　ExcepTest.java

```
public class ExcepTest{
   ...
   public static void main(String[] args){
      ExcepTest et = new ExcepTest();
      try{
         et.divide(5, 0);
      }
      catch(ArithmeticException ae){
         System.err.println("除数不能为0");
      }
      catch(Exception e){
         System.err.println(e.toString());
      }
      System.out.println("完成除法运算");
   }
}
```

再次编译运行，一切正常。

8.3　使用 finally 进行清理

程序中经常会访问一些外部资源，如文件、数据库或者网络等，在资源访问结束后，我们会关闭或释放资源。如果一切正常，代码顺序执行，那么资源释放的代码也会被执行。然而一旦发生异常，结果就变得不可预料了，这是因为异常会中断程序的正常执行流程。

扫码看视频

> 提示：这里讲的资源是指不能依靠 Java 垃圾内存回收机制进行清理的对象。

我们看代码 8.6。

代码 8.6　ExcepTest.java

```
public class ExcepTest{
   ...
   public static void main(String[] args){
      ExcepTest et = new ExcepTest();
      try{
         et.divide(5, 0);
         System.out.println("清理资源");
      }
      catch(ArithmeticException ae){
         System.err.println("除数不能为0");
      }
      catch(Exception e){
         System.err.println(e.toString());
      }
      System.out.println("完成除法运算");
   }
}
```

在 try 语句中，在 divide 方法调用后，我们打印输出一句话，代表资源的释放操作。

程序运行的结果为：

```
除数不能为 0
完成除法运算
```

并没有"清理资源"这句话。这是因为在 divide 方法中，除数为 0 而抛出了一个异常，Java 运行时系统接管程序的正常执行流程，查找能够捕获该异常的代码并交由其处理，于是 catch(ArithmeticException ae)语句块中的代码被执行，输出"除数不能为 0"，在 catch 语句执行结束后，执行最后的打印输出语句，输出"完成除法运算"。

从上面的结果和分析可以得知，资源的释放操作放在 try 语句中并不合适，那么放在 catch 语句中是否可行呢？即使你不嫌弃在多个 catch 语句中编写相同的代码会很麻烦，也要考虑如果程序正常执行怎么办，因为这时候 catch 语句不会被调用，总不能在 try 语句和 catch 语句都写上释放资源的代码。

细心的读者可能已经发现，在 try/catch 语句外的代码总是被执行，如代码 8.6 中的下面这句代码：

```
System.out.println("完成除法运算");
```

那么把资源释放操作的代码放到 try/catch 语句块之外是否可行呢？一般来说，是可行的，但并不总是可行，我们看代码 8.7。

代码 8.7　ExcepTest.java

```
public class ExcepTest{
    ...

public static void main(String[] args){
    ExcepTest et = new ExcepTest();
    try{
        et.divide(5, 1);
        return;
    }
    catch(ArithmeticException ae){
        System.err.println("除数不能为 0");
    }
    catch(Exception e){
        System.err.println(e.toString());
    }
    System.out.println("清理资源");
    }
}
```

在"et.divide(5, 1);"语句后添加了一个 return 语句，这在实际开发中很常见，特别是在一些分支语句中，当某个条件满足时，执行一定的操作，然后结束方法。

运行该程序，你会发现你依然看不到"清理资源"这句话，这是因为此时的除法运算没有抛出异常，而执行了 return 语句，导致 main 方法执行提前结束，整个程序退出。

看来在任何地方进行资源的释放操作都不太理想，好在 Java 的异常处理机制也考虑到了这个问题，为我们提供了 finally 语句块，作为异常处理完成收尾工作的地方。如果异常处理加上了 finally 语句块，那么整个异常处理的语句结构将是如下的形式：

```
try{
    //一些可能抛出异常的代码
}catch(TypeofException1 e1){
    //处理 TypeofException1 类型异常的代码
}catch(TypeofException1 e2){
    //处理 TypeofException2 类型异常的代码
}finally{
    //进行后期处理的代码
}
```

不管程序正常执行还是抛出了异常，finally 语句块中的代码都会被执行，因此非常适合在其中编写释放资源的代码。

修改代码 8.7，添加 finally 语句，执行资源释放的操作，如代码 8.8 所示。

代码 8.8　ExcepTest.java

```java
public class ExcepTest{
    ...

    public static void main(String[] args){
        ExcepTest et = new ExcepTest();
        try{
            et.divide(5, 1);
            return;
        }
        catch(ArithmeticException ae){
            System.err.println("除数不能为0");
        }
        catch(Exception e){
            System.err.println(e.toString());
        }
        finally{
            System.out.println("清理资源");
        }
    }
}
```

程序运行的结果为：

清理资源

可以看到，代码在 try/finally 语句块中，即使有 return 语句，在执行该语句之前，Java 运行时系统也会保证 finally 语句块中的代码被执行。读者可以自行修改 et.divide(…)调用，将除数改为 0，以引发异常，你会发现 finally 语句块中的代码依旧会被执行。

关于 try/catch/finally 语句，还需要说明以下三点：

1. try 语句并不一定要接 catch 语句，也可以只和 finally 语句一起使用，这通常用于在对异常的信息不感兴趣，也不需要对异常做进一步处理的情况下，但是又需要做一些收尾工作，以保证资源的合理释放。

2. finally 语句并不是在所有情况下都会被调用，当程序中调用了 System.exit(1)直接终止当前运行的 Java 虚拟机时，finally 语句并不会被调用。我们看代码 8.9。

代码 8.9　ExcepTest.java

```java
public class ExcepTest{
    public int divide(int a, int b){
        int c = a / b;
        return c;
    }

    public static void main(String[] args){
        ExcepTest et = new ExcepTest();
        try{
            et.divide(5, 1);
            System.exit(1);
        }
        catch(ArithmeticException ae){
            System.err.println("除数不能为0");
        }
        catch(Exception e){
            System.err.println(e.toString());
        }
        finally{
            System.out.println("清理资源");
        }
    }
}
```

运行该程序，你将看不到任何的输出信息。

3. 在 finally 语句块中执行的资源释放代码有可能会引发新的异常，那么可以在 finally 语句块中继续 try…catch，例如，数据库连接对象的关闭会引发新的异常，因此在 Java 访问数据库的编程中，经常会看到如下代码。

```java
Connection conn=null;
try{
    conn=DriverManager.getConnection(url,user,password);
    ...
}
catch(SQLException se){
    ...
}
finally{
    if(conn!=null){
        try{
            conn.close();
        }
        catch(SQLException se){
            se.printStackTrace();
        }
        conn=null;
    }
}
```

8.4 抛出异常与声明异常

扫码看视频

Java 并不总是在程序出现错误时由运行时系统自动抛出异常，也可以根据情况，在遇到问题时手动抛出异常；或者在捕获异常后，将异常对象转换为另一种异常类型抛出，这在 Java 企业级开发中比较常见，企业级开发中的项目大多数都是分层结构设计，数据访问层发生的异常不会直接交给页面来处理，通常会在业务逻辑层对异常进行转换，再向上抛出。

要抛出异常需要使用 throw 关键字，下面我们在 ExcepTest 类的 divide 方法中进行异常捕获，捕获后将异常转换为 Exception 对象抛出，如代码 8.10 所示。

代码 8.10　ExcepTest.java

```
public class ExcepTest{
    public int divide(int a, int b){
        try{
            int c = a / b;
            return c;
        }
        catch(ArithmeticException ae){
            throw new Exception("除数为 0 了", ae);
        }
    }

    public static void main(String[] args){
        ExcepTest et = new ExcepTest();
        try{
            et.divide(5, 0);
        }
        catch(ArithmeticException ae){
            System.err.println("除数不能为 0");
        }
        finally{
            System.out.println("清理资源");
        }
    }
}
```

在 ExcepTest 类的 divide 方法中，在 catch 到 ArithmeticException 异常后，我们创建一个 Exception 对象，并将原始的异常对象作为第二个参数传给 Exception 对象。

Exception 异常类有如下的公开的构造方法：

- Exception()
- Exception(String message)
- Exception(String message, Throwable cause)
- Exception(Throwable cause)

参数 message 表示异常的详细信息，之后可以通过调用 getMessage()方法来得到该信息。参数 cause 表示引发异常的原因，也就是原始的异常对象，之后可以通过调用 getCause()方法来得到原始的异常对象。将原始的异常对象包装到新异常对象中是个好习惯，这不会丢失原始异常的细节。至于异常处理程序是否关心原始异常信息，选择权就在于用户了。

编译上述程序，提示如图 8-4 所示的错误。

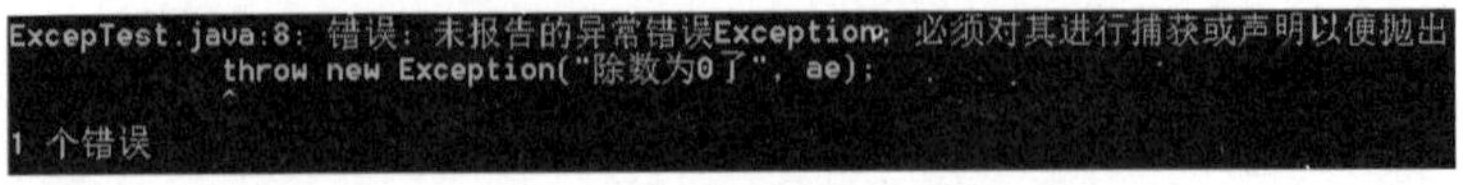

> ExcepTest.java:8: 错误：未报告的异常错误Exception; 必须对其进行捕获或声明以便抛出
>   throw new Exception("除数为0了", ae);
> 1 个错误

图 8-4　方法未声明抛出异常而报错

这个错误是说我们抛出了一个异常，但是并未对其进行捕获，也没有在方法签名中声明抛出异常。

当在方法中抛出一个异常时，如果该异常没有在方法中被捕获，那么需要在方法签名中声明异常，**异常声明作为方法签名的一部分，使用 throws 关键字，紧跟在方法的参数列表之后**。这样做的好处是，可以提醒方法的调用者：该方法可能会因为某些问题而抛出异常，要做好处理的准备。

修改代码 8.10，为 ExcepTest 类的 divide 方法添加异常声明，如代码 8.11 所示。

代码 8.11　ExcepTest.java

```java
public class ExcepTest{
    public int divide(int a, int b) throws Exception{
        try{
            int c = a / b;
            return c;
        }
        catch(ArithmeticException ae){
            throw new Exception("除数为0了", ae);
        }
    }

    public static void main(String[] args){
        ExcepTest et = new ExcepTest();
        try{
            et.divide(5, 0);
        }
        catch(ArithmeticException ae){
            System.err.println("除数不能为0");
        }
        finally{
            System.out.println("清理资源");
        }
    }
}
```

再次编译程序，结果又出现了新的错误，如图 8-5 所示。

> ExcepTest.java:15: 错误：未报告的异常错误Exception; 必须对其进行捕获或声明以便抛出
>   et.divide(5, 0);
> 1 个错误

图 8-5　未捕获也未声明抛出异常而出错

出现这个错误的原因是，divide 方法声明了可能抛出的异常类型，而你在 main 方法中调用该方法时，居然无视这个异常，于是编译器就报错了。你可能要说，代码中不是有

catch(ArithmeticException ae)吗？注意，divide 方法声明可能抛出的异常类型是 Exception，这种异常并不能由该 catch 语句来捕获。

可以看到，当某个方法有异常声明时，除了作为给调用者的提醒外，编译器也会强制要求你在调用时，对该方法声明的异常进行处理。处理的方式有两种：（1）使用 catch 语句进行捕获；（2）在调用方法的签名上再次声明抛出相同的异常，例如我们可以在 mian 上继续声明：throws Exception，如下所示：

```
public static void main(String[] args) throws Exception
```

于是这个异常最终还是交给了 Java 运行时系统来处理了。这是一种"偷懒"的做法，在实际开发时肯定不能这么做。不过，由于 Java 很多类的方法都有异常声明，所以在学习或者编写测试程序时，为了简化代码的编写，可以直接在 main 方法上声明抛出基类异常 Exception。

> **提示**：抛出异常使用 throw 关键字，后面跟的是一个异常对象；声明异常使用 throws 关键字，跟在方法的参数列表之后，throws 关键字后面接的是异常的类型。

修改代码 8.11，在 main 方法中添加 catch 语句，捕获 Exception 异常，如代码 8.12 所示。

代码 8.12　ExcepTest.java

```java
public class ExcepTest{
    public int divide(int a, int b) throws Exception{
        try{
            int c = a / b;
            return c;
        }
        catch(ArithmeticException ae){
            throw new Exception("除数为0了", ae);
        }
    }

    public static void main(String[] args){
        ExcepTest et = new ExcepTest();
        try{
            et.divide(5, 0);
        }
        catch(ArithmeticException ae){
            System.err.println("除数不能为0");
        }
        catch(Exception e){
            e.printStackTrace();
        }
        finally{
            System.out.println("清理资源");
        }
    }
}
```

在 catch(Exception e)语句块中，我们调用异常对象的 printStackTrace 方法，将异常的栈跟踪轨迹打印输出。程序运行的结果为：

```
java.lang.Exception: 除数为0了
        at ExcepTest.divide(ExcepTest.java:8)
        at ExcepTest.main(ExcepTest.java:15)
Caused by: java.lang.ArithmeticException: / by zero
        at ExcepTest.divide(ExcepTest.java:4)
        ... 1 more
清理资源
```

从输出结果中可以看到异常发生的详细位置信息，还包括原始的异常信息，而原始的异常信息的输出是因为我们在抛出异常时，将原始的异常对象作为参数传给了 Exception 对象。

从输出的异常信息可以看到，异常是从发生异常的方法开始，逐级向调用者方法传递。每当我们调用一个方法时，Java 就都会把这个方法所对应的代码地址写入栈（stack）顶，当方法又调用方法时，Java 会继续向栈顶写入新的内容。这样，随着方法的逐级调用，栈中的内容会不断增加。随着方法的返回，Java 会把栈从顶向下清理，直到最后的 main 方法退出为止。当某一个被调用的方法抛出异常时，这个异常对象会随着方法的调用栈逐级往下传递，直到被一个 catch 语句块捕获为止。而这个异常对象在方法之间传递的轨迹就是**栈轨迹**。

通过栈轨迹，我们可以很快定位异常发生的位置，所以栈轨迹的信息对于异常来说是十分重要的。

扫码看视频

8.5　RuntimeException

接下来我们看一下，如果在 ExcepTest 类的 divide 方法中捕获异常后，不转换而直接抛出原异常对象会发生什么，如代码 8.13 所示。

代码 8.13　ExcepTest.java

```java
public class ExcepTest{
    public int divide(int a, int b){
        try{
            int c = a / b;
            return c;
        }
        catch(ArithmeticException ae){
            throw ae;
        }
    }

    public static void main(String[] args){
        ExcepTest et = new ExcepTest();
        et.divide(5, 0);
    }
}
```

注意，在 main 方法中的异常捕获代码已经都删除了。

编译 ExcepTest.java，一切正常。嗯？怎么不需要异常声明了？也不需要了异常捕获？

在图 8-2 给出的异常类的层次结构中，有一类异常是从 RuntimeException 派生而来的，ArithmeticException 异常类就是从 RuntimeException 继承而来的，这一分支的异常代表着程序设计的错误,说直白一点,就是程序员人为的因素导致的错误。例如,你知道除法运算中除数不能为 0,还传递 0 作为除数,也不对除数是否为 0 进行检查。对于这一类错误引发的异常,Java 编译器并不要求你必须进行捕获或者声明为抛出。从 RuntimeException 派生的异常一般包含下面几种情况:

- 错误的类型转换
- 数据访问越界
- 访问空指针
- 算术运算引发的错误,如除数为 0

可以看到,只要程序员细心一些,这些错误都是可以避免的。但有些错误是无法避免的,比如程序创建了一个文件,持续写入一些数据,结果用户手动删除了该文件;或者磁盘满了,导致数据写入文件失败等,这类错误引发的异常就不属于 RuntimeException。对于这些异常,Java 编译器要求必须进行捕获或者声明为抛出。

Java 语言规范将派生于 RuntimeException 类的所有异常称为未检查(unchecked)异常,对于这一类异常,通常不需要我们去捕获,而由 Java 运行时系统自动抛出并自动处理;其他从 Exception 类派生的异常称为已检查(checked)异常,这一类异常就要求我们必须进行捕获或者声明为抛出。

运行代码 8.13 的程序,输出结果为:

```
Exception in thread "main" java.lang.ArithmeticException: / by zero
    at ExcepTest.divide(ExcepTest.java:4)
    at ExcepTest.main(ExcepTest.java:14)
```

可以看到,异常信息显示的是异常最初发生的位置,即 "int c = a / b;" 这句代码的位置,而不是重新抛出异常对象的位置,即 "throw ae;" 这句代码的位置。如果你想更新栈轨迹,让异常的位置信息从抛出异常的位置开始,那么可以调用 Throwable 类的 fillInStackTrace 方法,该方法会把当前调用栈的信息填入原先的异常对象,然后返回该对象,不过方法的返回类型是 Throwable,所以在抛出时,往往要进行强制类型转换。

修改代码 8.13,在重新抛出异常对象前,调用 fillInStackTrace 方法,填入当前调用栈的信息,如代码 8.14 所示。

代码 8.14　ExcepTest.java

```java
public class ExcepTest{
    public int divide(int a, int b){
        try{
            int c = a / b;
            return c;
        }
        catch(ArithmeticException ae){
            throw (ArithmeticException)ae.fillInStackTrace();
        }
    }

    public static void main(String[] args){
        ExcepTest et = new ExcepTest();
        et.divide(5, 0);
    }
}
```

编译并运行程序，输出结果为：

```
Exception in thread "main" java.lang.ArithmeticException: / by zero
        at ExcepTest.divide(ExcepTest.java:8)
        at ExcepTest.main(ExcepTest.java:14)
```

可以看到，异常显示的初始位置信息发生了变化，变成了调用 fillInStackTrace 方法的那一行代码处。

实际上，不仅调用 fillInStackTrace 可以改变异常的栈轨迹，而且当你捕获异常后，抛出一个新的异常对象时，也会改变异常的栈轨迹，读者可以回顾一下代码 8.12 的输出结果。

8.6 创建自己的异常体系结构

扫码看视频

除了 Java 类库中的异常类，我们还可以创建自己的异常类，甚至建立应用于整个项目的异常体系结构。

创建异常类首先要考虑清楚，你准备创建 checked 异常，还是 unchecked 异常，前者选择从 Exception 继承，后者选择从 RuntimeException 继承。如果你希望方法的调用者必须要对异常进行处理，就创建 checked 异常，如果没有这种要求，就创建 unchecked 异常。

编写自己的异常类，一般会提供两个构造方法，一个是默认的构造方法（即无参的构造方法），另一个是带有 String 类型参数的构造方法，用于设置异常的详细描述信息。当然，也可以建立自己的异常继承体系结构，如代码 8.15 所示。

代码 8.15　MathException.java

```java
public class MathException extends Exception{
   public MathException(){}
    public MathException(String message){
        super(message);
    }
}

class DivisorIsZeroException extends MathException{
   public DivisorIsZeroException(){}
    public DivisorIsZeroException(String message){
        super(message);
    }
}

class DivisorInvalidException extends MathException{
   public DivisorInvalidException(){}
    public DivisorInvalidException(String message){
        super(message);
    }
}
```

可以看到，编写自己的异常类是很简单的，唯一需要考虑的清楚是，在你的系统中如何建立异常体系结构。在命名异常类时，要尽量做到"望名知意"，大量的缩写名字会造成阅读和理解上的困难。

有了自己的异常类后,就可以在相关的方法中使用了,如代码 8.16 所示。

代码 8.16　MathException.java

```java
...
class MyMath{
    public int divide(int a, int b) throws DivisorIsZeroException{
        if(0 == b)
            throw new DivisorIsZeroException("除数为 0");
        return a / b;
    }
}

class Test{
    private int x = 5;
    private int y = 0;

    public int divide(MyMath mm){
        int result = 0;
        try{
            result = mm.divide(x, y);
        }
        catch(DivisorIsZeroException dze){
            System.err.println(dze.getMessage());
        }
        return result;
    }

    public static void main(String[] args){
        Test t = new Test();
        t.divide(new MyMath());
    }
}
```

由于 DivisorIsZeroException 的父类 MathException 是从 Exception 继承而来的,因此 MyMath 类在声明 divide 方法时添加了异常声明。在 Test 类中定义了两个实例变量和一个实例方法 divide,该方法利用 MyMath 类的 divide 方法对两个实例变量进行除法运算。在调用 MyMath 类的 divide 方法时进行了异常捕获,在 catch 语句块中输出异常的描述信息。

程序运行的结果为:

除数为 0

下面我们从 MyMath 类继承一个新类 SuperMath,并覆盖 divide 方法,在该方法中判断除数是否是负数,如果是负数,则抛出 DivisorInvalidException,为此,需要在覆盖后的 divide 方法签名中增加一个异常声明。同时在 main 方法中,使用新的 SuperMath 对象来完成 Test 类的两个实例变量的除法运算,代码如 8.17 所示。

代码 8.17　MathException.java

```java
...
class SuperMath extends MyMath{
    public int divide(int a, int b)
        throws DivisorIsZeroException, DivisorInvalidException{
```

```java
        if(0 == b)
            throw new DivisorIsZeroException("除数为0");
        else if(b < 0)
            throw new DivisorInvalidException("除数为负数");
        return a / b;
    }
}

class Test{
    private int x = 5;
    private int y = 0;

    public int divide(MyMath mm){
        int result = 0;
        try{
            result = mm.divide(x, y);
        }
        catch(DivisorIsZeroException dze){
            System.err.println(dze.getMessage());
        }
        return result;
    }

    public static void main(String[] args){
        Test t = new Test();
        t.divide(new SuperMath());
    }
}
```

Test 类的 divide 方法的参数是 MyMath 类型，而 SuperMath 是 MyMath 类的子类，因此可以直接将 SuperMath 类的对象传入，根据多态性的原理，最终会调用 SuperMath 类的 divide 方法。

编译上述程序，结果出现了如图 8-6 所示的错误。

```
MathException.java:31: 错误: SuperMath中的divide(int,int)无法覆盖MyMath中的divide(int,int)
        public int divide(int a, int b)
被覆盖的方法未抛出DivisorInvalidException
1 个错误
```

图 8-6 子类中的覆盖方法抛出了新的异常而出现错误

前面说了，对于声明抛出 checked 异常的方法，调用者必须进行捕获，或者再次声明抛出。SuperMath 类的 divide 方法声明了两个可能抛出的异常，现在将 SuperMath 类的对象传入 Test 的 divide 方法，但是在该方法中只捕获了 DivisorIsZeroException，对 DivisorInvalidException 没有进行任何处理。面向对象的继承和多态的核心思想就是子类对象可以无缝替换父类对象，并可以根据对象的实际类型来调用对应的方法。如果这里还需要修改 Test 类中 divide 方法的实现，岂不是自毁长城？因此，Java 规定，**如果父类中的方法抛出多个异常，则子类中的覆盖方法可以选择不抛出任何异常，或者要么抛出相同的异常，要么抛出异常的子类，但不能抛出新的异常，且构造方法除外，因为构造方法是不能被继承和覆盖的。**

对于本例而言,由于父类 MyMath 的 divide 方法只声明了抛出 DivisorIsZeroException,因此子类 SuperMath 的 divide 方法就不能声明抛出新的异常,只能是 DivisorIsZeroException,或者这个异常类的子类。当然,如果将父类 MyMath 的 divide 方法的异常声明改为抛出 MathException,那么问题就迎刃而解了,因为 DivisorIsZeroException 和 DivisorInValidException 都是 MathException 的子类。

修改一下 MyMath 的 divide 方法的异常声明,改为抛出 MathException;同时修改 Test 类中 divide 方法内的异常捕获,改为捕获 MathException 类型的异常,如代码 8.18 所示。

代码 8.18　MathException.java

```
...
class MyMath{
    public int divide(int a, int b) throws MathException{
        if(0 == b)
            throw new DivisorIsZeroException("除数为0");
        return a / b;
    }
}
class SuperMath extends MyMath{
    public int divide(int a, int b)
        throws DivisorIsZeroException, DivisorInvalidException{
        if(0 == b)
            throw new DivisorIsZeroException("除数为0");
        else if(b < 0)
            throw new DivisorInvalidException("除数为负数");
        return a / b;
    }
}

class Test{
    private int x = 5;
    private int y = -1;

    public int divide(MyMath mm){
        int result = 0;
        try{
            result = mm.divide(x, y);
        }
        catch(MathException dze){
            System.err.println(dze.getMessage());
        }
        return result;
    }

    public static void main(String[] args){
        Test t = new Test();
        t.divide(new SuperMath());
    }
}
```

编译并运行程序，一切正常，输出结果为：

```
除数为负数
```

关于异常声明还有一点需要说明，**我们可以在方法声明时，声明一个不会抛出的异常，Java 编译器就会强迫方法的使用者对异常进行处理。**这种方式通常应用于抽象基类或接口中，这样做的好处是，针对抽象基类或接口的编程会预先对异常进行处理，以后派生类或接口的实现类就可以抛出这些预先声明的异常，而不用修改已有的代码。

扫码看视频

8.7 try-with-resources

try-with-resources 特性是 Java 7 中新增的，该特性简化了异常处理，并可以自动关闭资源。

8.7.1 自动关闭资源

我们先看一段代码，如代码 8.19 所示。

代码 8.19　PreviousExcepHandling.java

```java
import java.io.FileInputStream;
import java.io.FileNotFoundException;
import java.io.IOException;

public class PreviousExcepHandling{
    public static void main(String[] args){
        FileInputStream fis = null;
        try{
            fis = new FileInputStream("1.txt");
        }
        catch(FileNotFoundException e){
            e.printStackTrace();
        }
        finally{
            if(fis != null){
                try{
                    fis.close();
                }
                catch(IOException e){
                    e.printStackTrace();
                }
            }
        }
    }
}
```

这段代码使用了 java.io 包中的 FileInputStream 类，这个类用于创建一个文件输入流。但麻烦的是，FileInputStream 类的构造方法声明了抛出 FileNotFoundException，该异常是 checked 异常，因此我们用 try/catch 语句对其进行了捕获。

文件输入流是一种资源，在使用完毕后，需要进行关闭，这是通过调用 FileInputStream

类的 close 方法来完成的。通过前面内容的学习，我们知道最好是将资源释放操作放在 finally 子句中，不过 close 方法也声明了抛出一个异常 IOException，该异常也是 checked 异常，所以，我们要在 finally 子句中再次使用 try/catch 语句对异常进行处理。这种"机械式"的处理代码让我们不胜其烦，但又不能不写。

Java 7 新增的 try-with-resources 语句可以帮我们自动关闭资源，从而让我们摆脱机械的、重复的关闭代码的书写。

try-with-resources 语句是一个声明一个或多个资源的 try 语句。将资源变量的声明或者资源对象的引用放到 try 关键字后的一对圆括号中，try-with-resources 特性会在语句的最后自动关闭资源。代码 8.20 使用 try-with-resources 语句重写了上述代码。

代码 8.20　Java7ExcepHandling.java

```java
import java.io.FileInputStream;
import java.io.FileNotFoundException;
import java.io.IOException;

public class Java7ExcepHandling{
    public static void main(String[] args){
        try(FileInputStream fis = new FileInputStream("1.txt")){
            // 对文件输入流进行操作
        }
        catch(FileNotFoundException e){
            e.printStackTrace();
        }
        catch(IOException e){
            e.printStackTrace();
        }
    }
}
```

可以看到，代码被大大简化了。需要说明的是：

（1）try-with-resources 只是帮你自动关闭资源，并不能替你进行异常捕获，因此该捕获的异常还是要捕获的。

（2）在 try-with-resources 语句的最后，会自动调用 FileInputStream 对象的 close 方法来关闭输入流，也不要忘记处理该方法声明抛出的 IOException。

细心的读者可能会问：try-with-resources 怎么知道资源对象有 close 方法呢？实际上，Java 7 在新增 try-with-resources 特性时，也引入了一个新的接口：java.lang.AutoCloseable，该接口中只有一个方法：

- void close() throws Exception

凡是实现了 AutoCloseable 接口的对象都可以使用 try-with-resources 来自动关闭资源，FileInputStream 类就实现了该接口。此外，在 Java 7 中，还对现有的 java.io.Closeable 接口做了修改，让它从 AutoCloseable 接口继承。也就是说，实现了 Closeable 接口的对象也可以使用 try-with-resources 来自动关闭资源。

8.7.2　声明多个资源

下面我们编写两个资源类，让它们都实现 java.lang.AutoCloseable 接口，然后在 try-with-resources 语句中声明资源，如代码 8.21 所示。

代码 8.21　MultipleResources.java

```java
import java.io.IOException;
import java.text.ParseException;

class Resource1 implements AutoCloseable{
    public void close() {
        System.out.println("Resource1 close");
    }

    public void doTask() throws IOException{
        System.out.println("Resource1 doTask");
    }
}

class Resource2 implements AutoCloseable{
    public void close() {
        System.out.println("Resource2 close");
    }

    public void doTask() throws ParseException{
        System.out.println("Resource2 doTask");
    }
}

public class MultipleResources{
    public static void main(String[] args){
        Resource1 res1 = new Resource1();
        try(
            res1;
            Resource2 res2 = new Resource2();
        ){}
    }
}
```

程序的运行结果为：

```
Resource2 close
Resource1 close
```

可以看到，Resource1 和 Resource2 对象的 close 方法确实被调用了。

需要说明的是：

（1）AutoCloseable 接口的 close 方法声明了抛出 Exception，但是 Resource1 和 Resource2 类的 close 方法没有声明抛出任何异常，这是允许的。上一节讲到，"**如果父类中的方法抛出多个异常，则子类中的覆盖方法可以选择不抛出任何异常**"，这对于接口的实现类也是适用的。

（2）Resource1 和 Resource2 类中的 doTask 方法分别声明了抛出两种类型的异常，这两种异常并没有什么实际意义，是随便选取的两种 checked 异常，主要为了后面讲解知识方便。

（3）使用 try-with-resources 语句，在圆括号中可以是资源对象的引用（res1），也可以是资源变量的声明（res2）。多个资源之间以分号（;）作为分隔。

（4）使用 try-with-resources 语句，可以没有 catch 和 finally 子句，这和传统的 try/catch/finally 不同。

（5）虽然 try-with-resources 语句可以自动关闭资源，但并不表示 finally 子句就没有用了，在需要的时候，仍然可以添加 finally 子句。

（6）资源对象的自动关闭（即调用它们的 close 方法）是按照声明时相反的顺序进行的。从上面的输出结果可以看到，声明时 res1 在前，因而最后调用 res1 对象的 close 方法。

> **注意**：在 try-with-resource 语句的圆括号中直接书写资源对象的变量名，这是在 Java 9 中引入的，之前的版本只能是将资源变量的声明放到圆括号中。采用变量引用的方式，要求该变量必须声明为 final，不过从 Java 8 开始，对于要求本地变量为 final 的场景，编译器会自动处理，我们无须显式地声明为 final。如果资源对象不是本地变量，而是类的实例变量，那么就必须显式地声明为 final。

8.7.3 catch 多个异常

传统的异常捕获在遇到多个异常时需要编写多个 catch 子句，而现在只需要用一个 catch 子句，然后将多个异常类型以竖线（|）分隔。

修改代码 8.21，添加对 Resource1 和 Resource2 类的 doTask 方法的调用，并进行异常捕获，再添加一个 finally 子句，看看 finally 执行的时机，如代码 8.22 所示。

代码 8.22　MultipleResources.java

```java
import java.io.IOException;
import java.text.ParseException;

...

public class MultipleResources{
    public static void main(String[] args){
        Resource1 res1 = new Resource1();
        try(
            res1;
            Resource2 res2 = new Resource2();
        ){
            res1.doTask();
            res2.doTask();
        }
        catch(IOException | ParseException e){
            e.printStackTrace();
        }
        finally{
            System.out.println("finally call");
        }
    }
}
```

可以看到 catch 子句也得到了简化。程序的运行结果为：

```
Resource1 doTask
```

```
Resource2 doTask
Resource2 close
Resource1 close
finally call
```

从输出结果中可以看到,在任务执行完成后,会自动关闭资源,finally 子句中的代码是最后执行的。

8.7.4 使用更具包容性的类型检查重新抛出异常

我们先看一段代码,如 8.23 所示。

代码 8.23　Java7RethrowingException.java
```
class ExceptionA extends Exception { }
class ExceptionB extends Exception { }

public class Java7RethrowingException{
    public void rethrowException(String name) throws Exception {
        try {
            //如果异常名称为 A,则抛出异常 A
            if (name.equals("A")) {
                throw new ExceptionA();
            }
            //否则的话,则抛出异常 B
            else {
                throw new ExceptionB();
            }
        }
        catch (Exception e) {
            throw e;
        }
    }
}
```

try 语句中可能抛出两种异常,但这两种异常的基类都是 Exception,因此 catch 子句对这两种异常都能进行捕获。catch 子句在捕获异常后,重新抛出该异常,由于异常对象 e 的类型是 Exception,因此 rethrowException 方法只能声明为抛出 Exception,而不能声明为抛出实际的异常类型 ExceptionA 和 ExceptionB。

但在 Java 7 及之后的版本中,我们是可以在 rethrowException 方法的 throws 关键字后指定 ExceptionA 或者 ExceptionB 的。编译器可以识别来自 try 子句并且由 catch 子句中 throw e 抛出的异常,判断抛出的异常只能是 ExceptionA 或者 ExceptionB,即使 catch 子句的异常参数 e 的类型是 Exception,编译器也可以确定它是 ExceptionA 或者 ExceptionB 的一个实例。

因此,在 Java 7 及之后的版本中,rethrowException 方法的异常声明可以是如下形式的:

```
public void rethrowException(String name) throws ExceptionA, ExceptionB {
    try {
        ...
    }
    catch (Exception e) {
        throw e;
    }
}
```

8.8　总结

本章详细介绍了 Java 中的异常处理。异常处理是 Java 程序设计中不可或缺的一环，所以你要了解如何使用它们。Java 的异常处理机制可以让你把主要精力放在业务逻辑的实现上，而在另一处地方对程序中可能出现的错误进行处理。

合理地设计自定义的异常类与异常继承体系结构，可以让你的软件系统更为健壮，结构更为清晰。

Java 7 及之后的版本可以使用 try-with-resources 语句来替代 try-finally 语句，编写的代码更简洁，更清晰，并且产生的异常更有用。try-with-resources 语句在编写必须关闭资源的代码时会更容易，也不会出错。

8.9　实战练习

1．编写一个异常类 MustStringArgumentException。

2．写一个 Student 类，它有一个实例变量 name，代表学生的姓名，编写一个 printName(Object greeting)方法，传入一个欢迎信息，打印输出学生姓名和欢迎信息。要求传递给 printName 方法的参数必须是 String 类型，否则抛出 MustStringArgumentException 异常。

3．分别让 MustStringArgumentException 继承自 RuntimeException 和 Exception，验证在使用时有什么不同。

第 9 章 深入字符串

随着计算机技术的发展，需要处理的文字信息越来越多，在程序中会用到大量字符串，以及对字符串的操作。接下来我们将介绍 Java 中对字符串的操作。

扫码看视频

9.1　String 类

String 类是我们接触最多的一个类，当需要声明一个字符串变量时，就可以使用 String 类：

```
String str;
```

要创建一个字符串对象非常简单，直接给 String 变量赋字符串字面常量值即可：

```
String str = "abc";
```

当然也可以用 new 关键字创建一个 String 对象：

```
String str = new String("abc");
```

String 类拥有十多个重载的构造方法,我们可以使用 byte 数组、char 数组或者另一个 String 对象来创建一个新的 String 对象。具体的使用方法请读者参看 String 类的 API 文档。

查看 String 类的 API 文档，你会发现 String 类声明为 final，意味着这个类不可继承，说明 Java 把 String 类作为一个标准的字符串操作类。

扫码看视频

9.2　==运算符与 equals 方法

关系运算符==用于比较两个操作数是否相等，下面我们使用该运算符来比较两个 String 类型的变量是否相等，如代码 9.1 所示。

代码 9.1　StringTest.java

```
public class StringTest{
    public static void main(String[] args){
        String str1 = "abc";
```

```
        String str2 = "abc";

        if(str1 == str2){
            System.out.println("str1 与 str2 相等");
        }
        else{
            System.out.println("str1 与 str2 不相等");
        }
    }
}
```

程序运行的结果为:

str1 与 str2 相等

结果很完美,变量 str1 和 str2 都是字符串 "abc",相等也是理所当然的。

现在稍微修改一下上述代码,如代码 9.2 所示。

代码 9.2　StringTest.java

```
public class StringTest{
    public static void main(String[] args){
        String str1 = new String("abc");
        String str2 = new String("abc");

        if(str1 == str2){
            System.out.println("str1 与 str2 相等");
        }
        else{
            System.out.println("str1 与 str2 不相等");
        }
    }
}
```

程序运行结果为:

str1 与 str2 不相等

这个结果就不太美好了,两个 String 对象的内容都是 "abc",结果却互不相等。

首先我们要明确一点,**在 Java 中,boolean、byte、short、int、long、char、float 和 double 是基本数据类型**,其余的都是引用类型。也就是说,所有的对象类型都是引用类型。

其次,**Java 中所有的字符串都是 String 类型的对象,包括字符串字面常量**,也就是说,"abc" 是一个对象。

最后,**==运算符比较两个变量的值是否相等**。

有了以上三点知识,我们来分析一下代码 9.1 和代码 9.2 的结果。先看代码 9.1 中加粗部分的代码,如下:

```
String str1 = "abc";
String str2 = "abc";
```

先看第一句代码,"abc" 是字符串字面常量,也是一个 String 类型的对象,Java 编译器在常量池中分配空间并存储字符序列,然后将该对象的引用赋值给变量 str1;再看第二句代码,

"abc"是字符串字面常量，Java编译器发现在常量池中已经存在该对象，于是直接将该对象的引用赋值给变量str2，换句话说，编译器会把在程序中出现的相同内容的字符串字面常量视作同一个String对象。对于对象类型的变量，其值就是引用值，你也可以理解为是对象的地址，==运算符用于比较两个引用类型的变量时，比较的当然是它们的引用值是否相等。通过刚才的分析，我们知道str1和str2指向的是同一个对象，那么比较的结果就是相等的。

再来看一下代码9.2中加粗部分的代码：

```
String str1 = new String("abc");
String str2 = new String("abc");
```

先看第一句代码，"abc"是字符串字面常量，在常量池中先分配内存并存储字符序列，接下来new运算符要构造一个String类型的对象，于是用常量池中的字符串对象的内容在堆上构造一个新的String对象，将新对象的引用赋值给变量str1；再看第二句代码，也是同样的过程。也就是说，两个new操作在堆上产生了两个不同的对象，str1和str2指向的是不同的对象，它们的引用值自然是不相等的，因此用==运算符进行比较，结果就是不相等。

现在读者应该清楚了，上述两行代码，共产生了三个String对象，一个"abc"对象，两个new操作创建了两个对象。

图9-1给出了str1和str2变量与它们指向的对象的内存分配图。

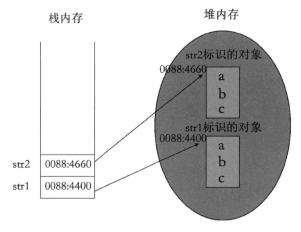

图9-1 对象的内存分配图

当我们声明一个引用类型变量时，系统只为该变量分配了引用空间，并未创建一个具体的对象；当用new为对象分配空间后，将对象的引用赋值给引用变量。

如果要比较两个对象的内容是否相等，那么应该如何操作呢？在Java中，所有的类都有一个共同的基类：java.lang.Object，在这个类中定义了一个方法equals，用于与另一个对象进行相等性判断，如果相等，则返回true，否则返回false。Object类中的equals方法只有在两个引用值指向同一个对象时才返回真，所以不能直接使用Object类的equals方法，否则就和==运算符一样了。一般都是子类重写Object类的equals方法，提供自己的比较逻辑，而String类作为Object的子类，就重写了equals方法，用于比较字符串对象内部所存储的字符序列是否相等，也就是说，可以用String类的equals方法来比较两个字符串对象的内容是否相等。

我们看代码9.3。

代码9.3 StringTest.java

```
public class StringTest{
    public static void main(String[] args){
```

```java
        String str1 = "abc";
        String str2 = new String("abc");
        String str3 = new String("abc");

        if(str1.equals(str2)){
            System.out.println("str1 与 str2 的内容一致");
        }
        else{
            System.out.println("str1 与 str2 的内容不一致");
        }

        if(str2.equals(str3)){
            System.out.println("str2 与 str3 的内容一致");
        }
        else{
            System.out.println("str2 与 str3 的内容不一致");
        }
    }
}
```

程序运行的结果为:

```
str1 与 str2 的内容一致
str2 与 str3 的内容一致
```

9.3 compareTo 方法

扫码看视频

如果你需要按照字典顺序（例如 a 小于 b）来比较两个字符串的大小，则可以使用 String 类的 compareTo 方法来比较两个字符串。如果当前字符串大于另一个字符串，则 compareTo 方法返回正整数；如果当前字符串小于另一个字符串，则 compareTo 方法返回负整数；如果相等，则返回 0;

我们看代码 9.4。

代码 9.4　StringCompare.java

```java
public class StringCompare {
    public static void main(String[] args) {
        String str1 = "abc";
        String str2 = "abf";
        String str3 = new String("abc");
        System.out.println(str1.compareTo(str2));
        System.out.println(str2.compareTo(str1));
        System.out.println(str1.compareTo(str3));
    }
}
```

程序运行的结果为:

```
-3
3
0
```

compareTo 方法返回的是一个 int 值。这个方法会逐个比较两个字符串中各个字符的值，当遇到不同的字符时，它返回当前字符串的字符值减去另一个字符串在相同位置的字符值。换句话说就是对两个 char 类型的变量进行减法操作。

我们不需要关心 compareTo 方法返回的具体值，在程序中通常通过 if 语句来判断某个字符串对象与另一个字符串对象的比较结果，当结果小于 0、等于 0 或者大于 0 时，分别执行对应的操作。

扫码看视频

9.4 字符串拼接

在 Java 中，字符串的拼接是很简单的，直接用 "+" 运算符就可以了，如下所示：

```
String world = "World";
String res = "Hello " + World + "!";
```

还可以使用 "+=" 运算符，如下所示：

```
String world = "World";
String res = "Hello ";
res += world;
res += "!";
```

上述操作等同于调用 String 类的 concat 方法：

```
String world = "World";
String res = "Hello ";
res = res.concat(world);
res = res.concat("!");
```

针对 String 对象的 "+" 和 "+=" 运算符，除了可以应用于字符串对象外，还可以应用于其他的数据类型，例如：

```
String str = "abc";
int i = 3;
float f = 4.5f;
char ch = 'a';
boolean b = true;
System.out.println(str + i + f + ch + b);
```

输出结果为：abc34.5atrue

要注意的是，String 的 "+" 和 "+=" 运算符是 Java 中唯一被重载的运算符；在 Java 中，不允许程序员重载运算符。

扫码看视频

9.5 操作字符串

String 类作为字符串的封装类，自然也提供了对字符串操作的方法。

9.5.1 获取字符串的长度

要获取字符串的长度很简单，调用 String 类的 length 方法即可，该方法的签名如下所示：
- public int length()

例如：

```
String str = "Vue.js 从入门到实战";
System.out.println(str.length());
```

输出结果为：12。要注意的是，length 方法返回的是字符串中字符的数目，并不是该字符串所占内存的大小。

9.5.2 查找字符或字符串

有时候，你需要查找字符串中是否存在某个字符或者某个子字符串，那么可以使用 String 类重载的 4 个 indexOf 方法，如下所示：
- public int indexOf(int ch)
- public int indexOf(int ch, int fromIndex)
- public int indexOf(String str)
- public int indexOf(String str, int fromIndex)

参数 ch 是要查找的字符，参数 str 是要查找的子字符串，参数 fromIndex 表示从哪个索引位置开始查找。如果找到了字符或者子字符串，则 indexOf 返回该字符或子字符串第一次出现的索引，索引是从 0 开始计数的；如果没有找到，则返回-1。

例如：

```
String str = "Hello World";
System.out.println(str.indexOf('o'));
System.out.println(str.indexOf('o', 5));
System.out.println(str.indexOf("World"));
System.out.println(str.indexOf("Welcome"));
```

输出结果为：

```
4
7
6
-1
```

String 类也提供了反向查找字符或子字符串的一组重载的 lastIndexOf 方法，如下所示：
- public int lastIndexOf(int ch)
- public int lastIndexOf(int ch, int fromIndex)
- public int lastIndexOf(String str)
- public int lastIndexOf(String str, int fromIndex)

将上述代码中的 indexOf 方法替换成 lastIndexOf 方法，如下所示：

```
String str = "Hello World";
System.out.println(str.lastIndexOf('o'));
System.out.println(str.lastIndexOf('o', 5));
System.out.println(str.lastIndexOf("World"));
System.out.println(str.lastIndexOf("Welcome"));
```

输出结果为:

```
7
4
6
-1
```

9.5.3 判断字符串的开始与结尾

要判断某个字符串是否以指定的前缀开始或者后缀结尾, String 类也给出了相应的方法, 如下所示:

- public boolean startsWith(String prefix)
  测试字符串是否以指定的前缀开始。
- public boolean startsWith(String prefix, int toffset)
  测试字符串从指定索引开始的子字符串是否以指定前缀开始。参数 toffset 表示在字符串中开始查找的位置。
- public boolean endsWith(String suffix)
  测试字符串是否以指定的后缀结尾。

例如:

```
String str = "代码4.9.java";
System.out.println(str.startsWith("代码"));
System.out.println(str.endsWith(".java"));
```

输出结果为:

```
true
true
```

9.5.4 获取指定索引位置的字符

要获取一个字符串中指定索引位置的字符, 可以使用 String 类的 charAt 方法, 该方法的声明形式如下:

- public char charAt(int index)

例如:

```
String str = "hello";
int len = str.length();
char[] chArr = new char[len];
for(int i=0; i<len; i++){
    chArr[i] = str.charAt(i);
}
System.out.println(chArr);
```

这段代码通过一个 for 循环, 将字符串中的字符一一取出, 保存到字符数组中。程序的输出结果为:

```
hello
```

字符串转换为字符数组这个功能很实用, 因此 String 类也提供了一个 toCharArray 方法,用于实现这种转换，该方法的签名如下所示：
- public char[] toCharArray()

9.5.5 截取子字符串

如果需要从一个字符串中截取某个子串，那么可以使用 String 类的 substring 方法，该方法有两个重载形式，如下所示：

- public String substring(int beginIndex)
  从指定索引位置处截取子串，直到字符串的末尾。
- public String substring(int beginIndex, int endIndex)
  从指定索引位置处截取子字符串，直到索引 endIndex - 1 处的字符。也就是说，截取的子字符串并不包括 endIndex 位置处的字符。

例如：

```
String str = "Hello World";
System.out.println(str.substring(6));
System.out.println(str.substring(6, 10));
```

输出结果为：

```
World
Worl
```

substring 方法可以和 indexOf 方法结合使用，先查找是否存在特定的字符或子字符串，在得到索引后开始截取。

例如：

```
String str = "Will Smith";
int index = str.indexOf("Smith");
if(index != -1)
    System.out.println(str.substring(index, index + "Smith".length()));
```

输出结果为：

```
Smith
```

9.5.6 分割字符串

为了存储方便，有时候我们会将一组字符串合并为一个字符串进行存储，各个字符串之间通过一个分隔符来分隔，这在使用数据库保存数据时很常见，这样可以节省表字段的数量，还可以提高查询效率。在某些简单的应用中，也会通过文件来保存一些参数信息，各个参数之间通过某个分隔符进行分隔。当读取了这样的一个字符串后，我们需要将这个字符串的各个组成部分提取出来，最简单的方式就是使用 String 类的 split 方法对字符串进行拆分，该方法的签名如下所示：

- public String[] split(String regex)
  根据给定的正则表达式的匹配来拆分这个字符串，返回一个保存了拆分后的各个字符串的数组。参数 regex 是用于进行匹配的正则表达式。关于正则表达式请参看第 9.8 节。

我们先不用去管正则表达式如何去书写，根据分隔符去拆分字符串的应用是很简单的，例如：

```java
String str = "zhangsan,lisi,wangwu";
String[] names = str.split(",");
for(String name : names){
    System.out.println(name);
}
```

输出结果为:

```
zhangsan
lisi
wangwu
```

9.5.7 替换字符或字符串

替换字符串中的部分内容也是很常见的应用,例如,在某个字符串中含有敏感信息,或者不合规的字符序列,在向用户显示时可以替换成*号。String 类给出了两个重载的 replace 方法,一个用于替换字符,另一个用于替换字符串。这两个方法的签名如下所示:

- public String replace(char oldChar, char newChar)

用 newChar 替换字符串中出现的所有 oldChar,并返回替换后的字符串。如果 oldChar 在这个 String 对象表示的字符序列中没有出现,则直接返回该对象的引用,否则返回一个替换后的新的 String 对象。

- public String replace(CharSequence target, CharSequence replacement)

用 replacement 指定的字符序列替换字符串中出现的 target 字符序列。CharSequence 是 java.lang 包中定义的一个接口类型,String 类实现了该接口。

例如:

```java
String str1 = "干得漂亮,好好好";
System.out.println(str1.replace('好', '6'));
String str2 = "password: 1234";
System.out.println(str2.replace("1234", "*"));
```

输出结果为:

```
干得漂亮,666
password: *
```

String 类中还有两个使用正则表达式来匹配要替换的字符串的方法,这两个方法的签名如下所示:

- public String replaceFirst(String regex, String replacement)

用 replacement 替换此字符串匹配给定的正则表达式(参数 regex)的第一个子字符串。

- public String replaceAll(String regex, String replacement)

用 replacement 替换此字符串匹配给定的正则表达式(参数 regex)的每一个子字符串。

例如:

```java
String str = "habcjkabc";
System.out.println(str.replaceFirst("abc", "def"));
System.out.println(str.replaceAll("abc", "def"));
```

输出结果为:

```
hdefjkabc
hdefjkdef
```

这看起来和 replace 方法的用法差不多，那是因为我们还没有学习正则表达式，等读者学习完 9.8 节内容，体验了正则表达式的强大，自然就知道区别了。

9.5.8　合并字符串

在 String 类中有一个静态的方法 join，让你通过指定一个分隔符来合并字符串，该方法的签名如下所示:

- public static String join(CharSequence delimiter, CharSequence... elements)

参数 delimiter 用于指定分隔各个字符串的分隔符，elements 是变长参数，可以传入任意多个字符串。

例如:

```
String names = String.join(",", "张三", "李四", "王五");
System.out.println(names);
```

输出结果为:

张三,李四,王五

9.5.9　重复字符串

Java 11 在 String 类中新增了一个 repeat 方法，让我们可以很方便地将一个字符串重复固定次数，得到一个新的重复字符串。

repeat 方法的签名如下所示:

- public String repeat(int count)

将字符串重复参数 count 指定的次数，并串联起来返回一个新的字符串。

例如:

```
String str = "abc";
System.out.println(str.repeat(3));
```

输出结果为:

abcabcabc

9.5.10　大小写转换

大小写转换也是一个实用的功能，比如我们在注册用户时，经常用到验证码，通常验证码的比较是不区分大小写的，但用户的输入千奇百怪，因此可以先将用户的输入全部转换为小写或大写字符，再进行比较，就会很方便。

String 类提供了两个方法: toLowerCase 和 toUpperCase，分别用于将字符串中的字符全部转换为小写字符或大写字符。这两个方法的签名如下所示:

- public String toLowerCase()
- public String toUpperCase()

例如：

```
String str = "Hello World";
System.out.println(str.toLowerCase());
System.out.println(str.toUpperCase());
```

输出结果为：

```
hello world
HELLO WORLD
```

9.5.11 去除字符串首尾空白

空白（空格、制表符、换行、换页和回车）在字符串中属于合法的字符，但字符串首尾的空白通常是没有用的，一般都是由用户误输入而产生的。要去掉字符串首尾的空白字符，可以调用 String 类的 trim 方法，该方法的签名如下所示：

- public String trim()

例如：

```
String str =" hello\n";
System.out.println(str);
System.out.println(str.trim());
```

输出结果为：

```
hello

hello
```

Java 11 在 String 类中新增了三个删除空白字符的方法，如下所示：

- public String strip()
  删除字符串首尾的空白字符。
- public String stripLeading()
  删除字符串前导的空白字符。
- public String stripTrailing()
  删除字符串尾随的空白字符。

strip 方法与 trim 方法只有细微的差别，trim 方法删除的空白字符是其 Unicode 码小于等于 U+0020 的任何字符，而 strip 方法删除的是 java.lang.Character 类的静态方法 isWhitespace(int codePoint) 判断为 true 的空白字符，该方法是 Java 5 新增的方法。

9.5.12 判断字符串是否为空

要判断一个字符串是否为空字符串（注意不是 null，null 代表一个变量未指向任何对象），可以根据字符串的长度来判断，若长度为 0，则为空字符串。Java 6 新增了一个简便的 isEmpty 方法，用于判断字符串的长度是否为 0，即是否是空字符串。isEmpty 方法的签名如下所示：

- public boolean isEmpty()

如果字符串中只有空白字符，则 isEmpty 返回的是 false，即字符串不为空。Java 11 新增了一个 isBlank 方法，如果字符串为空，或者只包含空白字符，则返回 true。

例如：

```
String str="\t \n";
System.out.println(str.isEmpty());
System.out.println(str.isBlank());
```

输出结果为：

```
false
true
```

9.5.13 提取字符串的行流

某些字符串由多个子串组成，子串之间以行终止符分隔，行终止符可以是换行（\n）、回车（\r），或者回车换行（\r\n）。Java 11 新增了一个 lines 方法，可以根据行终止符从字符串中提取行流，该方法的签名如下所示：

- public Stream<String> lines()

例如：

```
import java.util.stream.Stream;

String str="zhangsan\nlisi\rwangwu\r\nzhaoliu";
Stream<String> stream = str.lines();
stream.forEach(subStr -> System.out.println(subStr));
```

输出结果为：

```
zhangsan
lisi
wangwu
zhaoliu
```

关于流，请参看第 14 章内容。

9.5.14 与字节数组相互转换

在 Java I/O 和网络编程中，经常需要将字节数组和字符串进行相互转换，常用的转换方法如下：

- public String(byte[] bytes)
  使用平台的默认字符集解码指定的字节数组来构造字符串。
- public String (byte[] bytes, int offset, int length)
  使用平台的默认字符集解码 bytes 数组中从 offset 索引位置开始，length 数量的字节来构造字符串。
- public byte[] getBytes()
  使用平台的默认字符集将此字符串编码为一个字节序列，并将结果存储到新的字节数组中。

例如：

```
// 97、98、99分别是字符a、b、c的ASCII码
byte[] buf = new byte[]{97, 98, 99};
String str = new String(buf);
```

```
System.out.println(str);

buf = str.getBytes();
for(int i=0; i<buf.length; i++){
    System.out.print(buf[i] + "\t");
}
```

输出结果为:

```
abc
97    98    99
```

扫码看视频

9.6 StringBuffer 类和 StringBuilder 类

查看 String 类的 API 文档,你会发现文档中说明了 String 是常量,也就是说其内容不可改变。例如:

```
String str = "abc";
str = "def";
```

这并不是修改了 str 所指向的对象的内容,而是改变了 str 变量的引用值,让它指向了新的字符串对象"def"。

如果你想创建一个内容可以改变的字符串对象,那么 String 类显然不符合要求,这时,我们需要用到另外两个类: StringBuffer 类和 StringBuilder 类。这两个类也都在 java.lang 包中,所以在程序中不需要导入就可以直接使用。

StringBuilder 类是 Java 5 新增的一个类,其用法和 StringBuffer 是一样的,区别在于 StringBuffer 是线程安全的,而 StringBuilder 不是线程安全的。Java 5 之所以新增 StringBuilder 类,主要是因为在实际开发中,很多字符串都是在方法内部操作的,并不存在线程安全的问题。若使用 StringBuffer 对象的话,由于 StringBuffer 是线程安全的,其内部方法使用了同步机制,导致在调用方法时,频繁地加锁和解锁,就影响了执行效率。因此,如果不存在线程安全的问题,那么使用 StringBuilder 可以提高字符串访问的效率。

StringBuffer 类包含可变的字符序列,这个类包含了以下三大类操作字符串的方法。

- 构建字符串:可以使用 append 方法向字符序列末尾加入字符串,也可以使用 insert 方法向字符序列的指定位置处插入字符串。同时,还可以在创建 StringBuffer 对象时设置一个初始的字符串。
- 获取字符串:可以使用 substring 截取当前字符序列的一部分,也可以使用 toString 方法得到一个表示当前字符序列的新的 String 对象。
- 修改字符串:可以使用 replace 方法来替换当前字符序列中的部分内容,也可以使用 delete 方法来删除字符序列中的某些字符,甚至删除整个字符序列。

下面我们通过一个例子来看看 StringBuffer 类的用法,如代码 9.5 所示。

代码 9.5 StringBufferTest.java

```
public class StringBufferTest {
    public static void main(String[] args) {
        StringBuffer strb = new StringBuffer("The StringBuffer");
        strb.append("represents sequence of characters.");
        strb.insert(16, " class ");
```

```
            System.out.println(strb.toString());
            //获取字符序列的部分内容
            System.out.println(strb.substring(17, 22));
            System.out.println(strb.charAt(1));
            //替换字符序列的部分内容
            strb.replace(17, 22, "klass");
            System.out.println(strb);
            //删除字符序列的部分内容
            strb.delete(17, 23);
            System.out.println(strb);
            //获取字符序列中字符的总数
            System.out.println(strb.length());
            //颠倒字符序列的内容
            strb.reverse();
            System.out.println(strb);
    }
}
```

程序的运行结果为:

```
The StringBuffer class represents sequence of characters.
class
h
The StringBuffer klass represents sequence of characters.
The StringBuffer represents sequence of characters.
51
.sretcarahc fo ecneuqes stneserper reffuBgnirtS ehT
```

StringBuffer 内部会根据字符序列的长度自动扩充内存容量,初始容量为 16。当你不断添加字符串时,就会引起内存的重新分配,为了提高效率,在程序中可以根据要操作的字符串的字符总量,提前分配好内存,方法是在构造 StringBuffer 对象时,传入需要的字符容量,对应的 StringBuffer 的构造方法如下所示:

- public StringBuffer(int capacity)

由于 StringBuilder 类和 StringBuffer 类的用法是一样的,我们就不重复介绍了。

9.7 格式化输出

在 C 语言中,字符串不能像 Java 那样直接使用 "+" 和 "+=" 运算符来拼接,我们用的最多的是格式化输出函数 printf,该函数使用格式化字符串来插入数据,从而实现格式化输出。如下所示:

扫码看视频

```
printf("书名: %s, 定价: %f\n", title, price);
```

Java 5 引入了与 C 语言的 printf 函数风格类似的 format 方法和 printf 方法,这两个方法可用于 java.io.PrintStream 和 java.io.PrintWriter 对象,System.out 对象的类型是 PrintStream,于是对应于 C 语言的 printf 函数的 Java 版本就有了:

```
System.out.printf("书名: %s, 定价: %f\n", title, price);
```

双引号括起来的字符串就是格式化字符串。%s 和%f 是占位符,称为格式说明符,它们不但说明了插入数据的位置，还说明了将插入什么类型的数据，以及如何对其格式化。在格式化字符串之后是参数列表，title 和 price 是要插入的参数，title 的值在%s 处插入，%s 表明 title 是一个字符串；price 的值在%f 处插入，%f 表明 price 是一个浮点数。

当然，如果你没有 C 语言的情怀，也可以使用 format 方法，毕竟方法名就代表了格式化。format 方法调用方式与 printf 方法一样，如下所示：

```
System.out.format("书名：%s, 定价：%f\n", title, price);
```

9.7.1 格式说明符

格式说明符的语法为：

```
%[argument_index$][flags][width][.precision]conversion
```

方括号表示该部分是可选的。
- argument_index 是参数索引。
- flags 是一组修改输出格式的字符。
- width 一个正十进制整数，表示要写入/输出的最小字符数。
- precision 代表精度，通常用于限制字符数，精度在点号（.）后面给出。
- conversion 是格式说明字符。

9.7.2 参数索引

C 语言的 printf 函数的一个问题是，要插入的参数必须按照格式说明符出现的顺序给出，Java 改进后的格式化输出方法，在格式化字符串中可以给出可选的参数索引，来明确参数插入的顺序。参数索引是一个十进制整数，表示参数在参数列表中的位置。第一个参数由"1$"引用，第二个参数由"2$"引用，以此类推。我们看下面的这句代码：

```
System.out.format("书名：%2$s, 定价：%1$f\n", price, title);
```

这样参数列表中的第一个参数 price 将在%1$f 处插入，第二个参数 title 将在%2$s 处插入。

9.7.3 格式说明字符

在使用格式化输出方法时，格式说明字符是很重要的，它指定了要插入的参数的输出格式。例如，前面%s 中的 s 表示字符串，%f 中的 f 表示浮点数。

表 9-1 给出了常用的格式说明字符。

表 9-1 格式说明字符

转换符			
d	整数（十进制）	c、C	Unicode 字符，c 显示小写字符，C 显示大写字符
o	整数（八进制）	s、S	字符串（String），S 显示全大写的字符串
x、X	整数（十六进制），x 显示字符 a~f，X 显示字母 A~F	b、B	布尔值（Boolean），B 显示大写的 TRUE 和 FALSE
f	浮点数（十进制）	h、H	散列码（十六进制）
e、E	浮点数（科学计数）	%	字符"%"
t、T	日期/时间	n	行分隔符

我们看下面的代码：

```
int num = 1234;
float f = 31.4f;
char c = 'j';
String str = "Hello";
Boolean b = false;
System.out.format("1.  %d%n", num);
System.out.format("2.  %o%n", num);
System.out.format("3.  %x%n", num);
System.out.format("4.  %f%n", f);
System.out.format("5.  %e%n", f);
System.out.format("6.  %C%n", c);
System.out.format("7.  %s%n", str);
System.out.format("8.  %S%n", str);
System.out.format("9.  %b%n", b);
System.out.format("10. %B%n", b);
```

输出结果如下：

```
1.  1234
2.  2322
3.  4d2
4.  31.400000
5.  3.140000e+01
6.  J
7.  Hello
8.  HELLO
9.  false
10. FALSE
```

9.7.4 宽度和精度

在格式化字符串中还可以使用可选的宽度和精度，宽度表示要输出的最小字符数，可以用它来输出额外的空格以对齐数据；精度表示数据的精度，是一个非负的十进制整数，在用于不同数据类型时，其含义也不一样。

在格式化字符串中指定宽度时，如果字符数不足，则在左边添加空格以补足宽度；如果希望在右边添加空格，则可以在宽度数字前面添加一个标志"-"。我们看下面的代码：

```
System.out.format("%s, %s, %s\n",
        "Vue.js 从入门到实战", "VC++", "Servlet/JSP 深入详解");

System.out.format("%20s, %20s, %20s\n",
        "Vue.js 从入门到实战", "VC++", "Servlet/JSP 深入详解");

System.out.format("%-20s, %-20s, %-20s\n",
        "Vue.js 从入门到实战", "VC++", "Servlet/JSP 深入详解");
```

输出结果如下：

```
Vue.js 从入门到实战, VC++, Servlet/JSP 深入详解
      Vue.js 从入门到实战,                 VC++,        Servlet/JSP 深入详解
Vue.js 从入门到实战       , VC++                , Servlet/JSP 深入详解
```

精度并不能用于所有数据类型，当用于字符串时，它表示打印字符串时输出字符的最大数量；而当用于浮点数时，它表示小数部分要显示出来的位数（默认是 6 位小数），如果小数位数过多则四舍五入，太少则在尾部补 0。由于整数没有小数部分，所以精度无法应用于整数。我们看下面的代码：

```
System.out.format("%.4s\t", "Hello World");
System.out.format("%.10s\n", "Hello");
System.out.format("%f\t", 3.14);
System.out.format("%.4f\t", 3.14);
System.out.format("%.4f\t", 3.14159);
System.out.format("%.7f\t", 3.14);
```

输出结果如下：

```
Hell    Hello
3.140000        3.1400  3.1416  3.1400000
```

9.7.5 标志字符

标志字符是一组修改输出格式的字符，表 9-2 给出了支持的标志。

表 9-2 标志字符

标志	描述
-	让输出结果左对齐
#	在和八进制格式说明字符 o 一起使用时，在输出值的前面加上 0；在和十六进制格式说明字符 x 或 X 一起使用时，在输出值的前面加上 0x 或 0X
+	在正数前面显示一个加号，在负数前面显示一个减号
空格	在没有打印+标志的正数前面添加一个空格
0	用 0 填充宽度
,	结果将包含特定区域的组分隔符
(	结果将把负数括在圆括号中

我们看下面的代码：

```
int num = 1234;
System.out.format("1.  %#o%n", num);
System.out.format("2.  %#x%n", num);
System.out.format("3.  %+d%n", num);
System.out.format("4.  % d%n", num);
System.out.format("5.  %10d%n", num);
System.out.format("6.  %010d%n", num);
System.out.format("7.  %,d%n", num);
System.out.format("8.  %(d%n", -123);
```

输出结果如下：

```
1.  02322
2.  0x4d2
3.  +1234
4.   1234
```

```
5.      1234
6. 0000001234
7. 1,234
8. (123)
```

9.7.6 生成格式化的 String 对象

在 C 语言中还有一个 sprintf 函数，它是将格式化后的字符串存储到一个字符缓冲区中，而不是打印输出。Java 5 在 String 类中也引入了类似的方法 format，这个方法是 String 类的静态方法，它接受与 PrintStream 类和 PrintWriter 类的 format 方法相同的参数，但返回一个 String 对象。

我们看下面的代码：

```
float price = 89.8f;
String title = "Vue.js 从入门到精通";
String bookInfo = String.format("书名：%2$s，定价：%1$.2f\n", price, title);
System.out.println(bookInfo);
```

输出结果为：

```
书名：Vue.js 从入门到精通，定价：89.80
```

9.8 正则表达式

在 UNIX 世界中，正则表达式早已成为一个处理字符串非常强有力的工具了。而在 Windows 平台下，当微软发起.Net 战略之后，才把正则表达式的功能加入到了.Net 平台当中。

9.8.1 正则表达式的优点

如果读者是第一次听说正则表达式，那么我们先用一个例子来看看使用正则表达式的优势。

例如，有如下的一个字符串，它是一段 HTML 代码：

```
<div align="center"><a href="http://www.google.com">Google</a></div>
```

如果我们想得到"href"属性的 URL，那么应该怎么做呢？

第一种方法：我们可以从这个字符串的第一个字符开始数，找到"href"属性值的起始字符位置和结束字符位置，然后调用 String 对象的 substring 方法来得到这个 URL。代码如下：

```
System.out.println(src.substring(29, 50));
```

这个方法看起来挺简单，但是对程序编写者来说可不简单，他需要花费一段数数的时间，还要确保没有数错索引位置。

第二种方法：先调用 String 对象的 indexOf 方法定位 URL 所在的位置，然后使用 substring 来获取 URL。代码如下：

```
int start = src.indexOf("href=\"");
String temp = src.substring(start + "href=\"".length());
int end = temp.indexOf("\">");
System.out.println(temp.substring(0, end));
```

这段代码先定位了"href="""这个字符串在 src 字符串中的位置,然后取它后面的字符组成 temp 字符串,再从 temp 字符串中找到"">"所在的位置,最后通过 substring 来截取 URL 字符串。

这种方法虽然比第一种方法要麻烦,但兼容性和容错性会更高。

第三种方法:使用正则表达式。我们先不去管正则表达式的语法,单从这个例子来看,正则表达式是一个更优的解决方案,而且它比上面的两种方法更加灵活!代码如下:

```
Pattern p = Pattern.compile("href=\"(.*?)\"");
Matcher m = p.matcher(src);
if(m.find())
    System.out.println(m.group(1));
```

代码中的"href=\"(.*?)\""就是正则表达式了,它是由一系列字符和符号组成的字符串,用于验证输入,以及确保数据为某个特定的格式。我们先不管这个正则表达式的意思,继续来看看当要解析的字符串发生变化时,这三种解决方法的应对情况。

如果字符串变成了如下形式:

```
<div><a href="http://www.google.com">Google</a></div>
```

那么第一种方法的处理方式只能是重新再数一遍,而第二种和第三种方法则不会受到影响。第一种方法缺乏通用性和灵活性,且容易出错,我们淘汰第一种方法。

世界总是变化的,现在我们的字符串又多出了一个 URL,并且我们还要同时提取这两个 URL。变化后的字符串如下:

```
<div><a href="http://www.google.com">Google</a>
<a href="http://www.baidu.com">Baidu</a></div>
```

这时第二种和第三种方法都需要修改,首先看一下修改后的第二种方法:

```
int start = src.indexOf("href=\"");
String temp = src;
while(start != -1){
    temp = temp.substring(start + "href=\"".length());
    int end = temp.indexOf("\">");
    System.out.println(temp.substring(0, end));
    start = temp.indexOf("href=\"");
}
```

代码改动比较大,为了减少代码的数量,改成了通过循环的方式来获取 URL。第三种方法修改起来就优雅多了,如下所示:

```
Pattern p = Pattern.compile("href=\"(.*?)\"");
Matcher m = p.matcher(src);
while(m.find())
    System.out.println(m.group(1));
```

仅仅是把 if 改为了 while 而已。

至此,我们已经初步领略了正则表达式的威力。实际上,上述例子并没有完全体现出正则表达式的强大功能,对于一些复杂字符串的验证,例如对邮件地址的验证,正则表达式有着得天独厚的优势。

9.8.2 一切从模式开始

当我们描述一个不太确定的事物时，总是会从一些自己能想到的该事物的特征说起。以找人为例，我们会描述这个人的身高是多少、体型是胖是瘦、脸型如何等，这些描述会在听众的大脑中归纳为一个"模式"，如果看见一个人符合这个"模式"，那么他就有可能是要找的人。

正则表达式就是使用模式来定位符合特定模式的字符串。

如果读者熟悉 Windows 命令提示符窗口下的 dir 命令，那么应该知道通配符这个概念。如果我们要在一个目录中寻找以 EA 开头的可执行文件，那么可以输入下面的命令：

```
dir EA*.exe
```

dir 命令就会列出所有符合这个"模式"的文件。

在字符串的世界中，我们要从一系列的字符串中寻找某个符合要求的字符串，就会定义一些"模式"。以电子邮件地址为例，我们定义的模式为：它应该有一个"@"字符，而且至少有一个"."字符，就像"address@site.com"这样。而正则表达式就是一个表达"模式"的好工具，上述模式用正则表达式来表示就是："^.*?@.*?\."。

9.8.3 创建正则表达式

正则表达式的语法对于初学者而言是比较难的，为此，我们先不从语法入手，而是通过一些例子，来帮助读者循序渐进地掌握正则表达式。

例子 1：判断一个字符串中是否包含 alpha 这个单词。

```
正则表达式：alpha
```

如果要匹配一个单词或者字母的话，直接输入这个单词或者字母就可以了，非常简单！

例子 2：判断一个字符串是否以 alpha 开头。

```
正则表达式：^alpha
```

这里，我们使用了一个边界匹配符"^"，它代表一行的开始。

例子 3：判断一个字符串是否以 alpha 结尾。

```
正则表达式：alpha$
```

这个例子我们使用了另外一个边界匹配符"$"，它代表一行的结尾。

如果我们想要这个字符串只有 alpha 的话，则可以使用下面的正则表达式：

```
^alpha$
```

例子 4：判断一个字符串是否包含 alpha，且其后紧跟着一个数字，如 alpha1、alpha2、……。

```
正则表达式：alpha[0-9]
```

在这个例子中，我们使用了字符类（character class），字符类就是使用一对方括号括起来的一些字符，它代表了该位置的字符可以是方括号中定义的字符，如例子中的"[0-9]"，表示 0 到 9 的任意数字字符。如果我们想判断字符串是否符合 alpha 或 elpha，则可以使用下面的正则表达式：

```
[ea]lpha
```

[ea]表示包含 e 或者 a 的任意字符。

在字符类中可以使用连字符"-",它表示从一个字符到另一个字符之间的所有字符,如"a-z"表示所有的小写字母。如果字符类中的第一个字符为"^",则代表排除的意思,也就是说该位置的字符不应该包含字符类中定义的字符。

例子 5:判断一个字符串是否包含任意一个字符紧跟着 alpha,就像 xalpha、1alpha 这样。

正则表达式:`.alpha`

在这个例子中,我们使用了点号"."这个字符,它代表所有的字符。当然,我们也可以使用字符类来定义这个规则,但使用点号更加方便。

例子 6:判断一个字符串是否包含 alpha 或者 beta。

正则表达式:`(alpha)|(beta)`

在这个例子中,我们使用了圆括号和竖线"|",竖线"|"就像 Java 中的"逻辑或"运算符,而圆括号则是限定了竖线的判断范围。当然,这个例子不加括号也可以正常运行。

下面,我们来看一下 Java 的正则表达式语法中的各个组成部分,如表 9-3~表 9-7 所示。

表 9-3 字符

字符	
x	字符 x
\\	反斜杠字符
\0xhh	十六进制表示为 0xhh 的字符
\uhhhh	十六进制表示为 0xhhhh 的 Unicode 字符
\t	制表符
\n	换行符
\r	回车符

表 9-4 字符类

字符类	
[abc]	包含 a、b 或 c 的任意一个字符
[^abc]	除了 a、b 和 c 之外的任何字符
[a-zA-Z]	从 a 到 z,或者从 A 到 Z 的任何字符
[a-d[m-p]]	a 到 d,或者 m 到 p,即:[a-dm-p](并集)
[a-z&&[def]]	d、e 或者 f(交集)
[a-z&&[^bc]]	a 到 z,除了 b 和 c,即:[ad-z](减去)
[a-z&&[^m-p]]	a 到 z,排除 m 到 p,即:[a-lq-z](减去)
[abc[xyz]]	包含 a、b、c、x、y 或 z 的字符(或关系)

表 9-5 预定义字符类

预定义字符类	
.	任意字符
\d	数字（[0-9]）
\D	非数字（[^0-9]）
\s	空白字符（空格、制表符、换行、换页和回车）
\S	非空白字符
\w	单词字符（[a-zA-Z_0-9]）
\W	非单词字符（[^\w]）

> **提示**：Java 中的反斜杠本身就有特殊意义，用来转义特殊字符。因此在书写正则表达式的预定义字符类时，要使用两个反斜杠\\，表示要插入正则表达式的反斜杠。例如，你想表示一位数字，那么正则表达式应该为\\d。如果是在正则表达式中插入普通的反斜杠，则需要使用四个反斜杠：\\\\。

表 9-6 边界匹配符

边界匹配符	
^	一行的开始
$	一行的末尾
\b	词的边界（"hello word" 这个字符串两个单词间的空格）
\B	非词的边界
\G	前一个匹配的结束

表 9-7 逻辑操作符

逻辑操作符	
XY	X 后跟 Y
X|Y	X 或者 Y
(X)	X，作为捕获组

这里出现了一个新的概念：捕获组。捕获组使用圆括号操作符来圈定，可以通过从左到右计算其左括号来编号。例如，在表达式 ((A)(B(C))) 中，有四个这样的组：

1. ((A)(B(C)))
2. (A)
3. (B(C))
4. (C)

组 0 始终代表整个表达式。

之所以这样命名捕获组，是因为在匹配过程中，保存了与这些组匹配的输入序列的每个子序列。捕获的子序列稍后可以通过反向引用在表达式中使用，也可以在匹配操作完成后从匹配器获取。

表 9-3 到表 9-7 只是列出了 Java 正则表达式语法中常用的部分，详细的内容可以参看 java.util.regex.Pattern 类的 API 文档。

9.8.4 量词

下面我们来看看量词这个概念，它定义了一个字符出现的次数，如表 9-8 所示。

表 9-8 量词

量词	
*	零个或多个
+	一个或多个
?	一个或零个
{m,n}	至少 m 次，至多 n 次
{m,}	至少 m 次
{m}	恰好 m 次

这些量词还有以下 3 种匹配模式。
- 匹配优先模式：这是量词匹配的默认模式，它尽可能多地匹配字符。
- 忽略优先模式：需要在量词后面加上"?"号来启动这种模式，这种模式尽可能少地匹配字符。
- 占有优先模式：需要在量词后面加上"+"号来启动这个模式，这种模式与匹配优先模式类似，不过这种模式匹配的内容不会"交还"。

下面，我们通过一个例子来看看这 3 种模式匹配的结果。

假设字符串为"foobaroobar"：

```
匹配优先：f.*bar
忽略优先：f.*?bar
占有优先：f.*+bar
```

匹配优先模式的结果为：foobaroobar。由于".*"可以直接匹配到字符串的末尾，但是表达式后面的 bar 也可以匹配，所以正则表达式引擎回溯（backtracking）了".*"匹配的字符，然后与"bar"这 3 个字符进行匹配，直到可以匹配到"bar"为止。

忽略优先模式的匹配结果为：foobar。与上面的模式不同，这里的".*"每进行一次匹配之后就会看看后面的字符是否符合"bar"，所以它匹配的是最短的结果。

占有优先模式匹配失败。由于占有优先模式不允许回溯，所以"bar"根本不能被匹配，所以这个表达式无法匹配上面所给出的字符串。

9.8.5 String 类的正则表达式方法

在 String 类中与正则表达式有关的方法有如下几个：
- public String[] split(String regex)
- public String replaceFirst(String regex, String replacement)
- public String replaceAll(String regex, String replacement)
- public boolean matches(String regex)

测试这个字符串是否与给定的正则表达式匹配。

前三个方法在第 9.5 节我们已经介绍过了,并给出了简单的正则表达式匹配的例子,下面我们再给出几个例子,来进一步学习上述 4 个方法的用法。

例 1:

```
String str = "1.one22.two3.three";
String[] numStr = str.split("\\d+\\.");
System.out.println(numStr.length);
for(String num : numStr){
    System.out.println(num);
}
```

字符串以数字编号+"."号作为分隔,前面说了,Java 中的反斜杠本身就有特殊意义,用来转义特殊字符,所以在正则表达式中使用预定义字符类时,需要使用两个反斜杠\\,表示要插入正则表达式的反斜杠。

上述代码的输出结果为:

```
4

one
two
three
```

因为字符串 str 中的前两个字符"1."就是分隔符,所以拆分后的数组中的第一个元素为空。如果不想打印输出空字符串,可以调用 String 类的 isEmpty 方法进行判断,如果为空,则返回 true,否则返回 false。当然也可以利用 String 类的 length 方法来判断,如果为空,则长度为 0。

例 2:

```
String str = "[link href=\"http://www.google.com\"]Google[/link]";
str = str.replaceFirst("\\[link", "<a");
str = str.replaceAll("\\]", ">");
str = str.replaceAll("\\[/link", "</a");
System.out.println(str);
```

我们要把字符串 str 中的"[link href="..."]...[/link]"替换成真正的<a>标签。

上述代码的输出结果为:

```
<a href="http://www.google.com">Google</a>
```

例 3:

```
String mobile = "13901688888";
if(mobile.matches("\\d{11}")){
    System.out.println("手机号有效");
}
else{
    System.out.println("无效的手机号");
}
```

这个例子是对手机号做一个简单的判断,要求必须手机号是 11 位数字。

上述代码的输出结果为:

```
手机号有效
```

9.8.6　Pattern 和 Matcher

String 类附带的正则表达式功能还是比较简单的,要使用更为强大的正则表达式功能,就免不了与 Pattern 和 Matcher 这两个类打交道,这两个类位于 java.util.regex 包中,在使用这两个类之前不要忘了导入。

使用 Java 的正则表达式包时,操作的流程比较复杂,具体如下。

第一步,创建 Pattern 对象:Pattern p = Pattern.compile(reg);,reg 为正则表达式字符串。

第二步,获取 Matcher 对象:Matcher m = p.matcher(str);,str 为需要匹配的字符串。

第三步,调用 Matcher 对象的 find 方法进行匹配:m.find();,如果字符串中有多个匹配项,则可以多次调用 find 方法。如果字符串可以被匹配的话,则 find 方法返回 true,否则返回 false。

第四步,调用 Matcher 对象的其他方法来获取当前匹配的内容。

下面我们通过一个例子来熟悉一下这个流程,如代码 9.6 所示。

代码 9.6　RegExp.java

```java
import java.util.regex.*;

public class RegExp {
    public static void main(String[] args) {
        String str = "foobaroobar";
        Pattern p;
        Matcher m;
        String[] regs = {"f.*bar", "f.*?bar", "f.*+bar"};
        for(String reg : regs){
            p = Pattern.compile(reg);
            m = p.matcher(str);
            System.out.println("Regexp: \"" + reg + "\" Match: " + m.find());
            System.out.println(m);
        }
    }
}
```

程序运行的结果为:

```
Regexp: "f.*bar" Match: true
java.util.regex.Matcher[pattern=f.*bar region=0,11 lastmatch=foobaroobar]
Regexp: "f.*?bar" Match: true
java.util.regex.Matcher[pattern=f.*?bar region=0,11 lastmatch=foobar]
Regexp: "f.*+bar" Match: false
java.util.regex.Matcher[pattern=f.*+bar region=0,11 lastmatch=]
```

9.8.7　邮件地址验证

下面我们编写一个实际的例子,通过正则表达式来判断邮件地址是否合法。

先看一下邮件地址的几种形式:

- 123@sina.com
- zhang@163.com
- zhang-123@sina.com.cn

- zhang_123@sina.com.cn
- zhang.123@sun.online

我们先分析@号前面的部分，即用户名部分。用户名可以是数字、字母或者数字与字母的组合，这样的正则表达式很好给出，如下所示：

```
[a-zA-Z0-9]+
```

不过在有些用户名中会出现"- _ ."这三个字符，但这三个字符不能单独出现，也不能出现在用户名的末尾，所以不适合直接加到上述的表达式中，需要单独说明。若出现了这三个字符中的任意一个字符，则需要有字母或者数字出现，否则就变成了 123-、123.、123_ 这种不合法的用户名。因此，完整匹配邮件地址中用户名的正则表达式为：

```
[a-zA-Z0-9]+([-_.][A-Za-z\\d]+)*
```

预定义字符类：\d，其实就是：[0-9]，前面说了，Java 中的反斜杠本身就有特殊意义，用来转义特殊字符，在正则表达式中使用预定义字符类时，需要使用两个反斜杠\\，表示要插入正则表达式的反斜杠，因此这里是\\d。这里给出的是 Java 中的写法，其他语言中的正则表达式不需要如此。

这里使用了圆括号，将"- _ ."这三个字符与字母数字的出现组织在一起，*号表示它们可以一起出现 0 次或多次，如果出现了"- _ ."这三个字符中的任意一个字符，[A-Za-z\\d]+ 后面的"+"号确保了至少会出现一次字母或数字，这样就避免了用户名以这三个特殊字符结尾的情况。

接下来我们分析@号后面的部分，即邮件服务器的地址，它由主机名和域名组成，而域名又可能有多级域名，通过圆点（.）来分隔。最简单的服务器地址是：主机名 + . +顶级域名，也就是说@号之后需要有字母或数字组成的主机名，还必须要有一个原点，以及一个字母组成的顶级域名，考虑到顶级域名有包含 5 个字母的，但最少包含 2 个字母，因此可以通过量词{2,6}来限定字母出现的次数。至于主机名和顶级域名之间是否出现二级、三级域名，这是可选的，可以通过*号来说明。

完整的邮件服务器地址的正则表达式如下：

```
[A-Za-z0-9-]+(\\.[a-zA-Z0-9]+)*(\\.[a-zA-Z]{2,6})
```

邮件地址剩下的就是一个@号了，在用户名的正则表达式和邮件服务器地址的正则表达式中间添加一个@号就可以了。完整的程序如代码 9.7 所示。

代码 9.7　EmailRegExp.java

```
import java.util.regex.Pattern;

public class EmailRegExp{
    public static void main(String[] args){
        String regexp = "^[a-zA-Z0-9]+([-_.][A-Za-z\\d]+)*@[A-Za-z0-9-]+(\\.[a-zA-Z0-9]+)*(\\.[a-zA-Z]{2,6})$";

        System.out.println("123@163.com: "
            + (Pattern.matches(regexp, "123@163.com") ? "合法" : "不合法"));
        System.out.println("lisi@sina.com.cn: "
            + (Pattern.matches(regexp, "lisi@sina.com.cn") ? "合法" : "不合法"));
        System.out.println("lisi-1@sina.com.cn: "
            + (Pattern.matches(regexp, "lisi-1@sina.com.cn") ? "合法" : "不合法"));
```

```java
            System.out.println("lisi@sina: "
                + (Pattern.matches(regexp, "lisi@sina") ? "合法" : "不合法"));
            System.out.println("lisi-@sina.com: "
                + (Pattern.matches(regexp, "lisi-@sina.com") ? "合法" : "不合法"));
    }
}
```

Pattern 类的静态方法 matches 编译给定的正则表达式，并尝试将给定的输入与之匹配，若匹配成功则返回 true，若匹配失败返回 false。matches 方法有两个参数，第一个参数是正则表达式（String 类型），第二个参数是要匹配的字符序列（java.lang.CharSequence 接口类型，String 类实现了该接口）。

如果只是简单地验证输入的字符序列是否完整匹配正则表达式，那么使用 Pattern 类的 matches 静态方法会更方便。

程序的运行结果为：

```
123@163.com: 合法
lisi@sina.com.cn: 合法
lisi-1@sina.com.cn: 合法
lisi@sina: 不合法
lisi-@sina.com: 不合法
```

9.8.8 获取组匹配的内容

前面我们讲过，正则表达式中的圆括号可以圈定一个捕获组，而这个组中匹配的内容是可以在匹配操作完成后从匹配器中获取的。在 Matcher 类中，有两个方法可以获取捕获组匹配的内容，如下所示：

- public String group()

返回先前匹配操作所匹配的输入子序列。

- public String group(int group)

返回在先前匹配操作期间由给定组捕获的输入子序列。

捕获组是从 1 开始从左到右的索引，组 0 表示整个模式，因此 group(0)调用等同于 group()。下面我们来看一个例子，有如下的字符串：

```
<a href="http://www.google.com">Google</a>
```

我们需要把"href="后面的网址和<a>元素的内容"Google"提取出来，代码如 9.8 所示。

代码 9.8　MatchGroup.java

```java
import java.util.regex.*;

public class MatchGroup {
    public static void main(String[] args) {
        String str = "<a href=\"http://www.google.com\">Google</a>";
        String reg = "href=\"(.*?)\">(.*?)</a>";
        Pattern p = Pattern.compile(reg);
        Matcher m = p.matcher(str);
        if(m.find()){
            System.out.printf("URL: %s\nContent: %s\n",
                    m.group(1), m.group(2));
```

```
            System.out.println("整个匹配: " + m.group());
        }
    }
}
```

程序运行的结果为:

```
URL: http://www.google.com
Content: Google
整个匹配: href="http://www.google.com">Google</a>
```

9.8.9 替换字符串

下面我们来看使用正则表达式替换一个字符串的例子,有如下的字符串:

```
Google link:[link href="http://www.google.com"]Google[/link]
```

我们要把这个字符串中的"[link href="..."]...[/link]"替换成真正的<a>标签,如代码 9.9 所示。

代码 9.9　Replace.java

```
import java.util.regex.*;

public class Replace {
    public static void main(String[] args) {
        String str = "Google link:"
                + "[link href=\"http://www.google.com\"]"
                + "Google[/link]";
        String reg = "\\[link\\shref=\"(.*?)\"\\](.*?)\\[/link\\]";
        Pattern p = Pattern.compile(reg);
        Matcher m = p.matcher(str);
        if(m.find()){
            System.out.println(str);
            String res = m.replaceAll(
                    "<a href=\""+m.group(1)+"\">"+m.group(2)+"</a>");
            System.out.println(res);
        }
    }
}
```

调用 Matcher 对象的 replaceAll 或者 replaceFirst 方法,并传入需要替换的值,Matcher 会把正则表达式所匹配的内容替换为传入的值。

程序的运行结果为:

```
Google link:[link href="http://www.google.com"]Google[/link]
Google link:<a href="http://www.google.com">Google</a>
```

9.9　总结

目前的 Java 版本对字符串操作的支持已经相当完善,相较于 C\C++,Java 中的字符串操作更为简单,且不容易出错,这得益于 Java 的自动垃圾内存回收机制和 String 类的使用。

Java 内置了对正则表达式的支持,正则表达式是一种强大而灵活的文本处理工具。

要再次提醒读者注意的是,String 类是 final 类,且 String 对象是常量对象,其内容不能被修改。

9.10 实战练习

1. 学习 String 类的 API 文档。

2. 计算字符串中子字符串出现的次数,如字符串"abchelloabc",计算子字符串"abc"出现的次数。

3. 有如下的字符串:

"title=Vue.js 从入门到实战 author=孙鑫"

将上面的字符串进行拆分,拆分后的字符串为:"Vue.js 从入门到实战 孙鑫"。

4. 编写一个程序,将字符串中各个单词的字母顺序翻转,例如:"Learn java from Sun Xin's book",翻转后为:"nraeL avaj morf nuS s'niX koob"。

5. 编写正则表达式,验证用户的电话号码是否合法。电话号码可以是座机的,也可以是手机的。座机号码的格式为 3 到 4 位区号,中间接一个短横线(-),之后是 6 到 8 位的电话号码,手机号码要求是 11 位的数字。

第 10 章 Java 应用

本章主要介绍在 Java 应用编程中一些有用的知识点。

10.1 再论引用类型

扫码看视频

我们已经知道，Java 中除了八种基本数据类型外，其他的数据类型都是引用类型。

10.1.1 引用类型——数组

我们知道，类和接口都是引用类型，实际上 Java 中的数组也是引用类型，我们看下面的代码：

```
int[] num = new int[3];
num = null;
```

num 是引用类型（数组类型）的变量，在栈上分配空间；new 运算符会在堆上为数组分配空间，数组的内存大小由数组中所有元素占用内存的大小来决定。当给 num 变量赋值为 null 时，就切断了 num 与堆上分配的数组对象的联系，意味着此时在堆中的数组对象成了无用对象，其内存随后会被垃圾回收器所回收。

图 10-1 展示了上述代码中数组的内存分配。

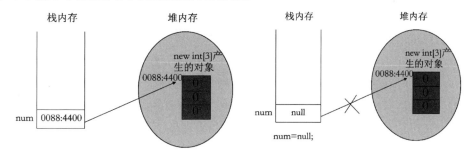

图 10-1 整型一维数组的内存分配

如果数组中的元素本身也是对象，那么情况会稍微复杂一些，但其内存分配的原理是一样的。我们看代码 10.1。

代码 10.1　ReferenceTest.java

```java
class Student{
    int no;
    String name;
    public Student(int no, String name){
        this.no = no;
        this.name = name;
    }
}

public class ArrayTest{
    public static void main(String[] args){
        Student[] stus;
        stus = new Student[3];
        stus[0] = new Student(1, "lisi");
    }
}
```

stus 是 Student 类型的对象数组，在 main 方法中的三句代码所引起的内存分配分别如图 10-2～图 10-4 所示。

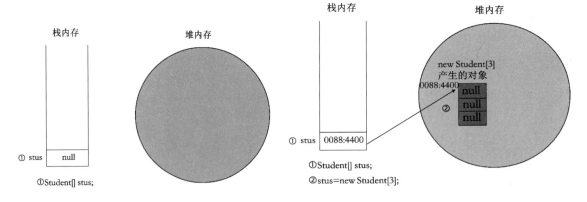

图 10-2　stus 变量在栈上分配空间　　　图 10-3　new 运算符在堆上为数组分配空间

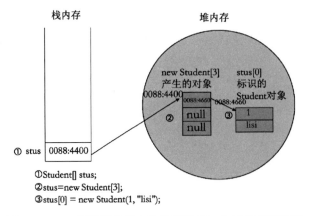

图 10-4　new 运算符在堆上为数组的第一个元素分配空间

10.1.2 方法传参

扫码看视频

在 Java 中调用方法传参时，都是以传值的方式进行的。对于基本数据类型，传递的是数据的拷贝；对于引用类型，传递的是引用的拷贝。

我们来看一个例子，编写一个方法，实现两个数的交换，如代码 10.2 所示。

代码 10.2　ReferenceTest.java

```java
public class ReferenceTest{
    public static void exchange(int a, int b){
        a = a ^ b;
        b = a ^ b;
        a = a ^ b;
    }

    public static void main(String[] args){
        int x = 3;
        int y = 4;
        exchange(x, y);
        System.out.printf("x = %d, y = %d\n", x, y);
    }
}
```

程序运行的结果为：

```
x = 3, y = 4
```

可以发现，变量 x 和 y 的值并没有发生交换，这并不是 exchange 方法的实现出现了问题。当把实参 x 和 y 传入 exchange 方法时，发生了值的拷贝，形参 a 和 b 的值是 3 和 4，在方法内部，完成了形参 a 和 b 的值的交换，但这并没有影响到实参 x 和 y 的值，因此在 exchange 方法调用完成后，输出 x 和 y 的值，依然是 3 和 4。

Java 没有 C/C++中的指针和引用，因此无法按地址或引用传值，要想能够实现在方法内部修改实参的内容，那么形参必须是引用类型。

修改代码 10.2，将 exchange 方法的参数修改为数组类型，如代码 10.3 所示。

代码 10.3　ReferenceTest.java

```java
public class ReferenceTest{
    public static void exchange(int[] num){
        num[0] = num[0] ^ num[1];
        num[1] = num[0] ^ num[1];
        num[0] = num[0] ^ num[1];
    }

    public static void main(String[] args){
        int[] num = {3, 4};
        exchange(num);
        System.out.printf("x = %d, y = %d\n", num[0], num[1]);
    }
}
```

程序的运行结果为：

```
x = 4, y = 3
```

num 是引用类型，在传入 exchange 方法时，会发生引用的拷贝，此时实参 num 和形参 num 指向的是同一个数组对象，在方法内部完成数组中两个元素值的交换，但由于访问的是同一个数组对象，所以在方法调用结束后，输出的是交换后的元素值。

当然，上例也可以改成传递一个类的对象，然后交换对象的两个实例变量的值，这留给读者自行完成。

10.2 操作数组

数组是一种常用的数据结构，用来存储同一类型的数据，数组中的元素可以通过从 0 开始的整型下标来访问。本节将介绍对数组的其他访问操作，包括数组的复制、排序、搜索、填充等。

扫码看视频

10.2.1 数组的复制

在操作数组时，经常会遇到复制数组元素的需求。要把一个数组中的元素复制到另外一个数组中，可以使用 System 类的静态方法 arraycopy，该方法的声明形式如下：

- public static void arraycopy(Object src, int srcPos, Object dest, int destPos, int length)

这个方法接收 5 个参数，src 是源数组，srcPos 是源数组读取的起始位置，dest 是目标数组，destPos 是目标数组写入的起始位置，length 是复制的长度。

代码 10.4 演示了如何使用 arraycopy 方法来复制两个数组。

代码 10.4　ArrayCopy.java

```
import java.util.Arrays;

public class ArrayCopy{
    public static void main(String[] args){
        int[] arr1 = new int[]{1, 2, 3, 4, 5};
        int[] arr2 = new int[5];
        int[] arr3 = new int[5];

        System.arraycopy(arr1, 0, arr2, 0, arr2.length);
        arr2[0] = 10;
        System.arraycopy(arr1, 1, arr3, 1, 3);

        System.out.println(Arrays.toString(arr1));
        System.out.println(Arrays.toString(arr2));
        System.out.println(Arrays.toString(arr3));
    }
}
```

程序运行的结果为：

```
[1, 2, 3, 4, 5]
```

```
[10, 2, 3, 4, 5]
[0, 2, 3, 4, 0]
```

在上面的程序中定义了三个数组：arr1、arr2 和 arr3，它们都包含 5 个元素，其中 arr1 数组给出了初始值。接下来使用 System 类的 arraycopy 方法把 arr1 数组的元素全部复制到 arr2 数组中，并修改了 arr2 数组中第一个元素的值。之后再次使用 arraycopy 方法把 arr1 数组的从第二元素（索引为 1）开始的 3 个元素复制到 arr3 数组中（从索引为 1 的位置开始复制）。

在打印输出结果时，我们使用了 java.util 包中的 Arrays 类的静态方法 toString，该方法可以返回数组内容的字符串表示形式。字符串表示形式由数组的元素列表组成，包含在方括号（[]）中，相邻元素由字符"，"（逗号后跟空格）分隔。

从程序运行的结果来看，对 arr2 数组内容的修改对 arr1 数组没有影响。

在复制数组时需要注意几个问题：首先，目标数组一定要初始化，否则编译器会报告编译错误。其次，复制的长度不要超出目标数组的容量，如果目标数组只能包含 5 个元素而实际却复制了 10 个元素，那么就会出现数组索引越界的异常。同理，在设置复制的起始位置时也不要超出数组中元素的数目。最后，我们还要注意对象数组的复制问题，对象数组复制的内容是对象的引用，这样会导致两个数组中的元素指向同一个对象。当我们修改副本数组中某个对象时，其源数组中的对象也会改变。下面我们看一个例子，如代码 10.5 所示。

代码 10.5　ObjectArrayCopy.java

```java
class Foo {
    public int value;
    public Foo(int value) {
        this.value = value;
    }
}

public class ObjectArrayCopy {
    public static void main(String[] args) {
        Foo[] arr1 = new Foo[5];
        Foo[] arr2 = new Foo[5];
        for(int i = 0; i < 5; i++){
            arr1[i] = new Foo(i);
        }
        System.arraycopy(arr1, 0, arr2, 0, arr2.length);
        arr2[0].value = 10;
        System.out.println(arr1[0].value);
    }
}
```

程序运行结果为：

```
10
```

可以看到，虽然我们只是修改了 arr2 数组中第一个元素的内容，但是当我们打印 arr1 数组的第一个元素的内容时，它同样发生了变化。这就说明了，对于对象数组来说，arraycopy 方法仅仅是复制了对象的引用，并没有复制实际的对象。

上一节我们接触到了 java.util 包中的 Arrays 类，这个类包含了许多关于数组操作的静态方法，其中也给出了复制数组的方法，这些方法是在 Java 6 中新增的。针对八种基本数据类型的数组，各有一对复制数组的方法。以 int 类型数组为例，这一对复制数组的方法如下所示：

- public static int[] copyOf(int[] original, int newLength)

复制指定的数组，返回具有 newLength 长度的新数组。如果原始数组的长度小于 newLength，那么新数组多余的元素以 0 填充；如果原始数组的长度大于 newLength，那么返回的新数组只包含原始数组中 newLength 个数的元素。

- public static int[] copyOfRange(int[] original, int from, int to)

顾名思义，这个方法是复制原始数组中指定范围的元素到新数组中，不包含 to 索引位置处的元素。参数 to 可以大于原始数组的长度，那样的话，新数组中多出来的元素被置为 0。

针对对象数组的复制，也有一对泛型方法（关于泛型，请参看下一章），如下所示：

- public static \<T> T[] copyOf(T[] original, int newLength)
- public static \<T> T[] copyOfRange(T[] original, int from, int to)

对象数组的复制与 int 类型数组的复制的工作原理是一样的，不同的是，如果对象数组复制方法返回的新数组中产生了多余的元素，则被置为 null。

代码 10.6 使用 Arrays 类的数组复制方法实现 int 类型数组和对象数组的复制。

代码 10.6　ArrayCopy2.java

```java
import java.util.Arrays;

class Foo {
    public int value;
    public Foo(int value) {
        this.value = value;
    }
}

public class ArrayCopy2{
    public static void main(String[] args){
        int[] arr1 = new int[]{1, 2, 3, 4, 5};

        int[] arr2 = Arrays.copyOf(arr1, arr1.length);
        arr2[0] = 10;
        int[] arr3 = Arrays.copyOfRange(arr1, 1, 3);

        System.out.println(Arrays.toString(arr1));
        System.out.println(Arrays.toString(arr2));
        System.out.println(Arrays.toString(arr3));

        Foo[] objArr1 = new Foo[5];
        for(int i = 0; i < 5; i++){
            objArr1[i] = new Foo(i);
        }

        Foo[] objArr2 = Arrays.copyOf(objArr1, objArr1.length);
        objArr2[0].value = 10;
        System.out.println(objArr1[0].value);

    }
}
```

程序运行的结果为：

```
[1, 2, 3, 4, 5]
[10, 2, 3, 4, 5]
[2, 3]
10
```

上述代码实现的功能与代码 10.4 和代码 10.5 是类似的，只不过换成了 Arrays 类中的数组复制方法。

10.2.2 数组的排序

Arrays 类中的 sort 静态方法可以用来对一个数组进行排序。
我们看代码 10.7。

代码 10.7　ArraySort.java

```java
import java.util.Arrays;

public class ArraySort {
    public static void main(String[] args) {
        int[] arr = new int[]{5, 8, 2, 4, 3, 7};
        Arrays.sort(arr);
        System.out.println(Arrays.toString(arr));
    }
}
```

程序运行结果为：

```
[2, 3, 4, 5, 7, 8]
```

调用 Arrays.sort 方法后，数组的内容就已经是排好序的，按照数字升序进行排列。在 Arrays 类中，还给出了一个重载的 sort 方法，让我们可以指定数组中要排序元素的范围。该方法的声明形式如下：

- public static void sort(int[] a, int fromIndex, int toIndex)

formIndex 和 toIndex 用于指定排序的范围，从索引 fromIndex（包括）一直到索引 toIndex（不包括）。

在指定排序的范围时，要注意给出的索引位置不要越界。

代码 10.6 中调用的 sort 方法和这里的 sort 方法可以看成针对 int 类型数组的一对排序方法，Arrays 为其他的基本数据类型（boolean 类型除外）的数组，也提供了这样的一对 sort 方法，以方便我们对数组的排序。

Arrays 类针对对象数组也提供了 sort 方法，但对象之间要如何进行排序呢？怎么判定一个对象是大于还是小于另一个对象？这要求对象必须实现 Comparable 接口，该接口在 java.lang 包中，只声明了一个方法 compareTo，该方法用于比较当前对象与指定对象的顺序，方法的返回值有三种：负整数、0 和正整数，分别表示当前对象小于、等于和大于指定的比较对象。

下面我们编写一个 Student 类，该类有两个实例变量：no（学号）和 name（姓名），然后构造一个学生对象数组，并根据学生的学号对数组进行排序，如代码 10.8 所示。

代码 10.8　ObjectArraySort.java

```java
import java.util.Arrays;
```

```java
class Student implements Comparable {
    private int no;
    private String name;
    public Student(int no, String name){
        this.no = no;
        this.name = name;
    }

    public int compareTo(Object o){
        Student stu = (Student)o;
        return no > stu.no ? 1 : (no < stu.no ? -1 : 0);
    }

    public String toString(){
        return no + " : " + name;
    }
}
public class ObjectArraySort {
    public static void main(String[] args) {
        Student[] stus = new Student[3];
        stus[0] = new Student(3, "zhangsan");
        stus[1] = new Student(1, "lisi");
        stus[2] = new Student(2, "wangwu");

        Arrays.sort(stus);
        for(Student stu : stus){
            System.out.println(stu);
        }
    }
}
```

Student 类中的 compareTo 方法就是对 Comparable 接口的 compareTo 方法的实现，在方法内，我们使用了三元运算符 "?:" 对两个对象的学号进行比较，当然也可以使用 if/else if/else 语句来进行判断比较。

另外需要说一下 toString 方法，前面我们说过，当调用 System.out.println 打印输出对象时，会自动调用对象的 toString 方法。Java 中所有的类都是从 Object 类继承而来的，Object 类的 toString 方法会返回"以文本方式表示"此对象的一个字符串，而这个字符串是由"类名+@+对象哈希码的无符号十六进制表示"组成的，可读性较差，因此在需要打印输出对象时，该对象所属的类应该重写基类 Object 的 toString 方法，返回一个简明且易于读懂的字符串。

程序运行的结果为：

```
1 : lisi
2 : wangwu
3 : zhangsan
```

可以看到，数组中的 Student 对象按照学号进行了升序排列。

有的读者可能会问，想进行降序排列怎么办。很简单，修改 compareTo 方法的返回值就行了，当前对象大于比较对象时，返回负整数；小于比较对象时，返回正整数。

在对对象数组进行排序时,除了让对象实现 Comparable 接口外,还可以提供一个单独的比较器对象,用于指定对象间的排序规则。比较器对象是实现了 Comparator 接口的对象,该接口位于 java.util 包中,用于比较的方法是 compare,该方法接受两个对象参数,判断逻辑与 Comparable 接口中的 compareTo 方法一样,当前一个对象小于、等于或者大于后一个对象时,则分别返回负整数、0 或者正整数。在 Comparator 接口中还有一个抽象方法 equals,但这个方法可以不用去实现,因为所有的类都是从 Object 类继承而来的,而 Object 类就有 equals 方法,相当于基类替我们实现了 equals 抽象方法。

下面修改代码 10.8,采用比较器对象对 Student 对象数组进行排序,如代码 10.9 所示。

代码 10.9　ObjectArraySort.java

```
import java.util.Arrays;
import java.util.Comparator;

class Student {
    private int no;
    private String name;
    public Student(int no, String name){
        this.no = no;
        this.name = name;
    }

    static class StudentComparator implements Comparator {
        public int compare(Object o1, Object o2) {
            Student stu1 = (Student)o1;
            Student stu2 = (Student)o2;

            if(stu1.no > stu2.no) {
                return 1;
            }
            else if(stu1.no < stu2.no){
                return -1;
            }
            else{
                return 0;
            }
        }
    }
    public String toString(){
        return no + " : " + name;
    }
}
public class ObjectArraySort {
    public static void main(String[] args) {
        Student[] stus = new Student[3];
        stus[0] = new Student(3, "zhangsan");
        stus[1] = new Student(1, "lisi");
        stus[2] = new Student(2, "wangwu");

        Arrays.sort(stus, new Student.StudentComparator());
        for(Student stu : stus){
            System.out.println(stu);
```

            }
        }
    }

因为比较器都是针对特定对象来提供排序规则的，不具有通用性，因此可以用静态内部类的方式来实现 Comparator 接口，这样比较器的实现代码和要比较的对象所属的类的代码在一起，也比较直观，后期修改维护也比较方便。

注意，现在的 Student 类并没有实现 Comparable 接口，在调用 Arrays.sort 方法时，构造一个比较器对象作为方法的第二个参数传入进去。

程序运行的结果同代码 10.8 运行的结果。

扫码看视频

10.2.3 搜索数组中的元素

Arrays 类还包含了 binarySearch 方法，该方法使用二分查找法在数组中搜索某个元素，如果找到该元素，则返回该元素的索引，否则返回一个负整数。使用 binarySearch 方法的前提是：数组已经排好序。如果数组没有经过排序，则结果是未定义的。

与 sort 方法类似，Arrays 类也为基本数据类型（除 boolean 类型外）的数组和对象数组提供了一对重载的 binarySearch 方法，一个接受两个参数，另一个接受 4 个参数。以 int 类型的数组为例，在接受两个参数时，binarySearch 方法的签名如下所示：

- public static int binarySearch(int[] a, int key)

参数 a 是要搜索的数组，key 是要查找的元素的值。

接受 4 个参数的 binarySearch 方法的签名如下所示：

- public static int binarySearch(int[] a, int fromIndex, int toIndex, int key)

参数 a 与 key 的含义与上面方法一样，fromIndex 指定要搜索的第一个元素的索引，包含该索引，toIndex 指定要搜索的最后一个元素的索引，但不包含该索引，也就是说，fromIndex 和 toIndex 一起指定了搜索的范围。

我们来看一个简单的例子，如代码 10.10 所示。

代码 10.10　ArraySearch.java
```
import java.util.Arrays;

public class ArraySearch {
    public static void main(String[] args) {
        int[] arr = {1, 5, 8, 2, 4};
        Arrays.sort(arr);
        System.out.println(Arrays.toString(arr));
        int pos = Arrays.binarySearch(arr, 2);
        System.out.println("元素值为 2 的索引位置是：" + pos);
    }
}
```

程序运行的结果为：

```
[1, 2, 4, 5, 8]
元素值为 2 的索引位置是：1
```

如果我们把排序的那行代码注释掉，那么 binarySearch 方法会返回-2。

对象数组也可以进行搜索,与调用 sort 方法的要求一样,数组中的对象要实现 Comparable 接口,或者在调用 binarySearch 方法时传入一个比较器对象。

修改代码 10.9,添加搜索某个学生的代码,如代码 10.11 所示。

代码 10.11　ObjectArraySort.java

```java
import java.util.Arrays;
import java.util.Comparator;

class Student {
    private int no;
    private String name;
    public Student(int no, String name){
        this.no = no;
        this.name = name;
    }

    static class StudentComparator implements Comparator {
        public int compare(Object o1, Object o2) {
            ...
        }
    }
    public String toString(){
        return no + " : " + name;
    }
}
public class ObjectArraySort {
    public static void main(String[] args) {
        Student[] stus = new Student[3];
        stus[0] = new Student(3, "zhangsan");
        stus[1] = new Student(1, "lisi");
        stus[2] = new Student(2, "wangwu");

        Arrays.sort(stus, new Student.StudentComparator());
        for(Student stu : stus){
            System.out.println(stu);
        }
        int pos = Arrays.binarySearch(
            stus, new Student(2,"wangwu"), new Student.StudentComparator());
        System.out.println("学号为 2 的学生在数组中的索引位置是: " + pos);
    }
}
```

程序运行结果为:

```
1 : lisi
2 : wangwu
3 : zhangsan
学号为 2 的学生在数组中的索引位置是: 1
```

10.2.4　填充数组

有时候需要将数组中的元素设置为统一的值,这个可以在声明数组的时候完成,因为在数组声明的同时是可以赋初始值的,但这样毕竟不灵活,而且在数组元素较多时,重复书写相同的值是比较烦琐的,也容易出错。

扫码看视频

Arrays 类给我们提供了一个 fill 静态方法，可以随时调用该方法将数组中的所有元素设置为相同的值。

Arrays 类与 sort 和 binarySearch 方法类似，其也为基本数据类型（包括 boolean 类型）的数组和对象数组提供了一对重载的 fill 方法，一个接受两个参数，另一个接受 4 个参数。以 int 类型的数组为例，在接受两个参数时，fill 方法的签名如下所示：

- public static void fill(int[] a, int val)

将 val 值分配给数组 a 中的每个元素。

接受 4 个参数的 fill 方法的签名如下所示：

- public static void fill(int[] a, int fromIndex, int toIndex, int val)

参数 a 与 val 的含义与上面方法一样，fromIndex 指定要填充的第一个元素的索引，包含该索引，toIndex 指定要填充的最后一个元素的索引，但不包含该索引，也就是说，fromIndex 和 toIndex 一起指定了要填充的元素范围。

我们看一个简单的例子，如代码 10.12 所示。

代码 10.12　ArrayFill.java

```java
import java.util.Arrays;

public class ArrayFill {
    public static void main(String[] args) {
        int[] arr = new int[5];

        Arrays.fill(arr, 8);
        System.out.println(Arrays.toString(arr));

        Arrays.fill(arr, 2, 5, 6);
        System.out.println(Arrays.toString(arr));
    }
}
```

arr 数组包含 5 个元素，最大索引为 4，在调用第二个 fill 方法时，传给 toIndex 参数的值是 5，这没有问题，因为填充时并不包含该索引，实际上 toIndex 参数的值最大可以是数组的长度。

程序运行的结果为：

```
[8, 8, 8, 8, 8]
[8, 8, 6, 6, 6]
```

扫码看视频

10.3　基本数据类型与封装类

在 java.lang 包中，包含了与八种基本数据类型对应的封装类。表 10-1 列出了基本数据类型与其对应的封装类。

表 10-1 基本数据类型与封装类

基本数据类型	封装类
boolean	Boolean
byte	Byte
short	Short
int	Integer
long	Long
char	Character
float	Float
double	Double

所有的封装类都是 final 类，且封装类的对象为常量对象。在封装类中提供了一些方法，常用的主要有三类：

- 基本数据类型与封装类对象的互相转换。
- 封装类对象与字符串的互相转换。
- 基本数据类型与字符串的互相转换。

下面我们以 Integer 类为例，来看看如何使用这三类方法完成相互之间的转换。

10.3.1 基本数据类型与封装类对象的互相转换

将 int 类型的值转换为其对应的 Integer 对象，有如下两种方式。

（1）调用 Integer 类的构造方法，传入 int 类型的值。

例如：

```
int i = 5;
Integer in = new Integer(i);
```

> **注意**：在 JDK 9 中，Integer 的构造方法已经被废弃了。虽然在本书使用的 Java 11 版本中仍然可以使用，但建议读者还是使用下面的第二种方式来进行转换。

（2）调用 Integer 类的静态方法 valueOf，该方法的签名如下所示：

- public static Integer valueOf(int i)

例如：

```
int i = 5;
Integer in = Integer.valueOf(i);
```

将 Integer 对象转换为对应的 int 类型，可以调用 Integer 类的 intValue 方法。例如：

```
Integer in = new Integer(5);
int i = in.intValue();
```

对于其他的封装类，比如 Byte 对应的方法是 byteValue()，Long 对应的方法是 longValue()，以此类推，不过 Character 对应的方法是 charValue()。

10.3.2 封装类对象与字符串的互相转换

将 Integer 对象转换为字符串，可以调用 Integer 对象的 toString 方法。例如：

```
Integer in = Integer.valueOf(5);
String str = in.toString();
```

将字符串对象转换为 Integer 对象，可以调用 Integer 类的静态方法 valueOf，该方法的签名如下所示：

- public static Integer valueOf(String s) throws NumberFormatException

例如：

```
String str = "123";
Integer in = Integer.valueOf(str);
```

10.3.3 基本数据类型与字符串的互相转换

将 int 类型的值转换为字符串，可以调用 Integer 类的静态方法 toString，该方法的签名如下所示：

- public static String toString(int i)

例如：

```
int i = 123;
String str = Integer.toString(i);
```

结果为字符串"123"。

此外，Integer 类还给出了将整型值转换为二进制、八进制、十六进制的三个静态方法，这三个方法的签名如下所示：

- public static String toBinaryString(int i)
- public static String toOctalString(int i)
- public static String toHexString(int i)

感兴趣的读者可以尝试着调用上述的三个方法，看看结果如何。

将字符串转换为 int 类型值，可以调用 Integer 类的静态方法 parseInt，该方法的签名如下所示：

- public static int parseInt(String s) throws NumberFormatException

例如：

```
String str = "123";
int i = Integer.parseInt(str);
```

结果为整型值：123。

对于其他的基本数据类型的封装类，也有相应的 parseXxx 方法，如 Byte 是 parseByte，Float 是 parseFloat，以此类推。不过要注意的是，Character 类比较特殊，有很多方法是没有的。具体的还请读者参看相关类的 API 文档。

10.3.4 自动装箱与拆箱

在实际开发中，由于某些原因，经常需要在基本数据类型与其对应的封装类之间进行转换，这很无趣，因此 Java 5 新增了自动装箱和自动拆箱的特性。所谓装箱（boxing），就是把值类型用它们相对应的引用类型包装起来，使它们具有对象的特征，比如把 int 类型的值包装成 Integer 类的对象，或者把 double 类型的值包装成 Double 类的对象等。所谓拆箱（unboxing），就是跟装箱的方向相反，将 Integer 或者 Double 这样的引用类型的对象重新转化为值类型的数据。

例如：

```
Double dObj = 3.14;
double d = dObj;
```

3.14 这个字面常量是 double 类型，而我们却将它直接赋值给了一个 Double 对象，这在 Java 5 及之后的版本中是没有问题的，因为有自动装箱特性。d 是一个 double 类型的变量，而我们却把 Double 对象赋值给了 d 变量，这也没问题，因为有自动拆箱特性。

有了自动装箱和自动拆箱功能，上一节我们讲述的基本数据类型与其对应的封装类之间的转换就没有必要了，这大大减少了开发的工作量。

> **提示**：如果读者使用 javap 工具反编译包含自动装箱和拆箱的程序，就会发现自动装箱和自动拆箱的功能只是一个"语法糖"，实际上 Java 编译器在编译时针对自动装箱会调用封装类的 valueOf 静态方法，针对自动拆箱会调用封装类对象的 doubleValue 方法（以 Double 类为例）。

10.4 对象的克隆

对于 Java 中的基本数据类型，可以使用赋值运算符"="来使两个变量的值相等，同时这两个变量的值又是互不相干的：

扫码看视频

```
int a = 1, b;
b = a;
b = 3;
//这时，a = 1, b = 3
```

但是对于 Java 的引用类型来说，使用赋值运算符让两个变量相等，会发生一些副作用。我们看代码 10.13。

代码 10.13　ObjectClone.java

```
class Person{
    private String name;
    private int age;

    public Person(String name, int age){
        this.name = name;
        this.age = age;
    }
    public String getName(){
        return name;
    }
    public void setName(String name){
        this.name = name;
    }
```

```java
    public int getAge(){
        return age;
    }
    public void setAge(int age){
        this.age = age;
    }
}

public class ObjectClone {
    public static void main(String[] args){
        Person p1 = new Person("Jhon", 18);
        Person p2 = p1;
        p2.setAge(22);
        System.out.println("p1.age:" + p1.getAge());
         System.out.println("p2.age:" + p2.getAge());
    }
}
```

程序的运行结果为：

```
p1.age:22
p2.age:22
```

在 Java 中，所有的对象都以引用的方式被保存在变量中，当使用 "p2 = p1" 这样的语句来让 p2 与 p1 的值相等时，其结果就是让这两个变量指向了同一个对象，此时对 p2 的操作同样会影响到 p1。

显然，使用赋值运算符来复制对象是行不通的，于是我们可以考虑自己编写方法来实现对象的复制，对象复制无非就是返回一个包含了当前对象状态的新对象。修改代码 10.12，为 Person 类添加一个 copy 方法，返回一个新的 Person 对象，如代码 10.14 所示。

代码 10.14　ObjectClone.java

```java
class Person{
    ...
    public Person copy(){
        return new Person(this.name, this.age);
    }
}


public class ObjectClone {
    public static void main(String[] args){
        Person p1 = new Person("Jhon", 18);
        //Person p2 = p1;
        Person p2 = p1.copy();
        System.out.println("p1.age:" + p1.getAge());
        System.out.println("p2.age:" + p2.getAge());
        System.out.println("-----------------");
        p2.setAge(22);
        System.out.println("p1.age:" + p1.getAge());
         System.out.println("p2.age:" + p2.getAge());
    }
}
```

此时的程序运行结果为：

```
p1.age:18
p2.age:18
-----------------
p1.age:18
p2.age:22
```

可以看到，在调用 copy 方法后，p2 对象与 p1 对象的状态是一样的，但它们是两个独立的对象。实际上，复制对象主要就是把一个对象的状态（数据成员）复制到一个新的对象中（也称为对象的克隆），因为参与复制的两个对象同属于一个类，方法代码是共享的，所以不存在方法的复制问题。

对于对象复制这种基本需求 Java 不可能没有考虑到，在 Object 类中就给出了一个 clone 方法，用于复制对象，该方法的签名如下所示：

- protected Object clone()throws CloneNotSupportedException

方法很简单，但相信你也留意到了该方法被声明为 protected，意味着该方法不能直接通过对象来访问，先需要在子类中重写该方法，然后通过 super.clone()来调用 Object 的 clone 方法完成对象的复制。而且该方法声明了一个异常 CloneNotSupportedException，在调用 Object 类的 clone 方法复制对象时，如果对象所属的类没有实现 java.lang.Cloneable 接口，就会抛出这个异常。也就是说，要利用 Java 提供的克隆机制复制对象的话，那么该对象所属的类必须实现 Cloneable 接口（Object 类本身没有实现 Cloneable 接口）。在 Cloneable 接口中没有声明任何方法，这样的接口我们称之为标记接口。

下面，修改代码 10.14，让 Person 类实现 Cloneable 接口，同时重写 clone 方法，如代码 10.15 所示。

代码 10.15　ObjectClone.java

```java
class Person implements Cloneable{
    ...
    public Person clone(){
        try{
            Person p = (Person)super.clone();
            return p;
        }
        catch(CloneNotSupportedException e){
            throw new RuntimeException(e);
        }
    }
}


public class ObjectClone {
    public static void main(String[] args){
        Person p1 = new Person("Jhon", 18);
        Person p2 = p1.clone();
        System.out.println("p1.age:" + p1.getAge());
        System.out.println("p2.age:" + p2.getAge());
        System.out.println("-----------------");
        p2.setAge(22);
        System.out.println("p1.age:" + p1.getAge());
```

```
            System.out.println("p2.age:" + p2.getAge());
        }
    }
```

程序运行的结果为:

```
p1.age:18
p2.age:18
----------------
p1.age:18
p2.age:22
```

可以看到，调用 super.clone() 会自动将当前对象的状态复制到一个新对象中，然后返回这个新对象。

接下来，我们给 Person 类添加一个 Person 类型的实例变量 partner，代表这个人的配偶，并提供相应的访问器方法，如代码 10.16 所示。

代码 10.16　ObjectClone.java

```
class Person implements Cloneable{
    private String name;
    private int age;
    private Person partner;

    ...
    public Person getPartner(){
        return partner;
    }
    public void setPartner(Person partner){
        this.partner = partner;
    }
    public Person clone(){
        try{
            Person p = (Person)super.clone();
            return p;
        }
        catch(CloneNotSupportedException e){
            throw new RuntimeException(e);
        }
    }
}


public class ObjectClone {
    public static void main(String[] args){
        Person p1 = new Person("Jhon", 18);
        p1.setPartner(new Person("Mary", 18));

        Person p2 = p1.clone();
        System.out.println("p1 的配偶是: " + p1.getPartner().getName());
        System.out.println("p2 的配偶是: " + p2.getPartner().getName());
        System.out.println("----------------");
        p2.getPartner().setName("Julie");
```

```
        System.out.println("p1 的配偶是: " + p1.getPartner().getName());
        System.out.println("p2 的配偶是: " + p2.getPartner().getName());
    }
}
```

程序运行结果为：

```
p1 的配偶是: Mary
p2 的配偶是: Mary
-----------------
p1 的配偶是: Julie
p2 的配偶是: Julie
```

在调用 clone 方法后，p1 和 p2 是两个独立的对象了，但它们的 partner 指向了同一个对象，显然这不是我们想要的结果。这是因为 Object 类的 clone 方法只是简单地复制对象的字段值，如果该字段是一个引用类型，那么复制的只是引用值，这就会导致复制后的两个对象中引用类型变量指向的是同一个对象，这种复制我们称为浅表复制（shallow copy）。

要实现深层复制（deep copy），即将对象中引用类型的成员变量所指向的对象也一起复制，那么需要对该对象也进行克隆。我们看代码 10.17。

代码 10.17　ObjectClone.java

```
class Person implements Cloneable{
    ...
    public Person clone(){
        try{
            Person p = (Person)super.clone();
            if(partner != null)
                p.partner = partner.clone();
            return p;
        }
        catch(CloneNotSupportedException e){
            throw new RuntimeException(e);
        }
    }
}


public class ObjectClone {
    public static void main(String[] args){
        Person p1 = new Person("Jhon", 18);
        p1.setPartner(new Person("Mary", 18));

        Person p2 = p1.clone();
        System.out.println("p1 的配偶是: " + p1.getPartner().getName());
        System.out.println("p2 的配偶是: " + p2.getPartner().getName());
        System.out.println("-----------------");
        p2.getPartner().setName("Julie");
        System.out.println("p1 的配偶是: " + p1.getPartner().getName());
        System.out.println("p2 的配偶是: " + p2.getPartner().getName());
    }
}
```

程序运行结果为：

```
p1 的配偶是：Mary
p2 的配偶是：Mary
----------------
p1 的配偶是：Mary
p2 的配偶是：Julie
```

现在 p1 和 p2 以及它们各自的配偶都是独立的对象了。要说明的是，如果要进行深层复制，那么类中引用类型的成员也要实现 Cloneable 接口。

有读者可能要问，String 类也是对象类型，为什么该类型的成员不需要显式地调用 clone 方法来克隆呢？这是因为 String 对象是一个常量，不可进行修改，对 String 类型变量的赋值会自动创建新的对象。

10.5 国际化与本地化

现在很多软件都支持多种语言，当我们通过软件的一个设置项来选定语言时，整个软件界面的文字就会随之改变，这种功能看上去很神奇，但在 Java 中实现很简单，这其实就是**国际化（Internationalization）**的一种应用。国际化是指在不对程序做任何修改的情况下，就可以在不同的国家地区和不同的语言环境下，按照当地的语言和格式习惯显示字符。例如，一个数字 123456.78，它的书写格式在法国是 123 456,78，在德国是 123.456,78，而在美国则是 123,456.78。国际化又被称为 **I18N**，因为国际化的英文是 Internationalization，所以它以 I 开头，以 N 结尾，中间共 18 个字母。

当一个国际化的程序运行在本地机器上时，需要根据本地机器的语言和地区设置显示相应的字符，这个过程就叫作**本地化（Localization）**，通常简称为 **L10N**。

在 Java 中编写国际化程序主要通过两个类来完成：java.util.Locale 类和 java.util.ResourceBundle 抽象类。Locale 类用于提供本地信息，通常称它为语言环境。不同的语言、不同的国家和地区采用不同的 Locale 对象来表示。ResourceBundle 类称为资源包，包含了特定于语言环境的资源对象。当程序需要一个特定于语言环境的资源时（如字符串资源），程序可以从适合当前用户语言环境的资源包中加载它。采用这种方式，可以编写独立于用户语言环境的程序代码，而与特定语言环境相关的信息则通过资源包来提供。

下面我们对 Locale 和资源包进行介绍。

10.5.1 Locale

Locale 类的构造方法有 3 个，其中两个方法比较常用：

- Locale(String language)
- Locale(String language, String country)

参数 language 表示语言，它的取值是由 ISO-639 规范定义的两个小写字母组成的语言代码。参数 country 表示国家和地区，它的取值是由 ISO-3166 定义的两个大写字母组成的代码。

表 10-2 列出了常用的 ISO-639 语言代码。

表 10-2 常用的 ISO-639 语言代码

语言	代码
汉语（Chinese）	zh
英语（English）	en
德语（German）	de
法语（French）	Fr
日语（Japanese）	ja
韩语（Korean）	ko

表 10-3 列出了常用的 ISO-3166 国家代码。

表 10-3 常用的 ISO-3166 国家代码

国家	代码
中国（China）	CN
美国（United States）	US
英国（Great Britain）	GB
加拿大（Canada）	CA
德国（Germany）	DE
日本（Japan）	JP
韩国（Korea）	KR

例如，应用于中国的 Locale 为：

```
Locale locale = new Locale("zh","CN");
```

应用于美国的 Locale 为：

```
Locale locale = new Locale("en","US");
```

应用于英国的 Locale 为：

```
Locale locale = new Locale("en","GB");
```

在 Locale 类中还定义了许多 Locale 对象常量，我们可以使用这些常量来简化 Locale 对象的构造。应用于国家或地区的 Locale 常量有：

Locale.CANADA

Locale.CANADA_FRENCH

Locale.CHINA

Locale.FRANCE

Locale.GERMANY

Locale.ITALY

Locale.JAPAN

Locale.KOREA

Locale.PRC

Locale.US

应用于语言的 Locale 常量（这些 Locale 对象只设定语言，没有设定国家和地区）有：

Locale.CHINESE
Locale.ENGLISH
Locale.FRENCH
Locale.GERMAN
Locale.ITALIAN
Locale.JAPANESE
Locale.KOREAN

另外，在 Locale 类中，还定义了一个静态方法 getDefault()，用于获得本地系统默认的 Locale 对象。

要查看 Java 支持的所有语言环境，可以调用 Locale 类的静态方法 getAvailableLocales()，该方法返回一个 Locale 对象数组。

10.5.2 资源包

为了达到 Java 支持多国语言的目的，我们需要引入一种新的设计方式——将文字信息与程序分开，将所有的文字信息统一存储到一个资源包中，然后通过程序来访问这个资源包。当需要显示文字信息时，程序从资源包中取出和 Locale 对象相一致的文字资源。如图 10-5 所示。

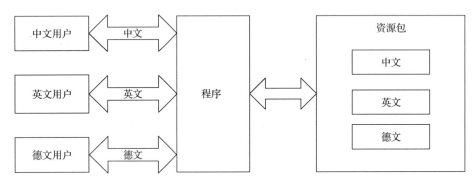

图 10-5　资源包与程序

在 Java 中，这种资源包是由类来实现的，这个类必须继承自 java.util.ResourceBundle 类。

我们在编写国际化程序时，要为不同的国家和语言编写不同的资源类，这些资源类同属一个资源系列，共享同一个基名（base name）。不同语言所对应的资源类的名称为：基名加上 ISO-639 标准的语言代码，而应用于某个特定国家或地区的资源类的名称，则是在基名和语言代码后加上 ISO-3166 标准的国家或地区代码。例如，有一个资源包系列的基名是"MyResource"，那么说中文的所有国家或地区共享的资源则属于 MyResource_zh 类。一个资源包系列可以有一个默认的资源包，它的名字就是基名，当请求的资源包不存在时，将使用默认的资源包。

要获取某个资源包，可以调用 java.util.ResourceBundle 类中的静态方法 getBundle，如下所示：

- public static final ResourceBundle **getBundle**(String baseName)

根据基名得到资源包，使用系统默认的 Locale 对象。

- public static final ResourceBundle **getBundle**(String baseName, Locale locale)

根据基名和 Locale 对象得到资源包。

利用 getBundle 方法可以得到对应于某个 Locale 对象的资源包，然后就可以利用

ResourceBundle 类的 getString 方法得到相应语言版本的字符串。
- public final String **getString**(String key)

从资源包中根据关键字得到字符串。

例如：

```
Locale locale = new Locale("zh","CN");
bundle = ResourceBundle.getBundle("MyResource",locale);
String name = bundle.getString("name");
```

利用 ResourceBundle 类的 getObject 方法，还可以从资源包中得到任意的对象。
- public final Object **getObject**(String key)

从资源包中根据关键字得到对象。

前面说了，要编写自己的资源类，必须继承 ResourceBundle 类，并实现下面两个方法：
- public abstract Enumeration **getKeys**()

返回资源包中关键字的枚举。
- protected abstract Object **handleGetObject**(String key)

从资源包中根据关键字得到对象。

getString 和 getObject 方法调用的是所编写的 handleGetObject 方法。

为了简化资源包类的编写，在 java.util 包中另外提供了两个资源类：ListResourceBundle 和 PropertyResourceBundle，这两个类都是从 ResourceBundle 类派生而来的。

代码 10.18 示范了如何基于 ListResourceBundle 类来编写自己的资源类。

代码 10.18　I18N\MyResources.java

```java
import java.util.ListResourceBundle;

class MyResource_zh_CN extends ListResourceBundle{
    private static final Object[][] contents = {
        {"ok",     "确定"},
        {"cancel", "取消"}
    };

    protected Object[][] getContents() {
        return contents;
    }
}

class MyResource_en extends ListResourceBundle{
    private static final Object[][] contents = {
        {"ok",     "Ok"},
        {"cancel", "Cancel"}
    };

    protected Object[][] getContents() {
        return contents;
    }
}
```

使用 ListResourceBundle 类，只需要将所有的资源放入一个对象数组中即可，这个类本身提供了资源查找的功能。

如果所有的资源都是字符串类型，那么我们可以使用更加方便的 PropertyResourceBundle 类。针对不同的语言和国家（地区），分别提供一个属性文件，属性文件的命名遵照资源类的命名方式，其扩展名为.properties，将所有的字符串资源以键/值对的形式写入到属性文件中，例如：

```
                    MyResource_zh_CN.properties
OkButton=确定
CancelButton=取消


                    MyResource_en.properties
OkButton=Ok
CancelButton=Cancel
```

加载资源，可以调用 ResourceBundle 类的静态方法 getBundle，getBundle 方法首先去加载资源类；如果没有成功，则尝试着去加载属性资源文件，如果成功，则创建一个新的 PropertyResourceBundle 对象。对于 PropertyResourceBundle 类，我们从来不需要直接去使用它。

有了属性资源文件的机制，编写国际化程序就变得非常简单了。我们可以针对不同的语言编写对应的资源文件，在程序中，根据不同的 Locale 对象加载不同的资源，显示给用户。要修改显示信息时，只需要修改相应的资源文件，对于程序部分，不需要做任何的修改。

在属性文件中保存的字符串资源，通常是 7 位的 ASCII 码字符，**对于中文字符，需要将其转换为相应的 Unicode 编码，其格式为\uXXXX**。在 JDK 的开发工具包中，提供了一个实用工具 native2ascii，用于将本地非 ASCII 字符转换为 Unicode 编码。我们可以先创建一个临时文件，存放中文资源，然后执行下面的命令进行转换：

```
native2ascii MyResource.txt MyResource_zh_CN.properties
```

将 MyResource.txt 文件中的非 ASCII 字符转换为 Unicode 编码保存到 MyResource_zh_CN.properties 文件中。转换后的文件内容如下所示：

```
                    MyResource_zh_CN.properties
OkButton=\u786e\u5b9a
CancelButton=\u53d6\u6d88
```

如果要将 Unicode 编码转换为本地字符编码可以采用如下的命令：

```
native2ascii -reverse MyResource_zh_CN.properties MyResource.txt
```

将 MyResource_zh_CN.properties 文件中的 Unicode 编码转换为本地字符保存到 MyResource.tmp 文件中。

> **提示**：JDK 9 及之后版本删除了 native2ascii 工具，原因是从 JDK 9 开始支持基于 UTF-8 编码的属性资源文件。也就是说，资源文件只要采用 UTF-8 编码，就不需要进行转换了，可以直接使用。

接下来我们编写一个程序，分别从 ListResourceBundle 类和资源属性文件中获取资源，如代码 10.19 所示。

代码 10.19　I18N\ResourcesGet.java

```java
import java.util.Locale;
import java.util.ResourceBundle;
```

```java
public class ResourcesGet {
    public static void getResByFile(){
        ResourceBundle rb = ResourceBundle.getBundle(
                "MyResource", Locale.CHINESE);

        System.out.println(rb.getString("OkButton"));
        System.out.println(rb.getString("CancelButton"));

        rb = ResourceBundle.getBundle(
                "MyResource", Locale.ENGLISH);

        System.out.println(rb.getString("OkButton"));
        System.out.println(rb.getString("CancelButton"));
    }

    public static void getResByClass(){
        ResourceBundle rb = new MyResource_zh_CN();

        System.out.println(rb.getString("ok"));
        System.out.println(rb.getString("cancel"));

        rb = new MyResource_en();

        System.out.println(rb.getString("ok"));
        System.out.println(rb.getString("cancel"));
    }

    public static void main(String[] args) {
        System.out.println("从资源类中获取资源：");
        getResByClass();
        System.out.println("-------------------");
        System.out.println("从属性资源文件中获取资源：");
        getResByFile();
    }
}
```

程序运行结果为：

```
从资源类中获取资源：
确定
取消
Ok
Cancel
-------------------
从属性资源文件中获取资源：
确定
取消
Ok
Cancel
```

通过调用 ResourceBundle 类的 getBundle 方法来获取资源包对象。在传入的两个参数中，第一个参数给出了资源包的基名，第二个参数指定了 Locale 对象，getBundle 方法根据基名和区域信息去加载对应的属性资源文件（如 MyResource_zh_CN.properties），创建 ResourceBundle 对象。得到 ResourceBundle 对象后，就可以调用该对象的 getString 方法来获取资源文件中的字符串了。

因为从资源类（ListResourceBundle）中获取资源的方式并不常用，所以在此就不过多讲解了。

10.5.3 消息格式化

在资源文件中的消息文本可以带有参数，例如：

```
greeting={0}，欢迎来到某某网站。
```

花括号中的数字是一个占位符，可以被动态数据所替换。在消息文本中的占位符可以使用 0 到 9 的数字，也就是说，消息文本中的参数最多可以有 10 个。例如：

```
greeting={0}，欢迎来到某某网站。今天是{1}。
```

要替换消息文本中的占位符，可以使用 java.text.MessageFormat 类，该类提供了一个静态方法 format，用来格式化带参数的文本。format 方法的签名如下所示：

- public static String format(String pattern, Object... arguments)

我们看一个例子，假定在 MyResource_zh_CN.properties 文件中存在着下列字符串资源：

```
greeting={0}，欢迎来到某某网站。今天是{1}。
```

我们编写代码如下：

```
Locale loc = Locale.getDefault();
ResourceBundle bundle = ResourceBundle.getBundle("MyResource",loc);
String greeting = bundle.getString("greeting");
String msg = MessageFormat.format(greeting,"张三",new java.util.Date());
```

消息文本中的数字占位符将按照 MessageFormat.format 方法参数的顺序（从第二个参数开始）而被替换，在本例中，占位符{0}被"张三"替换，{1}被 new java.util.Date()替换。

> 提示：format 方法参数的顺序是与占位符的数字顺序对应的，而不是与占位符出现在消息文本中的顺序对应的。例如，消息文本改为：
>
> ```
> greeting=今天是{1}。{0}，欢迎来到某某网站。
> ```
>
> format 方法的调用不变，如下：
>
> ```
> MessageFormat.format(greeting,"张三",new java.util.Date());
> ```
>
> 最后输出的结果如下：
>
> 今天是 2020/5/16 下午10:13。张三，欢迎来到某某网站。

MessageFormat 类的静态方法 format 使用当前默认的 Locale 对消息文本进行格式化，如果你要使用特定的 Locale，则需要构造一个 MessageFormat 对象，然后调用非静态的 format 方法对消息文本格式化，如下所示：

```
MessageFormat mf = new MessageFormat(greeting, locale);
String msg = mf.format(new Object[]{"zhangsan",new Date()});
```

消息文本中的数字占位符将按照 Object[]数组中元素的顺序而被替换。

关于 MessageFormat 更多的用法，请参看 MessageFormat 类的 API 文档。

现在我们已经掌握了实现国际化程序的方法，其实这并不复杂，Java 提供了非常方便的类来帮助我们完成这项工作。国际化程序需要用到资源，通常采用属性资源文件（.properties 文件）来存储，这样我们可以随时追加新的资源以支持新的语言，还无须修改代码和重新编译程序。

对于是否编写国际化的程序，要看软件面向的用户群，如果未来打算将程序走向国际，那么最好一开始就采用资源包来存储文字信息，这样可以减少以后修改和维护程序所花费的代价。

10.6 总结

本章讲解了 5 个主题：

（1）详细介绍了引用类型变量赋值与传参的过程，并给出了内存分配图，以帮助读者更好地理解引用类型。

（2）详细介绍了 Java 中数组的操作，这是通过 java.util.Arrays 类提供的相关方法来完成的。

（3）介绍了基本数据类型与其对应的封装类，介绍了基本数据类型、封装类对象和字符串这三者之间的互相转换，最后介绍了 JDK 5 新增的自动装箱与拆箱特性。

（4）讲解了对象的克隆，要注意对象克隆时的浅表复制和深层复制。

（5）介绍了如何编写国际化的程序。

10.7 实战练习

1．给出一个字符串，对其进行排序，输出排序后的字符串。

2．某个公司采用公用电话传递数据，数据是四位的整数，在传递过程中数据是加密的，加密规则为：每位数字都加上 5，然后用和除以 10 的余数代替该数字，再将第一位和第四位交换，第二位和第三位交换。

3．编写一个类 Person，该类有两个实例变量：name（姓名）和 age（年龄），构造一个 Person 对象数组，按姓名对 Person 对象进行排序，如果姓名重复，则继续按年龄进行排序。要求分别采用实现 java.lang.Comparable 接口和提供比较器（实现 java.utiil.Comparator 接口）的方式进行排序。

4．编写一个类 User，该类有一个字符串数组类型的实例变量 interests，用于保存用户的兴趣爱好。为 User 类提供一个 clone 方法，以支持 User 对象的复制。需要考虑是采用浅表复制还是深层复制。

第 11 章 泛型

泛型类型在 C++语言中早就存在，而 Java 是否需要泛型，以及在 Java 中如何实现泛型在 Java 社区中也讨论已久。最终在 Java 5 发布后，泛型成为 Java 的一部分。

泛型类型使得一个 API 的设计者能够提供通用的功能，可以用于多种数据类型，并且还能够在编译时就检查类型的安全性。

所谓泛型是指类型参数化。Java 是一种强类型的语言，在 Java 5 以前的版本中，我们在定义一个 Java 类、接口或者方法的时候，类、接口或方法中的变量必须明确指定类型。在声明泛型类、接口或者方法时，定义变量的时候不指定变量的具体类型，而是用一个类型参数来代替。在使用这个类、接口或者方法的时候，这个类型参数由一个具体类型所替代。

11.1 为什么需要泛型

扫码看视频

下面我们编写一个类来实现栈（stack）这种数据结构，采用单向链表来实现。为了能够存储各种类型的对象，栈中元素的类型选择 Object，如代码 11.1 所示。

代码 11.1 **StackObject.java**

```java
public class StackObject{
    private class Node {
        private Object value;
        private Node next;
        public Node(){ this(null, null); }
        public Node(Object value, Node next){
            this.value = value;
            this.next = next;
        }
        public boolean end(){ return next == null; }
    }
    private Node root = new Node();
    public void push(Object value){
        this.root = new Node(value, this.root);
    }
```

```
    public Object pop(){
        Node val = this.root;
        if(!val.end()){
            this.root = val.next;
            return val.value;
        }
        return null;
    }
    public boolean empty(){
        return root.end();
    }
}

class StackTest {
    public static void main(String[] args){
        StackObject stack = new StackObject();
        stack.push("one");
        stack.push("two");
        stack.push("three");

        System.out.println(stack.pop());
        System.out.println(stack.pop());
        System.out.println(stack.pop());
        System.out.println(stack.empty());
    }
}
```

栈的实现提供的常用方法就是入栈（push）、出栈（pop）和栈是否为空（empty）。

程序的运行结果为：

```
three
two
one
true
```

一切看起来都很完美。但这时，某个用户在使用我们编写的栈实现（StackObject）存储数据时，不小心入栈了一个整型的数据，如下所示：

```
StackObject stack = new StackObject();
stack.push("one");
stack.push(11);
stack.push("three");
```

> **提示**：这里的 11 会被自动装箱为 Integer 类型。

这并不会报错，毕竟栈内部采用的是 Object 类型来存储元素。但如果随后用户以为栈中都是字符串数据，然后对栈中元素调用了 String 类的方法，那就会出问题，因为其中有一个元素类型是 Integer。不幸的是，这种错误在编译期间是无法被发现的，程序在运行期间才会报错，抛出 java.lang.ClassCastException。

虽然使用 Object 很方便，可以保存任意类型的对象，但是它无法保证类型安全，我们需要一种更为安全的解决方案，能够在编译期间就检查类型的安全性。这时候就该轮到泛型登场了，将类型参数化。

重新编写栈的实现，采用泛型类来实现。编写泛型类，就是在类名后面添加一对尖括号（<>），然后在尖括号中选择一个字母作为类型参数，一般使用大写的 T 来表示任意类型（type）。之后在类中，可以用这个 T 作为类型，来定义变量。如果有多个类型参数，可以使用字母表中与 T 相邻的字母，例如 S 和 U。我们看代码 11.2。

代码 11.2　StackGeneric.java

```java
public class StackGeneric<T>{
    private class Node {
        private T value;
        private Node next;
        public Node(){ this(null, null); }
        public Node(T value, Node next){
            this.value = value;
            this.next = next;
        }
        public boolean end(){ return next == null; }
    }
    private Node root = new Node();
    public void push(T value){
        this.root = new Node(value, this.root);
    }

    public T pop(){
        Node val = this.root;
        if(!val.end()){
            this.root = val.next;
            return val.value;
        }
        return null;
    }
    public boolean empty(){
        return root.end();
    }
}

class StackTest {
    public static void main(String[] args){
        StackGeneric<String> stack = new StackGeneric<String>();
        stack.push("one");
        stack.push("two");
        stack.push("three");

        System.out.println(stack.pop());
        System.out.println(stack.pop());
        System.out.println(stack.pop());
        System.out.println(stack.empty());
    }
}
```

StackGeneric<T>中的字母 T 就是类型参数（formal type parameters），在泛型类中，可以将这个类型参数 T 作为一个普通类型使用，不管用于定义成员变量还是方法参数都可以。泛型类 StackGeneric 中的内部类 Node 可以直接访问外部类的类型参数，所以在内部类中也可以使用 T 来定义变量。

在 main 方法中实例化 StackGeneric 类时，在类名后面也添加了尖括号，并给出了具体的类型（StackGeneric<String>），这时就会用实际类型（String）替换泛型类中出现的所有类型参数 T。你可以把 StackGeneric<String> 看成是泛型类 StackGeneric 的一个版本，StackGeneric<Integer>则是它的另一个版本。

程序运行的结果为：

```
three
two
one
true
```

此时如果你再往 StackGeneric<String>中存入整型数据，例如：

```
stack.push(11);
```

在编译期间就会报告如图 11-1 所示的错误。

图 11-1　向 String 类型的栈中存入整型数据报错

可以看到，使用泛型可以在编译期间对程序进行检查，使得我们的代码更为安全。

> 提示：Java 7 在创建泛型类实例时，可以根据上下文推断出类型参数的具体类型。所以在 Java 7 及之后的版本中，在调用泛型类的构造方法时，可以使用一对空内容的尖括号（<>），而不给出具体类型，如下：
>
> StackGeneric<String> stack = **new StackGeneric<>();**
>
> 这对空的尖括号可以称为钻石操作符（diamond operator）。要注意的是，在泛型类实例化时利用自动类型推断，必须指定钻石操作符。如果没有指定，例如：
>
> StackGeneric<String> stack = new StackGeneric();
>
> 在编译时将得到"未经检查或不安全的操作"的警告。
>
> 至于是否使用钻石操作符来简化泛型类实例的创建，笔者的建议是先使用完整语法，等熟悉了再自行决定是否使用钻石操作符。

11.2　泛型与基本数据类型

在实例化泛型类的对象的时候，是无法用基本数据类型来替换类型参数的。例如：

```
StackGeneric<int> stack = new StackGeneric<int>();
```

扫码看视频

在编译时就会报告错误。那么，对于这些基本数据类型，我们应该如何处理呢？答案是使用封装类型。由于 Java 5 引入了自动装箱功能，因此我们可以声明一个 Integer 类型的 StackGeneric，然后将 int 类型的变量传入栈中，如代码 11.3 所示。

代码 11.3　BuildinType.java

```
public class BuildinType {
    public static void main(String[] args) {
        Stack<Integer> s = new Stack<Integer>();
        for(int i = 0; i < 10; i++){
            s.push(i);
        }
        for(int j = 0; j < 10; j++){
            System.out.print(stack.pop() + " ");
        }
    }
}
```

程序运行结果为：

```
9 8 7 6 5 4 3 2 1 0
```

扫码看视频

11.3　泛型类中的数组

对于泛型来说，数组是一个比较棘手的问题，我们先看代码 11.4。

代码 11.4　GenericArray.java

```
public class GenericArray<T> {
    private T[] arr;
    public T[] getArray(){
        return arr;
    }
    public void setArray(T[] arr){
        this.arr = arr;
    }

    public static void main(String[] args) {
        float[] farr = {1.1f, 2.2f, 3.3f};
        Float[] Farr = {1.1f, 2.2f, 3.3f};
        GenericArray<Float> ga = new GenericArray<Float>();
        ga.setArray(Farr);
        for(float f : ga.getArray()){
            System.out.print(f + " ");
        }
    }
}
```

程序运行结果为：

```
1.1 2.2 3.3
```

在这个例子中，我们创建了两个 float 类型的数组：一个是基本数据类型，另一个是封装类型。GenericArray 泛型类只是简单地对数组进行存取和访问。在调用 GenericArray 类的 setArray 方法时，我们只能传入封装类型的数组，如果传入了基本数据类型的数组，那么麻烦就来了，编译器会说"不兼容的类型：float[]无法转换为Float[]"。读者也许会想到一个办法，把 farr 变量进行强制类型转换：

```
(Float[])farr;
```

不过事情并不是这么简单就能解决的，Java 并不允许将基本数据类型的数组转换为封装类型的数组。所以，对于数组而言，还是使用封装类型比较合适。

另外一个问题，可不可以在泛型类中创建类型参数的数组对象呢？答案同样是不可以。如果我们在泛型类中输入代码：

```
T[] array = new T[10];
```

那么编译器会毫不留情地报错。如果确实需要这样的一个数组，那么应该使用 Object 数组，但是当我们使用 Object 数组时，应该确保向数组中设置元素的方法被类型参数所约束。我们看代码 11.5。

代码 11.5　GenericClassArray.java

```java
public class GenericClassArray<T> {
    private Object[] array = new Object[10];
    private int pos;
    public boolean push(T val){
        if(pos < array.length){
            array[pos++] = val;
            return true;
        }
        return false;
    }

    public T pop(){
        if(pos <= 0) return null;
        return (T) array[--pos];
    }

    public void set(int pos, Object val){
        if(pos >= 0 && pos < array.length)
            array[pos] = val;
    }

    public static void main(String[] args) {
        GenericClassArray<Integer> gca = new GenericClassArray<Integer>();
        gca.push(10);
        gca.push(20);
        gca.push(30);
        gca.set(1, "Bad boy!");
        int a;
        a = gca.pop();
        System.out.println(a);
        a = gca.pop();
        System.out.println(a);
        a = gca.pop();
        System.out.println(a);
    }
}
```

上面的程序有一个问题，GenericClassArray 类的 set 方法没有使用类型参数来限定要传入的值，传入值的类型为 Object，这样用户就可以调用 set 方法传入任意类型的数据，从而导致与数组中通过调用 push 方法传入的数据的类型不一致，例如上面代码中的"gca.set(1, "Bad boy!");"传入了一个字符串，最终导致程序在运行期间报错。

为了避免这种问题的出现，在泛型类的"入口"处一定要使用类型参数来约束传入的值。只有保证了"入口"的正确，那么"出口"处才不会出现问题。对于上面的程序，我们应该将 set 方法删除，或者把 set 方法的签名改为：

```
public void set(int pos, T val)
```

11.4 元组

扫码看视频

在 Java 企业级开发中，由于是分层结构设计，由上层调用下层的方法得到对象，有时候一个方法需要向上层返回多个对象，但 return 语句只能返回一个对象，要解决这个问题，我们通常会新建一个类，在这个类中定义几个对象实例变量，然后在方法中将需要传给上层的对象先保存到这个类的对象中，于是方法就只需要返回这个类的对象就可以了。这种设计方式能解决问题，但美中不足的是，如果另一个方法返回了不同类型的对象，那么又需要新建一个类。

使用泛型来设计类，就可以解决上述问题，并且可以获得编译期间的类型检查。我们看代码 11.6。

代码 11.6　Tuples.java

```
class TowTuple<A, B>{
    public final A first;
    public final B second;

    public TowTuple(A first, B second){
        this.first = first;
        this.second = second;
    }
}

class News{
    public String toString(){
        return "News";
    }
}

class Book{
    public String toString(){
        return "Book";
    }
}

class Video{
    public String toString(){
        return "Video";
```

```java
        }
    }
    public class Tuples{
        public static void main(String[] args){
            News news = new News();
            Book book = new Book();
            Video video = new Video();
            TowTuple<News, Book> tt1 = new TowTuple<News, Book>(news, book);
            System.out.println(tt1.first);
            System.out.println(tt1.second);

            System.out.println("--------------");

            TowTuple<Book, Video> tt2 = new TowTuple<Book, Video>(book, video);
            System.out.println(tt2.first);
            System.out.println(tt2.second);
        }
    }
```

TowTuple 是一个泛型类，有两个类型参数 A 和 B，多个类型参数之间用逗号（,）分隔即可。在该类中，分别用两个类型参数 A 和 B 定义了两个实例变量 first 和 second，在构造方法中对这两个变量进行了初始化。由于 first 和 second 声明为 public，因此在构造 TowTuple 的对象后，可以直接访问这两个实例变量。但不用担心，这两个变量已经声明为 final 了，外部只能访问，而不能修改它们。当然，如果你觉得直接访问实例变量不好，也可以将它们声明为 private，只给出 getter 方法来返回它们就可以了。

TowTuple 类实际上是一个元组（tuple）类，所谓元组，就是将一组对象打包存储于其中的一个单一对象中。这个容器对象可以读取其中的元素，但是不允许向其中存储新的对象。

为了演示 TowTuple 类的使用，我们定义了三个简单的类，可以看到，使用泛型类可以很好地解决多个对象存储的问题，同时在编译期间就可以确定类型安全。

程序运行的结果为：

```
News
Book
--------------
Book
Video
```

如果需要存储更多类型的对象，那么可以再编写一个泛型类，继承先前的元组类，如代码 11.7 所示。

代码 11.7　Tuples.java

```java
...
class MoreTuple<A, B, C> extends TowTuple<A, B>{
    public final C third;
    public MoreTuple(A first, B second, C third){
        super(first, second);
        this.third = third;
    }
}
```

```java
public class Tuples{
    public static void main(String[] args){
        News news = new News();
        Book book = new Book();
        Video video = new Video();

        MoreTuple<News, Book, Video> mt =
            new MoreTuple<News, Book, Video>(news, book, video);
        System.out.println(mt.first);
        System.out.println(mt.second);
        System.out.println(mt.third);
    }
}
```

程序运行的结果为：

```
News
Book
Video
```

11.5 泛型接口

泛型也可以应用在接口上，声明一个泛型接口与声明一个泛型类相似。

11.5.1 一个简单的泛型接口

代码 11.8 展示了泛型接口的用法。

代码 11.8　GenBuilder.java

```java
interface Builder<T> {
    T generate();
}

public class GenBuilder implements Builder<String>{
    private int num = 0;

    public String generate() {
        return "String " + num++;
    }

    public static void main(String[] args) {
        GenBuilder gb = new GenBuilder();
        for(int i = 0; i < 3; i++){
            System.out.println(gb.generate());
        }
    }
}
```

程序运行的结果为:

```
String 0
String 1
String 2
```

上面的代码是在实现接口时指定接口的类型参数的具体类型。在 GenBuilder 类的 generate 方法的声明中,由于在实现接口时我们已经指定了具体类型为 String,因此可以直接声明 String 类型作为返回值类型。这是一种比较常见的泛型接口的使用方式,非常简单。

11.5.2 匿名内部类实现泛型接口

扫码看视频

不知道读者是否还记得 7.3 节的代码 7.7 和 7.5.1 节的代码 7.11,这两个代码都定义了一个接口 Iterator,实际上这个接口采用泛型来实现更为合适,这样就不需要为每种类型数据的迭代都单独定义接口了,节省了代码量,还确保了类型安全。

在实现泛型接口时,也可以将实现类设计为泛型类,这样接口与类都具有了通用性。代码 11.9 给出了泛型版本的 Iterator 接口及其实现。

代码 11.9　GeneralHolder.java

```java
interface Iterator<T>{
    boolean hasNext();
    T next();
}

public class GeneralHolder<T> {
    private Object[] values;
    private int pos;

    public GeneralHolder(int length){
        values = new Object[length];
        pos = 0;
    }

    public void put(T val){
        values[pos++] = val;
    }

    public T get(int index){
        return (T)values[index];
    }

    public Iterator<T> iterator(){
        return new Iterator<T>(){
            private int ipos = 0;
            public T next(){
             return (T)values[ipos++];
            }
            public boolean hasNext(){
             return ipos < values.length;
```

```java
            }
        };
    }

    public static void main(String[] args){
        GeneralHolder<Integer> gh = new GeneralHolder<Integer>(10);
        for(int i = 0; i < 10; i++){
            gh.put(i);
        }
        Iterator<Integer> it = gh.iterator();
        while(it.hasNext()){
            System.out.print(it.next());
            System.out.print(" ");
        }

        System.out.println();

        GeneralHolder<String> gh2 = new GeneralHolder<String>(10);
        for(int i = 0; i < 10; i++){
            gh2.put("str" + i);
        }
        Iterator<String> it2 = gh2.iterator();
        while(it2.hasNext()){
            System.out.print(it2.next());
            System.out.print(" ");
        }
    }
}
```

GeneralHolder 类可以存储任何类型的对象，并可以对这些对象进行迭代。要注意的是，泛型接口 Iterator 是通过一个匿名内部类来实现的。

 提示：钻石操作符（<>）是在 Java 7 版本中引入的，但不能用于匿名的内部类。在 Java 9 版本中，钻石操作符可以与匿名的内部类一起使用，从而提高代码的可读性。

例如，在上述代码中实现泛型接口 Iterator 的匿名内部类如下：

return new Iterator<T>(){

...

};

如果你使用的是 Java 9 及之后版本，则可以写为：

return new Iterator<>(){

...

};

扫码看视频

11.5.3 map 机制的实现

在 JavaScript 语言中有一个 map 方法，用于对数组中的元素进行处理后返回一个新数组。这种映射机制很有用，可以对原数组中的数据进行各种操作，在得到新数组的同时，还不破坏原有的数组。

下面我们用泛型类和泛型接口来模拟实现这种映射机制，代码如 11.10 所示。

代码 11.10　MappableList.java

```java
import java.util.ArrayList;

interface Mapper<E> {
    E map(E val);
}

public class MappableList<T> extends ArrayList<T>{
    public MappableList<T> map(Mapper<T> mapper){
        MappableList<T> res = new MappableList<T>();
        for(T e : this){
            res.add(mapper.map(e));
        }
        return res;
    }
}
```

Mapper 接口定义了 map 方法，由实现类给出具体的映射逻辑。

为了简单起见，我们让 MappableList 类从 java.util.ArrayList 继承，将 ArrayList 暂时理解为是一个可以自动增长容量的数组类，同时它也是一个泛型类，这样 MappableList 类就有了保存元素和获取元素的方法，不用我们自己去编写了。

接下来的重点是介绍 map 方法，map 方法接受一个 Mapper 接口类型的对象，在这个方法中，我们定义了一个 MappableList 类型的局部变量 res，然后使用 "for each" 循环遍历当前的 MappableList 对象，取出其中的元素，将它们作为参数一一调用 Mapper 的 map 方法，对每个元素进行映射。映射后的元素将被保存到新的 res 对象中，在所有元素映射完成后，返回这个新的 MappableList 对象。

为什么没有看到 Mapper 接口中 map 方法的实现呢？没有看到就对了，这是因为对元素进行映射的逻辑是要交给用户去给出的，如果我们写错了映射逻辑，那么费尽心思编写的映射接口和数组类就没有意义了。

映射机制的实现重要的是通用性和灵活性，有需要对数组元素进行映射的用户就可以实现 Mapper 接口，先给出自己的映射逻辑，然后构造 Mapper 对象，将其作为参数传给 MappableList 的 map 方法，得到映射后的新的一组元素。代码 11.11 给出了如何使用映射机制。

代码 11.11　MappableList.java

```java
...
class MapTest {
    public static void main(String[] args) {
        MappableList<Integer> ml = new MappableList<Integer>();
        MappableList<Integer> res;
        for(int i=1; i<=5; i++){
            ml.add(i);
        }
        res = ml.map(new Mapper<Integer>(){
            public Integer map(Integer val) {
                return val * 10;
            }
```

```
        });
        System.out.println(res);
    }
}
```

可以看到，在调用 MappableList 的 map 方法时，传入了一个实现 Mapper 接口的匿名内部类对象，其中给出了映射的逻辑，将每个元素乘以 10。

程序运行的结果为：

```
[10, 20, 30, 40, 50]
```

为什么要使用泛型接口呢？首先，我们需要的是类型安全的代码；其次我们想节省敲击键盘的时间。如果不使用泛型，我们就需要针对每种用到的类型都创建一个接口，这是很烦琐且无趣的事情，而且代码很容易就膨胀到无法维护的地步。

扫码看视频

11.6 泛型方法

在此之前，我们的泛型都应用在类和接口这一级别上，同样可以将其应用到方法上，在类中包含参数化的方法，这个方法所在的类可以是泛型类，也可以不是泛型类。也就是说，泛型方法与其所在的类是否是泛型没有关系。

11.6.1 简单的泛型方法

下面，我们来看一个简单的泛型方法例子，如代码 11.12 所示。

代码 11.12　GenericMethod.java

```java
import java.util.ArrayList;

public class GenericMethod {
    public <T> void print(T val){
        System.out.println(val);
    }

    public <T, U> U convert(T val){
        return (U) val;
    }

    public static void main(String[] args) {
        GenericMethod gm = new GenericMethod();
        gm.<String>print("abc");

        //类型参数推断，T 为 Integer
        gm.print(1);

        MappableList<Integer> ml = new MappableList<Integer>();
        ml.add(2);

        //类型参数推断，T 为 MappableList<Integer>，U 为 ArrayList<Integer>
```

```
            ArrayList<Integer> al = gm.convert(ml);
            //类型参数推断，T 为 ArrayList<Integer>
            gm.print(al);


        }
    }
```

可以看到，GenericMethod 类并不是泛型类。在声明泛型方法时，需要在方法的返回类型前面使用一对尖括号（<>）将类型参数列表括起来。print 方法只有一个类型参数，该方法简单地将传入的方法参数值打印输出；convert 方法有两个类型参数，将方法的参数值转换为另一种类型。

当调用泛型方法时，在对象的点操作符和方法名中间使用一对尖括号（<>）给出具体的类型。也可以不给出具体的类型，让编译器去进行类型参数推断（type argument inference），帮我们找到正确的类型。这是与泛型类不同的地方，在构造泛型类对象时，必须明确指定类型参数的值。

在调用 convert 方法时，会根据传入方法的参数类型与方法返回值赋值的变量类型来进行推断，找到两个类型参数的具体类型。

> **注意**：convert 方法只适用于向上类型和向下类型转换。如果在转换时出现问题，则会抛出异常。

11.6.2 完善映射机制的实现

第 11.5.3 节的映射只能返回相同类型的元素，现在有了泛型方法，我们就可以改进一下其映射实现，让它可以返回另一种类型的元素，如代码 11.13 所示。

代码 11.13　SuperMapper.java

```java
import java.util.ArrayList;

public interface SuperMapper<T, U> {
    U map(T val);
}

class SuperMapperList<T> extends ArrayList<T> {
    public <U> SuperMapperList<U> map(SuperMapper<T, U> mapper){
        SuperMapperList<U> res = new SuperMapperList<U>();
        for(T val : this){
            res.add(mapper.map(val));
        }
        return res;
    }
}

class SuperMapperTest {
    public static void main(String[] args) {
        SuperMapperList<Integer> sml = new SuperMapperList<Integer>();
        SuperMapperList<String> res;
        for(int i=1; i<=5; i++){
```

```
            sml.add(i);
        }
        res = sml.map(new SuperMapper<Integer, String>(){
            public String map(Integer val) {
                return "String " + val;
            }
        });
        System.out.println(res);
    }
}
```

现在SuperMapper接口使用两个类型参数,而SuperMapperList类仍旧使用一个类型参数。代码中的核心是SuperMapperList类的map方法,这是一个泛型方法,它接受SuperMapper<T, U>接口类型的对象作为参数,返回U类型的SuperMapperList对象。

接下来,在main方法中,我们依旧向SuperMapperList类的map方法传入一个实现SuperMapper接口的匿名内部类对象,编译器会根据map方法传入的参数类型来推断类型参数U的实际类型,推断的结果就是U为String类型,最终得到一个包含String类型元素的SuperMapperList对象。

程序运行的结果为:

```
[String 1, String 2, String 3, String 4, String 5]
```

上面的例子可能稍微复杂了一些,但是如果读者真正理解了这个例子,那么对于泛型的用法就掌握得差不多了。

扫码看视频

11.7 通配符类型

我们先来看一段代码,如代码11.14所示。

代码11.14 UnboundedWildcard.java

```
import java.util.ArrayList;

class Animal{
    public String toString(){
        return "animal";
    }
}

class Cat extends Animal{
    public String toString(){
        return "cat";
    }
}

class Dog extends Animal{
    public String toString(){
        return "dog";
    }
}
```

```java
public class UnboundedWildcard{
    public static void print(ArrayList<Animal> animals){
        for(Animal an : animals){
            System.out.println(an);
        }
    }

    public static void main(String[] args){
        ArrayList<Cat> al = new ArrayList<Cat>();
        al.add(new Cat());
        print(al);
    }
}
```

代码很简单，Cat 类与 Dog 类从 Animal 类继承。在 UnboundedWildcard 类中有一个静态方法 print，它负责将方法参数 ArrayList<Animal>对象中存储的所有元素打印输出。

在 main 方法中，构造了一个 ArrayList<Cat>类的对象，调用 print 方法打印该对象中的元素。一切看起来都很正常，结果在编译时，编译器报告了如图 11-2 所示的错误。

图 11-2　编译报错

Cat 是 Animal 的子类，ArrayList<Cat>理应是 ArrayList<Animal>的子类了，为何还提示"不兼容的类型"？其实这只不过是我们想当然而已，假如 ArrayList<Cat>可以转型为 ArrayList<Animal>，那么利用后者就可以添加任何派生于 Animal 的对象了，如 Dog 类的对象，这就失去了 ArrayList<Cat>原本的目的了，因此编译器才会给我们报告错误。

那么 ArrayList<Cat>、ArrayList<Dog>，甚至 ArrayList<String>，它们有没有公共的父类型呢？答案是有，那就是 ArrayList<?>，"?"是通配符，代表任意类型。

修改代码 11.14，将 print 方法的参数类型改为：ArrayList<?>，如代码 11.15 所示。

代码 11.15　UnboundedWildcard.java
```java
import java.util.ArrayList;

class Animal{
    public String toString(){
        return "animal";
    }
}

class Cat extends Animal{
    public String toString(){
        return "cat";
    }
}

class Dog extends Animal{
    public String toString(){
```

```
            return "dog";
        }
    }

    public class UnboundedWildcard{
        public static void print(ArrayList<?> animals){
            for(Object an : animals){
                System.out.println(an);
            }
        }

        public static void main(String[] args){
            ArrayList<Cat> al = new ArrayList<Cat>();
            al.add(new Cat());
            print(al);
        }
    }
```

在 print 方法中，由于元素类型是未知的，我们不能用"? an : animals"来执行循环，但我们知道所有的对象类型都是 Object 的子类型，所以这里使用 Object 类型。

编译并执行上述程序，一切正常。

由于使用了通配符类型，因此不能往 animals 中写入任何对象，毕竟元素的类型是未知的，如果允许你写入，那岂不是可以写入任意类型的对象了？显然，这是不允许的。同时也不能调用 animals 中存储的对象的方法（从 Object 类继承的方法除外），因为类型都不确定，又怎么能知道这些方法有没有呢？例如下面的代码在编译期间就会报错。

```
public static void print(ArrayList<?> animals){
    animals.add(new Dog());    //错误
    animals.get(0).bark();     //错误
}
```

扫码看视频

11.7.1 通配符的子类型限定

"?"这种通配符貌似功能很强大，可以匹配任何类型，但实际上，你会发现什么都做不了。其实，我们可以对通配符做限定，来缩小通配符匹配的范围。例如，对于上面的例子，我们希望是任何 Animal 类的子类型，而不是所有类型，于是可以用通配符：? extends Animal 来表示。要注意的是，这里的 extends 和类继承的 extends 并不是一个含义，前者只是表示 Animal 或者任何 Animal 的子类型，extends 后也可以是接口类型。

对通配符进行限定后就比较明确了，ArrayList<? extends Animal>是 ArrayList<Cat>和 ArrayList<Dog>的父类型，而不是 ArrayList<String>的父类型。

我们看一个例子，如代码 11.16 所示。

代码 11.16 Canvas.java
```
import java.util.ArrayList;

abstract class Shape{
    public abstract void draw(Canvas c);
}
```

```
class Circle extends Shape{
    public void draw(Canvas c){
     System.out.println("draw circle");
    }
}

class Rectangle extends Shape{
    public void draw(Canvas c){
        System.out.println("draw rectangle");
    }
}

public class Canvas{
    public void drawAll(ArrayList<? extends Shape> shapes){
        for (Shape s: shapes){
            s.draw(this);
        }
    }
    public static void main(String[] args){
        Circle c = new Circle();
        ArrayList<Circle> cl = new ArrayList<Circle>();
        cl.add(c);

        Rectangle r = new Rectangle();
        ArrayList<Rectangle> rl = new ArrayList<Rectangle>();
        rl.add(r);

        Canvas can = new Canvas();
        can.drawAll(cl);
        can.drawAll(rl);
    }
}
```

Canvas 类 drawAll 方法的参数类型使用了子类型限定的通配符，由于我们知道传入的对象肯定是 Shape 的某个子类型，因此调用 Shape 类的方法肯定是没有问题的。

程序运行的结果为：

```
draw circle
draw rectangle
```

与无限定的通配符 "?" 一样，使用了子类型限定的通配符，就不能向该类型的对象中写入内容，对于上例，在 drawAll 方法中，不能向 shapes 中再添加元素，若调用 "shapes.add(new Circle());" 则会引发编译错误。

11.7.2　通配符的超类型限定

我们先看一段代码，如代码 11.17 所示。

代码 11.17　CallbackTest.java

```java
import java.util.ArrayList;

interface Functor<T> {
```

扫码看视频

```java
    void call(T args);
}

class MyCallBack implements Functor<Object> {
    public void call(Object args) {
        System.out.println(args);
    }
}

public class CallbackTest {
    public static <T> T callback(ArrayList<T> list, Functor<T> fun){
        for(T each : list){
            fun.call(each);
        }
        return list.get(0);
    }

    public static void main(String[] args) {
        ArrayList<String> list = new ArrayList<String>();
        list.add("A");
        list.add("B");
        list.add("C");
        Functor<Object> fun = new MyCallBack();
        callback(list, fun);
    }
}
```

在代码中，我们定义了一个 Functor 泛型接口，在接口中有一个 call 方法。MyCallBack 类是泛型接口 Functor 的一个实现，在实现时为类型参数指定了具体的类型 Object。

在 CallbackTest 类中，有一个静态的泛型方法 callback，它接受一个 ArrayList<T>对象和一个 Functor<T>对象参数，并返回一个 T 类型的对象。方法实现的功能是取出 list 中的所有元素，一一调用 fun 对象的 call 方法，然后返回 list 的第一个元素。

在 main 方法中，创建了一个 ArrayList<String>对象和一个 Functor<Object>对象，然后调用泛型方法 callback。

程序在编译时之所以会报错，是因为向 callback 方法传入的实参 list 的类型是 ArrayList<String>，而 fun 的类型是 Functor<Object>，在进行类型参数推断时，callback 方法的类型参数 T 到底是 String，还是 Object 呢？

为了让这个程序正确编译，我们需要修改 callback 方法。首先想到的可能是：

```java
public static <T> T callback(List<? extends T> list, Functor<T> fun)
```

这时候传入 ArrayList<String>类型和 Functor<Object>类型，T 推断为 Object。试着编译程序，发现一切正常，心中一阵窃喜。然而，问题并未解决。因为这时候 callback 的返回值类型出现了问题，callback 返回的是 list 中的第一个元素，理应是 String 类型，但由于 T 被推断为 Object，因此类型被向上转型为 Object 了，虽然这个过程没有问题，但因为 ArrayList<String>中存储的都是 String 类型元素，以随后以 String 类型来操作 callback 的返回值就出现问题了。如果我们修改 main 方法的代码为：

```java
public static void main(String[] args) {
```

```
        ArrayList<String> list = new ArrayList<String>();
        list.add("A");
        list.add("B");
        list.add("C");
        Functor<Object> fun = new MyCallBack();
        String str = callback(list, fun);
}
```

那么编译器又会提示错误,如图 11-3 所示。

图 11-3　编译错误

显然这条路行不通。Java 给我们提供了另外一种通配符限定:超类型(基类)限定,形式如下:

```
? super T
```

表示未知类型是 T 或者 T 的超类型。

现在我们将 callback 方法中的 Functor<T>修改为 Functor<? super T> ,如下所示:

```
public static <T> T callback(ArrayList<T> list, Functor<? super T> fun)
```

现在传入 ArrayList<String>类型和 Functor<Object>类型,Object 是 String 的超类(基类),T 推断为 String,方法返回类型也是 String。

再次编译运行程序,结果符合预期,问题得到解决了。

带有超类型限定的通配符与子类型限定的通配符不同,可以向该类型的对象中添加内容。例如:

```
public void add(ArrayList<? super Cat> al){
    al.add(new Cat());
}
```

虽然我们不知道 ArrayList 中元素的具体类型是什么,但肯定是 Cat 的某个超类型,向 al 中添加 Cat 对象或者其子类型对象一定是安全的, 因为可以向上转型为它的超类型。但是不能添加 Animal 对象,因为类型是未知的;也不能添加 Dog 对象,因为 Dog 并不是 Cat 的子类型。

11.8　类型参数的限定

扫码看视频

类型参数也可以进行限定,方法与通配符限定类似。

之前我们介绍过,要比较对象之间的大小,需要实现 java.lang.Comparable 接口,实际上该接口也是一个泛型接口,如下所示:

```
public interface Comparable<T>{
    int compareTo(T o)
}
```

现在我们要编写一个泛型方法 min，求取数组中最小的元素。若数组中的对象能够相互比较，就要实现 Comparable 接口，为此，可以对类型参数 T 进行限定，形式为：T extends Comparable<T>，编写的 min 方法如下所示：

```java
public static <T extends Comparable<T>> T min(T[] array){
    T val = array[0];

    for(int i=1; i<array.length; i++){
        if(val.compareTo(array[i]) > 0){
            val = array[i];
        }
    }
    return val;
}
```

这样在 min 方法的代码中就不需要去检查数组中的元素是否实现了 Comparable 接口。如果传入的数组内部的元素没有实现 Comparable 接口，那么编译期间就会给我们提示错误。

类型参数和通配符也可以有多个限定，限定类型之间用&分隔，例如：

```
T extends Comparable<T> & Cloneable
```

如果用类来进行限定，那么在限定列表中它必须是第一个，且在限定列表中也只能出现一个类。

此外，要注意的是，Java 泛型中不存在 T super Comparable 这种形式的限定。

扫码看视频

11.9 深入泛型机制

我们先看一个非常简单的泛型类，如代码 11.18 所示。

代码 11.18　SimpleGeneric.java

```java
public class SimpleGeneric<T>{
    private T hold;
    public T get(){
        return hold;
    }
    public void set(T val){
        hold = val;
    }

    public static void main(String[] args){
        SimpleGeneric<Integer> sg = new SimpleGeneric<Integer>();
        sg.set(5);
        Integer i = sg.get();
    }
}
```

先编译这个源文件，然后执行 javap -c SimpleGeneric，反编译 SimpleGeneric 类的字节码结果如下：

```
Compiled from "SimpleGeneric.java"
public class SimpleGeneric<T> {
  public SimpleGeneric();
    Code:
      0: aload_0
      1: invokespecial #1              // Method java/lang/Object."<init>":()V
      4: return

  public T get();
    Code:
      0: aload_0
      1: getfield      #2              // Field hold:Ljava/lang/Object;
      4: areturn

  public void set(T);
    Code:
      0: aload_0
      1: aload_1
      2: putfield      #2              // Field hold:Ljava/lang/Object;
      5: return

  public static void main(java.lang.String[]);
    Code:
      0: new           #3              // class SimpleGeneric
      3: dup
      4: invokespecial #4              // Method "<init>":()V
      7: astore_1
      8: aload_1
      9: iconst_5
     10: invokestatic  #5              // Method java/lang/Integer.valueOf:(I)Ljava/lang/Integer;
     13: invokevirtual #6              // Method set:(Ljava/lang/Object;)V
     16: aload_1
     17: invokevirtual #7              // Method get:()Ljava/lang/Object;
     20: checkcast     #8              // class java/lang/Integer
     23: astore_2
     24: return
}
```

注意粗体显示的代码。从反编译的结果来看，get 方法返回的真正类型是 java.lang.Object，而 set 方法接受的参数的真正类型也是 java.lang.Object。

这就是 Java 泛型实现的机制：类型擦除。当我们在程序中使用了泛型类型后，在编译时，对于无限定的类型参数会被替换为 Object，对于限定的类型参数则被替换为限定类型。

我们再看一下 main 方法的代码：

```
public static void main(String[] args){
    SimpleGeneric<Integer> sg = new SimpleGeneric<Integer>();
    sg.set(5);
    int i = sg.get();
}
```

学习了泛型后，我们知道，此时的类型参数 T 被具体类型 Integer 所替换，sg.get()返回的就是 Integer 类型，因此无须做任何类型转换就可以直接赋值给 Integer 类型的变量，然而从反编译后的代码中（main 方法标号 20 的代码处）可以看到，这里实际上进行了强制类型转换，将 Object 类型转换为 Integer 类型，再进行赋值操作。这也进一步验证了，Java 泛型背后的实现实际上就是将类型参数（无限定的）替换为 Object。正因为类型擦除，所以 ArrayList<String>和 ArrayList<Integer>并不是两种类型，它们是同一种类型 ArrayList。

Java 5 新加入的泛型并不完美，其与 C++的模板技术相比，在功能上有很多欠缺，这也是 Java 泛型为人诟病的地方。其实，这也怪不得 Java，因为 C++从一开始就将模板加入到了语言特性中，而 Java 在设计之初就没有考虑泛型，后来由于各种原因才决定在 Java 5 中加入泛型，又要考虑与旧版本的兼容性，所以采用了类型擦除来实现泛型，擦除得益于 Java 是一种纯面向对象语言，任何对象都继承自 Object，所以把泛型类型擦除替换为 Object 并不会导致什么严重问题。这种实现的好处是不需要对 JVM 做大的调整，缺点是泛型类型并不是真正的类型，也无法支持运行时的类型识别。

当然，也不可否认 Java 泛型所带来的好处：首先减少了代码重复，不需要提供多个版本的接口以支持不同类的对象；其次增强了代码的健壮性，有了编译期类型检查。不过，真正利用好这个特性，并编写好自己的泛型接口或类供他人使用，就并非那么容易了。

扫码看视频

11.10 泛型的一些问题

在使用泛型的时候，要避免一些问题，大多数问题都是由类型擦除引起的。

11.10.1 接口的二次实现

如果我们有一个泛型接口：

```
interface GenInterface<T> {}
```

这个接口只是一个标记接口，在 Java 中还有其他一些标记接口，如前面我们已经接触到的 Cloneable 接口。接下来，我们编写一个类来实现这个接口：

```
class ClassA implements GenInterface<String> {}
```

如果还有一个类继承了 ClassA，同时又实现另一种类型的 GenInterface，那么会是什么效果呢？

```
class ClassB extends ClassA
    implements GenInterface<Integer> {}
```

基类 ClassA 实现了 GenInterface<String> 接口，子类 ClassB 间接实现了 GenInterface<String> 接口，同时还实现了 GenInterface<Integer> 接口，要是 GenInterface<String>和 GenInterface<Integer>是两种类型就没有问题了，可惜在类型擦除后，这两个看似不同类型的接口都是 GenInterface<Object>，相当于 ClassB 对同一个接口实现了两次，这在 Java 中是不允许的，所以上述代码在编译的时候就会报错。

11.10.2 方法重载

看下面的例子：

```
class Overrides<A, B>{
    int fun(A arg){}
    int fun(B arg){}
}
```

看似是两个重载的 fun 方法，一个接受 A 类型参数，一个接受 B 类型参数。但是经过擦除，A 和 B 都成了 Object，这样方法签名就重复了，编译器自然也通不过。为了解决这个问题，我们应该使用不同的方法名称：

```
class Overrides<A, B>{
    int fun1(A arg){}
    int fun2(B arg){}
}
```

11.10.3 泛型类型的实例化

不能直接实例化泛型类型。例如：

```
T obj = new T();
```

T 类型是未知的，又怎么知道 T 类型中确实有无参的构造方法呢？所以，这是不允许的。11.3 节也介绍过，泛型数组也不能实例化，例如：

```
T[] arr = new T[10]
```

在编译时，也会报告错误。

要解决上述问题，可以利用反射 API 来创建泛型类型的对象，或者实例化泛型数组。代码 11.19 给出了使用反射创建泛型数组对象的实例。关于反射 API 与 Class 类，请读者参看第 13 章。

代码 11.19　GenericArrayReflect.java

```java
import java.lang.reflect.Array;

class ArrayStack<T>{
    private T[] arr;
    private int size;
    private int pos = 0;

    @SuppressWarnings("unchecked")
    public ArrayStack(int size, Class<T> type){
        arr = (T[])Array.newInstance(type, size);
        this.size = size;
    }
    public void push(T val){
        if(pos < size)
            arr[pos++] = val;
    }
```

```java
    public T pop(){
        if(pos > 0)
            return arr[--pos];
        return null;
    }
}

public class GenericArrayReflect {
    public static void main(String[] args) {
        ArrayStack<Integer> as = new
            ArrayStack<Integer>(10, Integer.class);
        as.push(10);
        as.push(20);
        as.push(30);
        System.out.println(as.pop());
        System.out.println(as.pop());
        System.out.println(as.pop());
    }
}
```

ArrayStack 类的构造方法在编译时会有一个警告，注解@SuppressWarnings 关闭了编译器警告。关于注解，请读者参看第 14 章。

程序运行的结果为：

```
30
20
10
```

11.10.4 异常

不能抛出、也不能捕获泛型类的对象，泛型类也不能继承异常类。例如，下面的代码都是不合法的。

```java
class A<T> extends Exception{}

class B{
    public static <T extends Exception> void fn(){
        try{
            ...
        }
        catch(T e){
            System.out.println(e.toString());
        }
    }
}
```

11.11 使用泛型的限制

扫码看视频

由于 Java 的泛型并不是真正的泛型，所以在应用泛型时有很多限制，在这里我们总结一下。

（1）不能使用基本类型实例化泛型类型参数，例如：

```
List<int> l=new ArrayList<int>();   //error
```

（2）避免在数据类型转换或 instanceof 操作中使用"外露"（Naked）类型参数，例如：

```
if(o instanceof T){}                        //error
public void fn(Object o) { T a=(T)o; } //warning
```

（3）不能在 new 操作中使用"外露"（Naked）类型参数，例如：

```
T t=new T();       //error
```

（4）不能在类定义的 implements 或 extends 子句中使用"外露"类型参数，例如：

```
class Test extends T 或者 class Test implements T //error
```

（5）不能在静态成员中引用泛型类型，例如：

```
static T m;                           //error
static void fn() { T t; }      //error
static class D{ C<T> t; }      //error
```

（6）不能实例化参数化类型的数组。

```
StackGeneric<String>[] stack = new StackGeneric<String>[10];  //error
```

11.12 类型参数的命名约定

T 表示任意类型（type），如果有多个类型参数，则可以使用字母表中与 T 相邻的字母，例如 S 和 U。如果一个泛型方法在一个泛型类中出现，就应该为方法和类的类型参数使用不同的名字，以避免冲突。

对于集合类型，元素的类型参数通常使用 E 来表示。如果是 Map，则用 K 表示键，V 表示值。关于集合类型，请参看下一章。

11.13 总结

泛型对于初学者来说是一个难点，它可以算是语言中的一个高级特性。对于本章的内容，不要求读者一次性掌握，只需要知道泛型如何使用即可，至于如何应用泛型设计自己的类和接口，可以在读者熟悉泛型后，或者在工作中有这方面的需求之后再去深入了解。

下一章我们将见到泛型的具体应用，在 Java 5 引入泛型后，整个集合 API 都被更新为支持泛型的版本，这也是我们为什么把泛型这一章放到集合这一章前面的原因。

11.14 实战练习

1．编写一个 SuperMath 类，其中包括两个静态泛型方法 min、max，计算任意类型数组的最小值和最大值。

2．编写一个泛型类 MyQueue，实现队列这种数据结构，内部采用数组来存储元素。队列的特点是先进先出，获取队首元素的方法是 poll，元素插入队尾的方法是 offer，要求 MyQueue 类支持迭代，可参考本章的迭代实现。

第 12 章
Lambda 表达式

Lambda 表达式是在 Java 8 中引入的。

12.1 理解 Lambda 表达式

扫码看视频

Lambda 表达式是以一种新的语法格式对接口中的方法进行实现的，并创建该接口的对象。例如，有如下的接口：

```
interface MathOperation{
    int operation(int a, int b);
}
```

如果我们要得到这个接口的对象，肯定要有一个实现了该接口的类，简单的方式就是创建匿名内部类对象，如下所示：

```
MathOperation mathAdd = new MathOperation(){
    public int operation(int a, int b){
        return a + b;
    }
};
```

这个代码还是有一些复杂了，能不能再简化一下？好，Lambda 表达式如下：

```
MathOperation mathAdd = (a, b) -> a + b;
```

"="右边的就是 Lambda 表达式，它实现了 MathOperation 接口中的 operation 方法，还给我们创建了一个该接口的对象。

我们知道，为了保持代码的灵活性，经常会在方法中使用接口类型的参数，方法的调用者负责传入实现了该接口的对象，在方法内部利用该对象完成功能实现。例如，有如下的方法：

```
public static int operate(int a, int b, MathOperation math){
    return math.operation(a, b);
}
```

相信读者都会调用这个方法,不过你首先得有一个 MathOperation 接口的实现类对象,一般我们直接传一个匿名内部类对象。如果用 Lambda 表达式调用上述方法,则形式如下:

```
operate(5, 3, (a, b) -> a + b)
```

只要我们掌握了 Lambda 表达式,就可以让我们的代码变得更加简洁,还可以直接用 Lambda 表达式作为参数传递给某个方法。

扫码看视频

12.2 Lambda 表达式的语法

可以将 Lambda 表达式理解为是一个匿名函数,以 "→"(也称为箭头操作符)分隔为两部分,左边是函数的参数列表,右边是函数体。

既然是函数,那就有多种形式了。

1.一个参数

如果参数只有一个,那么可以不使用圆括号,如下所示:

```
msg -> System.out.println(msg)
```

2.多个参数

如果参数多于一个,那么需要使用圆括号将参数列表括起来,如下所示:

```
(a, b) -> a + b
```

也可以为参数添加类型说明符,如下所示:

```
(int a, int b) -> a + b
```

3.没有参数

如果没有参数,则需要使用一对空的圆括号,如下所示:

```
() -> System.out.println("Hello");
```

4.函数体有多条语句

如果函数体有多条语句,则需要用花括号包裹函数体,如下所示:

```
(a, b) -> {
  a = a ^ b;
  b = a ^ b;
  a = a ^ b;
}
```

5.空函数

函数体中既没有参数,也没有代码,虽然这种空函数很少见,但也是合法的,如下所示:

```
() -> {}
```

总结一下,Lambda 表达式具有以下特征。
- 可选的类型声明:不需要声明参数类型,编译器可以自动识别参数类型。

- 可选的参数圆括号：一个参数无须使用圆括号，但多个参数则需要使用圆括号。
- 可选的花括号：如果函数体只有一条语句，则不需要使用花括号。
- 可选的返回关键字：如果函数体只有一条语句，则编译器会自动返回该语句执行的结果；如果有多条语句且有返回值，那么在花括号中需要使用 return 语句来返回结果。

代码 12.1 给出了使用 Lambda 表达式的示例。

代码 12.1　LambdaTest.java

```
interface MathOperation{
    int operation(int a, int b);
}


public class LambdaTest{
    public static int operate(int a, int b, MathOperation math){
        return math.operation(a, b);
    }
    public static void main(String[] args){
        int addResult = operate(5, 3, (a, b) -> a + b);
        int subResult = operate(5, 3, (a, b) -> a - b);

        System.out.println("5 + 3 = " + addResult);
        System.out.println("5 - 3 = " + subResult);
    }
}
```

程序的运行结果为：

```
5 + 3 = 8
5 - 3 = 2
```

12.3　函数式接口

扫码看视频

Java 中可没有全局函数，也没有函数指针，自然不可能出现某个方法接受一个函数作为参数的情况，所以，Java 中的 Lambda 表达式是依托接口来实现的。

Lambda 表达式相当于对接口中的方法给出了实现，如果在接口中声明了多个方法，那么 Lambda 表达式实现的是哪个方法呢？无法确定，因此要求 Lambda 表达式实现的接口只能有一个抽象的方法，这样的接口称为函数式接口。

为了避免接口中出现多个抽象方法，可以在接口上使用@FunctionalInterface 注解，声明该接口是一个函数式接口，例如：

```
@FunctionalInterface
interface MathOperation{
    int operation(int a, int b);
}
```

如果在接口中声明了另外的抽象方法，那么在编译的时候，编译器就会提示错误。使用

@FunctionalInterface 注解后，在生成的 javadoc 文档中也会包含一条说明，说明这个接口是一个函数式接口。

12.4 内置函数式接口

既然 Lambda 表达式需要配合函数式接口来使用，且在函数式接口中只有一个抽象方法，那么完全可以针对方法的参数个数，以及是否有返回值，来定义一些常用的函数式接口。至于参数类型和返回值类型，则可以使用泛型来表示。

Java 8 在 java.util.function 包中，定义了许多函数式接口，表 12-1 列出了四个基本的函数式接口。

表 12-1　四个基本的函数式接口

函数式接口	方法	用途
Consumer<T>（消费型接口）	void accept(T t)	对类型为 T 的对象应用操作
Supplier<T>（供给型接口）	T get()	返回类型为 T 的对象
Function<T,R>（函数型接口）	R apply(T t)	对类型为 T 的对象应用操作，并返回 R 类型的结果
Predicate<T>（断言型接口）	boolean test(T t)	判断类型为 T 的对象是否满足约束条件。Predicate 通常也称为谓词

表 12-2 列出了其他一些常用的函数式接口。

表 12-2　其他常用的函数式接口

函数式接口	方法	用途
BiFunction<T, U, R>	R apply(T t, U u)	对类型为 T 和 U 的对象应用操作，并返回 R 类型的结果
UnaryOperator<T> extends Function<T,T>	T apply(T t)	对类型为 T 的对象进行一元运算，并返回 T 类型的结果
BinaryOperator<T> extends BiFunction<T,T,T>	T apply(T t, T u)	对类型为 T 的对象进行二元运算，并返回 T 类型的结果
BiConsumer<T, U>	void accept(T t, U u)	对类型为 T 和 U 的对象应用操作
BiPredicate<T,U>	boolean test(T t, U u)	判断类型为 T 和 U 的对象是否满足约束条件
ToIntFunction<T> ToLongFunction<T> ToDoubleFunction<T>	int applyAsInt(T value) long applyAsLong(T value) double applyAsDouble(T value)	对类型为 T 的对象应用操作，分别返回 int、long 和 double 类型的结果
IntFunction<R> LongFunction<R> DoubleFunction<R>	R apply(int value) R apply(long value) R apply(double value)	分别对 int、long 和 double 类型的参数应用操作，返回 R 类型的结果

在编写代码时，可以根据内置的函数式接口中的方法参数个数、类型和返回值类型，选定一个函数式接口来应用 Lambda 表达式。

例如，对于代码 12.1 中的 MathOperation 接口，与之类似的内置函数式接口是 BinaryOperator。代码 12.2 使用 BinaryOperator 接口实现了与代码 12.1 相同的功能。

代码 12.2　BuiltinFunctionalInterface.java

```java
import java.util.function.BinaryOperator;

public class BuiltinFunctionalInterface{
    public static int operate(int a, int b, BinaryOperator<Integer> operator){
        return operator.apply(a, b);
    }
    public static void main(String[] args){
        int addResult = operate(5, 3, (a, b) -> a + b);
        int subResult = operate(5, 3, (a, b) -> a - b);

        System.out.println("5 + 3 = " + addResult);
        System.out.println("5 - 3 = " + subResult);
    }
}
```

这样就省却了自己定义接口。当然，如果你觉得查找符合需求的内置函数式接口比较麻烦，那么也可以自己定义一个接口，毕竟对于这种只有一个抽象方法的简单接口定义起来也是很轻松的。

内置函数式接口主要还是在 Java 类库内部使用的。

12.5　方法引用

扫码看视频

如果一个类中的实现方法，其参数列表和返回值类型与某个函数式接口中的方法一致，那么可以使用方法引用的方式来代替 Lambda 表达式。Java 编译器会利用函数式接口中方法的参数来调用引用的方法，并将该方法的返回值（如果有的话）作为接口方法的返回值。

方法引用使用操作符"::"将对象或者类的名字与方法名分隔开。主要有以下三种形式：
- 对象::实例方法名
- 类名::静态方法名
- 类名::实例方法名

我们看代码 12.3。

代码 12.3　MethodReference.java

```java
import java.util.function.BinaryOperator;
import java.util.function.BiPredicate;

class MathUtil{
    // 实例方法
    public int add(int a, int b){
        return a + b;
    }
    // 静态方法
    public static int subtract(int a, int b){
        return a - b;
```

        }
    }

public class MethodReference{
    public static int operate(int a, int b, **BinaryOperator<Integer> operator**){
        return operator.apply(a, b);
    }

    public static void main(String[] args){
        MathUtil math = new MathUtil();

        int addResult = operate(5, 3, **math::add**);   // 对象::实例方法名
        // 等价于
        //int addResult = operate(5, 3, (a, b) -> math.add(5, 3));

        int subResult = operate(5, 3, **MathUtil::subtract**); // 类名::静态方法名
        // 等价于
        //int subResult = operate(5, 3, (a, b) -> MathUtil.subtract(5, 3));

        System.out.println("5 + 3 = " + addResult);
        System.out.println("5 - 3 = " + subResult);

        BiPredicate<String, String> bp1 = **String::equals**; // 类名::实例方法名
        // 等价于
        BiPredicate<String, String> bp2 = **(x, y) -> x.equals(y)**;

        bp1.test("a", "b");
        bp2.test("a", "b");
    }
}
```

这里需要特别指出是"类名::实例方法名"这种引用形式。BiPredicate 接口中的方法为：

```
boolean test(T t, U u)
```

可以看到方法需要两个参数。String 类的实例方法 equals 为：

```
public boolean equals(Object anObject)
```

可以看到只有一个参数。

使用"类名::实例方法名"这种引用形式，**是将函数式接口方法的第一个参数作为调用实例方法的对象，接口方法的其他参数作为实例方法的参数。**

扫码看视频

12.6 构造方法引用

构造方法引用的格式为：类名::new，对应的函数式接口中的方法需要有返回值，构造方法的参数列表要与接口中方法的参数列表一致。

代码 12.4 给出了无参、有一个参数和有两个参数的构造方法引用示例。

代码 12.4 ConstructorReference.java

```
import java.util.function.Supplier;
```
```

```java
import java.util.function.Function;
import java.util.function.BiFunction;

class Student{
    private int no;
    private String name;
    public Student(){
        this(0, "匿名");
    }

    public Student(int no){
        this(no, "匿名");
    }

    public Student(int no, String name){
        this.no = no;
        this.name = name;
    }

    public String toString(){
        return no + " : " + name;
    }

}
public class ConstructorReference{
    public static void main(String[] args){
        // 无参构造方法
        Supplier<Student> s1 = Student::new;
        // 等价于
        Supplier<Student> s2 = () -> new Student();
        System.out.println(s1.get());

        // 一个参数的构造方法
        Function<Integer, Student> fun1 = Student::new;
        // 等价于
        Function<Integer, Student> fun2 = no -> new Student(no);
        System.out.println(fun1.apply(1));

        // 两个参数的构造方法
        BiFunction<Integer, String, Student> biFun1 = Student::new;
        // 等价于
        BiFunction<Integer, String, Student> biFun2 =
            (no, name) -> new Student(no, name);
        System.out.println(biFun1.apply(2, "张三"));
    }
}
```

程序的输出结果为：

```
0 : 匿名
1 : 匿名
2 : 张三
```

扫码看视频

12.7 数组引用

数组引用的格式为：type[]::new。与构造方法引用类似，可用于创建数组对象。例如：

```
Function<Integer,Integer[]> fun1 = Integer[]::new;
// 等价于
Function<Integer,Integer[]> fun2 = n -> new Integer[n];

Integer[] intArr = fun1.apply(10);
System.out.println("数组的长度: " + intArr.length);
```

输出结果为：

数组的长度：10

12.8 总结

本章详细介绍了 Java 8 新增的 Lambda 表达式，以及相关的特性。使用 Lambda 表达式可以让我们的代码更为简洁，也可以将 Lambda 表达式作为参数传递，**接收 Lambda 表达式的参数类型必须是与该 Lambda 表达式兼容的函数式接口**。

12.9 实战练习

1. 编写一个静态方法 calculate，接受两个整型参数和一个函数式接口参数，使用 Lambda 表达式调用 calculate 方法，对两个整数进行加、减、乘、除运算。

2. 使用 Lambda 表达式调用 11.6.2 节代码 11.13 中的 SuperMapperList 类的 map 方法，仔细体会使用 Lambda 表达式的好处。

第 13 章 集合类

有一个经典的说法：算法 + 数据结构 = 程序，数据结构是计算机存储、组织数据的方式。说到数据存储，我们首先想到的应该是数组了，不过数组存储的数据是有固定长度的，而且对数组中的数据进行增加、删除操作比较麻烦，因此我们需要更多、更灵活的数据结构。

Java 的标准类库给我们提供了一套集合框架，给出了常用的数据结构实现。在 Java 5 引入泛型后，几乎所有的集合 API 都被更新为支持泛型的版本，具有了编译期的类型安全检查。

> **提示**：所谓框架就是一个类库的集合。集合框架就是一个用来表示和操作集合统一的架构，包含了实现集合的接口与类。

本章将详细介绍 Java 集合框架的设计原理，以及如何运用集合框架中的接口与类完成我们的应用。

13.1 集合框架中的接口与实现类

集合框架中的接口与实现类位于 java.util 包中。图 13-1 展示了 Java 集合框架的基本结构。

扫码看视频

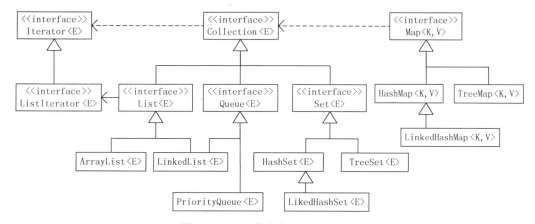

图 13-1 Java 集合框架的基本结构

13.1.1 集合框架中的接口

虽然图 13-1 中的接口很多，但仔细观察，你会发现它们主要分为两大类：Collection 和 Map。以 Collection 接口为根接口的一众实现保存的是单值数据，而以 Map 为根接口的一众实现保存的是键值（Key-value）对数据。主要用到的接口有 List、Set、Queue 和 Map，这些接口的作用如下。

- List：一个有序的集合，可以包含重复的元素，提供了按索引访问的方式。
- Set：不能包含重复的元素。SortedSet 是一个按照升序排列元素的 Set。
- Queue：定义了队列操作。
- Map：包含了 key-value 对。Map 不能包含重复的 key。SortedMap 是一个按照升序排列 key 的 Map。

13.1.2 集合框架中的实现类

集合框架中的实现类有很多，但常用的并不多，图 13-2 给出了常用的实现类。

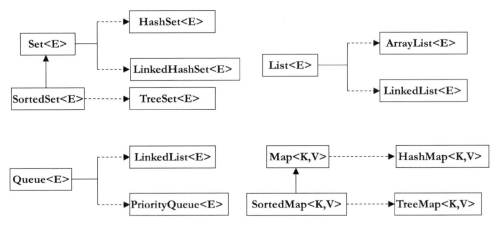

图 13-2　集合框架中常用的集合类

后面我们将针对这些常用的集合类进行介绍。

13.1.3 Collection 类型的集合

从图 12-1 中可以看出 Collection 类型的集合可以分为 List、Set、Queue 三大类，要构建一个 Collection 接口对象，会选择这三类接口中的某个实现来构建，例如，ArrayList 是一个常用的集合类，它实现了 List 接口，可以使用 ArrayList 类来创建一个 Collection 对象，如下所示：

```
Collection<String> c = new ArrayList<String>();
```

更多的时候，是使用 List 接口来创建，如下所示：

```
List<String> l = new ArrayList<String>();
```

在向 Collection 对象中添加元素时，可以使用 add 方法，如代码 13.1 所示，向 Collection 对象中添加了 10 个 int 类型的数据。

代码 13.1　SampleCollection.java

```
import java.util.Collection;
```

```java
import java.util.ArrayList;

public class SampleCollection {
    public static void main(String[] args) {
        Collection<Integer> cl = new ArrayList<Integer>();
        for(int i = 0; i < 10; i++){
            cl.add(i);
        }
        for(Integer val : cl){
            System.out.print(val + " ");
        }
    }
}
```

程序的运行结果为:

```
0 1 2 3 4 5 6 7 8 9
```

虽然自定义泛型比较麻烦,但可以看到使用泛型类、接口其实还是很简单的。

> **提示**:Java 10 新增了局部变量类型推断,使用 var 作为局部变量类型推断标识符。var 符号仅适用于局部变量,"for each"循环的索引,以及传统 for 循环的本地变量;它不能使用于方法形式参数,构造方法形式参数,方法返回类型,字段,catch 形式参数或任何其他类型的变量声明。例如:
>
> var str = "Hello";   // str 推断为 String 类型
> var i = 5;   // i 推断为 int 类型
> var list = new ArrayList<String>();   // list 推断 ArrayList<String>
>
> 代码 13.1 中 cl 变量的声明使用 var 可简写为:
>
> var cl = new ArrayList<Integer>();
>
> 如果结合 Java 7 新增的钻石操作符,则可写为:
>
> var cl = new ArrayList<>();
>
> 但是 ArrayList 存储的元素类型现在是什么呢?答案是 Object 类型。如果将代码 13.1 中 "for each" 循环的变量类型 Integer 改为 Object,那么程序是可以正常编译执行的,而且没有任何警告信息。如果你在声明 cl 变量时,不使用泛型,写为:
>
> Collection cl = new ArrayList();
>
> 看似用的也是 Object 类型,但是在编译时,会给出一个 "未经检查或不安全的操作" 的警告信息,所以还是有差别的。这是不是很有趣呢?!
>
> 另外要注意的是:标识符 var 不是关键字,它是一个保留的类型名称。这意味着 var 用作变量名、方法名或者包名都是可以的,但是 var 不应该作为类或者接口的名字,因为它违反了通常的命名约定:类和接口首字母应该大写。

如果我们想向 Collection 中加入一组元素,则可以调用 addAll 方法;也可以在构造 ArrayList 对象时传入一个 Collection 对象,用 Collection 对象的所有元素来创建一个新的 ArrayList 对象。10.2 节我们介绍过一个 Arrays 类,这个类中有一个 asList 静态方法,可以将一个数组转换为固定大小的列表,该方法的签名如下所示:

- public static <T> List<T> asList(T... a)

使用这个方法可以很方便地构造一个列表。不过要注意的是，**调用 asList 方法返回的列表中的元素数量是固定的，意味着你不能向列表中添加元素，或者删除元素，任何可能引发列表长度发生变化的操作都是不允许的。**

代码 13.2 使用了 Arrays 的 asList 方法来快速创建一个列表。

代码 13.2　AddGroup.java

```java
import java.util.Collection;
import java.util.ArrayList;
import java.util.Arrays;

public class AddGroup {
    public static void main(String[] args) {
        Collection<Integer> cl = new ArrayList<Integer>(Arrays.asList(1, 3, 5, 7, 9));
        cl.addAll(Arrays.asList(2, 4, 6, 8, 10));
        for(Integer obj : cl){
            System.out.print(obj + " ");
        }
    }
}
```

程序的运行结果为：

```
1 3 5 7 9 2 4 6 8 10
```

从输出结果来看，ArrayList 是按照元素添加的顺序来保存对象的。

13.1.4　Map 类型的集合

Map 类型的集合使用键值对来保存对象，这意味着在保存对象时，需要同时提供两个对象，一个作为键（key），一个作为值（value）。

创建一个 Map 类型的对象，可以使用任何一个实现了 Map 接口的类。下面的代码创建了一个 HashMap 对象：

```java
Map<String, Integer> m = new HashMap<String, Integer>();
```

要向 Map 中添加数据可以使用 put 方法，它接受两个参数，即键和值。

```java
m.put("key", 10);
```

如果想要获取 Map 中的某个键对应的值可以使用 get 方法：

```java
m.get("key");           //返回 10
```

代码 13.3 给出了 Map 类型的集合的用法。

代码 13.3　MapTest.java

```java
import java.util.Map;
import java.util.HashMap;

public class MapTest {
    public static void main(String[] args) {
        Map<String, Integer> m = new HashMap<String, Integer>();
```

```
        m.put("First", 1);
        m.put("Second", 2);
        m.put("Third", 3);
        System.out.println(m.get("Second"));
        m.put("Second", 8);
        System.out.println(m.get("Second"));
    }
}
```

程序运行的结果为：

```
2
8
```

从结果中可以看到，如果我们多次为同一个键设置值，那么这个键所对应的值会是最后一次 put 时保存的值。

13.2 迭代

迭代（iterate）这个词听起来很专业，那么迭代到底是什么意思呢？简单来说，它就是一个循环。集合框架中的 Iterator 接口定义了迭代器的功能，迭代器的用途是遍历集合（容器）中的所有元素。在《设计模式》这本书中，迭代器被定义为一种设计模式，它可以让我们在不知道集合的具体结构时轻松地遍历集合中所包含的元素。

13.2.1 Iterator 接口

Collection 接口继承自 java.lang.Iterable 接口，在该接口中定义了一个 iterator 方法，该方法返回一个 Iterator 对象。Iterator 方法的签名如下所示：

扫码看视频

- Iterator<E> iterator()

这意味着 Collection 这一系的集合类都间接实现了 Iterable 接口，给出了 iterator 方法。换句话说，Collection 这一系的集合类都可以进行迭代。

Iterator 接口的定义形式如下：

```
public interface Iterator<E> {
    boolean hasNext();
    E next();
    default void remove();
}
```

这个接口中三个方法的作用如下。

- hasNext：判断集合中是否还有元素未被迭代，如果有，则返回 true，否则返回 false。
- next：返回集合中迭代的下一个元素
- remove：这个方法在 Java 8 中改为了默认方法，意味着在 Java 8 及之后的版本中实现 Iterator 接口不用给出该方法的实现。该方法从集合中删除迭代器返回的元素，每次调用 next 方法后只能调用一次这个方法。这个方法是一个可选的操作，意思是 Iterator 接口的实现类可以根据自身的需要，选择是否根据该方法描述的功能提供完整实现。

> **注意**：集合框架中的接口，其中的方法如果被说明为可选操作（optional operation），则代表着实现类可以不给出该方法所描述功能的实现。这并不是说实现类不需要给出方法的实现（如果不给出，就成了抽象类了），而是该方法应该具有的功能没有给出实现，为了告知用户我没有真正实现该方法，在方法中要抛出 java.lang.UnsupportedOperationException。
>
> 在后续章节中，如果提到接口中的某个方法是可选操作，则都是指上述含义。

> **提示**：Iterator 接口中还有一个默认方法 forEachRemaining，该方法是 Java 8 新增的一个方法。

通常我们使用迭代器的方式都是使用一个 while 循环：

```
while(it.hasNext){
    ...
    element = it.next();
    ...
}
```

代码 13.4 给出了迭代器的用法。

代码 13.4　IteratorTest

```java
import java.util.Collection;
import java.util.Iterator;
import java.util.List;
import java.util.ArrayList;

public class IteratorTest {
    public static void printCollection(Collection<?> cl){
        // it 对象就是一个迭代器
        Iterator<?> it = cl.iterator();
        // 下面是一个迭代过程，输出 Collection 对象中的所有元素
        while(it.hasNext()){
            System.out.print(it.next() + " ");
        }
    }
    public static void main(String[] args) {
        List<Integer> list = new ArrayList<Integer>();
        for(int i = 0; i < 10; i++){
            list.add(i);
        }

        System.out.println("Start iterate");
        printCollection(list);
        System.out.println("\nEnd iterate");
    }
}
```

由于 Collection 类型的集合类都可以进行迭代，所以我们可以编写一个公用的迭代方法，如代码中的 printCollection 方法。

程序运行的结果为:

```
Start iterate
0 1 2 3 4 5 6 7 8 9
End iterate
```

图 13-3 给出了迭代器的工作原理。

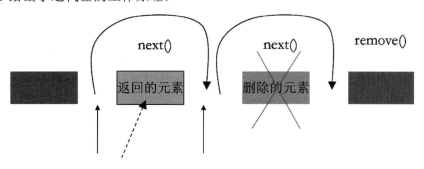

图 13-3　迭代器的工作原理

实际上,迭代器指向的是两个元素中间的位置,当调用 next 方法时,会移动到下一个位置,同时返回上一个元素。remove 方法删除的是 next 方法返回的元素,也就是说,在调用 remove 方法前,一定要有一次 next 调用。

13.2.2　迭代器与"for each"循环

Java 5 引入了"for each"循环,它天生就是为迭代器而设计的,只要集合类实现了 Iterable 接口,就可以使用"for each"循环,而 Collection 这一系的集合类都实现了 Iterable 接口,所以都可以应用"for each"循环。

扫码看视频

我们看代码 13.5。

代码 13.5　UseForEach.java

```java
import java.util.List;
import java.util.ArrayList;

public class UseForEach {
    public static void main(String[] args) {
        List<String> list = new ArrayList<String>();
        list.add("one");
        list.add("two");
        list.add("three");

        for(String str : list){
            System.out.println(str);
        }
    }
}
```

程序的运行结果为:

```
one
two
three
```

如果我们自己写的类实现了 Iterable 接口，那么它也可以应用"for each"循环。我们看代码 13.6。

代码 13.6　MyIterable.java

```java
import java.util.Iterator;

class MyIntegerList implements Iterable<Integer> {
    public Iterator<Integer> iterator() {
        return new Iterator<Integer>(){
            int[] arr = new int[]{2, 4, 6, 8, 10};
            int pos = 0;

            public boolean hasNext() {
                return pos < arr.length;
            }

            public Integer next() {
                return arr[pos++];
            }

        };
    }
}

public class MyIterable {
    public static void main(String[] args) {
        MyIntegerList myList = new MyIntegerList();
        for(Integer i : myList){
            System.out.println(i);
        }
    }
}
```

代码中使用匿名内部类实现了 Iterator 接口，并将这个类的对象作为 iterator 方法的返回值。

程序运行的结果为：

```
2
4
6
8
10
```

13.2.3　新增的 forEach 方法

Java 8 为 Iterable 接口新增了 forEach 默认方法，该方法的签名如下所示：

- default void forEach(Consumer<? super T> action)

可以在实现了 Iterable 接口的对象上调用 forEach 方法，对元素进行遍历。

下面对 List 和我们自己编写的 MyIntegerList 使用 forEach 方法进行遍历，如代码 13.7 所示。

代码 13.7　ForEachMethod.java

```java
import java.util.List;
import java.util.ArrayList;
public class ForEachMethod {
    public static void main(String[] args) {
        List<Integer> list = new ArrayList<Integer>();
        for(int i = 0; i < 10; i++){
            list.add(i);
        }
        // 使用 lambda 表达式传参
        list.forEach(elt -> System.out.printf("%d  ", elt));

        MyIntegerList myList = new MyIntegerList();
        // 使用方法引用传参
        myList.forEach(System.out::println);

    }
}
```

程序运行的结果为：

```
0  1  2  3  4  5  6  7  8  9  2
4
6
8
10
```

13.2.4　ListIterator 接口

实现 Iterator 接口的迭代器只能朝着一个方向遍历集合中的元素，在大多数情况下，这已经能满足我们的需求了，但在有些情况下，我们也希望能够按任一方向遍历集合，并可以在迭代期间修改集合，为此，集合框架中给出了 ListIterator 接口。

扫码看视频

java.util.ListIterator 接口继承自 Iterator 接口，并增加了一些方法，该接口的定义形式如下：

```java
public interface ListIterator<E> extends Iterator<E> {
    boolean hasNext();
    E next();
    boolean hasPrevious();
    E previous();
    int nextIndex();
    int previousIndex();
    void remove();
    void set(E e);
    void add(E e);
}
```

下面我们来看一下 ListIterator 接口中增加的方法的作用。
- hasPervious：如果以逆向遍历列表，列表迭代器有多个元素，则返回 true。
- previous：返回列表中的前一个元素。可以重复调用此方法来迭代列表，或混合调用 next 方法来前后移动。如果交替调用 next 和 previous 方法，那么将重复返回相同的元素。
- nextIndex：返回后续调用 next 方法所返回的元素的索引。如果列表迭代器在列表的结尾，则返回列表的大小。
- previousIndex：返回后续调用 previous 方法所返回的元素的索引。如果列表迭代器在列表的开始，则返回-1。
- set：该方法是可选操作。用指定元素替换 next 或 pervious 所返回的元素。
- add：该方法是可选操作。将指定的元素插入列表，该元素被插入到 next 返回的下一个元素（如果有的话）的前面，或者 previous 返回的下一个元素之后。如果列表不包含任何元素，那么新元素将成为列表中唯一的元素。新元素被插入到隐式光标前：不影响对 next 的后续调用，并且对 previous 的后续调用会返回此新元素。

在 List 接口中，定义了 listIterator 方法，用于返回一个列表迭代器。从 ListIterator 接口的名字就可以知道，主要是 List 这一分支可以提供列表迭代器，而 Set 和 Queue 这两个分支是没有的，这主要是因为 List 代表的是一个有序的集合。

代码 13.8 给出了列表迭代器的用法。

代码 13.8　UseListIterator.java

```java
import java.util.List;
import java.util.ArrayList;
import java.util.ListIterator;
import java.util.Arrays;

public class UseListIterator {
    public static void main(String[] args) {
        List<Integer> list = new ArrayList<Integer>();
        list.addAll(Arrays.asList(11,22,33,44,55));
        ListIterator<Integer> lstIte = list.listIterator();
        
        System.out.println("Use next method:");
        while(lstIte.hasNext()){
            System.out.print(lstIte.next() + " ");
        }
        System.out.println("\nUse previous method:");
        // 正向遍历完毕，开始逆向遍历
        while(lstIte.hasPrevious()){
            System.out.print(lstIte.previous() + " ");
        }
        
        System.out.println();
        // 现在迭代器的位置是列表中第一个元素之前
        System.out.println("后续调用 next 方法返回的元素的索引是："
            + lstIte.nextIndex()); // 0
        
        System.out.println("next 方法返回的元素是：" + lstIte.next()); // 11
        
        // 现在迭代器的位置是列表中第一个元素和第二个元素之间
        // 调用 add 方法，111 被添加到第二元素之前，成为第二个元素
        // 于是迭代器的位置被动指向了第二个元素和第三个元素之间
```

```
            lstIte.add(111);

        // pervious 返回前一个元素,即第二个元素:111,
        // 现在迭代器的位置是第一个元素和第二个元素之间
        System.out.println("现在第二个元素是: " + lstIte.previous());   // 111

        // next 返回下一个元素,即第二个元素,还是 111
        System.out.println("next 方法返回的元素是: " + lstIte.next());  // 111

        // next 继续返回下一个元素,即第三个元素:22
        System.out.println("现在第三个元素是: " + lstIte.next());  //22
    }
}
```

代码中有详细的注释,这里就不再赘述了。

程序运行的结果为:

```
Use next method:
11 22 33 44 55
Use previous method:
55 44 33 22 11
后续调用 next 方法返回的元素的索引是: 0
next 方法返回的元素是: 11
现在第二个元素是: 111
next 方法返回的元素是: 111
现在第三个元素是: 22
```

13.2.5 迭代与回调

回调我们已经接触过不止一次了,实现机制就是定义一个接口,一个类的某个方法接受该接口类型的对象,当触发回调的事件发生时,调用这个接口中的方法来进行处理。

迭代与回调结合,可以实现功能更为强大的迭代器。我们看代码 13.9。

代码 13.9　IterateAndCallback.java

```java
import java.util.ArrayList;
import java.util.Arrays;

interface Functor<E> {
    void handle(E e);
}

class MyList<E> extends ArrayList<E> {
    void each(Functor<E> fun){
        for(E e : this){
            fun.handle(e);
        }
    }
}

public class IterateAndCallback {
    public static void main(String[] args) {
        MyList<Integer> list = new MyList<Integer>();
        list.addAll(Arrays.asList(1,3,5,7,9));
        list.each(new Functor<Integer>(){
```

```
        public void handle(Integer in) {
            System.out.println(in);
        }
    });
}
}
```

首先我们定义了一个回调接口 Functor，这个接口只有一个方法 handle，用于处理集合中的元素。为了简单起见，我们让 MyList 类继承 ArrayList 类，这样 MyList 就可以被迭代了。在 MyList 类中新增了一个 each 方法，该方法接受一个 Functor 接口的对象，使用"for each"循环迭代自身，把列表中的各个元素传入回调接口中定义的方法进行处理。

在 main 方法中，构造了一个 MyList 类的对象，然后调用 each 方法，传入一个实现了 Functor 接口的匿名内部类的对象，遍历列表中的元素并进行处理。

这种实现方式有什么好处呢？这可以让用户把精力集中在对元素的处理逻辑上，而不用去管迭代的代码。

13.3 数据结构简介

一般将数据结构分为两大类：线性数据结构和非线性数据结构。线性数据结构有线性表、栈、队列、串、数组和文件；非线性数据结构有树和图。

线性表的逻辑结构是 n 个数据元素的有限序列：

        (a1, a2 ,a3,…an)

n 为线性表的长度（$n \geq 0$），$n=0$ 的表称为空表。

数据元素呈线性关系。必存在唯一的称为"第一个"的数据元素，必存在唯一的称为"最后一个"的数据元素；除第一个元素外，每个元素都有且只有一个前驱元素；除最后一个元素外，每个元素都有且只有一个后继元素。

所有数据元素在同一个线性表中必须是相同的数据类型。

线性表按其存储结构可分为顺序表和链表。用顺序存储结构存储的线性表称为顺序表；用链式存储结构存储的线性表称为链表。

将线性表中的数据元素依次存放在某个存储区域中，所形成的表称为顺序表。一维数组就是用顺序方式存储的线性表。

13.3.1 链表

链表是数据结构中一种比较简单，但是应用非常广泛的数据结构。对于一个链表来说，它用结点来保存数据，每个结点包含一个数据区域和指针区域。数据区域保存了当前结点中的数据，指针区域保存了下一个结点在内存中的位置。一个用链表表示的 3 个元素的线性表的结构如图 13-4 所示。

图 13-4　三个元素的链表

从图 13-4 中，我们可以了解到数据和指针两个域组成了链表的一个结点，指针域保存了指向下一个结点的位置信息，最后一个结点的指针域为 null。

1. 遍历链表

遍历链表中的所有元素与遍历数组不同，首先，我们要知道第一个结点在内存中的位置，这个结点我们通常称为头结点，然后取出第一个结点中的数据，根据这个结点中的指针区域寻找到下一个结点，最后重复上面的动作。图 13-5 展示了遍历链表中下一个结点的过程，从第二个结点到再下一个结点的过程是一样的。

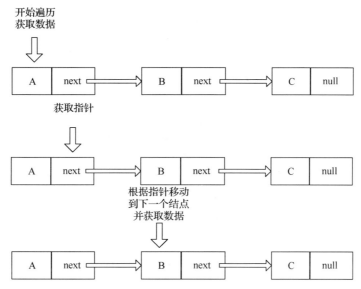

图 13-5　遍历链表的过程

2. 向链表中插入数据

由于链表使用了结点链接的方式，所以在链表中插入一个数据比在数组中插入一个数据的效率要高。图 13-6 展示了向链表中加入新数据的过程。

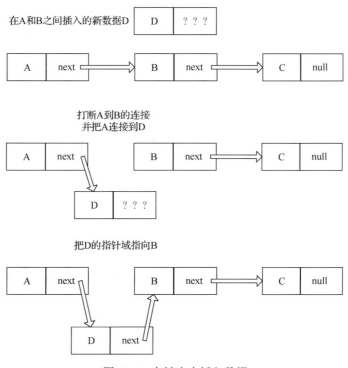

图 13-6　向链表中插入数据

向链表的末尾添加元素的过程与上面的过程是一样的，只不过新结点的指针域的值为 null 罢了。

3．从链表中删除数据

现在我们已经知道如何添加数据了，删除数据也很简单，只需要把要删除的与元素相关的指针改变一下就可以了，如图 13-7 所示。

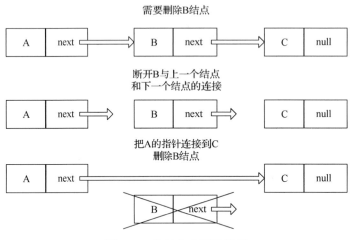

图 13-7　从链表中删除数据

4．循环链表和双向循环链表

在上面的链表中，最后一个结点的指针域为 null，而在循环链表中，最后一个结点的指针域指向了第一个结点，这样就构成了一个循环链表，也就是说，当我们遍历这个链表时，从 A 结点向下遍历，最后会回到 A 结点。图 13-8 描述了循环链表的结构。

图 13-8　循环链表

对于前面的链表来说，在遍历的时候只能向前遍历，也就是说在遍历时只有一个方向。双向链表可以让我们沿着两个方向遍历链表。双向链表比普通的链表仅仅是结点多了一个指针域罢了，这个新多出的指针域指向了前一个结点的位置。图 13-9 展示了双向循环链表的结构。

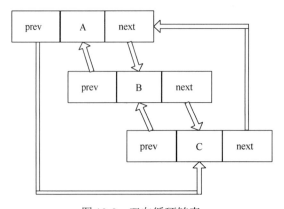

图 13-9　双向循环链表

13.3.2 栈

栈（Stack）是一种特殊的线性表，是一种后进先出（LIFO，Last In First Out）的结构。栈是限定仅在表尾进行插入和删除运算的线性表，表尾称为栈顶（top），表头称为栈底（bottom）。栈的物理存储可以用顺序存储结构，也可以用链式存储结构。

对于栈来说，它有四种操作：创建栈、压栈、出栈和销毁栈。其中压栈和出栈是实际操作栈时最常用的操作。压栈是向栈中添加数据，出栈则是从栈中删除数据。图 13-10 展示了栈这种数据结构。

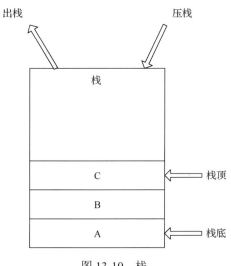

图 13-10　栈

对于栈这种数据结构而言，压栈只是向栈顶加入数据，出栈也是从栈顶弹出数据。这种对数据的操作在现实中也有很多例子，就拿超市的购物篮来说吧，在超市中，购物篮总是堆叠码放的，当我们拿购物篮时总是从最上面拿，而当我们放回购物篮时也是放在最上面，这其实就是栈这种数据结构在现实中的一种体现。

13.3.3 队列

队列（Queue）是限定所有的插入只能在表的一端进行，而所有的删除都在表的另一端进行的线性表。表中允许插入的一端称为队尾（Rear），允许删除的一端称为队首（Front）。队列的操作是按先进先出（FIFO，First In First Out）的原则进行的。队列的物理存储可以用顺序存储结构，也可以用链式存储结构。图 13-11 展示了队列这种数据结构

图 13-11　队列

13.4　List

List 也称为列表，它是按照元素添加的顺序来存储对象的，可以包含重复的元素，提供了按索引访问的方式，在操作上是最接近数组的。

13.4.1 ArrayList

ArrayList 类应该是 Java 集合框架中使用频率最高的类了，它实现了 List 接口，底层实现采用数组来保存元素，我们可以将它看作是能够自动增长容量的数组。

在 ArrayList 中有一个数组和一个计数器，当我们向 ArrayList 中添加一个元素时，这个元素会放在计数器所指定的数组索引位置上。当 ArrayList 对象中的数组无法保存更多元素时，它会创建一个比当前数组大一些的新数组，然后把当前的数组内容复制到新数组当中。

ArrayList 初始的容量是 10，在程序中我们应该根据要保存的元素数量估算一个容量值，并在构造 ArrayList 对象时指定其容量，这样可以避免在操作过程中频繁地发生数组的复制，以提高程序的运行效率。

ArrayList 带有初始容量参数的构造方法如下所示：

- public ArrayList(int initialCapacity)

对数据的访问操作可以归纳为：增、删、改、查。ArrayList 对应这四种操作给出的方法如下。

1. 增

- public boolean add(E e)
- public void add(int index, E element)
- public boolean addAll(Collection<? extends E> c)
- public boolean addAll(int index, Collection<? extends E> c)

add 方法用于添加单个元素，addAll 方法用于添加一组元素。不带索引参数（index）的 add 和 addAll 是将元素添加到列表的末尾，带索引参数的 add 和 addAll 是将元素在指定索引处插入列表。

例如：

```
List<Integer> list = new ArrayList<Integer>();
// 添加两个元素
list.add(1);
list.add(2);
// 在索引为 1 处插入一个元素
list.add(1, 3);
// 向现有列表中添加一个列表中的所有元素
list.addAll(Arrays.asList(4, 5, 6));

System.out.println(list);
```

输出结果为：

```
[1, 3, 2, 4, 5, 6]
```

2. 删

- public E remove(int index)

删除指定索引位置处的元素。

- boolean remove(Object o)

从列表中删除指定元素的第一个匹配项（如果存在）。如果列表不包含该元素，则列表将保持不变。

- public boolean removeIf(Predicate<? super E> filter)

这是 Java 8 在 Collection 接口中新增的默认方法，ArrayList 重写了该方法。从列表中删除满足给定谓词的所有元素。

- public boolean removeAll(Collection<?> c)

从列表中删除指定集合中包含的所有元素。

- public void clear()

删除列表中的所有元素。

例如：

```
List<Integer> list = new ArrayList<Integer>();
for(int i=1; i<10; i++){
    list.add(i);
}
// 删除索引为 4 的元素
list.remove(4); // [1, 2, 3, 4, 6, 7, 8, 9]
// 删除 4 和 9
list.removeAll(Arrays.asList(4, 9)); // [1, 2, 3, 6, 7, 8]
// 删除奇数
list.removeIf(x -> x % 2 == 1); // [2, 6, 8]
System.out.println(list);
```

输出结果为：

```
[2, 6, 8]
```

3. 改

- public E set(int index, E element)

用给定元素替换指定索引位置处的元素。

4. 查

- public E get(int index)

返回指定索引位置处的元素。

- public int indexOf(Object o)

返回列表中指定元素第一次出现的索引，如果此列表不包含该元素，则返回-1。提醒一下，列表中是可以包含重复元素的。

- public int lastIndexOf(Object o)

返回列表中指定元素最后一次出现的索引，如果此列表不包含该元素，则返回-1。

- public List<E> subList(int fromIndex, int toIndex)

返回列表中 fromIndex（包括）和 toIndex（不包括）之间的部分视图。

例如：

```
List<Integer> list = new ArrayList<Integer>();
for(int i=1; i<10; i++){
    list.add(i);
}
// 将索引为 4 的元素替换为 2
list.set(4, 2); // [1, 2, 3, 4, 2, 6, 7, 8, 9]
System.out.println("索引为 2 的元素是：" + list.get(2));
```

```
System.out.println("元素2第一次出现的索引是: " + list.indexOf(2));
System.out.println("元素2最后一次出现的索引是: " + list.lastIndexOf(2));

// 获取列表中从索引4到8（不包括索引为8的元素）之间的视图
System.out.println(list.subList(4, 8)); // [2, 6, 7, 8]
```

输出结果为：

```
索引为2的元素是: 3
元素2第一次出现的索引是: 1
元素2最后一次出现的索引是: 4
[2, 6, 7, 8]
```

除了这四类方法外，ArrayList 类还有一些有用的方法，如下所示：

- public int size()

返回列表中的元素数量。

- public boolean isEmpty()

判断列表中是否有元素，如果没有，则返回 true，否则返回 false。

- public boolean contains(Object o)

判断列表中是否包含指定元素，如果包含，则返回 true，否则返回 false。

- public boolean containsAll(Collection<?> c)

判断列表中是否包含指定集合中的所有元素，如果包含，则返回 true，否则返回 false。

- public Object[] toArray()

将列表转换为数组返回。结合 Arrays.asList 方法，可以实现列表与数组的相互转换。

- public <T> T[] toArray(T[] a)

上面的 toArray 方法将列表转换为数组后丢失了类型信息，而该方法则是返回一个包含列表中所有元素的数组，返回的数组类型是参数 a 数组的类型。这个方法可以重用 a 数组，如果 a 数组的长度等于或大于列表中的元素数目，则将列表中的元素按顺序存放到 a 数组中，然后返回 a 数组，如果没有存满，则 a 数组中剩余的元素将被设置为 null。如果 a 数组的长度小于列表中元素的数目，则使用 a 数组的类型和列表的大小分配一个新数组存放列表中的元素，并返回这个新数组。要注意的是，这个方法会忽略 a 数组中原有的元素。

- public void sort(Comparator<? super E> c)

这是 Java 8 在 List 接口中新增的默认方法，ArrayList 重写了该方法。使用指定的比较器对列表中的元素进行排序。

例如：

```
List<Integer> list = new ArrayList<Integer>();
System.out.println("列表是否为空: " + list.isEmpty());
for(int i=1; i<10; i++){
    list.add(i);
}
System.out.println("列表的元素数目为: " + list.size());

boolean b = list.containsAll(Arrays.asList(1,3,5,7));
System.out.println("列表中是否包含1、3、5和7: " + b); //true

// 将列表转换为对象数组
```

```
        Object[] objArray = list.toArray();
        System.out.println(Arrays.toString(objArray));

        // 将列表转换为 Integer 数组
        Integer[] inArray = list.toArray(new Integer[0]);
        System.out.println(Arrays.toString(inArray));

        // Comparator 接口的静态方法 reverseOrder 返回一个比较器
        // 该比较器执行与自然顺序相反的顺序，也就是可以进行降序排列
        list.sort(Comparator.reverseOrder());
        System.out.println(list);
```

输出结果为：

```
列表是否为空：true
列表的元素数目为：9
列表中是否包含1、3、5和7：true
[1, 2, 3, 4, 5, 6, 7, 8, 9]
[1, 2, 3, 4, 5, 6, 7, 8, 9]
[9, 8, 7, 6, 5, 4, 3, 2, 1]
```

因为在将列表转换为数组后不想丢失类型信息，但使用 toArray(T[] a)方法会很麻烦且不好理解，所以 Java 11 专门在 Collection 接口中新增了一个 toArray 默认方法，可以很方便地保留类型信息。该方法的签名如下所示：

- default <T> T[] toArray(IntFunction<T[]> generator)

返回包含此集合中所有元素的数组，使用提供的生成器函数分配返回的数组。

Collection 接口中 toArray 方法的实现如下所示：

```
default <T> T[] toArray(IntFunction<T[]> generator) {
    return toArray(generator.apply(0));
}
```

可以看到该方法始终将 0 传递给数组生成器。要将一个集合转换为数组，可以用构造方法引用的方式传递数组构造，例如：

```
Integer[] inArray = list.toArray(Integer[]::new);
```

本节完整的代码在 UseArrayList.java 中。

通过上面的介绍，可以看到 ArrayList 使用起来还是比较简单的。

对于 ArrayList 类来说，它内部的数组大小（列表的容量）总是会比实际存储的元素数量要大一些，ArrayList 类中有一个 trimToSize 方法，可以将列表的容量调整为列表的当前大小。

13.4.2 LinkedList

LinkedList 也是 List 类型的一个集合类，与 ArrayList 不同的是，LinkedList 底层采用双向循环链表来保存元素。

除了实现 List 接口外，LinkedList 还实现了 Deque 接口（双端队列，Queue 的子接口），这使得 LinkedList 的方法要远多于 AarryList。虽然 LinkedList 中的方法很多，但是都很简单，建议读者查看该类的 API 文档，来进一步了解该类。

对于 List 接口中的方法，我们已经通过 ArrayList 类有所了解，这里就不再赘述。下面我

们通过使用 LinkedList 类实现栈和队列这两种数据结构来学习 LinkedList 对 Deque 接口实现的方法。

1. 栈的实现

13.3.2 节已经介绍过栈这种数据结构，其特点是后进先出（LIFO），一般出栈方法命名为 pop，压栈（入栈）方法命名为 push。代码 13.10 给出了栈的实现。

代码 13.10　MyStack.java

```java
import java.util.LinkedList;

public class MyStack<E>{
    private LinkedList<E> ll = new LinkedList<E>();
    /**
     * 出栈，即返回并删除栈顶元素
     * 以列表来看，就是返回并删除最后一个元素
     */
    public E pop(){
        return ll.removeLast();
    }

    /**
     * 压栈，即向栈顶压入元素
     * 以列表来看，就是往列表末尾添加元素
     */
    public void push(E obj){
        ll.addLast(obj);
    }

    /**
     * 判断栈中是否有元素
     */
    public boolean empty(){
        return ll.isEmpty();
    }

    /**
     * peek 表示查看，但不删除元素
     * 得到栈顶元素，但不删
     */
    public E peek(){
        return ll.getLast();
    }
}

class StackTest{
    public static void main(String[] args){
        MyStack<String> ms = new MyStack<String>();
        ms.push("one");
        ms.push("two");
        ms.push("three");

        System.out.println(ms.pop());
```

```
            System.out.println(ms.peek());
            System.out.println(ms.pop());

            if(ms.empty()){
                System.out.println("栈为空");
            }
            else{
                System.out.println("栈不为空");
            }

        }
    }
```

程序运行的结果为:

```
three
two
two
栈不为空
```

实际上，LinkedList 类本身也有 pop、push 和 peek 方法。

2．队列的实现

队列的特点是先进先出（FIFO），一般将往队尾添加数据的方法命名为 offer，获取并删除队首数据的方法命名为 poll。

代码 13.11 给出了队列的实现。

代码 13.11　MyQueue.java

```
import java.util.LinkedList;

public class MyQueue<E>{
    private LinkedList<E> ll = new LinkedList<E>();

    /**
     * 向队尾添加元素
     */
    public void offer(E obj){
        ll.offerLast(obj);
    }

    /**
     * 获取并删除队首的元素
     */
    public E poll(){
        return ll.pollFirst();
    }

    /**
     * 判断队列中是否有元素
     */
    public boolean empty(){
        return ll.isEmpty();
```

```java
    }

    /**
     * 得到队首元素，但不删除
     */
    public E peek(){
        return ll.peekFirst();
    }

    /**
     * 获取队列中的元素数目
     */
    public int size(){
        return ll.size();
    }

    public static void main(String[] args){
        MyQueue<String> queue = new MyQueue<String>();
        queue.offer("one");
        queue.offer("two");
        queue.offer("three");

        System.out.println(queue.poll());
        System.out.println(queue.peek());
        System.out.println(queue.poll());
        System.out.println(queue.poll());
        if(queue.empty()){
            System.out.println("队列为空");
        }
        else{
            System.out.println("队列不为空");
        }
    }
}
```

程序运行的结果为：

```
one
two
two
three
队列为空
```

现在我们又见到了一些新的方法，除了这些方法外，由于 LinkedList 实现了 Queue 接口（Deque 接口的父接口），所有本身也有 offer、poll 方法。

实际上，LinkedList 相当于是三种常见数据结构（链表、栈、队列）的综合体。

13.4.3　List 集合类的性能

我们已经学习了 ArrayList 和 LinkedList，这是两个最常用的 List 类型的集合类，不过在对元素进行增、删、改、查等操作的时候，这两个类在执行性能上会有一些差别。

ArrayList 底层采用数组来保存元素,因此在随机读取上有性能优势;而 LinkedList 底层采用双向循环列表来保存元素,因此在添加、删除元素时有性能优势,不过添加和删除操作要看在什么位置处添加和删除元素,如果是在列表的末尾添加和删除元素,那么 ArrayList 是有性能优势的;如果是在列表的起始位置或者中间位置添加和删除,那么 ArrayList 会引起数组元素的重新排列,牵涉到数组的复制,因此性能较差,而 LinkedList 只需要重新建立结点间的连接关系就可以了,性能相对较高。对于查询和修改操作,由于 ArrayList 是按索引方式查找和修改元素的,LinkedList 需要遍历链表,因此 ArrayList 性能较高。

口说无凭,下面我们编写代码来测试一下这两个集合类的性能差别。

 提示:在 java.lang.System 类中有两个静态方法:currentTimeMillis 和 nanoTime(),前者以毫秒为单位返回当前时间,后者以纳秒为单位返回当前时间。我们可以在某个操作前调用一次上述两个方法的其中之一,在操作后再调用一次,然后把两个时间值相减就可以得到本次操作所花费的时间。

首先我们创建一个测试框架:

```java
interface Test {
    void test();
}
class Tester {
    public static long runTest(Test t){
        long start = System.nanoTime();
        t.test();
        long end = System.nanoTime();
        return end - start;
    }
}
```

接下来,使用上述代码,对 ArrayList 和 LinkedList 分别进行 1000 次增、删、改、查,来测试它们的性能。如代码 13.12 所示。

代码 13.12 TestList.java

```java
import java.util.List;
import java.util.ArrayList;
import java.util.LinkedList;

interface Test {
    void test();
}
class Tester {
    public static long runTest(Test t){
        long start = System.nanoTime();
        t.test();
        long end = System.nanoTime();
        return end - start;
    }
}

public class TestList{
    public static <E> void testSuite(List<Integer> list){
```

```java
        long addTime, getTime, setTime, removeTime;
        System.out.println("count\taddTime\tgetTime\tsetTime\tremoveTime");

        // 在列表索引为 0 的位置处添加 1000 个元素
        addTime = Tester.runTest(new Test(){
            public void test(){
                for(int i = 0; i < 1000; i++){
                    list.add(0, i);
                }
            }
        });

        // 根据索引位置依次访问 1000 个元素
        getTime = Tester.runTest(new Test(){
            public void test(){
                for(int i = 0; i < 1000; i++){
                    list.get(i);
                }
            }

        });

        // 从 0 到 1000（不包括 1000）的索引不断修改元素的值
        setTime = Tester.runTest(new Test(){
            public void test(){
                for(int i = 0; i < 1000; i++){
                    list.set(i, 8888);
                }
            }

        });

        // 始终删除索引为 0 位置处的元素
        removeTime = Tester.runTest(new Test(){
            public void test(){
                for(int i = 0; i < 1000; i++){
                    list.remove(0);
                }
            }

        });
        System.out.printf("%d\t%d\t%d\t%d\t%d\n",
                1000, addTime, getTime, setTime, removeTime);
    }
    public static void main(String[] args) {
        ArrayList<Integer> al = new ArrayList<Integer>();
        LinkedList<Integer> ll = new LinkedList<Integer>();
        System.out.println("Test ArrayList:");
        testSuite(al);
        System.out.println("---------------------------------------");
        System.out.println("Test LinkedList:");
        testSuite(ll);
    }
}
```

程序运行的结果为：

```
Test ArrayList:
count    addTime getTime setTime removeTime
1000     1537843 330148  693369  836491
----------------------------------------
Test LinkedList:
count    addTime getTime setTime removeTime
1000     1036062 1862289 1606268 468139
```

不同的计算机配置，测试结果会有所差异。

从测试结果来看，确实印证了我们前面对 ArrayList 和 LinkedList 在执行增、删、改、查操作时的性能差异的分析。

> 提示：如果读者以后想要测试某项操作执行所花费的时间，则可以参考上述代码。

13.5 Set

Set 与 List 不同的是，其不能存储重复的元素，也就是说整个集合类中的元素都是唯一的。Set 接口与 Collection 接口没有什么差异，只不过 Set 接口定义了更明确的元素保存方式。

Set 接口常用的实现类有三个，使用频率从高到低依次为：HashSet、TreeSet、LinkedHashSet。

13.5.1 HashSet

HashSet 是实现了 Set 接口的哈希表（hash table），底层实际上是通过 HaspMap 来实现的。HashSet 类允许空元素存在。HashSet 不保证 Set 的迭代顺序（即元素插入 Set 中的顺序），也不保证顺序随时间保持不变。使用 HashSet 保存对象，在迭代时，元素读取的顺序可能会和添加时的顺序不一致，也就是说，如果元素的添加顺序对于你的应用很重要，就不要采用 HashSet 来存储。

HashSet 中的方法就是在 Set 接口中定义的那些方法，因此使用起来非常简单。HashSet 没有 get 方法，要想得到保存在其中的元素，就只能通过迭代器或者 "for each" 循环。代码 13.14 给出了 HashSet 的基本用法。

代码 13.13　UseHashSet.java

```java
import java.util.HashSet;
public class UseHashSet {
    public static void main(String[] args) {
        HashSet<Integer> hs = new HashSet<Integer>();
        for(int i = 1; i < 10; i++){
            hs.add(i);
        }
        hs.add(5);
        hs.add(6);
        
        System.out.println("3 in set? " + hs.contains(3));
```

```
            System.out.println("33 in set? " + hs.contains(33));

            for(int i : hs){
                System.out.printf("%d\t", i);
            }
        }
    }
```

程序运行的结果为：

```
3 in set? true
33 in set? false
1    2    3    4    5    6    7    8    9
```

Set 不能包含重复的元素。在上面的例子中，我们在 HashSet 对象中保存了 1 到 9 的数字后，继续添加了 5 和 6，然而从输出结果来看，后续添加的 5 和 6 并没有被保存下来，这也是 Set 与 List 不同的地方。

如果我们想要从一个 Collection 类型的集合中去除重复的元素，那么利用 Set 的这个特点，可以把这个集合传入 Set 对象中。

```
HashSet<Type> hs = new HashSet<Type>(otherCollection);
```

这样，在 hs 中保存的就是 otherCollection 集合的唯一值序列。

1. 哈希表

为了帮助读者更好地理解 HashSet，以及后面马上要介绍的 HashMap，我们有必要对哈希表做一个简单的介绍。

哈希表又称为散列表，它以结点的关键字（key）为自变量，通过一定的函数关系（哈希函数）计算出对应的函数值，以这个值作为该结点存储在哈希表（散列表）中的地址。

在这种数据结构中，重点是哈希表和哈希函数，哈希表可以用数组来实现。元素存储到数组中的哪个索引位置，由哈希函数来决定。在存储数据的时候，以某个对象作为 key，调用哈希函数，计算出一个函数值，例如：

```
hashCode = hash(key)
```

如果你的哈希函数计算结果有可能为负数，那么可以与 0x7FFFFFFF 进行位与运算，转换为正整数，用结果对哈希表的长度进行取模，将取模运算的结果作为元素保存到哈希表中的索引位置。例如：

```
index = (hashCode & 0x7FFFFFFF) % table.length;
```

不同的对象计算出的索引位置不同，因而被保存到哈希表中的不同位置，如图 13-12 所示。

图 13-12　哈希表

在查找数据时，再一次重复上述过程。使用哈希表可以直接得到数据在哈希表中的存储位置并取出，因此效率很高，而其他数据结构的查找需要对表中的数据进行一一比对，所以查找效率会比使用哈希表低。

一般哈希函数采用的哈希算法对不同的对象会产生不同的哈希码（hash code），但经过与哈希表的长度取模后，有可能会出现相同的索引，这就是 hash 冲突。在发生冲突后，对象是丢弃还是替换原有的元素呢？解决这个问题其实很简单，那就是将哈希表的每个位置都改为链表来存储对象，一旦计算出相同索引，就在索引位置用链表来保存这些对象。不过一旦 hash 冲突很频繁，那么哈希表引以为傲的查询优势就没有了，因为在计算出索引位置后，还需要对链表进行遍历来查找匹配的对象。

一个设计较好的哈希表，一般会比较平均地分布每个元素，但如果表的长度有限，存储的元素过多，则一定会有 hash 冲突发生。当哈希表中的元素存放太满时，哈希表就应该进行再散列（即重建哈希表），产生一个新的哈希表，将所有元素存放到新的哈希表中，并删除原先的哈希表。在 Java 语言中，通过负载因子（load factor）来决定何时对哈希表进行再散列。例如：如果负载因子是 0.75，当哈希表中已经有 75%的位置放满时，那么将进行扩容。负载因子越高（越接近 1.0），内存的使用效率越高，元素的寻找时间越长；负载因子越低（越接近 0.0），元素的寻找时间越短，内存浪费越多。HashSet 类的负载因子默认是 0.75。

现在我们已经了解了哈希表的实现机制，那么在 hash 函数中到底是什么呢？其实哈希函数的实现既简单又复杂，例如：

```java
int hash(char ch) {
    return ch - 'a';
}
```

只要你的 hash 函数计算出来的 hash code 足够分散，能够减少 hash 冲突，那就是好的实现。而如何设计一个优秀的哈希算法，则是需要你认真思考的一个问题。

2. equals 与 hashCode

下面我们使用 HashSet 来保存自定义类的对象，代码如 13.14 所示。

代码 13.14　DeepHashSet.java

```java
import java.util.HashSet;
class Student{
    private int no;
    private String name;

    public Student(int no, String name){
        this.no = no;
        this.name = name;
    }
    public String toString(){
        return no + " " + name;
    }
}
public class DeepHashSet {
    public static void main(String[] args) {
        HashSet<Student> hs = new HashSet<Student>();

        Student stu1 = new Student(1, "zhangsan");
        Student stu2 = new Student(2, "lisi");
        Student stu3 = new Student(3, "wangwu");
        Student stu4 = new Student(2, "lisi");
```

```
            hs.add(stu1);
            hs.add(stu2);
            hs.add(stu3);
            hs.add(stu4);

            for(Student stu : hs){
                System.out.println(stu);
            }
        }
    }
```

代码很简单，运行结果如下：

```
1 zhangsan
3 wangwu
2 lisi
2 lisi
```

咦？有两个 lisi，不是说好的 Set 中不能保存重复的元素吗？

要注意的是，元素是否重复，不是由我们说了算，而是由 Java 语言说了算。两个对象是否相同，是通过 equals 方法来判断的。下面，为 Student 类添加 equals 方法，如代码 13.15 所示。

代码 13.15　DeepHashSet.java

```
import java.util.HashSet;
class Student{
    ...
    public boolean equals(Object obj){
        Student stu = (Student)obj;
        if(no == stu.no && name.equals(stu.name))
            return true;
        else
            return false;
    }
}
public class DeepHashSet {
    public static void main(String[] args) {
        HashSet<Student> hs = new HashSet<Student>();

        Student stu1 = new Student(1, "zhangsan");
        Student stu2 = new Student(2, "lisi");
        Student stu3 = new Student(3, "wangwu");
        Student stu4 = new Student(2, "lisi");

        hs.add(stu1);
        hs.add(stu2);
        hs.add(stu3);
        hs.add(stu4);

        if(stu2.equals(stu4)){
            System.out.println("stu2 equals stu4");
        }
```

```
        for(Student stu : hs){
            System.out.println(stu);
        }
    }
}
```

程序运行的结果为:

```
stu2 equals stu4
1 zhangsan
3 wangwu
2 lisi
2 lisi
```

可以看到，两个 lisi 对象进行 equals 比较确实是相等了，但在 HashSet 中依然保存了两个 lisi 对象，这是为什么呢？

前面说过，HashSet 是采用哈希表来存储元素的，元素存储的位置是根据 hash code 来计算的。Object 类有一个 hashCode 方法，该方法将对象的内部地址转换为整数，不同对象的内部地址肯定是不同的，因而计算出来的存储位置也是不同的。存储位置不同，HashSet 就不会对对象进行 equals 比较，而直接将对象保存下来。也就是说，在哈希表中保存对象，对象除了要重写 equals 方法外，也需要给出自己的 hashCode 方法实现。

有些文章说一个对象必须要同时覆盖 equals 和 hashCode 方法，这是不准确的，只有当对象需要保存到哈希表这种数据结构中时，才需要同时覆写。但是为了避免后期使用场景发生变化，我们一般都是同时覆写 equals 和 hashCode 方法，这也是一种好习惯。

下面为 Student 类再添加一个 hashCode 方法，如代码 13.16 所示。

代码 13.16　DeepHashSet.java

```
import java.util.HashSet;
class Student{
    ...
    public boolean equals(Object obj){
        Student stu = (Student)obj;
        if(no == stu.no && name.equals(stu.name))
            return true;
        else
            return false;
    }
    public int hashCode(){
        return no;
    }
}
public class DeepHashSet {
    public static void main(String[] args) {
        ...
    }
}
```

这里我们只是简单地以学生的学号（no）作为 hashCode 方法的返回值，不过针对本例，这已经足矣。

程序运行的结果为：

```
stu2 equals stu4
1 zhangsan
2 lisi
3 wangwu
```

可以看到，现在重复的元素已经被剔除了。

13.5.2　TreeSet

与 HashSet 不同的是，TreeSet 底层是使用 TreeMap 实现的红－黑树（Red-Black tree）数据结构。TreeSet 实现了 SortedSet 接口，其中的元素默认按照自然顺序进行升序排列。换句话说，在 TreeSet 中保存的元素需要实现 java.lang.Comparable 接口，或者在构造 TreeSet 对象时，传递一个实现了 java.util.Comparator 接口的比较器对象。

代码 13.17 给出了 TreeSet 的用法。

代码 13.17　UseTreeSet.java

```java
import java.util.Comparator;
import java.util.TreeSet;
import java.util.Arrays;

class Student implements Comparable<Student>{
    private int no;
    private String name;

    public Student(int no, String name){
        this.no = no;
        this.name = name;
    }
    public String toString(){
        return no + " " + name;
    }
    public int compareTo(Student stu){
        return no > stu.no ? 1 : (no < stu.no ? -1 : 0);
    }
    public static class StudentComparator implements Comparator<Student>{
        public int compare(Student stu1, Student stu2){
            return stu1.no > stu2.no ? -1 : (stu1.no < stu2.no ? 1 : 0);
        }
    }
}

public class UseTreeSet {
    public static void main(String[] args) {
        TreeSet<Integer> ts =
            new TreeSet<Integer>(Arrays.asList(5, 3, 1, 8, 9, 6, 2, 4, 7));

        System.out.println("TreeSet 中的所有元素：" + ts);

        System.out.println("TreeSet 中的第一个元素是：" + ts.first());
```

```java
            System.out.println("TreeSet 中的最后一个元素是: " + ts.last());
            System.out.println("TreeSet 中元素小于 5 的部分视图: " + ts.headSet(5));
            System.out.println("TreeSet 中元素大于等于 5 的部分视图: " + ts.tailSet(5));
            System.out.println("TreeSet 中元素 3 到 8（不包括 8）的部分视图: " + ts.subSet(3, 8));


            TreeSet<Student> tsStus = new TreeSet<Student>();
            Student stu1 = new Student(2, "zhangsan");
            Student stu2 = new Student(1, "lisi");
            Student stu3 = new Student(3, "wangwu");
            tsStus.add(stu1);
            tsStus.add(stu2);
            tsStus.add(stu3);

            System.out.println("tsStus 中的所有学生: " + tsStus);

            TreeSet<Student> tsStus2 =
                new TreeSet<Student>(new Student.StudentComparator());
            tsStus2.add(stu1);
            tsStus2.add(stu2);
            tsStus2.add(stu3);
            System.out.println("tsStus2 中的所有学生: " + tsStus2);
        }
    }
```

Student 类实现了 Comparable 接口，同时也定义了一个静态的内部类 StudentComparator，实现了 Comparator 接口。Comparable 接口的 compareTo 方法是升序排列的比较实现，而 Comparator 接口的 compare 方法是降序排列的比较实现。

程序运行的结果为：

```
TreeSet 中的所有元素: [1, 2, 3, 4, 5, 6, 7, 8, 9]
TreeSet 中的第一个元素是: 1
TreeSet 中的最后一个元素是: 9
TreeSet 中元素小于 5 的部分视图: [1, 2, 3, 4]
TreeSet 中元素大于等于 5 的部分视图: [5, 6, 7, 8, 9]
TreeSet 中元素 3 到 8（不包括 8）的部分视图: [3, 4, 5, 6, 7]
tsStus 中的所有学生: [1 lisi, 2 zhangsan, 3 wangwu]
tsStus2 中的所有学生: [3 wangwu, 2 zhangsan, 1 lisi]
```

13.5.3　LinkedHashSet

前面说过，HashSet 并不保存元素插入的顺序，如果你既想使用哈希表来存储对象，又想保留元素插入时的顺序，那么可以使用 LinkedHashSet。这个类是 HashSet 的子类，内部采用链表将所有的元素连接起来，这样就可以保留元素插入时的顺序。

LinkedHashSet 与 HashSet 中的方法完全一致，只是底层的实现不同。代码 13.18 演示了 LinkedHashSet 与 HashSet 对元素的插入顺序在处理方式上的不同。

代码 13.18　UseLinkedHashSet.java

```java
import java.util.HashSet;
import java.util.LinkedHashSet;
```

```java
public class UseLinkedHashSet {
    public static void main(String[] args) {
        HashSet<String> hs = new HashSet<String>();
        hs.add("one");
        hs.add("two");
        hs.add("three");
        hs.add("four");
        
        System.out.println("迭代时，HashSet 中元素输出的顺序：");
        for(String str : hs){
            System.out.println(str);
        }
        
        System.out.println("---------------------------------");
        
        LinkedHashSet<String> lhs = new LinkedHashSet<String>();
        lhs.add("one");
        lhs.add("two");
        lhs.add("three");
        lhs.add("four");
        
        System.out.println("迭代时，LinkedHashSet 中元素输出的顺序：");
        for(String str : lhs){
            System.out.println(str);
        }
    }
}
```

程序的运行结果为：

```
迭代时，HashSet 中元素输出的顺序：
four
one
two
three
---------------------------------
迭代时，LinkedHashSet 中元素输出的顺序：
one
two
three
four
```

13.5.4　Set 集合类的性能

HashSet 使用哈希表来存储元素，通常其性能优于 TreeSet。一般来说，应该优先使用 HashSet，只有在需要排序功能的时候，才使用 TreeSet。

由于 LinkedHashSet 增加了维护链表的额外开销，所以其性能可能略低于 HashSet，但是如果元素添加的顺序对你而言很重要，那么可以使用 LinkedHashSet，除此之外，都优先使用 HashSet。

13.6 Queue

Queue 类型的集合类实现了队列数据结构,队列与栈有些相似,只不过队列的特征是先进先出(FIFO)。就如同我们去办事,如果办事的人多就需要排队一样,排在队伍最前面的人最先得到服务,后来的人只能排在队尾。

13.6.1 Queue 接口

Queue 接口也是继承自 Collection 接口,除了基本的 Collection 操作外,Queue 接口针对队列的特点还定义了其他六个方法,用于从队首获取元素和向队尾添加元素。这些方法都有两种形式:一种是在操作失败时抛出异常,另一种是返回特殊值(根据操作的不同,可以是 null 或 false)。表 13-1 列出了 Queue 接口中定义的方法。

表 13-1 Queue 接口中定义的方法

操作	抛出异常	返回特殊值
插入	add(e)	offer(e)
删除	remove()	poll()
检查	element()	peek()

其中,element 和 peek 方法可以得到队首的元素,但不删除该元素。

前面已经讲过,LinkedList 类也实现了 Queue 接口(实际上实现的是 Queue 的子接口 Deque)。代码 13.19 使用 LinkedList 类演示了 Queue 接口的用法。

代码 13.19 UseQueue.java

```java
import java.util.Queue;
import java.util.LinkedList;

public class UseQueue {
    public static void main(String[] args) {
        Queue<Integer> q = new LinkedList<Integer>();
        q.offer(11);
        q.offer(22);
        q.offer(33);
        System.out.println(q);
        System.out.println(q.peek());
        System.out.println(q.poll());
        System.out.println(q.poll());
        System.out.println(q);
    }
}
```

程序的运行结果为:

```
[11, 22, 33]
11
```

```
11
22
[33]
```

当队列为空时,调用 poll 方法,返回 null;如果是调用 remove 方法,则会抛出 NoSuchElementException。

13.6.2 PriorityQueue 类

如果总是按照排队的先后顺序来处理事情,那么工作起来就会有条不紊。然而,现实并非总是如此,突发的紧急事件可能会不期而至,如果这些紧急事件依然按照队列规则排在队尾,等候顺序处理,那么可能会影响工作,严重的话可能会影响整个系统的运营。

真实世界的事情是有优先级的,我们得优先处理高优先级的事情。PriorityQueue 类是 Java 提供的一个带有优先级排序的队列。当我们向队列中放入一个元素时,它会根据优先级进行排序,以保证我们使用 poll 一类的方法获取队首的元素是优先级最高的元素。

在 PriorityQueue 中存储的元素需要实现 Comparable 接口,或者在构造 PriorityQueue 对象时,传递一个实现了 Comparator 接口的比较器对象。这样,优先级队列才知道如何对元素进行排序。

下面我们以事件为例,定义一个 Event 类,类中有一个 int 类型的实例变量 level,表示事件的级别,级别高的事件应该得到优先处理,默认的事件级别是 5。Event 类实现了 Comparable 接口,compareTo 方法根据 level 的值给出排序规则,如代码 13.20 所示。

代码 13.20　UsePriorityQueue.java

```java
import java.util.Queue;
import java.util.PriorityQueue;
import java.util.Iterator;

class Event implements Comparable<Event> {
  private static final int DEFAULT_LEVEL = 5;
    private int level;
    private String message;

    public Event(String message){
        this(DEFAULT_LEVEL, message);
    }
    public Event(int level, String message){
        this.level = level;
        this.message = message;
    }
    public String toString(){
        return level + " : " + message;
    }
    public int compareTo(Event o){
        return o.level - this.level;
    }
}
public class UsePriorityQueue {
    public static void printQueue(Queue q){
        for(Object o : q){
```

```java
            System.out.println(o);
        }
    }
    public static void main(String[] args) {
        Queue<Event> queue = new PriorityQueue<Event>();
        queue.offer(new Event("开机"));
        queue.offer(new Event(3, "日常维护"));
        queue.offer(new Event("备份"));

        System.out.println("队列中的事件有：");
        Iterator<Event> it = queue.iterator();
        while(it.hasNext()){
            System.out.println(it.next());
        }

        System.out.println("-------有紧急事件发生-------");
        queue.offer(new Event(10, "着火了"));
        while(queue.peek() != null)
            System.out.println(queue.poll());
    }
}
```

程序运行的结果为：

```
队列中的事件有：
5 ：开机
3 ：日常维护
5 ：备份
-------有紧急事件发生-------
10 ：着火了
5 ：开机
5 ：备份
3 ：日常维护
```

从输出结果中可以看到：（1）在使用迭代器遍历优先级队列中的元素时，并不是以排序后的顺序来遍历的，而以添加元素的顺序进行遍历。这也提醒了我们，如果要利用优先级队列的特性，在获取元素时就不要使用迭代器。如果想要按顺序进行遍历，那么可以先将优先级队列转换为数组，对数组进行排序后再遍历，例如：Arrays.sort(queue.toArray())。（2）在使用 poll 方法获取队首元素时，可以看到获取的元素确实是排序后的元素。这里也用到了一个小技巧，peek 方法不会删除队列中的元素，当队列为空时，该方法返回 null，所以可以通过对该方法的返回值进行判断来循环获取并删除队列中的元素。

13.6.3 Deque 接口

Deque 是 Double Ended Queue（双端队列）的缩写。Deque 接口继承自 Queue 接口，支持在队列的两端插入和删除元素。

在 Deque 接口中定义了在双端队列两端访问元素的方法，这些方法都有两种形式：一种是在操作失败时抛出异常，另一种是返回特殊值（根据操作的不同，可以是 null 或 false）。表 13-2 列出了这些方法。

表 13-2 Deque 接口中定义的方法

操作	第一个元素（头部）		最后一个元素（尾部）	
	抛出异常	特殊值	抛出异常	特殊值
插入	addFirst(e)	offerFirst(e)	addLast(e)	offerLast(e)
删除	removeFirst()	pollFirst()	removeLast()	pollLast()
检查	removeFirst()	peekFirst()	getLast()	getLast()

前面已经讲过 LinkedList 类实现了 Deque 接口。代码 13.21 使用 LinkedList 类演示了 Deque 接口的用法。

代码 13.21 UseDeque.java

```
import java.util.Deque;
import java.util.LinkedList;

public class UseDeque {
    public static void main(String[] args) {
        Deque<Integer> dq = new LinkedList<Integer>();
        for(int i = 0; i < 10; i++)
            dq.addFirst(i);
        for(int i = 11; i < 15; i++)
            dq.addLast(i);
        System.out.println(dq);
        System.out.println(dq.getFirst());
        System.out.println(dq.getLast());
        System.out.println(dq.removeFirst());
        System.out.println(dq.removeLast());
        System.out.println(dq);
    }
}
```

程序运行的结果为：

```
[9, 8, 7, 6, 5, 4, 3, 2, 1, 0, 11, 12, 13, 14]
9
14
9
14
[8, 7, 6, 5, 4, 3, 2, 1, 0, 11, 12, 13]
```

13.7 Collections 类

Arrays 类提供了对数组进行操作的静态方法，与此类似，java.util.Collections 类提供了对集合操作的静态方法，让我们可以很轻松地完成如排序、搜索等功能。

13.7.1 排序集合中的元素

在 Collections 类中给出了静态的 sort 方法，用于对 List 类型的集合进行排序。集合中的元素要求实现 Comparable 接口，或者在调用 sort 方法时，传入一个实现了 Comparator 接口的比较器对象。

代码 13.22 使用了两种方式调用 sort 方法对列表中的元素进行排序。

代码 13.22　　SortList.java

```java
import java.util.List;
import java.util.ArrayList;
import java.util.Arrays;
import java.util.Collections;
import java.util.Comparator;

class Student{
    private int no;
    private String name;

    public Student(int no, String name){
        this.no = no;
        this.name = name;
    }
    public String toString(){
        return no + " " + name;
    }

    public static class StudentComparator implements Comparator<Student>{
        public int compare(Student stu1, Student stu2){
            return stu1.no > stu2.no ? 1 : (stu1.no < stu2.no ? -1 : 0);
        }
    }
}

public class SortList{
    public static void main(String[] args) {
        List<Integer> list = Arrays.asList(1, 5, 9, 1, 4, 3, 7);
        Collections.sort(list);
        System.out.println(list);

        List<Student> stuList = new ArrayList<Student>();
        stuList.add(new Student(2, "zhangsan"));
        stuList.add(new Student(1, "lisi"));
        stuList.add(new Student(3, "wangwu"));
        Collections.sort(stuList, new Student.StudentComparator());
        System.out.println(stuList);
    }
}
```

程序运行的结果为：

```
[1, 1, 3, 4, 5, 7, 9]
[1 lisi, 2 zhangsan, 3 wangwu]
```

代码本身很简单，就不过多地讲述了。唯一需要提醒读者的是，基本数据类型对应的封装都实现了 Comparable 接口，因此这些类的对象都是可排序的。

13.7.2 获取最大和最小元素

Collections 类中给出了静态的 max 和 min 方法，顾名思义，它们可以从一个集合中获取最大值和最小值。要注意的是，调用这两个方法需要容器中的元素是可比较的元素。下面是 max 和 min 方法的签名。

- public static <T extends Object & Comparable<? super T>> T max(Collection<? extends T> coll)
- public static <T> T max(Collection<? extends T> coll, Comparator<? super T> comp)
- public static <T extends Object & Comparable<? super T>> T min(Collection<? extends T> coll)
- public static <T> T min(Collection<? extends T> coll, Comparator<? super T> comp)

这些方法都是泛型方法，看起来很复杂，其实只要我们把一对尖括号（<>）及其中的内容去掉，再把 T 当成 Object 类型就很容易理解了，如下所示：

- static Object max(Collection coll)
- static Object max(Collection coll, Comparator comp)
- static Object min(Collection coll)
- static Object min(Collection coll, Comparator comp)

代码 13.23 演示了 max 和 min 方法的用法，Student 类使用上一节代码 13.22 中的 Student 类，这里就不重复了。

代码 13.23　MaxMinList.java

```java
import java.util.List;
import java.util.ArrayList;
import java.util.Arrays;
import java.util.Collections;

public class MaxMinList{
    public static void main(String[] args) {
        List<Integer> list = Arrays.asList(1, 5, 9, 12, 4, 3, 7);

        System.out.println("list 中最大的元素是: " + Collections.max(list));
        System.out.println("list 中最小的元素是: " + Collections.min(list));

        List<Student> stuList = new ArrayList<Student>();
        stuList.add(new Student(2, "zhangsan"));
        stuList.add(new Student(1, "lisi"));
        stuList.add(new Student(3, "wangwu"));
        System.out.println("stuList 中最大的元素是: "
            + Collections.max(stuList, new Student.StudentComparator()));
        System.out.println("stuList 中最小的元素是: "
            + Collections.min(stuList, new Student.StudentComparator()));

    }
}
```

程序运行的结果为:

```
list 中最大的元素是: 12
list 中最小的元素是: 1
stuList 中最大的元素是: 3 wangwu
stuList 中最小的元素是: 1 lisi
```

13.7.3 在集合中搜索

在 Collections 类中给出了静态的 binarySearch 方法,用于在 List 集合中搜索元素的位置。与 Arrays 类的 binarySearch 方法的规则一样:列表中的元素必须是已经排好序的,且元素必须实现了 Comparable 接口,或者在调用 binarySearch 方法时,传入一个实现了 Comparator 接口的比较器对象。

代码 13.24 演示了 binarySearch 方法的用法,Student 类使用代码 13.22 中的 Student 类,这里就不重复了。

代码 13.24　SearchList.java

```java
import java.util.List;
import java.util.ArrayList;
import java.util.Arrays;
import java.util.Collections;

public class SearchList{
    public static void main(String[] args) {
        List<Integer> list = Arrays.asList(1, 5, 9, 12, 4, 3, 7);
        Collections.sort(list);
        System.out.println(list);

        int pos = Collections.binarySearch(list, 5);
        System.out.println("元素 5 在 list 中的索引位置是: " + pos);

        List<Student> stuList = new ArrayList<Student>();
        stuList.add(new Student(2, "zhangsan"));
        stuList.add(new Student(1, "lisi"));
        stuList.add(new Student(3, "wangwu"));
        Collections.sort(stuList, new Student.StudentComparator());
        System.out.println(stuList);

        pos = Collections.binarySearch(stuList,
            new Student(3, "wangwu"), new Student.StudentComparator());
        System.out.println("学生 wangwu 在 stuList 中的索引位置是: " + pos);
    }
}
```

程序运行的结果为:

```
[1, 3, 4, 5, 7, 9, 12]
元素 5 在 list 中的索引位置是: 3
[1 lisi, 2 zhangsan, 3 wangwu]
学生 wangwu 在 stuList 中的索引位置是: 2
```

> **题外话** 从一个 List 集合中搜索元素，使用 ArrayList 的效率要比使用 LinkedList 的效率要高一些，其原因是 LinkedList 使用链表来保存元素，这样就导致访问指定元素的速度不如数组。

13.7.4 获取包装器集合

在 Collections 类中，还给出了一些返回包装器集合的方法，例如 unmodifiable* 系列方法返回指定集合不可修改的视图，如下所示：

- public static <T> Collection<T> unmodifiableCollection(Collection<? extends T> c)
- public static <T> List<T> unmodifiableList(List<? extends T> list)
- public static <K,V> Map<K,V> unmodifiableMap(Map<? extends K,? extends V> m)
- public static <T> Set<T> unmodifiableSet(Set<? extends T> s)
- public static <K,V> SortedMap<K,V> unmodifiableSortedMap(SortedMap<K,? extends V> m)
- public static <T> SortedSet<T> unmodifiableSortedSet(SortedSet<T> s)

可以看到，这些方法返回的都是某个集合接口的对象，通过这些方法得到的不可修改集合，实际上是对接口进行包装后的一个对象，所以只能调用接口中定义的方法，操作的数据源仍然是原始集合类对象中的数据，这样的集合称为视图。

这种包装技术的实现并不复杂，只要满足以下几个要点就可以了。

（1）写一个包装类和原始集合实现相同的接口。
（2）包装类的构造方法需要接受一个原始集合类对象。
（3）接口的实现方法将调用请求转发给原始集合类对象的同名方法。
（4）对于不支持的方法调用，抛出 UnsupportedOperationException。

下面给出 unmodifiableCollection 方法和包装类的部分源代码，供读者参考学习，如代码 13.25 所示。

代码 13.25 unmodifiableCollection 方法的实现

```java
public static <T> Collection<T> unmodifiableCollection(Collection<? extends T> c) {
    return new UnmodifiableCollection<>(c);
}

static class UnmodifiableCollection<E> implements Collection<E>, Serializable {
    ...
    final Collection<? extends E> c;

    UnmodifiableCollection(Collection<? extends E> c) {
        if (c==null)
            throw new NullPointerException();
        this.c = c;
    }

    public int size()                   {return c.size();}
    public boolean isEmpty()            {return c.isEmpty();}
    public boolean contains(Object o)   {return c.contains(o);}
```

```java
        public Object[] toArray()                  {return c.toArray();}
        public <T> T[] toArray(T[] a)              {return c.toArray(a);}
        public <T> T[] toArray(IntFunction<T[]> f) {return c.toArray(f);}
        public String toString()                   {return c.toString();}

        public Iterator<E> iterator() {
            return new Iterator<E>() {
                private final Iterator<? extends E> i = c.iterator();

                public boolean hasNext() {return i.hasNext();}
                public E next()          {return i.next();}
                public void remove() {
                    throw new UnsupportedOperationException();
                }
                ...
            };
        }

        public boolean add(E e) {
            throw new UnsupportedOperationException();
        }
        public boolean remove(Object o) {
            throw new UnsupportedOperationException();
        }
        ...
    }
```

除了 unmodifiable* 系列方法外，还有 synchornized* 系列方法，用于返回线程安全的集合。java.util 包中的集合类都不是线程安全的，如果一个线程在向集合中添加元素时，另一个线程也同时在访问该集合，那么结果是不可预料的。如果在多线程环境下使用集合，则可以调用 synchornized* 系列方法得到一个同步版本的集合对象。synchornized* 系列的方法如下所示：

- public static <T> Collection<T> synchronizedCollection(Collection<T> c)
- public static <T> List<T> synchronizedList(List<T> list)
- public static <K,V> Map<K,V> synchronizedMap(Map<K,V> m)
- public static <T> Set<T> synchronizedSet(Set<T> s)
- public static <K,V> SortedMap<K,V> synchronizedSortedMap(SortedMap<K,V> m)
- public static <T> SortedSet<T> synchronizedSortedSet(SortedSet<T> s)

synchornized* 系列方法的实现机制与 unmodifiable* 系列方法是一样的。

要注意的是，返回的视图只是对集合接口中的方法访问进行了同步，如果使用迭代器访问集合中的元素，则需要自己手动进行同步。

关于多线程的知识，请读者参看第 17 章。

13.8 再探 Comparator 接口

java.util.Comparator 接口在 Java 8 发布时做了重大改变，增加了很多静态方法和默认方法，让我们不用实现 Comparator 接口就可以得到比较器对象。同时在 java.util.List 接口中增加了 sort(Comparator<? super E> c) 方法，使用比较器对象对列表中的元素进行排序。这样，就不需要使用Collections类来对列表进行排序了。

下面两个方法可以得到按自然顺序比较Comparable对象的比较器。

- Static <T extends Comparable<? super T>> Comparator<T> naturalOrder()

得到升序排序的比较器对象。

- static <T extends Comparable<? super T>> Comparator<T> reverseOrder()

得到降序排序的比较器对象。

例如：

```
List<Integer> list = Arrays.asList(5, 3, 1, 6, 4, 9);
list.sort(Comparator.naturalOrder());
System.out.println(list);

list.sort(Comparator.reverseOrder());
System.out.println(list);
```

输出结果为：

```
[1, 3, 4, 5, 6, 9]
[9, 6, 5, 4, 3, 1]
```

如果要根据对象的int、long或者double类型的属性进行排序，则可以调用如下的方法来得到比较器对象。

- static <T> Comparator<T> comparingInt(ToIntFunction<? super T> keyExtractor)
- static <T> Comparator<T> comparingLong(ToLongFunction<? super T> keyExtractor)
- static <T> Comparator<T> comparingDouble(ToDoubleFunction<? super T> keyExtractor)

这三个方法接受一个从类型T提取int、long或者double排序键的函数，并返回根据这个排序键进行比较的Comparator对象。

有时候需要同时对对象的两个或者多个int、long或者double类型的属性进行排序，某些属性还需要进行降序排列，那么可以以方法链调用的形式串联调用如下的默认方法。

- default Comparator<T> thenComparingInt(ToIntFunction<? super T> keyExtractor)
- default Comparator<T> thenComparingLong(ToLongFunction<? super T> keyExtractor)
- default Comparator<T> thenComparingDouble(ToDoubleFunction<? super T> keyExtractor)
- default Comparator<T> reversed()

如果要对对象任意类型的属性（必须实现了Comparable接口）进行排序，则可以调用下面的方法：

- static <T,U extends Comparable<? super U>> Comparator<T> comparing (Function<? super T,? extends U> keyExtractor)

  接受一个从类型T中提取实现了Comparable接口的排序键的函数，并返回根据这个排序键进行比较的Comparator对象。

我们看代码13.26。

代码13.26 UseComparator.java

```
import java.util.List;
import java.util.ArrayList;
import java.util.Comparator;

class Person{
```

```java
    private String name;
    private int age;
    private int salary;

    public Person(String name, int age, int salary){
        this.name = name;
        this.age = age;
        this.salary = salary;
    }

    public String getName(){
        return name;
    }

    public int getAge(){
        return age;
    }

    public int getSalary(){
        return salary;
    }

    public String toString(){
        return String.format("(name-%s | age-%d | salary-%d)", name, age, salary);
    }
}

public class UseComparator{
    public static void main(String[] args){
        List<Person> list = new ArrayList<Person>();
        list.add(new Person("zhangsan", 25, 3000));
        list.add(new Person("lisi", 30, 5000));
        list.add(new Person("wangwu", 22, 3000));
        list.add(new Person("zhaoliu", 26, 4000));

        // 先以年龄排序（升序），再以薪水排序（升序）
        list.sort(
            Comparator.comparingInt(Person::getAge)
                    .thenComparingInt(Person::getSalary));
        System.out.println(list);
        System.out.println();

        // 先以薪水排序（降序），再以年龄排序（升序）
        list.sort(
            Comparator.comparingInt(Person::getSalary)
                    .reversed()
                    .thenComparingInt(Person::getAge));
        System.out.println(list);
        System.out.println();

        // 先以姓名排序（升序），再以年龄排序（升序）
        list.sort(
```

```
            Comparator.comparing(Person::getName)
                    .thenComparingInt(Person::getAge));
        System.out.println(list);
    }
}
```

程序运行的结果为:

```
[(name-wangwu | age-22 | salary-3000), (name-zhangsan | age-25 | salary-3000),
(name-zhaoliu | age-26 | salary-4000), (name-lisi | age-30 | salary-5000)]

[(name-lisi | age-30 | salary-5000), (name-zhaoliu | age-26 | salary-4000),
(name-wangwu | age-22 | salary-3000), (name-zhangsan | age-25 | salary-3000)]

[(name-lisi | age-30 | salary-5000), (name-wangwu | age-22 | salary-3000),
(name-zhangsan | age-25 | salary-3000), (name-zhaoliu | age-26 | salary-4000)]
```

13.9 深入 Map 类型

Map 称为映射,是集合框架中独立的一个分支,用于保存键值对数据,但不能包含重复的键(key)。

13.9.1 Map 接口

Map 接口定义了对映射进行操作的方法,常用的方法如下所示:

- V get(Object key)
  返回 key 映射的值,如果当前映射中不包含 key 的映射关系,则返回 null。
- V put(K key, V value)
  将 value 与当前映射中的 key 关联。
- void putAll(Map<? extends K,? extends V> m)
  从给定映射中将所有映射关系复制到当前映射中。
- default V replace(K key, V value)
  看见 default,我们就知道这是 Java 8 新增的方法。在映射中,如果 key 已经存在映射关系,则用 value 替换旧的值,然后返回旧的值。如果不存在 key 的映射关系,则返回 null。这与 put 方法有所区别,若 put 不存在映射关系,则添加一个映射关系;如果存在映射关系,则替换。
- default boolean replace(K key, V oldValue, V newValue)
  Java 8 新增的方法。如果当前映射中存在 key 与 oldValue 的映射关系,则用 newValue 替换 oldValue。
- V remove(Object key)
  在映射中删除 key 的映射关系,然后返回 key 关联的 value。如果映射中不存在 key 的映射关系,则返回 null。
- default boolean remove(Object key, Object value)
  Java 8 新增的方法。若当前映射中存在 key 与 value 的映射关系,则删除。

- void clear()
  删除映射中所有的映射关系。
- int size()
  返回当前映射中键-值映射的数量。
- boolean isEmpty()
  判断当前映射中是否存在映射关系。
- boolean containsKey(Object key)
  判断当前映射中是否存在 key 的映射关系。
- boolean containsValue(Object value)
  判断当前映射中是否有一个键或多个键映射到 value。
- Set<K> keySet()
  返回当前映射中包含的所有 key 的 Set 视图。
- Collection<V> values()
  返回当前映射中包含的所有 value 的 Collection 视图。
- Set<Map.Entry<K,V>> entrySet()
  返回当前映射中包含的所有键值对的 Set 视图。Map.Entry 是映射项，即键值对，其中的方法 getKey 得到键，getValue 得到值。
- default void forEach(BiConsumer<? super K,? super V> action)
  Java 8 新增的方法，遍历映射中的键值对。

虽然 Map 接口中的方法有些多，但是并不复杂，结合后面的应用案例，就能轻松地掌握了。

13.9.2　Map 的工作原理

求知欲旺盛的读者可能会对映射如何维护键值对感兴趣，在不同的应用场景下，实现方式会有所不同。这里我们给出一个简单的实现，给读者一些启发，当然，这个简单的实现并没有实现 Map 接口。代码如 13.27 所示。

代码 13.27　MyMap.java

```
import java.util.List;
import java.util.ArrayList;

public class MyMap<K, V> {
    private class Pair<K, V> {
        public K key;
        public V value;
        public Pair(K key, V value){
            this.key = key;
            this.value = value;
        }
    }
    private List<Pair<K, V>> elements;
    private int size;

    public MyMap(int length){
        elements = new ArrayList<Pair<K, V>>(length);
        size = 0;
```

```java
    }
    public int size(){ return size; }
    public void put(K key, V value){
        for(int i = 0; i < size - 1; i++){
            if(elements.get(i).key.equals(key)){
                elements.get(i).value = value;
                return;
            }
        }
        elements.add(new Pair<K, V>(key, value));
        size = elements.size();
    }
    public V get(K key){
        for(int i = 0; i < size; i++){
            if(elements.get(i).key.equals(key)){
                return elements.get(i).value;
            }
        }
        return null;
    }

    public String toString(){
        StringBuilder strb = new StringBuilder();
        strb.append("[");
        for(int i=0; i<size - 1; i++){
            Pair<K, V> p = elements.get(i);
            strb.append(p.key);
            strb.append(":");
            strb.append(p.value);
            strb.append(", ");
        }

        Pair<K, V> p = elements.get(size-1);
        if(p != null){
            strb.append(p.key);
            strb.append(":");
            strb.append(p.value);
        }
        strb.append("]");
        return strb.toString();
    }

    public static void main(String[] args) {
        MyMap<Integer, String> myMap = new MyMap<Integer, String>(10);
        myMap.put(1, "one");
        myMap.put(2, "two");
        myMap.put(3, "three");
        myMap.put(4, "four");
        System.out.println(myMap);
        myMap.put(5, "five");
        System.out.println(myMap);
        System.out.println("size: " + myMap.size());
        System.out.println("3 映射的值是: " + myMap.get(3));
        System.out.println("6 映射的值是: " + myMap.get(6));
    }
}
```

在这个例子中，我们使用内部类 Pair 来保存键值对。由于不能直接实例化泛型数组，所以为了简单起见，我们使用了 ArrayList 来保存键值对数据。对于映射来说，put 和 get 方法是最常用的方法，因此我们对这两个方法给出了实现。

程序运行的结果为：

```
[1:one, 2:two, 3:three, 4:four]
[1:one, 2:two, 3:three, 4:four, 5:five]
size: 5
3 映射的值是：three
6 映射的值是：null
```

本例给出的映射实现是非常简单的，其目的是让读者对映射的工作原理有所了解。如果读者想深入学习 Map 的实现机制，可以查看 Java 类库中的 HashMap 和 TreeMap 的源代码。

13.9.3　HashMap

HashMap 是基于哈希表的 Map 接口实现（用 key 来调用哈希函数计算存储位置），因此在 get 和 put 操作时性能是稳定的。可以通过调整 HashMap 的初始容量和负载因子来调整 HashMap 的性能。

HashMap 类允许使用 null 值和 null 键。

HashMap 类中的方法基本就是 Map 接口中定义的方法，代码 13.28 演示了 HashMap 类的用法。

代码 13.28　UseHashMap.java

```java
import java.util.Map;
import java.util.HashMap;
import java.util.Collection;
import java.util.Set;

public class UseHashMap{
    public static void main(String[] args){
        Map<Integer, String> map = new HashMap<Integer, String>();
        map.put(1, "one");
        map.put(2, "two");
        map.put(3, "three");
        map.put(4, "four");
        System.out.printf("key = %d, value = %s%n", 3, map.get(3));

        Set<Integer> keys = map.keySet();
        System.out.println("映射中的键都有：");
        for(Integer key : keys){
            System.out.printf("%d\t", key);
        }
        System.out.println();

        Collection<String> values = map.values();
        System.out.println("映射中的值都有：");
        for(String value : values){
            System.out.printf("%s\t", value);
        }
        System.out.println();
```

```java
        System.out.println("映射中的键值对都有：");
        Set<Map.Entry<Integer, String>> entries = map.entrySet();
        for(Map.Entry entry : entries){
            System.out.printf("%d:%s\t", entry.getKey(), entry.getValue());
        }
        System.out.println();

        System.out.println("遍历映射中的键值对：");
        map.forEach((key, value) -> System.out.printf("%d:%s\t", key,value));
    }
}
```

程序运行的结果为：

```
key = 3, value = three
映射中的键都有：
1    2    3    4
映射中的值都有：
one    two    three    four
映射中的键值对都有：
1:one    2:two    3:three    4:four
遍历映射中的键值对：
1:one    2:two    3:three    4:four
```

13.9.4　TreeMap

TreeMap 使用了红黑树（Red-Black tree）数据结构来保存元素（键值对）。与 TreeSet 类似，TreeMap 实现了 SortedMap 接口，基于 key 对元素进行排序，这要求映射中的键需要实现 Comparable 接口，或者在构造 TreeMap 对象时，传递一个实现了 Comparator 接口的比较器对象。

与 TreeSet 类似，TreeMap 中也给出 headMap、tailMap 和 subMap 方法，用于获取映射的部分视图。

代码 13.29 演示了 TreeMap 类的用法。

代码 13.29　UseTreeMap.java

```java
import java.util.TreeMap;

public class UseTreeMap {
    public static void main(String[] args) {
        TreeMap<Integer, String> tm = new TreeMap<Integer, String>();
        tm.put(6, "six");
        tm.put(2, "two");
        tm.put(5, "five");
        tm.put(1, "one");
        tm.put(4, "four");
        tm.put(3, "three");

        System.out.println("TreeMap 中的所有元素：" + tm);

        System.out.println("TreeMap 中的第一个 key 是：" + tm.firstKey());
```

```java
        System.out.println("TreeMap 中的第一个元素是：" + tm.firstEntry());
        System.out.println("TreeMap 中的最后一个 key 是：" + tm.lastKey());
        System.out.println("TreeMap 中的最后一个元素是：" + tm.lastEntry());
        System.out.println("TreeMap 中 key 小于 4 的部分视图：" + tm.headMap(4));
        System.out.println("TreeMap 中 key 大于等于 4 的部分视图：" + tm.tailMap(4));
        System.out.println("TreeMap 中 key 从 2 到 5（不包括 5）的部分视图：" + tm.subMap(2, 5));
    }
}
```

程序的运行结果为：

```
TreeMap 中的所有元素：{1=one, 2=two, 3=three, 4=four, 5=five, 6=six}
TreeMap 中的第一个 key 是：1
TreeMap 中的第一个元素是：1=one
TreeMap 中的最后一个 key 是：6
TreeMap 中的最后一个元素是：6=six
TreeMap 中 key 小于 4 的部分视图：{1=one, 2=two, 3=three}
TreeMap 中 key 大于等于 4 的部分视图：{4=four, 5=five, 6=six}
TreeMap 中 key 从 2 到 5（不包括 5）的部分视图：{2=two, 3=three, 4=four}
```

13.9.5 LinkedHashMap

与 HashSet 类似，HashMap 也不保存元素插入时的顺序，如果想保留元素插入时的顺序，可以使用 LinkedHashMap。这个类是 HashMap 的子类，内部采用链表将所有的元素连接起来，这样就可以保留元素插入时的顺序。

LinkedHashMap 与 HashMap 中的方法大部分是一致的，只是底层的实现不同。代码 13.30 演示了 LinkedHashMap 与 HashMap 对元素的插入顺序在处理方式上的不同。

代码 13.30　UseLinkedHashMap.java

```java
import java.util.HashMap;
import java.util.LinkedHashMap;
import java.util.Set;
import java.util.Map;

public class UseLinkedHashMap {
    public static void main(String[] args) {
        HashMap<String, Integer> hm = new HashMap<String, Integer>();
        hm.put("one", 1);
        hm.put("two", 2);
        hm.put("three", 3);
        hm.put("four", 4);

        System.out.println("迭代时，HashMap 中元素输出的顺序：");
        Set<Map.Entry<String, Integer>> entries = hm.entrySet();
        for(Map.Entry<String, Integer> entry : entries){
            System.out.println(entry);
        }

        System.out.println("--------------------------------");
```

```java
        LinkedHashMap<String, Integer> lhm = new LinkedHashMap<String, Integer>();
        lhm.put("one", 1);
        lhm.put("two", 2);
        lhm.put("three", 3);
        lhm.put("four", 4);

        System.out.println("迭代时,LinkedHashMap 中元素输出的顺序: ");
        entries = lhm.entrySet();
        for(Map.Entry<String, Integer> entry : entries){
            System.out.println(entry);
        }
    }
}
```

程序运行的结果为:

```
迭代时,HashMap 中元素输出的顺序:
four=4
one=1
two=2
three=3
------------------------------------
迭代时,LinkedHashMap 中元素输出的顺序:
one=1
two=2
three=3
four=4
```

13.9.6 Map 性能测试

我们主要测试 HashMap、TreeMap 和 LinkedHashMap 这三个类的 put 和 get 操作的性能,以及调用 entrySet 得到的 Set 视图的迭代性能。

仍然使用 13.4.3 节编写的测试框架,如代码 13.31 所示。

代码 13.31　TestMap.java

```java
import java.util.Map;
import java.util.HashMap;
import java.util.TreeMap;
import java.util.LinkedHashMap;
import java.util.Set;

interface Test {
    void test();
}
class Tester {
    public static long runTest(Test t){
        long start = System.nanoTime();
        t.test();
        long end = System.nanoTime();
        return end - start;
```

```java
            }
        }
        public class TestMap{
            public static <E> void testSuite(Map<Integer, String> map){
                long putTime, getTime, iterateTime;
                System.out.println("count\tputTime\tgetTime\titerateTime");

                // 向映射中添加 1000 个元素
                putTime = Tester.runTest(new Test(){
                    public void test(){
                        for(int i = 0; i < 1000; i++){
                            map.put(i, "string");
                        }
                    }
                });

                // 依次访问 1000 个元素
                getTime = Tester.runTest(new Test(){
                    public void test(){
                        for(int i = 0; i < 1000; i++){
                            map.get(i);
                        }
                    }
                });

                //
                iterateTime = Tester.runTest(new Test(){
                    public void test(){
                        Set<Map.Entry<Integer, String>> entries = map.entrySet();
                        for(Map.Entry<Integer, String> entry : entries){
                            Integer key = entry.getKey();
                            String value = entry.getValue();
                        }
                    }
                });

                System.out.printf("%d\t%d\t%d\t%d\n",
                    1000, putTime, getTime, iterateTime);
            }

            public static void main(String[] args) {
                HashMap<Integer, String> hm = new HashMap<Integer, String>();
                TreeMap<Integer, String> tm = new TreeMap<Integer, String>();
                LinkedHashMap<Integer, String> lhm = new LinkedHashMap<Integer, String>();
                System.out.println("Test HashMap:");
                testSuite(hm);
                System.out.println("----------------------------------------");
                System.out.println("Test TreeMap:");
                testSuite(tm);
                System.out.println("----------------------------------------");
                System.out.println("Test LinkedHashMap:");
```

```
            testSuite(lhm);
    }
}
```

程序运行的结果为：

```
Test HashMap:
count    putTime getTime iterateTime
1000     395152  421381  530861
----------------------------------------
Test TreeMap:
count    putTime  getTime  iterateTime
1000     3970338  1952382  1081109
----------------------------------------
Test LinkedHashMap:
count    putTime getTime iterateTime
1000     780040  815963  1341693
```

从测试结果来看，HashMap 的性能要优于 TreeMap 和 LinkedHashMap。因此，只有在需要排序功能的时候，才使用 TreeMap。由于 LinkedHashMap 增加了维护链表的额外开销，因此其性能较差，但是如果元素添加的顺序对你而言很重要，那么可以使用 LinkedHashMap。

13.10 遗留的集合

Java 集合框架是在 Java 1.2 版本中加入的，但保留了 Java 1.0/1.1 中的集合接口和类，包括 Enumeration 接口、Vector、Stack、Hashtable、Properties 和 BitSet 类，它们也都位于 java.util 包中。

下面我们对这些接口与类做简单介绍。

13.10.1 Enumeration 接口

Enumeration 接口是遗留的集合对象在遍历元素时使用的接口，该接口在新的集合框架中已经被 Iterator 接口所替代。在 Enumeration 接口中只定义了两个方法，如下所示：

- boolean hasMoreElements()
  判断枚举中是否有更多的元素。
- E nextElement()
  如果在枚举对象中至少还有一个可提供的元素，则返回此枚举的下一个元素。

在一般情况下，我们是用不到这个接口的，不过在使用 Properties 类时，偶尔也会用到该接口。

> 提示：Java 9 在 Enumeration 接口中新增了一个 asIterator 默认方法，该方法返回一个 Iterator 对象。简单来说，就是让你可以将枚举转换为迭代器对象来使用。

13.10.2 Vector 类

在 Java 1.2 发布时，Vector 类被修改为实现 List 接口，这样让它也成为了 Java 集合框架中的一员。由于 Vector 类实现了 List 接口，自然可以把它当作列表来操作。

与 Vector 类相对应的是 ArrayList 类，它们实现的功能大多是重复的，但 Vector 类毕竟是历史遗留的产物，因此应该优先选择 ArrayList 类。

不过，Vector 类是线程安全的，在并发访问的场景下，可以使用 Vector 类，它比 Collections 类的 synchronizedList 方法返回的同步列表对同步的支持更完善，迭代器也支持同步。

13.10.3　Stack 类

Stack 类继承自 Vector 类，定义了栈这种数据结构的操作方法。如果需要栈这种数据结构，那么貌似使用 Stack 类会更合适，然而由于 Stack 类继承了 Vector 类的方法，因此你也可以不按照栈的要求去入栈和出栈，而是随意访问元素和向栈中任意位置添加元素（Vector 类中定义了这样的方法），这就破坏了栈这种数据结构的约定了。因此如果需要栈这种结构的话，那么建议自己编写一个栈的实现，就如同我们在 13.4.2 节中实现的栈一样。当然，如果在程序中，你只是自己使用，并不会和他人协作，那么为了简便，直接使用 Stack 类也没问题，毕竟你自己清楚应该如何使用栈。

13.10.4　Hashtable 类

在 Java 1.2 发布时，Hashtable 类被修改为实现 Map 接口，这样让它也成为 Java 集合框架中的一员。与 Hashtable 类对应的是 HashMap 类，在这个遗留类中另外有两个方法可以获取映射中的所有键和值，不过都是以枚举的形式返回的，如下所示：

- public Enumeration<K> keys()
  返回当前哈希表中的键的枚举。
- public Enumeration<V> elements()
  返回当前哈希表中的值的枚举。

与 Vector 和 ArrayList 的情况类似，通常都不需要去考虑 Hashtable 类，而总是使用 HashMap，不过，Hashtable 是线程安全的，在并发访问的场景下可以使用它，它比 Collections 类的 synchronizedMap 方法返回的同步 Map 对同步的支持更完善。

13.10.5　Properties 类

Properties 类继承自 Hashtable，它是唯一一个在现有程序中仍然在使用的遗留类，这得益于 Java 程序中属性的普遍使用。属性由属性名和属性值组成（键值对），属性名和值都是字符串形式，可以由运行时环境传入，也可以保存到属性文件中在程序中进行读取。

Properties 类表示一个持久的属性集，可以保存到流中或从流中加载，属性列表中的每个键及其对应值都是一个字符串，还要看其与 Java 属性描述完美契合，所以在访问属性时，就会使用 Properties 类。

在 System 类中有一个静态方法 getProperties，用于得到当前的系统属性，该方法返回一个 Properties 对象。Properties 类中有一个 list 方法，用于将属性列表打印到指定的输出流中。下面的代码将当前的系统属性打印到标准输出设备中。

```
Properties pps = System.getProperties();
pps.list(System.out);
```

读者可以把上面的两句代码记下来，一旦需要查看当前的系统属性时，就可以使用上述代码。

Properties 类中的 load 方法可以从一个输入流中读取属性列表，getProperty 方法和 setProperty 方法可以获取和设置某个属性的值，propertyNames 方法可以得到属性列表中所有键的枚举。这四个方法如下所示：

- public void load(InputStream inStream) throws IOException
- public String getProperty(String key)
- public Object setProperty(String key, String value)
- public Enumeration<?> propertyNames()

在程序中经常会用到一些配置信息，简单的程序可以选择将配置信息保存到属性文件中，使用 Properties 类来加载并解析配置信息。在 10.5.2 节介绍资源包的时候，我们已经介绍过属性文件的格式，一行保存一个键值对，键和值之间用等号（=）分隔。

下面我们给出一个示例，来看看 Properties 类的用法。

首先创建一个.properties 的文件，如代码 13.32 所示。

代码 13.32　config.properties

```
gateway=192.168.0.1
subnetMask=255.255.255.0
proxy=192.168.0.250
```

接下来编写一个类，使用 Properties 类读取属性文件中的配置信息，如代码 13.33 所示。

代码 13.33　UseProperties.java

```
import java.util.Properties;
import java.util.Enumeration;
import java.io.IOException;
import java.io.FileInputStream;

public class UseProperties{
    public static void main(String[] args){
        try{
            FileInputStream in = new FileInputStream("config.properties");
            Properties pps = new Properties();
            pps.load(in);

            Enumeration en = pps.propertyNames();
            while(en.hasMoreElements()){
                String propName = (String)en.nextElement();
                System.out.println(propName + "=" + pps.getProperty(propName));
            }
        }
        catch(IOException e){
            e.printStackTrace();
        }
    }
}
```

代码中使用了 Java I/O 中的内容，可参看第 19 章。

程序运行的结果为：

```
subnetMask=255.255.255.0
proxy=192.168.0.250
gateway=192.168.0.1
```

13.10.6 BitSet 类

BitSet，位集，用于存放一个位序列，位集的每一位都有一个布尔值。位集的位由非负整数索引，可以检查、设置或清除单个索引位。通过逻辑与、逻辑或和逻辑异或操作，可以使用一个 BitSet 修改另一个 BitSet 的内容。

是不是不太好理解？不要着急，下面我们用程序中常用的设置标志位的例子来对比 BitSet 进行讲解。

应用程序经常会使用一些标志（flag）来表示某个条件成立与否，例如，对数据库表进行增、删、改、查需要相应的权限，这 4 种操作就需要分别定义 4 种标志。我们可以定义 4 个 boolean 类型的变量，当某个变量为 true 时，代表拥有该项权限，当某个变量为 false 时，则表示没有该项权限。当某个用户对数据库表操作的时候，需要同时对这 4 个变量进行判断，这未免太烦琐了，假如有更多权限出现，比如删除表、创建表，那么还需要再定义变量。有没有更简便的方式来进行权限判断呢？一种方式就是使用二进制位，4 种权限使用 4 个二进制位就可以了。例如：

- 0001（十进制 1）表示拥有插入权限。
- 0010（十进制 2）表示拥有修改权限。
- 0100（十进制 4）表示拥有删除权限。
- 1000（十进制 8）表示拥有查询权限。

你应该也注意到了，这 4 个二进制数都是以某一位为 1 代表一种权限的。在程序中可以定义 4 个整型的静态常量，分别对应上述的 4 个值：

```
public static final int INSERT_FLAG = 1;
public static final int UPDATE_FLAG = 2;
public static final int DELETE_FLAG = 4;
public static final int SELECT_FLAG = 8;
```

如果某个用户张三同时拥有插入和删除权限，那么可以将 INSERT_FLAG 与 DELETE_FLAG 进行位或操作，如下：

```
int permission = INSERT_FLAG | DELETE_FLAG;
```

permission 的二进制数是：0101（十进制 5）。权限判断的方法只需要对 permission 的二进制位进行判断即可，如果某一位为 1，则具有该项权限，例如：

```
// 0101 & 0001 -> 0001
if((permission & INSERT_FLAG) == INSERT_FLAG){
    System.out.println("可以插入");
}
// 0101 & 0010 -> 0000
if((permission & UPDATE_FLAG) == UPDATE_FLAG){
    System.out.println("可以修改");
}
// 0101 & 0100 -> 0100
if((permission & DELETE_FLAG) == DELETE_FLAG){
    System.out.println("可以删除");
}
// 0101 & 1000 -> 0000
if((permission & SELECT_FLAG) == SELECT_FLAG){
```

```
        System.out.println("可以查询");
}
```

如果要去掉用户张三的删除权限,可以将 permission 与 DELETE_FLAG 取反后的值进行与操作,如下:

```
// 去掉删除权限
//~0100 -> 1011, 0101 & 1011 -> 0001（即插入权限）
permission = permission & ~DELETE_FLAG;
```

现在回到 BitSet,要实现上述功能,先构造一个 BitSet 对象,代表权限对象,如下:

```
BitSet bs = new BitSet();
```

现在位集中的位都是 false,以索引为 0 的位表示插入权限,索引为 1 的位表示修改权限,索引为 2 的位表示删除权限,索引为 3 的位表示查询权限。

现在用户张三同时拥有插入和删除权限,那么可以调用 BitSet 的 set 方法,将对应索引位置的位设置为 true,如下:

```
bs.set(0);
bs.set(2);
```

权限判断的方法只需要对 BitSet 对象相关索引位置的位是否为 true 进行判断即可,如下:

```
if(bs.get(0) == true){
    System.out.println("可以插入");
}
if(bs.get(1) == true){
    System.out.println("可以修改");
}
if(bs.get(2) == true){
    System.out.println("可以删除");
}
if(bs.get(3) == true){
    System.out.println("可以查询");
}
```

如果要去掉用户张三的删除权限,可以调用 BitSet 对象的 clear 方法,或者 set 的另一个重载方法,将索引为 2 的位设置为 false,如下:

```
bs.clear(2);
//或者
bs.set(2, false);
```

可以看到,在理解了 BitSet 后,使用 BitSet 还是很简单的。

13.11 集合工厂方法

13.11.1 of 方法

Java 9 在 List、Set 和 Map 接口中新增了一些集合工厂方法,用于创建不可修改的集合。这些方法的形式如下:

- static <E> List<E> of(E e1)
- static <E> List<E> of(E... elements)
- static <E> Set<E> of(E e1)
- static <E> Set<E> of(E... elements)
- static <K,V> Map<K,V> of(K k1, V v1)
- static <K,V> Map<K,V> ofEntries(Map.Entry<? extends K,? extends V>... entries)

其中 List 和 Set 接口的 of 方法重载了 0~10 个参数的不同方法，由于 Map 类型保存的是键值对，所以 Map 接口的 of 方法重载的是 0~20 个参数的不同方法。

如果元素数目超过 10 个，则可以调用这三个接口带有变长参数的方法。

代码 13.34 给出了使用新的集合工厂方法创建集合的示例。

代码 13.34　CollectionFactoryMethod.java

```java
import java.util.List;
import java.util.Set;
import java.util.Map;
import java.util.AbstractMap;

public class CollectionFactoryMethod{
    public static void main(String[] args){
        List<String> list = List.of("one", "two", "three");
        System.out.println(list);

        Set<String> set = Set.of("first", "second", "third");
        System.out.println(set);

        Map<Integer, String> map1 = Map.of(1 ,"one", 2, "two", 3, "three");
        System.out.println(map1);

        Map<String, String> map2 = Map.ofEntries (
            new AbstractMap.SimpleEntry<>("one","first"),
            new AbstractMap.SimpleEntry<>("two","second"),
            new AbstractMap.SimpleEntry<>("three","third"));
        System.out.println(map2);
    }
}
```

SimpleEntry 是 AbstractMap 抽象类中定义的一个静态类，因此是可以直接实例化的。在进行实例化时，我们使用了钻石操作符（<>）。

程序运行的结果为：

```
[one, two, three]
[third, second, first]
{3=three, 2=two, 1=one}
{two=second, one=first, three=third}
```

13.11.2　copyOf 方法

Java 10 在 List、Set 和 Map 接口还各增加了一个静态的 copyOf 方法，返回一个现有集合不可修改的副本，如果现有集合本身就是不可修改的，则直接返回它。

List 接口中的 copyOf 方法的签名如下所示：
- static <E> List<E> copyOf(Collection<? extends E> coll)

Set 接口中的 copyOf 方法的签名如下所示：
- static <E> Set<E> copyOf(Collection<? extends E> coll)

Map 接口中的 copyOf 方法的签名如下所示：
- static <K,V> Map<K,V> copyOf(Map<? extends K,? extends V> map)

三个接口中的 copyOf 方法都很简单，我们就不给出示例了。

Java 9 和 Java 10 新增的集合工厂方法，可以用来替代 Collections 类中的 unmodifiable* 系列方法。

13.12 总结

本章详细介绍了 Java 集合框架的使用。Java 集合框架可以分为两大类：以 Collection 为根接口的保存单值数据的集合类，以 Map 为根接口的保存键值对数据的映射集合类。

从 Collection 接口继承的主要接口有 List、Set 和 Queue，这些接口都有各自的适用场景，读者要掌握它们之间的区别，合理地使用相关实现类来完成业务需求。

本章对数据结构也做了一个简单介绍，以帮助读者更好地理解集合框架。已经掌握数据结构的读者，可以跳过这部分内容。

本章还介绍了 Collections 工具类，该类提供了对集合进行操作的静态方法，以及获取不可修改集合和同步集合的静态方法。

另外，Java 8 对 Comparator 接口做了大量更新，在我们需要比较器对象时，可以优先考虑使用该接口中的静态方法来获得比较器对象。如果读者对这些方法感觉难以掌握，那么自己实现 Comparator 接口也是可以的。

本章还对 Java 1.0/1.1 中遗留的集合做了介绍，其中 Properties 类目前仍然在使用，可以多加关注。

最后我们介绍了 Java 9 和 Java 10 新增的集合工厂方法，可以用来替代 Collections 类中的 unmodifiable* 系列方法。

13.13 实战练习

1. 使用 ArrayList 实现栈这种数据结构。

2. 使用 ArrayList 实现队列这种数据结构，并且让类实现 Iterable 接口，使之成为可循环遍历的类。

3. 按照以下要求编写类的实现。

（1）定义一个 Course 类，代表课程；定义一个 Student 类，代表学生；在 Student 类中定义一个类型为 HashSet 的实例变量，用来存储该学生所选的所有课程，并提供 addCourse(Course c)方法和 removeCourse(String name)方法，表示添加一门选课和删除一门选课（通过传入课程名参数来删除选课）。

（2）定义一个类 SchoolClass，代表班级，该类中有一个类型为 HashSet 实例变量，用来存储该班级中所有的学生，并提供相应的 addStudent(Student s)方法和 removeStudent(String name)方法，表示添加一名学生和删除一名学生（通过传入学生姓名参数来删除学生）。

（3）在 main 方法中生成一个 SchoolClass 对象，添加若干个学生，并且为每个学生都添加若干门课程，最后统计出每门课程的选课人数。

4．定义一个 Teacher 类，包含 3 个实例变量：name、age、salary；提供相等性判断，当两个 Teacher 对象的 name 和 age 都相同时，则认为这两个对象相等。要求 Teacher 类的对象可以比较大小，按照 age 的大小来排序，如果 age 相同，则继续按 salary 的大小来排序。最后，生成一些 Teacher 对象，加入到 HashSet 和 TreeSet 中验证以上程序的正确性。

5．按照表 13-3 定义类，并完成后面的要求（选做）。

表 13-3　类的说明

类	实例变量	提示
Exam 类（考试类）	若干学生、一张考卷	学生采用 HashSet 存放
Paper 类（考卷类）	若干试题	试题采用 HashMap 存放，key 为 String 类型，表示题号，value 为试题对象
Student 类（学生类）	姓名、一张答卷、一张考卷	无
Question 类（试题类）	题号、题目描述、若干选项、正确答案	若干选项用 ArrayList 存放
AnswerSheet 类（答卷类）	每道题的答案	答卷中每道题的答案都用 HashMap 存放，key 为 String 类型，表示题号，value 为学生的答案

要求：为 Exam 类添加一个方法，用来为所有学生判卷，并打印成绩排名（名次、姓名）。

第 14 章 Stream

为了提高对集合的操作能力，Java 8 在 java.util.stream 包中新增了 Stream API，让我们可以用一种声明的方式来处理数据。

使用 Stream API，可以执行非常复杂的查找、过滤和映射数据等操作。使用 Stream API 对集合数据进行操作，就类似于使用 SQL 执行的数据库查询。

Stream API 可以极大地提高我们的生产力，让我们可以写出高效率、干净、简洁的代码。

14.1 什么是 Stream

扫码看视频

Stream（流）是一个抽象的概念，在 Stream API 中，流是一个来自数据源（如集合、数组）的元素序列并支持聚合操作，流在管道中传输，并且可以在管道的节点上进行处理，比如筛选、排序、聚合等。

 提示：所谓聚合操作，是指类似 SQL 语句一样的操作，例如 filter、map、reduce、find、match、sorted 等。

元素流在管道中经过中间操作（intermediate operation）的处理，最后由终端操作（terminal operation）得到前面处理的结果。如图 14-1 所示。

图 14-1 元素流的处理过程

Stream 具有以下几个特征：

（1）Stream 不是一种数据结构，也不保存数据，因此每个流只能使用一次。

（2）Stream 不会改变源对象，而是返回一个持有结果的新 Stream。

（3）Stream 操作是延迟执行的，这意味着它们会等到需要结果的时候才执行。

（4）流水线操作（Pipelining），中间操作都会返回流对象，这样多个操作可以串联成一个管道，以方法链的形式调用。这样做可以对操作进行优化，比如惰性执行（laziness）和短路（short-circuiting）。

（5）内部迭代，以前对集合遍历都是通过 Iterator 或者"for each"循环的方式，显式地在集合外部进行迭代，这叫作外部迭代。Stream 提供了内部迭代的方式，通过访问者模式（Visitor）实现。

Stream 的操作有以下三个步骤。

（1）创建流：从数据源获取一个流。数据源可以是集合、数组、I/O channel、生成器（generator）函数等。

（2）中间操作：一个中间操作链，对数据源的数据进行处理。

（3）终端操作：一个终止操作，执行中间操作链，并产生结果。

14.2 创建流

在 Stream API 中，流是实现了 java.util.stream.BaseStream 接口的对象，该接口有四个子接口：Stream<T>、IntStream、LongStream 和 DoubleStream，其中最常用的是 Stream<T> 接口。

1．从集合创建流

创建流的方式有很多，从集合中创建流的最基本的方式是调用 Java 8 为 Collection 接口新增的两个方法，如下所示：

- default Stream<E> stream()
  返回一个序列流。
- default Stream<E> parallelStream()
  返回一个并行流。

2．从数组创建流

也可以从数组获取流，Java 8 同样为 Arrays 类增加了获取流的方法，如下所示：

- public static <T> Stream<T> stream(T[] array)
  返回以给定数组作为源的序列流。
- public static <T> Stream<T> stream(T[] array, int startInclusive, int endExclusive)
  返回以给定数组的指定范围作为源的序列流。

Arrays 类中还为 int、long 和 double 类型的数组提供了重载方法，如下所示：

- public static **IntStream** stream(int[] array)
- public static **IntStream** stream(int[] array, int startInclusive, int endExclusive)
- public static **LongStream** stream(long[] array)
- public static **LongStream** stream(long[] array, int startInclusive, int endExclusive)
- public static **DoubleStream** stream(double[] array)
- public static **DoubleStream** stream(double[] array, int startInclusive, int endExclusive)

3．由值创建流

还可以使用 Stream 接口中的静态方法 of 通过值来创建一个流，两个重载的 of 方法的签名如下所示：

- static <T> Stream<T> of(T t)

  返回包含单个元素的序列流。
- static <T> Stream<T> of(T... values)

  返回其元素为指定值的序列流，流中元素的顺序为参数的顺序。

4．创建无限流

可以调用 Stream 接口中的静态方法 iterator 和 generate 来创建无限序列流。iterator 方法如下所示：

- static <T> Stream<T> iterate(T seed, UnaryOperator<T> f)

  返回通过将函数 f 迭代应用于初始元素 seed 而生成的无限序列流，生成由 seed、f（seed）、f（f（seed））等组成的流。

Java 9 在 Stream 接口中新增了一个重载的 iterator 方法，如下所示：

- static <T> Stream<T> iterate(T seed, Predicate<? super T> hasNext, UnaryOperator<T> next)

  与上面的 iterate 方法类似，将函数 next 迭代应用于初始元素 seed 来生成序列流，不同的是，如果 hasNext 返回 false，则迭代终止。

generate 方法如下所示：

- static <T> Stream<T> generate(Supplier<T> s)

  返回无限序列流，这是一个无序流，其中每个元素都由 Supplier 生成，这适用于生成常数流、随机元素流等。

5．根据整型值的范围创建流

在 IntStream 和 LongStream 接口中都定义了 range 和 rangeClosed 静态方法，根据整数或者长整数的范围创建有序流。这两个接口中的同名方法如下所示：

- static IntStream range(int startInclusive, int endExclusive)
- static IntStream rangeClosed(int startInclusive, int endInclusive)
- static LongStream range(long startInclusive, long endExclusive)
- static LongStream rangeClosed(long startInclusive, long endInclusive)

这两种方法很好理解，都用起始值和终止值设定一个范围，以这个范围内的整数作为元素创建流，整数自然是以 1 为增量的。区别是，range 指定的范围不包含终止值，rangeClosed 指定的范围包含终止值。

代码 14.1 演示了上述四种创建流的方式。

代码 14.1　CreateStream.java

```java
import java.util.Arrays;
import java.util.List;
import java.util.stream.Stream;
import java.util.stream.IntStream;
import java.util.stream.LongStream;

public class CreateStream{
    public static void main(String[] args){
        List<Integer> list = Arrays.asList(1, 3, 5, 7, 9);
        // 从集合创建流
        Stream<Integer> stream1 = list.stream();
        stream1.forEach(x -> System.out.printf("%d ", x));
```

```java
            System.out.println();

            int[] intArr = {2, 4, 6, 8, 10};
            // 从数组创建流
            IntStream stream2 = Arrays.stream(intArr);
            stream2.forEach(x -> System.out.printf("%d ", x));
            System.out.println();

            // 由值创建流
            Stream<String> stream3 = Stream.of("one", "two", "three");
            stream3.forEach(x -> System.out.printf("%s ", x));
            System.out.println();

            // 创建无限流，无限流只在终端操作时才创建
            // 迭代
            Stream<Integer> stream4 = Stream.iterate(0, x -> x + 2); //此时不创建
            // 如果不添加 limit 中间操作，将一直输出从 0 开始的偶数
            stream4.limit(5).forEach(x -> System.out.printf("%d ", x)); //此时才创建
            System.out.println();

            // 生成的奇数大于 10 时，终止迭代。Java 9 新增的方法
            Stream<Integer> stream5 = Stream.iterate(1, x -> x< 10, x -> x + 2);
            stream5.forEach(x -> System.out.printf("%d ", x));
            System.out.println();

            // 生成随机数无限流
            Stream<Double> stream6 = Stream.generate(()->Math.random());
            // 如果不添加 limit 中间操作，将一直输出随机数
            stream6.limit(5).forEach(x -> System.out.printf("%f ", x));
            System.out.println();

            // 从 1 到 5（不包含）创建整数流
            IntStream stream7 = IntStream.range(1, 5);
            stream7.forEach(x -> System.out.printf("%d ", x));
            System.out.println();

            // 从 1 到 5（包含）创建长整数流
            LongStream stream8 = LongStream.rangeClosed(1, 5);
            stream8.forEach(x -> System.out.printf("%d ", x));
            System.out.println();
    }
}
```

程序运行的结果为：

```
1 3 5 7 9
2 4 6 8 10
one two three
0 2 4 6 8
1 3 5 7 9
```

```
0.465115  0.675837  0.200903  0.923094  0.392829
1 2 3 4
1 2 3 4 5
```

14.3 并行流与串行流

一般我们创建的流都是序列流，也就是串行流，由单一线程对流进行处理。而并行流会把内容分成多个数据块，并用不同的线程分别处理每个数据块，这样在使用流处理数据规模较大的集合对象时就可以充分利用多核 CPU 来提高处理效率。

在 BaseStream 接口中，定义了 parallel 和 sequential 方法，可以很方便地将流转换为并行流或串行流。在 Collection 接口中，也定义了 parallelStream 方法，可以很方便地从集合对象得到并行流。只要在终端操作执行时，流处于并行模式，所有的中间操作都将被并行化。

既然并行流可以提到处理效率，那么我们是否应该总是使用并行流呢？实际上并非如此，因为并行流牵涉到任务拆分，以及对每个线程的处理结果进行合并，这都是需要时间开销的，对于有序流来说，在并行处理完成后，还需要根据元素原有的顺序对结果进行合并，又会产生开销，所以在处理少量数据的时候，并行流可能比串行流还要慢，只有在处理大量数据的时候，并行流才会有优势。此外，由于并行流对数据进行分任务处理，也会导致某些流方法返回的结果与串行流的结果不同，这是需要注意的。

在使用并行流时，是否需要自己编写线程呢？是否需要自己去分任务呢？这都不需要，这一切都是在内部进行的，我们只需要得到并行流就可以了。

14.4 有序流和无序流

在默认情况下，从有序集合、数组、迭代器产生的流，或者通过调用 Stream 的 sorted 方法产生的流都是有序流。有序流在并行处理时会按照元素原有的顺序返回结果，如果执行两次相同的操作，那么将得到完全相同的结果。在 BaseStream 接口中，定义了 unordered 方法，该方法用于解除有序流中的有序约束，返回等效的无序流。要注意的是，unordered 方法并不会做任何显式地打乱流的操作，也就是说，你想通过调用该方法得到一个元素乱序的流是没戏的，该方法只是不再维护元素之间的顺序而已。

对于并行处理来说，将有序流转换为无序流可以更好地发挥并行处理的性能优势。例如，在有序流中，Stream 的 distinct 方法会保留所有相同元素的第一个，这会影响并行处理的性能，因为分块处理的各个线程在其他线程执行完毕之前，并不知道应该丢弃哪些元素。如果是在无序流中，则可以保留任意一个唯一元素（使用共享的集合来跟踪重复元素），从而提高并行处理的性能。与之类似的还有 Stream 的 limit 方法，如果只是想保留任意 n 个元素，那么采用无序流的并行处理会提高性能，而有序流是保留前 n 个元素，在并行处理时性能较低。

14.5 中间操作

可以将多个中间操作连接起来形成一个流水线，除非在流水线上触发了终端操作，否则中间操作不会执行任何的处理，而是在终端操作时一次性全部处理，这称为惰性（laziness）求值。

所有的中间操作都会返回流对象本身，而终端操作则不会，也可以借此来判断某个方法是否是中间操作。

Stream 接口中定义的中间操作的方法有很多，下面我们对它们进行分类讲解。

 提示：IntStream、LongStream 和 DoubleStream 是应用于基本数据类型元素的流，单独定义它们是为了避免自动装箱和拆箱，以提高效率，它们与 Stream 接口中的方法差不多。如果要把基本数据类型元素的流转换为对应的封装类对象的流，则可以调用这三个接口中的 boxed 方法。

扫码看视频

14.5.1 筛选和截断

筛选和截断相关方法如表 14-1 所示。

表 14-1 筛选和截断的方法

方法	描述
filter(Predicate predicate)	返回的流中包含与断言匹配的元素
distinct()	去掉流中重复的元素（遵照 Object.equals(Object)）
limit(long maxSize)	根据指定的 maxSize 的大小截断流
skip(long n)	丢弃前 n 个元素，返回包含剩余元素的流。如果流的元素不足 n 个，则返回一个空流。与 limit(n) 互补
takeWhile(Predicate predicate)（Java 9 新增）	返回满足断言条件的元素，直到断言第一次返回 false。如果第一个元素就不满足断言条件，则返回一个空流。在无序流中，takeWhile 的结果会有所不同
dropWhile(Predicate predicate)（Java 9 新增）	与 takeWhile 相反，删除满足断言条件的元素，直到断言第一次返回 false，然后返回剩余元素组成的流。在无序流中，dropWhile 的结果会有所不同

 提示：（1）Stream<T> 接口的中间操作方法返回的类型都是 Stream<T>，所以在表中我们省略了方法的返回类型。（2）为了避免方法签名过于复杂给读者带来不好的观感，我们删除了函数式接口的泛型参数。

代码 14.2 给出了上述方法的应用示例。

代码 14.2　PartialStream.java

```
import java.util.Arrays;
import java.util.List;
import java.util.stream.Stream;

public class PartialStream{
    public static void main(String[] args){
        List<Integer> list = Arrays.asList(1, 3, 5, 7, 9, 11, 13, 15, 5, 13);

        Stream<Integer> stream = list.stream();
        // 得到所有大于 7 的元素
```

```java
        System.out.println("得到所有大于 7 的元素: ");
        stream.filter(x -> x > 7).forEach(x -> System.out.printf("%d ", x));
        System.out.println();

        stream = list.stream();
        // 去掉重复的元素
        System.out.println("去掉重复的元素: ");
        stream.distinct().forEach(x -> System.out.printf("%d ", x));
        System.out.println();

        stream = list.stream();
        // 获取至多 5 个元素
        System.out.println("获取至多 5 个元素: ");
        stream.limit(5).forEach(x -> System.out.printf("%d ", x));
        System.out.println();

        stream = list.stream();
        // 丢弃前 5 个元素
        System.out.println("丢弃前 5 个元素: ");
        stream.skip(5).forEach(x -> System.out.printf("%d ", x));
        System.out.println();

        stream = list.stream();
        // 获取小于 10 的元素，直到断言第一次返回 false
        System.out.println("获取小于 10 的元素: ");
        stream.takeWhile(x -> x < 10).forEach(x -> System.out.printf("%d ", x));
        System.out.println();

        stream = list.stream();
        // 删除小于 10 的元素，直到断言第一次返回 false
        System.out.println("删除小于 10 的元素: ");
        stream.dropWhile(x -> x < 10).forEach(x -> System.out.printf("%d ", x));
        System.out.println();
    }
}
```

程序的运行结果为：

```
得到所有大于 7 的元素:
9 11 13 15 13
去掉重复的元素:
1 3 5 7 9 11 13 15
获取至多 5 个元素:
1 3 5 7 9
丢弃前 5 个元素:
11 13 15 5 13
获取小于 10 的元素:
1 3 5 7 9
删除小于 10 的元素:
11 13 15 5 13
```

14.5.2 映射

正如我们在 11.5.3 节和 11.6.2 节介绍的映射原理一样，此类方法对流中的每个元素都进行处理，然后返回由结果组成的流。

映射相关方法如表 14-2 所示。

扫码看视频

表 14-2 映射相关方法

方　法	描　述
map(Function mapper)	对流中的每个元素都应用指定函数，返回由结果组成的流
mapToInt(ToIntFunction mapper)	对流中的每个元素都应用指定函数，返回由结果组成的 IntStream
mapToLong(ToLongFunction mapper)	对流中的每个元素都应用指定函数，返回由结果组成的 LongStream
mapToDouble(ToDoubleFunction mapper)	对流中的每个元素都应用指定函数，返回由结果组成的 DoubleStream

代码 14.3 给出了映射方法的示例。

代码 14.3　MapStream.java

```java
import java.util.Arrays;
import java.util.List;
import java.util.stream.Stream;
import java.util.concurrent.atomic.AtomicInteger;

public class MapStream{
    public static void main(String[] args){
        List<Integer> list = Arrays.asList(1, 2, 3, 4, 5);
        Stream<Integer> stream1 = list.stream();

        // 将流中的元素映射为它的平方
        stream1.mapToInt(x -> x * x).forEach(x -> System.out.printf("%d ", x));
        System.out.println();

        Stream<String> stream2 = Stream.of("one", "two", "three");
        // 将流中的元素映射为带数字序号的元素
        AtomicInteger index = new AtomicInteger(1);
        stream2.map(x -> index.getAndIncrement() + "." + x)
            .forEach(x -> System.out.printf("%s ", x));
    }
}
```

AtomicInteger 类位于 java.util.concurrent.atomic 包中，可用于并发环境下原子性地更新整型值，在这里我们使用它来产生数字序号。

程序运行的结果为：

```
1 4 9 16 25
1.one 2.two 3.three
```

与映射相关的方法还有一个 flatMap，该方法的签名如下所示：

- <R> Stream<R> flatMap(Function<? super T,? extends Stream<? extends R>> mapper)

map 方法的签名如下所示：

- <R> Stream<R> map(Function<? super T,? extends R> mapper)

可以看到，flatMap 与 map 方法一样，都接受一个函数作为参数。不同的是，flatMap 方法的 Function 的第二个类型参数是一个 Stream，也就是说对流中的每个元素应用函数后得到的都是一个 Stream，flatMap 方法对流中的嵌套流进行扁平化处理，将它们转换成一个流返回。假设嵌套流为：{{abc}, {def}}，在扁平化处理后，就成了：{a, b, c, d, e, f}。

代码 14.4 给出了 flatMap 方法的示例。

代码 14.4　FlatMapStream.java

```java
import java.util.Arrays;
import java.util.stream.Stream;

public class FlatMapStream{
    public static void main(String[] args){
        String[] strArr = { "abc", "def", "ghi" };
        Stream<String> stream = Arrays.stream(strArr);
        // 将流中的元素映射为字符数组
        stream.map(str -> str.split(""))
            .forEach(chArr -> System.out.println(Arrays.toString(chArr)));

        stream = Arrays.stream(strArr);
        // 将流中的每个元素都映射为另一个流，然后把所有流扁平化成一个流
        stream.map(str -> str.split(""))
            .flatMap(Arrays::stream) // 即.flatMap(chArr -> Arrays.stream(chArr))
            .forEach(ch -> System.out.print(ch + " "));
    }
}
```

程序的运行结果为：

```
[a, b, c]
[d, e, f]
[g, h, i]
a b c d e f g h i
```

同样，也有针对 IntStream、LongStream 和 DoubleStream 的 flatMap 版本，如下所示：
- IntStream flatMapToInt(Function<? super T,? extends IntStream> mapper)
- LongStream flatMapToLong(Function<? super T,? extends LongStream> mapper)
- DoubleStream flatMapToDouble(Function<? super T,? extends DoubleStream> mapper)

这三个方法使用方式与 flatMap 方法类似，这里就不再赘述了。

14.5.3　排序

对流中元素进行排序的方法如表 14-3 所示。

表 14-3　排序的方法

方法	描述
sorted()	对流中的元素按自然顺序进行排序
sorted(Comparator comparator)	根据给出的比较器对象对流中的元素进行排序

代码 14.5 给出了排序的示例。

代码 14.5　SortedStream.java

```java
import java.util.Arrays;
import java.util.List;
import java.util.stream.Stream;

public class SortedStream{
    public static void main(String[] args){
        List<Integer> list = Arrays.asList(6, 2, 7, 1, 5);
        Stream<Integer> stream = list.stream();
        // 对流中的元素进行排序
        stream.sorted().forEach(x -> System.out.printf("%d ", x));

    }
}
```

程序运行的结果为:

```
1 2 5 6 7
```

14.5.4　peek

Stream 接口的 peek 方法的签名如下所示:

- Stream<T> peek(Consumer<? super T> action)

一般，栈和队列这种数据结构会有一个 peek 方法，查看元素，但不删除元素。peek 方法不改变流的结构，返回的流仍然由原先流中的元素组成，但可以对流中的元素应用某种操作。这个方法主要用于调试，可以记录元素流过管道中的某个点。peek 作为一种中间操作，也是在终端操作时才会被执行。

Consumer 函数是没有返回值的，自然也就不能改变流中的元素，这一点在书写 Lambda 表达式的时候要格外注意。

代码 14.6 给出了 peek 方法的示例。

代码 14.6　PeekStream.java

```java
import java.util.stream.Stream;

public class PeekStream{
    public static void main(String[] args){
        Stream<Integer> stream = Stream.of(3, 1, -5, -2, 2);
        stream.filter(e -> e > 0)
            .peek(e -> System.out.println("Filtered value: " + e))
            .limit(2)
            .peek(e -> System.out.println("limited value: " + e))
            .forEach(System.out::println);
    }
}
```

程序的运行结果为:

```
Filtered value: 3
limited value: 3
3
```

```
Filtered value: 1
limited value: 1
1
```

14.6 终端操作

终端操作将执行中间操作链,并产生结果。在执行完终端操作后,流管道将不能再使用。如果需要再次遍历同一数据源,则必须重新创建流。

下面,我们对终端操作的方法进行分类讲解。

扫码看视频

14.6.1 遍历

在前面的例子中已经使用了遍历,就是 forEach 方法。与遍历相关的方法有两个,如表 14-4 所示。

表 14-4 遍历的方法

方法	描述
void forEach(Consume action)	迭代流中每个元素
void forEachOrdered(Consumer action)	按照元素原有的顺序进行迭代。由于并行流会将流中的元素分块以多线程来进行处理,因此在迭代时无法保证元素的原始顺序,而这个方法就是用于按照元素原有的顺序进行迭代的

代码 14.7 给出了遍历串行流和并行流中元素的示例。

代码 14.7 ForEachStream.java

```java
import java.util.Arrays;
import java.util.List;

public class ForEachStream{
    public static void main(String[] args){
        List<Integer> list = Arrays.asList(1, 2, 3, 4, 5, 6);
        System.out.print("forEach: ");
        list.stream().forEach(x -> System.out.print(x + " "));
        System.out.println();
        System.out.print("forEachOrdered: ");
        list.stream().forEachOrdered(x -> System.out.print(x + " "));
        System.out.println();

        System.out.println("以下是并行流的迭代:");
        System.out.print("forEach: ");
        list.parallelStream().forEach(x -> System.out.print(x + " "));
        System.out.println();
        System.out.print("forEachOrdered: ");
        list.parallelStream().forEachOrdered(x -> System.out.print(x + " "));
        System.out.println();
    }
}
```

程序运行的结果为：

```
1 2 3 4 5 6
1 2 3 4 5 6
以下是并行流的迭代：
4 5 6 1 2 3
1 2 3 4 5 6
```

需要说明的是：（1）对并行流调用 forEach 方法输出的元素顺序是不确定的；（2）由于并行流中元素的顺序被打乱了，维护原有的顺序需要一定的开销，因此对并行流调用 forEachOrdered 方法效率会差一下。

14.6.2 查找与匹配

查找与匹配相关的方法如表 14-5 所示。

扫码看视频

表 14-5 查找与匹配相关的方法

方　　法	描　　述
Optional<T> findFirst()	返回第一个元素
Optional<T> findAny()	返回流中任意的元素
boolean allMatch(Predicate predicate)	检查所有元素是否与断言匹配
boolean anyMatch(Predicate predicate)	检查是否至少有一个元素与断言匹配
boolean noneMatch(Predicate predicate)	检查是否没有任何一个元素与断言匹配

查找与匹配的方法有些名不符实，我们理解的查找应该是根据给出的条件找到匹配的元素，而匹配呢，应该是找到所有匹配条件的元素。没办法，Stream 接口中的查找和匹配方法就是如此，我们也只能接受。

代码 14.8 给出了上述方法的示例。

代码 14.8　FindAndMatchStream.java

```java
import java.util.Arrays;
import java.util.List;
import java.util.Optional;

public class FindAndMatchStream{
    public static void main(String[] args){
        List<String> list = Arrays.asList("a", "b", "c", "a", "d");
        // 流中第一个元素
        Optional<String> firstElt = list.stream().findFirst();
        System.out.println(firstElt.get());

        // 流中的任意一个元素
        Optional<String> anyElt = list.stream().findAny();
        System.out.println(anyElt.get());

        // 流中所有元素是否都是 a
        boolean b1 = list.stream().allMatch(x -> x.equals("a"));  // false
        System.out.println("流中所有元素是否都是a? " + b1);

        // 流中是否至少有一个元素是 b
        boolean b2 = list.stream().anyMatch(x -> x.equals("b"));  // true
```

```
        System.out.println("流中是否至少有一个元素是b? " + b2);

        // 流中是否任何元素都不是e
        boolean b3 = list.stream().noneMatch(x -> x.equals("e"));    // true
        System.out.println("流中是否任何元素都不是e? " + b3);
    }
}
```

程序的运行结果为：

```
a
a
流中所有元素是否都是a? false
流中是否至少有一个元素是b? true
流中是否任何元素都不是e? true
```

关于 Optional 类的用法，请读者参看 18.6 节。

扫码看视频

14.6.3 最大 / 最小与计数

获取最大/最小元素与计数的方法如表 14-6 所示。

表 14-6 与统计相关的方法

方法	描述
Optional\<T\> max(Comparator comparator)	返回流中最大的元素
Optional\<T\> min(Comparator comparator)	返回流中最小的元素
long count()	返回流中元素的数目

代码 14.9 给出了上述方法的示例。

代码 14.9　MaxMinAndCountStream.java

```
import java.util.Arrays;
import java.util.List;
import java.util.Optional;

public class MaxMinAndCountStream{
    public static void main(String[] args){
        List<Integer> list = Arrays.asList(5, 3, 1, 9, 2);
        // 流中最大的元素
        Optional<Integer> maxElt = list.stream().max((o1, o2) -> o1.compareTo(o2));
        System.out.println(maxElt.get());

        // 流中最小的元素
        Optional<Integer> minElt = list.stream().min((o1, o2) -> o1.compareTo(o2));
        System.out.println(minElt.get());

        // 流中元素的数目
        long count = list.stream().count();
        System.out.println(count);
    }
}
```

程序的运行结果为:

```
9
1
5
```

14.6.4 收集统计信息

扫码看视频

在 IntStream、LongStream 和 DoubleStream 中都定义了一个同名的 summaryStatistics 方法,返回一个包含统计信息的状态对象,这 3 个同名方法如下所示:

- IntSummaryStatistics summaryStatistics()
- LongSummaryStatistics summaryStatistics()
- DoubleSummaryStatistics summaryStatistics()

统计信息包括 max、min、sum、average 和 count 等信息,下面我们以 IntStream 接口为例,看一下 summaryStatistics 方法的用法,如代码 14.10 所示。

代码 14.10　StatStream.java

```java
import java.util.Arrays;
import java.util.List;
import java.util.stream.Stream;
import java.util.IntSummaryStatistics;

public class StatStream{
    public static void main(String[] args){
        List<Integer> numbers = Arrays.asList(1, 2, 5, 4, 7, 3, 5, 2);
        IntSummaryStatistics stats =
            numbers.stream().mapToInt(x -> x).summaryStatistics();
        System.out.println("列表中元素的数目: " + stats.getCount());
        System.out.println("列表中最大的数 : " + stats.getMax());
        System.out.println("列表中最小的数 : " + stats.getMin());
        System.out.println("所有数之和 : " + stats.getSum());
        System.out.println("平均数 : " + stats.getAverage());
    }
}
```

程序运行的结果为:

```
列表中元素的数目: 8
列表中最大的数 : 7
列表中最小的数 : 1
所有数之和 : 29
平均数 : 3.625
```

14.6.5 reduce

扫码看视频

reduce 是一种归约操作,将流归约成一个值的操作叫作归约操作。Stream 接口中的 reduce 方法有三个重载形式,分别带有一个参数、两个参数和三个参数。我们先看前两个方法,如下所示:

- Optional<T> reduce(BinaryOperator<T> accumulator)
- T reduce(T identity, BinaryOperator<T> accumulator)

对流中的每一个元素都进行二元运算，返回计算的结果。怎么进行二元运算？第一个元素和第二个元素进行运算，得到的结果和第三个元素进行运算，依次进行下去，直到所有元素运算完毕，返回总的结果。第二个方法只是多了一个初始值，相当于将初始值作为第 0 个元素一起参与运算。第一个方法之所以返回 Optional 对象，只是为了避免流中没有元素而出现空指针异常；第二个方法有初始值，肯定是能返回一个结果的，所以就没必要返回 Optional 对象了。

reduce 方法在求和、求最大/最小值等方面都能很方便地实现。

代码 14.11 给出了这两个方法的使用示例。

代码 14.11　ReduceStream.java

```java
import java.util.Arrays;
import java.util.List;
import java.util.Optional;
import java.util.stream.Stream;

public class ReduceStream{
    public static void main(String[] args){
        List<Integer> list = Arrays.asList(1, 3, 5, 7, 4, 6);
        Stream<Integer> stream = list.stream();

        // 方法引用 Integer::max，等价于：(a, b) -> a > b ? a : b
        Optional<Integer> maxValue = stream.reduce(Integer::max);
        System.out.println("最大值为: " + maxValue.get());

        stream = list.stream();
        // Lambda 表达式(a, b) -> a + b，等价于方法引用 Integer::sum
        Integer sumValue = stream.reduce(10, (a, b) -> a + b);
        System.out.println("累加的和为: " + sumValue);
    }
}
```

程序运行的结果为：

```
最大值为: 7
累加的和为: 36
```

带有三个参数的 reduce 方法如下所示：

- <U> U reduce(U identity, BiFunction<U,? super T,U> accumulator, BinaryOperator<U> combiner)

这个方法看起来就比较复杂，实际上也不太好理解。第一个参数依然是初始值。第二个参数是累加器函数，与其他两个重载方法的对应参数完成的功能是类似的，不同的是参数类型改为了 BiFunction<U,? super T,U>，也就是说该方法的累加器函数可以返回与流中元素类型不同的结果，如果元素类型与返回类型相同就与前两个方法一致了。第三个参数是组合器函数，这个函数在并行流中才会起作用，用于将不同线程调用累加器函数计算的结果汇总后返回。当用于串行流时，这第三个参数是不生效的。

下面我们通过两个例子，来进一步学习这个复杂的 reduce 方法。

第一个示例将流中的整型元素进行合并,转换为字符串返回,如代码 14.12 所示。

代码 14.12　ThirdReduceStream.java

```java
import java.util.Arrays;
import java.util.List;
import java.util.stream.Stream;

public class ThirdReduceStream{
    public static void main(String[] args){
        List<Integer> list = Arrays.asList(1, 2, 3, 4);
        Stream<Integer> stream = list.stream();

        String result = stream.reduce("string: ",
            (str, i) -> str + i,
            (str, i) -> str + "hello");
        System.out.println(result);
    }
}
```

程序运行结果为:

```
string: 1234
```

再次提醒读者一下,reduce 方法的第三个参数在串行流中并不会生效,所以你怎么写都可以,但是在形式上要符合 BinaryOperator 这个函数式接口。

第二个示例我们同时在串行流和并行流中对元素进行累加计算,看看计算结果,如代码 14.13 所示。

代码 14.13　ReduceParallelStream.java

```java
import java.util.Arrays;
import java.util.List;
import java.util.stream.Stream;

public class ReduceParallelStream{
    public static void main(String[] args){
        List<Integer> list = Arrays.asList(1, 2, 3, 4);
        Stream<Integer> stream = list.stream();
        // 串行流计算初始值 2 + 1 + 2 + 3 + 4 的结果,第三个参数不会生效
        Integer result1 = stream.reduce(2, Integer::sum, Integer::sum);
        System.out.println("串行流计算的结果: " + result1);

        // 将串行流转换为并行流
        stream = list.stream().parallel();
        // 并行流计算初始值 2 + 1 + 2 + 3 + 4 的结果
        Integer result2 = stream.reduce(2, Integer::sum, Integer::sum);
        System.out.println("并行流计算的结果: " + result2);
    }
}
```

程序的运行结果为:

```
串行流计算的结果: 12
并行流计算的结果: 18
```

这个结果就有意思了，初始值是 2，从 1 加到 4 是 10，算上初始值正好是 12，这个我们可以理解。但并行流计算的 18 是怎么出来的？在并行流中，由于是将数据分任务以多线程的方式进行处理的，每个线程独立运行，彼此之间没有影响，因此每个线程在调用第二个参数累加器对元素进行处理时，都以初始值作为其第一个参数，线程 1 对第一个元素进行处理，线程 2 对第二个元素进行处理，……，于是计算过程就变成了线程 1：2 + 1 = 3，线程 2：2 + 2 = 4，线程 3：2 + 3 = 5，线程 4：2 + 4 = 6，最后调用组合器函数（也以多线程方式调用），组合器函数完成的功能也是累加，于是 3 + 4 + 5 + 6 = 18。

为了验证上述对 reduce 方法在并行流中执行过程的描述是否正确，我们编写一段代码，将执行累加器和组合器函数的线程名字与执行过程一起打印出来，这样，读者就能有更清晰的认识了。代码如 14.14 所示。

代码 14.14　ThreadStream.java

```java
import java.util.Arrays;
import java.util.List;
import java.util.stream.Stream;

public class ThreadStream{
    public static void main(String[] args){
        List<Integer> list = Arrays.asList(1, 2, 3, 4);
        Stream<Integer> stream = list.parallelStream();

        Integer result = stream.reduce(
            2,
            (a, b) -> {
                int c = a + b;
                System.out.printf("[累加器] %s: %d + %d = %d%n",
                    Thread.currentThread().getName(), a, b, c);
                return c;
            },
            (a, b) -> {
                int c = a + b;
                System.out.printf("[组合器] %s: %d + %d = %d%n",
                    Thread.currentThread().getName(), a, b, c);
                return c;
            });
    }
}
```

程序运行的结果为：

```
[累加器] main: 2 + 3 = 5
[累加器] ForkJoinPool.commonPool-worker-3: 2 + 2 = 4
[累加器] ForkJoinPool.commonPool-worker-7: 2 + 1 = 3
[累加器] ForkJoinPool.commonPool-worker-5: 2 + 4 = 6
[组合器] ForkJoinPool.commonPool-worker-7: 3 + 4 = 7
[组合器] ForkJoinPool.commonPool-worker-5: 5 + 6 = 11
[组合器] ForkJoinPool.commonPool-worker-5: 7 + 11 = 18
```

线程是独立运行的，执行有快有慢，因此输出的顺序会有所变化。

从结果中可以看到，我们对 reduce 方法在并行流中执行过程的描述是完全正确的。

现在，相信读者已经能够彻底掌握三个参数的 reduce 方法在并行流中的应用了。

14.6.6 collect

collect 也是一种归约操作、收集器操作，例如将流收集到（转换为）集合或聚合值。Stream 接口中的 collect 方法也有两个重载形式，我们先看其中一个，如下所示：

- <R,A> R collect(Collector<? super T,A,R> collector)

这个方法接受一个 Collector 接口的对象作为参数。我们不需要自己去实现该接口，在 Stream API 中给我们提供了一个工具类 Collectors，这个类以静态方法的形式实现了很多归约操作，每个方法的返回值都是一个 Collector 实例。

1. Collectors 类

Collectors 类中的方法有很多，为了节省篇幅，我们就不一一列举了，而是通过一个实例来学习收集器操作。

首先我们准备一份员工数据，以方便后面的讲解，如代码 14.15 所示。

代码 14.15　EmpFactory.java

```java
class Emp{
    // 编号
    private Integer no;
    // 姓名
    private String name;
    // 年龄
    private Integer age;
    // 职位
    private String job;
    // 薪水
    private Integer salary;
    // 奖金
    private Integer bonus;
    // 部门
    private String dept;

    public Emp(Integer no, String name, Integer age, String job, Integer salary, Integer bonus, String dept){
        this.no = no;
        this.name = name;
        this.age = age;
        this.job = job;
        this.salary = salary;
        this.bonus = bonus;
        this.dept = dept;
    }

    public String toString(){
        return name;
    }
    // 省略了实例变量的 getter 和 setter 方法
}
```

```java
public class EmpFactory{
    private static Emp[] emps = new Emp[]{
        new Emp(7369, "SMITH", 28, "CLERK", 3000, null, "RESEARCH"),
        new Emp(7499, "ALLEN", 24, "SALESMAN", 4000, 300, "SALES"),
        new Emp(7521, "WARD", 30, "SALESMAN", 2500, 500, "SALES"),
        new Emp(7566, "JONES", 32, "MANAGER", 5000, null, "RESEARCH"),
        new Emp(7654, "MARTIN", 27, "SALESMAN", 2800, 1400, "SALES"),
        new Emp(7698, "BLAKE", 35, "MANAGER", 4500, null, "SALES"),
        new Emp(7782, "CLARK", 29, "MANAGER", 4300, null, "ACCOUNTING"),
        new Emp(7788, "SCOTT", 38, "ANALYST", 6000, null, "RESEARCH"),
        new Emp(7839, "KING", 40, "PRESIDENT", 8000, null, "ACCOUNTING")
    };

    public static Emp[] getEmps(){
        return emps;
    }
}
```

接下来是对员工数据进行各种收集器操作的示例，如下所示。

（1）将流中元素收集到 List 中

```java
Emp[] emps = EmpFactory.getEmps();
// （1）将流中元素收集到 List 中
List<Emp> empList = Arrays.stream(emps).collect(Collectors.toList());
System.out.println("List: " + empList);
```

输出结果为：

```
List: [SMITH, ALLEN, WARD, JONES, MARTIN, BLAKE, CLARK, SCOTT, KING]
```

（2）将流中元素收集到 Set 中

```java
// （2）将流中元素收集到 Set 中
Set<Emp> empSet = Arrays.stream(emps).collect(Collectors.toSet());
System.out.println("Set: " + empSet);
```

输出结果为：

```
Set: [MARTIN, BLAKE, CLARK, JONES, ALLEN, WARD, KING, SMITH, SCOTT]
```

（3）将流中元素收集到创建的集合中

```java
// （3）将流中元素收集到创建的集合中
Collection<Emp> empColl = Arrays.stream(emps)
    .collect(Collectors.toCollection(ArrayList::new));
System.out.println("Collection: " + empColl);
```

输出结果为：

```
Collection: [SMITH, ALLEN, WARD, JONES, MARTIN, BLAKE, CLARK, SCOTT, KING]
```

（4）将流中元素收集到 Map 中，以员工姓名为 key，员工对象为值

```java
// （4）将流中元素收集到 Map 中，以员工姓名为 key，员工对象为值
// 静态方法 Function.identity()表示当前 Emp 对象
Map<String, Emp> empMap = Arrays.stream(emps)
```

```
        .collect(Collectors.toMap(Emp::getName, Function.identity()));
System.out.println("Map: " + empMap);
```

Function 接口的静态方法 identity 返回一个 Function 对象,该对象的 apply 方法始终返回方法的参数对象。在代码中通过 Function.identity()调用得到的就是 Emp 对象。

输出结果为:

```
Map: {JONES=JONES, CLARK=CLARK, WARD=WARD, MARTIN=MARTIN, BLAKE=BLAKE,
KING=KING, SMITH=SMITH, ALLEN=ALLEN, SCOTT=SCOTT}
```

(5)计算所有员工薪水的平均值

```
// (5)计算所有员工薪水的平均值
double avgSalary = Arrays.stream(emps)
        .collect(Collectors.averagingDouble(Emp::getSalary));
System.out.println("所有员工薪水的平均值: " + avgSalary);
```

输出结果为:

```
所有员工薪水的平均值: 4455.555555555556
```

(6)计算所有员工薪水的总和

```
// (6)计算所有员工薪水的总和
int sumSalary = Arrays.stream(emps)
        .collect(Collectors.summingInt(Emp::getSalary));
System.out.println("所有员工薪水的总和: " + sumSalary);
```

输出结果为:

```
所有员工薪水的总和: 40100
```

(7)获取薪水的最大值,maxBy 按照比较器的比较结果筛选最大值

```
// (7)获取薪水的最大值,maxBy 按照比较器的比较结果筛选最大值
Optional<Integer> maxSalary = Arrays.stream(emps).map(Emp::getSalary)
        .collect(Collectors.maxBy(Comparator.comparing(Function.identity())));
System.out.println("员工拿的最高薪水是: " + maxSalary.get());
```

输出结果为:

```
员工拿的最高薪水是: 8000
```

(8)获取薪水的最小值,minBy 按照比较器的比较结果筛选最小值

```
// (8)获取薪水的最小值,minBy 按照比较器的比较结果筛选最小值
Optional<Integer> minSalary = Arrays.stream(emps).map(Emp::getSalary)
        .collect(Collectors.minBy(Comparator.comparing(Function.identity())));
System.out.println("员工拿的最低薪水是: " + minSalary.get());
```

输出结果为:

```
员工拿的最低薪水是: 2500
```

(9)收集员工薪水的统计值

```
// (9)收集员工薪水的统计值
IntSummaryStatistics statSalary = Arrays.stream(emps)
```

```
    .collect(Collectors.summarizingInt(Emp::getSalary));
System.out.println(statSalary);
```

输出结果为：

```
IntSummaryStatistics{count=9, sum=40100, min=2500, average=4455.555556, max=8000}
```

（10）将员工姓名以逗号作为分隔连接起来

```
// （10）将员工姓名以逗号作为分隔连接起来
String names = Arrays.stream(emps)
    .map(Emp::getName).collect(Collectors.joining(","));
System.out.println(names);
```

输出结果为：

SMITH,ALLEN,WARD,JONES,MARTIN,BLAKE,CLARK,SCOTT,KING

（11）获取有奖金的所有员工

```
// （11）获取有奖金的所有员工
List<Emp> bonusEmpList = Arrays.stream(emps)
    .filter(emp -> emp.getBonus() != null).collect(Collectors.toList());
for(Emp e : bonusEmpList){
    System.out.printf("%s 的奖金是：%d\t", e.getName(), e.getBonus());
}
System.out.println();
```

输出结果为：

ALLEN 的奖金是：300   WARD 的奖金是：500   MARTIN 的奖金是：1400

（12）根据员工所在部门对员工进行分组，groupingBy 进行分组操作

```
// （12）根据员工所在部门对员工进行分组，groupingBy 进行分组操作
Map<String, List<Emp>> groupEmps = Arrays.stream(emps)
    .collect(Collectors.groupingBy(Emp::getDept));
Set<String> deptSet = groupEmps.keySet();
for(String dept : deptSet){
    System.out.printf("部门[%s]的员工有：", dept);
    List<Emp> empsOfDept = groupEmps.get(dept);
    for(Emp e : empsOfDept){
        System.out.print(e.getName() + " ");
    }
    System.out.println();
}
```

输出结果为：

部门[RESEARCH]的员工有：SMITH JONES SCOTT
部门[SALES]的员工有：ALLEN WARD MARTIN BLAKE
部门[ACCOUNTING]的员工有：CLARK KING

（13）根据员工是否有奖金，将员工分为两个区，partitioningBy 根据布尔值进行分区操作

```java
// （13）根据员工是否有奖金，将员工分为两个区，partitioningBy 根据布尔值进行分区操作
Map<Boolean, List<Emp>> bonusEmps = Arrays.stream(emps)
    .collect(Collectors.partitioningBy(emp -> emp.getBonus() != null));
Set<Boolean> isBonusSet = bonusEmps.keySet();
for(Boolean boolBonus : isBonusSet){
    if(boolBonus){
        System.out.println("有奖金的员工是：");
    }
    else{
        System.out.println("无奖金的员工是：");
    }

    List<Emp> empsOfBonus = bonusEmps.get(boolBonus);
    for(Emp e : empsOfBonus){
        System.out.print(e.getName() + ":" + e.getBonus() + " ");
    }
    System.out.println();
}
```

输出结果为：

```
无奖金的员工是：
SMITH:null JONES:null BLAKE:null CLARK:null SCOTT:null KING:null
有奖金的员工是：
ALLEN:300 WARD:500 MARTIN:1400
```

完整的代码在 CollectorStream.java 中，为了让读者学习的效果更好一些，我们是将代码拆分了进行讲解的。

如果读者在工作中要使用 collect，那么建议读者参照 Java 的 API 文档，再结合本节给出的示例去运用，效果会更好。如果仅仅是学习，那么把本节的示例看明白就可以了，毕竟 Collectors 类中的方法太多了，也不可能一下全部记住。

2．三个参数的 collect 方法

另一个 collect 方法带有三个参数，如下所示

- <R> R collect(Supplier<R> supplier, BiConsumer<R,? super T> accumulator, BiConsumer<R,R> combiner)

第一个参数用于创建结果容器（result container），在并行执行时，这个函数可能被多次调用，每次调用返回一个新的值；第二个参数将流中的元素合并到结果容器中；第三个参数将累加器函数（第二个参数）调用的结果进行合并。与三个参数的 reduce 方法一样，在串行流中，collect 的第三个参数不会生效。

我们看代码 14.16。

代码 14.16　CollectStream.java

```java
import java.util.Arrays;
import java.util.List;
import java.util.ArrayList;
import java.util.stream.Stream;
public class CollectStream{
    public static void main(String[] args){
        List<String> list = Arrays.asList("one", "two", "three");
```

```
            Stream<String> stream = list.stream();
            List<String> result1 = stream.collect(
                () -> new ArrayList<>(),
                (al, elt) -> al.add(elt),
                (list1, list2) -> list1.addAll(null));    // 这个函数并不会被调用

            System.out.println(result1);

            // 并行流
            stream = list.parallelStream();
            // 以方法引用的形式传参,与上面的 lambda 表达式等效
            List<String> result2 = stream.collect(
                ArrayList::new,
                ArrayList::add,
                ArrayList::addAll);
            System.out.println(result2);

            stream = list.parallelStream();
            String result3 = stream.collect(
                StringBuilder::new,
                StringBuilder::append,
                StringBuilder::append).toString();
            System.out.println(result3);
        }
    }
```

程序运行的结果为:

```
[one, two, three]
[one, two, three]
onetwothree
```

14.7 并行流的性能

并行流对数据进行分块,并以多线程来并发处理,看似性能很好,但实际上,在某些时候,并行流的性能还不如串行流。我们先看一段代码,如代码 14.17 所示。

代码 14.17　ParallelStreamPerformance.java

```
import java.util.stream.LongStream;

interface Test {
    void test();
}
class Tester {
    public static long runTest(Test t){
        long start = System.nanoTime();
        t.test();
        long end = System.nanoTime();
        return end - start;
```

```java
        }
    }
public class ParallelStreamPerformance{
    public static void main(String[] args){
        LongStream serialStream1 = LongStream.rangeClosed(1L, 1000L);
        long spendTime = Tester.runTest(() -> serialStream1.reduce(0L, Long::sum));
        System.out.println("小数据量串行流花费时间: " + spendTime);

        LongStream parallelStream1 = LongStream.rangeClosed(1L, 1000L).parallel();
        spendTime = Tester.runTest(() -> parallelStream1.reduce(0L, Long::sum));
        System.out.println("小数据量并行流花费时间: " + spendTime);

        LongStream serialStream2 = LongStream.rangeClosed(1L, 1000000000L);
        spendTime = Tester.runTest(() -> serialStream2.reduce(0L, Long::sum));
        System.out.println("大数据量串行流花费时间: " + spendTime);

        LongStream parallelStream2 = LongStream.rangeClosed(1L, 1000000000L).parallel();
        spendTime = Tester.runTest(() -> parallelStream2.reduce(0L, Long::sum));
        System.out.println("大数据量并行流花费时间: " + spendTime);
    }
}
```

我们使用 reduce 方法对流中的长整型元素进行累加操作,以此来测试串行流和并行流的性能。

程序运行的结果为:

```
小数据量串行流花费时间: 8635186
小数据量并行流花费时间: 11803244
大数据量串行流花费时间: 675202636
大数据量并行流花费时间: 404033060
```

从结果中可以看到,在处理少量数据的时候,并行流的性能反而更差,这是因为将流中数据进行并行化处理本身就会有开销,对于少量数据而言,这种额外开销不足以抵消并行处理所带来的时间缩减,反而增加了总的处理时间。在数据量较大的时候,并行处理的优势就体现出来了。

下面我们对并行流中的元素在基本数据类型和对应的封装类的情况下分别进行累加性能测试,如代码 14.18 所示。

代码 14.18　ParallelStreamPerformance.java

```java
import java.util.Arrays;
import java.util.stream.IntStream;
import java.util.stream.Stream;

...
public class ParallelStreamPerformance{
    public static void main(String[] args){
        Integer[] inArray = new Integer[10000];
        for(int i=1; i<=10000; i++){
            inArray[i-1] = i;
        }
```

```
int[] iArray = new int[10000];
for(int i=1; i<=10000; i++){
    iArray[i-1] = i;
}
Stream<Integer> objStream = Arrays.stream(inArray).parallel();
IntStream inStream = Arrays.stream(iArray).parallel();

long spendTime = Tester.runTest(() -> objStream.reduce(0, Integer::sum));
System.out.println("封装类对象并行流花费时间：  " + spendTime);

spendTime = Tester.runTest(() -> inStream.reduce(0, Integer::sum));
System.out.println("基本数据类型并行流花费时间: " + spendTime);
    }
}
```

程序运行的结果为：

```
封装类对象并行流花费时间：   21611343
基本数据类型并行流花费时间: 2575617
```

可以看到，基本数据类型的流在进行累加操作时，其性能要明显高于封装类对象。原因很简单，在进行计算时，封装类对象要拆箱为基本数据类型才能求和，损耗较大，所以性能就差。因此，在对整数或浮点数序列进行操作时，尽量选择基本数据类型，而不要采用封装类型。

如果性能对你很重要，那么在使用并行流时，一定要做基准性测试，某些操作本身在并行流上的性能就比串行流差，例如 findFirst 这种依赖于元素顺序的操作，它在并行流上执行的代价非常大。如果元素的顺序对你而言并不重要，那么可以随时调用 unordered 方法将有序流变为无序流。

此外还要考虑流背后的数据结构是否能够有效地进行数据分割，对于不易分割为多个部分的数据结构并不适合使用并行流。

最后，给读者一个忠告，除了明显影响性能的因素外，如数据量的大与小，基本数据类型与封装类型等，其他的很多因素可能会因为使用场景或者 Java 版本的不同而变化，因此，某些性能可能并不差，所以多做一些测试总是好的，切忌人云亦云。

14.8 总结

本章对 Java 8 新增的重要特性 Stream 做了详细讲解，Stream API 大量使用了泛型和函数式接口，所以在学习本章的时候，建议读者一定要熟悉第 11 章的内容，掌握第 12 章的内容，特别是要掌握常用的内置函数式接口。

Stream API 中的某些操作在串行流和并行流下执行，得到的结果有可能不同，这一点是需要读者注意的。并行流采用了多线程对数据进行并发处理，可以显著提高在大量数据处理场景中的效率。此外，也要注意，既然采用了并行流，那么在处理的过程中尽量不要出现改变流结构或者修改流的元素的情况，否则可能会出现并发访问错误。

14.9 实战练习

使用代码 14.15 给出的 Emp 类,完成以下功能:

1. 找出年龄大于 30 岁的员工,并输出员工的姓名和年龄。
2. 将员工的薪水修改为薪水加上奖金,并输出员工的姓名和修改后的薪水值。
3. 对员工的薪水进行排序,并输出员工的薪水。
4. 找出薪水的最大值和最小值,并输出。
5. 获取员工薪水的总和和平均值,并输出。
6. 计算员工薪水加奖金的总和,并输出。

第 15 章 Class 类与反射 API

Java 程序以类为基本的编码单元，而一个类的相关信息则是通过一个 Class 对象来表示的。是的，你没有看错，这里的 Class 是一个类，位于 java.lang 包中，而不是定义类需要使用的 class 关键字，也不是我们通常说的类。

在 java.lang.reflect 包中，还定义了对应于类中字段、方法、修饰符等的一些类。利用 Class 与反射 API，我们可以摆脱使用 new 运算符来创建对象的传统方式，在程序运行期间，随时随地创建任意类的对象，并调用对象的方法。这么强大的功能，我们岂能错过？接下来就让我们一起来感受下 Class 与反射 API 的威力。

15.1 Class<T>类

扫码看视频

在 Java 中，每个类都有一个对应的 Class 对象。也就是说，当我们编写一个类时，在编译完成后，在生成的.class 文件中，就会有与之对应的 Class 对象，用于表示这个类的类型信息。

在运行期间，如果要产生某个类的对象，那么 Java 虚拟机（JVM）会检查该类型的 Class 对象是否已被加载。如果没有被加载，则 JVM 会根据类的名称找到.class 文件并加载它。一旦某个类的 Class 对象已被加载到内存，就可以用它来产生该类的所有对象。

为了获取 Class 对象，我们可以使用以下三种方式：

（1）运用.class 的方式来获取 Class 实例，对于基本数据类型的封装类，还可以采用.TYPE 来获取相对应的基本数据类型的 Class 实例。

（2）利用对象调用 getClass 方法获取该对象的 Class 实例。

（3）使用 Class 类的静态方法 forName，用类的名字获取一个 Class 实例。

Class 类的静态方法 forName 的签名如下所示：

public static Class<?> forName(String className) throws ClassNotFoundException

通过类的完整限定名来创建这个类的 Class 对象。如果给定名字的类没有找到，则会抛出 ClassNotFoundException。

我们看一个例子，如代码 15.1 所示。

代码 15.1　ClassTest.java

```
class Student{
    static{
```

```
            System.out.println("加载Student类");
        }
        public Student(){
            System.out.println("Construct Student");
        }
    }
    public class ClassTest{
        public static void main(String[] args) throws Exception{
            Integer in = 5;

            Class c1 = int.class;
            System.out.println("c1 = " + c1);

            Class c2 = Integer.class;
            System.out.println("c2 = " + c2);

            Class c3 = Integer.TYPE;
            System.out.println("c3 = " + c3);

            Class c4 = in.getClass();
            System.out.println("c4 = " + c4);

            Class<?> c5 = Class.forName("java.lang.String");
            System.out.println("c5 = " + c5);

            Class c6 = Student.class;
            System.out.println("c6 = " + c6);

            Class<?> c7 = Class.forName("Student");
            System.out.println("c7 = " + c7);
        }
    }
```

在这个程序中，使用了三种方式来获取类的 Class 对象。Class 类在 Java 5 之后也泛型化了，不过该类在使用上比较灵活，在获取 Class 类的实例时，即使不使用参数化类型，编译器也不会产生警告信息。如果想让编译器强制执行类型检查，则可以使用参数化类型，例如：

```
Class<Integer> c1 = int.class;
```

程序运行的结果为：

```
c1 = int
c2 = class java.lang.Integer
c3 = int
c4 = class java.lang.Integer
c5 = class java.lang.String
c6 = class Student
加载Student类
c6 = class Student
```

我们注意到，当使用 Student.class 获取 Class 对象时，在 Student 类中没有任何代码被执行。在使用 Class.forName 获取 Student 类的 Class 对象时，Student 类中的静态代码块被执行了，这很正常，前面我们说过，在类加载的时候，静态代码块中的语句就会被执行。但同时我们也注意到，Student 类的构造方法并没有被调用，说明这个时候并没有 Student 类对象的产生。

15.2 获取类型信息

Class 对象包含了某个类型（类、接口等）的所有信息，我们可以通过它得到类中方法、字段、继承的基类、实现的接口等信息。

15.2.1 获取方法和字段信息

方法和字段信息都是通过类表示的，这些类位于 java.lang.reflect 包中，方法又分为构造方法和普通方法，对应构造方法（也称为构造器）的类是 Constructor，对应方法的类是 Method，对应字段的类是 Field。

Class 类中得到构造器的方法如下（以下方法签名省略了异常声明）：

- public Constructor<?>[] getConstructors()
  返回所有公共的构造器，如果没有公共构造器，则返回长度为 0 的数组。
- public Constructor<T> getConstructor(Class<?>... parameterTypes)
  通过指定的构造器参数获取匹配的公共构造器。
- public Constructor<?>[] getDeclaredConstructors()
  返回所有声明的构造器，包括 public、protected、default 和 private 构造器。
- public Constructor<T> getDeclaredConstructor(Class<?>... parameterTypes)
  通过指定的构造器参数获取匹配的构造器。

Class 类中得到 Method 的方法有：

- public Method[] getMethods()
  返回所有公共的方法，包括从基类继承的公共方法。
- public Method getMethod(String name, Class<?>... parameterTypes)
  根据指定的方法名和方法参数获取匹配的公共方法。参数 name 表示方法名称，parameterTypes 是一个表示方法参数的 Class 对象数组，以方法形参声明的顺序。
- public Method[] getDeclaredMethods()
  返回所有声明的方法，包括 public、protected、default 和 private 方法，但不包括继承的方法。
- public Method getDeclaredMethod(String name, Class<?>... parameterTypes)
  根据指定的方法名和方法参数获取匹配的方法。参数 name 表示方法名称，parameterTypes 是一个表示方法参数的 Class 对象数组，以方法形参声明的顺序。

Class 类中得到字段的方法有：

- public Field[] getFields()
  返回所有公共的字段。
- public Field getField(String name)
  返回指定名字的公共字段。
- public Field[] getDeclaredFields()
  返回所有声明的字段，包括 public、protected、default 和 private 字段，但不包括继承的字段。

- public Field getDeclaredField(String name)
  返回指定名字的声明的字段。

下面我们通过一个示例，来熟悉一下上述方法的应用，如代码 15.2 所示。

代码 15.2　ClassInfo.java

```java
import java.lang.reflect.Constructor;
import java.lang.reflect.Field;
import java.lang.reflect.Method;

class MyClass {
    public int pubField;
    protected int proField;
    private int priField;

    public MyClass(){}
    public MyClass(int a){}
    protected MyClass(int a, int b){}
    private MyClass(int a, int b, int c){}

    public void pub_method(){}
    protected void pro_method(){}
    void defMethod(){}
    private void priMethod(){}

    public static void staticMethod(){}
}

interface MyInterface{
    float pi = 3.14f;
    void fun();
    default void defFun(){}
    static void staticFun(){}
    private void priFun(){}
}
public class ClassInfo{
    public static void main(String[] args){
        Class clz = MyClass.class;
        System.out.println("Fields:");
        // 只获取公共字段
        for(Field f : clz.getFields()){
            System.out.println(f);
        }
        System.out.println("-------------------------------");
        System.out.println("Constructors:");
        // 获取所有声明的构造器
        for(Constructor c : clz.getDeclaredConstructors()){
            System.out.println(c);
        }
        System.out.println("-------------------------------");

        System.out.println("Methods:");
```

```java
        // 只获取公共方法，包括从 Object 继承的公共方法
        for(Method m : clz.getMethods()){
            System.out.println(m);
        }
        System.out.println("--------------------------------");

        clz = MyInterface.class;
        System.out.println("Interface's Methods:");
        // 只获取接口中的公共方法
        for(Method m : clz.getMethods()){
            System.out.println(m);
        }
    }
}
```

程序的运行结果为：

```
Fields:
public int MyClass.pubField
-----------------------------
Constructors:
private MyClass(int,int,int)
protected MyClass(int,int)
public MyClass(int)
public MyClass()
-----------------------------
Methods:
public static void MyClass.staticMethod()
public void MyClass.pub_method()
public final native void java.lang.Object.wait(long) throws java.lang.InterruptedException
public final void java.lang.Object.wait(long,int) throws java.lang.InterruptedException
public final void java.lang.Object.wait() throws java.lang.InterruptedException
public boolean java.lang.Object.equals(java.lang.Object)
public java.lang.String java.lang.Object.toString()
public native int java.lang.Object.hashCode()
public final native java.lang.Class java.lang.Object.getClass()
public final native void java.lang.Object.notify()
public final native void java.lang.Object.notifyAll()
-----------------------------
Interface's Methods:
public static void MyInterface.staticFun()
public abstract void MyInterface.fun()
public default void MyInterface.defFun()
```

可以看到，getMethods 方法不但返回了 MyClass 类中定义的公共方法，而且把基类 Object 中的公共方法也返回了。

15.2.2　获取基类和接口信息

有时候知道某个类的基类或者实现的接口也是有用的，可以用于判断某个对象是否可以

进行安全的类型转换。

在 Class 类中有如下的两个方法，可以分别获取基类和实现的接口。

- public Class<? super T> getSuperclass()
  获取基类。
- public Class<?>[] getInterfaces()
  获取实现的所有接口。

代码 15.3 给出了上述两个方法的应用示例。

代码 15.3　SuperClassAndInterface.java

```java
interface A{}
interface B{}
class Base {}

class Derived extends Base implements A, B{}

public class SuperClassAndInterface{
    public static void main(String [] args){
        Class clz = Derived.class;
        Class baseClz = clz.getSuperclass();
        System.out.println("基类：");
        System.out.println(baseClz);

        System.out.println("实现的接口：");
        Class[] interfaces = clz.getInterfaces();
        for(Class c : interfaces){
            System.out.println(c);
        }
    }
}
```

程序运行的结果为：

```
基类：
class Base
实现的接口：
interface A
interface B
```

15.2.3　获取枚举信息

如果 Class 对象表示的是枚举类型，那么可以调用 getEnumConstants 方法来得到所有的枚举值，该方法签名如下所示：

- public T[] getEnumConstants()

代码 15.4 给出了一个简单的示例。

代码 15.4　EnumInfo.java

```java
enum Week{
    Sunday, Monday, Tuesday, Wednesday,
    Thursday, Friday, Saturday ;
}
```

```java
public class EnumInfo{
    public static void main(String [] args){
        Class<Week> clz = Week.class;

        Week[] weeks = clz.getEnumConstants();
        for(Week w : weeks){
            System.out.println(w);
        }
    }
}
```

程序运行的结果为：

```
Sunday
Monday
Tuesday
Wednesday
Thursday
Friday
Saturday
```

15.2.4 获取泛型信息

类或接口的泛型信息通过 Class 对象也是可以得到的。为了更好地表示泛型类型，Java 5 在 java.lang.reflect 包中定义了一个新的接口 Type，将其作为所有类型的公共超接口，同时让 Class 类实现了该接口；从 Type 接口派生了四个子接口，专门用于泛型类型。这四个接口如下所示。

- TypeVariable<D>：描述类型变量，例如：T。
- WildcardType：表示通配符类型表达式，例如：？、? extends Number，或者? super Integer。
- ParameterizedType：表示参数化类型，例如：Collection<String>。
- GenericArrayType：表示其元素类型为参数化类型或类型变量的数组类型，即泛型数组，例如：T[]。

Class 中定义的与泛型相关的方法，有如下三个：

- public Type getGenericSuperclass()
  这是 Java 5 新增的方法，获取基类，如果基类是参数化类型，则会保留类型参数。
- public **Type**[] getGenericInterfaces()
  这是 Java 5 新增的方法，获取所有实现的接口，如果接口是参数化类型，则会保留类型参数。
- public TypeVariable<Class<T>>[] getTypeParameters()
  这是 Java 5 新增的方法，以声明的顺序返回所有的类型变量。

代码 15.5 给出了获取类型中的泛型信息的示例。

代码 15.5 GenericInfo.java

```java
import java.util.ArrayList;
import java.util.Arrays;
```

```java
import java.lang.reflect.Type;
import java.lang.reflect.ParameterizedType;
import java.lang.reflect.WildcardType;
import java.lang.reflect.Method;

interface Functor<T> {
    void call(T args);
}

class MyCallBack implements Functor<Object> {
    public void call(Object args) {
        System.out.println(args);
    }
}

class CallbackTest {
    public static <T> T callback(ArrayList<T> list, Functor<? super T> fun){
        for(T each : list){
            fun.call(each);
        }
        return list.get(0);
    }
}

public class GenericInfo {
    public static void main(String [] args){
        System.out.println("[MyCallBack 类的泛型信息]");
        Class clz = MyCallBack.class;
        Type baseType = clz.getGenericSuperclass();
        System.out.println("基类: ");
        System.out.println(baseType);

        System.out.println("实现的接口: ");
        Type[] interfaces = clz.getGenericInterfaces();
        for(Type t : interfaces){
            System.out.println(t);
            // 如果接口是参数化类型
            if(t instanceof ParameterizedType){
                ParameterizedType pt = (ParameterizedType)t;
                // 得到实际的类型参数
                Type[] typeArgs = pt.getActualTypeArguments();
                for(Type ta: typeArgs)
                    System.out.println("-- 实际的类型参数: " + ta);
            }
        }

        System.out.println("-------------------------------------");

        System.out.println("[CallbackTest 类中泛型方法的泛型信息]");
        Class clazz = CallbackTest.class;
        Method method = clazz.getMethods()[0];
        System.out.println("方法参数的类型: ");
```

```java
            Type[] paramTypes = method.getGenericParameterTypes();
            for(Type t : paramTypes){
                System.out.println(t);
                // 如果形参是参数化类型
                if(t instanceof ParameterizedType){
                    ParameterizedType pt = (ParameterizedType)t;
                    // 得到实际的类型参数
                    Type[] typeArgs = pt.getActualTypeArguments();
                    for(Type ta: typeArgs){
                        System.out.println("-- 实际的类型参数:" + ta);
                        // 如果是通配符类型
                        if(ta instanceof WildcardType){
                            WildcardType wt = (WildcardType)ta;
                            // 输出类型变量的下限
                            System.out.println("---- "
                                + Arrays.toString(wt.getLowerBounds()));
                            // 输出类型变量的上限
                            System.out.println("---- "
                                + Arrays.toString(wt.getUpperBounds()));
                        }
                    }
                }
            }

            System.out.println("方法的返回类型:");
            Type returnType = method.getGenericReturnType();
            System.out.println(returnType);
        }
    }
```

程序的运行结果为:

```
[MyCallBack 类的泛型信息]
基类:
class java.lang.Object
实现的接口:
Functor<java.lang.Object>
-- 实际的类型参数: class java.lang.Object
------------------------------------
[CallbackTest 类中泛型方法的泛型信息]
方法参数的类型:
java.util.ArrayList<T>
-- 实际的类型参数: T
Functor<? super T>
-- 实际的类型参数: ? super T
---- [T]
---- [class java.lang.Object]
方法的返回类型:
T
```

代码中有详细的注释,这里就不再赘述了。如果读者想彻底弄懂上述代码,则建议将上述代码分部分注释起来,然后对照着输出结果来学习。也可以使用集合类的 Class 对象,使用上述程序输出泛型信息，因为集合类使用了大量泛型，作为学习使用也是不错的选择。当然直接跳过本节内容也是可以的，等到工作中需要获取类或接口的泛型信息时，再回到本节学习也来得及。

15.2.5 获取注解信息

获取注解信息的内容我们放到下一章来讲解，参见 16.4 节。

15.3 检测类型

所有类型都有 Class 对象，当得到一个 Class 对象后，若想知道它对应的是哪一种类型，那么可以调用 Class 类中的 isXxx 方法。这些方法如下所示：

- public boolean isPrimitive()
  判断是否是基本数据类型。
- public boolean isArray()
  判断是否是数组类型。
- public boolean isEnum()
  判断是否是枚举类型。
- public boolean isAnnotation()
  判断是否是注解类型。
- public boolean isInterface()
  判断是否是接口类型。
- public boolean isLocalClass()
  判断是否是局部内部类，即在语句块中定义的内部类。
- public boolean isAnonymousClass()
  判断是否是匿名类。
- public boolean isMemberClass()
  判断是否是内部类。

代码 15.6 给出了上述方法的应用示例。

代码 15.6　DetectType.java

```
interface A{}
class X{
   class B{}
   public static A getA(){
      class C implements A{}
      return new C();
   }
}
enum D{}

public class DetectType{
   public static void main(String[] args){
   
      Integer in = 2;
      Class c1 = int.class;
```

```java
        System.out.printf("c1 是否是基本数据类型：%b%n", c1.isPrimitive());

        Class c2 = in.getClass();
        System.out.printf("c2 是否是基本数据类型：%b%n", c2.isPrimitive());

        int[] arr = new int[3];
        Class c3 = arr.getClass();
        System.out.printf("c3 是否是数组类型：%b%n", c3.isArray());

        Class c4 = D.class;
        System.out.printf("c4 是否是枚举类型：%b%n", c4.isEnum());

        Class c5 = A.class;
        System.out.printf("c5 是否是接口类型：%b%n", c5.isInterface());


        Class c6 = X.B.class;
        System.out.printf("c6 是否是内部类：%b%n", c6.isMemberClass());

        Class c7 = X.getA().getClass();
        System.out.printf("c7 是否是局部内部类：%b%n", c7.isLocalClass());

        A a = new A(){};
        Class c8 = a.getClass();
        System.out.printf("c8 是否是匿名类：%b%n", c8.isAnonymousClass());
    }
}
```

程序运行的结果为：

```
c1 是否是基本数据类型：true
c2 是否是基本数据类型：false
c3 是否是数组类型：true
c4 是否是枚举类型：true
c5 是否是接口类型：true
c6 是否是内部类：true
c7 是否是局部内部类：true
c8 是否是匿名类：true
```

扫码看视频

15.4 使用 Class 和反射创建类的对象

在 Class 类中有一个 newInstance 方法，可以用来创建 Class 对象所表示的类的一个实例。这就有意思了，Class.forName 方法只需要有类名就能得到该类对应的 Class 对象，而 newInstance 可以创建该类的对象，那么我们完全可以从程序外部传入类名，这样程序就可以创建任意类的对象了。

newInstance 方法的声明形式如下：
- public T newInstance() throws InstantiationException, IllegalAccessException

调用这个方法创建类的实例会调用该类的无参构造方法，不幸的是，由于这个方法可以绕过编译时的异常检查（假如构造方法声明了抛出异常，调用 newInstance 不会要求你对异常进行处理），因此在 Java 9 中被声明为废弃了，替代为：

```
clazz.getDeclaredConstructor().newInstance()
```

也就是说，Java 9 及之后的 Java 版本要先得到代表构造方法的构造器对象，然后调用 Constructor 对象的 newInstance 方法来实例化类的对象，该方法的签名如下所示：

- public T newInstance(Object... initargs) throws InstantiationException, IllegalAccessException, IllegalArgumentException, InvocationTargetException

该方法的参数自然是要向构造方法传入的实参对象数组，如果要传入基本数据类型的参数，那么需要使用对应的封装类对象。如果调用的是无参构造方法，那么就不传参数。

有了可以实例化类的对象的方法，接下来我们编写一个程序，动态创建某个类的对象。

程序的入口方法 main 有一个字符串数组参数，它是用来在接收执行程序时向程序传递的参数，我们可以先利用这个数组接收从外部传入的类的完整名称，然后利用 Class.forName 方法加载类并创建类的 Class 对象，利用 Class 对象得到构造器，最后调用构造器对象的 newInstance 方法创建类的对象。代码如 15.7 所示。

代码 15.7　ObjectFactory.java

```java
import java.lang.reflect.Constructor;
import java.lang.reflect.InvocationTargetException;

class Person{
    private String name;

    public Person(){
        this("匿名");
    }
    public Person(String name){
        this.name = name;
    }

    public String getName(){
        return name;
    }

    public void setName(String name){
        this.name = name;
    }

    public void run(int meters){
        System.out.printf("%s 跑了%d 米%n", name, meters);
    }

    public String toString(){
        return "姓名: " + name;
    }

    private void helper(){
        System.out.println("私有的辅助方法");
    }
```

```java
}

public class ObjectFactory{
    public static void main(String[] args){
        if(args.length < 1) {
            System.exit(1);
        }
        try{
            Class<?> clz = Class.forName(args[0]);
            // 得到无参的公有构造方法
            Constructor noArgCons = clz.getConstructor();
            Object obj = noArgCons.newInstance();
            System.out.println(clz);
            System.out.println(obj);

            if(args.length > 1){
                Class paramClz = args[1].getClass();
                // 得到一个参数的公有构造方法
                Constructor oneArgCons = clz.getConstructor(paramClz);
                obj = oneArgCons.newInstance(args[1]);
                System.out.println(obj);
            }

        }
        catch(ClassNotFoundException
            | NoSuchMethodException
            | InstantiationException
            | IllegalAccessException
            | InvocationTargetException e){
            System.out.println(e.toString());
        }
    }
}
```

打开命令提示符窗口，先编译上述源文件，然后执行"java ObjectFactory Person"，输出结果为：

```
class Person
姓名：匿名
```

执行"java ObjectFactory Person 张三"，输出结果为：

```
class Person
姓名：匿名
姓名：张三
```

你也可以用 ObjectFactory 类创建任意类的对象，只要该类有无参的构造方法和带一个字符串参数的构造方法即可。String 类正好符合这个条件，执行"java ObjectFactory java.lang.String 李四"，输出结果为：

```
class java.lang.String
李四
```

要注意的是，使用 Class.forName 方法得到类的 Class 对象，传递的类名一定是完整的限定名。

15.5 使用反射调用对象的方法

扫码看视频

使用 Constructor 类可以实例化对象，有了对象，我们也就能够调用对象的方法，Method 类正是为类中的方法而设计的。在这个类中，定义了一个 invoke 方法，用来调用 Method 对象所表示的方法。Invoke 方法的签名如下所示：

- public Object invoke(Object obj, Object... args) throws IllegalAccessException, IllegalArgumentException, InvocationTargetException

参数 obj 表示调用方法的对象，参数 args 是调用方法要传入的参数。

在 Class 中有得到类中某个方法对应的 Mehod 对象的方法，用这个 Mehod 对象调用 invoke 方法，就可以执行类的对象的方法了。

我们在代码 15.7 的基础上增加对 Person 对象方法的调用，为了简单起见，直接在代码中实例化 Person 类的对象，修改后的代码如代码 15.8 所示。

代码 15.8　ObjectFactory.java

```java
import java.lang.reflect.Constructor;
import java.lang.reflect.InvocationTargetException;
import java.lang.reflect.Method;

...

public class ObjectFactory{
    public static void main(String[] args){
        try{
            Class<?> clz = Class.forName("Person");
            // 得到一个参数的公有构造方法
            Constructor oneArgCons = clz.getConstructor(String.class);
            Object obj = oneArgCons.newInstance("张三");
            // 得到 run 方法对应的 Method 对象
            Method mth = clz.getMethod("run", int.class);
            // 调用 run 方法
            mth.invoke(obj, 800);

            // 得到 helper 方法对应的 Method 对象
            mth = clz.getDeclaredMethod("helper");
            // helper 方法是私有方法，正常是不可调用的
            // 通过调用 Method 对象的 setAccessible(true),
            // 将 helper 方法设置为可访问的
            mth.setAccessible(true);
            mth.invoke(obj);
        }
        catch(...){
            System.out.println(e.toString());
        }
    }
}
```

程序的运行结果为：

张三跑了 800 米
私有的辅助方法

在 Method 类中有一个 setAccessible 方法，可以修改类中方法的访问标志，以访问被声明为 private 的方法。现在你应该可以感受到一些反射 API 的强大了，当然，除非特殊需求，否则还是尽量不要使用这种技巧去访问私有的方法，毕竟这破坏了类的封装性。

扫码看视频

15.6 使用反射修改对象的字段

使用 Method 类可以调用类中的方法，与之类似的是，使用 Field 类就可以访问类中的字段。字段访问无非就是获取值和设置值，因此在 Field 类中给出了一个 get 和一个 set 方法，这两个方法的签名如下所示：

- public Object get(Object obj) throws IllegalArgumentException,IllegalAccessException
- public void set(Object obj, Object value) throws IllegalArgumentException, IllegalAccessException

参数 obj 表示要获取或者设置字段值的对象，value 是要设置的字段的新值。

为了便于对八种基本数据类型的字段进行操作，Field 类还给出了一系列的 getXxx 和 setXxx 方法，如 getInt 和 setInt 方法。

接下来修改代码 15.8，对 Person 的字段 name 进行访问，如代码 15.9 所示。

代码 15.9　ObjectFactory.java

```java
import java.lang.reflect.Constructor;
import java.lang.reflect.InvocationTargetException;
import java.lang.reflect.Field;

...

public class ObjectFactory{
    public static void main(String[] args){
        try{
            Class<?> clz = Class.forName("Person");
            // 得到一个参数的公有构造方法
            Constructor oneArgCons = clz.getConstructor(String.class);
            Object obj = oneArgCons.newInstance("张三");
            System.out.println(obj);

            // 得到字段 name
            Field f = clz.getDeclaredField("name");
            // name 字段是私有的
            // 调用 Field 对象的 setAccessible 方法将其设置为可访问的
            f.setAccessible(true);
            // 设置 name 字段的值为李四
            f.set(obj, "李四");
            System.out.println(obj);
            f.setAccessible(false);
        }
        catch(...){
            System.out.println(e.toString());
```

            }
        }
    }

程序的运行结果为:

姓名:张三
姓名:李四

也可以调用 Field 对象的 setAccessible 方法,修改类中字段的访问标志,以访问被声明为 private 的字段。当然,在一般情况下是不建议这么做的,因为这严重破坏了类的封装性。如果类没有为私有字段提供访问器方法,而又确实需要修改字段的值,那么建议在操作过后,再次调用 setAccessible 方法,将可访问标志设置为 false。

15.7 依赖注入容器

扫码看视频

还记得 6.6 节我们编写的模拟计算机组装的程序吗?Computer 类的代码如下所示:

```
package computer;

public class Computer {
    public static void main(String[] args) {
        Mainboard mb = new Mainboard();
        mb.setCpu(new IntelCPU());
        mb.setGraphicsCard(new NVIDIACard());
        mb.run();
    }
}
```

如果要更换一个 CPU,那么需要新编写一个类实现 CPU 接口,例如 AMDCPU,然后修改 Computer 类的代码,创建一个 AMDCPU 的对象,调用 Mainboard 对象的 setCpu 方法,将新的 CPU 对象注入进去,重新编译 Computer 类。若后期又想更换一块显卡,就不得不再次修改 Computer 类,再次编译。

这是因为主板依赖于 CPU 和显卡,若希望主板能够正常工作,就必须要有 CPU 和显卡对象。如果在程序中显式地去装配这种依赖关系,那么一旦依赖关系发生变化,就必须修改程序。为了避免这种因依赖关系发生变化而导致的程序修改,可以把依赖关系剥离出来,交给一个工厂类或者装配器类来负责对象组装,工厂类根据属性文件的配置动态创建接口的对象,然后将对象传递给 Mainboard。这时的工厂类已经不再是传统意义上的工厂类了,而是变身为一个依赖注入容器类。

> 提示:将 6.6 节模拟计算机组装程序的相关类复制到本章目录的 ioc 子目录下。

属性文件的格式非常简单,我们可以编写如代码 15.10 所示的属性文件。

代码 15.10   ioc\computer.properties

```
cpu=computer.IntelCPU
graphicsCard=computer.NVIDIACard
```

在属性文件格式定义好之后，开始编写工厂类，如代码 15.11 所示。

代码 15.11　ioc\MainboardFactory.java

```java
package computer;

import java.io.FileInputStream;
import java.io.IOException;
import java.util.Properties;
import java.lang.reflect.InvocationTargetException;

public class MainboardFactory{
    public static Mainboard getMainboard(){
        Mainboard mb = new Mainboard();
        try{
            FileInputStream in = new FileInputStream("computer.properties");
            Properties pps = new Properties();
            pps.load(in);

            String cpuClassName = pps.getProperty("cpu");
            String gCardClassName = pps.getProperty("graphicsCard");

            Class<?> cpuClz = Class.forName(cpuClassName);
            Class<?> gCardClz = Class.forName(gCardClassName);

            if(CPU.class.isAssignableFrom(cpuClz)){
                CPU cpu = (CPU)cpuClz.getConstructor().newInstance();
                mb.setCpu(cpu);
            }

            if(GraphicsCard.class.isAssignableFrom(gCardClz)){
                GraphicsCard gCard =
                    (GraphicsCard)gCardClz.getConstructor().newInstance();
                mb.setGraphicsCard(gCard);
            }
        }
        catch(IOException
            | ClassNotFoundException
            | NoSuchMethodException
            | InstantiationException
            | IllegalAccessException
            | InvocationTargetException e){
            e.printStackTrace();
        }
        return mb;
    }
}
```

在代码中用到了 Class 类的 isAssignableFrom 方法，这个方法很有用，其签名如下所示：
- public boolean isAssignableFrom(Class<?> cls)

判定当前 Class 对象所表示的类或接口与指定的 Class 参数所表示的类或接口是否相同，或是否是其超类或超接口。如果是，则返回 true，否则返回 false。

这个方法主要用于判定 cls 所表示的类型能否转换为当前 Class 对象所表示的类型。

接下来修改 Computer 类，如代码 15.12 所示。

代码 15.12　ioc\Computer.java

```
package computer;

public class Computer {
    public static void main(String[] args) {
        Mainboard mb = ComputerFactory.getMainboard();
        mb.run();
    }
}
```

可以看到，在 Computer 类中，所有的依赖关系都不存在了。如果以后增加新的 CPU 和新的显卡，程序就不用再做任何修改。

打开命令提示符窗口，执行 javac -d . *.java 编译所有源程序，执行 java computer.Computer 运行程序，输出结果为：

```
Starting computer...
Intel CPU calculate.
Display something
```

相信读者此时对反射已经有了更深的认识。如果读者还意犹未尽，那么我们继续。

现在这个程序的架构设计已经相当完善了，代码的可重用性、可扩展性都满足了，但我们能否深入挖掘一下这个工厂类的作用，让它在别的项目中也能使用？也就是说，能否将 MainboradFactory 改造成一个通用的依赖注入容器类，可以动态创建对象，并自动建立对象之间的依赖关系？

反射 API 可以创建对象，可以调用方法，在功能上能满足我们的需求。唯一的问题是，我们需要知道对象的类名、构造方法名和方法名，以及调用方法时传递的参数，还有对象之间的依赖关系如何表述。也就是说，我们需要定义一种数据格式来存储上述的信息。

属性文件的格式比较单一，不能很好地表述结构型的数据，为此，我们决定采用 XML，XML 文档可以很好地表述层次型、结构型的数据。

我们可以用<bean>元素来表示一个类的信息，属性 id 表示类的唯一标识，它的值可以作为保存创建的对象的 key，属性 class 表示类的完整限定名。例如：

```
<bean id="intelCPU" class="computer.IntelCPU">
    ...
</bean>
```

<bean>的子元素<constructor>表示构造方法，<constructor>的子元素<value>表示要向构造方法传递的参数值，如果有多个参数，就使用多个<value>子元素；如果没有参数，就不使用<constructor>元素。例如：

```
<bean id="id" class="xxx.Xxx">
    <constructor>
        <value>...</value>
    </constructor>
</bean>
```

<bean>的子元素<property>表示类中的属性（即去掉 set/get 后将首字母小写的名字），

<property>元素的属性 name 表示属性名，<property>的子元素<value>表示调用 setXxx 方法传入的参数值。对于依赖关系，则使用<ref>元素来表示，用 bean 属性指定依赖的类的 id 值。例如：

```xml
<bean id="mainborad" class="computer.Mainboard">
    <property name="cpu">
        <ref bean="intelCPU"/>
    </property>
    <property name="xxx">
        <value>...</value>
    </property>
</bean>
```

XML 文档需要有一个唯一的根元素，我们可以用<beans>元素作为根元素，包裹所有的<bean>子元素。

在设计好 XML 文档的数据格式后，针对计算机组装的例子，可以编写如代码 15.13 所示的配置文件。

代码 15.13　ioc\beans.xml

```xml
<?xml version="1.0" encoding="UTF-8"?>

<beans>
    <bean id="intelCPU" class="computer.IntelCPU"/>
    <bean id="nvCard" class="computer.NVIDIACard"/>

    <bean id="mainboard" class="computer.Mainboard">
        <property name="cpu">
            <ref bean="intelCPU"/>
        </property>
        <property name="graphicsCard">
            <ref bean="nvCard"/>
        </property>
    </bean>
</beans>
```

接下来编写一个依赖注入容器类，解析 beans.xml，使用反射 API 创建类的对象，并根据配置的依赖关系装配对象。

为了方便解析 XML 文档，我们使用了一个开源的 XML 框架 dom4j。dom4j 是一款非常优秀的 Java XML API，具有性能优异、功能强大和易用的特点。

本书的配套源代码中附带了 dom4j-2.1.3.jar 文件。

我们编写的依赖注入容器类如代码 15.14 所示。

代码 15.14　ioc\BeanFactory.java

```java
package computer;

import java.io.InputStream;
import java.lang.reflect.Constructor;
import java.lang.reflect.InvocationTargetException;
import java.lang.reflect.Method;
import java.util.HashMap;
import java.util.Iterator;
```

```java
import java.util.List;
import java.util.Map;

import org.dom4j.Document;
import org.dom4j.DocumentException;
import org.dom4j.Element;
import org.dom4j.io.SAXReader;

public class BeanFactory {
    // 用于保存创建的对象的 Map,key 是配置文件中的 id 值,value 是对象
    private Map<String, Object> beans = new HashMap<String, Object>();

    /**
     * BeanFactory 的构造方法,解析 XML 文档,装配对象
     */
    public BeanFactory(String fileName){
        // dom4j 的 SAX 解析器对象
        SAXReader saxReader = new SAXReader();
        // 得到类加载器
        ClassLoader clsLoader = this.getClass().getClassLoader();
        // 得到用于读取配置文件的输入流,配置文件根据类路径来查找
        InputStream is = clsLoader.getResourceAsStream(fileName);
        try {
            // 构建 dom4j 树
            Document doc = saxReader.read(is);
            // 得到 XML 文档的根元素
            Element root = doc.getRootElement();
            // 得到的所有的<bean>元素
            List<Element> beanList = root.elements("bean");
            // 循环解析<bean>元素
            for(Element beanElt : beanList){
                // 得到<bean>元素 id 属性的值
                String id = beanElt.attributeValue("id");
                // 得到<bean>元素 class 属性的值
                String className = beanElt.attributeValue("class");
                Class<?> cls = **Class.forName(className)**;
                // 得到<bean>元素所有<constructor>子元素
                List<Element> consList = beanElt.elements("constructor");
                // 如果不存在<constructor>子元素,则调用默认构造方法创建对象
                if(consList.isEmpty()){
                    Object obj = **cls.getConstructor().newInstance()**;
                    // 以<bean>元素 id 属性的值为 key,对象为 value,保存到 Map 中
                    beans.put(id, obj);
                }
                // 如果<bean>元素下存在<constructor>子元素
                // 则找到匹配的构造方法,实例化对象,并传入参数值
                // 为了简单起见,构造方法的参数类型都暂定为 String 类型
                // 创建对象,保存到 Map 中
                else{
                    int i = 0;
                    Class[] argsCls = new Class[consList.size()];
                    Object[] args = new Object[consList.size()];
```

```java
                    for(Iterator it = consList.iterator(); it.hasNext(); i++){
                        Element consElt = (Element)it.next();
                        argsCls[i] = String.class;
                        args[i] = consElt.element("value").getText();
                    }
                    Constructor cons = cls.getConstructor(argsCls);
                    Object obj = cons.newInstance(args);
                    beans.put(id, obj);
                }
                // 查看<bean>元素下是否有<property>子元素
                List<Element> propList = beanElt.elements("property");
                // 如果有，则准备调用对象的setXxx方法，传入依赖的对象
                for(Element propElt : propList){
                    String name = propElt.attributeValue("name");
                    StringBuffer sb = new StringBuffer();
                    // 拼接方法名，格式为: set + name 属性值首字母大写 + name 属性值剩余字母
                    sb.append("set")
                      .append(name.substring(0, 1).toUpperCase())
                      .append((name.substring(1)));

                    // 得到依赖的对象的id值
                    String objName = propElt.element("ref").attributeValue("bean");
                    // 从 Map 中取出对象
                    Object obj2 = beans.get(objName);
                    // 得到setXxx方法对应的Method对象
                    Method mth = cls.getMethod(
                        sb.toString(), obj2.getClass().getInterfaces()[0]);
                    // 调用setXxx方法方法，传入依赖的对象
                    mth.invoke(beans.get(id), obj2);
                }
            }
        } catch (DocumentException
            | ClassNotFoundException
            | NoSuchMethodException
            | InstantiationException
            | IllegalAccessException
            | InvocationTargetException e){
            e.printStackTrace();
        }
    }
    /**
     * 根据配置文件中<bean>元素id属性的值，从 Map 中得到对象
     */
    public Object getBean(String name){
        return beans.get(name);
    }
}
```

代码中有详细的注释，这里就不再赘述了。

接下来修改 Computer 类 main 方法的实现，使用 BeanFactory 得到 Mainboard 对象，如代码 15.15 所示。

代码 15.15　ioc\Computer.java

```
package computer;

public class Computer {
    public static void main(String[] args) {
        BeanFactory bf = new BeanFactory("beans.xml");
        Mainboard mb = (Mainboard)bf.getBean("mainboard");
        mb.run();
    }
}
```

由于 BeanFactory 使用了 dom4j，所以在编译程序时，需要配置一下 dom4j 的 JAR 文件的路径，也就是配置 1.8.2 节介绍过的 CLASSPATH 环境变量。在当前命令提示符窗口中，设置 CLASSPATH 环境变量的值为当前目录和 dom4j-2.1.3.jar 的完整路径（以分号作为分隔），如下所示：

```
set classpath=.;F:\JavaLesson\ch15\ioc\dom4j-2.1.3.jar
```

读者应该将 dom4j-2.1.3.jar 的路径替换为你的计算机上该文件所在的路径。

编译程序，执行 computer.Computer 类，输出结果为：

```
Starting computer...
Intel CPU calculate.
Display something
```

你可以给出 CPU 和 GraphicsCard 接口的任意实现，只需要在 beans.xml 文件进行配置就可以了，程序代码不需要做任何的改动。当然，BeanFactory 是通用的，可以应用于任何类对象的依赖注入。

现在要恭喜读者了，在学习 Java 的同时，还学会了 Spring 中最核心的依赖注入容器的原理，本书是不是物超所值呢！

15.8　动态代理

扫码看视频

代理（Proxy）是一种设计模式，我们可以把它想象成一个人或者机构代表另一个人或者机构采取行动。在软件设计中，有时候会出现用户不想或者不能直接引用一个对象的情况，这时候就可以通过代理对象在用户和目标对象之间充当一个中介的作用。

所谓设计模式，是指在程序设计中，逐渐形成的一些典型问题和问题的解决方案。每一个模式都描述了一个在程序设计中经常发生的问题，以及该问题的解决方案。当我们碰到模式所描述的问题时，就可以直接用相应的解决方案去解决这个问题，这就是设计模式。就如象棋的棋谱，描述了各种棋局，并给出了应对方案。

我们先来了解一下代理模式。假如有一个 Greeting 接口，该接口有一个 sayHello 方法，接受一个用户名参数，向该用户显示欢迎信息，如代码 15.16 所示。

代码 15.16　proxy\Greeting.Java

```java
package proxy;

public interface Greeting {
    void sayHello(String name);
}
```

有一个实现类 GreetingImpl，实现 Greeting 接口，如代码 15.17 所示。

代码 15.17　proxy\GreetingImpl.Java

```java
package proxy;

public class GreetingImpl implements Greeting{
    public void sayHello(String name){
        System.out.println("Hello, " + name);
    }
}
```

在类编写好之后，有了新的需求：我们希望在执行 sayHello 方法的前后，记录一些信息。当然，也可以修改 GreetingImpl 的实现，添加记录信息的代码。但如果又需要在调用 sayHello 方法之前进行权限验证，那是不是再去修改代码呢？

而且记录和权限验证等动作并非 GreetingImpl 对象本身的职责，对象的职责就是向指定用户显示欢迎信息。非对象本身职责的相关动作混入了对象之中，会使得对象的负担更加沉重，甚至混淆了对象的职责，对象本身的职责所占的程序代码，或许远小于这些与对象职责不相关的动作的程序代码。

综上所述，修改 GreetingImpl 类的实现，并不是什么好主意，那应该怎么办呢？这时候代理模式闪亮登场，我们可以编写一个代理类，同样实现 Greeting 接口，只不过把对 sayHello 方法的调用委托给真正的 Greeting 对象（即 GreetingImpl 类的对象），这样就可以在 sayHello 方法调用的前后添加一些记录动作。代理类的代码如代码 15.18 所示。

代码 15.18　proxy\GreetingProxy.Java

```java
package proxy;

import java.util.logging.Logger;
import java.util.logging.Level;

public class GreetingProxy implements Greeting{
    private Logger logger = Logger.getLogger(this.getClass().getName());

    private Greeting greetingObj;

    public GreetingProxy(Greeting greetingObj){
        this.greetingObj = greetingObj;
    }

    public void sayHello(String name){
        logger.log(Level.INFO, "sayHello method starts....");
        greetingObj.sayHello(name);
        logger.log(Level.INFO, "sayHello method ends....");
    }
}
```

在代码中使用了 Java 的日志 API，也可以使用 System.out.println 来代替上述的日志记录动作。

接下来我们写一个客户端程序，感受一下代理模式，如代码 15.19 所示。

代码 15.19　proxy\Client.Java

```java
package proxy;

public class Client{
    public static void welcome(Greeting greeting, String name){
        greeting.sayHello(name);
    }
    public static void main(String[] args){
        Greeting greeting = new GreetingImpl();
        // 不使用代理
        welcome(greeting, "张三");

        System.out.println("-----------------------------");

        // 使用代理
        Greeting greetingProxy = new GreetingProxy(greeting);
        welcome(greetingProxy, "李四");
    }
}
```

程序的运行结果为：

```
Hello, 张三
-----------------------------
6月 02, 2020 4:29:37 下午 proxy.GreetingProxy sayHello
信息: sayHello method starts....
Hello, 李四
6月 02, 2020 4:29:38 下午 proxy.GreetingProxy sayHello
信息: sayHello method ends....
```

代理对象 greetingProxy 将代理真正的 GreetingImpl 对象来执行 sayHello，并在其前后加上记录的动作，这使得我们在编写 GreetingImpl 时不必介入记录动作，GreetingImpl 可以专注于它的职责。

这种代理属于静态代理，代理对象通过实现与目标对象相同的接口（以便在任何时候都可以替换目标对象），来控制对目标对象的访问。然而，正如你所看到的，代理对象的一个接口只服务于一种类型的对象，而且如果要代理的方法有很多，那么我们势必要为每一个方法都进行代理，静态代理在程序规模较大时将无法胜任。

Java 在反射 API 中给出了一个 InvocationHandler 接口，让我们可以开发动态代理的类，从而不必为特定对象与方法编写特定的代理。使用动态代理，可以让一个处理器（handler）服务于各个对象。

在 InvocationHandler 接口中只有一个方法，如下所示：

- Object invoke(Object proxy, Method method, Object[] args) throws Throwable

在代理实例上调用该方法。参数 proxy 是代理实例，method 是与在代理实例上调用的接口方法对应的 Method 实例，arg 是调用方法传入的参数。

此外，在反射 API 中还有一个 Proxy 类，该类的 newProxyInstance 静态方法用于创建一个指定接口的代理类的实例,该实例会把对接口方法的调用委派给处理器的 invoke 方法。newProxyInstance 方法的签名如下所示:
- public static Object newProxyInstance(ClassLoader loader, Class<?>[] interfaces, InvocationHandler h) throws IllegalArgumentException

参数 loader 是定义代理类的类加载器,interfaces 是代理类要实现的接口列表,h 就是处理器了,对接口方法的调用会委派给处理器的 invoke 方法。

综上所述,要使用 Java 的动态代理机制,需要编写一个类实现 InvocationHandler 接口,然后调用 Proxy 类的静态方法 newProxyInstance 创建一个代理类的实例,之后程序中使用这个实例调用接口中的方法。附加的动作在处理器的 invoke 方法中添加。

接下来编写一个类 LogHandler,实现 InvocationHandler 接口。为了向用户屏蔽代理类对象的创建细节,我们在这个类中定义一个 bind 方法,调用 Proxy 的 newProxyInstance 方法创建一个代理类的实例并返回,如代码 15.20 所示。

代码 15.20 proxy\LogHandler.Java

```java
package proxy;

import java.util.logging.Logger;
import java.util.logging.Level;
import java.lang.reflect.Method;
import java.lang.reflect.InvocationHandler;
import java.lang.reflect.Proxy;

public class LogHandler implements InvocationHandler{
    private Logger logger = Logger.getLogger(this.getClass().getName());
    private Object originalObj;

    public Object bind(Object obj){
        this.originalObj = obj;
        return Proxy.newProxyInstance(
                    originalObj.getClass().getClassLoader(),
                    originalObj.getClass().getInterfaces(),
                    this);
    }

    public Object invoke(Object proxy, Method method, Object[] args) throws Throwable{
        Object result = null;

        logger.log(Level.INFO, "method starts..." + method);
        result = method.invoke(originalObj, args);
        logger.log(Level.INFO, "method ends..." + method);

        return result;
    }
}
```

动态代理要求所代理的类必须是某个接口的实现(originalObj.getClass().getInterfaces()不能为空),否则无法为其构造相应的动态代理类实例

InvocationHandler 的 invoke 方法将在被代理类实例的方法调用之前触发。在 invoke 方法中,我们可以在被代理类实例的方法调用前后进行一些处理。InvocationHandler 的 invoke 方

法的参数中传递了当前被调用的方法的 Method 对象，以及被调用方法的参数。

InvocationHandler 的 invoke 方法会传入被代理对象的方法对应的 Method 对象与方法参数，实际执行的方法交由 method.invoke(originalObj, args)，我们在其调用前后加上记录动作，method.invoke 方法调用传回的对象是实际方法执行后的返回结果。

修改代码 15.19 中 Client 类的 main 方法实现，使用新编写的 LogHandler 创建动态代理，如代码 15.21 所示。

代码 15.21　proxy\Client.Java

```java
package proxy;

public class Client{

    public static void main(String[] args){
        Greeting greeting = new GreetingImpl();

        // 使用动态代理
        Greeting handler = (Greeting)new LogHandler().bind(greeting);
        handler.sayHello("王五");
    }
}
```

程序运行的结果为：

```
6月 02, 2020 6:39:35 下午 proxy.LogHandler invoke
信息: method starts...public abstract void proxy.Greeting.sayHello(java.lang.String)
Hello, 王五
6月 02, 2020 6:39:35 下午 proxy.LogHandler invoke
信息: method ends...public abstract void proxy.Greeting.sayHello(java.lang.String)
```

现在要再次恭喜读者，学会了 Spring 中另一个核心功能：面向切面编程（AOP，Aspect Oriented Programming）的原理。

15.9　ClassLoader

ClassLoader 是类加载器，顾名思义，是负责加载类的一个对象。类加载器根据类的二进制名（binary name）读取 Java 编译器编译好的字节码文件（.class 文件），生成一个 Class 类的实例。之后，JVM 用 Class 实例来生成类的对象。关于 Java 程序的执行过程，可回顾 1.6.2 节。

> 提示：Java 语言规范定义的二进制名形如：
> java.lang.String
> javax.swing.JSpinner$DefaultEditor
> java.security.KeyStore$Builder$FileBuilder$1
> java.net.URLClassLoader$3$1
> 与类的完整限定名一致。

15.9.1 类加载器的分类

java.lang.ClassLoader 是一个抽象的类，几乎所有的类加载器都是该类的实例。JVM 在执行 Java 代码时，至少会用到三种类加载器：
- 引导类加载器（Bootstrap class loader）。
- 平台类加载器（Platform ClassLoader），Java 8 及之前版本是扩展类加载器（Extension class loader）。
- 系统类加载器（Sysem class loader），也被称为应用程序类加载器（application class loader）。

1．引导类加载器

引导类加载器是在 JVM 运行时内嵌在 JVM 中的一段用来加载 Java 核心类库的特殊 C++ 代码。Java.lang.String 类就是由引导类加载器加载的。引导类加载器不是用 Java 代码编写的，所以它并不是 ClassLoader 类的实例，且没有父级。在 HotSpot 虚拟机中用 null 表示引导类加载器。

2．平台类加载器

平台类加载器用于加载平台类，可以用作 ClassLoader 实例的父级。平台类包括 Java SE 平台 API、它们的实现类，以及由平台类加载器或其祖先定义的特定于 JDK 的运行时类。

3．系统类加载器

系统类加载器又被称为应用程序类加载器。系统类加载器与平台类加载器不同，其通常用于在应用程序类路径、模块路径，以及特定于 JDK 的工具上定义类，我们自己编写的 Java 类通常都是由此类加载器完成加载的。平台类加载器是系统类加载器的父级或祖先。

在 ClassLoader 中，给出了如下的两个静态方法，用于得到平台类加载器和系统类加载器实例。如下所示：
- public static ClassLoader getPlatformClassLoader()
- public static ClassLoader getSystemClassLoader()

如果要得到某个加载器的父级类加载器，则可以调用 getParent 方法，该方法的签名如下所示：
- public final ClassLoader getParent()

如果类加载器的父级是引导类加载器，那么 getParent 方法将返回 null。

每个 Class 对象都包含对定义它的类加载器的引用。Class 类的 getClassLoader 方法可以得到定义该类的类加载器，该方法的签名如下所示：
- public ClassLoader getClassLoader()

下面我们编写一个简单的程序，来看看不同类的类加载器，如代码 15.22 所示。

代码 15.22　PrintClassLoader.Java

```
public class PrintClassLoader{
    public static void main(String[] args) throws ClassNotFoundException {
        // 获取平台类加载器
        ClassLoader platformCl = ClassLoader.getPlatformClassLoader();
        System.out.println("平台加载器: " + platformCl);
        System.out.println("平台类加载器的父级: " + platformCl.getParent());
```

```java
        // 获取系统类加载器
        ClassLoader systemCl = ClassLoader.getSystemClassLoader();
        System.out.println("系统类加载器: " + systemCl);
        System.out.println("系统类加载器的父级: " + systemCl.getParent());

        // 获取 String 类的类加载器
        ClassLoader strCl = String.class.getClassLoader();
        System.out.println("String 类的类加载器: " + strCl);

        // 获取当前类的类加载器
        Class clz = Class.forName("PrintClassLoader");
        ClassLoader currentCl = clz.getClassLoader();
        System.out.println("当前类的类加载器: " + currentCl);
    }
}
```

程序的运行结果为:

```
平台类加载器: jdk.internal.loader.ClassLoaders$PlatformClassLoader@2eafffde
平台类加载器的父级: null
系统类加载器: jdk.internal.loader.ClassLoaders$AppClassLoader@6d5380c2
系统类加载器的父级: jdk.internal.loader.ClassLoaders$PlatformClassLoader@2eafffde
String 类的类加载器: null
当前类的类加载器: jdk.internal.loader.ClassLoaders$AppClassLoader@6d5380c2
```

打印出 null 的，代表的是引导类加载器。可以看到 Java 核心类库中的 String 类是由引导类加载器加载的。

15.9.2 类加载器的加载机制

当 JVM 要加载某个类时，JVM 会先指定一个类加载器，负责加载此类。而被指定的类加载器在尝试去根据某个类的二进制名查找其对应的字节码文件并定义之前，会首先委托给其父级加载器（getParent 方法返回的类加载器）尝试加载，如果加载失败，就会由自己来尝试加载此类。在一般情况下，这个由 JVM 指定的类加载器就是系统类加载器，JVM 会自动调用其 loadClass(String name) 方法来开启类的加载过程，具体加载细节如图 15-1 所示。

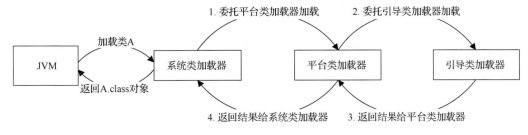

图 15-1 类加载器的加载机制

以代码 15.22 中的 PrintClassLoader 类为例，JVM 调用系统类加载器的 loadClass 方法加载该类，如果这个类还未加载，则委托给平台类加载器，而平台类加载器又委托给引导类加载器。引导类加载器是 JVM 的根加载器，它没有委托对象，于是尝试自己加载 PrintClassLoader 类，但是没有成功，于是将结果（null）返回给平台类加载器。平台类加载器根据结果发现引导类加载器没有加载成功，于是自己尝试加载 PrintClassLoader 类，并将结果（null）返回给系统类加载器。系统类加载器根据结果知道平台类加载器也没有加载成功，于是就自己尝试加载 PrintClassLoader 类，并且将最终结果（PrinterClassLoader 的 Class 对象）返回给 JVM，之后，JVM 就可以使用这个 Class 对象来创建 PrintClassLoader 类的实例了。而这个加载机制就称为类加载的双亲委托模型，即由不同的类加载器负责加载特定的类。

类加载采用委托模型，可以保证 Java 核心类库的安全，即保证由引导类加载器加载的类不能被用户随便替换，用户不能自己随便定义一个名为 java.lang.String 的类来替换 Java 核心类库的 java.lang.String 类，否则会抛出 ClassCastException。

15.9.3　自定义类加载器

我们可以编写一个类，从 ClassLoader 类继承，来扩展 Java 虚拟机动态加载类的方式。之所以要自定义类加载器，可能是因为你的字节码的来源不是文件，或者为了防止别人反编译你编写的类，你对字节码文件做了混淆或加密，需要自定义的类加载器来加载类。

自定义类加载器只需要重写 findClass 方法即可，该方法的签名如下所示：

● protected Class<?> findClass(String name) throws ClassNotFoundException

根据指定的二进制名查找类，返回该类的 Class 对象。

ClassLoader 类中有一个 loadClass 方法，使用指定的二进制名加载类，返回一个 Class 对象，与 Class.forName 方法的作用类似。在 ClassLoader 实例上调用 loadClass 方法，会自动调用 findClass 方法。

在重写的 findClass 方法中，我们可以采用任何方式来得到一个类的字节码数据，然后调用 ClassLoader 类中的一个 final 方法 defineClass 将存放字节码数据的字节数组转换为 Class 类的实例。该方法的签名如下所示：

● protected final Class<?> defineClass(String name, byte[] b, int off, int len) throws ClassFormatError

下面我们按照上述自定义类加载器的实现方式，编写一个从文件中加载类的类加载器，如代码 15.23 所示。

代码 15.23　MyClassLoader.Java
```
import java.io.File;
import java.io.FileInputStream;
import java.io.ByteArrayOutputStream;
import java.io.IOException;

public class MyClassLoader extends ClassLoader{
    // 文件路径
    private String filePath;
    public MyClassLoader(String filePath){
        this.filePath = filePath;
    }
    /**
     * 重写 findClass 方法
     */
    protected Class<?> findClass(String name) throws ClassNotFoundException{
        Class clz = null;
        byte[] data = loadData();
        if(data != null){
            // 调用父类的 defineClass 方法，得到 Class 实例
```

```java
            clz = defineClass(name, data, 0, data.length);
        }
        return clz;
    }

    /**
     * 辅助方法，读取字节码文件，将内容转换为字节数组
     * 在这个方法中，你可以根据应用需求以任何方式得到类的字节码数据
     * 甚至对加密后的字节码数据进行解密后返回
     * 本例是从文件中读取数据
     */
    private byte[] loadData(){
        File file = new File(filePath);
        if(file == null)
            return null;
        byte[] data = null;
        try(
            // 构造文件输入流对象
            FileInputStream in = new FileInputStream(file);
            // 构造字节数组输出流对象，该对象会将内容写入到内部的一个缓冲区中
            ByteArrayOutputStream out = new ByteArrayOutputStream();
        ){
            byte[] buf = new byte[1024];
            int size = 0;
            while ((size = in.read(buf)) != -1) {
                out.write(buf, 0, size);
            }
            // 将字节数组输出流对象内部的缓冲区的内容复制到一个新的字节数组中
            data = out.toByteArray();

        }catch(IOException e){
            e.printStackTrace();
        }
        return data;
    }
}
```

接下来编写一个类，测试一下我们自己的类加载器。我们将代码 15.7 编译后生成的 Person.class 改名为 Person.txt，用这个文件来测试类加载器。测试程序如代码 15.24 所示。

代码 15.24　MyClassLoaderTest.Java

```java
import java.lang.reflect.Constructor;

public class MyClassLoaderTest{
    public static void main(String[] args) throws Exception{
        MyClassLoader classLoader =
            new MyClassLoader("F:\\JavaLesson\\ch15\\Person.txt");

        Class<?> clz = classLoader.loadClass("Person");

        Constructor noArgCons = clz.getConstructor();
        Object obj = noArgCons.newInstance();
```

```
        System.out.println(clz);
        System.out.println(obj);
    }
}
```

程序运行的结果为：

```
class Person
姓名：匿名
```

15.10 适可而止

Java 的反射是一个非常强大且有意思的功能，我们可以使用它来完成一些看似不可能完成的任务（访问私有的方法和字段）。虽然这大大提高了我们对代码的控制能力，但有时候过分地使用反射会导致一些难以察觉的错误。

我们看代码 15.25。

代码 15.25　SomeProblem.java

```java
import java.lang.reflect.Field;

public class SomeProblem {
    private int count = 0;
    public void countInvoke(){
        count++;
    }
    public void showInvokes(){
        System.out.println(count);
    }

    public static void doSomeBadThing(SomeProblem sp){
        Class clz =  sp.getClass();
        try {
            Field f = clz.getDeclaredField("count");
            f.setAccessible(true);
            f.setInt(sp, 10);
            f.setAccessible(false);
        } catch (Exception e) {
            //do nothing
        }
    }

    public static void main(String[] args) {
        SomeProblem sp = new SomeProblem();
        sp.countInvoke();
        doSomeBadThing(sp);
        sp.showInvokes();
    }
}
```

这个程序的运行结果是 10，但我们设计 SomeProblem 类的目的是统计 countInvoke 方法的调用次数，正常应该输出 1 才对。doSomeBadThing 方法破坏了整个类的设计思想，可是又能怪谁呢？是我们自己超越了本身应该做的工作。也不能指望编译器帮我们对程序的正确性进行把关，毕竟代码本身没有错，错的是我们胡乱地使用反射修改了本不该修改的内容。

所以，在使用反射时，一定要清楚自己在做什么！

15.11 方法句柄

方法句柄（method handle）是 Java 7 为了支持动态类型语言而引入的，它是对底层方法、构造方法和字段的一个类型化的可执行引用，这也是句柄这个词的含义所在。通过方法句柄可以直接调用该句柄所引用的底层方法，类似于反射 API 中的 Method 类，不过方法句柄的功能更强大、使用更灵活、性能也更好。实际上，方法句柄和反射 API 也是可以协同工作的。

方法句柄是由 MethodHandle 类来表示的，它位于 java.lang.invoke 包中，invoke 子包是在 Java 7 中引入的，提供了与 Java 虚拟机交互的低级原语（low-level primitives）。由于 invoke 包中的内容过于复杂，超出了本书的范围，所以在这里我们只是介绍一下 MethodHandle 类的用法，给读者引个路。

对于一个方法句柄来说，它的类型完全由它的参数类型和返回值类型来确定，而与它所引用的底层方法的名称和所在的类没有关系。比如引用 String 类的 length 方法和 Integer 类的 intValue 方法的方法句柄的类型就是一样的，因为这两个方法都没有参数，而且返回值类型都是 int。

方法类型由 java.lang.invoke.MethodType 类来表示，要构造一个 MethodType 类的实例，可以调用该类的静态工厂方法 methodType。methodType 方法有多个重载形式，在调用这些方法时，至少需要给出返回值类型，而参数类型可以是 0 到多个。methodType 方法参数列表中的第一个参数总是返回值类型，其后是 0 到多个参数的类型。类型都是由 Class 类的对象来指定的，如果返回值类型是 void，则可以用 void.class 或 java.lang.Void.class 来指定。

例如，Person 类中的 run 方法的签名如下所示：

- public void run(int meters)

依据该方法的参数类型与返回值类型构造的 MethodType 对象如下所示：

```
MethodType mt = MethodType.methodType(void.class, int.class);
```

可以看到 MethodType 对象没有方法名称和方法所在类的信息，也就是说，mt 适用于所有返回值类型为 void、带有一个 int 参数的方法。

MethodType 类的实例是不可变的，类似于 String 类。所有对 MethodType 对象的修改，都会产生一个新的 MethodType 对象。两个 MethodType 对象是否相等，只取决于它们所包含的参数类型和返回值类型是否完全一致。

要构造一个方法句柄，首先要得到一个 Lookup 对象，该对象是创建方法句柄的工厂。由 Lookup 创建的每个方法句柄都等同于方法的字节码行为（bytecode behavior），也就是说，JVM 调用方法句柄与执行和方法句柄相关的字节码行为一致。

Lookup 是在 MethodHandles 类中定义的一个静态内部类，可以调用 MethodHandles 类的静态方法 lookup 得到一个 Lookup 对象，如下所示：

```
MethodHandles.Lookup lookup = MethodHandles.lookup();
```

调用 lookup 方法返回的 Lookup 对象具有模拟调用者所有支持的字节码行为的全部功能。接下来就是利用 Lookup 对象创建一个方法句柄，如下所示：

```
MethodHandle mh = lookup.findVirtual(Person.class, "run", mt);
```

第一个参数是要访问的方法所在的类或接口，第二个参数是方法的名字，第三个参数是方法的类型。

如果我们只是想调用特定对象的方法，那么也可以调用 Lookup 的 bind 方法，创建一个针对特定对象的方法句柄，如下所示：

```
Person p = new Person("张三");
MethodHandle mh = lookup.bind(p, "run", mt);
```

要执行方法句柄引用的底层方法，可以调用 MethodHandle 类中的 invokeExact 或者 invoke 方法，前者在调用时要求严格的类型匹配，方法参数与返回值类型必须一致；后者允许更为松散的调用方式，它会尝试在调用的时候进行返回值和参数类型的转换工作。当方法句柄在调用时的类型与其声明的类型完全一致的时候，调用 invoke 等同于调用 invokeExact。

如果要执行类或接口中的私有方法，则需要先调用 MethodHandles 类的 privateLookupIn 静态方法获取具有私有访问权限的 Lookup 对象。privateLookupIn 方法的签名如下所示：

- public static MethodHandles.Lookup privateLookupIn(Class<?> targetClass, MethodHandles.Lookup lookup) throws IllegalAccessException

参数 targetClass 是目标类的 Class 对象，参数 lookup 是调用方的 Lookup 对象。

下面我们使用方法句柄来调用 Person 类的 run 方法和私有方法 helper，如代码 15.26 所示。

代码 15.26　UseMethodHandle.java

```java
import java.lang.invoke.MethodType;
import java.lang.invoke.MethodHandle;
import java.lang.invoke.MethodHandles;

public class UseMethodHandle{
    public static void main(String[] args){
        MethodHandles.Lookup lookup = MethodHandles.lookup();
        MethodType mtCons = MethodType.methodType(void.class, String.class);
        try{
            // 得到 Person 类的构造方法的方法句柄
            MethodHandle mhCons = lookup.findConstructor(Person.class, mtCons);
            // 调用构造方法，得到 Person 类的对象
            Person p = (Person)mhCons.invokeExact("张三");

            // 开始准备调用 Person 对象的 run 方法
            MethodType mt = MethodType.methodType(void.class, int.class);
            MethodHandle mh = lookup.findVirtual(Person.class, "run", mt);
            mh.invokeExact(p, 100);

            // 开始准备调用 Person 对象的私有方法 helper
            mt = MethodType.methodType(void.class);
            lookup = MethodHandles.privateLookupIn(Person.class, lookup);
            mh = lookup.findVirtual(Person.class, "helper", mt);
            mh.invokeExact(p);
```

```
            }
        catch(Throwable e){
            e.printStackTrace();
        }
    }
}
```

程序运行的结果为：

> 张三跑了 100 米
> 私有的辅助方法

方法句柄主要是为了支持动态类型语言而引入的，它的功能不仅限于我们本节讲述的内容，与反射 API 相比，方法句柄更偏底层一些，某些功能还需要对字节码的格式有所了解。

15.12 服务加载器

扫码看视频

Java 给出了一种服务提供发现机制，即 SPI。SPI 全称是 Service Provider Interface，它是 Java 提供的一套用来被第三方实现或者扩展的接口，它可以用来启用框架扩展和替换组件。SPI 的作用就是为这些被扩展的 API 寻找服务实现的。很多框架都使用了 SPI，例如大名鼎鼎的 Spring 框架。

SPI 的工作机制如图 15-2 所示。

图 15-2　SPI 的工作机制

简单来说，就是我们定义了一个接口，但没有给出具体实现，这些实现可以交由第三方来提供。我们的应用程序只依赖于该接口，在运行时，根据某种机制找到一个第三方提供的实现类来完成整个应用。不同的第三方可以提供不同的实现，这就扩展了程序的功能，这有点类似于 15.7 节介绍的依赖注入容器的思想。

在 SPI 机制中，有三个参与角色，如下所示。

- 服务：即对外开放的接口或者基类，通常接口居多。
- 服务提供者：第三方提供的接口实现类，或者子类。实现类必须有一个无参的构造方法。
- 服务加载器：发现并加载在运行时环境中部署的服务提供者。

Java 已经为我们准备好了服务加载器，即 java.util 包中的 ServiceLoader 类。一个 ServiceLoader 类的实例是针对特定服务的，要创建 ServiceLoader 类的实例，可以调用它的静态方法 load，该方法的签名如下所示：

- public static <S> ServiceLoader<S> load(Class<S> service)

  使用当前线程的上下文类加载器为给定的服务类型创建新的服务加载器。

要得到可用的服务提供者，有两种方式，一种是调用 ServiceLoader 对象的 iterator 方法，通过返回的迭代器来迭代处理可用的服务提供者。迭代器会延迟加载并实例化服务实现类的对象，正因为会自动创建服务实现类的对象，所以要求服务实现类必须要有一个无参的构造方法。ServiceLoader 类实现了 Iterable 接口，因此你也可以使用"for each"循环来遍历所有可用的服务提供者。

另一种方式是使用流来查找可用的服务提供者，ServiceLoader 类的 stream 方法返回一个包含 ServiceLoader.Provider 对象的流，该方法的签名如下所示：

- public Stream<ServiceLoader.Provider<S>> stream()
  Provide 是 ServiceLoader 类中定义的一个静态接口，该接口只有两个方法，如下所示：
- Class<? extends S> type()
  返回服务提供者的类型。
- S get()
  返回服务实现类的实例。

接下来我们仍然使用前面的模拟计算机组装的程序，来看看如何利用 SPI 机制找到并加载 CPU 和显卡接口的实现类。

在本章的代码目录下新建一个 service 文件夹，然后按照下面的步骤遵循 Java 的 SPI 机制来实现计算机组装程序。

1. 定义服务

服务即对外开放的标准接口。在本例中接口是现成的，即 CPU 和 GraphicsCard 接口。将 CPU.java、GraphicsCard.java 和 Mainboard.java 复制到 service 文件夹中，执行 javac -d . *.java，编译这三个源文件。

2. 编写服务实现类

服务实现类一般是由第三方提供，所以都位于第三方定义的包中。在 service 目录下，新建 spi 文件夹，将 IntelCPU.java 和 NVIDIACard.java 复制到 spi 文件夹中，修改这两个类的包名，并分别导入 CPU 和 GraphicsCard 接口，如下所示：

```
// IntelCPU.java
package computer.spi;
import computer.CPU;

// NVIDIACard.java
package computer.spi;
import computer.GraphicsCard;
```

要注意，现在实现类和接口并不在同一个目录下，在编译实现类代码时，会提示找不到接口。知道怎么解决吗？当然是设置 CLASSPATH，给出接口的字节码文件所在的文件夹路径。

在命令提示父窗口中，进入 service\spi 目录，执行下面的命令，设置 CLASSPATH，如下所示：

```
set classpath=.;..
```

".."代表上一级目录。执行 javac -d . *.java，编译 IntelCPU.java 和 NVIDIACard.java。

要想让 ServiceLoader 能够找到这两个实现类，**我们需要把实现类的完整限定名添加到**

META-INF/services 目录下的以接口的完整限定名命名的文件中。

在 spi 目录下，新建 META-INF 文件夹，在该文件夹下再新建 services 文件夹。在 META-INF\services 目录下，新建两个文件，文件名是 CPU 和 GraphicsCard 接口的完整限定名，如下所示：

```
computer.CPU
computer.GraphicsCard
```

这两个文件的内容都只有一行，分别是其实现类的完整限定名。computer.CPU 文件的内容如下所示：

```
computer.spi.IntelCPU
```

computer.GraphicsCard 文件的内容如下所示：

```
computer.spi.NVIDIACard
```

第三方给出的服务实现一般是以 JAR 包的方式提供的，总不能在需要服务实现类的时候，第三方给出一堆字节码文件和文件夹。

接下来在 spi 目录下执行下面的命令将服务实现类与 META-INF 目录一起打包为一个 JAR 文件。

```
jar cvf myspi.jar computer META-INF
```

生成的 myspi.jar 文件的内部结构如图 15-3 所示。

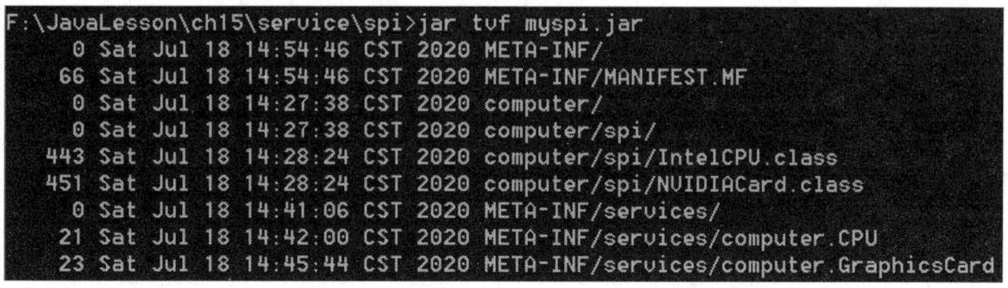

```
F:\JavaLesson\ch15\service\spi>jar tvf myspi.jar
     0 Sat Jul 18 14:54:46 CST 2020 META-INF/
    66 Sat Jul 18 14:54:46 CST 2020 META-INF/MANIFEST.MF
     0 Sat Jul 18 14:27:38 CST 2020 computer/
     0 Sat Jul 18 14:27:38 CST 2020 computer/spi/
   443 Sat Jul 18 14:28:24 CST 2020 computer/spi/IntelCPU.class
   451 Sat Jul 18 14:28:24 CST 2020 computer/spi/NVIDIACard.class
     0 Sat Jul 18 14:41:06 CST 2020 META-INF/services/
    21 Sat Jul 18 14:42:00 CST 2020 META-INF/services/computer.CPU
    23 Sat Jul 18 14:45:44 CST 2020 META-INF/services/computer.GraphicsCard
```

图 15-3　myspi.jar 文件的内部结构

jar 命令的参数 t 表示要列出 JAR 文件的内容。

3．编写 Computer 类，使用 ServiceLoader 加载服务实现类

在 service 目录下新建 Computer.java，在 Computer 类的 main 方法中使用 ServiceLoader 查找并加载 CPU 和 GraphicsCard 接口的实现类，如代码 15.27 所示。

代码 15.27　service\Computer.java

```
package computer;

import java.util.ServiceLoader;
import java.util.Optional;

public class Computer {
    /**
     * 使用迭代器得到 CPU 接口的实现类
     */
    private static CPU getCPU(){
        ServiceLoader<CPU> cpuLoader = ServiceLoader.load(CPU.class);
```

```
        for(CPU cpu : cpuLoader){
            return cpu;
        }
        return null;
    }

    /**
     * 使用流得到GraphicsCard接口的实现类
     */
    private static GraphicsCard getGraphicsCard(){
        ServiceLoader<GraphicsCard> gcLoader = ServiceLoader.load (GraphicsCard.class);
        Optional<GraphicsCard> optGC = gcLoader.stream()
            .findFirst()
            .map(ServiceLoader.Provider::get);
        return optGC.orElse(null);
    }

    public static void main(String[] args) {
        Mainboard mb = new Mainboard();
        mb.setCpu(getCPU());
        mb.setGraphicsCard(getGraphicsCard());
        mb.run();
    }
}
```

要注意，在创建 ServiceLoader 类实例的时候，并没有开始加载服务实现类。在迭代的时候，或者流的终端操作触发时，才会去扫描 JAR 包中的 META-INF/services 目录下的文件，根据文件名和文件内容进行解析，若解析成功，则通过反射 API 调用服务实现类的无参构造方法创建实现类的对象。

在不同的 JAR 包中可能会有相同服务接口的不同实现类，如果需要使用特定的服务实现类，则可以通过实现类的 Class 对象来进行判断。

在正常情况下，第 1 步和第 3 步是同时进行的，因为第 2 步的编写服务实现类通常交由第三方来完成。我们编写一个框架程序，可以有默认实现也可以没有默认实现，然后发布公开的服务接口，第三方可以提供接口的实现类来扩展框架的功能，或者替换框架的某个组件。

执行 javac -d . Computer.java 编译 Computer 类，执行下面的命令，将 myspi.jar 文件放到类路径中。

```
set classpath=.;.\spi\myspi.jar
```

执行 java computer.Computer，输出结果为：

```
Starting computer...
Intel CPU calculate.
Display something
```

SPI 并不属于反射 API 中的内容，它是一套单独的服务提供发现机制，我们将这部分内容放到这一章，一是因为这部分内容所涉及的其他一些知识我们在前面正好讲述过了，二是因为可以和依赖注入容器的实现进行对比。三是可以为后续学习的内容做铺垫。

15.13 总结

本章详细介绍了 Class 类与反射 API，利用反射 API 可以完成很多在正常情况下无法实现的功能，还可以利用反射机制，实现一些框架程序，从而实现自动创建对象。反射 API 功能很强大，但不可乱用。

当对类的加载有特殊需求时，可以考虑实现自己的类加载器。

本章还介绍了 Java 7 引入的方法句柄，方法句柄可以作为动态调用类中方法的一个替代方案，相比反射 API，MethodHandle 的执行性能更高。

最后，我们介绍了 Java 的服务提供发现机制——SPI。

15.14 实战练习

1. 有如下的类，使用 Class 类与反射 API 调用类中的所有方法。

```
class SomeMethod {
    public void a() {System.out.println("Invoke Method a()");}
    public void NeedParams(int a, int b){
        System.out.println("a:" + a + " ,b:" + b);
    }
    protected void b() {System.out.println("Invoke Method b()");}
    private void c() {System.out.println("Invoke Method c()");}
}
```

2. 有如下的类，使用 Class 与反射 API 访问类中的字段。

```
class ExampleClass {
    public String Str;
    public int Number;
}
```

3. 编写任意接口和实现类，使用 15.7 节编写的 BeanFactory 来创建对象，并完成对象之间依赖关系的注入。

第 16 章 注解（Annotation）

注解是在 Java 5 中加入的一项重要特性，注解是一种元数据（metadata），所谓元数据，就是对数据进行描述的数据，例如，在贵重包裹书上写的"易碎品，小心轻放"，就是一种元数据，运送包裹的人根据元数据给出的信息，会谨慎处理该包裹。

通过使用注解，Java 开发人员可以在不改变原有逻辑的情况下，在程序中嵌入一些补充信息。代码分析工具、开发工具和部署工具可以通过这些补充信息进行验证或者部署。举个例子，假设你希望某个方法的参数或者返回值不为空，虽然我们可以在 JavaDoc 中说明，但是表达同样意思的说法有很多，比如"返回值不能为空"，或者"这里不允许为空"。这样的描述信息对于测试工具而言，很难分析出程序员所期望的先决条件（Pre-condition）和后置条件（Post-condition）。而使用注解，这个问题就可以轻而易举地解决了。

16.1 预定义的注解

扫码看视频

Java 在 java.lang 包中定义了五种注解类型，如下所示：
- Override
- Deprecated
- SuppressWarnings
- SafeVarargs（Java 7 新增）
- FunctionalInterface（Java 8 新增）

在 Java 中，注解是被当作一个修饰符来使用的，在注解的名称前面加上@符号，放置在注解项（类、方法、字段等）之前，中间没有分号。

16.1.1 @Override

Override 注解表示当前方法重写了父类的某个方法，或者实现了接口中的某个方法，如果父类或接口中的对应的方法并不存在，则会发生编译错误。这个注解主要在覆盖方法的时候使用，以防止在重写方法时出错。

代码 16.1 展示了 Override 注解的用法。

代码 16.1　OverrideAnnotation.java

```
class Base {
    public void desc(int val){}
    public void desc(String val){}
}

class Derived extends Base{
    @Override
    public void desc(int val){}

    @Override
    public void desc(double val){} // 编译报错，未正确覆盖方法
}
```

Derived 类中的第一个 desc 方法正确覆盖了基类的方法，而第二个 desc 方法由于疏忽大意，将参数类型写成了 double，在基类中没有对应的方法。使用 Override 注解在编译时就会发现这个错误，如图 16-1 所示。

图 16-1　未正确覆盖方法而报错

16.1.2　@Deprecated

Deprecated 注解表示被注解的程序元素已弃用，不应该再使用。一个程序元素可能因为以下几种原因而被标记为已弃用：
- 它的使用可能会导致错误；
- 它可能在未来的版本中不兼容；
- 它可能在未来的版本中被删除；
- 它被一个更新的、更适合的方案所取代；
- 它已过时。

Java 9 为该注解新增了两个元素：since 和 forRemoval。since 元素的类型是 String，该元素的值指示被注解的程序元素第一次被弃用的版本。forRemoval 元素的类型是 boolean，值为 true 表示打算在未来的版本中删除被注解的程序元素，值为 false 表示不鼓励使用被注解的程序元素，但在对程序元素进行注解时，还没有明确的意图删除它。

如果在程序中使用了带有 Deprecated 注解的方法、类、字段等，编译器就会生成警告。代码 16.2 展示了 Deprecated 注解的用法。

代码 16.2　DeprecatedAnnotation.java

```
class A{
    @Deprecated
    public void fn(){}
}

@Deprecated
interface B{

}
```

```
class C implements B{}
public class DeprecatedAnnotation{
    public static void main(String[] args){
        A a = new A();
        a.fn();
    }
}
```

在编译程序时，会出现如图 16-2 所示的警告信息。

图 16-2 Deprecated 注解引发的警告信息

可以根据提示，使用"-Xlint:deprecation"选项重新编译程序，看到更详细的信息，如图 16-3 所示。

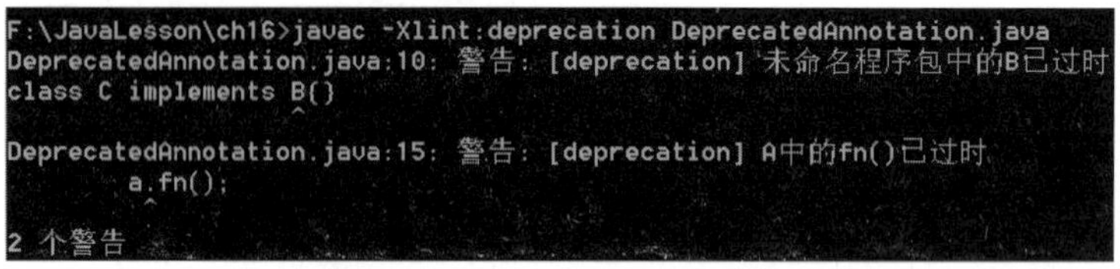

图 16-3 Deprecated 注解详细的警告信息

要注意，警告并不是错误，所以程序依然可以正常运行。随着 Java 版本的更新，有些 API 会被标记为 Deprecated，如果你使用了这些 API，编译器就会提示与上述类似的警告信息，你可以根据 API 文档的说明使用新的替换 API，也可以无视警告（前提是该 API 在新版本中未被删除）。当然，如果是基于新版本 Java 开发新的程序，那么还是尽量不要去使用被标记为废弃的 API。

16.1.3 @SuppressWarnings

SuppressWarnings 注解用于关闭指定的一类编译器警告。例如，你使用了被标记为废弃的 API，但又不想看到警告信息，就可以使用@SuppressWarnings("deprecation")来告知编译器不要产生这类警告。

对于代码 16.2，如果你不想看到 Deprecated 注解所引发的警告信息，则可以添加 SuppressWarnings 注解，如代码 16.3 所示。

代码 16.3 DeprecatedAnnotation.java

```
class A{
    @Deprecated
    public void fn(){}
}

@Deprecated
interface B{

}
@SuppressWarnings("deprecation")
```

```
class C implements B{}

public class DeprecatedAnnotation{
    @SuppressWarnings("deprecation")
    public static void main(String[] args){
        A a = new A();
        a.fn();
    }
}
```

这时候再编译，就不会出现任何的警告信息了。

还有一类警告信息很常见：在使用泛型类或接口的时候，如果没有使用参数化类型，编译器就会报告 unchecked 警告。如果不想看到这些警告信息，则可以向 SuppressWarnings 注解传递 unckecked 参数值，来禁止这一类警告信息的生成，例如：@SuppressWarnings("unchecked")。

16.1.4 @SafeVarargs

SafeVarargs 注解是在 Java 7 中新增的。在声明具有模糊类型（例如泛型）的可变参数（变长参数）的构造方法或方法时，Java 编译器会报 unchecked 警告。如果程序员断定声明的构造方法或方法的代码不会对可变参数执行潜在的不安全操作，则可使用 SafeVarargs 注解进行标记，这样编译器就不会再报 unchecked 警告了。

该注解只能用于构造方法、私有方法、静态方法和 final 方法。Java 中具有可变参数的泛型方法都使用了 SafeVarargs 注解，例如 Arrays 类中的 asList 静态方法，如下所示：

```
@SafeVarargs
public static <T> List<T> asList(T... a)
```

代码 16.4 展示了 SafeVarargs 注解的用法。

代码 16.4　SafeVarargsAnnotation.java

```
public class SafeVarargsAnnotation<T>{
    private T[] array;
    //构造方法可以使用@SafeVarargs注解
    @SafeVarargs
    public SafeVarargsAnnotation(T... varArgs){
        this.array = varArgs;
    }

    // forEach 方法不能使用@SafeVararg
    // 如果要关闭unchecked警告，可以使用@SuppressWarnings注解
    @SuppressWarnings("unchecked")
    public void forEach(T... varArgs){
        for (T arg : varArgs) {
            System.out.println(arg);
        }
    }

    // final 方法可以使用@SafeVarargs注解
    @SafeVarargs
    public final void fanalForEach(T... varArgs){
```

```
        for (T arg : varArgs) {
            System.out.println(arg);
        }
    }

    // 私有方法可以使用@SafeVarargs注解
    @SafeVarargs
    private void privateForEach(T... varArgs){
        for (T arg : varArgs) {
            System.out.println(arg);
        }
    }

    // 静态方法可以使用@SafeVarargs注解
    @SafeVarargs
    public static <T> void staticForEach(T... varArgs){
        for (T arg : varArgs) {
            System.out.println(arg);
        }
    }
}
```

如果去掉上述代码中的 SafeVarargs 注解，那么在编译时将报告如图 16-4 所示的警告信息。

图 16-4　泛型可变参数引发的警告

16.1.5　@FunctionalInterface

FunctionalInterface 注解我们在 12.3 节已经介绍过了，其用于标记一个接口是函数式接口。

扫码看视频

16.2　自定义注解

注解是一种类型，定义注解与定义接口类似，通过使用 @interface 关键字进行定义。例如：

```
public @interface BugReport{
}
```

我们定义的注解类型会自动继承自 java.lang.annotation.Annotation 接口。

在注解中可以有元素，每个元素声明都具有下面两种形式：

type elementName();

或者

type elementName() default value;

例如：

```
public @interface BugReport{
    int severity() default 0;
    String msg();
}
```

default 关键字用于指定元素的默认值。

在定义好注解后，就可以使用这个注解来进行标记。注解的使用格式为：

@AnnotationName(elementName1=value1, elementName2=value2, ...)

例如：

```
@BugReport(msg = "普通bug")
void test1(){}

@BugReport(severity=1, msg="较为严重的Bug")
void test2(){}
```

如果注解有元素，且没有默认值，那么在使用注解时，必须要给元素赋值。

有两种特殊的快捷方式可以用来简化注解的使用。

1. 如果注解中没有元素，或者所有元素都使用了默认值，那么在使用注解时就不需要使用圆括号和指定元素了。没有任何元素的注解，我们称之为**标记注解（marker annotation）**，例如 Override 注解。

2. 另外一种快捷方式是单值注解，如果一个元素具有特殊的名字 value，并且没有指定其他元素，那么在使用注解时可以省略元素名和等号，直接给出元素的值。例如：

```
public @interface BugReport{
    String value();
}
```

在使用时，可以直接写为：@BugReport("发生了bug")。

要注意的是，注解元素的类型是有限制的，只能使用如下的类型：

- 基本数据类型
- String 类型
- Class 类型
- enum（枚举）类型
- Annotation 类型
- 以上类型的数组

16.3 元注解

在 Java 中还有一些用于注解的注解类型，称为元注解。这些元注解位于 java.lang.annotation 包中，在定义注解时使用。

扫码看视频

16.3.1 @Documented

如果在定义注解时使用了 Documented 元注解，那么当使用 javadoc 工具生成 JavaDoc 文档时，文档中会包含该注解的使用信息。例如：

```java
import java.lang.annotation.Documented;
@Documented
public @interface BugReport{
    int severity() default 0;
    String msg();
}
```

在 Test 类中对两个方法使用了 BugReport 注解，如下所示：

```java
public class Test{
    @BugReport(msg = "warn")
    public void test1(){}
    @BugReport(severity=1, msg="error")
    public void test2(){}
}
```

当使用 javadoc 工具生成 Test 类的 API 文档时，会保留@BugReport 注解的信息，如图 16-5 所示。

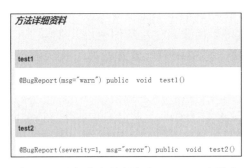

图 16-5　注解信息被保留在 JavaDoc 文档中

16.3.2 @Retention

Retention 元注解用于指定注解的保留级别，它接受 RetentionPolicy 枚举值，如下所示。

- SOURCE：注解仅保留在源代码中，在编译时，编译器将丢弃注解信息。也就是说，如果某个注解在定义时使用了 SOURCE 保留策略，那么在编译时，该注解的所有使用信息都会被编译器丢弃。这类型的注解适用于代码分析工具。
- CLASS：注解将保留在.class 文件中，但是会被 JVM 忽略。这类型的注解适用于对字节码进行操作的工具。
- RUNTIME：注解将由编译器记录在.class 文件中，并在运行期间保留，因此可以通过反射机制访问到注解的信息。

例如：

```java
import java.lang.annotation.Retention;
import java.lang.annotation.RetentionPolicy;
@Retention(RetentionPolicy.RUNTIME)
public @interface BugReport{
```

```
    int severity() default 0;
    String msg();
}
```

如果在定义注解时，没有使用@ Retention 说明注解的保留级别，那么保留策略默认为 RetentionPolicy.CLASS。

16.3.3 @Target

Target 元注解用于指定注解可以被应用在什么地方，它接受 ElementType 枚举值，如下所示。

- CONSTRUCTOR：构造方法声明。
- FIELD：字段声明（包括枚举常量）。
- LOCAL_VARIABLE：局部变量声明。
- METHOD：方法声明。
- PACKAGE：包声明。
- MODULE：Java 9 新增的模块声明。
- PARAMETER：形参声明。
- TYPE：类、接口（包括注解类型）或枚举声明。
- ANNOTATION_TYPE：元注解声明。
- TYPE_PARAMETER：Java 8 新增的类型参数声明。
- TYPE_USE：Java 8 新增的类型的使用，可应用于任何使用类型的语句中，例如声明语句、泛型和强制类型转换语句中的类型。

例如：

```
import java.lang.annotation.Target;
import java.lang.annotation.ElementType;
@Target(ElementType.TYPE)
public @interface BugReport{
    int severity() default 0;
    String msg();
}
```

指定 BugReport 注解只能用于类、接口或枚举的声明中。如果 Test 类在方法上使用了 BugReport 注解，如下所示：

```
public class Test{
    @BugReport(msg = "warn")
    public void test1(){}
    @BugReport(severity=1, msg="error")
    public void test2(){}
}
```

那么在编译时，会提示如图 16-6 所示的错误。

图 16-6　错误地使用@BugReport 注解而报错

Java 8 新增的两个枚举值扩宽了注解的使用范围,现在注解几乎可以用在任何元素上,甚至可以用在方法的异常声明中。我们看代码 16.5。

代码 16.5　Java8Annotation.java

```java
import java.lang.annotation.Target;
import java.lang.annotation.Retention;
import java.lang.annotation.ElementType;
import java.lang.annotation.RetentionPolicy;
import java.util.List;
import java.util.ArrayList;

public class Java8Annotation{
    @Retention(RetentionPolicy.RUNTIME)
    @Target({ElementType.TYPE_USE, ElementType.TYPE_PARAMETER})
    public @interface NonNull {
    }

    public static class Holder<@NonNull T> extends @NonNull Object {
        public void method() throws @NonNull Exception {
        }
    }

    public static void main(String[] args) {
        Holder<String> holder = new @NonNull Holder<String>();
        @NonNull List<@NonNull Holder<String>> list = new ArrayList<>();
    }
}
```

16.3.4　@Inherited

允许子类继承父类中的注解。如果某个注解在定义的时候使用了@Inherited,那么当使用这个注解修饰某个类时,这个类的子类也会被这个注解所修饰。

要注意的是,Inherited 元注解只有在用于对类的注解上才有效。例如,下面代码中的 Inherited 注解没有任何效果。

```java
import java.lang.annotation.Target;
import java.lang.annotation.Inherited;
import java.lang.annotation.ElementType;
@Target(ElementType.METHOD)
@Inherited
public @interface BugReport{
    int severity() default 0;
    String msg();
}
```

此外,还要注意的是,Inherited 元注解只会导致从超类继承注解,在实现的接口上的注解没有任何效果。

16.3.5　@Repeatable

自从 Java 5 引入注解以来,这个特性在各个框架和项目中都得到了广泛的应用。不过,注解有一个很大的限制是：在同一个地方不能多次使用同一个注解。Java 8 打破了这个限制，引入了重复注解的概念，允许在同一个地方多次使用同一个注解。Repeatable 元注解就是用来说明可重复的注解。

声明可重复的注解，需要两个步骤。

（1）声明可重复的注解类型。

（2）声明包含的注解类型。

我们看一个例子。

第一步，声明可重复的注解类型 Listener，如下所示：

```
import java.lang.annotation.Target;
import java.lang.annotation.Retention;
import java.lang.annotation.Repeatable;
import java.lang.annotation.ElementType;
import java.lang.annotation.RetentionPolicy;

@Target(ElementType.TYPE)
@Retention(RetentionPolicy.RUNTIME)
@Repeatable(Listeners.class)
public @interface Listener {
    String value();
};
```

Listener 注解使用@Repeatable(Listeners.class)元注解进行修饰，Listeners 是存放 Listener 注解的容器。Listeners 也是一个注解，其元素的值就是 Listener 注解。

第二步，声明包含的注解类型，即 Listeners 注解，如下所示：

```
import java.lang.annotation.Target;
import java.lang.annotation.Retention;
import java.lang.annotation.ElementType;
import java.lang.annotation.RetentionPolicy;

@Target(ElementType.TYPE)
@Retention(RetentionPolicy.RUNTIME)
public @interface Listeners{
    Listener[] value();
}
```

接下来就可以在类或接口上重复应用 Listener 注解，如下所示：

```
@Listener("ActionListener")
@Listener("WindowListener")
public class RepeatableAnnotation{}
```

16.4　注解与反射

你是否有疑问，自定义的注解到底有什么用？如果你只是定义了注解，用注解去做标记，那确实没什么用。要想让注解真正起作用，还需要编写程序对标记后的注解进行解析，根据注解的含义做出相应的动作。

扫码看视频

要解析注解，自然要先得到注解的信息，在反射 API 中，定义了 AnnotatedElement 接口，在该接口中给出了得到注解的方法。Class、Constructor、Field、Method 等可以用注解标记的程序元素都实现了 AnnotatedElement 接口，便于获取其上存在的注解。

AnnotatedElement 接口中的方法如下所示：

- default boolean isAnnotationPresent(Class<? extends Annotation> annotationClass)
  判断此元素上是否存在指定类型的注解。这个方法主要是了方便访问标记注解而给出的。当这个方法返回 true 时，相当于：getAnnotation(annotationClass) != null。
- <T extends Annotation> T getAnnotation(Class<T> annotationClass)
  如果此元素上存在指定类型的注解，则返回它，如果不存在，则返回 null。
- Annotation[] getAnnotations()
  返回此元素上存在的所有注解，包括继承得到的注解。如果没有注解，则返回长度为 0 的数组。
- default <T extends Annotation> T[] getAnnotationsByType(Class<T> annotationClass)
  这是 Java 8 新增的方法。用于获得与该程序元素关联的注解。这个方法与 getAnnotation 的区别是，它可以返回重复的注解。如果没有与此元素关联的注解，则返回长度为 0 的数组。
- default <T extends Annotation> T getDeclaredAnnotation(Class<T> annotationClass)
  如果在此元素上直接存在指定类型的注解，则返回它，否则，返回 null。这个方法忽略继承的注解。
- default <T extends Annotation> T[] getDeclaredAnnotationsByType(Class<T> annotationClass)
  这是 Java 8 新增的方法。如果指定类型的注解直接存在或间接存在，则返回此元素的注解。这个方法忽略继承的注解。这个方法与 getDeclaredAnnotation 的区别是，它可以返回重复的注解。如果在此元素上没有直接或间接存在的指定注解，则返回长度为 0 的数组。
- Annotation[] getDeclaredAnnotations()
  返回直接存在于此元素上的所有注解。这个方法忽略继承的注解。如果在此元素上没有直接存在的注解，则返回长度为 0 的数组。

下面我们编写一个例子，在一个类中使用自定义注解，然后通过反射来得到注解的信息。在这个例子中用到了两个注解，一个是 @Listener，直接用上一节的代码，另一个是 @BugReport。@BugRepor 注解的代码如 16.6 所示。

代码 16.6　BugReport.java

```
import java.lang.annotation.Target;
import java.lang.annotation.Retention;
import java.lang.annotation.ElementType;
import java.lang.annotation.RetentionPolicy;
import java.lang.annotation.Inherited;

// 注解可用于类、字段和方法
@Target({ElementType.TYPE, ElementType.FIELD, ElementType.METHOD})
// 注解在运行期间可用，因此可以通过反射 API 得到注解信息
@Retention(RetentionPolicy.RUNTIME)
// 注解可继承
@Inherited
public @interface BugReport{
```

```
    int severity() default 0;
    String msg();
}
```

接下来在程序元素上应用@Listener 和@BugReport 注解，使用反射 API 得到注解信息，如代码 16.7 所示。

代码 16.7　ReflectAnnotation.java

```java
import java.lang.annotation.Annotation;
import java.lang.reflect.Field;
import java.lang.reflect.Method;

@BugReport(msg="报告基类 Bug")
class Base{}

@Listener("ActionListener")
@Listener("WindowListener")
class Derived extends Base{
    @BugReport(severity = 1, msg="name 字段的 Bug")
    private String name;
    @BugReport(severity = 2, msg="action 方法的 Bug")
    public void action(){}
}

public class ReflectAnnotation{
    public static void main(String[] args) throws Exception{
        Class<Derived> clz = Derived.class;
        System.out.println("---------Derived 类上的注解---------");
        // 得到 Derived 类上的所有注解，包括继承的注解
        Annotation[] annotations = clz.getAnnotations();
        for(Annotation anno: annotations){
            // 得到注解类型
            Class annoClz = anno.annotationType();
            System.out.println("注解的类型：" + annoClz);

            if(BugReport.class.equals(annoClz)){
                BugReport br = (BugReport)anno;
                // 获取注解中的元素值，就像调用普通方法一样
                System.out.printf("----元素：severity=%d, msg=%s%n",
                    br.severity(), br.msg());
            }
            // 对于重复注解，得到的是注解的容器，即 Listeners 注解
            else if(Listeners.class.equals(annoClz)){
                Listeners listeners = (Listeners)anno;
                Listener[] listener = listeners.value();
                for(Listener lis : listener){
                    System.out.printf("----元素：value=%s%n",
                        lis.value());
                }
            }
        }
        System.out.println();
```

```java
            System.out.println("---------Derived 类字段上的注解---------");
            // 得到 Derived 类的 name 字段
            Field field = clz.getDeclaredField("name");
            // 判断 name 字段上是否有 BugReport 注解
            if(field.isAnnotationPresent(BugReport.class)){
                // 得到 name 字段上的 BugReport 注解
                BugReport bugAnno =
                    field.getDeclaredAnnotation(BugReport.class);
                System.out.println("注解的类型: "
                    + bugAnno.annotationType());
                System.out.printf("----元素: severity=%d, msg=%s%n",
                        bugAnno.severity(), bugAnno.msg());
            }

            System.out.println();
            System.out.println("---------Derived 类方法上的注解---------");

            Method mth = clz.getMethod("action");
            // 得到 action 方法上的 BugReport 注解
            BugReport bugAnno =
                mth.getAnnotation(BugReport.class);
            if(bugAnno != null){
                System.out.println("注解的类型: "
                    + bugAnno.annotationType());
                System.out.printf("----元素: severity=%d, msg=%s%n",
                    bugAnno.severity(), bugAnno.msg());
            }
        }
    }
```

在代码中给出了详细的注释，读者可以参照前面讲述的获取注解信息的相关方法，并结合代码来学习。

程序运行的结果为：

```
---------Derived 类上的注解---------
注解的类型: interface BugReport
----元素: severity=0, msg=报告基类 Bug
注解的类型: interface Listeners
----元素: value=ActionListener
----元素: value=WindowListener

---------Derived 类字段上的注解---------
注解的类型: interface BugReport
----元素: severity=1, msg=name 字段的 Bug

---------Derived 类方法上的注解---------
注解的类型: interface BugReport
----元素: severity=2, msg=action 方法的 Bug
```

16.5 编写注解处理器

仅仅是获取到注解信息还不够,还需要根据得到的信息做出一些反应,这样才能让人眼前一亮,心中明悟:原来注解是这么用的。

15.7 节我们编写了一个依赖注入容器 BeanFactory,它是根据 XML 文件的配置信息来创建对象并实现依赖关系的注入的,我们也可以通过注解来替代 XML 的配置,当然相应的 BeanFactory 也需要修改,改为解析注解信息,创建对象并注入依赖。

16.5.1 依赖注入容器的注解实现

我们依然以 6.6 节计算机组装程序为例,先看一个简单的注解处理器示例。

扫码看视频

这个示例用注解标记 Mainboard 类中的字段和 setXxx 方法,指定接口的实现类,然后编写 AnnotationFactory 类,对 Mainboard 类中的注解进行解析,动态创建依赖的接口的实现类对象,并注入进去。

首先给出一个注解定义,如代码 16.8 所示。

代码 16.8　annotation\Bean.java

```
package computer;

import java.lang.annotation.Target;
import java.lang.annotation.Retention;
import java.lang.annotation.ElementType;
import java.lang.annotation.RetentionPolicy;

@Target({ElementType.METHOD, ElementType.FIELD})
@Retention(RetentionPolicy.RUNTIME)
public @interface Bean{
    Class<?> value();
}
```

可以将@Bean 注解应用于方法和字段上,元素值是一个 Class 对象。

接下来修改 Mainboard 类,使用@Bean 注解对字段和方法分别进行标记。如果通过字段注入依赖的对象,那么就无须提供对应的 setter 方法了,如代码 16.9 所示。

代码 16.9　annotation\Mainboard.java

```
package computer;

public class Mainboard {
    @Bean(IntelCPU.class)
    private CPU cpu;
    private GraphicsCard gCard;

    @Bean(NVIDIACard.class)
    public void setGraphicsCard(GraphicsCard gCard) {
        this.gCard = gCard;
    }
```

```java
    public void run(){
        System.out.println("Starting computer...");
        cpu.calculate();
        gCard.display();
    }
}
```

编写 AnnotationFactory 类，读取某个类中的@Bean 注解，根据注解元素值创建对象，并传入进去，如代码 16.10 所示。

代码 16.10   annotation\AnnotationFactory.java

```java
package computer;

import java.lang.reflect.Field;
import java.lang.reflect.Method;
import java.lang.reflect.InvocationTargetException;
import java.lang.reflect.AnnotatedElement;
import java.lang.annotation.Annotation;

public class AnnotationFactory{
    /**
     * 根据指定的 Class 对象，创建对应类的对象，
     * 同时读取类中的@Bean 注解，根据注解信息，实现依赖注入
     */
    public static <T> T getBean(Class<T> clz){
        T obj = null;
        try{
            // 创建参数 clz 代表的类的对象
            obj = clz.getConstructor().newInstance();
            // 得到类中所有声明的方法
            Method[] mths = clz.getDeclaredMethods();
            for(Method mth : mths){
                // 调用私有辅助方法，根据@Bean 注解的元素值创建对象
                Object implObj = getImplObject(mth);
                if(implObj != null){
                    // 调用方法，传入依赖的对象
                    mth.invoke(obj, implObj);
                }
            }
            // 得到类中所有声明的字段
            Field[] fields = clz.getDeclaredFields();
            for(Field field : fields){
                // 调用私有辅助方法，根据@Bean 注解的元素值创建对象
                Object implObj = getImplObject(field);
                if(implObj != null){
                    // 设置字段值
                    field.setAccessible(true);
                    field.set(obj, implObj);
                    field.setAccessible(false);
                }
            }
```

```java
            }catch (NoSuchMethodException
                | InstantiationException
                | IllegalAccessException
                | InvocationTargetException e){
                e.printStackTrace();
            }
            return obj;
        }
        /**
         * 私有辅助方法，根据@Bean注解的元素值创建对象。
         * Field和Method类都实现了AnnotatedElement接口
         */
        private static Object getImplObject(AnnotatedElement elt)
            throws NoSuchMethodException,
                InstantiationException,
                IllegalAccessException,
                InvocationTargetException{
            if(elt.isAnnotationPresent(Bean.class)){
                Bean beanAnno = elt.getDeclaredAnnotation(Bean.class);
                Class<?> clz = beanAnno.value();
                return clz.getConstructor().newInstance();
            }
            return null;
        }
    }
```

代码中有详细的注释，而且用到的反射方法我们都已经讲解过了，这里就不再重复了。

最后修改 Computer 类的 main 方法，使用 AnnotationFactory 来得到组装好的 Mainboard 对象，如代码 16.11 所示。

代码 16.11　annotation\Computer.java

```java
package computer;

public class Computer {
    public static void main(String[] args) {
        Mainboard mb = AnnotationFactory.getBean(Mainboard.class);
        mb.run();
    }
}
```

执行 javac -d *.java，编译所有源程序；执行 java computer.Computer，输出结果为：

```
Starting computer...
Intel CPU calculate.
Display something
```

16.5.2　使用注解生成数据库表

这一节，我们讲一个稍微复杂点的示例：使用注解实现 Java 对象到数据库表的映射。但为了简单起见，我们只实现了输出创建数据库表的 SQL 语句。

首先定义一些注解，设置表名称的注解如代码 16.12 所示。

代码 16.12　database\Table.java

```java
package com.sx.db;

import java.lang.annotation.Target;
import java.lang.annotation.Retention;
import java.lang.annotation.ElementType;
import java.lang.annotation.RetentionPolicy;

@Target(ElementType.TYPE)
@Retention(RetentionPolicy.RUNTIME)
public @interface Table {
    String value();
}
```

接下来设置表列的注解，如代码 16.13 所示。

代码 16.13　database\Column.java

```java
package com.sx.db;

import java.lang.annotation.Target;
import java.lang.annotation.Retention;
import java.lang.annotation.ElementType;
import java.lang.annotation.RetentionPolicy;

@Target(ElementType.FIELD)
@Retention(RetentionPolicy.RUNTIME)
public @interface Column {
    // 表中列的名字
    String name();
    // 表中列的类型，由SQLType的枚举值来指定
    SQLType type();
    // 表中列的长度
    int length() default 0;
    // 表中列的约束条件，由一个@Constraint注解数组来设置
    // 注解的嵌套使用在实际中也有很多的应用
    Constraint[] constraints() default {};
}
```

@Column 注解用到了一个枚举类型 SQLType，以及另一个设置数据库表约束条件的 @Constraint 注解，分别如代码 16.14 和代码 16.15 所示。

代码 16.14　database\SQLType.java

```java
package com.sx.db;

public enum SQLType {
    INT, STRING, DOUBLE
}
```

代码 16.15　database\Constraint.java

```java
package com.sx.db;
```

```java
import java.lang.annotation.Target;
import java.lang.annotation.Retention;
import java.lang.annotation.ElementType;
import java.lang.annotation.RetentionPolicy;

@Target(ElementType.FIELD)
@Retention(RetentionPolicy.RUNTIME)
/**
 * @Constraint 注解用于指定数据库表的约束条件
 */
public @interface Constraint {
    // 是否是主键
    boolean primaryKey() default false;
    // 是否添加唯一性约束
    boolean unique() default false;
    // 是否允许为空
    boolean notNull() default false;
}
```

对于一个示例程序来说,有上述的注解和枚举类型就足够了,如果作为一个产品来开发,就是远远不够的,但基本原理就是如此了。

接下来编写一个类,应用上述注解,以便注解处理器可以根据类中的注解信息,生成创建表的 SQL 语句,如代码 16.16 所示。

代码 16.16 database\People.java

```java
package com.sx.db;

@Table("People")
public class People {
    @Column(name = "ID", type = SQLType.INT,
        constraints = {
            @Constraint(primaryKey = true)
        })
    private int id;


    @Column(name = "NAME", type = SQLType.STRING, length = 20,
        constraints={
            @Constraint(unique = true),
            @Constraint(notNull = true),
        })
    private String name;

    @Column(name="AGE", type=SQLType.INT)
    private int age;
}
```

要注意对于注解中嵌套的注解类型数组的元素值的设置方式。

最后,是激动人心的时刻,编写一个类,解析 People 类中的注解信息,生成对应的数据库表的创建语句,如代码 16.17 所示。

代码 16.17　database\TableCreator.java

```java
package com.sx.db;

import java.lang.reflect.Field;
import java.lang.reflect.Method;
import java.lang.annotation.Annotation;
import java.util.List;
import java.util.ArrayList;

public class TableCreator {
    // 保存主键约束语句
    private String primaryKey = "";
    // 表中可以有多个字段有唯一性约束，因此用列表来保存唯一性约束语句
    private List<String> uniqueKey = new ArrayList<String>();

    /**
     * 通过@Table注解的元素值得到表名
     */
    private String getTableName(Class<?> clz){
        Table t = clz.getAnnotation(Table.class);
        if(t != null)
            return t.value();
        else
            return null;
    }

    /**
     * 处理字段上的注解信息，返回表中列的创建语句
     */
    private String processField(Field f){
        // SQL语句中列的名字
        String name = "";
        // SQL语句中列的类型部分
        String type = "";
        // SQL语句中列是否允许为空部分
        String notNull = "";

        // 得到字段上所有的注解
        Annotation[] annos = f.getDeclaredAnnotations();
        for(Annotation anno : annos){
            // 判断注解是否是@Column
            if(anno instanceof Column){
                Column col = (Column)anno;
                // 得到表的列名
                name = col.name();
                // 得到列的类型
                switch(col.type()){
                case INT:
                    type = " INT";
                    break;
                case DOUBLE:
                    type = " DOUBLE";
```

```java
                    break;
                case STRING:
                    type = " VARCHAR(" + col.length() + ")";
                    break;
            }
            // 得到@Column注解的constraints元素的值
            // 它的值是@Constraint注解类型的数组
            Constraint[] cons = col.constraints();
            // 如果设置了constraints元素的值，则根据值构建约束语句
            if(cons.length > 0){
                for(Constraint con : cons){
                    if(con.primaryKey()){
                        primaryKey = String.format("PRIMARY KEY (%s)", name);
                    }
                    if(con.unique()){
                        uniqueKey.add(String.format("UNIQUE KEY (%s)", name));
                    }
                    if(con.notNull()){
                        notNull = " NOT NULL";
                    }
                }
            }
        }
        return "\t" + name + type + notNull;
    }

    /**
     * 根据指定的Class对象，构建对应的数据库表的创建语句
     * 为了输出的SQL语句比较美观，生成的SQL语句中加入了一些格式控制字符
     * 实际开发中，如果直接连接数据库，执行创建表的SQL语句，那么就没有必要添加格式控制字符
     */
    public String generateSQL(Class<?> clz){
        String sql = "CREATE TABLE ";
        String name = getTableName(clz);
        if(name == ""){
            return "";
        }
        sql += name + "(\n";
        boolean start = true;
        for(Field f : clz.getDeclaredFields()){
            if(start){
                start = false;
                sql += processField(f);
                continue;
            }
            sql += ",\n" + processField(f);
        }
        if(primaryKey != "") sql += ",\n\t" + primaryKey;
        if(uniqueKey.size() != 0){
            for(String g : uniqueKey){
                sql += ",\n\t" + g;
            }
        }
```

```java
            sql += "\n)";
            return sql;
    }

    public static void main(String[] args){
        Class<?> clz;
        try {
            clz = Class.forName("com.sx.db.People");
        } catch (ClassNotFoundException e) {
            e.printStackTrace();
            return;
        }
        TableCreator tc = new TableCreator();
        String sql = tc.generateSQL(clz);
        System.out.println(sql);
    }
}
```

代码稍微有些复杂，不过有详细的注释，读懂应该不难。当然，最佳阅读方式是一边在计算机上调试代码，一边参考图书进行学习。

编译上述所有程序，然后执行：java com.sx.db.TableCreator，输出结果为：

```
CREATE TABLE People(
    ID INT,
    NAME VARCHAR(20) NOT NULL,
    AGE INT,
    PRIMARY KEY (ID),
    UNIQUE KEY (NAME)
)
```

恭喜读者迈入了 ORM（Object Relational Mapping，对象关系映射）框架实现原理的门槛！

16.6 总结

本章介绍了 Java 中预定义注解的使用场景和自定义注解的编写，重点是如何对自定义注解进行解析并处理。

本章给出了两个具有实用价值的示例：依赖注入容器的注解实现和对象关系映射的初步实现。

对于一般的应用来说，掌握 Java 中预定义注解的使用就可以了。如果读者想要开发框架类的程序，就一定要掌握定义合适的注解、解析注解，并根据类中的注解信息附加额外的功能。

16.7 实战练习

由于单纯定义注解没有什么实用价值，而解析注解并根据注解提供额外功能对于一些读者来说有些难度，因此本章的练习只要求读者掌握 Java 中预定义的注解就可以了，对于学有余力的读者，可以根据 16.5 节的两个示例进行延伸开发。

第 17 章 多线程

早期限于硬件的水平，我们开发的程序大多是顺序执行的，只有一些工作站或服务器会配置多个 CPU，在它们之上运行的程序为了充分利用 CPU 的计算能力，会开发多线程的程序。现在已经进入多核 CPU 的时代，我们经常听到"我的计算机的 CPU 是 4 核的""我的计算机的 CPU 是 8 核的"这类的话，这决定了这台计算机的并行处理能力。因此，现阶段，多线程程序的开发已经是程序员必不可少的技能。本章将详细介绍 Java 的多线程开发。

17.1 基本概念

17.1.1 程序和进程

扫码看视频

初学者经常混淆程序和进程的概念。程序是计算机指令的集合，它以文件的形式存储在磁盘上。而进程通常被定义为一个正在运行的程序的实例，是一个程序在其自身地址空间中的一次执行活动。与 C++程序不同，Java 编写的程序在编译后是一个个.class 文件，当然也可以把它们打包为一个 jar 文件，保存在磁盘上。当需要运行 Java 程序时，我们用 java.exe 工具执行 main 方法所在的类，这时会启动一个 JVM 实例，来加载我们编写的类运行程序，而这个 JVM 实例就是一个进程。一个程序可以对应多个进程，例如可以同时打开多个记事本程序的进程，同时，在一个进程中也可以同时访问多个程序。

进程是资源申请、调度和独立运行的单位，它使用系统中的运行资源；而程序不能申请系统资源，不能被系统调度，也不能作为独立运行的单位，它不占用系统的运行资源。

17.1.2 线程

线程是进程中一个单一的连续控制流程。一个进程可以拥有多个线程。线程又称为轻量级进程，它和进程一样拥有独立的执行控制，由操作系统负责调度，区别在于线程没有独立的存储空间，而和所属进程中的其他线程共享一个存储空间，这使得线程间的通信远较进程简单。

我们来看看调度器，这是一个非常神奇的小程序，它负责把一个正在运行的程序中止，然后保存程序中止时的状态，切换到另外一个程序使其执行。考虑这样一个场景：当一个人正在玩游戏时，手边的电话突然响了，于是他暂停了游戏，然后接电话，接完电话后恢复游戏的运行。其实调度器就是做了这么一件事情，理论上非常简单，不过实现起来需要了解硬件底层的内容。

对于调度器来说，最重要的是调度算法。当我们在一个单核的 CPU 下运行 10 个线程时，同一时间只能有一个线程被运行，调度算法就是负责筛选工作，它指定了哪个线程可以被 CPU 执行，哪些线程需要继续等待。调度算法的好坏影响了系统的性能，不过这并不需要我们担心，现代操作系统的调度算法都比较成熟，在众多的调度算法中，时间片轮换调度与抢占式调度是两种很常见的算法。

时间片轮换调度算法是让一个线程在执行很短的时间之后，切换到另一个线程执行。而每个程序执行的时间都由调度算法进行计算，以保证调度的公平性。这种算法会给我们一个错觉，会发现有许多任务都是在同时运行的。Windows 就是使用了这种调度算法。

抢占式调度算法是让一个线程一直执行，直到有一个更高优先级的线程需要执行，或者这个任务被一些其他的 IO 操作阻塞时，这个任务才停止执行。Solaris 操作系统就是使用了这种调度算法。

17.2　Java 对多线程的支持

扫码看视频

Java 在语言级提供了对多线程程序设计的支持。在 Java 运行时系统实现了一个用于调度线程执行的线程调度器，用于确定某一时刻由哪一个线程在 CPU 上运行。

在 Java 技术中，线程通常是抢占式的，而不需要时间片分配进程（分配给每个线程相等的 CPU 时间的进程）。抢占式调度模型就是许多线程处于可以运行状态（等待状态），但实际上只有一个线程在运行。该线程一直运行到它终止进入可运行状态（等待状态），或者另一个具有更高优先级的线程变成可运行状态。在后一种情况下，低优先级的线程被高优先级的线程抢占，高优先级的线程获得运行的机会。

Java 线程调度器支持不同优先级线程的抢先方式，但其本身不支持相同优先级线程的时间片轮换。

在 Java 运行时若系统所在的操作系统（例如 Windows）支持时间片的轮换，则线程调度器就支持相同优先级线程的时间片轮换。

在 Java 中编写多线程程序非常容易，因为我们不用去寻找一个合适的线程库或者研究与操作系统相关的线程 API。但是不要以为编写一个多线程的程序很简单，因为线程之间是有相互影响的，而且线程的运行时刻也不是我们能预料的，这就如同打开了潘多拉的盒子！线程给我们带来了程序运行效率的提升，同时也带来了程序运行会莫名失败的问题。

在使用 Java 编写多线程程序时，有许多情况需要深入考虑，如竞争问题、死锁问题等，解决这些问题需要我们自食其力。

17.3　Java 线程

现在就让我们进入 Java 多线程开发的领域。

17.3.1 Thread 类

扫码看视频

在 java.lang 包中有一个 Thread 类，一个 Thread 对象代表了程序中的一个执行线程。最简单的多线程就是继承 Thread 类，并重写其中的 run 方法，当这个线程启动的时候，会自动调用线程类的 run 方法。要让一个线程开始执行，可以调用 Thread 类的 start 方法。

我们看一个非常简单的示例，如代码 17.1 所示。

代码 17.1　SimpleThread.java

```java
public class SimpleThread extends Thread{
    public void run(){
        System.out.println("我们的线程");
    }
}

class ThreadTest{
    public static void main(String[] args){
        SimpleThread st = new SimpleThread();
        st.start();
    }
}
```

程序运行的结果为：

我们的线程

当我们执行 ThreadTest 类时，会产生一个主线程，main 方法作为主线程的入口函数。而对于我们自己创建的线程，可以把 run 方法看成是线程的入口函数。与 Windows 多线程程序不同的是，Java 多线程程序的主线程在执行完毕后（main 方法执行结束），程序进程并不会退出，会等到所有线程都执行完毕，整个程序才终止（JVM 终止）。而 Windows 多线程程序是只要主线程退出，整个进程就终止。

在 Thread 类中有一个 getName 方法，可以得到线程的名字，我们可以利用这个方法来输出线程的名字，这在调试多线程程序时会很方便。对于主线程而言，这是 JVM 产生的线程，无法直接调用 getName 方法。在 Thread 类中还给出了一个静态方法 currentThread，可以得到当前正在执行的线程对象，利用该对象调用 getName 方法就可以得到主线程的名字。

修改代码 17.1，将程序中的两个线程（主线程和我们启动运行的线程）名字打印出来，如代码 17.2 所示。

代码 17.2　SimpleThread.java

```java
public class SimpleThread extends Thread{
    public void run(){
        System.out.println("我们的线程：" + getName());
    }
}

class ThreadTest{
    public static void main(String[] args){
        System.out.println("主线程：" + Thread.currentThread().getName());
        SimpleThread st = new SimpleThread();
```

```
            st.start();
    }
}
```

程序运行的结果为:

```
主线程: main
我们的线程: Thread-0
```

不过要注意的是，线程名字是 JVM 内部对线程的命名，并无实际意义，而且在并发运行的时候，同一段代码可能会由不同的线程来执行，不同的代码也可能是同一个线程在执行，所以不能依据线程的名字来做任何事情。使用线程名字大多都是用于调试目的。

扫码看视频

17.3.2 创建任务

线程包含一段可执行的代码，而可执行代码的目的是为了完成一个任务，基于此，在 java.lang 包中给出了一个 Runnable 接口，该接口只有一个 run 方法，它没有返回值也不接受任何参数。

Thread 类的构造方法可以接受一个 Runnable 对象，当线程启动时，线程对象的 run 方法会自动调用 Runnable 对象的 run 方法。

这就有了第二种编写多线程程序的方式：实现 Runnable 接口，构造 Thread 类的对象，传入 Runnable 对象。我们看代码 17.3。

代码 17.3 PrintTask.java
```java
public class PrintTask implements Runnable{
    public void run(){
        System.out.println(
            Thread.currentThread().getName() + " says: hi...");
    }
}

class ThreadTest{
    public static void main(String[] args){
        PrintTask task = new PrintTask();
        for(int i=0; i<5; i++){
            new Thread(task).start();
        }
        System.out.println(
            Thread.currentThread().getName() + "准备结束");
    }
}
```

在代码中创建了 5 个线程，执行相同的任务（task 对象）。程序运行的结果为：

```
Thread-0 says: hi...
main 准备结束
Thread-3 says: hi...
Thread-4 says: hi...
Thread-1 says: hi...
Thread-2 says: hi...
```

可以看到 5 个线程的输出信息。不过要注意的是，线程执行的顺序并不是固定的，也不是谁先启动谁先执行，这要由线程调度器来决定。

虽然线程的实际调度是一个非常复杂的过程，但简单来说就是：JVM 维护了一个可运行线程的列表（更准确地说是一个队列），调用线程对象的 start 方法只是把运行 task 任务的线程加入到了这个列表中，然后 start 方法返回。至于加入的线程是否立即运行，就要看当前是否有空闲的 CPU，以及是否有其他线程正在运行，这一切都由线程调度器来判断。

对于一个多线程程序来说，惯用的顺序编程的思维模式就不适合了。

Runnable 接口只有一个方法，于是在 Java 8 中使用@FunctionalInterface 注解将该接口标记为函数式接口，我们可以使用 Lambda 表达式来简化该接口的实现，如代码 17.4 所示。

代码 17.4　PrintTask.java

```java
class ThreadTest{
    public static void main(String[] args){
        Runnable task = () -> System.out.println(
            Thread.currentThread().getName() + " says: hi...");
        for(int i=0; i<5; i++){
            new Thread(task).start();
        }
        System.out.println(
            Thread.currentThread().getName() + "准备结束");
    }
}
```

17.3.3　让步

如果一个运行中的线程想要放弃执行的权力，那么可以调用 Thread 类的静态方法 yield 来通知线程调度器：本线程要让出对 CPU 的占用，此时线程调度器会选择另一个可运行的线程来执行，不过，调度器也可以忽略这个通知，比如当前就只有一个可运行线程。

扫码看视频

我们看代码 17.5。

代码 17.5　YieldThread.java

```java
public class YieldThread{
    public static void main(String[] args){
        Runnable task = () -> {
            for(int i=0; i<5; i++){
                System.out.println(
                    Thread.currentThread().getName() + ": " + i);
                Thread.yield();
            }
        };
        new Thread(task).start();
        new Thread(task).start();
    }
}
```

代码中创建了两个线程，执行相同的任务。任务是循环 5 次，打印线程名字和循环变量，每个线程在打印一次线程名字和循环变量后，调用 Thread.yield()放弃执行的权利。程序运行的结果为：

```
Thread-0: 0
Thread-1: 0
Thread-0: 1
Thread-0: 2
Thread-1: 1
Thread-0: 3
Thread-1: 2
Thread-0: 4
Thread-1: 3
Thread-1: 4
```

可以看到线程 0 和线程 1 在交替执行，如果没有 yield 方法的调用，那么输出结果将不会这么整齐。

要注意的是，yield 方法只是临时放弃当前线程的执行，并不代表该线程就不执行了，此时线程将转为可运行状态，在 CPU 可用的情况下，线程调度器会根据调度算法选择一个可运行的线程来运行，也许下一刻暂停运行的线程又立即运行了。

虽然我们看到上述代码的结果是两个线程在交替运行，但是我们不能靠这种方式来控制两个线程的实际运行顺序，因为调度器的选择是不能预料的，就算我们非常熟悉调度器选择线程的算法，这样做也是非常危险的，这里面有许多因素需要考虑，而且有些因素并不能被准确预料到。例如，有如下的任务代码：

```java
public void run() {
    int i = 0;
    while(true){
        System.out.println(Thread.currentThread().getName() + ": " + i);
        if(i++ == 100) {
            Thread.yield();
            i = 0;
        }
    }
}
```

以上代码看上去应该是线程在打印 100 行之后才发生切换，但是在打印 100 行的时间内已经足以发生多次的线程切换，所以这样的代码根本无法得到我们想要的结果。

17.3.4 休眠

扫码看视频

线程是可以休眠的，就像人们睡觉一样。当线程休眠时，它放弃执行的权力，加入到等待队列，什么都不做，然后等到休眠时间到了再"醒"过来，加入可运行队列。若想让线程睡眠，最简单的方式是调用 Thread 类的静态方法 sleep，该方法接受一个以毫秒为单位的时间参数。

我们看代码 17.6。

代码 17.6 SleepThread.java

```java
public class SleepThread{
    public static void main(String[] args){
        Runnable task = () -> {
            for(int i=0; i<5; i++){
                System.out.println(
```

```
                Thread.currentThread().getName() + ": " + i);
        }
    };

    new Thread(task).start();

    try{
        Thread.sleep(1000);
    }catch(InterruptedException e){
        e.printStackTrace();
    }

    for(int i=0; i<5; i++){
        System.out.println(
            Thread.currentThread().getName() + ": " + i);
    }
    }
}
```

sleep 方法声明了抛出 InterruptedException，这个异常是一个 checked 异常，所以我们对该异常进行了捕获。

在代码中我们创建了一个线程对象，并启动它。然后调用 Thread 类的 sleep 方法让主线程睡眠 1 秒钟，让刚创建的线程有充分的运行机会。在睡眠时间到了后，主线程恢复运行，执行循环代码。程序的运行结果为：

```
Thread-0: 0
Thread-0: 1
Thread-0: 2
Thread-0: 3
Thread-0: 4
main: 0
main: 1
main: 2
main: 3
main: 4
```

如果注释掉代码中的 Thread.sleep(1000)，那么在多核 CPU 的计算机中，大概率是主线程和新创建的线程不规律地交错打印信息。

与 yield 方法临时放弃线程执行权利的方式不同，sleep 是让线程真正"睡眠"，在正常情况下，需要等线程"睡够了"指定时间，才会重新转为可运行状态，被线程调度器所调度。

让线程休眠的另外一种方式，就是使用 java.util.concurrent 包中的 TimeUnit 枚举，这个枚举的值都是表示时间单位的，如 DAYS、HOURS、MINUTES、SECONDS、MICROSECONDS 等。在 TimeUnit 枚举中也有一个 sleep 方法，该方法接受一个长整型的时间值。

与代码 17.6 中 Thread.sleep(1000)调用等价的代码，如下所示：

```
import java.util.concurrent.TimeUnit;
TimeUnit.MILLISECONDS.sleep(1000);
```

扫码看视频

17.3.5 优先级

线程的优先级决定了哪个（哪些）线程更容易获得 CPU 时间。虽然线程调度器选择哪一个线程运行是由很多因素决定的，但是调度器确实会让优先级高的线程先获得 CPU。对于两个不同优先级的线程来说，优先级较高的线程会得到更多的执行时间。

Thread 类中的 setPriority 方法用于设置一个线程的优先级，这个方法接受一个 int 类型的整数，它代表了优先级，在 Java 中，优先级被定义为从 1 到 10 之间的一个整数，MAX_PRIORITY 常量对应的值为 10、MIN_PRIORITY 常量对应的值为 1、NORM_PRIORITY 常量对应的值为 5，这也是默认的优先级。

在 Thread 类中还有一个 getPriority 方法可以得到当前线程的优先级。

代码 17.7 展示了优先级对线程执行顺序的影响。

代码 17.7　PriorityThread.java

```java
public class PriorityThread{
    public static void main(String[] args) {
        Runnable task = () -> {
            for(int i=0; i<5; i++){
                System.out.println(
                    Thread.currentThread().getName() + ": " + i);
            }
        };
        Thread t1 = new Thread(task);
        Thread t2 = new Thread(task);
        t1.setPriority(Thread.MAX_PRIORITY);
        t2.setPriority(Thread.MIN_PRIORITY);
        t1.start();
        t2.start();
    }
}
```

代码中新建了两个线程：第一个具有最高的优先级，第二个具有最低的优先级。程序运行的结果为：

```
Thread-0: 0
Thread-0: 1
Thread-0: 2
Thread-1: 0
Thread-0: 3
Thread-0: 4
Thread-1: 1
Thread-1: 2
Thread-1: 3
Thread-1: 4
```

要注意的是，这个运行结果在多核 CPU 的计算机中不是唯一的。

可以看到线程 0（即第一个线程）确实获得了较多的执行机会，但这并不代表低优先级的线程就没有执行机会，只要有空闲的 CPU，低优先级的线程一样能同时运行；或者在低优先级线程长时间没有运行的时候，线程调度器也会给予该线程运行的机会。

将一个线程设置为高优先级，并不代表该线程会被立即运行，线程调度器依然会根据当前 CPU 资源的占用情况决定何时运行该线程，只不过高优先级的线程会获得更多的执行机会罢了。因此，我们不能借助线程的优先级来实现让某个线程立即运行，也不能借此调整线程间的运行顺序。

在大多数情况下，线程优先级应该被视为一种"方针"，而不是"规则"，或者说："调度器，你应该这么做"，而不是："调度器，你必须这么做"。

17.3.6 加入一个线程

在 Thread 类中有一个 join 方法，这个方法不太好理解，API 文档对该方法的说明是等待此线程死亡。光看说明是无法理解这个方法到底干什么用的，实际上，join 方法是让一个线程等待另一个线程执行完毕后再继续执行。假设有两个线程 A 和 B，如果线程 B 调用了线程 A 的 join 方法，那么线程 B 将等待线程 A 执行完毕之后，再继续执行 join 方法之后的代码。当两个线程协同处理一个任务时，若其中一个线程后续的执行依赖于另一个线程执行后的结果，那么就可以在另一个线程上调用 join 方法，让其自己等待。

扫码看视频

我们看代码 17.8。

代码 17.8　JoinThread.java

```java
class SumTask implements Runnable{
    private int sum;
    public void run(){
        for(int i=1; i<=100; i++){
            sum += i;
        }
        System.out.println("从1加到100的任务执行完毕");
    }
    public int getSum(){
        return sum;
    }
}

public class JoinThread{
    public static void main(String[] args){
        SumTask task = new SumTask();
        Thread t = new Thread(task);
        t.start();

        System.out.println("主线程开始等待，等待线程t执行完毕");
        try{
            t.join();
        }catch(InterruptedException e){
            e.printStackTrace();
        }

        // 打印输出任务执行的结果
        System.out.println("1加到100的结果是：" + task.getSum());
    }
}
```

SumTask 用于计算从 1 加到 100 的总和。在 main 方法中，创建线程对象并启动后，调用 t.join()，这会让当前线程（即主线程）挂起，等待线程 t 执行完毕。在线程 t 执行结束后，主线程打印任务执行的结果。

程序运行的结果为：

```
主线程开始等待，等待线程 t 执行完毕
从 1 加到 100 的任务执行完毕
1 加到 100 的结果是：5050
```

如果你的计算机性能非常好，在调用 t.join 之前，线程 t 就已经执行完毕，那么可以在 run 方法的循环之后添加 Thread.sleep(1000)调用，模拟耗时的操作。

join 方法还有两个重载形式，可以指定当前线程等待的时间，如下所示：

- public final void join(long millis) throws InterruptedException
  等待指定的毫秒数。即目标线程在 millis 毫秒后还没有结束，join 方法将直接返回。如果传入 0 值，则表示永久等待，直到目标线程执行结束，等同于调用 join()。
- public final void join(long millis, int nanos) throws InterruptedException
  等待指定的毫秒数加纳秒数。

扫码看视频

17.3.7　捕获线程的异常

线程在执行任务的时候，也有可能会抛出异常，run 方法本身没有声明抛出任何异常，因此对它的重写不能抛出 ckecked 异常，但是可以抛出 RuntimeException 异常。

我们看一个例子，如代码 17.9 所示。

代码 17.9　ExceptionInThread.java

```java
class ThrowTask implements Runnable {
    public void run() {
        throw new RuntimeException();
    }
}
public class ExceptionInThread {
    public static void main(String[] args) {
        Thread t = new Thread(new ThrowTask());
        t.start();
    }
}
```

上述代码在 run 方法中抛出了一个异常，我们并没有对此做任何的处理，那么最终就会交给 Java 运行时系统去处理。

程序运行的结果为：

```
Exception in thread "Thread-0" java.lang.RuntimeException
    at ThrowTask.run(ExceptionInThread.java:3)
    at java.base/java.lang.Thread.run(Thread.java:834)
```

下面我们在 main 方法中对抛出的异常进行捕获，如代码 17.10 所示。

代码 17.10　ExceptionInThread.java

```java
class ThrowTask implements Runnable {
```

```
    public void run() {
        throw new RuntimeException();
    }
}
public class ExceptionInThread {
    public static void main(String[] args) {
        Thread t = new Thread(new ThrowTask());
        try{
            t.start();
        }catch(RuntimeException re){
            System.out.println("Catch it!");
        }
    }
}
```

再次执行，结果为：

```
Exception in thread "Thread-0" java.lang.RuntimeException
    at ThrowTask.run(ExceptionInThread.java:3)
    at java.base/java.lang.Thread.run(Thread.java:834)
```

嗯？运行结果与没有捕获时是一样的，难道代码出现了问题？实际上，说代码有问题是对的，说代码没有问题也是对的。我们先来分析一下原因。

每个线程都有自己的栈空间，方法的栈帧是在调用线程的栈空间上分配的，当发生异常的时候，异常对象在当前线程调用的方法链上传播，从输出结果第一行中的Exception in thread "Thread-0"可以看到，异常是在线程 0 中发生的，从代码来看也确实如此。但我们对异常的捕获在 main 方法中，main 方法是由主线程执行的，**在主线程中捕获不到另一个线程抛出的异常**！换句话说，异常捕获只能捕获同一个线程抛出的异常。这就是为什么两次运行结果相同的原因。

为了解决这个问题，我们可以为线程设置一个 UncaughtExceptionHandler 对象，UncaughtExceptionHandler 是 Thread 类中定义的一个静态接口，它包括一个uncaughtException 方法，这个方法用来处理未捕获的异常。uncaughtException 方法的签名如下所示：

- void uncaughtException(Thread t, Throwable e)

在 Java 8 之后，UncaughtExceptionHandler 接口也被声明为了函数式接口

接下来，我们使用 UncaughtExceptionHandler 对象来捕获另一个线程抛出的异常，如代码 17.11 所示。

代码 17.11　ExceptionInThread.java

```
class ThrowTask implements Runnable {
    public void run() {
        throw new RuntimeException();
    }
}
public class ExceptionInThread {
    public static void main(String[] args) {
        Thread t = new Thread(new ThrowTask());
        t.setUncaughtExceptionHandler(
            (thread, e) -> System.out.println("Catch it!"));
        t.start();
```

            }
        }

Thread 类的 setUncaughtExceptionHandler 方法用来设置未捕获异常的处理器。

程序运行的结果为:

```
Catch it!
```

如果要对所有线程抛出的异常进行统一处理,那么可以调用 Thread 类的 setDefaultUncaughtExceptionHandler 静态方法来设置一个默认的未捕获异常处理器。该方法的签名如下所示:

- public static void setDefaultUncaughtExceptionHandler(Thread.UncaughtExceptionHandler eh)

如果设置了默认的未捕获异常处理器,只要线程没有设置自己的未捕获异常处理器,那么这个默认的处理器就会被调用。

扫码看视频

17.3.8 后台线程

后台线程(daemon thread)又叫守护线程,是指在程序运行时,在后台提供一种通用服务的线程。Java 中的后台线程没有什么神奇的地方,在线程对象创建后,调用 setDaemon 方法就可以把一个线程转为后台线程。

该方法的签名如下所示:

- public final void setDaemon(boolean on)

将线程标记为后台线程或者用户线程。在传递 true 时,则标记为后台线程。

要注意的是,setDaemon 方法需要在启动线程之前调用。

前面说了,只要程序中还有一个线程在运行,整个程序就不会退出,但后台线程不一样,如果所有用户线程都执行完毕,即使还有后台线程在运行,那么程序也会退出。因此,我们不应该使用后台线程来完成重要的任务,如果使用后台线程,那么它应该为其他线程提供服务,或者是完成无关紧要的任务。

我们看代码 17.12。

代码 17.12　DaemonThread.java

```
class DaemonTask implements Runnable{
    public void run(){
        for(int i=0; i<10; i++){
            System.out.printf("%s: %d%n",
                Thread.currentThread().getName(), i);
            try{
                Thread.sleep(1000);
            }catch(InterruptedException e){
                e.printStackTrace();
            }
        }
    }
}

public class DaemonThread {
    public static void main(String[] args) {
        Thread t = new Thread(new DaemonTask());
        t.setDaemon(true);
        t.start();
```

```
        for(int i=0; i<10; i++){
            System.out.printf("%s: %d%n",
                Thread.currentThread().getName(), i);
            try{
                Thread.sleep(200);
            }catch(InterruptedException e){
                e.printStackTrace();
            }
        }
        System.out.println("主线程结束");
    }
}
```

线程 t 被标记为后台线程。为了更好地观察结果，我们让主线程在打印一次信息后睡眠 200 毫秒，而线程 t 则在打印一次信息后睡眠 1000 毫秒。

程序运行的结果为：

```
main: 0
Thread-0: 0
main: 1
main: 2
main: 3
main: 4
Thread-0: 1
main: 5
main: 6
main: 7
main: 8
main: 9
Thread-0: 2
主线程结束
```

可以看到当主线程结束后，虽然后台线程 t 并没有执行完任务，但也随着中止，整个程序退出。

当后台线程被中止时，线程中 run 方法的 finally 语句块是否会被执行呢？我们编写代码来测试一下，如代码 17.13 所示。

代码 17.13　DaemonWithFinally.java

```
class FinallyTask implements Runnable {
    public void run() {
        try {
            System.out.println("后台线程开始");
            Thread.sleep(1000);
        } catch (InterruptedException e) {
            System.out.println(e);
        } finally {
            System.out.println("Finally");
        }
    }
}

public class DaemonWithFinally{
    public static void main(String[] args) {
```

```
Thread t = new Thread(new FinallyTask());
t.setDaemon(true);
t.start();

try {
    Thread.sleep(100);
} catch (InterruptedException e) {
    System.out.println(e);
}
System.out.println("主线程结束");
    }
}
```

程序运行的结果为:

后台线程开始
主线程结束

可以看到，finally 语句块中的代码根本没有运行。后台线程总是悄无声息地中止，因此，你也就明白了，一定不要把重要的工作放到后台线程中。

17.3.9 线程组

线程组表示一组线程，此外，线程组还可以包括其他线程组。我们可以把一些完成相同任务的线程加入到一个组中，同时对一组线程进行操作。这个功能看似很不错，不过前 SUN 公司的软件架构师 Joshua Bloch 认为线程组的设计是不成功的，他是这样评价的："Thread groups are best viewed as an unsuccessful experiment, and you may simply ignore their existence."（最好把线程组看作是一次不成功的尝试，你可以简单地忽略它们的存在）。

"听人劝，吃饱饭"，那我们就忽略线程组吧！

17.3.10 线程的状态

线程可以有 4 个状态：

- New（新生的）
- Runnable（可运行的）
- Blocked（阻塞的）
- Dead（死亡）

线程的状态与状态间的变迁如图 17-1 所示。

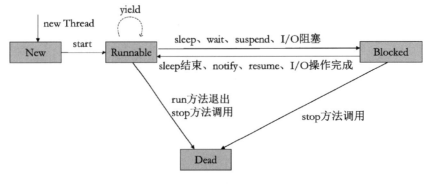

图 17-1 线程的状态

1．新生线程

当我们使用 new 操作符创建一个 Thread 类的对象后，在还没有调用 start 方法之前，线程还没有开始运行，此时线程就处于新生状态。

2．可运行线程

当调用了线程对象的 start 方法后，线程就处于可运行状态。可运行状态的线程可能已经运行，也可能没有运行，这取决于线程调度器。

若运行中的线程调用了 yield 方法，则先暂停一下运行，再立即进入可运行状态，等待线程调度器的调度。

3．阻塞和等待的线程

可运行的线程在遇到以下情况时，会进入阻塞或等待状态。
（1）调用了 sleep 方法，进入睡眠状态。
（2）调用 wait 方法，进入了等待队列。
（3）试图得到一个锁，而该锁被另一个线程所持有。
（4）线程执行阻塞的 I/O 操作，在 I/O 操作完成之前线程也进入阻塞状态。
（5）调用 suspend 方法挂起线程，与 resume 方法是配对使用的方法，不过它们都已被标记为废弃，所以不用琢磨它俩了。

处于阻塞或等待状态的线程可以恢复为可运行状态，原因可能是 sleep 时间到了，可能是被 notify 方法唤醒了，或者另一个线程释放了持有的锁，也可能是 I/O 操作完成了。至于 resume 方法，早已被标记为废弃，可以不用管它了。

4．死亡的线程

run 方法执行完毕，线程寿终正寝，或者线程抛出了未捕获的异常导致线程猝死，这都会让线程进入死亡状态。在线程对象上调用 stop 方法，也可以结束线程，不过该方法已被标记为废弃，所以不用考虑这种情况了。

当线程处于死亡状态时，调度器不会再理会这个线程，即使线程对象的生命周期还未结束。要判断线程当前是否还活着，可以调用 Thread 类的 isAlive 方法，但是该方法无法判断出线程是处于可运行状态还是阻塞状态，只知道线程还活着，活得好不好就不知道了。处于新生状态和死亡状态的线程调用 isAlive 方法，将返回 false。

17.4 线程同步

如果每个线程都只是做自己的事而不去打扰别人的工作，则是一种非常理想的情况。然而现实并非如此，线程之间通常要共享一些资源，例如，火车票售票系统，亿万老百姓都要买票，使用多线程来并发卖票效率会高很多。采用多线程同时卖票，必然牵涉到一个问题，就是对共享资源（火车票）的访问，同一车次、同一车厢、同一座位的票，两个人都要买怎么办？若车票就剩 10 张，20 个人都要买怎么办？

下面我们模拟火车票的售票过程，来看看如何解决对共享资源的并发访问问题。

17.4.1 错误地访问共享资源

我们编写一个简单的多线程售票的示例,用 5 个线程来并发卖 100 张票,如代码 17.14 所示。

代码 17.14　TicketSystem.java

```java
class SellTicketTask implements Runnable{
    private int tickets = 100;

    public void run(){
        while(true){
            if(tickets > 0){
                System.out.printf("%s sell tickets: %d%n",
                    Thread.currentThread().getName(), tickets);
                tickets--;
            }else{
                break;
            }
        }
    }
}

public class TicketSystem{
    public static void main(String[] args){
        SellTicketTask task = new SellTicketTask();
        for(int i=0; i<5; i++)
            new Thread(task).start();
    }
}
```

线程的 run 方法使用了一个 while(true)循环,对于需要长时间运行的线程来说,这是一种比较常用的方式,例如网络程序中的服务端监听线程。售票任务每卖出去一张票,都会将线程名字和票号打印出来,同时递减票数。

要注意的是,得让多个线程访问同一个资源,不能为每个线程都去 new 一个 SellTicketTask 对象,那就成了 5 个线程各卖 100 张票了。

如果最后打印出来的票号没有重复的或者异常的(如 0、-1),那么结果就是正常的。然而,程序一运行,票号就乱了,一种可能的输出结果如图 17-2 所示。

图 17-2　售票系统出现了重复的票号

在读者的计算机上,上述代码的运行结果也可能是另外一种情况,但不管是什么情况,我们的售票系统肯定是有问题了。

为什么会出现这种情况?其实原因很简单,多个线程同时运行,在进入 while 循环后,

if(tickets > 0)这个条件都满足,然后打印卖出去的票的票号,此时 tickets 还未递减,还是 100,于是重复的票号就出现了。这就是由多个线程同时访问 tickets 这一共享资源而导致的并发访问问题,甚至还可能出现 tickets 为 1 时,5 个线程都满足 if(tickets > 0),但 5 个线程执行有快有慢,于是出现 0、-1、-2 等票号。

当多个线程访问同一个资源时就会产生竞争问题,如果对竞争问题不加以重视,那么就会出现如我们的售票系统这样混乱的结果。

下面我们就来解决由并发访问引起的资源竞争问题。

17.4.2 同步语句块

为了保护对共享资源的访问,Java 给出了一个 synchronized 关键字,该关键字有两种用法,其中一种用法的语法形式如下:

扫码看视频

```
synchronized(synObject){
    //需要保护的代码
}
```

这称为同步语句块,synObject 可以是任意的对象。

在 Java 中,每个对象都有一个关联的监视器(monitor),或者叫作锁,当一个线程访问同步语句块时,首先要锁定对象的监视器(或者叫作获得锁),之后当另一个线程访问该语句块时,发现对象的监视器已被锁定,那么就会等待。当同步语句块执行完毕后,拥有锁的线程就会解锁监视器,于是另一个线程就可以锁定对象的监视器,进而访问同步语句块中的代码。例如,东北地区的很多洗浴设有单间,你去浴室洗澡,要了个单间,你(线程)进入单间(同步语句块)锁上门(锁定对象的监视器),若其他人(其他线程)也想用这个单间,就只能等待,等你洗完澡离开,打开门(释放锁),其中一个排队的人(其他线程)才可以继续使用这个单间,然后重复这一过程。

下面我们使用同步语句块来保护售票部分的代码,如代码 17.15 所示。

代码 17.15　TicketSystem.java

```
class SellTicketTask implements Runnable{
    private int tickets = 100;
    // 用作锁的对象
    private Object obj = new Object();
    public void run(){
        while(true){
            synchronized(obj){
                if(tickets > 0){
                    System.out.printf("%s sell tickets: %d%n",
                        Thread.currentThread().getName(), tickets);
                    tickets--;
                }else{
                    break;
                }
            }
        }
    }
}

public class TicketSystem{
```

```java
    public static void main(String[] args){
        SellTicketTask task = new SellTicketTask();
        for(int i=0; i<5; i++)
            new Thread(task).start();
    }
}
```

编译并运行程序,你会发现此时票的销售正常了,没有出现重复的票号,也没有奇怪的票号了。

不过要注意的是,当使用了同步语句块后,线程访问被保护的代码会频繁地对对象进行加锁和解锁,所以会有一定的性能损耗;没有获得锁的线程只能等待,这也会影响并发执行的效率。所以,同步语句块的范围不要设置太大,应该只包含最关键的需要保护的资源访问代码。

扫码看视频

17.4.3 同步方法

sychronized 关键字的另一种用法是用来修饰方法,被修饰的方法称为同步方法,是线程安全的,不会出现并发访问的问题。

我们先将售票的代码剥离出来,放到一个私有的辅助方法中,然后对该方法进行同步,至于为什么不直接将 run 方法声明为同步的,后面我们再解释,如代码 17.16 所示。

代码 17.16　TicketSystem.java

```java
class SellTicketTask implements Runnable{
    private int tickets = 100;

    public void run(){
        while(tickets > 0){
            sell();
        }
    }
    private synchronized void sell(){
        if(tickets > 0){
            System.out.printf("%s sell tickets: %d%n",
                Thread.currentThread().getName(), tickets);
            tickets--;
        }
    }
}

public class TicketSystem{
    public static void main(String[] args){
        SellTicketTask task = new SellTicketTask();
        for(int i=0; i<5; i++)
            new Thread(task).start();
    }
}
```

为了不让线程进入死循环,我们将 run 方法中 while 循环的条件也修改了一下。重新编译并运行程序,你会看到售票一切正常。

同步方法实现的原理是什么呢？其实同步方法和同步语句块的实现原理是一样的，都是对某个对象的监视器进行加锁和解锁，那么同步方法使用的是哪个对象呢？同步方法使用的是 this 代表的对象的监视器。在本例中，就是 task 对象。

要注意，本例不能直接在 run 方法上添加 synchronized 关键字，因为 run 方法中是一个循环，当一个线程访问 run 方法时，得到 this 对象的锁，进入循环，当循环结束，run 方法执行完毕，锁才会被释放。而循环都结束了，票也卖光了，相当于一个线程卖了所有的票，多线程程序变成了单线程程序，所以我们以后在使用同步的时候，也要注意类似的情况。

为了验证同步方法使用的是 this 对象，我们修改一下售票系统的代码，将同步方法和同步语句块（使用 this 对象）一起使用，如果同步方法使用的不是 this 对象，那么售出的票将出现混乱的情况。为什么会出现混乱？这个很好理解，对共享资源的保护肯定需要用同一个对象的锁，否则就像去单间洗澡，张三和李四分别使用两个单间，分别锁上门，那还有什么意义？

我们看代码 17.17。

代码 17.17　TicketSystem.java

```java
class SellTicketTask implements Runnable{
    private int tickets = 100;
    public void run(){
        boolean flag = true;
        while(tickets > 0){
            if(flag){
                sell();
                flag = false;
            }else{
                synchronized(this){
                    if(tickets > 0){
                        System.out.printf("[同步语句块] %s sell tickets: %d%n",
                            Thread.currentThread().getName(), tickets);
                        tickets--;
                    }
                    flag = true;
                }
            }

        }
    }
    private synchronized void sell(){
        if(tickets > 0){
            System.out.printf("[同步方法] %s sell tickets: %d%n",
                Thread.currentThread().getName(), tickets);
            tickets--;
        }
    }
}

public class TicketSystem{
    public static void main(String[] args){
        SellTicketTask task = new SellTicketTask();
        for(int i=0; i<5; i++)
```

```
            new Thread(task).start();
    }
}
```

我们通过一个 boolean 类型的变量 flag 来控制同步方法和同步语句块的执行，让它们都有执行的机会，如果同步方法确实使用的是 this 对象，那么售票的结果将是正常的。程序运行的结果为：

```
...
[同步方法] Thread-1 sell tickets: 92
[同步语句块] Thread-1 sell tickets: 91
[同步方法] Thread-1 sell tickets: 90
[同步语句块] Thread-1 sell tickets: 89
[同步方法] Thread-1 sell tickets: 88
[同步方法] Thread-2 sell tickets: 87
[同步语句块] Thread-2 sell tickets: 86
[同步方法] Thread-2 sell tickets: 85
[同步语句块] Thread-2 sell tickets: 84
[同步方法] Thread-3 sell tickets: 83
[同步语句块] Thread-3 sell tickets: 82
[同步方法] Thread-2 sell tickets: 81
[同步语句块] Thread-1 sell tickets: 80
[同步方法] Thread-1 sell tickets: 79
[同步语句块] Thread-4 sell tickets: 78
[同步方法] Thread-4 sell tickets: 77
[同步语句块] Thread-4 sell tickets: 76
[同步方法] Thread-4 sell tickets: 75
[同步语句块] Thread-4 sell tickets: 74
[同步语句块] Thread-0 sell tickets: 73
[同步方法] Thread-4 sell tickets: 72
[同步语句块] Thread-1 sell tickets: 71
...
```

可以看到售票的结果没有任何问题，也就证明了同步方法使用的是 this 对象。

关于 synchronized 还有两点需要说明：

（1）一个线程可以多次获得同一个对象的锁，如果线程在执行某个同步方法时，该方法又调用了另外的同步方法，那么这是不需要等待的，JVM 会增加锁的持有计数（hold count），当线程执行完一个同步方法，计数递减，当计数为 0 的时候，锁被完全释放。此时，其他线程就可以访问同步方法了。

（2）静态方法也可以使用 synchronized 进行同步，同步静态方法使用的是所在类对应的 Class 对象的锁。

17.4.4　死锁

现在我们已经知道如何使用 synchronized 来保护对共享资源的访问，即通过对某个对象进行加锁来保证同一时刻只有一个线程可以访问资源，但如果锁机制用不好就会出现死锁。

哲学家进餐的问题是一个经典的阐述死锁的例子：五个哲学家围坐在一张圆桌前思考与进餐，他们只有 5 根筷子（不是 5 双），每两人之间放置一根筷子，哲学家只有在拿到 2 根筷子时才能进餐。5 个哲学家在思考一段时间之后进餐，每个人的思考时间不同，当哲学家想进餐时，会先拿起左边那根筷子，然后再去拿右边那根筷子，如果他右边的哲学家正在进餐，那么他应该等待一段时间。当所有哲学家都想进餐，而恰好他们同时都拿起了左手边的筷子，那么这些哲学家就只能相互等待，直到大家都"饿死"。

简单来说，就是线程 1 锁住了对象 A 的监视器，等待对象 B 的监视器，线程 2 锁住了对象 B 的监视器，等待对象 A 的监视器。由于线程 1 得不到对象 B 的监视器而进入阻塞状态，无法释放对象 A 的监视器，由于线程 2 得不到对象 A 的监视器而进入阻塞状态，无法释放对象 B 的监视器，于是造成了死锁。

如图 17-3 所示用另一种方式阐释了死锁问题，这便是堵车。所有的车都想向前走，那么所有的车都将堵在那里谁也动弹不得。

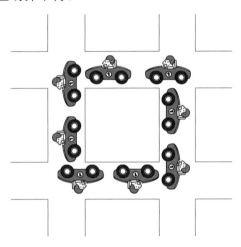

图 17-3　堵车与死锁

下面我们来看看在程序中死锁是如何发生的，如代码 17.18 所示。

代码 17.18　DeadLock.java

```
class Resource{
    private Object lock1 = new Object();
    private Object lock2 = new Object();

    public void set() {
        synchronized(lock1) {
            Thread.yield();
            synchronized(lock2) {
                System.out.println("set");
            }
        }
    }

    public void get() {
        synchronized(lock2) {
            Thread.yield();
            synchronized(lock1) {
                System.out.println("get");
            }
        }
    }
}
```

```
public class DeadLock{
    public static void main(String[] args){
        Resource res = new Resource();
        new Thread(() -> {while(true) res.set();}).start();
        new Thread(() -> {while(true) res.get();}).start();
    }
}
```

在 main 中创建了两个线程，一个线程循环调用 Resource 对象的 set 方法，一个线程循环调用 Resource 对象的 get 方法。在 Resource 类中，set 方法先获得 lock1 的锁，然后去获得 lock2 的锁，而 get 方法则是先获得 lock2 的锁，然后去获得 lock1 的锁。这两个方法加锁的顺序是不一样的，两个方法中的 yield 方法调用只是为了让死锁更快出现。

程序运行的结果如图 17-4 所示。

图 17-4　发生了死锁

运行结果在读者计算机上会有差异，但是你应该能看到整个程序的"假死"，这就是因为发生了死锁。

从上面那段危险的代码中，我们可以发现，加锁顺序的不同会导致死锁。在实际项目中，死锁这种情况往往比较隐蔽，一般的测试可能很难发现死锁，这就要求我们在编写代码时一定要小心。对于采用了多个锁的并发程序，测试的时间长度就很关键了，足够长的时间，可以让我们发现是否真的有死锁情况。

扫码看视频

17.5　线程本地存储

为了避免在共享资源的访问上出现冲突，另外一种解决方式就是取消对资源的共享，每个线程都持有各自的资源副本，这可以采用线程本地存储机制来解决。

17.5.1　使用 ThreadLocal 类

java.lang.ThreadLocal<T>类用于提供线程本地变量，这些变量不同于它们的普通副本，因为访问某个变量的每个线程都有它自己的、独立初始化的变量副本。例如，我们有 3 个线程，它们都要访问同一个资源 x，ThreadLocal 会为每个线程都创建一个 x 的副本，无论何时一个线程访问 x，都只能访问到自己的 x 的副本。

ThreadLocal 实例通常作为类中的私有静态字段，将状态（如用户 ID 或事务 ID）与线程关联。在 Web 应用的服务端程序中，ThreadLocal 用得比较多，因为在服务端程序中，服务器会用多线程的方式为客户请求进行服务，为了避免资源被一个线程修改而影响另一个线程的运行，我们会将资源保存到 ThreadLocal 中，在需要用到的时候，从中取出，ThreadLocal 可以保证取到的资源一定是同一个线程的资源。

在 ThreadLocal<T>类中有如下 5 个方法：

- protected T initialValue()
  返回这个线程本地变量的当前线程的初始值。这是一个受保护的方法，默认实现是返回 null。如果你希望线程本地变量的初始值不是 null，那么可以继承 ThreadLocal 类，重写该方法，提供初始值。通常会使用匿名内部类来继承 ThreadLocal。
- public T get()
  返回这个线程本地变量的当前线程副本的值。
- public void set(T value)
  将这个线程本地变量的当前线程副本设置为指定值。
- public void remove()
  移除这个线程本地变量的当前线程的值。
- public static <S> ThreadLocal<S> withInitial(Supplier<? extends S> supplier
  这是 Java 8 新增的方法。创建线程本地变量，变量的初始值由 Supplier 函数给出。有了这个静态方法，就不用通过继承 ThreadLocal 类并覆盖 initialValue 方法的方式来给出初始值了。

下面我们通过一个例子来学习对 ThreadLocal 的使用，如代码 17.19 所示。

代码 17.19　UseThreadLocal.java

```
class Resource{
    private static ThreadLocal<Integer> local =
        ThreadLocal.withInitial(() -> 1);

    public static void increment(){
        local.set(local.get() + 1);
    }

    public static int get(){
        return local.get();
    }
}

public class UseThreadLocal implements Runnable{
    public void run(){
        System.out.printf("%s，当前 ID 是：%d%n",
            Thread.currentThread().getName(), Resource.get());
        Resource.increment();
        Thread.yield();
        System.out.printf("%s，当前 ID 是：%d%n",
            Thread.currentThread().getName(), Resource.get());
    }

    public static void main(String[] args){
        for(int i=0; i<5; i++){
            new Thread(new UseThreadLocal()).start();
        }
    }
}
```

在 Resource 类中创建了一个私有的静态 ThreadLocal 对象，用 1 作为线程本地变量保存的每个线程的初始值。一旦在创建了 ThreadLocal 对象之后，我们就只能通过 get 和 set 方法来访问 ThreadLocal 对象中的资源。由于 ThreadLocal 对象会为每个线程都创建一份资源的副本，所以 Resource 类的 increment 方法和 get 方法不需要声明为同步的，它们不会出现并发访问的问题。

程序运行的结果为：

```
Thread-1，当前 ID 是：1
Thread-2，当前 ID 是：1
Thread-0，当前 ID 是：1
Thread-3，当前 ID 是：1
Thread-4，当前 ID 是：1
Thread-3，当前 ID 是：2
Thread-0，当前 ID 是：2
Thread-2，当前 ID 是：2
Thread-1，当前 ID 是：2
Thread-4，当前 ID 是：2
```

可以看到，5 个线程访问的 ID 值都是井然有序的，因为它们访问的 ID 值都是各自的副本。

17.5.2 ThreadLocal 的实现原理

Thread 类定义了一个默认访问权限的变量 threadLocals，它是 ThreadLocal.ThreadLocalMap 对象的引用，默认值是 null。ThreadLocalMap 是 ThreadLocal 中的一个静态内部类，它是一个哈希表的实现。

代码 17.20 给出了 ThreadLocal 类实现的部分源代码。

代码 17.20　ThreadLocal 类的部分源代码

```java
ThreadLocalMap getMap(Thread t) {
    return t.threadLocals;
}
void createMap(Thread t, T firstValue) {
    t.threadLocals = new ThreadLocalMap(this, firstValue);
}

public void set(T value) {
    // 得到当前线程对象
    Thread t = Thread.currentThread();
    // 得到与当前线程对象关联的 ThreadLocalMap 对象
    ThreadLocalMap map = getMap(t);
    if (map != null) {
        // 如果当前线程对象已经有了关联的 ThreadLocalMap 对象
        // 则以 ThreadLocal 对象为 key，要保存的值为 value，保存到 map 中
        map.set(this, value);
    } else {
        // 如果当前线程还没有关联的 ThreadLocalMap 对象，则创建一个
        createMap(t, value);
    }
}
public T get() {
```

```
        Thread t = Thread.currentThread();
        ThreadLocalMap map = getMap(t);
        if (map != null) {
            ThreadLocalMap.Entry e = map.getEntry(this);
            if (e != null) {
                @SuppressWarnings("unchecked")
                T result = (T)e.value;
                return result;
            }
        }
        return setInitialValue();
    }

    private T setInitialValue() {
        T value = initialValue();
        Thread t = Thread.currentThread();
        ThreadLocalMap map = getMap(t);
        if (map != null) {
            map.set(this, value);
        } else {
            createMap(t, value);
        }
        if (this instanceof TerminatingThreadLocal) {
            TerminatingThreadLocal.register((TerminatingThreadLocal<?>) this);
        }
        return value;
    }
```

若能看懂 set 方法，其他方法就不是问题了。总结一下，就是当我们第一次调用 ThreadLocal 的 set 或 get 方法时，会为当前线程对象关联一个 ThreadLocalMap 对象。之后再调用 set 或 get 方法，就从当前线程对象中得到 ThreadLocalMap 对象，然后以 ThreadLocal 对象自身为 key，往 Map 中保存值或者从 Map 取出值。由于每个线程都有自己的 ThreadLocalMap 对象，线程在访问同一资源时就不会出现冲突，因为它们真正访问的是资源的副本。

17.6 生产者与消费者

扫码看视频

有一段时间谍战剧比较流行，地下工作者潜入敌人内部，获取情报，然后把情报交给某个店铺，接头人员上店铺取出情报。当情报还未取走时，地下工作者继续伪装自己，准备获取下一个情报。如果当前没有情报，接头人员就会等待，等待地下工作者送来情报。

这就是典型的生产者消费者模式，生产者（地下工作者）负责生产数据（情报），消费者（接头人）负责消费数据，在消费者还未消费数据时，生产者需要等待，等待消费者的通知。在消费者消费数据后，还未有新的数据产生前，消费者需要等待，等待生产者的通知。

我们可以用一个线程负责生产数据，另一个线程负责消费数据。如果要让线程等待，则可以调用 Object 类的 wait 方法，它会让当前线程等待，一直等到另一个线程调用 notify 方法唤醒它，才会继续运行。wait 方法和 notify 方法只能在同步方法或同步语句块中调用，后面会解释原因。

下面我们编写一个程序，来实现生产者消费者模式，如代码 17.21 所示。

代码 17.21　ProduceAndConsumer.java

```java
class Queue{
    // 数据
    private int data;
    // 判断数据是否被取走的标记变量
    private boolean bFull = false;

    /**
     * 由生产者线程调用的方法，放置数据
     */
    public synchronized void put(int data){
        // 如果数据还未取走，则让生产者线程等待
        if(bFull){
            try{
                wait();
            } catch(InterruptedException ie){
                ie.printStackTrace();
            }
        }
        // 线程被唤醒，说明消费者取走了数据，继续放置数据
        this.data = data;
        bFull = true;
        // 唤醒消费者线程，通知它取数据
        notify();
    }
    /**
     * 由消费者线程调用的方法，取出数据
     */
    public synchronized int get(){
        // 如果现在没有数据，则让消费者线程等待
        if(!bFull){
            try{
                wait();
            }catch(InterruptedException ie){
                ie.printStackTrace();
            }
        }
        // 线程被唤醒，说明生产者放置了数据，准备取走数据
        bFull = false;
        // 唤醒生产者线程，通知它放置数据
        notify();
        return data;
    }
}
/**
 * 生产者任务，负责放置数据
 */
class ProducerTask implements Runnable{
    private Queue q;
```

```
    public ProducerTask(Queue q){
        this.q = q;
    }

    public void run(){
        for(int i=0; i<10; i++){
            q.put(i);
            System.out.println("Producer put: " + i);
        }
    }
}
/**
 * 消费者任务,负责取出数据
 */
class ConsumerTask implements Runnable{
    private Queue q;
    public ConsumerTask(Queue q){
        this.q = q;
    }

    public void run(){
        for(int i=0; i<10; i++){
            System.out.println("Consumer get: " + q.get());
        }
    }
}

public class ProduceAndConsumer{
    public static void main(String[] args){
        Queue q = new Queue();
        new Thread(new ProducerTask(q)).start();
        new Thread(new ConsumerTask(q)).start();
    }
}
```

Queue 就相当于我们举的谍战剧例子中的店铺。重点就在这个类,要注意 wait 和 notify 方法调用的时机。

程序运行的结果为:

```
Producer put: 0
Consumer get: 0
Producer put: 1
Consumer get: 1
Producer put: 2
Consumer get: 2
Producer put: 3
Consumer get: 3
Producer put: 4
Consumer get: 4
Producer put: 5
Consumer get: 5
Producer put: 6
```

```
Consumer get: 6
Producer put: 7
Consumer get: 7
Producer put: 8
Consumer get: 8
Producer put: 9
Consumer get: 9
```

在读者的计算机上运行上述程序，结果可能稍有不同，但只要注意 put 和 get 的数字是否一一匹配就行了。由于线程并发运行的关系，输出的结果可能不那么工整。

现在我们要来说说 wait 和 notify 的工作原理，以及注意事项了。前面说过，Java 中的对象都有一个关联的监视器，除此之外，还有一个关联的等待集（wait set），当调用 wait 方法时，就是把当前线程加入到对象的等待集中，表现为线程挂起，暂停执行；而调用 notify 方法则是从对象的等待集中删除一个线程，表现为线程被唤醒，继续执行；Object 类的 notifyAll 方法可以删除对象等待集中的所有线程，表现为所有线程被唤醒，继续执行。那么在本例中，用的是哪一个对象的等待集呢？与同步方法一样，用到是 this 对象的等待集。

前面说了 wait 和 notify 只能在同步方法或同步语句块中调用，这是为了避免多线程并发访问出现问题。我们将 Queue 类的 put 和 get 方法简化一下，并且改成非同步的，如下所示：

```
public void put(int data){
    if(bFull)
        wait();
    this.data = data;
    bFull = true;
    notify();
}

public int get(){
    if(!bFull){
        wait();
    bFull = false;
    notify();
    return data;
}
```

现在 put 和 get 方法都是非同步的，多个线程可以随意调用这两个方法。假设现在 bFull 为 true，生产者线程进入 if 语句内部，正准备进入 this 对象的等待集中，但此时消费者线程快了一步，已经调用了 notify 方法，准备唤醒生产者线程，但生产者线程现在还没挂起呢。这就出现问题了！

所以 **wait 和 notify 只能在同步方法或同步语句块中调用**，而且调用 **wait 和 notify** 方法的对象必须与同步方法或同步语句块使用的监视器所属对象是同一个对象。

本例中，用的是同步方法，使用的是 this 对象的监视器，而 wait 和 notify 也是用的 this 对象的等待集，所以没有任何问题。如果改成同步语句块，那么调用 wait 和 notify 方法的对象也必须是同步语句块所使用的对象。

我们看代码 17.22。

代码 17.22　ProduceAndConsumer.java

```
class Queue{
    private int data;
```

```
            private boolean bFull = false;
            private Object obj = new Object();
            
            public void put(int data){
                synchronized(obj){
                    if(bFull){
                        try{
                            obj.wait();
                        } catch(InterruptedException ie){
                            ie.printStackTrace();
                        }
                    }
                    this.data = data;
                    bFull = true;
                    obj.notify();
                }
            }
            
            public int get(){
                synchronized(obj){
                    if(!bFull){
                        try{
                            obj.wait();
                        }catch(InterruptedException ie){
                            ie.printStackTrace();
                        }
                    }
                    bFull = false;
                    obj.notify();
                    return data;
                }
            }
        }
        ...
```

修改后的代码运行结果与代码 17.21 相同。

wait 方法还有两个重载形式，可以用来指定线程等待的超时值，一旦超时值到了，即使没有其他线程调用 notify 来唤醒它，该线程也会恢复运行。这两个重载方法的签名如下所示：

- public final void wait(long timeout) throws InterruptedException
  等待的最长毫秒数。
- public final void wait(long timeout, int nanos) throws InterruptedException
  等待的最长毫秒数加纳秒数。

与 sleep 方法不同的是，调用 sleep 方法的线程在正常情况下只能是睡够了才会继续恢复执行，而调用 wait 方法的线程可以随时被其他线程用 notify 或者 notifyAll 方法唤醒，因此可以很方便地应用于多个线程间的协作。我们可以用线程 A 来执行耗时比较长的任务，对线程 B 取出任务的结果做进一步处理。在线程 A 执行计算任务时，线程 B 可以调用 wait 方法挂起，放弃 CPU 时间，让更多的线程有机会执行。当线程 A 计算完毕后，可以调用 notify 方法通知线程 B 继续运行，线程 B 被唤醒，得到线程 A 的计算结果，做进一步处理。

此外，wait 方法与 sleep 和 yield 方法还有一点不同，当在同步方法或同步语句块中调用

sleep 和 yield 方法时，线程持有的锁不会被释放，而要等到方法或语句块执行完毕后才释放。而在调用 wait 方法挂起线程时，该线程持有的对象的锁将会被释放，这意味着其他线程可以获得对象的锁，因此其他线程可以在 wait 期间调用其他的同步方法或者同步语句块。当另一个线程调用 notify 或者 notifyAll 方法唤醒等待的线程后，该线程将与其他线程公平竞争对象的锁，一旦竞争成功，就恢复为调用 wait 前的状态，继续执行。

17.7 线程的终止

到目前未知，我们已经掌握了如何创建一个线程，并使它正常运行。但是任何事情都是有始有终的，因此如何终止一个线程也是整个程序运行过程中不可或缺的一个环节。

17.7.1 取消一个任务

在很多场景中，一些线程需要长时间的运行，run 方法中会使用一个无限循环来运行某个任务，但这样的任务并不会响应外界的消息。如果我们想让这个任务中止，退出线程，那么这个无限循环可能根本不会理睬这些外界强加的要求。

当我们使用循环来执行一个任务时，可以定义一个标记字段，定期对标记字段进行检查，如果标记字段为某个特定值时就跳出循环，从而结束任务，这样的任务就是一个可以被取消的任务。

我们看代码 17.23。

代码 17.23　ThreadStop.java

```java
class CancelableTask implements Runnable{
    private volatile boolean cancel = false;
    public void run(){
        while(!cancel){
            System.out.println(Thread.currentThread().getName());
        }
    }
    public void cancelIt(){
        cancel = true;
    }
}
public class ThreadStop{
    public static void main(String[] args){
        CancelableTask task = new CancelableTask();
        new Thread(task).start();
        try{
            Thread.sleep(3);
        }catch(InterruptedException e){
            e.printStackTrace();
        }
        task.cancelIt();
    }
}
```

在 CancelableTask 类中定义了一个 boolean 类型的变量 cancel，在 run 方法中使用 while

循环来打印当前线程的名字，只要 cancel 为 false，那么循环就将一直进行下去。在 CancelableTask 类中定义了一个 cancelIt，将循环变量 cancel 设置为 true。当外界调用 CancelableTask 对象的 cancelIt 方法后，while 循环的条件为假，循环中止，任务退出。

在 main 方法中，我们创建了一个线程运行 CancelableTask，然后让主线程睡眠 3 毫秒，这是为了让新创建的线程有机会执行一会儿。之后，调用 task 对象的 cancelIt 方法取消任务。

程序运行的结果为：

```
Thread-0
Thread-0
Thread-0
```

在读者的计算机上运行该程序，结果可能不同。

读者可能已经注意到在 cancel 变量的声明中使用了一个 volatile 关键字，这个关键字有何作用呢？我们知道，程序在运行时，代码和数据都是保存在内存中的，CPU 在运算时，从内存中提取数据暂存到寄存器中，计算完成后，再将更新后的数据存回内存。现代 CPU 为了提高运算效率，增加了一级缓存和二级缓存，这同时也是为了存放临时数据。在一个并发程序中，多 CPU 可以同时运行多个线程，当一个 CPU 读取了内存地址中的某个数据，对其进行修改，但还未存回内存中时，在另一个 CPU 上运行的线程访问了同一个内存地址的数据，此时看到的数据值就是不确定的。这也是为什么要对共享的资源进行同步访问的原因。有时候也没必要单独对一个变量的访问去做同步，而且还会存在一定隐患，这时就可以选择将该变量声明为 volatile，这样编译器和 JVM 就知道这个变量可能会被另一个线程并发更新，从而保证 volatile 变量不会被存放到 CPU 寄存器或它的缓存中，因此在其他线程读取该变量时总能得到最新写入的值。

在访问 volatile 变量时不会执行加锁操作，因此也就不会出现线程阻塞的情况，可以把 volatile 变量看成是一种比 sychronized 更轻量级的同步机制。

访问 volatile 变量比访问普通变量要稍慢一些，因为它需要插入一些额外的指令来保证线程安全，所以不要随便把变量声明为 volatile，只有在需要的情况下才这么做。

17.7.2 在阻塞中中止

如果在 run 方法中调用了 sleep，则线程将进入睡眠；如果调用了 wait 方法，则线程将挂起。这两种情况，线程都将进入阻塞状态，这时通过标记字段来控制任务退出就无法实现了，如果要让线程在阻塞的状态下中止，那么可以调用 Thread 类的 interrupt 方法。该方法在上述两种阻塞情况下，会引发 InterruptedException，我们对该异常进行捕获，但无须处理该异常，因为我们知道是线程被中断了。

我们看代码 17.24。

代码 17.24　TerminateAtBlocked.java

```
class BlockedTask implements Runnable{
    public void run(){
        try{
            Thread.sleep(1000);
        }catch(InterruptedException e){
            System.out.println("线程被中断");
        }
        System.out.println("任务退出");
    }
```

```
}
public class TerminateAtBlocked{
    public static void main(String[] args){
        Thread t = new Thread(new BlockedTask());
        t.start();
        t.interrupt();
    }
}
```

程序运行的结果为:

线程被中断
任务退出

要注意的是,如果你的目的是通过调用 interrupt 方法来中止被阻塞的线程,那么执行任务的代码就需要放到 try 子句中,否则在捕获 InterruptedException 异常后,catch 子句之后的代码依然会被执行。

调用 Thread 类的 interrupt 方法会设置中断状态,可以调用 Thread 类的静态方法 interrupted 和实例方法 isInterrupted 来检测线程是否被中断,前者是检测当前线程是否被中断,且会清除线程的中断状态,也就是说,如果连续两次调用 interrupted 方法,那么第二次调用将返回 false;后者是检测此线程(调用 isInterrupted 方法的线程对象)是否已被中断,线程的中断状态不会受该方法的调用影响。

要注意的是,如果线程因调用 sleep 或者 wait 方法进入阻塞状态,被该线程对象的 interrupt 方法所中断而引发 InterruptedException,那么线程的中断状态将会被清除。也就是说,在这种情况下无论你是调用 interrupted 还是 isInterrupted 方法,返回的都是 false。

在任务代码中没有阻塞的情况下,我们也可以利用对线程中断状态的检测来编写循环,一样可以实现上一节完成的功能,如代码 17.25 所示。

代码 17.24　InterruptStatusDetection.java

```
class LoopTask implements Runnable{
    public void run(){
        while(!Thread.currentThread().isInterrupted()){
            System.out.println(Thread.currentThread().getName());
        }
    }
}

public class InterruptStatusDetection{
    public static void main(String[] args){
        LoopTask task = new LoopTask();
        Thread t = new Thread(task);
        t.start();
        try{
            Thread.sleep(3);
        }catch(InterruptedException e){
            e.printStackTrace();
        }
        t.interrupt();
    }
}
```

在 main 方法中，让主线程睡眠 3 毫秒之后，调用线程对象 t 的 interrupt 方法，在线程没有阻塞的情况下，interrupt 方法只是设置线程的中断状态，并不会引发什么异常。之后，run 方法中的 isInterrupted()调用返回 true，while 循环条件为假，循环退出，任务结束。

程序运行的结果为：

```
Thread-0
Thread-0
Thread-0
Thread-0
Thread-0
```

17.7.3 注意清理

使用 interrupt 方法来中止阻塞的线程属于非正常的退出，这可能会导致一些需要清理的资源没有及时被释放，为此，我们可以使用 try/finally 语句来完成资源的清理工作。

我们看代码 17.25。

代码 17.25　CleanupResource.java

```
class Resource{
    public Resource(){
        System.out.println("资源创建");
    }
    public void clean(){
        System.out.println("资源清理");
    }
}

class CleanTask implements Runnable{
    public void run(){
        try{
            while(!Thread.interrupted()){
                Resource res = new Resource();
                try{
                    Thread.sleep(1000);
                }finally{
                    res.clean();
                }
            }
        }catch(InterruptedException e){
            System.out.println("线程被中断");
        }

    }
}

public class CleanupResource{
    public static void main(String[] args){
        CleanTask task = new CleanTask();
        Thread t = new Thread(task);
        t.start();
```

```
        try{
            Thread.sleep(3);
        }catch(InterruptedException e){
            e.printStackTrace();
        }
        t.interrupt();
    }
}
```

我们在 CleanTask 类的 run 方法中，使用 finally 子句进行资源的清理工作。如果线程在未进入阻塞状态的情况下被中断，则 Thread.interrupted()会返回 true，while 循环终止，任务结束。如果线程在进入阻塞状态后被中断，则会引发 InterruptedException 异常，interrupt 方法会清除线程的中断状态，此时如果调用 Thread.interrupted()会返回 false。不过由于我们是在 while 循环外部进行的异常捕获，当发生 InterruptedException 异常时，直接跳出了循环，所以不会有任何问题。

程序运行的结果为：

```
资源创建
资源清理
线程被中断
```

17.8　线程池

线程池（thread pool）是一种多线程处理方式。简单来说，就是在一个线程池对象中预先创建一些线程，当有任务需要执行的时候，就选择其中一个线程来执行任务，即使任务执行完毕，线程也并不销毁，而是放回池中。当没有任务执行时，在线程池中保留少量的线程，让它们处于等待状态，这样不占用 CPU 的时间。如果同时执行的任务数较多，线程池中的线程不够用了，就创建多个新的线程来执行任务，执行完毕，根据线程池预先设定好的最大空闲线程数，清理多余的线程。

使用线程池技术避免了在处理短时间任务时创建与销毁线程的代价。线程池不仅能够保证对内核的充分利用，还能防止过分调度。

线程池作为提高程序处理数据能力的一种方案，应用非常广泛，大量的服务器或多或少地都使用了线程池技术，不管是用 Java 还是 C++实现。

线程池一般有三个重要参数：

1．最大线程数。在程序运行的任何时候，线程总数都不会超过这个数。如果请求任务数量超过最大线程数，则会等待其他线程结束后再处理。

2．最大共享线程数，即最大空闲线程数。如果当前的空闲线程数超过该值，则多余的线程会被杀掉。

3．最小共享线程数，即最小空闲线程数。如果当前的空闲线程数小于该值，则一次性创建这个数量的空闲线程，所以它本身也是一个创建线程的步长。

线程池有两个概念：

1．Worker 线程。工作线程主要是执行任务，有两种状态：空闲状态和运行状态。在空闲状态时挂起，等待任务；在处于运行状态时，表示正在执行任务（Runnable）。

2．辅助线程。主要负责监控线程池的状态：空闲线程是否超过了最大空闲线程数，或者小于最小空闲线程数等。如果不满足要求，就进行调整。

下面我们给出一个线程池的实现，供学有余力的读者研究使用，读者可以根据自身情况，选择是否跳过本节。

我们先定义一个任务接口，就如同 Java 的 Runnable 接口，如代码 17.26 所示。

代码 17.26　Task.java

```java
package sunxin.util.threadpool;

/**
 * 需要通过线程池运行的任务对象必须实现这个接口
 */
@FunctionalInterface
public interface Task {
    /**
     * 实现该方法给出要执行的代码。该方法由线程池中的线程执行
     */
    void run();
}
```

接下来就是线程池的实现，如代码 17.27 所示。

代码 17.27　ThreadPool.java

```java
package sunxin.util.threadpool;

public class ThreadPool{
    // 线程池的默认配置
    public static final int MAX_THREADS = 200; // 最大线程数
    public static final int MIN_THREADS = 10;  // 最小线程数
    public static final int MAX_SPARE_THREADS = 6; // 最大空闲线程数
    public static final int MIN_SPARE_THREADS = 3; // 最小空闲线程数
    public static final int WORK_WAIT_TIMEOUT = 1000; // 线程等待时间

    // 当前在池中的线程数
    private int currentThreadsCount;

    // 当前正在使用的线程数
    private int currentThreadsBusy;

    // 在池中可以打开的最大线程数
    private int maxThreads;

    // 在池中可以保留的最小空闲线程数
    private int minSpareThreads;

    // 在池中可以保留的最大空闲线程数
    private int maxSpareThreads;

    // 持有 ControlRunnable 对象的数组
    private ControlRunnable[] threadsPool;

    // 指示线程池是否关闭的标记
    private boolean stopThePool;
```

```java
// 线程池的名字
private String name = "TP";

// 用于为线程编号
private int sequence = 1;

// 监控线程,用于监控线程池中的空闲线程
private MonitorRunnable monitor;

// 指示线程是否是后台线程的标记
private boolean daemon;

/**
 * 以默认值配置线程池
 */
public ThreadPool(){
    maxThreads = MAX_THREADS;
    maxSpareThreads = MAX_SPARE_THREADS;
    minSpareThreads = MIN_SPARE_THREADS;
    currentThreadsCount = 0;
    currentThreadsBusy = 0;
    stopThePool = false;
}

/**
 * 由用户配置线程池
 * @param maxThreads 线程池中最大线程数
 * @param minSpareThreads 线程池中最小空闲线程数
 * @param maxSpareThreads 线程池中最大空闲线程数
 */
public ThreadPool(int maxThreads, int minSpareThreads,
    int maxSpareThreads){
    this.maxThreads = maxThreads;
    this.minSpareThreads = minSpareThreads;
    this.maxSpareThreads = maxSpareThreads;
}

/**
 * 创建线程池,启动 minSpareThreads 数量的线程
 */
public synchronized void start(){
    stopThePool = false;
    currentThreadsCount = 0;
    currentThreadsBusy = 0;

    adjustThreadsPool();

    threadsPool = new ControlRunnable[maxThreads];
    openThreads(minSpareThreads);

    //如果最大空闲线程数小于最大线程数,则启动监控线程
```

```
        if (maxSpareThreads < maxThreads){
          monitor = new MonitorRunnable(this);
        }
    }

    /*
     * 启动 openCount 数量的线程
     */
    private void openThreads(int openCount){
        if (openCount > maxThreads){
          openCount = maxThreads;
        }

        for (int i = currentThreadsCount; i < openCount; i++){
          threadsPool[i - currentThreadsBusy] = new ControlRunnable(this);
        }

        currentThreadsCount = openCount;
    }

    /*
     * 检查线程池的配置。对于有问题的配置项进行调整
     */
    private void adjustThreadsPool(){
        if (maxThreads <= 0){
          maxThreads = MAX_THREADS;
        } else if (maxThreads < MIN_THREADS){
          maxThreads = MIN_THREADS;
        }

        if (maxSpareThreads >= maxThreads){
          maxSpareThreads = maxThreads;
        }

        if (maxSpareThreads <= 0){
           if (1 == maxThreads){
              maxSpareThreads = 1;
           } else{
              maxSpareThreads = maxThreads / 2;
           }
        }

        if (minSpareThreads > maxSpareThreads){
           minSpareThreads = maxSpareThreads;
        }

        if (minSpareThreads <= 0){
           if (1 == maxSpareThreads){
              minSpareThreads = 1;
           } else{
              minSpareThreads = maxSpareThreads / 2;
           }
```

```java
        }
    }

    /*
     * 执行任务(Task 对象)的线程对象
     */
    private class ControlRunnable implements Runnable{
        // 指示线程是等待还是运行的标记
        private boolean shouldRun;
        // 指示线程是否终止的标记
        private boolean shouldTerminate;
        // 线程要执行的任务
        private Task task;
        // 用于执行任务的线程
        private Thread t;
        // 线程池
        private ThreadPool tp;

        /**
         * 在构造方法中设置线程属性并启动线程
         * @param tp 线程池
         */
        public ControlRunnable(ThreadPool tp){
            this.tp = tp;
            shouldTerminate = false;
            shouldRun = false;
            task = null;
            t = new Thread(this);
            t.setDaemon(tp.getDaemon());
            t.setName(tp.getName() + "-Processor: " + tp.incSequence());
            t.start();
        }

        @Override
        public void run(){
            boolean _shouldRun = false;
            boolean _shouldTerminate = false;
            Task _task = null;

            while (true){
                try{
                    synchronized (this){
                        // 如果线程运行标记(shouldRun)为 false,
                        // 并且线程终止标记(shouldTerminate)为 false,则让线程等待
                        while (!shouldRun && !shouldTerminate){
                            this.wait();
                        }
                        _shouldRun = shouldRun;
                        _shouldTerminate = shouldTerminate;
                        _task = task;
                    }
                    if (_shouldTerminate){
```

```
                        break;
                    }

                    /* 检测线程是否要执行任务 */
                    try{
                        if (_shouldRun){
                            if (_task != null){
                                _task.run();
                            }
                        }
                    } catch (Throwable t){
                        _shouldTerminate = true;
                        _shouldRun = false;
                        // 任务执行抛出异常,通知线程池当前线程结束
                        tp.notifyThreadEnd(this);
                    } finally{
                        if (_shouldRun){
                            shouldRun = false;
                            // 通知线程池当前线程空闲了
                            tp.returnController(this);
                        }
                    }

                    /*
                     * 检查线程是否应该终止。当线程池关闭时,所有线程将被终止
                     */
                    if (_shouldTerminate){
                        break;
                    }
                } catch (InterruptedException ie){
                    System.err.println("Unexpected exception -- " + ie);
                }
            }
            System.out.println(t.getName() + " end");
        }

        /**
         * 设置任务对象,唤醒等待线程执行任务
         * @param task 要执行的 Task 对象
         */
        public synchronized void runTask(Task task){
            this.task = task;
            shouldRun = true;
            // 唤醒在当前对象上等待的线程运行任务
            this.notify();
        }

        /**
         * 终止线程
         */
        public synchronized void terminate(){
            shouldTerminate = true;
```

```java
            this.notify();
        }
    }

    /*
     * 该方法由监控线程调用,回收空闲线程
     */
    private synchronized void checkSpareControllers(){
        if (stopThePool){
            return;
        }

        if ((currentThreadsCount - currentThreadsBusy) > maxSpareThreads){
            int toFree = currentThreadsCount - currentThreadsBusy - maxSpareThreads;
            for (int i = 0; i < toFree; i++){
                ControlRunnable c = threadsPool[currentThreadsCount
                    - currentThreadsBusy - 1];
                c.terminate();
                threadsPool[currentThreadsCount - currentThreadsBusy - 1] = null;
                currentThreadsCount--;
            }
        }
    }

    /**
     * 监控线程,周期性的执行,用于监控线程池中的空闲线程数是否超过了空闲线程数的最大限制
     */
    public class MonitorRunnable implements Runnable{
        ThreadPool tp;
        Thread t;
        int interval = WORK_WAIT_TIMEOUT;
        boolean shouldTerminate;

        MonitorRunnable(ThreadPool tp){
            this.tp = tp;
            this.start();
        }

        public void start(){
            shouldTerminate = false;
            t = new Thread(this);
            t.setDaemon(tp.getDaemon());
            t.setName(tp.getName() + "-Monitor");
            t.start();
        }

        public void setInterval(int i){
            this.interval = i;
        }

        public void run(){
            while (true){
```

```java
            try{
                // 等待一段时间
                synchronized (this){
                    this.wait(interval);
                }

                // 判断监控线程是否应该终止
                // 当线程池关闭时，监控线程也将终止
                if (shouldTerminate){
                    break;
                }

                // 检测空闲线程是否超过了最大空闲线程
                tp.checkSpareControllers();
            } catch (Throwable t){
                System.err.println("Unexpected exception -- " + t);
            }
        }
    }

    /**
     * 停止监控线程。
     */
    public synchronized void terminate(){
        shouldTerminate = true;
        this.notify();
    }
}

/**
 * 通知线程池指定的线程结束。
 * 该方法由ControlRunnable.run()方法调用，当任务执行抛出异常时调用
 */
public synchronized void notifyThreadEnd(ControlRunnable controlRunnable){
    currentThreadsBusy--;
    currentThreadsCount--;
    notify();
}

public String getName(){
    return name;
}

public void setName(String name){
    this.name = name;
}

/**
 * 将任务运行完毕的线程放回到池中
 * @param cr 要放回池中的ControlRunnable对象
 */
public synchronized void returnController(ControlRunnable cr){
```

```java
        if (0 == currentThreadsCount || stopThePool){
            cr.terminate();
            return;
        }
        
        currentThreadsBusy--;
        
        // 将ControlRunnable对象返回池中
        threadsPool[currentThreadsCount - currentThreadsBusy - 1] = cr;
        // 唤醒执行findControlRunnable()方法的等待线程继续运行
        notify();
    }
    
    /**
     * 关闭线程池
     */
    public synchronized void shutdown(){
        if (!stopThePool){
            stopThePool = true;
            if (monitor != null){
                monitor.terminate();
                monitor = null;
            }
            // 关闭所有空闲线程
            for (int i = 0; i < currentThreadsCount - currentThreadsBusy; i++){
                try{
                    threadsPool[i].terminate();
                } catch (Throwable t){
                    System.err.println(
                        "Ignored exception while shutting down thread pool -- " + t);
                }
            }
            currentThreadsBusy = currentThreadsCount = 0;
            threadsPool = null;
            // 唤醒在当前对象上等待的所有线程
            notifyAll();
        }
    }
    
    /**
     * 执行任务
     * @param task 要执行的Task对象
     */
    public void runIt(Task task){
        if (null == task){
            throw new NullPointerException();
        }
        /* 查找可用线程来执行任务 */
        ControlRunnable cr = findControlRunnable();
        cr.runTask(task);
    }
```

```java
/*
 * 查找可用的线程。如果线程池中所有线程都忙，则创建新的线程来运行任务
 */
private ControlRunnable findControlRunnable(){
    ControlRunnable c = null;

    if (stopThePool){
        throw new IllegalStateException();
    }

    /* 从线程池中查找可用的线程 */
    synchronized (this){
        while (currentThreadsBusy == currentThreadsCount){
            // 如果所有线程都忙，则判断当前打开的线程数是否小于最大线程数
            // 如果小于，则打开新的线程，直到达到了最大线程数的限制
            if (currentThreadsCount < maxThreads){
                int toOpen = currentThreadsCount + minSpareThreads;
                openThreads(toOpen);
            } else{
                // 如果池中所有线程都已经打开且都忙，则等待一个线程成为空闲线程
                try{
                    this.wait();
                }
                catch (InterruptedException e){
                    System.err.println("Unexpected exception -- " + e);
                }
            }
            // 如果线程池已经关闭，则跳出循环
            if (stopThePool){
                break;
            }
        }
        if (0 == currentThreadsCount || stopThePool){
            throw new IllegalStateException();
        }

        // 找到可用线程
        int pos = currentThreadsCount - currentThreadsBusy - 1;
        c = threadsPool[pos];
        threadsPool[pos] = null;
        currentThreadsBusy++;

        return c;
    }
}

public int incSequence(){
    return sequence++;
}

public int getMaxThreads(){
    return maxThreads;
```

```java
    }

    public void setMaxThreads(int maxThreads){
        this.maxThreads = maxThreads;
    }

    public int getMinSpareThreads(){
        return minSpareThreads;
    }

    public void setMinSpareThreads(int minSpareThreads){
        this.minSpareThreads = minSpareThreads;
    }

    public int getMaxSpareThreads(){
        return maxSpareThreads;
    }

    public void setMaxSpareThreads(int maxSpareThreads){
        this.maxSpareThreads = maxSpareThreads;
    }

    public boolean getDaemon(){
        return daemon;
    }

    public void setDaemon(boolean daemon){
        this.daemon = daemon;
    }
}
```

代码有些长，这没办法，一个成熟的线程池实现的代码会比这还要更长，毕竟线程池不是简单地创建几个线程存储起来就可以的，其还牵涉到线程的管理，相当于一个小型的线程调度器。

在代码中有详细的注释，感兴趣的读者可以研究一下，建议初学者跳过这个例子，等有一定的基础后，再回过头来看本节的线程池实例。

最后编写一个客户程序，测试一下我们自己编写的线程池。

代码 17.28　Client.java

```java
import sunxin.util.threadpool.ThreadPool;
import sunxin.util.threadpool.Task;

class TaskImpl implements Task{
    @Override
    public void run() {
        System.out.println(Thread.currentThread().getName() + ": Task start");
        try{
            Thread.sleep(1000);
        } catch (InterruptedException e){
            e.printStackTrace();
        }
```

```java
            System.out.println(Thread.currentThread().getName() + ": Task end");
    }
}

public class Client{
    public static void main(String[] args){
        ThreadPool tp = new ThreadPool();
        TaskImpl task = new TaskImpl();
        tp.start();
        System.out.println("线程池启动 8 个线程运行任务：");
        for(int i=0; i<8; i++){
            tp.runIt(task);
        }
        try{
            Thread.sleep(2000);
        } catch (InterruptedException e1){
            e1.printStackTrace();
        }
        System.out.println("线程池自动回收 3 个空闲线程");
        System.out.println("线程池中目前还有 5 个空闲线程，不需要新建线程");
        tp.runIt(task);
        tp.runIt(task);
        tp.runIt(task);
        tp.runIt(task);

        try{
            Thread.sleep(2000);
        }catch (InterruptedException e){
            e.printStackTrace();
        }
        System.out.println("线程池中目前还有 6 个空闲线程，全部清理");
        tp.shutdown();
    }
}
```

程序运行的结果为：

```
线程池启动 8 个线程运行任务：
TP-Processor: 3: Task start
TP-Processor: 1: Task start
TP-Processor: 2: Task start
TP-Processor: 5: Task start
TP-Processor: 6: Task start
TP-Processor: 9: Task start
TP-Processor: 4: Task start
TP-Processor: 8: Task start
TP-Processor: 6: Task end
TP-Processor: 4: Task end
TP-Processor: 8: Task end
TP-Processor: 3: Task end
TP-Processor: 1: Task end
```

```
TP-Processor: 2: Task end
TP-Processor: 9: Task end
TP-Processor: 5: Task end
TP-Processor: 5 end
TP-Processor: 2 end
TP-Processor: 9 end
线程池自动回收 3 个空闲线程
线程池中目前还有 5 个空闲线程，不需要新建线程
TP-Processor: 8: Task start
TP-Processor: 4: Task start
TP-Processor: 3: Task start
TP-Processor: 1: Task start
TP-Processor: 8: Task end
TP-Processor: 4: Task end
TP-Processor: 3: Task end
TP-Processor: 1: Task end
线程池中目前还有 6 个空闲线程，全部清理
TP-Processor: 6 end
TP-Processor: 7 end
TP-Processor: 1 end
TP-Processor: 3 end
TP-Processor: 4 end
TP-Processor: 8 end
```

要注意的是，当线程池中没有线程时，要每次增加 MIN_SPARE_THREADS（默认值为 3）数量的线程，虽然我们并发运行 8 次任务，只需要 8 个线程，但线程池中的总线程数是 9。在 8 次任务执行完毕后，由于最大空闲线程数（MAX_SPARE_THREADS）是 6，因此清理掉 3 个空闲线程。之后再运行 4 次任务，由于线程池中还有 6 个空闲线程，因此不需要新建线程，直接用已有线程执行任务。最后在调用线程池对象的 shutdown 方法后，清理掉线程池中的所有线程。

17.9 总结

线程实现有两种方式，一种是从 Thread 类继承，这种方式比较简单，而且在线程类中可以方便地调用 Thread 类的方法，但这种方式不够灵活，线程类不能再继承其他的类。即使多个线程要访问相同的资源，选择从 Thread 类继承也不合适，因为每个线程对象都有自己的资源。实现 Runnable 接口是一个很好的创建任务的方式，实现类可以继承其他的类，还可以实现其他的接口，这非常灵活。可以把共享资源放到 Runnable 对象中，多个线程执行同一个任务，不过要注意使用同步来避免多线程并发访问的问题。

对于方法中的形参和本地变量是永远不需要进行同步的，因为它们本身就是在线程的栈上分配的，每个线程都有自己的栈空间，彼此之间不会有任何影响。

关于线程同步我们介绍了两种方式，同步方法和同步语句块，在保护共享资源时，一定要在关键的地方使用同步，不要随意扩大同步的范围，这会影响程序并发运行的性能。

本章还介绍了线程本地存储，在某些特殊场景下，可以使用线程本地存储来代替线程同步。

生产者和消费者模式是线程间协作的一个典型应用，不过要注意 wait 和 notify/notifyAll 的使用限制。

Thread 类的 stop 方法已经被标记为废弃了，因为它是不安全的，所以我们也不用去考虑这个方法了。当需要手动结束线程时，可以采用标记字段或 interrupt 方法来结束线程。

最后我们为学有余力的读者介绍了线程池的实现，不建议读者在真实项目中去编写自己的线程池实现，仅作为学习研究使用即可，毕竟 Java 已经在 java.util.concurrent 包中提供了成熟的线程池实现。关于并发包的开发内容，心急的读者可以直接转到第 20 章继续学习 Java 并发编程。

对于多线程开发来说，它比编写单线程程序要困难。因为顺序编程方式符合我们的思维习惯，所以简单。而对于多线程程序来说，我们需要考虑更多的问题，例如线程间的竞争问题、协同问题，还要避免死锁。

如果想要掌握多线程开发，那么我们应该"忘记"顺序编程方式，以并行思维模式进行思考。当然，这需要从大量的实践中去总结，打开你手头的代码编辑器，多写代码，多做实验，多观察运行结果，这样有助于加深对多线程程序开发的理解。

17.10 实战练习

1．编写两个线程类，一个线程打印 26 个英文字母，另一个线程打印 1~26 的数字。

2．编写一个线程安全的栈实现，底层采用 LinkedList 实现，提供入栈和出栈的方法。应用生产者消费者模式，再编写两个线程类，生产者线程向栈中放入数据，消费者线程从栈中取出数据。

第 18 章 Java 常用工具类

Java 类库包含了许多有用的类,本章将介绍其中一些常用的类。

18.1 java.lang.Math 类

Math 类包含许多用于执行基本数学运算的方法,如指数函数、对数函数、平方根和三角函数等。

在 Math 类中,定义了两个静态常量:

E:自然对数的底数。

PI:圆周率。

Math 类中的方法都是静态的,因此可以直接通过类名来调用。表 18-1 给出了 Math 类的部分方法及方法的说明。

表 18-1 Math 类的部分方法

方法名称	说明
double abs(double a)	返回给定数值的绝对值
float abs(float a)	
int abs(int a)	
long abs(long a)	
double acos(double a)	计算给定角度的反余弦值
int addExact(int x, int y)	这是 Java 8 新增的。计算两个数的和,如果计算结果溢出,则会引发异常
int addExact(long x, long y)	
double asin(double a)	计算给定角度的反正弦值
double atan(double a)	计算给定角度的反正切值
double atan2(double y, double x)	计算直角坐标系转换为极坐标系时的 θ 角
double cbrt(double a)	计算给定值的立方根
double ceil(double a)	返回大于等于给定小数的最小整数

续表

方法名称	说明
double copySign(double magnitude, double sign)	把第二个参数的符号赋给第一个参数
float copySign(float magnitude, float sign)	Math.copySign(1.1, -2.2) 计算结果为：-1.1
double cos(double a)	计算给定角度的余弦值
double cosh(double x)	计算给定值的双曲余弦值
int decrementExact(int a)	这是 Java 8 新增的。返回参数递减 1 后的值。如果结果溢出，
long decrementExact(long a)	则会引发异常
double exp(double a)	计算 e^a
double expm1(double x)	计算 e^x -1
double floor(double a)	返回小于等于给定小数的最大整数
int floorDiv(int x, int y)	这是 Java 8 新增的。是算术运算符的整数除法（/）运算。如
long floorDiv(long x, int y)	果有余数，则舍弃余数，保留商，不进行四舍五入
int floorMod(int x, int y)	这是 Java 8 新增的。是算术运算符的整数取模（%）运算，
long floorMod(long x, long y)	整数相除求余数
int getExponent(double d)	计算给定值的无偏指数
int getExponent(float f)	
double hypot(double x, double y)	计算 sqrt(x^2 +y^2)，并且不会出现中间计算时的溢出
static double IEEEremainder(double f1, double f2)	依照 IEEE 754 标准计算两个数的余数
int incrementExact(int a)	这是 Java 8 新增的。返回参数递增 1 后的值，如果结果溢出，
long incrementExact(long a)	则会引发异常
double log(double a)	计算 a 的自然对数，以 e 为底的对数
double log10(double a)	计算以 10 为底的 a 的对数
double log1p(double x)	计算 x+1 的自然对数
double max(double a, double b)	返回 a 与 b 之间的最大值
float max(float a, float b)	
int max(int a, int b)	
long max(long a, long b)	
double min(double a,. double b)	返回 a 与 b 之间的最小值
float min(float a, float b)	
int min(int a, int b)	
long min(long a, long b)	
int multiplyExact(int x, int y)	这是 Java 8 新增的。计算两个数的乘积，如果计算结果溢出，
long multiplyExact(long x, int y)	则会引发异常
double pow(double a, double b)	计算 a^b
double random()	返回一个从 0.0 到 1.0 之间的随机小数
double rint(double a)	返回给定值的四舍五入值
long round(double a)	
int round(float a)	

续表

方法名称	说　　明
double scalb(double n, int scaleFactor)	计算 n×2^{scaleFactor} 值
float scalb(float n, int scaleFactor)	
double signum(double d)	返回给定值的符号：
float signum(float f)	负数：-1.0 零：0.0 正数：1.0
double sin(double a)	计算给定角度的正弦值
double sinh(double x)	计算给定值的双曲正弦值
double sqrt(double a)	计算给定值的平方根
int subtractExact(int x, int y)	这是 JDK 8 新增的。对两个数进行减法运算，计算差值，如果计算结果溢出，则会引发异常
long subtractExact(long x, long y)	
double tan(double a)	计算给角度的正切值
double tanh(double x)	计算给定值的双曲正切值
double toDegrees(double angrad)	将弧度转换为角度
double toRadians(double angdeg)	将角度转换为弧度

　　Math 类中的方法有很多，一时间，让我们有些不知所措。实际上，除了开发与数学计算紧密相关的软件程序外，一般我们用到的 Math 类中的方法并不多，无非就是求一下两个变量的最大值或最小值，或者调用 floor 方法获取小于或等于某个浮点数的最大整数，再或者调用 random 方法产生一个随机数。

　　代码 18.1 给出了 Math 类中一些常用方法的使用。

代码 18.1　MathTest.java

```java
import static java.lang.Math.*;

public class MathTest{
    public static void main(String[] args){
        System.out.println("-5 的绝对值是：" + abs(-5));
        System.out.println("5 + 2 = " + addExact(5, 2));
        System.out.println("5 - 2 = " + subtractExact(5, 2));
        System.out.println("5 * 2 = " + multiplyExact(5, 2));
        System.out.println("5 / 2 = " + floorDiv(5, 2));
        System.out.println("5 % 2 = " + floorMod(5, 2));
        System.out.println("5 和 2 的最大值是：" + max(5, 2));
        System.out.println("5 和 2 的最小值是：" + min(5, 2));
        System.out.println("小于或等于 3.14 的最大整数是：" + (int)floor(3.14));
        System.out.println("大于或等于 3.14 的最小整数是：" + (int)ceil(3.14));
    }
}
```

程序运行的结果为：

```
-5 的绝对值是：5
5 + 2 = 7
5 - 2 = 3
5 * 2 = 10
5 / 2 = 2
```

```
5 % 2 = 1
5 和 2 的最大值是：5
5 和 2 的最小值是：2
小于或等于 3.14 的最大整数是：3
大于或等于 3.14 的最小整数是：4
```

18.2 随机数

产生随机数是程序中常见的一个功能，有三种方式可以产生随机数，一是调用 Math 类中的 random 方法来产生随机数，二是通过 java.util.Random 类的实例来生成随机数，三是调用 java.util.concurrent.ThreadLocalRandom 类的静态方法来产生随机数。

18.2.1 Math.random 方法

Math.random 方法随机产生一个大于等于 0，且小于 1.0 的双精度浮点数。如果想得到一个 1 到 10 之间的随机整数怎么办？很简单，按以下三步走：

（1）Math.random() * 10

得到一个大于等于 0，且小于 10 的双精度浮点数。

（2）(int)Math.floor(Math.random() * 10)

得到一个大于等于 0，且小于 10 的整数。

（3）1 + (int)Math.floor(Math.random() * 10)

得到一个大于等于 1，且最大为 10 的整数。

下面编写一个程序，随机给出 1 到 100 之间的 10 个整数，判断哪些整数可以被 3 整除，并打印输出能够被 3 整除的数，如代码 18.2 所示。

代码 18.2　MathRandomTest.java

```java
import static java.lang.Math.*;
import java.util.Arrays;

public class MathRandomTest{
    public static void main(String[] args){

        int[] randomNums = new int[10];
        for(int i=0; i<10; i++){
            int num = 1 + (int)floor(random() * 100);
            randomNums[i] = num;
        }
        System.out.println("1 到 100 之间的 10 个随机数是：");
        System.out.println(Arrays.toString(randomNums));
        System.out.println("能够被 3 整除的数有：");
        for(int num : randomNums){
            if(num % 3 == 0)
                System.out.printf("%d\t", num);
        }
    }
}
```

程序的运行结果为：

```
1 到 100 之间的 10 个随机数是：
[70, 57, 46, 84, 50, 13, 79, 6, 41, 69]
能够被 3 整除的数有：
57          84          6          69
```

注意，由于产生的是随机数，所以每次程序运行的结果都是不一样的。

18.2.2 Random 类

java.util.Random 类的实例用于生成伪随机数，该类使用 48 位种子，使用线性同余公式对其进行修改。Random 类有两个构造方法，如下所示：

- public Random()
- public Random(long seed)

无参的构造方法以当前时间进行内部计算后作为种子，有参的构造方法使用传入的长整数作为种子。如果使用相同的种子创建两个 Random 实例，并且对每个实例的方法调用顺序也相同，那么它们将生成并返回相同的数字序列。

实际上，当第一次调用 Math.random 方法时，它将创建一个新的随机数生成器，如同调用 new Random()。之后，这个新的随机数生成器将用于对 Math.random 方法的所有调用。

在构造了 Random 对象后，就可以调用类中一系列的 nextXxx 方法来得到随机数。例如：

```java
Random r = new Random();
System.out.println("随机整数：" + r.nextInt());
System.out.println("随机长整数：" + r.nextLong());
System.out.println("随机浮点数：" + r.nextFloat());
System.out.println("随机双精度浮点数：" + r.nextDouble());
System.out.println("随机布尔值：" + r.nextBoolean());
```

输出结果为：

```
随机整数：1437659282
随机长整数：-4815324415914747879
随机浮点数：0.20302683
随机双精度浮点数：0.7040476820512165
随机布尔值：true
```

显然，对于通常的应用来说，这种随机数毫无用处。在一般情况下，我们还是希望在指定的范围内得到随机数，那么可以调用 Random 对象的带参数的 nextInt 方法，该方法的声明形式如下：

- public int nextInt(int bound)

  参数 bound 用于指定要返回的随机数的范围，必须是正数。例如 bound 指定 10，将返回 0 到 9 的随机整数。

下面，我们使用 Random 类替换代码 18.2 中 Math 类的 random 方法的调用，如代码 18.3 所示。

代码 18.3　RandomTest.java

```java
import java.util.Arrays;
import java.util.Random;
```

```java
public class RandomTest{
    public static void main(String[] args){
        int[] randomNums = new int[10];
        Random r = new Random();

        for(int i=0; i<10; i++){
            int num = 1 + r.nextInt(100);
            randomNums[i] = num;
        }
        System.out.println("1 到 100 之间的 10 个随机数是：");
        System.out.println(Arrays.toString(randomNums));
        System.out.println("能够被 3 整除的数有：");
        for(int num : randomNums){
            if(num % 3 == 0)
                System.out.printf("%d\t", num);
        }
    }
}
```

程序运行的结果为：

```
1 到 100 之间的 10 个随机数是：
[48, 67, 97, 82, 81, 88, 15, 11, 19, 1]
能够被 3 整除的数有：
48      81      15
```

Random 类的实例是线程安全的，但在并发环境下多个线程使用同一个 Random 对象，会因为竞争同一个 seed 而导致性能低下，因此 Java 建议我们在多线程程序中使用 ThreadLocalRandom。

18.2.3　ThreadLocalRandom 类

ThreadLocalRandom 是 Java 7 新增的，位于 java.util.concurrent 包中。在并发环境下，使用 ThreadLocalRandom 而不是共享 Random 对象，可以减少多线程的资源竞争。

ThreadLocalRandom 的使用非常简单，首先它的调用静态方法 current，得到当前线程的 ThreadLocalRandom 实例，之后调用实例的 nextXxx 方法，得到伪随机数。以得到 int 类型的随机数为例，ThreadLocalRandom 有如下的三个重载的 nextInt 方法。

- public int nextInt()
  返回一个伪随机整数值。
- public int nextInt(int bound)
  返回一个 0 到 bound（不包含）之间的伪随机整数值。
- public int nextInt(int origin, int bound)
  返回一个 origin 到 bound（不包含）之间的伪随机整数值。

下面，我们使用 ThreadLocalRandom 类替换代码 18.3 中的 Random 类来得到随机数，如代码 18.4 所示。

代码 18.4　ThreadLocalRandomTest.java

```java
import java.util.Arrays;
import java.util.concurrent.ThreadLocalRandom;
```

```java
public class ThreadLocalRandomTest{
    public static void main(String[] args){
        int[] randomNums = new int[10];

        for(int i=0; i<10; i++){
            int num = 1 + ThreadLocalRandom.current().nextInt(100);
            randomNums[i] = num;
        }
        System.out.println("1 到 100 之间的 10 个随机数是：");
        System.out.println(Arrays.toString(randomNums));
        System.out.println("能够被 3 整除的数有：");
        for(int num : randomNums){
            if(num % 3 == 0)
                System.out.printf("%d\t", num);
        }
    }
}
```

程序运行的结果为：

```
1 到 100 之间的 10 个随机数是：
[44, 78, 36, 12, 73, 56, 59, 38, 59, 82]
能够被 3 整除的数有：
78      36      12
```

要注意的是，ThreadLocalRandom 类通常的用法就是代码中展示的用法，即：

```
ThreadLocalRandom.current().nextInt(100)
```

在多线程程序中，如果所有需要随机数的地方都采用上述调用形式，那么就不会出现多个线程共享同一个 ThreadLocalRandom 实例的情况。

18.3 大数字运算

我们知道，Java 中的整数类型与浮点数类型都有表数范围，例如，int 类型的表数范围是：$-2^{31} \sim 2^{31}-1$，两个 int 类型的数值进行加、减、乘运算，都有可能超过表数范围而造成溢出，但在实际开发中，也会有对特别大的数进行运算的需求，为此，Java 在 java.math 包中给我们提供了两个类：BigInteger 和 BigDecimal，用于任意精度的数字运算。

18.3.1 BigInteger

BigInteger 代表任意精度的不可变的整数，在该类中，给出了加、减、乘、除和取模（取余）运算的相关方法，也给出了位运算相关的方法。简单来说，凡是整数能参与的运算，BigInteger 类都给出了相应的方法。

要使用 BigInteger 类完成大整数的运算，当然是构造 BigInteger 类的对象。BigInteger 类有几个构造方法，常用的有以下两个：

- public BigInteger(String val)

    参数 val 是十进制整数的字符串表示。

- public BigInteger(String val, int radix)
  参数 radix 指定进制（如十六进制），val 则是采用该种进制表示的字符串。

为什么要采用字符串作为参数，而不直接使用 int 类型的参数呢？原因很简单，BigInteger 是用来完成大整数运算的，int 类型有表数范围，自然不适合直接作为参数，而字符串就不存在这个问题，有多少位数字都可以（只要编译器支持）。

我们看下面的代码：

```
BigInteger bi1 = new BigInteger("1234");
System.out.println(bi1);

BigInteger bi2 = new BigInteger("1000", 2);
System.out.println(bi2);

BigInteger bi3 = new BigInteger("ff", 16);
System.out.println(bi3);
```

输出结果为：

```
1234
8
255
```

前面我们说过，在 System.out.println 打印输出对象时，会自动调用该对象的无参的 toString 方法，BigInteger 类给出了以下两个 toString 方法：

- public String toString()
- public String toString(int radix)
  参数 radix 指定进制，然后返回以该进制表示的数的字符串。

利用这两个方法，我们可以得到 BigInteger 对象的字符串表示形式。

1. 算术运算

BigInteger 类中与算术运算符对应的方法有：

- public BigInteger add(BigInteger val)
  加法运算。
- public BigInteger subtract(BigInteger val)
  减法运算。
- public BigInteger multiply(BigInteger val)
  乘法运算。
- public BigInteger divide(BigInteger val)
  除法运算。
- public BigInteger remainder(BigInteger val)
  取模运算。
- public BigInteger[] divideAndRemainder(BigInteger val)
  返回包含商和余数的一个数组，相当于分别进行了除法运算和取模运算。

我们看下面的代码：

```
BigInteger bi1 = new BigInteger("5");
BigInteger bi2 = new BigInteger("2");
System.out.println("5 + 2 = " + bi1.add(bi2));
```

```
System.out.println("5 - 2 = " + bi1.subtract(bi2));
System.out.println("5 * 2 = " + bi1.multiply(bi2));
System.out.println("5 / 2 = " + bi1.divide(bi2));
System.out.println("5 % 2 = " + bi1.remainder(bi2));
System.out.println("5 除以 2 的商和余数是: " +
        java.util.Arrays.toString(bi1.divideAndRemainder(bi2)));
```

输出结果为:

```
5 + 2 = 7
5 - 2 = 3
5 * 2 = 10
5 / 2 = 2
5 % 2 = 1
5 除以 2 的商和余数是: [2, 1]
```

2. 位运算

BigInteger 类中与位运算符对应的方法有:

- public BigInteger and(BigInteger val)
  位与运算。
- public BigInteger or(BigInteger val)
  位或运算。
- public BigInteger xor(BigInteger val)
  位异或运算。
- public BigInteger not()
  位取反运算。如果当前 BigInteger 是非负值,则该方法返回负值。
- public BigInteger andNot(BigInteger val)
  与取反后的 val 进行位与算法,即:this &～val。
- public BigInteger setBit(int n)
  将指定索引的位设置为 1,参数 n 表示要设置的位的索引,即:this | (1<<n)。
- public boolean testBit(int n)
  测试指定索引的位是否为 1,如果是,则返回 true,否则返回 false,即:(this & (1<<n)) != 0。

我们看下面的代码:

```
BigInteger bi1 = new BigInteger("1011", 2);
BigInteger bi2 = new BigInteger("1100", 2);;
System.out.println("1011 & 1100 = " + bi1.and(bi2).toString(2));
System.out.println("1011 | 1100 = " + bi1.or(bi2).toString(2));
System.out.println("1011 ^ 1100 = " + bi1.xor(bi2).toString(2));
System.out.println("～1011 = " + bi1.not().toString());
System.out.println("1011 &～1100 = " + bi1.andNot(bi2).toString(2));
System.out.println("将 1011 从右数的第三位(索引为 2)设置为 1: "
    + bi1.setBit(2).toString(2));
System.out.println("1011 从右数的第三位(索引为 2)是否为 1: "
    + bi1.testBit(2));
```

输出结果为：

```
1011 & 1100 = 1000
1011 | 1100 = 1111
1011 ^ 1100 = 111
~1011 = -12
1011 &~1100 = 11
将 1011 从右数的第三位（索引为 2）设置为 1：1111
1011 从右数的第三位（索引为 2）是否为 1：false
```

需要说明的是位取反操作。数据的存储以字节为单位，且跟类型有关系，例如整型数据占 4 个字节，二进制数 1011 如果以整型存储，那么共有 32 位，前面的 28 位都是 0。当按位取反时，前面的 28 位也要参与运算，然后都变成 1，最后 4 位 1011 变成 0100，用十六进制表示就是 0xfffffff4，也就是十进制的-12。

如果调用 BigInteger 的 toString(2)方法，输出-12 的二进制的字符串表示形式，则结果是：-1100，显然这并不是负整数在内存中的存储形式（整数在计算机中是采用补码的方式来存储的，最高位用于表示符号位）。如果想查看负整数在内存中的存储形式，可以调用 Integer 类的静态方法 toBinaryString，例如：

```
BigInteger bi1 = new BigInteger("1011", 2);
System.out.println("~1011 = "
    + Integer.toBinaryString(bi1.not().intValue()));
```

BigInteger 的 intValue 方法可以将 BigInteger 对象转换为 int 类型的值。如果这个 BigInteger 太长而不适合用 int 表示，则只返回 32 位的低位字节。

上述代码的输出结果为：

```
~1011 = 11111111111111111111111111110100
```

注意最后 4 位，正好是 1011 取反的结果。

3．移位运算

BigInteger 类中与移位运算符对应的方法有：

- public BigInteger shiftLeft(int n)
  左移运算，即：this << n。
- public BigInteger shiftRight(int n)
  右移运算，即：this >> n。

我们看下面的代码：

```
BigInteger bi1 = new BigInteger("17");
BigInteger bi2 = new BigInteger("-17");
System.out.println("17 左移两位：" + bi1.shiftLeft(2));
System.out.println("17 右移两位：" + bi1.shiftRight(2));
System.out.println("-17 左移两位：" + bi2.shiftLeft(2));
System.out.println("-17 右移两位：" + bi2.shiftRight(2));
```

输出结果为：

```
17 左移两位：68
17 右移两位：4
-17 左移两位：-68
-17 右移两位：-5
```

4. 比较大小

BigInteger 类与大小比较相关的方法有：

- public BigInteger max(BigInteger val)
  返回当前 BigInteger 对象与 val 的最大值。
- public BigInteger min(BigInteger val)
  返回当前 BigInteger 对象与 val 的最小值。
- public boolean equals(Object x)
  判断当前 BigInteger 对象与 x 是否相等。
- public int compareTo(BigInteger val)
  将当前 BigInteger 对象与 val 进行比较，如果小于、等于或者大于 val，则返回-1、0 或者 1。

我们看下面的代码：

```
BigInteger bi1 = new BigInteger("5");
BigInteger bi2 = new BigInteger("3");
System.out.println("5 与 3 的最大值是：" + bi1.max(bi2));
System.out.println("5 与 3 的最小值是：" + bi1.min(bi2));
System.out.println("5 与 3 是否相等：" + bi1.equals(bi2));
System.out.println("5 与 3 比较的结果是：" + bi1.compareTo(bi2));
```

输出结果为：

```
5 与 3 的最大值是：5
5 与 3 的最小值是：3
5 与 3 是否相等：false
5 与 3 比较的结果是：1
```

至此，我们已经介绍完了 BigInteger 类的一些常用方法。对于一般的整数而言，是没必要使用 BigInteger 类的，毕竟我们有运算符，还有 java.lang.Math 类中提供的数学运算方法。只有当牵涉到大整数运算的时候，才需要考虑使用 BigInteger 类。

18.3.2 BigDecimal

BigDecimal 主要用于大浮点数的运算。由于浮点数有小数部分，所以在数学运算时，与整数运算会有一些差别。

1. 构造 BigDecimal 对象

要构造一个 BigDecimal 对象，可以通过 int 类型的整数、BigInteger 对象、double 类型的数值，或者字符串表示形式的浮点数来构造，对应的构造方法如下所示：

- public BigDecimal(int val)
- public BigDecimal(BigInteger val)
- public BigDecimal(double val)
- public BigDecimal(String val)

要注意的是，并不建议通过传入双精度浮点数来构造 BigDecimal 对象，因为传入的数和构造的结果可能并不相等。例如：

```
BigDecimal bd1 = new BigDecimal(0.1);
```

```
BigDecimal bd2 = new BigDecimal(0.5);
System.out.println(bd1);
System.out.println(bd2);
```

输出结果为：

```
0.1000000000000000055511151231257827021181583404541015625
0.5
```

可以看到，传入浮点数 0.1 构造的 BigDecimal 对象并等于 0.1。这是由浮点数在计算机中的存储机制决定的，大多数的浮点数在计算机中并不能精确表示。

所以，如果以浮点数来构造 BigDecimal 对象，那么最好使用其字符串表示形式，可以用 Double 类的静态方法 toString 来做转换，或者直接书写字面量字符串，这样可以确保构造的结果与传入的浮点数值相等。例如：

```
BigDecimal bd1 = new BigDecimal(Double.toString(0.1));
BigDecimal bd2 = new BigDecimal("0.5");
System.out.println(bd1);
System.out.println(bd2);
```

输出结果为：

```
0.1
0.5
```

2. 标度（Scale）

BigDecimal 有一个标度（scale）的概念，一个 BigDecimal 由任意精度的整数非标度值和 32 位的整数标度（scale）组成。如果标度为零或正数，则标度是小数点后的小数位数。如果标度为负数，则将该数的非标度值乘以 10 的负 scale 次幂。因此，BigDecimal 表示的数值是（unscaledValue $\times$ 10^{-scale}）。

BigDecimal 类有一个带标度参数的构造方法，如下所示：

- public BigDecimal(BigInteger unscaledVal, int scale)

  将 BigInteger 非标度值和 int 标度转换为 BigDecimal。BigDecimal 的值为（unscaledVal $\times 10^{-scale}$）。

我们看一个例子，就能理解标度了。

```
BigDecimal bd1 = new BigDecimal(new BigInteger("5"), 2);
BigDecimal bd2 = new BigDecimal(new BigInteger("5"), -2);
System.out.println(bd1);
System.out.println(bd2);
```

输出结果为：

```
0.05
5E+2
```

一般来说，BigDecimal 对象的标度值就是小数的位数，不过当浮点数采用科学计数法时，情况就会有所变化，例如，5e+2，非标度值是整数部分 5，标度值是-2；3.14e+4 可以看成是 314×10^2，非标度值是整数部分 314，因此标度值是-2。

BigDecimal 类的 scale 方法可以得到当前 BigDecimal 对象的标度值。我们看下面的代码：

```
BigDecimal bd1 = new BigDecimal("5");
BigDecimal bd2 = new BigDecimal("3.14");
BigDecimal bd3 = new BigDecimal("3.14e+2");
BigDecimal bd4 = new BigDecimal("3.14e+4");
System.out.println(bd1.scale());
System.out.println(bd2.scale());
System.out.println(bd3.scale());
System.out.println(bd4.scale());
```

输出结果为：

```
0
2
0
-2
```

3．算术运算

BigInteger 类中与算术运算符对应的方法有：

- public BigDecimal add(BigDecimal augend)
  加法运算。
- public BigDecimal subtract(BigDecimal subtrahend)
  减法运算。
- public BigDecimal multiply(BigDecimal multiplicand)
  乘法运算。
- public BigDecimal divide(BigDecimal divisor)
  除法运算。如果相除的结果无法精确表示（例如 5.0/3.0），则抛出 ArithmeticException。
- public BigDecimal divide(BigDecimal divisor, RoundingMode roundingMode)
  除法运算，返回值的小数位数由 this.scale() 决定。如果必须执行舍入才能生成具有给定标度的结果，则应用指定的舍入模式。
- public BigDecimal divide(BigDecimal divisor, int scale, RoundingMode roundingMode)
  除法运算，小数的位数由 scale 指定。如果必须执行舍入才能生成具有指定小数位数的结果，则应用指定的舍入模式。
- public BigDecimal remainder(BigDecimal divisor)
  取模运算。如果是浮点数取模运算，则返回小数余数。
- public BigDecimal divideToIntegralValue(BigDecimal divisor)
  返回 BigDecimal，其值为向下舍入所得商值 (this / divisor) 的整数部分。
- public BigDecimal[] divideAndRemainder(BigDecimal divisor)
  返回包含商和余数的一个数组，相当于分别调用了 divideToIntegralValue 方法和 remainder 方法。

当浮点数进行数学运算时，牵涉到的一个问题就是小数部分要显示几位，在默认情况下，对于加减运算来说，小数部分显示的位数由参与运算的两个 BigDecimal 的标度值的最大者决定；对于乘法运算来说，小数部分显示的位数是参与运算的两个 BigDecimal 的标度值的和；对于除法运算来说，小数部分显示的位数是被除数的标度值减去除数的标度值，但如果计算的精确结果需要较大的标度值，则会以精确结果的小数位数为准。

我们看下面的代码：

```
BigDecimal bd1 = new BigDecimal("54.00");    //小数位数2位
BigDecimal bd2 = new BigDecimal("3.0");      //小数位数1位
System.out.println(bd1.add(bd2));            //结果的小数位数是2位
System.out.println(bd1.subtract(bd2));       //结果的小数位数是2位
System.out.println(bd1.multiply(bd2));       //结果的小数位数是3位
System.out.println(bd1.divide(bd2));         //结果的小数位数是1位
```

输出结果为：

```
57.00
51.00
162.000
18.0
```

浮点数运算牵涉的第二个问题是，在除法运算时，小数位数可能会有很多，那么在根据标度值保留小数位数时，对舍弃的小数位数应该采用什么样的舍入模式？是四舍五入，还是直接截断？舍入模式可以通过 java.math 包中的 RoundingMode 枚举来指定。在 RoundingMode 枚举中给出了 8 种舍入模式，表 18-2 列出了这些舍入模式与它们的说明。

表 18-2　RoundingMode 枚举类型中定义的舍入模式

舍入模式	说　　明
UP	如果舍弃的部分为非 0 的数字，则对前面的数字加 1。例如：2.001，保留两位小数，则为 2.01；不保留小数位数，则为 3。-1.53，保留 1 位小数，则为-1.6
DOWN	直接舍弃数字，即截断。例如：2.195，保留 1 位小数，则为 2.1
CEILING	如果结果为正，则舍入行为与 UP 一致；如果结果为负，则舍入行为与 DOWN 一致。例如：2.001，保留两位小数，则为 2.01；-1.56，保留 1 位小数，则为-1.5
FLOOR	如果结果为正，则舍入行为与 DOWN 一致；如果结果为负，则舍入行为与 UP 一致。例如：2.195，保留 1 位小数，则为 2.1；-1.53，保留 1 位小数，则为-1.6
HALF_UP	四舍五入模式。例如：2.001，保留两位小数，则为 2.00；-1.55，保留 1 位小数，则为-1.6
HALF_DOWN	与四舍五入类似，不同的是，舍弃的部分要大于 5 才会对前面的数字加 1，小于等于 5 都会被舍弃。例如：2.195，保留两位小数，则为 2.19。-1.56，保留 1 位小数，则为-1.6。2.255，保留两位小数，则为 2.25；保留 1 位小数，由于舍弃的部大于 5，所以结果为 2.3
HALF_EVEN	如果舍弃部分左边的数字是奇数，则舍入行为与 HALF_UP 一致；如果是偶数，则舍入行为与 HALF_DOWN 一致。例如：2.15，保留 1 位小数，舍弃的数字 5 左边的数字 1 是奇数，因此结果为：2.2。2.25，保留 1 位小数，舍弃的数字 5 左边的数字 2 是偶数，因此结果为：2.2
UNNECESSARY	这种舍入模式断言请求的操作具有精确的结果，因此不需要舍入。如果对产生不精确结果的操作指定了这种舍入模式，则会抛出 ArithmeticException。例如，在运算 5 除以 3 时指定了这种舍入模式，就会抛出 ArithmeticException。又如，2.55，保留两位小数，没有任何问题，如果是保留 1 位小数，则会抛出 ArithmeticException

下面的代码给出了 BigDecimal 在进行除法运算时的一些用法。

```
BigDecimal bd1 = new BigDecimal("6.8045");
BigDecimal bd2 = new BigDecimal("3.1");
// 以精确结果的小数位数为标度值
System.out.println(bd1.divide(bd2));
// 结果保留 2 位小数，四舍五入
```

```
System.out.println(bd1.divide(bd2, 2, RoundingMode.HALF_UP));
// 取模运算
System.out.println(bd1.remainder(bd2));
// 商的整数部分
System.out.println(bd1.divideToIntegralValue(bd2));
// 同时得到商和余数
System.out.println(Arrays.toString(bd1.divideAndRemainder(bd2)));
```

输出结果为:

```
2.195
2.20
0.6045
2.000
[2.000, 0.6045]
```

4．比较大小

BigDecimal 类与大小比较相关的方法有:

- public BigDecimal max(BigDecimal val)
  返回当前 BigDecimal 对象与 val 的最大值。
- public BigDecimal min(BigDecimal val)
  返回当前 BigDecimal 对象与 val 的最小值。
- public boolean equals(Object x)
  判断当前 BigDecimal 对象与 x 是否相等。仅当两个 BigDecimal 对象的值和标度都相等时，此方法才认为它们相等。例如，2.0 不等于 2.00。
- ublic int compareTo(BigDecimal val)
  将当前 BigInteger 对象与 val 进行比较，如果小于、等于或者大于 val，则返回-1、0 或者 1。与 equals 方法判定相等不同, 这里值相等，但具有不同标度的两个 BigDecimal 对象（如 2.0 和 2.00）也被认为是相等的。

我们看下面的代码:

```
BigDecimal bd1 = new BigDecimal("3.14");
BigDecimal bd2 = new BigDecimal("2.15");
System.out.println("3.14 与 2.15 的最大值是：" + bd1.max(bd2));
System.out.println("3.14 与 2.15 的最小值是：" + bd1.min(bd2));
System.out.println("3.14 与 2.15 是否相等：" + bd1.equals(bd2));
System.out.println("3.14 与 2.15 比较的结果是：" + bd1.compareTo(bd2));
```

输出结果为:

```
3.14 与 2.15 的最大值是：3.14
3.14 与 2.15 的最小值是：2.15
3.14 与 2.15 是否相等：false
3.14 与 2.15 比较的结果是：1
```

5．MathContext

在 BigDecimal 的构造方法和其他一些方法中，可以接受一个 MathContext 类型的对象参数，该参数可以指定数字的精度和舍入模式。

MathContext 类也在 java.math 包中，用于封装上下文设置，这些设置描述了数字运算符的某些规则。主要有以下两个基本设置。
（1）precision：某个操作使用的数字个数，结果舍入到此精度。
（2）roundingMode：一个 RoundingMode 对象，该对象指定舍入使用的算法。
MathContext 类有三个构造方法，常用的是如下两个：

- public MathContext(int setPrecision)
  使用指定的精度和 HALF_UP 舍入模式构造一个新的 MathContext 对象。
- public MathContext(int setPrecision, RoundingMode setRoundingMode)
  使用指定的精度和舍入模式构造一个新的 MathContext 对象。

BigDecimal 类中带有 MathContext 参数的常用构造方法如下：

- public BigDecimal(int val, MathContext mc)
  将 int 值转换为 BigDecimal，根据上下文设置进行舍入。
- public BigDecimal(BigInteger val, MathContext mc)
  将 BigInteger 转换为 BigDecimal，根据上下文设置进行舍入。
- public BigDecimal(String val, MathContext mc)
  将 BigDecimal 的字符串表示形式转换为 BigDecimal，根据上下文设置进行舍入。

BigDecimal 类与算术运算相关的方法，也都有一个重载的可以接受 MathContext 参数的方法，例如：

- public BigDecimal add(BigDecimal augend, MathContext mc)
  加法运算，结果根据上下文设置进行舍入。

其他数学运算方法是类似的，这里就不再列出了。

下面我们看一下 MathContext 类的使用。

```
MathContext mathCtx = new MathContext(5);
BigDecimal bd1 = new BigDecimal("6.8045");
BigDecimal bd2 = new BigDecimal("3.13");
System.out.println(bd1.add(bd2, mathCtx));
System.out.println(bd1.subtract(bd2, mathCtx));
System.out.println(bd1.multiply(bd2, mathCtx));
System.out.println(bd1.divide(bd2, mathCtx));
```

输出结果为：

```
9.9345
3.6745
21.298
2.1740
```

使用 MathContext，可以统一设置数字的精度和舍入模式。

由于浮点数的运算牵涉到小数位数的显示，以及舍弃的部分如何舍入，所以 BigDecimal 的使用频率还是比较高的，而不仅仅是用它来完成大浮点数的运算，这一点与 BigInteger 不同。

18.4　日期时间工具

对日期和时间的操作也是程序中经常用到的功能，Java 对此也提供了很好的支持。

18.4.1 Date 类

java.util 包中的 Date 类是一个表示日期和时间的类，要获得当前时间直接创建一个 Date 对象即可，例如：

```
Date now = new Date();
```

也可以使用从标准基准时间（即 1970 年 1 月 1 日 00:00:00 GMT）以来的毫秒数创建一个 Date 对象，毫秒数用长整数来表示，例如：

```
Date d = new Date(1589787100337L);
```

Date 类的 toString 方法可以得到 Date 对象的字符串表示形式，字符串的构成形式如下：
dow mon dd hh:mm:ss zzz yyyy
其中：

- dow 是一周中的某一天（Sun、Mon、Tue、Wed、Thu、Fri、Sat）。
- mon 是月份（Jan、Feb、Mar、Apr、May、Jun、Jul、Aug、Sep、Oct、Nov、Dec）。
- dd 是一月中的某一天（01 至 31），显示为两位十进制数。
- hh 是一天中的小时（00 至 23），显示为两位十进制数。
- mm 是小时中的分钟（00 至 59），显示为两位十进制数。
- ss 是分钟中的秒数（00 至 61），显示为两位十进制数。
- zzz 是时区（可以反映夏令时）。如果时区信息不可用，则 zzz 为空，即根本不包含任何字符。
- yyyy 是年份，显示为 4 位十进制数

例如：

```
Date now = new Date();
System.out.println(now);
```

输出结果为：

```
Mon May 18 15:42:55 CST 2020
```

可以使用 Date 类的 after、before、compareTo、equals 方法来比较两个日期对象的关系。

```java
import java.util.Date;
public class DateTest {
    public static void main(String[] args) {
        Date now = new Date();
        Date d = new Date(1199788139000L);
        System.out.println(now.getTime());
        System.out.println(now.before(d));
        System.out.println(now.after(d));
        System.out.println(now.compareTo(d));
        System.out.println(now.equals(d));
    }
}
```

Date 类的 getTime 方法返回自 1970 年 1 月 1 日 00:00:00 GMT 以来此 Date 对象表示的毫秒数。

程序的运行结果为:

```
1589788018352
false
true
1
false
```

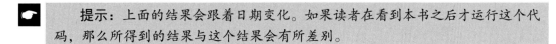

提示:上面的结果会跟着日期变化。如果读者在看到本书之后才运行这个代码,那么所得到的结果与这个结果会有所差别。

如果读者查看 Date 类的 API 文档,就会发现该类的大部分方法都被标记为了废弃,因此我们就不要再去使用这些方法了。

18.4.2 DateFormat 类

java.text 包中的 DateFormat 类主要用来格式化和解析日期字符串,该类是一个抽象的类,因此不能直接构造该类的对象,不过这个类另外给出了一些用于获取 DateFormat 类实例的静态方法。

- public static final DateFormat getInstance()
  获取一个默认的日期/时间格式器,它对日期和时间使用 SHORT 样式。
- public static final DateFormat getDateInstance()
  获取日期格式器,该格式器具有默认语言环境的默认格式化样式。
- public static final DateFormat getDateInstance(int style)
- public static final DateFormat getDateInstance(int style, Locale aLocale)
- public static final DateFormat getTimeInstance()
  获取时间格式器,该格式器具有默认语言环境的默认格式化样式。
- public static final DateFormat getTimeInstance(int style)
- public static final DateFormat getTimeInstance(int style, Locale aLocale)
- public static final DateFormat getDateTimeInstance()
  获取日期/时间格式器,该格式器具有默认语言环境的默认格式化样式。
- public static final DateFormat getDateTimeInstance(int dateStyle, int timeStyle)
- public static final DateFormat getDateTimeInstance(int dateStyle, int timeStyle, Locale aLocale)

这些方法可以分为三类:获取日期格式器的方法 getDateInstance,获取时间格式器的方法 getTimeInstance,获取日期/时间格式器的方法 getDateTimeInstance。此外,格式器还需要两个设置,一个是格式化样式,一个是语言环境。前者在 DateFormat 类中以静态常量的形式定义了三个样式:SHORT、MEDIUM 和 FULL,默认的样式是 MEDIUM;后者通过 Locale 对象来指定,如果没有指定 Locale,则使用本地系统默认的语言环境。

在得到 DateFormat 对象之后,就可以调用该对象的 format 方法,按照之前设定的样式和语言环境将日期/时间格式化为一个字符串。

- public final String format(Date date)

下面我们给出一段代码,来具体看看 DateFormat 怎么使用,如代码 18.5 所示。

代码 18.5　DateFormatTest.java

```java
import java.util.Date;
import java.util.Locale;
import java.text.DateFormat;

public class DateFormatTest{
    public static void main(String[] args){
        // 获取一个默认的日期/时间格式器，它对日期和时间使用 SHORT 样式
        DateFormat df = DateFormat.getInstance();
        // 获取日期格式器，该格式器具有默认语言环境的默认格式化样式
        DateFormat dfDate = DateFormat.getDateInstance();
        // 获取时间格式器，该格式器具有默认语言环境的 MEDIUM 格式化样式
        DateFormat dfTime = DateFormat.getTimeInstance(DateFormat.MEDIUM);
        // 获取日期/时间格式器，日期和时间均采用 SHORT 样式
        DateFormat dfDateTimeS =
            DateFormat.getDateTimeInstance(DateFormat.SHORT, DateFormat.SHORT);
        // 获取日期/时间格式器，日期和时间均采用 MEDIUM 样式
        DateFormat dfDateTimeM =
            DateFormat.getDateTimeInstance(DateFormat.MEDIUM, DateFormat.MEDIUM);
        // 获取日期/时间格式器，日期和时间均采用 FULL 样式
        DateFormat dfDateTimeF =
            DateFormat.getDateTimeInstance(DateFormat.FULL, DateFormat.FULL);
        // 获取日期/时间格式器，英文语言环境下，日期和时间采用 FULL 样式
        DateFormat dfDateTimeFE =
            DateFormat.getDateTimeInstance(
                DateFormat.FULL, DateFormat.FULL, Locale.ENGLISH);

        Date now = new Date();

        System.out.println(df.format(now));
        System.out.println(dfDate.format(now));
        System.out.println(dfTime.format(now));
        System.out.println(dfDateTimeS.format(now));
        System.out.println(dfDateTimeM.format(now));
        System.out.println(dfDateTimeF.format(now));
        System.out.println(dfDateTimeFE.format(now));
    }
}
```

程序的运行结果为：

```
2020/5/18 下午5:07
2020年5月18日
下午5:07:05
2020/5/18 下午5:07
2020年5月18日 下午5:07:05
2020年5月18日星期一 中国标准时间 下午5:07:05
Monday, May 18, 2020 at 5:07:05 PM China Standard Time
```

DateFormat 类对日期/时间的格式控制还是比较粗糙的，如果想要更精确地控制日期/时间格式，则可以使用 DateFormat 类的子类 SimpleDateFormat。

18.4.3 SimpleDateFormat 类

SimpleDateFormat 类同样位于 java.text 包中，该类可以让我们自定义日期/时间格式。可以在构造 SimpleDateFormat 对象时向其传入一个日期/时间格式：

```
SimpleDateFormat sdf = new SimpleDateFormat("yyyy-MM-dd HH:mm");
```

然后调用 format 方法获得 Date 对象格式化后的字符串：

```
System.out.println(sdf.format(new Date()));
```

结果为：

```
2020-05-18 17:49
```

日期和时间格式由**日期和时间模式**字符串指定，在日期和时间模式字符串中，未加引号的字母 A 到 Z 和 a 到 z 被解释为表示日期或时间字符串组成部分的模式字母。文本可以使用单引号（'）来引用，以免被解释，'' 表示一个单引号。所有其他字符都不会被解释，只是在格式化时将它们简单地复制到输出字符串，或者在解析时与输入字符串进行匹配。

表 18-3 给出了预定义的模式字母。

表 18-3 模式字母（A 到 Z 和 a 到 z 的其他字符作为保留的字符）

字 母	日期或时间的组成部分	表 示 为	示 例
G	时代标识	Text	AD
y	年份	Year	1996; 96
M	月份	Month	July; Jul; 07
w	一年中的周数	Number	27
W	月份中的周数	Number	2
D	一年中的天数	Number	189
d	月份中的天数	Number	10
F	月份中的星期	Number	2
E	星期中的天数	Text	Tuesday; Tue
a	am（上午）/pm（下午）标记	Text	PM
H	一天中的小时数（0~23）	Number	0
k	一天中的小时数（1~24）	Number	24
K	am/pm 中的小时数（0~11）	Number	0
h	am/pm 中的小时数（1~12）	Number	12
m	小时中的分钟数	Number	30
s	分钟中的秒数	Number	55
S	毫秒数	Number	978
z	时区	General time zone	Pacific Standard Time; PST; GMT-08:00
Z	时区	General time zone	-0800

代码 18.6 给出了一些日期和时间格式的示例。

代码 18.6　SimpleDateFormatTest.java

```java
import java.util.Date;
import java.util.Locale;
import java.text.SimpleDateFormat;

public class SimpleDateFormatTest{
    public static void main(String[] args){
        Date now = new Date();
        SimpleDateFormat sdf = new SimpleDateFormat("yyyy/MM/dd HH:mm:ss");
        System.out.println(sdf.format(now));

        sdf.applyPattern("'现在是：'G yyyy-MM-dd HH:mm:ss z");
        System.out.println(sdf.format(now));

        sdf.applyPattern("E, MMM d, yy");
        System.out.println(sdf.format(now));

        sdf.applyPattern("h:mm a");
        System.out.println(sdf.format(now));

        sdf.applyPattern("hh 'o''clock' a, zzzz");
        System.out.println(sdf.format(now));

        sdf.applyPattern("GGG yyyy.MMMMM.dd hh:mm aaa");
        System.out.println(sdf.format(now));

        SimpleDateFormat sdfE =
            new SimpleDateFormat("EEE, d MMM yyyy HH:mm:ss Z", Locale.US);
        System.out.println(sdfE.format(now));
    }
}
```

SimpleDateFormat 类的 applyPattern 方法可以用于随时设置新的日期和时间模式字符串。程序的运行结果为：

```
2020/05/18 18:53:22
现在是：公元 2020-05-18 18:53:22 CST
周一, 5月 18, 20
6:53 下午
06 o'clock 下午, 中国标准时间
公元 2020.五月.18 06:53 下午
Mon, 18 May 2020 18:53:22 +0800
```

有了自定义日期和时间格式，就可以很方便地将一个日期/时间字符串转换为一个 Date 对象，这在实际编程中很有用。SimpleDateFormat 类从父类 DateFormat 继承了一个 parse 方法，该方法的签名如下所示：

- public Date parse(String source) throws ParseException
  解析给出的字符串，生成一个 Date 对象。

例如：

```
SimpleDateFormat sdf= new SimpleDateFormat("yyyy-MM-dd HH:mm:ss");
try{
    Date d = sdf.parse("2020-05-18 19:07:22");
}
catch(java.text.ParseException pe){
    throw new RuntimeException(pe);
}
```

在得到 Date 对象后，就可以对日期和时间进行一些操作了。

18.4.4 Calendar 类

Calender 是一个抽象类，位于 java.util 包中，它提供了一些方法，用于在特定的时间瞬间与一组日历字段（如 YEAR、MONTH、DAY_OF_MONTH、HOUR 等）之间进行转换，以及用于操作日历字段（例如获取下一周的日期）。时间瞬间可以用毫秒值来表示，该值是从纪元（即格林威治时间 1970 年 1 月 1 日 00:00:00.000 GMT）开始的偏移量。

与 DateFormat 类似，要得到 Calendar 对象，可以调用类中的静态方法 getInstance，如下所示：

- public static Calendar getInstance()
  使用默认时区和语言环境得到一个基于当前时间的日历对象。
- public static Calendar getInstance(TimeZone zone)
  使用指定时区和默认语言环境得到一个基于当前时间的日历对象。
- public static Calendar getInstance(Locale aLocale)
  使用默认时区和指定语言环境得到一个基于当前时间的日历对象。
- public static Calendar getInstance(TimeZone zone, Locale aLocale)
  使用指定时区和语言环境得到一个基于当前时间的日历对象。

如果要对一个特定的 Date 对象进行操作，则可以调用 Calendar 类的 setTime，该方法的声明形式如下：

- public final void setTime(Date date)
  使用给定的 Date 对象设置这个 Calendar 的时间。

当然也能够得到 Calendar 的时间，调用 getTime 方法即可，该方法的签名如下所示：

- public final Date getTime()
  返回一个表示此 Calendar 时间值（从纪元至现在的毫秒偏移量）的 Date 对象。

当有了 Calendar 对象之后，就可以对日历字段进行操作了，修改或者得到年、月、日、小时、分、秒等内容。为了便于对日历字段进行操作，Calendar 类定义了一些代表日历各个字段的静态常量，表 18-3 给出了常用的常量及其说明。

表 18-4 常用的日历字段常量

常　　量	含　　义
DATE	一个月中的某天
DAY_OF_MONTH	同 DATE
DAY_OF_WEEK	一个星期中的某天
DAY_OF_YEAR	一年中的某天

续表

常　量	含　义
WEEK_OF_MONTH	当前月中的星期数
WEEK_OF_YEAR	当前年中的星期数
YEAR	年份
MONTH	月份
HOUR	上午或下午的小时，12 小时制（0-11），中午和午夜用 0 表示
HOUR_OF_DAY	一天中的小时，24 小时制
MINUTE	分
SECOND	秒
MILLISECOND	毫秒

要对日历字段进行操作，可以使用下面的一对 set 和 get 方法。

- public void set(int field, int value)
  将指定的日历字段设置为 value 值。
- public int get(int field)
  获取指定日历字段的值。

为了便于对年、月、日、小时、分、秒等常用字段进行设置，Calendar 类还提供了下面的一组 set 方法。

- public final void set(int year, int month, int date)
- public final void set(int year, int month, int date, int hourOfDay, int minute)
- public final void set(int year, int month, int date, int hourOfDay, int minute, int second)

下面通过一个例子来看看如何对日历字段进行操作，如代码 18.7 所示：

代码 18.7　SimpleDateFormatTest.java

```
import java.util.Calendar;
import static java.util.Calendar.*;
import java.text.SimpleDateFormat;

public class CalendarTest{
    public static void main(String[] args){
        Calendar cal = Calendar.getInstance();
        SimpleDateFormat sdf = new SimpleDateFormat("yyyy-MM-dd HH:mm:ss");
        System.out.println(sdf.format(cal.getTime()));
        System.out.printf("今天是：%d 号%n", cal.get(DAY_OF_MONTH));
        System.out.printf("今天是今年的%d 天%n", cal.get(DAY_OF_YEAR));
        System.out.printf("今天是周%d%n", cal.get(DAY_OF_WEEK) - 1);
        System.out.printf("这周是今年的第%d 周%n", cal.get(WEEK_OF_YEAR));
        System.out.printf("现在是%d 点%n", cal.get(HOUR_OF_DAY));

        sdf.applyPattern("yyyy-MM-dd");
        // 再过 15 天是我的生日
        cal.set(DAY_OF_YEAR, cal.get(DAY_OF_YEAR) + 15);
        System.out.println("我的生日是：" + sdf.format(cal.getTime()));

        sdf.applyPattern("yyyy-MMM");
```

```
        cal.set(YEAR, cal.get(YEAR) - 1);
        cal.set(MONTH, cal.get(MONTH) - 3);
        System.out.println("去年 3 月份是: " + sdf.format(cal.getTime()));
    }
}
```

程序运行的结果为:

```
2020-05-18 22:06:42
今天是: 18 号
今天是今年的 139 天
今天是周 1
这周是今年的第 21 周
现在是 22 点
我的生日是: 2020-06-02
去年 3 月份是: 2019-3 月
```

要注意的是,当使用 DAY_OF_WEEK 字段获取一周中某天时,由于星期日(SUNDAY)被设定为整型值 1,星期一是整型值 2,以此类推,所以返回的整型值不能直接作为星期几来使用,需要减去 1。

 提示:在 java.util 包中有一个类 GregorianCalendar,这个类是 Calendar 类的子类,当我们调用 Calendar 类的静态方法 getInstance 时,实际上创建的是 GregorianCalendar 对象。

java.util.Date 类用于表示日期和时间,java.text.DateFormat 类用于格式化和解析日期字符串,而 java.util.Calendar 类则主要用于对日历字段进行操作。是不是有点乱?对日期和时间的操作需要用到两个包中的三个类。不仅如此,在 java.sql 包中还有一个 Date 类和 Time 类(都是 java.util.Date 类的子类),分别表示日期和时间,如果你只需要日期或者时间,那么可以使用 java.sql.Date 或者 java.sql.Time,然而 java.sql 包主要提供数据库访问操作的 API,这两个类出现在这个包中显然不是很合理。

所以说,Java 的日期时间 API 设计实际上是比较糟糕的,除此之外,还有一个问题,就是 java.util.Date 类当初在设计的时候没有考虑线程安全的问题,Date 对象是可变的。

正因为存在上述的一些问题,所以 Java 8 重新设计了一套新的日期/时间 API,并统一放到 java.time 包及其子包中。

18.5 Java 8 新增的日期 / 时间 API

Java 8 新增的日期/时间 API 都在 java.time 包及其子包中,其目标是克服旧的日期/时间 API 实现中所有的缺陷,新的日期/时间 API 的一些设计原则如下。

- 不变性:在新的日期/时间 API 中,所有的类都是不可变的,这种设计有利于并发编程。
- 关注点分离:新的 API 将人可读的日期时间和机器时间(unix timestamp)明确分离,它为日期(Date)、时间(Time)、日期时间(DateTime)、时间戳(unix timestamp)以及时区定义了不同的类。

- 清晰：在所有的类中，方法都被明确定义为完成相同的行为。例如，要得到当前实例我们可以使用 now 方法，在所有的类中都定义了 format 和 parse 方法，而不是像以前那样专门用一个独立的类来负责格式化和解析。为了更好地处理问题，所有的类都使用了工厂模式和策略模式，一旦你使用了其中某个类的方法，与其他类协同工作就会很容易。
- 实用操作：所有新的日期/时间 API 类都实现了一系列方法用以完成通用的任务，如加、减、格式化、解析、从日期/时间中提取单独部分等操作。
- 可扩展性：新的日期/时间 API 是工作在 ISO-8601 日历系统上的，但我们也可以将其应用在非 IOS 的日历上。

18.5.1 新的日期 / 时间类

新的日期时间 API 分得比较细，主要有以下几个类。
- Instant：表示时间线上的瞬间点，存储到纳秒级别。这个类存储两个值，表示纪元秒的 long 型值和表示纳秒的 int 类型值，纪元秒从标准的 Java 纪元（epoch），即 1970-01-01T00:00:00Z（1970 年 1 月 1 日 00:00 GMT）开始测量，纪元之后的瞬间点具有正值，而较早的瞬间点具有负值。
- LocalDate：不可变的日期值对象。
- LocalTime：不可变的时间值对象，时间以纳秒精度表示。
- LocalDateTime：顾名思义，这是同时保存日期和时间值的不可变对象，时间以纳秒精度表示。
- ZoneId：时区标识，如：Europe/Paris。
- ZonedDateTime：ISO-8601 日历系统中带有时区的日期时间，如：2007-12-03T10:15:30+01:00 Europe/Paris。
- DateTimeFormatter：用于日期时间的格式化，这个类位于 java.time.format 包中。
- Period：基于日期的时间量，用于计算日期间隔。
- Duration：基于时间的时间量，用于计算时间间隔。

新的日期/时间 API 调用起来非常方便，首先类本身就能够很好地区分日期和时间的不同部分，其次是在相关类的方法设计上，采用了同名的方法，使得学习的难度大大降低了。

18.5.2 构造日期 / 时间对象

要得到当前的日期和时间，调用类中的静态方法 now 即可，我们看下面的代码：

```
// 得到当前日期
LocalDate date = LocalDate.now();
// 得到当前时间
LocalTime time = LocalTime.now();
// 得到当前的日期和时间
LocalDateTime datetime = LocalDateTime.now();

System.out.println(date);
System.out.println(time);
System.out.println(datetime);
```

输出结果是:

```
2020-05-19
01:41:11.645877900
2020-05-19T01:41:11.645877900
```

根据日期的年、月、日构造日期对象,或者根据时间的小时、分、秒构造时间对象,只需要调用类中的静态方法 of 即可,我们看下面的代码:

```
LocalDate date = LocalDate.of(2020, 6, 20);
LocalTime time1 = LocalTime.of(21, 30);
LocalTime time2 = LocalTime.of(21, 30, 59);
LocalDateTime datetime1 = LocalDateTime.of(2020, 5, 19, 1, 49);
LocalDateTime datetime2 = LocalDateTime.of(2020, 5, 19, 1, 49, 2);

System.out.println(date);
System.out.println(time1);
System.out.println(time2);
System.out.println(datetime1);
System.out.println(datetime2);
```

输出结果为:

```
2020-06-20
21:30
21:30:59
2020-05-19T01:49
2020-05-19T01:49:02
```

在得到 LocalDateTime 对象后,可以调用该对象的 toLocalDate 和 toLocalTime 方法来分别得到日期和时间部分,这两个方法的签名如下所示:

- public LocalDate toLocalDate()
- public LocalTime toLocalTime()

我们看下面的代码:

```
LocalDateTime now = LocalDateTime.now();
LocalDate ld = now.toLocalDate();
LocalTime lt = now.toLocalTime();
System.out.println(now);
System.out.println(ld);
System.out.println(lt);
```

输出结果为:

```
2020-05-19T22:36:25.08887590
2020-05-19
22:36:25.088875900
```

18.5.3 格式化和解析日期 / 时间字符串

要格式化日期和时间,只需要调用 format 方法即可,该方法如下:

- public String format(DateTimeFormatter formatter)
  使用指定的格式器格式化日期/时间。

DateTimeFormatter 类位于 java.time.format 包中，用于格式化或解析日期/时间对象。在这个类中给出了一些预定义的格式器，即使我们不想花费时间去了解它们，也没关系，因为 DateTimeFormatter 也支持日期和时间模式，该类给出了一个静态方法 ofPattern，用于根据指定模式创建一个格式器。该方法的签名如下所示：

- public static DateTimeFormatter ofPattern(String pattern)
  使用指定模式创建一个格式器。

要解析日期/时间字符串，只需要调用静态方法 parse 即可，三个日期/时间类（LocalDate、LocaleTime 和 LocalDateTime）都是同名的方法，只不过返回类型不同。以 LocalDate 中的 parse 方法为例，两个重载方法的签名如下所示：

- public static LocalDate parse(CharSequence text)
- public static LocalDate parse(CharSequence text, DateTimeFormatter formatter)

我们看下面的代码：

```
import java.time.*;
import java.time.format.DateTimeFormatter;

LocalDateTime ldt = LocalDateTime.now();
System.out.println(ldt);
System.out.println(ldt.format(DateTimeFormatter.ISO_DATE));
System.out.println(ldt.format(DateTimeFormatter.ISO_TIME));

DateTimeFormatter dtf = DateTimeFormatter.ofPattern("yyyy/MM/dd HH:mm:ss");
System.out.println(ldt.format(dtf));

LocalDateTime ldt2 = LocalDateTime.parse("2019-10-20T08:15:22");
System.out.println(ldt2.format(dtf));

DateTimeFormatter dtf2 = DateTimeFormatter.ofPattern("yyyy/MM/dd");
LocalDate ld = LocalDate.parse("2018/08/22", dtf2);
System.out.println(ld);
```

输出结果为：

```
2020-05-19T16:25:36.539688
2020-05-19
16:25:36.539688
2020/05/19 16:25:36
2019/10/20 08:15:22
2018-08-22
```

18.5.4 操作日历字段

要实现与 Calendar 类相似的功能，对日历字段进行操作也很简单。获取字段值调用 getXxx 方法，设置字段值调用 withXxx 方法，增加字段值调用 plusXxx 方法，减少字段值调用 minusXxx 方法。我们看下面的代码：

```
import java.time.*;
import java.time.format.DateTimeFormatter;

LocalDateTime ldt = LocalDateTime.now();
```

```
System.out.printf("今天是：%d 号%n", ldt.getDayOfMonth());
System.out.printf("今天是今年的%d 天%n", ldt.getDayOfYear());
System.out.printf("今天是周%d%n", ldt.getDayOfWeek().getValue());
System.out.printf("现在是%d 点%n", ldt.getHour());

DateTimeFormatter dtf = DateTimeFormatter.ofPattern("yyyy-MM-dd");
// 再过 15 天是我的生日
LocalDateTime ldt2 = ldt.plusDays(15);
System.out.println("我的生日是：" + ldt2.format(dtf));

// 前年 3 月份
LocalDateTime ldt3 = ldt.minusYears(2).minusMonths(2);
ldt3 = ldt3.withHour(0).withMinute(0).withSecond(0).withNano(0);
System.out.println("前年 3 月份是：" + ldt3);
```

输出结果为：

```
今天是：19 号
今天是今年的 140 天
今天是周 2
现在是 17 点
我的生日是：2020-06-03
前年 3 月份是：2018-03-19T00:00
```

要说明的是：（1）Java 8 新增的日期/时间类对象都是不可变的，修改它们的内容会返回一个新的日期/时间对象，所以可以采用方法链的形式连续调用对象的方法。（2）getDayOfWeek 方法返回的是枚举类型 DayOfWeek，要获取整型值，可以继续调用 DayOfWeek 中的 getValue 方法，不过与 Calendar 中对星期字段的定义不同，DayOfWeek 返回的整型值以 1～7 来表示 Monday（星期一）到 Sunday（星期日）。

18.5.5 计算时间间隔

计算日期间隔可以使用 Period 类，计算时间间隔可以使用 Duration 类，我们看下面的代码：

```
LocalDate oldDate = LocalDate.of(2018, 6, 18);
System.out.print(oldDate);
LocalDate nowDate = LocalDate.now();
System.out.print("距今");
Period p = Period.between(oldDate, nowDate);
System.out.printf("已经过去了%d 年%d 个月%d 天%n",
    p.getYears(), p.getMonths(), p.getDays());

LocalTime oldTime = LocalTime.of(8, 5, 12);
System.out.print(oldTime);
LocalTime nowTime = LocalTime.now();
System.out.print("到现在");
Duration d = Duration.between(oldTime, nowTime);
System.out.printf("已经过去了%d 秒%n", d.getSeconds());
```

输出结果为：

```
2018-06-18 距今已经过去了 1 年 11 个月 1 天
08:05:12 到现在已经过去了 37016 秒
```

要注意的是，Duration 没有提供返回小时和分钟的 get 方法，只有返回秒和纳秒的 get 方法。不过这个类给出了一系列 toXxx 方法，用于得到 Duration 对象所表示的时间量的天数、小时数、分钟数、毫秒数和纳秒数，这些方法如下所示：
- public long toDays()
- public long toHours()
- public long toMinutes()
- public long toMillis()
- public long toNanos()

如果你想将某个时间量表示为"1 小时 5 分钟 23 秒"这种形式，那么调用 toMinutes 和 getSeconds 方法分别获取分钟数和秒数是无法得到你想要的结果的，因为这两个方法以你指定的时间单位返回时间量的总数。

18.5.6 使用 Instant 计算某项操作花费的时间

Instant 表示时间线上的瞬间点，我们可以在某项操作开始前得到一个 Instant 对象，在操作完成后，再次得到一个 Instant 对象，然后获取它们的差值，就可以得到这项操作花费的 CPU 时间了。

我们看下面的代码：

```
Instant begin = Instant.now();
for(int i=0; i<1000; i++){
    if(i == 999){
        System.out.println(i);
    }
}
Instant end = Instant.now();

Duration d = Duration.between(begin, end);
System.out.printf("1000 次循环花费的时间是: %d 纳秒", d.toNanos());
```

输出结果为：

```
999
1000 次循环花费的时间是：995000 纳秒
```

18.5.7 判断闰年

闰年判断的条件是：
- 当年份能被 4 整除但不能被 100 整除时，为闰年。
- 当年份能被 400 整除时，为闰年。

虽然逻辑并不复杂，但依然需要编写一些判断代码。在 LocalDate 类中给出一个 isLeapYear 方法，直接调用该方法就可以知道某年是否是闰年了。

例如：

```
LocalDate ld = LocalDate.now();
System.out.printf("%d 是闰年吗? %b%n", ld.getYear(), ld.isLeapYear());

ld = LocalDate.of(2018, 1, 1);
System.out.printf("%d 是闰年吗? %b%n", ld.getYear(), ld.isLeapYear());
```

输出结果为:

```
2020 是闰年吗? true
2018 是闰年吗? false
```

18.5.8　与 Date 和 Calendar 的相互转换

学习完前面的内容，我们可以感受到，Java 8 新推出的日期/时间 API 确实好用，而且非常清晰。考虑到原有用户的使用习惯，新的日期/时间 API 也给出了与旧的日期/时间工具相互转换的方法。

Java 8 在 Date 类中新增了两个方法：from 和 toInstant，前者是静态方法，后者是实例方法。这两个方法的签名如下所示：

- public static Date from(Instant instant)
  从一个 Instant 对象得到 Date 对象。

- public Instant toInstant()
  将这个 Date 对象转换为一个 Instant 对象。

下面的代码给出了 Date 和 LocalDateTime 之间的相互转换。

```
// LocalDateTime 转 Date
LocalDateTime now = LocalDateTime.now();
Date d = Date.from(now.atZone(ZoneId.systemDefault()).toInstant());
System.out.println(d);

// Date 转 LocalDateTime
LocalDateTime ldt = LocalDateTime.ofInstant(d.toInstant(), ZoneId.systemDefault());
System.out.println(ldt);
```

输出结果为：

```
Tue May 19 20:54:28 CST 2020
2020-05-19T20:54:28.980
```

Java 8 在 Calendar 的子类 GregorianCalendar 中新增了静态的 from 方法，在 Calendar 类中新增了 toInstant 方法。这两个方法的签名如下所示：

- public static GregorianCalendar from(ZonedDateTime zdt)
  从 ZoneDateTime 对象获取具有默认语言环境的 GregorianCalendar 实例。

- public final Instant toInstant()
  将这个 Calendar 对象转换为一个 Instant 对象。

下面的代码给出了 Calendar 和 LocalDateTime 之间的相互转换。

```
//LocalDateTime 转 Calendar
LocalDateTime now = LocalDateTime.now();
Calendar cal = GregorianCalendar.from(now.atZone(ZoneId.systemDefault()));
System.out.println(cal.getTime());

//Calendar 转 LocalDateTime
LocalDateTime ldt = LocalDateTime.ofInstant(cal.toInstant(), ZoneId.systemDefault());
System.out.println(ldt);
```

输出结果为：

```
Tue May 19 21:06:52 CST 2020
2020-05-19T21:06:52.955
```

18.6 Optional 类

Optional 类是 Java 8 中新增的一个泛型类，主要用于解决空指针异常（NullPointerException），我们在第 14 章已经见过这个类了。Optional 类位于 java.util 包中，是一个可以包含 null 值的容器对象，主要用作方法返回类型。

18.6.1 创建 Optional 类的实例

Optional 类没有给出公共的构造方法，主要通过以下三个静态方法来创建 Optional 类的实例。

- public static <T> Optional<T> of(T value)
  使用指定的非空值创建一个 Optional 实例，如果 value 是 null，则抛出 NullPointerException。
- public static <T> Optional<T> ofNullable(T value)
  使用指定值创建一个 Optional 实例，value 可以是 null，如果是 null，则返回一个空的 Optional 实例。
- public static <T> Optional<T> empty()
  返回一个空的 Optional 实例。

我们看下面的代码：

```
Integer in = null;
Optional<String> optName = Optional.of("lisi");
Optional<Integer> optInt = Optional.ofNullable(in);
Optional<?> optEmpty = Optional.empty();

System.out.println(optName);
System.out.println(optInt);
System.out.println(optEmpty);
```

输出结果为：

```
Optional[lisi]
Optional.empty
Optional.empty
```

18.6.2 判断 Optional 的值是否存在

Optional 实例存储的值可以是 null，所以在获取值之前，一般要先判断一下是否存在值。以下两个方法用于判断 Optional 实例是否存在值。

- public boolean isEmpty()
  这是 Java 11 新增的方法。如果值不存在，则返回 true，否则返回 false。

- public boolean isPresent()

  如果值存在，则返回 true，否则返回 false。

还可以在判断的同时，根据值存在与否执行相应的操作，如下所示：

- public void ifPresent(Consumer<? super T> action)

  如果值存在，则使用值执行 action 函数。

- public void ifPresentOrElse(Consumer<? super T> action, Runnable emptyAction)

  这是 Java 9 新增的方法。如果值存在，则使用值执行 action 函数，否则执行 emptyAction。

我们看下面的代码：

```
Integer in = null;
Optional<String> optName = Optional.of("lisi");
Optional<Integer> optInt = Optional.ofNullable(in);

optName.ifPresent(value -> System.out.println(value));
optInt.ifPresentOrElse(
    value -> System.out.println(value),
    () -> System.out.println("没有值"));
```

输出结果为：

```
lisi
没有值
```

18.6.3　获取 Optional 的值

可以直接获取 Optional 的值，也可以在值不存在的时候执行某些操作返回另一个值或者抛出异常。这些方法的签名如下所示：

- public T get()

  如果值存在，则返回该值，否则抛出 NoSuchElementException。

- public T orElse(T other)

  如果值存在，则返回该值，否则返回 other。

- public T orElseGet(Supplier<? extends T> supplier)

  如果值存在，则返回该值，否则返回由 supplier 函数生成的结果。

- public Optional<T> or(Supplier<? extends Optional<? extends T>> supplier)

  这是 Java 9 新增的方法。如果值存在，则返回描述该值的 Optional 实例，否则返回由 supplier 函数生成的 Optional 实例。

- public T orElseThrow()

  如果值存在，则返回该值，否则抛出 NoSuchElementException。可以代替 get 方法。

- public <X extends Throwable> T orElseThrow(Supplier<? extends X> exceptionSupplier) throws X extends Throwable

  如果值存在，则返回该值，否则抛出 exceptionSupplier 函数生成的异常。

我们看下面的代码：

```
Integer in = null;
Optional<String> optName = Optional.of("lisi");
Optional<Integer> optInt = Optional.ofNullable(in);
```

```
System.out.println(optName.get());
System.out.println(optInt.orElseGet(() -> 0));
System.out.println(optInt.or(() -> Optional.empty()));
optInt.orElseThrow(IllegalStateException::new);
```

输出结果为：

```
lisi
0
Optional.empty
Exception in thread "main" java.lang.IllegalStateException
        at java.base/java.util.Optional.orElseThrow(Optional.java:408)
        at OptionalTest.main(OptionalTest.java:30)
```

18.6.4 过滤与映射

过滤与映射相关的方法，如下所示：

- public Optional<T> filter(Predicate<? super T> predicate)如果值存在，且匹配指定的 predicate，则返回描述该值的 Optional 实例，否则返回一个空的 Optional 实例。
- public <U> Optional<U> map(Function<? super T,? extends U> mapper)
  如果值存在，则用该值调用映射函数得到一个描述结果值的 Optional 实例，否则，返回一个空的 Optional 实例。如果映射函数返回 null，则该方法返回一个空的 Optional 实例。
- public <U> Optional<U> flatMap(Function<? super T,? extends Optional<? extends U>> mapper)
  该方法与 map 类似，不同的是，该方法 mapper 函数返回的结果已经是 Optional 实例了，不需要再进行包装了。

我们看下面的代码：

```
Optional<String> optName = Optional.of("lisi");

System.out.println(
    optName.filter(value -> value.equals("zhangsan")));
System.out.println(optName.map((value) -> "李四"));
System.out.println(
    optName.flatMap(value -> Optional.of("李四")));
```

输出结果为：

```
Optional.empty
Optional[李四]
Optional[李四]
```

18.6.5 得到 Stream 对象

Java 9 新增了一个 stream 方法，可以将一个 Optional 实例转换为一个 Stream 实例。这个方法的签名如下所示：

- public Stream<T> stream()

  如果值存在，则返回仅包含该值的序列流，否则返回一个空的流。

我们看下面的代码：

```
Optional<String> optName1 = Optional.of("lisi");
Stream<String> stream1 = optName1.stream();
stream1.forEach(x -> System.out.println(x));

Optional<String> optName2 = Optional.of("zhangsan");
Optional<String> optName3 = Optional.of("wangwu");
Stream<Optional<String>> stream2 =
    Stream.of(optName1, optName2, optName3);

Stream<String> streamResult = stream2.flatMap(Optional::stream);
streamResult.forEach(x -> System.out.print(x + " "));
```

输出结果为：

```
lisi
lisi zhangsan wangwu
```

正如代码中所见，Optional 类的 stream 方法可以用于将包含 Optional 类型元素的流转换为它的值的流。

18.6.6　为什么要使用 Optional

Optional 类我们已经介绍过了，它就是一个值的容器，其特殊的地方就是值可以是 null。在获取值的时候，有更便利的方法：可以在值为 null 的时候，返回另外的值，这样就不用自己编写 if/else 语句了。

例如，有一个方法 getName 返回名字字符串，但该方法有可能返回 null，因此你调用完该方法后，需要对返回值进行判断，如下所示：

```
public String getName(){
    return null;
}
...
String name = getName();
if(name == null){
    System.out.println("名字为空");
}else{
    System.out.println(name);
}
```

如果现在将 getName 方法的返回值类型改成 Optional，那么在调用时就简单许多了，如下所示：

```
public static Optional<String> getName(){
    return Optional.empty();
}
...
Optional<String> optName = getName();
System.out.println(optName.orElse("名字为空"));
```

下面我们再通过一个例子，来感受一下 Optional 类的用法。

电商类网站的用户都有收货地址，在通常情况下，没有哪个程序员会用一个类来保存用户信息和地址信息，因为这种设计太拙劣了。一般都是用两个类来分别表示用户和地址，如代码 18.8 所示。

代码 18.8　　User.java

```java
class Address{
    private String country;
    private String city;
    private String street;

    public Address(){}

    public Address(String country, String city, String street){
        this.country = country;
        this.city = city;
        this.street = street;
    }

    // 省略了 country、city 和 street 的 getter 和 setter 方法
    ...
}

class User{
    private String name;
    private String mobile;
    private Address address;

    public User(){}

    public User(String name, String mobile){
        this(name, mobile, null);
    }

    public User(String name, String mobile, Address address){
        this.name = name;
        this.mobile = mobile;
        this.address = address;
    }

    //省略了 name、mobile 和 address 的 getter 和 setter 方法
    ...
}
```

如果要得到用户所在的城市，则可以按如下方式调用：

```
user.getAddress().getCity();
```

这时如果 getAddress() 返回 null（用户刚注册，还没有添加地址），那么就会抛出 NullPointerException，于是我们被迫对所有方法调用的返回值都进行是否为 null 的判断，这很无趣。而且在项目中，这种情况很多，重复的 if/else 判断会让我们不胜其烦。

如果我们使用 Optional 类作为返回类型，就会简单很多，我们看代码 18.9。

代码 18.9　User.java

```java
import java.util.Optional;

class Address{
    private String country;
    private String city;
    private String street;

    ...

    public Optional<String> getCountry(){
        return Optional.ofNullable(country);
    }

    public Optional<String> getCity(){
        return Optional.ofNullable(city);
    }

    public Optional<String> getStreet(){
        return Optional.ofNullable(street);
    }
    //setter 方法不变
    ...
}

class User{
    private String name;
    private String mobile;
    private Address address;

    ...
    public Optional<String> getName(){
        return Optional.ofNullable(name);
    }

    public Optional<String> getMobile(){
        return Optional.ofNullable(mobile);
    }

    public Optional<Address> getAddress(){
        return Optional.ofNullable(address);
    }
     //setter 方法不变
    ...
}
```

现在你可以合理地使用 Optional 类的方法来访问值，而不用去考虑空指针异常了，例如：

```
User user = new User();
String city = Optional.ofNullable(user)
```

```
        .flatMap(u -> u.getAddress())
        .flatMap(addr -> addr.getCity())
        .orElse("城市为空");
System.out.println(city);
```

输出结果为:

城市为空

使用方法引用可以简化上述代码，如下所示：

```
String city = Optional.ofNullable(user)
        .flatMap(User::getAddress)
        .flatMap(Address::getCity)
        .orElse("城市为空");
```

如果你调用一个方法得到一个 User 对象，但是你需要判断该用户是否是北京地区的，那么可以编写下面的代码：

```
User user = new User();
Address address = new Address("中国", "北京", "海淀区某某街道");
user.setAddress(address);

Optional<?> opt = user.getAddress()
        .flatMap(Address::getCity)
        .filter(city -> city.equals("北京"));
if(opt.isPresent()){
    System.out.println("该用户是北京地区的");
}
```

输出结果为:

该用户是北京地区的

这避免了对方法链调用的中间返回值进行是否为 null 的判断。

18.6.7　OptionalInt、OptionalLong 和 OptionalDouble

针对 int、long 和 double 类型的值，Java 8 也提供了对应的容器类，即 OptionalInt、OptionalLong 和 OptionalDouble，这自然是为了提高效率考虑，避免装箱和拆箱。当然基本数据类型不可能存在 null，只会是有没有给出值，除此之外，这三个类的用法与 Optional 类类似，这里就不再重复讲述了。

18.7　Base64 编解码

Base64 是一种基于 64 个可打印字符来表示二进制数据的方法，早期主要作为 MIME（Multipurpose Internet Mail Extensions，多用途互联网邮件扩展）内容的编码格式，目前我们见得比较多的是将网页中的图片数据以 Base64 进行编码。

Java 8 在 java.util 包中新增了 Base64 类，提供了内置的 Base64 的编码和解码功能。在 Base64 类中定义了两个静态内部类：Base64.Encoder 和 Base64.Decoder，分别代表 Base64 的编码器和解码器。

Base64 类中提供了一套静态方法，用于获取以下三种 Base64 编解码器。
- 基本：使用 RFC 4648 和 RFC 2045 表 1 中指定的 "Base64 字母表" 进行编码和解码操作。编码器不添加任何换行符，解码器拒绝包含 base64 字母表以外字符的数据。
- URL：使用 RFC 4648 表 2 中指定的 "URL 和文件名安全 Base64 字母表" 进行编码和解码。编码器不添加任何换行符，解码器拒绝包含 base64 字母表以外字符的数据。
- MIME：使用 RFC 2045 表 1 中指定的 "Base64 字母表" 进行编码和解码操作。编码的输出必须以每行不超过 76 个字符的行表示，并使用回车 "\r" 和换行符 "\n" 作为行分隔符。编码输出的末尾不添加行分隔符。解码操作将忽略 base64 字母表中未找到的所有行分隔符或其他字符。

是不是有点懵？先放松心情，虽然 Base64 编码在某些场景下比较常用，但你不一定能用到，如果将其单纯作为数据的编解码方案，那么只要知道如何使用就可以了。至于几种编解码器的详细区别，在你真正需要用到的时候，再去看 RFC 文档就可以了。比如，你要编写邮件发送与接收程序。

下面我们通过一个例子，来学习 Base64 编解码器的应用，如代码 18.10 所示。

代码 18.10　UseBase64.java

```java
import java.util.Base64;

public class UseBase64{
    public static void main(String[] args){
        String str = "vue.js 从入门到实战";
        System.out.println("原始字符串是: " + str);

        Base64.Encoder basicEncoder = Base64.getEncoder();
        String basicEncodedStr = basicEncoder.encodeToString(str.getBytes());
        System.out.println("采用基本类型编码的字符串是: "
            + basicEncodedStr);
        Base64.Decoder basicDecoder= Base64.getDecoder();
        byte[] basicDecodedByteData = basicDecoder.decode(basicEncodedStr.getBytes());
        System.out.println("采用基本类型解码的字符串是: "
            + new String(basicDecodedByteData));

        Base64.Encoder urlEncoder = Base64.getUrlEncoder();
        byte[] urlEncodedByteData = urlEncoder.encode(str.getBytes());
        System.out.println("采用 url 类型编码的字符串是: "
            + new String(urlEncodedByteData));
        Base64.Decoder urlDecoder= Base64.getUrlDecoder();
        byte[] urlDecodedByteData = urlDecoder.decode(urlEncodedByteData);
        System.out.println("采用 url 类型解码的字符串是: "
            + new String(urlDecodedByteData));

        Base64.Encoder mimeEncoder = Base64.getMimeEncoder();
        byte[] mimeEncodedByteData = mimeEncoder.encode(str.getBytes());
        System.out.println("采用 mime 类型编码的字符串是: "
            + new String(mimeEncodedByteData));
        Base64.Decoder mimeDecoder= Base64.getMimeDecoder();
        byte[] mimeDecodedByteData = mimeDecoder.decode(mimeEncodedByteData);
        System.out.println("采用 mime 类型解码的字符串是: "
            + new String(mimeDecodedByteData));
    }
}
```

程序运行的结果为：

原始字符串是：vue.js 从入门到实战
采用基本类型编码的字符串是：dnVlLmpztNPI68PFtb3KtdW9
采用基本类型解码的字符串是：vue.js 从入门到实战
采用 url 类型编码的字符串是：dnVlLmpztNPI68PFtb3KtdW9
采用 url 类型解码的字符串是：vue.js 从入门到实战
采用 mime 类型编码的字符串是：dnVlLmpztNPI68PFtb3KtdW9
采用 mime 类型解码的字符串是：vue.js 从入门到实战

从输出结果来看，这三种类型的编码器编码后的字符串都是一样的。实际上，它们之间的差别是很细微的，区别就在于它们使用的字母表中有差异的部分。

如果不考虑使用场景，只是为了对二进制数据进行 Base64 编码，那么采用配套的编码器和解码器就行了。如果编码后的数据要附加在 URL 中使用，由于浏览器会把"/"字符作为路径的分隔，那么就不能使用基本类型的编码器来进行编码，因为基本类型的编码器对数据进行编码后有可能会产生"/"字符。

18.8 Timer 类

java.util.Timer 是计时器对象，用于周期性地执行任务，而任务则用一个 java.util.TimerTask 类的对象来表示。

TimerTask 是一个抽象类，在这个类中有两个方法是我们感兴趣的，如下所示：

- public abstract void run()
  与 Runnable 接口的 run 方法类似，要执行的任务代码会放在这个方法中。
- public boolean cancel()
  取消任务。

每个计时器对象都关联一个单独的线程，该线程负责按顺序执行计时器的所有任务。Timer 类有 4 个重载构造方法，如下所示：

- public Timer()
  创建一个新的计时器，计时器关联的线程不作为守护线程运行。
- public Timer(boolean isDaemon)
  创建一个新的计时器，并指定关联的线程是否作为守护线程运行。
- public Timer(String name)
  创建一个新的计时器，name 用于指定关联线程的名字，关联线程不作为守护线程运行。
- public Timer(String name, boolean isDaemon)
  创建一个新的计时器，name 用于指定关联线程的名字，isDaemon 用于指定关联的线程是否作为守护线程运行。

在创建 Timer 对象之后，就可以调用 schedule 方法来调度任务的执行。schedule 方法也有 4 个重载形式，如下所示：

- public void schedule(TimerTask task, Date time)
  在指定时间执行任务。如果 time 指定的时间已经过去，则立即执行任务。

- public void schedule(TimerTask task, Date firstTime, long period)
  从指定的时间开始周期性地执行任务。firstTime 是第一次执行任务的时间，如果时间已经过去，则立即执行任务。period 指定重复执行任务的时间间隔。这种执行是固定延迟（fixed-delay）执行，即每次执行都是相对于前一次执行的实际执行时间进行调度的。如果某次任务执行由于某些原因（如垃圾收集或其他后台活动）而延迟了，那么后续执行也将延迟。
- public void schedule(TimerTask task, long delay)
  在指定的延迟时间后执行任务。delay 指定延迟时间，以毫秒为单位。
- public void schedule(TimerTask task, long delay, long period)
  在指定的延迟时间后开始周期性地执行任务，也是固定延迟执行。

在 Timer 类中还有两个重载的 scheduleAtFixedRate 方法，可以以固定速率（fixed-rate）执行任务。在固定速率执行中，每次执行都是相对于初始执行的调度执行时间来进行调度的。如果由于某些原因（如垃圾收集或其他后台活动）导致执行延迟，将连续快速地执行两次或多次以"赶上进度（catch up）"。

scheduleAtFixedRate 方法的两个重载形式如下所示：

- public void scheduleAtFixedRate(TimerTask task, Date firstTime, long period)
- public void scheduleAtFixedRate(TimerTask task, long delay, long period)

固定延迟执行适用于需要平滑度的重复性活动。换句话说，它适用于短期内比长期内保持频率准确更为重要的活动。这包括大多数动画任务，例如定期闪烁光标。它还包括一些任务，在这些任务中，根据人工输入执行常规活动，例如只要按住一个键，就自动重复一个字符。

固定速率执行适用于对绝对时间敏感的重复性活动，例如每小时按钟声计时，或每天在特定时间运行计划维护。它也适用于执行固定执行次数的总时间很重要的重复活动，例如每秒计时一次，持续 10 秒的倒计时。

在 Timer 类中最后一个我们感兴趣的方法就是 cancel 了，如下所示：

- public void cancel()
  终止计时器，这将丢弃任何当前调度的任务，而当前正在执行的任务不受影响。

下面我们看一个定时器的示例，如代码 18.11 所示。

代码 18.11　UseTimer.java

```java
import java.util.TimerTask;
import java.util.Timer;
import java.time.LocalTime;
import java.time.format.DateTimeFormatter;
import java.util.concurrent.TimeUnit;

class MyTask extends TimerTask{
    private DateTimeFormatter dtf = DateTimeFormatter.ofPattern("HH:mm:ss");
    @Override
    public void run(){
        LocalTime time = LocalTime.now();
        System.out.println("任务执行，现在的时间是：" + time.format(dtf));
    }
}

public class UseTimer{
```

```java
public static void main(String[] args) {
    Timer timer = new Timer("My Timer", false);
    timer.schedule(new MyTask(), 1000, 3000L);

    try{
        TimeUnit.SECONDS.sleep(10);
    }catch(InterruptedException e){
        e.printStackTrace();
    }

    timer.cancel();
    }
}
```

计时器在延迟 1 秒后开始执行 MyTask 任务，每隔 3 秒钟执行一次。主线程在睡眠 10 秒后，终止计时器，如果当前还有任务正在执行，那么该任务会正常执行完毕。

程序运行的结果为：

```
任务执行，现在的时间是：12:38:54
任务执行，现在的时间是：12:38:57
任务执行，现在的时间是：12:39:00
任务执行，现在的时间是：12:39:03
```

18.9 Runtime 类与单例设计模式

每个 Java 应用程序都有一个 Runtime 类的单一实例，通过该对象可以访问应用程序的运行时环境。通过调用 Runtime 类的静态方法 getRuntime 可以得到当前 Java 程序的 Runtime 对象。Runtime 类位于 java.lang 包中，因而无须导入就可以直接使用。

通过调用 Runtime 对象的 maxMemory、freeMemory、totalMemory 方法可以获取运行当前程序的 JVM 的内存数据，调用 availableProcessors 方法可以获取 JVM 可用的处理器数量，还可以通过调用 Runtime 对象的 exec 方法来运行其他的程序。我们看代码 18.12。

代码 18.12 RuntimeTest.java

```java
public class RuntimeTest {
    public static void main(String[] args) {
        Runtime rt = Runtime.getRuntime();
        System.out.println(rt.maxMemory());
        System.out.println(rt.freeMemory());
        System.out.println(rt.totalMemory());
        System.out.println(rt.availableProcessors());
        try {
            Process pro = rt.exec("notepad");
            pro.waitFor();
            System.out.println(pro.exitValue());
        } catch (Exception e) {
            e.printStackTrace();
        }
    }
}
```

在调用 exec 方法之后，会返回一个 Process 对象，这个对象代表了 exec 方法所启动的程序进程。我们可以调用 Process 对象的 wariFor 方法来让当前线程等待，等到 Process 对象所代表的进程结束。

在程序运行时，会启动计算机中的记事本程序，然后等待，直到你关闭了记事本程序，程序才退出。

程序的运行结果为：

```
2122317824
132579800
134217728
4
0
```

提示：这个结果会因读者计算机配置的不同而不同。

单例设计模式

Runtime 类是使用单例模式的一个例子。单例设计模式需要符合以下两个条件：

（1）一个类只有一个实例，而且自行实例化并向整个系统提供这个实例，这个类称为单例类。

（2）单例类的一个最重要的特点是类的构造方法是私有的，从而避免了外部利用构造方法直接创建多个实例。

下面的代码给出了单例类的实现：

```java
public class Singleton{
    private static final Singleton st = new Singleton();
    private Singleton(){}
    public static Singleton getInstance(){
        return st;
    }
}
```

上述单例类还有一种变体，称为懒汉式单例类，懒汉式单例类在第一次被引用时实例化自身。与之对应，上述单例类可以称为饿汉式单例类，它在类加载的时候，就创建了单例类的唯一实例。

懒汉式单例类的实现如下所示：

```java
public class LazySingleton{
    private static LazySingleton st = null;
    private LazySingleton(){}
    public static LazySingleton getInstance(){
        if(st == null){
            st = new LazySingleton();
        }
        return st;
    }
}
```

不过，懒汉式单例类在多线程环境下会有一些问题。假设两个线程同时调用 getInstance 方法，线程 A 和线程 B 都运行到 if 语句处，此时 st 为 null，两个线程可以同时或先后进入 if 语句中，从而导致两个 LazySingleton 的对象被创建出来。

要避免出现同步访问的问题，可以将 getInstance 转为同步方法，即使用 synchronized 关键字声明该方法，如下所示：

```
public synchronized static LazySingleton getInstance(){
    ...
}
```

对设计模式感兴趣的读者，可查阅相关资料和书籍。

18.10 总结

本章主要介绍了 Java 中一些工具类的使用，包括 Math 类、大数字运算类 BigInteger 和 BigDecimal，以及日期和时间工具，也介绍了 Java 8 新增的日期和时间 API、Optional 类，以及 Timer 类的用法。

最后简要介绍了 Runtime 类与单例设计模式。

18.11 实战练习

1．从 100 到 200 之间产生 20 个随机数，判断哪些是能够被 7 整除但不能被 3 整除的数，打印输出这些数。

2．假设的圆周率的值为 3.1415926，编写一个方法，该方法接受一个 double 类型的半径参数，使用 BigDecimal 完成圆面积的计算，设置不同的小数位数与舍入模式，观察结果有何不同。

3．使用旧的日期/时间 API，计算 2020 年 5 月 18 日距今有几年几月几天了。

4．使用 Java 8 新增的日期/时间，计算 2020 年 5 月 18 日距今有几年几月几天了。

第 19 章 Java I/O 操作

I/O 即 Input/Output，表示输入/输出，Java 的 IO 操作以流为基础进行输入、输出。本章将介绍 java.io 包中的文件和目录操作，流的读取和写入，对象序列化，以及 JDK 1.4 引入的新的 I/O。

19.1 File 类

扫码看视频

初看 File 类，会误以为这个类包含了与文件操作相关的方法，仔细看才发现其没有任何打开、读取、写入文件相关的方法，甚至还可以表示目录。实际上，一个 File 类的对象，表示了磁盘上的一个文件或者目录，通过该对象可以得到文件的一些信息，例如是否隐藏、是否可读、是否可运行，文件的长度等。

由于 Java 是跨平台的语言，所以 File 类不仅支持 Windows 的文件系统，也支持 UNIX 的文件系统。

19.1.1 分隔符

对于 PATH 环境变量我们已经很熟悉了，该变量的值的形式如下：

```
D:\Java\jdk-11.0.7\bin;D:\MySQL\mysql-8.0.13-winx64\bin;
```

Windows 系统使用分号（;）作为路径分隔符，而 Unix 系统使用冒号（:）作为路径分隔符，为此，Java 在 File 类中定义了两个静态常量，代表系统独立的路径分隔符，这样我们在程序中就不用硬要编码依赖于系统的路径分隔符了。这两个静态常量如下所示：

- public static final String pathSeparator
- public static final char pathSeparatorChar

这两个静态常量的值是一样的，只是为了使用方便，所以给出了 String 和 char 两个版本。在不同操作系统下的 Java 编译器会根据当前系统的路径分隔符来解析这两个静态常量。

在 Windows 系统中，文件或目录与父目录之间使用反斜杠（\）来分隔，例如：D:\Java\jdk-11.0.7\bin，在 Java 中，需要表示为两个反斜杠：\\，但是 UNIX 使用的是正斜杠（/），为此，再用两个静态常量代表系统独立的分隔符，如下所示：

- public static final String separator

- public static final char separatorChar

它们的工作原理与上面两个静态常量是一样的。

19.1.2 创建文件夹

File 类可以表示目录，自然也有与目录操作相关的方法，我们可以在程序中使用 File 类对象来创建目录，有两个方法可以用于创建目录，如下所示：
- public boolean mkdir()
- public boolean mkdirs()

创建成功则返回 true，创建失败则返回 false。后者可以一次性创建父/子目录，如果父目录不存在，也会一并创建。

代码 19.1 演示了目录的创建。

代码 19.1　DirectoryCreate.java

```java
import java.io.File;

public class DirectoryCreate{
    public static void main(String[] args) {
        File dir = new File("ch19");
        dir.mkdir();

        StringBuilder sb = new StringBuilder();
        sb.append("parent")
          .append(File.separator)
          .append("child")
          .append(File.separator)
          .append("ch19");

        File dirs = new File(sb.toString());
        dirs.mkdirs();
    }
}
```

代码中使用了 File 类的静态常量 separator 来作为父/子目录之间的分隔符。在运行程序后，你会在当前目录下看到如下所示的目录。

ch19

parent\child\ch19

19.1.3 文件操作

在 File 类中与文件操作相关的方法有很多，例如创建和删除文件、获取文件相关属性等。我们看代码 19.2。

代码 19.2　FileOperation.java

```java
import java.io.File;
import java.io.IOException;

public class FileOperation{
    public static void main(String[] args) {
        File newFile = new File("test.txt");
```

```java
        // 如果文件不存在，则创建它
        if(!newFile.exists()){
            try {
                newFile.createNewFile();
            } catch (IOException e) {
                e.printStackTrace();
            }
        }
        System.out.println("文件是否可读： " + newFile.canRead());
        System.out.println("文件是否可写： " + newFile.canWrite());
        System.out.println("文件是否隐藏： " + newFile.isHidden());
        // 删除文件
        newFile.delete();

        System.out.println("-----------------------------");
        File file = new File("DirectoryCreate.class");
        System.out.println("file 是否是目录： " + file.isDirectory());
        System.out.println("file 是否是文件： " + file.isFile());
        System.out.println("文件名是： " + file.getName());
        System.out.println("文件的绝对路径名是： " + file.getAbsolutePath());
        System.out.println("文件的长度： " + file.length());
    }
}
```

程序运行的结果为：

```
文件是否可读：true
文件是否可写：true
文件是否隐藏：false
-----------------------------
file 是否是目录：false
file 是否是文件：true
文件名是：DirectoryCreate.class
文件的绝对路径名是：F:\JavaLesson\ch19\DirectoryCreate.class
文件的长度：700
```

19.1.4 搜索目录中的文件

一个常用的操作就是遍历目录中的所有文件，很多功能的实现依赖于此，例如，查找某个目录中所有可执行程序，批量拷贝某个目录下的所有文件到另一个目录下。

要得到一个目录下的所有文件和子目录，可以调用如下的五个方法：

- public String[] list()
- public String[] list(FilenameFilter filter)
- public File[] listFiles()
- public File[] listFiles(FileFilter filter)
- public File[] listFiles(FilenameFilter filter)

这些方法又分为两种，一种是得到目录下文件或子目录的名字，一种是得到 File 对象。FilenameFilter 和 FileFilter 接口是用于对文件或子目录进行过滤的，这两个接口都是函数式接口。

FilenameFilter 接口中的方法如下所示：
- boolean accept(File dir, String name)

  测试指定的文件是否应包含在文件列表中。参数 dir 是文件所在的目录，name 是文件或子目录的名字。

FileFilter 接口中的方法如下所示：
- boolean accept(File pathname)

  测试指定的路径名是否应包含在路径名列表中。

下面我们编写一个程序，找出某个目录下所有的 Java 源文件，如代码 19.3 所示。

代码 19.3　FileSearch.java

```java
import java.io.File;
import java.util.regex.Pattern;

public class FileSearch{
    public static void main(String[] args) {
        if(args.length < 1){
            System.out.println("usage: java FileSearch [pathname]");
            System.exit(1);
        }

        File path = new File(args[0]);
        if(!path.isDirectory()){
            System.out.println("给出的路径名不是目录");
            System.exit(1);
        }

        Pattern p = Pattern.compile(".*\\.java", Pattern.CASE_INSENSITIVE);

        File[] files = path.listFiles(file -> {
            // 如果 file 是目录，则返回 false
            if(file.isDirectory()){
                return false;
            }else{
                return p.matcher(file.getName()).matches();
            }
        });

        for(File f : files){
            System.out.println(f.getName());
        }
    }
}
```

要搜索的目录的完整路径名，通过 main 方法的参数传入。

在调用 listFiles 方法时，我们使用 Lambda 表达式向 FileFilter 接口参数传参。listFiles 会将目录下的文件和子目录都传给 FileFilter 对象进行过滤，为此，我们在 Lambda 表达式中判断当前 file 对象是否是目录，以防在结果中出现后缀名为.java 的目录。Java 源文件以.java 作为文件的后缀名，在代码中，使用了正则表达式对文件名进行判断。

找一个有 Java 源文件的目录，在执行 FileSearch 类时，传递目录的完整路径名作为 main

方法的参数，例如：

```
java FileSearch F:\JavaLesson\ch19
```

运行结果为：

```
DirectoryCreate.java
FileOperation.java
FileSearch.java
FileTest.java
```

上述代码只能实现搜索某个目录下所有的 Java 源文件，如果要将该目录下的所有后代目录中的 Java 源文件一起搜索出来，就需要递归调用了。

所谓递归调用，是一种特殊的嵌套调用，某个方法在调用自己或调用其他方法后再次调用自己，形成循环式的嵌套调用。递归调用需要有一个条件来结束递归，否则就会导致无限循环，直到耗尽线程的栈空间。对于文件的递归搜索，结束条件很简单，那就是没有子目录了。

下面我们修改一下代码 19.3，实现递归搜索，如代码 19.4 所示。

代码 19.4　FileNestedSearch.java

```java
import java.io.File;
import java.io.FilenameFilter;
import java.util.regex.Pattern;
import java.util.List;
import java.util.ArrayList;
import java.util.Arrays;


public class FileNestedSearch{
    private final List<File> result = new ArrayList<File>();

    private String suffix = null;
    private Pattern pattern = null;

    public FileNestedSearch(String suffix){
        this.suffix = suffix;
        pattern = Pattern.compile(".*\\" + suffix, Pattern.CASE_INSENSITIVE);
    }
    /**
     * 递归调用方法，如果目录下的 File 列表中某个 File 对象是子目录，
     * 则递归调用自身。
     */
    private void searchDirectory(File dir){
        File[] files = dir.listFiles(file -> {
            // 如果 file 是目录，则递归调用 searchDirectory
            if(file.isDirectory()){
                searchDirectory(file);
                return false;
            }else{
                return pattern.matcher(file.getName()).matches();
            }
        });
```

```java
        if(files != null)
            result.addAll(Arrays.asList(files));
    }
    
    public List<File> getResults(){
        return result;
    }
    
    
    public static void main(String[] args) {
        if(args.length < 2){
            System.out.println("usage: java FileSearch [pathname] [suffix]");
            System.exit(1);
        }
        
        File path = new File(args[0]);
        if(!path.isDirectory()){
            System.out.println("给出的路径名不是目录");
            System.exit(1);
        }
        
        FileNestedSearch searcher = new FileNestedSearch(args[1]);
        searcher.searchDirectory(path);
        List<File> results = searcher.getResults();
        results.forEach(file -> System.out.println(file.getName()));
        System.out.println("搜索到的文件总数: " + results.size());
    }
}
```

重点关注 searchDirectory 方法，只要弄明白了该方法，其他的都好理解。searchDirectory 方法使用了递归调用，如果某个 file 对象是目录，则调用自身去遍历该目录下的所有文件，如果还有子目录，则继续，周而复始，直到 searchDirectory 方法深入到最深的子目录之后，开始返回。如果 file 对象是文件，则使用正则表达式判断方法名是否符合要求。另外要注意的是，如果某个目录下没有文件，则 listFiles 返回一个空的数组对象，但如果你遍历的不是目录（本例不存在这个问题，因为我们提前做了判断），或者发生 I/O 错误，则会返回 null，例如有一些系统目录，设置了访问权限，不允许你访问，那么就会返回 null，所以程序中针对这种情况也做了判断。

读者可以随意找个目录，查找任意后缀名的文件。例如，执行下面的命令，将搜索 ch19 目录下所有的 Java 源文件。

```
java FileSearch F:\JavaLesson\ch19 .java
```

不过要注意的是，如果在查找的目录下嵌套的子目录有很多（例如 C:\Windows），则搜索会比较慢，请耐心等待。

19.1.5 移动文件

在 File 类中有一个很有意思的方法，就是 renameTo，这个方法的签名如下所示：
- public boolean renameTo(File dest)

顾名思义，这个方法可以重命名文件，但有意思的是，当 dest 代表了另一个路径下的文件时（文件还未创建），renameTo 方法就变成了移动文件。

我们看代码 19.5。

代码 19.5　MoveFile.java

```java
import java.io.File;

public class MoveFile{
    public static void main(String[] args){
        File srcFile = new File("FileNestedSearch.class");
        File destFile = new File("D:\\1.class");

        boolean bSuccess = srcFile.renameTo(destFile);
        if(bSuccess){
            System.out.println("文件移动成功！");
        }
        else{
            System.out.println("文件移动失败！");
        }

    }
}
```

我们将上一节编译后的字节码文件 FileNestedSearch.class 移动到 D 盘根目录下，并重命名为 1.class。程序运行的结果为：

文件移动成功！

要注意，当你运行一次程序后，当前目录下的 FileNestedSearch.class 文件就没有了，如果要再次运行程序，需要再给出这个文件，或者修改代码，换一个文件。

19.1.6　临时文件

很多软件在程序运行过程中都会产生一些临时文件，用于记录程序中的一些状态数据，在程序退出后也不删除，导致我们计算机上的垃圾文件越来越多。使用 File 类也可以创建临时文件，并且可以在程序退出时自动删除临时文件。

创建临时文件的方法如下所示：

- public static File createTempFile(String prefix, String suffix) throws IOException
  在默认的临时文件目录中创建一个空文件，使用给定的前缀和后缀生成文件名称。
- public static File createTempFile(String prefix, String suffix, File directory) throws IOException
  在指定目录中创建新的空文件，使用给定的前缀和后缀字符串生成文件名称。

删除临时文件的方法如下所示：

- public void deleteOnExit()
  请求在虚拟机终止时删除这个 File 对象表示的文件或目录。

我们看一个例子，如代码 19.6 所示。

代码 19.6　TempFile.java

```java
import java.io.File;
```

```
import java.io.IOException;

public class TempFile{
    public static void main(String[] args){

        // 通过系统属性user.dir得到当前路径
        String currentPath = System.getProperty("user.dir");
        // 利用当前路径构造File对象
        File dir = new File(currentPath);

        for(int i=0; i<5; i++){
            try{
                File file = File.createTempFile("java", ".txt", dir);
                file.deleteOnExit();
            }catch(IOException e){
                e.printStackTrace();
            }
        }
        try{
            Thread.sleep(5000);
        }catch(InterruptedException e){
            e.printStackTrace();
        }
    }
}
```

代码中我们调用了 File 对象的 deleteOnExit 方法，因此在程序退出时，JVM 会删除创建的 5 个临时文件。为了让读者能够在当前路径下看到创建的临时文件，我们让主线程睡眠 5 秒钟。

当程序运行后，在当前目录下会看到如图 19-1 所示的 5 个临时文件。

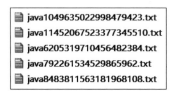

图 19-1　程序创建的临时文件

当程序退出后，你会发现这 5 个临时文件被删除了。

扫码看视频

19.2　流式 I/O

在 File 类中并没有提供对文件进行读写操作的方法，在 Java 中，要对文件进行读写，需要用到流式 I/O。

流（Stream）是字节的源或目的。当程序需要读取数据的时候，就会开启一个通向数据源的流，这个数据源可以是文件、内存或是网络连接。类似的，当程序需要写入数据的时候，就会开启一个通向目的地的流。这时候你就可以想象数据好像在这其中"流"动一样。

Java 把这些不同来源和目标的数据统一抽象为数据流，Java 中两种基本的流是：输入流

（Input Stream）和输出流（Output Stream）。可从中读出一系列字节的对象称为输入流，而能向其中写入一系列字节的对象称为输出流。

Java 中的流分为两种类型，节点流和过滤流。

- 节点流：从特定的地方读写的流类，例如：磁盘或一块内存区域。
- 过滤流：使用节点流作为输入或输出。过滤流是使用一个已经存在的输入流或输出流连接创建的。

过滤流是为节点流提供增强功能的，你可以把家中的热水器和净水器看成是过滤流，它们本身没有水，需要连接到水管，当水流经热水器和净水器时，变成了热水和饮用水。

图 19-2 展示了节点流和过滤流。

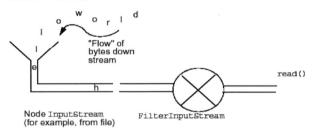

图 19-2 节点流和过滤流

19.3 输入输出流

在 Java 中，与字节流相关的类都分别继承自两个抽象类：InputStream 和 OutputStream，InputStream 表示字节输入流，OutputStream 表示字节输出流。

19.3.1 InputStream

java.io.InputStream 类定义了从流中读取字节数据的相关方法，关键的读取一个字节的 read 方法是抽象的，交给子类去实现。表 19-1 列出了 InputStream 类的方法。

扫码看视频

表 19-1 InputStream 类的方法

方法	说明
abstract int read()	读取一个字节数据，并返回读到的数据，如果返回-1，则表示读到了输入流的末尾。要注意的是，虽然返回类型是 int，但读取到的只有一个字节
int read(byte[] b)	将数据读入一个字节数组，同时返回实际读取的字节数。如果返回-1，则表示读到了输入流的末尾
int read(byte[] b, int off, int len)	将数据读入一个字节数组，同时返回实际读取的字节数。如果返回-1，则表示读到了输入流的末尾。off 指定在数组 b 中存放数据的起始偏移位置；len 指定读取的最大字节数
byte[] readAllBytes()	这是 Java 9 新增的方法。从输入流中读取所有剩余字节，返回一个包含读取到的数据的字节数组。如果已经到达流的末尾，则返回一个空字节数组
byte[] readNBytes(int len)	这是 Java 11 新增的方法。从输入流中读取参数 len 指定的数量的字节，返回一个包含读取到的数据的字节数组。如果已经到达流的末尾，则返回一个空字节数组

续表

方法	说明
int readNBytes(byte[] b, int off, int len)	这是 Java 9 新增的方法。与上面带有相同参数的 read 方法作用类似，不同是，这个新增方法在流的末尾读取时，将返回 0，而不是-1。如果参数 len 为 0，则不读取字节并返回 0
long skip(long n)	在输入流中跳过 n 个字节，并返回实际跳过的字节数
int available()	返回在不发生阻塞的情况下，可读取的字节数
void close()	关闭输入流，释放和这个流相关的系统资源
void mark(int readlimit)	在输入流的当前位置放置一个标记，如果读取的字节数多于 readlimit 设置的值，则流忽略这个标记
void reset()	返回到上一个标记
boolean markSupported()	测试当前流是否支持 mark 和 reset 方法。如果支持，则返回 true，否则返回 false
static InputStream nullInputStream()	这是 Java 11 新增的方法。返回一个不读取字节的输入流，对这个流进行读取的行为类似于在流的末尾进行读取
long transferTo (OutputStream out)	这是 Java 9 新增的方法。从这个输入流中读取所有字节，并按读取的顺序将字节写入给定的输出流。**Java 中的读、写数据是分开的，分别从输入流中读取数据，向输出流中写入数据，而这个方法则简化了这种操作**

要从输入流中读取数据，需要使用 InputStream 的一个或多个子类，图 19-3 列出了常用的 InputStream 派生类。

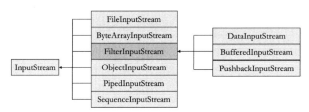

图 19-3　InputStream 的类层次图

扫码看视频

19.3.2　OutputStream

java.io.OutputStream 类定义了向输出流中写入字节数据的方法，关键的写入一个字节的 write 方法是抽象的，交给子类去实现。表 19-2 列出了 OutputStream 类的方法。

表 19-2　OutputStream 类的方法

方法	说明
abstract void write(int b)	往输出流中写入一个字节。虽然参数的类型是 int，但写入的数据只有一个字节
void write(byte[] b)	往输出流中写入数组 b 中的所有字节
void write(byte[] b, int off, int len)	往输出流中写入数组 b 中从偏移量 off 开始的 len 个字节的数据
void flush()	刷新输出流，强制缓冲区中的输出字节被写出
void close()	关闭输出流，释放和这个流相关的系统资源
static OutputStream nullOutputStream()	这是 Java 11 新增的方法。返回一个丢弃所有字节的输出流，对这个流进行写入，将不执行任何操作

要往输出流中写入数据，需要使用 OutputStream 的一个或多个子类，图 19-4 列出了常用的 OutputStream 派生类。

图 19-4　OutputStream 的类层次图

要注意的是，不管是输入流还是输出流，在打开后，都要调用 close 方法进行关闭，以释放和这个流相关的系统资源。

19.3.3　字节数组输入/输出流

扫码看视频

ByteArrayInputStream 和 ByteArrayOutputStream 是节点流。

ByteArrayInputStream 类可以把内存中的一个字节数组缓冲区当作输入流来使用。要构造一个 ByteArrayInputStream 对象，需要向构造方法传入一个字节（byte）数组，如下所示：

- public ByteArrayInputStream(byte[] buf)

  创建一个 ByteArrayInputStream 对象，使用 buf 作为它的缓存区数组。

- public ByteArrayInputStream(byte[] buf, int offset, int length)

  创建一个 ByteArrayInputStream 对象，使用 buf 作为它的缓存区数组。读取的初始位置由参数 offset 指定，读取的长度由参数 length 指定。但如果 offset + length 大于 buf.length，那么可以读取的长度为 buf.length - offset。

ByteArrayOutputStream 类在内部使用一个字节数组作为缓存区，向这个流中写入数据，将写到字节数组中。当数据写入缓冲区时，缓冲区会自动增长。ByteArrayOutputStream 类的构造方法如下：

- public ByteArrayOutputStream()

  创建一个字节数组输出流。缓冲区容量初始为 32 字节，容量可以自动增加。

- public ByteArrayOutputStream(int size)

  以字节为单位创建具有指定大小缓冲区容量的字节数组输出流。

要得到 ByteArrayOutputStream 中的数据，可以调用该类的 toByteArray 和 toString 方法。

要注意的是，由于从字节数组中读取或向字节数组写入数据，所以对 ByteArrayInputStream 和 ByteArrayOutputStream 的关闭操作是无效的。不过，我们应该养成一个良好的习惯，所有的流在使用完毕后都进行关闭操作。

代码 19.7 演示了 ByteArrayInputStream 和 ByteArrayOutputStream 的用法。

代码 19.7　UseByteArrayStream.java

```java
import java.io.ByteArrayInputStream;
import java.io.ByteArrayOutputStream;

public class UseByteArrayStream{
    public static void main(String[] args){
        byte[] buf = new byte[]{1, 2, 3, 4, 5, 6};
        ByteArrayInputStream bis = new ByteArrayInputStream(buf);
```

```
        int data;
        while((data = bis.read()) != -1){
            System.out.print(data + "\t");
        }
        System.out.println();

        // 实际读取的长度是buf.length - 3,即3个数据
        bis = new ByteArrayInputStream(buf, 3, 6);
         while((data = bis.read()) != -1){
            System.out.print(data + "\t");
        }
        System.out.println();

        ByteArrayOutputStream bos = new ByteArrayOutputStream();
        // 97是字符a的ASCII码,98是字符b的ASCII码,……
        for(int i=97; i<103; i++){
            bos.write(i);
        }
        byte[] outBuf = bos.toByteArray();
        for(int i=0; i<outBuf.length; i++){
            System.out.print(outBuf[i] + "\t");
        }
        System.out.println();
        // 将缓冲区的内容转换为字符串,因字节数组中存放的是字符a-f的ASCII码,
        // 因此转换后是可读的字符串。
        System.out.println(bos.toString());
    }
}
```

输入/输出流的用法都很简单,在代码中不好理解的地方给出了注释。

程序运行的结果为:

```
1       2       3       4       5       6
4       5       6
97      98      99      100     101     102
abcdef
```

扫码看视频

19.3.4 文件输入/输出流

FileInputStream 和 FileOutputStream 是节点流。

FileInputStream 和 FileOutputStream 用于从文件中读取数据或者向文件写入数据。FileInputStream 的构造方法可以接受一个String类型的文件名,或者一个File 对象,如下所示:

- public FileInputStream(String name) throws FileNotFoundException
- public FileInputStream(File file) throws FileNotFoundException

如果文件不存在,则会抛出 FileNotFoundException,这是一个 checked 异常,从 IOException 异常类继承。Java 的 I/O 操作大多都需要捕获 IOException 或其子类异常。如果文件存在,但是我们没有对它的读取权限,则会抛出 SecurityException,这是一个 unckecked 异常,在程序中不需要显式地进行捕获。

FileOutputStream 类的构造方法可以接受文件名,也可以接受 File 对象,不过与文件输入流不同的是,文件输出流可以接受一个 append 参数,用于在文件已有内容的情况下,指示是否向文件末尾写入数据。FileOutputStream 类的构造方法如下所示:

- public FileOutputStream(String name) throws FileNotFoundException
- public FileOutputStream(String name, boolean append) throws FileNotFoundException
- public FileOutputStream(File file) throws FileNotFoundException
- public FileOutputStream(File file, boolean append) throws FileNotFoundException

如果文件不存在,FileOutputStream 就会自动创建这个文件。如果文件存在,但是是一个目录;或者虽然文件不存在,但无法创建;或者由于某些原因无法打开文件,则会抛出 FileNotFoundException。如果文件不可写入(例如只读文件),则会抛出 SecurityException。

代码 19.8 演示了 FileInputStream 和 FileOutputStream 的用法。

代码 19.8　UseFileStream.java

```java
import java.io.File;
import java.io.FileInputStream;
import java.io.FileOutputStream;
import java.io.IOException;

public class UseFileStream{
    public static void main(String[] args){
        try(FileOutputStream fos = new FileOutputStream("1.txt")){
            fos.write("Vue.js从入门到实战".getBytes());
        }
        catch(IOException e){
            e.printStackTrace();
        }

        try(FileInputStream fis = new FileInputStream(new File("1.txt"))){
            byte[] buf = new byte[512];
            int len = 0;
            while((len = fis.read(buf)) != -1){
                System.out.println(new String(buf, 0, len));
            }

        }
        catch(IOException e){
            e.printStackTrace();
        }
    }
}
```

java.io 包中的流类都实现了 java.io.Closeable 接口,而该接口扩展自 java.lang.AutoCloseable 接口,8.7 节我们介绍过,凡是实现了 AutoCloseable 接口的对象都可以使用 try-with-resources 语句来自动关闭资源。在 Java I/O 编程中,可以使用 try-with-resources 语句来自动调用流对象的 close 方法关闭流,释放相关的系统资源,这很方便!

程序运行的结果为:

Vue.js从入门到实战

另外，在程序的当前目录下，也会看到 1.txt 文件，文件内容与输出结果一致。

19.3.5 过滤流

扫码看视频

FilterInputStream 和 FilterOutputStream 分别继承自 InputStream 和 OutputStream，FilterInputStream 需要使用其他的输入流作为它的数据源，FilterOutputStream 需要使用其他的输出流作为它的数据接收器，它们代表了过滤流。这两个过滤流类的构造方法如下所示：

- protected FilterInputStream(InputStream in)
- public FilterOutputStream(OutputStream out)

为什么过滤输入流的构造方法是 protected，而过滤输出流的构造方法是 public？因为 Java I/O 库的设计是所有 Java 库中最混乱的，而且输入流类和输出流类分别由两方在设计。对于 FilterInputStream 和 FilterOutputStream 来说，它们只是简单地覆盖了 InputStream 和 OutputStream 的方法，并将读取和写入请求转发给真正的输入流和输出流对象，作为过滤流类，它们本身并没有提供任何增强功能，只是作为其他过滤流类的基类，创建它们的对象毫无意义，因此，FilterOutputStream 的构造方法也声明为 protected 更合适一些。

关于 Java I/O 库设计上的缺陷后面我们还会讲到。

19.3.6 缓冲的输入 / 输出流

扫码看视频

BufferedInputStream 和 BufferedOutputStream 分别从 FilterInputStream 和 FilterOutputStream 继承，提供带缓冲的读写，提高了读写的效率。

BufferedInputStream 和 BufferedOutputStream 内部使用了一个字节数组作为缓冲区，默认大小为 8192 字节。对于文件读写来说，磁盘的访问速度远低于内存的访问速度，如果频繁对进行磁盘操作就会影响读写的效率，带缓冲的读写可以先将数据读取或写入到缓冲区中，然后从缓冲区中读取，或者等缓冲区满的时候，再一次性写入到磁盘中。

至于读写的方法，这两个类没有额外增加，作为过滤流类，它们提供的增强就是带缓冲的读写。唯一要注意的是，在写入时，先写到缓冲区中，在缓冲区没有满时，若你也没有关闭输出流，那么是看不到写入的内容的，这时可以调用 BufferedOutputStream 对象的 flush 方法，将缓冲区中的数据强制写入到底层的输出流。也就是说，要及时看到写入的内容，一种方式是调用 flush 方法，另一种方式是关闭缓冲输出流，而后者在你需要继续写入时就不适用了。

BufferedInputStream 和 BufferedOutputStream 类的构造方法如下所示：

- public BufferedInputStream(InputStream in)
- public BufferedInputStream(InputStream in, int size)
- public BufferedOutputStream(OutputStream out)
- public BufferedOutputStream(OutputStream out, int size)

参数 size 让你可以自己指定缓冲区的大小，即内部分配的字节数组的大小。

代码 19.9 演示了 BufferedInputStream 和 BufferedOutputStream 的用法。

代码 19.9　UseBufferedStream.java

```
import java.io.File;
```

```java
import java.io.FileInputStream;
import java.io.FileOutputStream;
import java.io.BufferedInputStream;
import java.io.BufferedOutputStream;
import java.io.IOException;

public class UseBufferedStream{
    public static void main(String[] args){
        try(
            FileOutputStream fos = new FileOutputStream("1.txt");
            BufferedOutputStream bos = new BufferedOutputStream(fos);
            FileInputStream fis = new FileInputStream(new File("1.txt"))){
            bos.write("Vue.js 从入门到实战".getBytes());

            byte[] buf = new byte[512];
            // 此时文件中是没有数据的,因为写入的缓冲区没有满
            // 且缓冲输出流的 close 方法还没有调用,所以并未向文件中写入
            int len = fis.read(buf);
            if(len == -1){
                System.out.println("没有读取到数据");
            }

        }
        catch(IOException e){
            e.printStackTrace();
        }

        try(
            FileInputStream fis = new FileInputStream(new File("1.txt"));
            BufferedInputStream bis = new BufferedInputStream(fis)){
            byte[] buf = new byte[512];
            int len = 0;
            while((len = bis.read(buf)) != -1){
                System.out.println(new String(buf, 0, len));
            }

        }
        catch(IOException e){
            e.printStackTrace();
        }
    }
}
```

程序运行的结果为:

```
没有读取到数据
Vue.js 从入门到实战
```

要注意的是,如果没有使用 try-with-resources 语句来自动关闭输入/输出流对象,而是采用手动调用 close 方法的方式来关闭输入/输出流对象,那么对于有多个流对象链接的情况,只需要关闭流末端的流对象即可。针对本例,只需要调用 bos.close()和 bis.close()即可。

扫码看视频

19.3.7 数据输入 / 输出流

DataInputStream 和 DataOutputStream 分别从 FilterInputStream 和 FilterOutputStream 继承，提供了读写 Java 中基本数据类型的功能。

代码 19.10 演示了 DataInputStream 和 DataOutputStream 的用法。

代码 19.10　UseDataStream.java

```java
import java.io.File;
import java.io.FileInputStream;
import java.io.FileOutputStream;
import java.io.DataInputStream;
import java.io.DataOutputStream;
import java.io.IOException;

public class UseDataStream{
    public static void main(String[] args){
        boolean b = false;
        char ch = 'a';
        int i = 5;
        float f = 3.14f;
        double d = 5.67;
        String str = "Vue.js 从入门到实战";

        try(
            FileOutputStream fos = new FileOutputStream("1.txt");
            DataOutputStream dos = new DataOutputStream(fos)){
            dos.writeBoolean(b);
            dos.writeChar(ch);
            dos.writeInt(i);
            dos.writeFloat(f);
            dos.writeDouble(d);
            **dos.writeUTF(str);**
        }
        catch(IOException e){
            e.printStackTrace();
        }

        try(
            FileInputStream fis = new FileInputStream(new File("1.txt"));
            DataInputStream dis = new DataInputStream(fis)){
            System.out.println("boolean: " + dis.readBoolean());
            System.out.println("char: " + dis.readChar());
            System.out.println("int: " + dis.readInt());
            System.out.println("float: " + dis.readFloat());
            System.out.println("double: " + dis.readDouble());
            System.out.println("String: " + **dis.readUTF()**);
        }
        catch(IOException e){
            e.printStackTrace();
        }
    }
}
```

程序运行的结果为:

```
boolean: false
char: a
int: 5
float: 3.14
double: 5.67
String: Vue.js 从入门到实战
```

要说明的是:

(1) 读取的顺序和写入的顺序要保持一致,因为每种数据类型都有各自的字节长度,如果不按顺序来,读取的数据就会错乱。

(2) 在程序中写入字符串使用的是 writeUTF 方法,读取字符串使用的是 readUTF 方法,这两个方法是配对使用的。在 DataOutputStream 类中还有一个 writeChars(String s)方法,可以向底层的输出流写入一个字符串,但 DataInputStream 类并没有给出对应的读取方法,原因是不知道到要读取多少个字节才是写入的字符串。而 readUTF 方法之所以能够读取,是因为 writeUTF 方法在写入的字符串数据前面用两个字节存储了字符串所占用的字节数,readUTF 先读取这两个字节,自然就知道后续应该读取多少字节的数据了。

19.3.8 管道流

PipedInputStream 和 PipedOutputStream 是管道输入/输出流,它们可以用于线程间的通信。一个线程的 PipedInputStream 对象从另一个线程的 PipedOutputStream 对象读取数据。要让管道流有用,必须同时构造管道输入流和管道输出流。要连接管道输入/输出流对象,可以在它们的构造方法中传递,也可以调用它们中任意一个的 connect 方法。

扫码看视频

PipedInputStream 的构造方法和 connect 方法如下所示:

- public PipedInputStream()
- public PipedInputStream(int pipeSize)
- public PipedInputStream(PipedOutputStream src) throws IOException
- public PipedInputStream(PipedOutputStream src, int pipeSize) throws IOException
- public void connect(PipedOutputStream src) throws IOException

参数 pipeSize 用于指定管道输入流内部使用的缓冲区的大小。

PipedOutputStream 的构造方法和 connect 方法如下所示:

- public PipedOutputStream()
- public PipedOutputStream(PipedInputStream snk) throws IOException
- public void connect(PipedInputStream snk) throws IOException

不管是通过管道输入流来连接管道输出流,还是通过管道输出流来连接管道输入流,效果都是一样的。

代码 19.11 演示了 PipedInputStream 和 PipedOutputStream 的用法。

代码 19.11　UsePipedStream.java

```
import java.io.PipedInputStream;
import java.io.PipedOutputStream;
import java.io.IOException;
```

```java
class Producer extends Thread{
    private final PipedOutputStream pos;
    public Producer(PipedOutputStream pos){
        this.pos = pos;
    }
    @Override
    public void run(){
        try(pos){
            for(int i = 0; i<10; i++){
                pos.write(("Hello: " + i).getBytes());
            }
        }
        catch(IOException e){
            e.printStackTrace();
        }
    }
}

class Consumer extends Thread{
    private final PipedInputStream pis;
    public Consumer(PipedInputStream pis){
        this.pis = pis;
    }
    @Override
    public void run(){
        byte[] buf = new byte[100];
        int len = 0;
        try(pis){
            while((len = pis.read(buf)) != -1){
                System.out.print(new String(buf, 0, len));
            }
        }
        catch(IOException e){
            e.printStackTrace();
        }
    }
}

class UsePipedStream{
    public static void main(String[] args){
        PipedInputStream pis = new PipedInputStream();
        PipedOutputStream pos = new PipedOutputStream();
        try{
            pos.connect(pis);
            new Producer(pos).start();
            new Consumer(pis).start();
        }
        catch(IOException e){
            e.printStackTrace();
        }
    }
}
```

线程 Producer 使用管道输出流写入数据，线程 Consumer 使用管道输入流读取数据。利用 try-with-resources 语句在写入和读取完毕后关闭管道流，此时要注意的是，必须将管道输入流和管道输出流对象声明为 final，原因在 8.7.2 节已经讲过了。

在 main 方法中，分别构造了管道输入流和管道输出流对象，并调用管道输出流对象的 connect 方法连接管道输入流。之后启动两个线程，开始交互。

程序运行的结果为：

```
Hello: 0Hello: 1Hello: 2Hello: 3Hello: 4Hello: 5Hello: 6Hello: 7Hello: 8Hello: 9
```

19.3.9 复制文件

还记得 19.3.1 节介绍的 InputStream 类中的 transferTo 方法吗？利用该方法，可以轻松完成对文件的复制。我们看代码 19.12。

代码 19.12　CopyFile.java

```java
import java.io.FileInputStream;
import java.io.FileOutputStream;
import java.io.BufferedOutputStream;
import java.io.BufferedInputStream;
import java.io.IOException;

public class CopyFile {
    public static void main(String[] args) {
        try(
            FileInputStream fis = new FileInputStream("CopyFile.java");
            BufferedInputStream bis = new BufferedInputStream(fis);
            FileOutputStream fos = new FileOutputStream("D:\\1.java");
            BufferedOutputStream bos = new BufferedOutputStream(fos)){
            bis.transferTo(bos);
        }
        catch(IOException e){
            e.printStackTrace();
        }
    }
}
```

为了提高文件复制的效率，我们使用了带缓冲的输入/输出流来包装文件输入/输出流。运行程序，会在 D 盘看到一个 1.java 文件，文件内容与 CopyFile.java 完全一样。

可以看到，在程序中，除了构造流对象的代码外，完成文件的复制功能只需要一句代码，是不是很简单呢！

19.4　Java I/O 库的设计原则

扫码看视频

Java 的 I/O 库提供了一种称作链接的机制，可以将一个流与另一个流首尾相连，形成一个流管道的链接，这种机制实际上是一种被称为 Decorator（装饰）设计模式的应用。

通过流的链接，可以动态地增加流的功能，而这种功能的增加是通过组合一些流的基本功能而动态获取的。我们要获取一个 I/O 对象，往往需要产生多个 I/O 对象，这也是 Java I/O 库不太被容易掌握的原因，但在 I/O 库中装饰模式的运用，给我们提供了实现上的灵活性。

图 19-5 展示了 I/O 流的链接。

图 19-5　I/O 流的链接

扫码看视频

19.5　Reader 和 Writer

前面讲述的流类都是字节流，在 java.io 包中还定义了两个抽象类：Reader 和 Writer，用于读写字符流。这两个类与 InputStream 和 OutputStream 没有任何关系，它们有自己的一套类继承体系结构。

Reader 类的继承体系结构如图 19-6 所示。

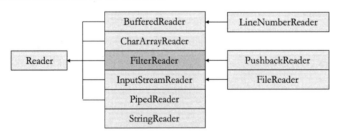

图 19-6　Reader 类的继承体系结构

Writer 类的继承体系结构如图 19-7 所示

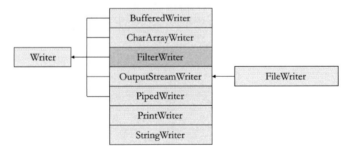

图 19-7　Writer 类的继承体系结构

不知道读者有没有感觉到有些混乱，字符流的类继承结构没有字节流的类继承结构清晰。按照 Java I/O 库的设计原则，对比字节流，FilterReader 和 FilterWriter 是过滤流的基类，BufferedReader 和 BufferedWriter 是为字符流提供带缓冲读写的增强功能，理应是过滤流，应该分别从 FilterReader 和 FilterWriter 继承，结果直接继承自 Reader 和 Writer 了。你可能不敢相信，聚集了世界顶尖开发人员的大名鼎鼎的 Sun 公司，居然会在 Java I/O 库的设计上犯错，而实际上 Sun 公司早已承认这是设计上的失误。不仅如此，还记得 FilterOutputStream 的那个 public 构造方法吗？FilterWriter 的构造方法就是声明为 protected，这样才合理！

为了帮助读者加深对字符流的认识，表 19-3 给出了字符流与字节流实现相似功能的类的对照表。

表 19-3 字符流与字节流的对照表

字符流	字节流
Reader	InputStream
Writer	OutputStream
FilterReader	FilterInputStream
FilterWriter	FilterOutputStream
FileReader	FileInputStream
FileWriter	FileOutputStream
BufferedReader	BufferedInputStream
BufferedWriter	BufferedOutputStream
CharArrayReader	ByteArrayInputStream
CharArrayWriter	ByteArrayOutputStream
PipedReader	PipedInputStream
PipedWriter	PipedOutputStream

下面我们编写一个示例程序来学习字符流的应用，如代码 19.13 所示。

代码 19.13 UseCharStream.java

```java
import java.io.FileWriter;
import java.io.FileReader;
import java.io.BufferedReader;
import java.io.BufferedWriter;
import java.io.IOException;
import java.util.stream.Stream;

public class UseCharStream{
    public static void main(String[] args){
        try(
            FileWriter fw = new FileWriter("1.txt");
            // 构造带缓冲的字符输出流
            BufferedWriter bw = new BufferedWriter(fw)){
            // write(String str)是Writer类中定义的方法
            bw.write("Vue.js 从入门到实战");
            // newLine()是BufferedWriter中定义的方法，写入一个行分隔符
            bw.newLine();
            bw.write("Servlet/JSP 深入详解");
        }
```

```
        catch(IOException e){
            e.printStackTrace();
        }

        try(
            FileReader fr = new FileReader("1.txt");
            // 构造带缓冲的字符输入流
            BufferedReader br = new BufferedReader(fr)){
            // 在字符输入流的当前位置放置一个标记,即文件头部
            // 如果读取的字符数超过1024,则当前标记失效
            br.mark(1024);
            // readLine()是BufferedReader中定义的方法,用于读取一行文本
            // 根据行分隔符来确定一行
            System.out.println("文件中第一行数据是: " + br.readLine());
            System.out.println("文件中第二行数据是: " + br.readLine());

            // 此时读取的文件位置已经到了文件末尾
            // 调用 reset 方法返回上一个标记的位置,即文件头部
            br.reset();
            // lines()是BufferedReader中定义的方法,
            // 返回一个由读取的行组成的流,该方法是Java 8新增的方法
            Stream<String> stream = br.lines();
            stream.forEach(System.out::println);
        }
        catch(IOException e){
            e.printStackTrace();
        }
    }
}
```

代码中有详细的注释,这里就不再赘述了。

程序运行的结果为:

```
文件中第一行数据是: Vue.js 从入门到实战
文件中第二行数据是: Servlet/JSP 深入详解
Vue.js 从入门到实战
Servlet/JSP 深入详解
```

扫码看视频

19.6 InputStreamReader 和 OutputStreamWriter

InputStreamReader 和 OutputStreamWriter 类比较特殊,它们是字节流和字符流之间的桥梁。InputStreamReader 是字节流到字符流的桥梁,它读取字节并使用指定的字符集将其解码为字符;OutputStreamWriter 是字符流到字节流的桥梁,写入它的字符使用指定的字符集编码为字节。

InputStreamReader 类的常用构造方法如下所示:

- public InputStreamReader(InputStream in)
  使用默认的字符集创建字符输入流。
- public InputStreamReader(InputStream in, String charsetName) throws

UnsupportedEncodingException
使用命名的字符集创建字符输入流。
- public InputStreamReader(InputStream in, Charset cs)
使用指定的字符集创建字符输入流。

OutputStreamWriter 类的常用构造方法如下所示：
- public OutputStreamWriter(OutputStream out)
使用默认的字符集创建字符输出流。
- public OutputStreamWriter(OutputStream out, String charsetName) throws UnsupportedEncodingException
使用命名的字符集创建字符输出流。
- public OutputStreamWriter(OutputStream out, Charset cs)
使用指定的字符集创建字符输出流。

代码 19.14 演示了 InputStreamReader 和 OutputStreamWriter 的用法。

代码 19.14　UseInputReaderAndOutputWriter.java

```java
import java.io.FileInputStream;
import java.io.FileOutputStream;
import java.io.InputStreamReader;
import java.io.OutputStreamWriter;
import java.io.IOException;

public class UseInputReaderAndOutputWriter{
    public static void main(String[] args){
        try(
            FileOutputStream fos = new FileOutputStream("1.txt");
            OutputStreamWriter osw = new OutputStreamWriter(fos, "UTF-8")){
            osw.write("Vue.js 从入门到精通");
        }
        catch(IOException e){
            e.printStackTrace();
        }

        try(
            FileInputStream fis = new FileInputStream("1.txt");
            InputStreamReader isr = new InputStreamReader(fis, "UTF-8")){
            char[] buf = new char[512];
            int len = isr.read(buf);
            System.out.println(new String(buf, 0, len));
        }
        catch(IOException e){
            e.printStackTrace();
        }
    }
}
```

有些类似于过滤流的创建方式，但 InputStreamReader 和 OutputStreamWriter 并不是过滤流类，它们只是作为字节流和字符流之间的桥梁。

程序运行的结果为：

从图 19-6 和图 19-7 可以看到，FileReader 和 FileWriter 分别继承自 InputStreamReader 和 OutputStreamWriter，那么它们为什么不需要字节流来进行构造呢？答案是为了简化操作，它们在内部直接使用了 FileInputStream 和 FileOutputStream，也就是说，使用 FileReader 和 FileWriter 进行文件读写，实际与文件系统打交道的仍旧是 FileInputStream 和 FileOutputStream。

19.7 字符集与中文乱码问题

有过 Java 编程经验的读者多数会遇到中文字符显示乱码的问题，本节将介绍中文乱码问题产生的根源，分析 Java 语言对字符处理的过程，提出中文乱码问题的解决方案。

19.7.1 字符集

在计算机中，不管数据是在内存中，还是在外部存储设备上，都只有二进制的数据。对于我们所看到的字符，也是以二进制数据的形式存在的。不同字符对应二进制数的规则，就是字符的编码，字符编码的集合称为字符集。下面让我们来看一下常用的字符集。

1. ASCII

在早期的计算机系统中，使用的字符非常少，这些字符包括 26 个英文字母、数字符号和一些常用符号（包括控制符号），对这些字符进行编码，用 1 个字节就足够了（1 个字节可以表示 $2^8=256$ 种字符）。然而实际上，对这些字符进行编码只使用了 1 个字节的 7 位，这就是 ASCII 编码。

ASCII（American Standard Code for Information Interchange，美国信息互换标准代码），是基于常用的英文字符的一套计算机编码系统。每一个 ASCII 码与一个 8 位（bit）二进制数对应，其最高位是 0，相应的十进制数是 0~127。例如，数字字符"0"的编码用十进制数表示就是 48。另有 128 个扩展的 ASCII 码，最高位都是 1，由一些图形和画线符号组成。ASCII 是现今最通用的单字节编码系统。

ASCII 用一个字节来表示字符，最多能够表示 256 种字符。随着计算机的普及，许多国家都将本地的语言符号引入到计算机中，扩展了计算机中字符的范围，于是就出现了各种不同的字符集。

2. ISO8859-1

因为 ASCII 码中缺少 £、ü 和许多书写其他语言所需的字符，为此，可以通过指定 128 以后的字符来扩展 ASCII 码。国际标准组织（ISO）定义了几个不同的字符集，它们在 ASCII 码基础上增加了其他语言和地区需要的字符。其中最常用的是 ISO8859-1，通常叫作 Latin-1。Latin-1 包括了书写所有西方欧洲语言不可缺少的附加字符，其中 0~127 的字符与 ASCII 码相同。ISO 8859 另外定义了 14 个适用于不同文字的字符集（8859-2 到 8859-15）。这些字符集共享 0~127 的 ASCII 码，只是每个字符集都包含了 128~255 的其他字符。

3. GB2312 和 GBK

GB2312 是中华人民共和国国家标准汉字信息交换用编码，全称是《信息交换用汉字编码字符集－基本集》，标准号为 GB2312-80，是一个由中华人民共和国国家标准总局发布的关于简化汉字的编码，通行于中国大陆和新加坡，简称为国标码。

因为中文字符数量较多，所以采用两个字节来表示一个字符，分别称为高位和低位。为了和 ASCII 码有所区别，中文字符的每一个字节的最高位都用 1 来表示。GB2312 字符集是几乎所有的中文系统和国际化的软件都支持的中文字符集，也是最基本的中文字符集。它包含了大部分常用的一、二级汉字和 9 区的符号，其编码范围高位是 0xa1-0xfe，低位也是 0xa1-0xfe，汉字从 0xb0a1 开始，结束于 0xf7fe。

为了对更多的字符和符号进行编码，由前电子部科技质量司和国家技术监督局标准化司于 1995 年 12 月颁布了 GBK（K 是"扩展"的汉语拼音第一个字母）编码规范，在新的编码系统里，除了完全兼容 GB2312 外，还对繁体中文、一些不常用的汉字和许多符号进行了编码。它也是现阶段 Windows 和其他一些中文操作系统的默认字符集，但并不是所有的国际化软件都支持该字符集。不过要注意的是 GBK 不是国家标准，而只是规范。GBK 字符集包含了 20 902 个汉字，其编码范围是 0x8140-0xfefe。

每个国家（或区域）都规定了计算机信息交换用的字符编码集，这就造成了交流上的困难。想像一下，你发送一封中文邮件给一位远在西班牙的朋友，当邮件通过网络发送出去的时候，你所书写的中文字符会按照本地的字符集 GBK 转换为二进制编码数据，然后发送出去。当你的朋友接收到邮件（二进制数据）后，在查看信件时，会按照他所用系统的字符集，将二进制编码数据解码为字符，然而由于两种字符集之间编码的规则不同，导致转换出现乱码。这是因为，在不同的字符集之间，同样的数字可能对应了不同的符号，也可能在另一种字符集中，该数字没有对应符号。

为了解决上述问题，统一全世界的字符编码，由 Unicode 协会制定并发布了 Unicode 编码。

提示：Unicode 协会是由 IBM、微软、Adobe、SUN、加州大学伯克利分校等公司和组织所组成的非营利性组织。

4．Unicode

Unicode（统一码）是计算机科学领域里的一项业界标准，包括字符集、编码方案等。Unicode 是为了解决传统的字符编码方案的局限而产生的，它为每种语言中的每个字符都设定了统一并且唯一的二进制编码，以满足跨语言、跨平台进行文本转换、处理的需求。

Unicode 起初采用 16 位的双字节无符号数对每一个字符进行编码，它不仅包含来自英语和其他西欧国家字母表中的常见字母和符号，也包含来自古斯拉夫语、希腊语、希伯来语、阿拉伯语和梵语的字母表。另外还包含汉语和日语的象形汉字和韩国的 Hangul 音节表。

Unicode 中 0~255 的字符与 ISO8859-1 中的一致。Unicode 编码对于英文字符采取前面加"0"字节的策略实现等长兼容。如字符"a"的 ASCII 码为 0x61，Unicode 码就为 0x00，0x61。

随着计算机的普及和推广，各个国家和地区的字符数加起来超过了 16 位双字节数（0~65535）所能表示的最大字符数，于是 Unicode 标准扩展了编码空间。

Unicode 从 0 开始，为每一个符号都指定一个编号，该编号称为**码点（code point）**。在 Unicode 标准中，码点采用十六进制表示，并添加前缀 U+，例如 U+0061 就是小写字母 a 的码点。

Unicode 的编码空间为 U+0000 到 U+10FFFF，分为 17 个平面（plane），每个平面包含 65536（2^{16}）个码点。第一个平面称为**基本多语言平面（basic multilingual plane，BMP）**，

所有常见的字符都放在这个平面。其他平面称为**辅助平面**（**supplementary plane**），码点范围为 U+10000 到 U+10FFFF，位于辅助平面的字符称为**辅助字符**（**supplementary character**）。

在基本多语言平面内，从 U+D800 到 U+DFFF 之间的码点范围（共计 2048 个）是永久保留的，它没有用来定义字符编号，而是用来映射辅助平面的字符，也称为**替代区域**（**surrogate area**）。替代区域又分为两部分，U+D800 到 U+DBFF 之间的范围（共计 1024 个）称为**高位替代**（**high surrogate**），U+DC00 到 U+DFFF 之间的范围（共计 1024 个）称为**低位替代**（**low surrogate**）。

除去替代区域之外，所有的 Unicode 码位，即从 U+0000 到 U+D7FF 和 D+E000 到 U+10FFFF 范围内的码点称为 **Unicode 标量值**（**Unicode scalar value**）。

Java 11 支持 Unicode 标准的 10.0 版本。

Unicode 只是一种编码方式，它规定了字符的二进制编码，但没有规定字符是如何存储的。Unicode 编码的实现方式称为 Unicode 转换格式（Unicode Transformation Format，简称为 UTF），共有三种具体实现，分别为 UTF-8、UTF-16 和 UTF-32，其中 UTF-8 占用 1~4 个字节，UTF-16 占用 2 个或 4 个字节，UTF-32 占用 4 个字节。

5. UTF-16

UTF-16 将 Unicode 标量值中 U+0000~U+D7FF 和 U+E000~U+FFFF 范围内的码点映射为一个无符号的 16 位的**代码单元**（**code unit**），数值与 Unicode 标量值相同。将 U+10000~U+10FFFF 范围内的码点映射为替代区域中的一对代码点，由高位替代和低位替代组成。UTF-16 是一种定长和变长兼顾的编码方案。

当我们遇到两个字节，发现它的码点在 U+D800 到 U+DBFF 之间（高位替代）时，就可以断定，紧跟在后面的两个字节的码点，应该在 U+DC00 到 U+DFFF 之间（低位替代），这 4 个字节必须放在一起解读。

当 Unicode 码点转换为 UTF-16 编码时，要区分这是基本多语言平面的字符，还是辅助平面的字符。如果是前者，则直接将码点转换为对应的十六进制形式，长度为两个字节；如果是后者，则需要按照编码规则将其转换为替代区域中的一对代码点（高位替代和低位替代）。

UTF-16 编码以 16 位（2 个字节）无符号整数为单位，辅助平面的码点范围是 U+10000~U+10FFFF，共 1 048 576 个码点，用 2 个字节肯定表示不了这么多码点。那就用 4 个字节 32 位来表示，将 32 位分为高 16 位和低 16 位，每个 16 位各存码点的一半。为了讲述方便，我们将 16 位无符号整数记为 WORD。

1048576 是 2^{20}，用 20 个二进制位就能表示，我们将这 20 个二进制位一分为二，分别放到两个 WORD 中，不过这样的话，每个 WORD 都只用到了 10 位，还有 6 位干什么用呢？高位替代起始的码点是 U+D800，D8 的二进制数是 11011000，用前 6 位 110110 填充第一个 WORD 的前 6 位；低位替代起始的码点是 U+DC00，DC 的二进制数是 11011100，用前 6 位 110111 填充第二个 WORD 的前 6 位。这样，这两个 WORD 就分别落在了替代区域的高位替代和低位替代中，也就是说，辅助平面中的字符被 UTF-16 编码为一个 32 位的数字，该数字由替代区域的高位替代码点和低位替代码点组成。以上就是 UTF-16 的编码规则。

下面我们以专业语言重新总结一下 UTF-16 的编码规则。

（1）如果 Unicode 编码小于 0x10000，那么 UTF-16 编码就是 Unicode 编码对应的 WORD。

（2）如果 Unicode 编码大于等于 0x10000，则计算 U' = U - 0x10000，将 U'写成如下的二进制形式：

```
0000yyyy yyyyyyxx xxxxxxxx
```

虽然形式上是 3 个字节，但实际上只用到了 20 个二进制位。将前 4 位 0 舍弃，剩下的 20 个二进制位一分为二，前 10 个二进制位前面添加 110110，即：110110yyyyyyyyyy，后 10 个二进制位前面添加 110111，即 110111xxxxxxxxxx，最终 UTF-16 的编码为：110110yyyyyyyyyy 110111xxxxxxxxxx。

下面看一个例子，Unicode 笑脸字符的码点为 U+1F60F，位于辅助平面，首先减去 U+10000，得到 U+F60F，二进制表示为：00000000 11110110 00001111，舍弃前 4 位 0，剩下的 20 个二进制位以 10 个二进制位划分是：0000111101 和 1000001111，按照上述规则，各自补充前面的 6 个二进制位，得到 UTF-16 编码：1101100000111101 1101111000001111，16 进制表示为 0xD83D 0xDE0F。

Java 在设计之初，认为 16 位无符号数已足以表示所有字符了，于是将 char 类型定义为两个字节，其内部采用 16 位的 Unicode 字符集对字符进行编码。之后的情况是字符越来越多，Unicode 标准也随之修改，允许表示超过 16 位的字符，但是 char 类型没办法重新定义了。

现在 Java 的 char 类型值表示基本多语言平面（BMP）的代码点，包括替代区域的代码点或者 UTF-16 编码的代码单元。也就是说，如果某个字符的 Unicode 编码位于辅助平面，那么一个 char 类型的值是无法表示的。

Java 平台在 char 数组、String 和 StringBuffer 类中使用 UTF-16 编码，所以如果你使用的字符位于辅助平面中，则可以采用 char 数组、String 和 StringBuffer 来存储。

代码 19.15 演示了 Java 中对 Unicode 笑脸字符的 UTF-16 编码。

代码 19.15　UTF16Test.java

```java
public class UTF16Test{
    public static void main(String[] args){
        // Unicode 笑脸字符的码点
        int codePoint = 0x1F60F;

        // 将 Unicode 码点转换为 String 对象，内部会对该码点使用 UTF-16 进行编码
        String str = Character.toString(codePoint);
        System.out.println("字符串的长度为: " + str.length());
        System.out.println("表示指定字符需要的 char 值的数目: "
            + Character.charCount(codePoint));

        for(int i=0; i<str.length(); i++){
            char ch = str.charAt(i);
            System.out.println(Integer.toHexString(ch));
        }
    }
}
```

程序运行的结果为：

```
字符串的长度为: 2
表示指定字符需要的 char 值的数目: 2
d83d
de0f
```

从结果中可以印证我们对 UTF-16 编码规则的讲述是正确的。

6. UTF-8

UTF-8 是一种变长的编码方案，它将每个 Unicode 标量值都映射为 1~4 个无符号的 8 位的代码单元。对于常用的字符，即 0~127 的 ASCII 字符，UTF-8 用一个字节来表示，这意味着只包含 7 位 ASCII 字符的字符数据在 ASCII 和 UTF-8 两种编码方式下是一样的。在 Internet 上，大多数的信息都是用英文来表示的，采用 UTF-8 编码可以节省存储空间，减少数据传输量，因此 UTF-8 是互联网上使用最多的一种 Unicode 实现方式。

UTF-8 的编码规则如下所示。

（1）如果 Unicode 标量值的 16 位二进制数的前 9 位是 0，则 UTF-8 编码用 1 个字节来表示，这个字节的首位是"0"，剩下的 7 位与原二进制数据的后 7 位相同。例如：

Unicode 标量值：U+0061 = 00000000 01100001。

UTF-8 编码：01100001 = 0x61。

（2）如果 Unicode 标量值的 16 位二进制数的前 5 位是 0，则 UTF-8 编码用两个字节来表示，首字节以"110"开头，后面的 5 位与原二进制数据除去前 5 个 0 后的最高 5 位相同；第二个字节以"10"开头，后面的 6 位与原二进制数据中的低 6 位相同。例如：

Unicode 标量值：U+00A9 = 00000000 10101001。

UTF-8 编码：11000010 10101001 = 0xC2 0xA9。

（3）如果不符合上述两个规则，则用三个字节表示。第一个字节以"1110"开头，后 4 位为原二进制数据的高 4 位；第二个字节以"10"开头，后 6 位为原二进制数据中间的 6 位；第三个字节以"10"开头，后 6 位为原二进制数据的低 6 位。例如：

Unicode 标量值：U+4E2D = 01001110 00101101。

UTF-8 编码：11100100 10111000 10101101 = 0xE4 0xB8 0xAD。

（4）对于辅助平面的字符（U+10000 到 U+10FFFF），UTF-8 用 4 个字节来表示。在 Unicode 编码中，辅助字符需要 3 个字节才能表示，其二进制表示形式的范围如下：

00000001 00000000 00000000～00010000 11111111 11111111

可以看到，其最高位的 3 个 0 是没有用的，因此 UTF-8 对于辅助平面的字符编码方式为去掉前面 3 个 0，第一个字节以"11110"开头，后 3 位是去掉前面 3 个 0 后的最高 3 位，这样原二进制数据还剩下 18 位；第二、三、四个字节均以"10"开头，然后按顺序从高位到低位，分别截取 6 个二进制位。例如：

Unicode 标量值：U+1F60F = 00000001 11110110 00001111。

UTF-8 编码：11110000 10011111 10011000 10001111 = 0xF0 0x9F 0x98 0x8F。

> 提示：在 UTF-8 编码的多字节串中，第一个字节开头"1"的数目就是这个字符占用的字节数。如果第一个字节开头是 0，则表明这个字节单独就是一个字符。

代码 19.16 演示了对 Unicode 笑脸字符的 UTF-8 编码。

代码 19.16 UTF8Test.java

```java
import java.io.UnsupportedEncodingException;

public class UTF8Test{
    public static void main(String[] args){
        int codePoint = 0x1F60F;
        String str = Character.toString(codePoint);
```

```
    try{
        byte[] buf = str.getBytes("UTF-8");
        for(int i=0; i<buf.length; i++){
            System.out.printf("%x\t", buf[i]);
        }
    }
    catch(UnsupportedEncodingException e){
        e.printStackTrace();
    }
}
```

程序运行的结果为：

| f0 | 9f | 98 | 8f |

表 19-4 给出了 UTF-8 所有有效的编码范围。

表 19-4　UTF-8 有效的编码范围

Unicode 标量值范围	第一个字节	第二个字节	第三个字节	第四个字节
U+0000～U+007F	00～7F			
U+0080～U+07FF	C2～DF	80～BF		
U+0800～U+0FFF	E0 A0～BF	80～BF		
U+1000～U+CFFF	E1～EC	80～BF	80～BF	
U+D000～U+D7FF	ED	80～9F	80～BF	
U+E000～U+FFFF	EE～EF	80～BF	80～BF	
U+10000～U+3FFFF	F0 90～BF	80～BF	80～BF	80～BF
U+40000～U+FFFFF	F1～F3	80～BF	80～BF	80～BF
U+100000～U+10FFFF	F4 80～8F	80～BF	80～BF	80～BF

7. UCS

UCS 即通用字符集（Universal Character Set），它是 ISO（国际标准化组织）制定的 ISO 10646（或称为 ISO/IEC 10646）标准所定义的标准字符集。UCS-2 用两个字节编码，UCS-4 用 4 个字节编码。

早期 Unicode 协会与 ISO 分别进行单一字符集的创建，因此最初制定的标准是不同的。后来两个组织的人员都认识到世界上不需要两个不兼容的字符集，于是，开始合并双方的工作成果，并为创立一个单一编码表而协同工作。从 Unicode 2.0 开始，Unicode 采用了与 ISO 10646-1 相同的字库和字码。所以，你在 Java 的文档中也会看到 UCS。

19.7.2　对乱码产生过程的分析

为了让使用 Java 语言编写的程序能在各种语言的平台下运行，Java 在其内部使用 Unicode 字符集来表示字符，这样就存在 Unicode 字符集和本地字符集进行转换的过程。当在 Java 中读取字符数据的时候，需要将本地字符集编码的数据转换为 Unicode 编码，而在输出字符数据的时候，则需要将 Unicode 编码转换为本地字符集编码。

例如，在中文系统下，从控制台读取一个字符"中"，实际上读取的是"中"的 GBK 编码 0xD6D0，在 Java 语言中要将 GBK 编码转换为 Unicode 编码 0x4E2D，此时，在内存中，字符"中"对应的数值就是 0x4E2D，当我们向控制台输出字符时，Java 语言将 Unicode 编码再转换为 GBK 编码，输出到控制台，中文系统再根据 GBK 字符集画出相应的字符。

从上述过程来看，读取和写入的过程是可逆的，那么理应不会出现中文乱码问题。然而，实际应用的情形比上述过程要复杂得多。例如，在 Java Web 应用中，通常包括浏览器、Web 服务器、Web 应用程序和数据库等部分，每一部分都有可能使用不同的字符集，从而导致字符数据在各种不同的字符集之间转换时出现乱码的问题。

在 Java 语言中，不同字符集编码的转换，都是通过 Unicode 编码作为中介来完成的。例如，GBK 编码的字符"中"要转换为 ISO-8859-1（同 ISO8859-1）编码，其过程如下：

（1）因为在 Java 中的字符都是用 Unicode 来表示的，所以 GBK 编码的字符"中"要转换为 Unicode 表示：0xD6D0->0x4E2D。

（2）将字符"中"的 Unicode 编码转换为 ISO-8859-1 编码，因为 Unicode 编码 0x4E2D 在 ISO-8859-1 中没有对应的编码，于是得到 0x3f（十进制数 63），也就是字符"?"。

下面的代码演示了这一过程：

```java
//GBK 编码的字符"中"转换为 Unicode 编码表示
String str = "中";
//将字符"中"的 Unicode 编码转换为 ISO-8859-1 编码
byte[] b = str.getBytes("ISO-8859-1");

for(int i=0; i<b.length; i++){
    //输出转换后的编码和字符
    System.out.println(b[i]);
    System.out.print((char)b[i]);
}
```

输出结果为：

```
63
?
```

当从 Unicode 编码向某个字符集转换时，如果在该字符集中没有对应的编码，则得到 0x3f（即问号字符"?"）。这就是为什么有时候我们输入的是中文，在输出时却变成了问号。

当从其他字符集向 Unicode 编码转换时，如果这个二进制数在该字符集中没有标识任何的字符，则得到的结果是 0xfffd。例如一个 GBK 的编码值 0x8140，从 GB2312 向 Unicode 转换，然而由于 0x8140 不在 GB2312 字符集的编码范围（0xa1a1-0xfefe），当然也就没有对应任何的字符，所以在转换后会得到 0xfffd。下面的代码演示了这一过程。

```java
//构造一个二进制数据。
byte[] buf = {(byte)0x81, (byte)0x40, (byte)0xb0, (byte)0xa1};
//将二进制数据按照 GB2312 向 Unicode 编码转换
String str = new String(buf,"GB2312");

for(int i=0; i<str.length(); i++){
    //取出字符串中的每个 Unicode 编码的字符
    char ch = str.charAt(i);
    //将该字符对应的 Unicode 编码以十六进制的形式输出
    System.out.print(Integer.toHexString((int)ch));
    System.out.print("--");
```

```
        //输出该字符。
        System.out.println(ch);
}
```

在输出字符和字符串的时候，会从 Unicode 编码向中文系统默认的编码 GBK 转换，由于 Unicode 编码 0xfffd 在 GBK 字符集中没有对应的编码，于是得到 0x3f 输出字符 "?"。最后输出的结果如下：

```
fffd--?
40--@
554a--啊
```

从上述所知，由于存在着多种不同的字符集，所以在各种字符集之间进行转换，就有可能出现乱码，同样是中文字符集 GB2312 和 GBK，由于编码范围的不同，某些字符在转换时也会出现乱码。

19.7.3 Charset 类

Charset 类是 JDK 1.4 中引入的，用于统一字符集的转换，这个类位于 java.nio.charset 包中。

Charset 类中的静态方法 availableCharsets 可以得到当前 Java 虚拟机中支持的所有字符集，该方法的签名如下所示：

- public static SortedMap<String,Charset> availableCharsets()

下面的代码将列出当前 Java 虚拟机支持的字符集的名字。

```
SortedMap<String, Charset> csMap = Charset.availableCharsets();

Set<String> keys = csMap.keySet();
keys.forEach(System.out::println);
```

输出结果比较长，为了节省篇幅，这里就不粘贴结果了，读者可以在自己的计算机上进行测试。

要得到当前系统默认的字符集，可以调用 defaultCharset 静态方法，该方法的签名如下所示：

- public static Charset defaultCharset()

也可以调用 forName 静态方法通过字符集的名字来得到 Charset 对象，该方法的签名如下所示：

- public static Charset forName(String charsetName)

每种字符集都有一系列的别名，要得到字符集的别名，可以调用 aliases 方法，该方法的签名如下所示：

- public final Set<String> aliases()

下面的代码将列出 GBK 字符集的别名。

```
Charset cs = Charset.forName("GBK");
Set<String> aliases = cs.aliases();
aliases.forEach(System.out::println);
```

输出结果为：

```
CP936
windows-936
```

在得到字符集对象后，就可以调用 encode 方法将字符串编码为字节，调用 decode 方法将字节解码为 Unicode 字符。

encode 方法有一个重载形式，如下所示：
- public final ByteBuffer encode(String str)
- public final ByteBuffer encode(CharBuffer cb)

decode 方法的签名如下所示：
- public final CharBuffer decode(ByteBuffer bb)

ByteBuffer 和 CharBuffer 位于 java.nio 包中，分别代表了字节和字符缓冲区，给出了与字节数组和字符数组互相转换的方法。

我们看下面的代码：

```
Charset cs = Charset.forName("GBK");
// 字节数组中存放的是"中国"的 GBK 编码
byte[] buf = {(byte)0xd6, (byte)0xd0, (byte)0xb9, (byte)0xfa};
// ByteBuffer 类的静态方法 wrap 将字节数组包装到缓冲区中
ByteBuffer bBuffer = ByteBuffer.wrap(buf);
CharBuffer cBuffer = cs.decode(bBuffer);
System.out.println(cBuffer.toString());

String str = "你好";
bBuffer = cs.encode(str);
// ByteBuffer 类的 capacity 方法返回缓冲区的容量
int size = bBuffer.capacity();

for(int i=0; i<size; i++){
    // ByteBuffer 类的 get 方法读取缓冲区当前位置的字节，然后递增该位置
    byte encoding = bBuffer.get();
    // 将编码值以十六进制形式输出
    // 因字节数据转换为整数是负数，直接以十六进制输出
    // 前面会有很多 f，因此先将字节数据与 0xFF 进行与操作
    // 再转换为十六进制输出
    // 读者如果想省事，可直接调用: System.out.printf("%x ", encoding);
    System.out.print(Integer.toHexString(encoding & 0xFF) + " ");
}
System.out.println();
// ByteBuffer 类的 array 方法返回缓冲区背后的字节数组
System.out.println(new String(bBuffer.array()));
```

输出结果为：

```
中国
c4 e3 ba c3
你好
```

对于简单的字符集转换，可以直接通过 String 类的构造方法和 getBytes 方法来完成，前面我们也给出了示例。

String 类与字符集相关的构造方法如下所示：
- public String(byte[] bytes, String charsetName) throws UnsupportedEncodingException
- public String(byte[] bytes, int offset, int length, String charsetName)throws

UnsupportedEncodingException
- public String(byte[] bytes, Charset charset)
- public String(byte[] bytes, int offset, int length, Charset charset)

后两个构造方法是 Java 6 新增的方法。

String 类与字符集相关的 getBytes 方法如下所示：
- public byte[] getBytes(String charsetName) throws UnsupportedEncodingException
- public byte[] getBytes(Charset charset)

下面这个 getBytes 方法是 Java 6 新增的方法。

19.8 RandomAccessFile 类

扫码看视频

如果只是对文件进行读写操作，那么使用 RandomAccessFile 会更方便。这个类与输入/输出流没有任何关系，是直接从 Object 类继承的。它支持对文件的随机访问，其内部有一个文件指针，始终指向当前要读取或写入的位置。要得到当前文件指针的位置，可以调用 getFilePointer 方法，该方法的签名如下所示：

- public long getFilePointer() throws IOException

要移动文件指针，可以调用 seek 方法，该方法的签名如下所示：

- public void seek(long pos) throws IOException

    参数 pos 是偏移的位置，从文件开头、以字节为单位来测量。

除了基本的读写方法外，RandomAccessFile 也支持对 Java 基本数据类型的读写操作，因为它同时实现了 DataInput 和 DataOutput 接口。DataInputSteam 和 DataOuputStream 也是因为分别实现了 DataInput 和 DataOutput 接口，所以才支持对基本数据类型的读写操作。

RandomAccessFile 类在构造时，需要指定文件的访问模式，表 19-5 列出了所有支持的访问模式。

表 19-5 访问模式字符串及其含义

访问模式字符串	含 义
`"r"`	只读访问。调用写入方法，会抛出 IOException
`"rw"`	读写访问。如果文件不存在，则创建文件
`"rws"`	与"rw"一样，对文件进行读写访问，同时对文件内容或元数据的每次更新都同步写入底层存储设备
`"rwd"`	与"rw"一样，对文件进行读写访问，同时对文件内容的每次更新都同步写入底层存储设备

下面让我们来看看这个类是如何轻松地修改文件内容的，如代码 19.17 所示。

代码 19.17 UseRandomAccessFile.java

```java
import java.io.RandomAccessFile;
import java.io.IOException;

public class UseRandomAccessFile {
    public static void main(String[] args) {
        try(RandomAccessFile raf = new RandomAccessFile("test.txt", "rw")){
            raf.writeBytes("Test String.");
            // 将文件指针移动到文件开头
            raf.seek(0);
```

```java
            System.out.println("文件内容：");
            System.out.println(raf.readLine());
            raf.seek(0);
            raf.writeBytes("Mu");
            raf.seek(0);
            System.out.println("修改后：");
            System.out.println(raf.readLine());
        }
        catch (IOException e) {
            System.out.println(e);
        }
    }
}
```

上述代码使用 RandomAccessFile 类修改了文件起始的两个字符。最初，文件中的内容是 "Test String."，但是我们想把它修改为 "Must String."。我们先用 seek 方法将文件指针移动到 "Test" 中 "T" 这个字符所在的位置——0 号字节，然后使用 writeBytes 向 0 号字节和 1 号字节写入 "M" 和 "u" 两个字符。接下来我们需要查看一下修改是否正确，使用 seek 方法重新定位到文件的开头，调用 readLine 方法读取一行文本，打印即可。在我们写完 "Mu" 这两个字符之后，文件指针会移动到从文件开头偏移 2 的位置，这时如果不调用 seek 方法重新调整指针的位置，readLine 方法返回的字符串就成了 "st String."，因为 RandomAccessFile 类的任何读写操作都会从文件指针所指向的位置开始。

程序运行的结果为：

```
文件内容：
Test String.
修改后：
Must String.
```

要注意的是，**在使用 RandomAccessFile 对文件进行读写操作时，一定要随时留意文件指针的位置，任何一次读取或写入操作，都会改变文件指针所指向的位置。**

另外要注意的是，使用 RandomAccessFile 类向文件写入数据时，除了修改或者添加之外，不能在文件的内容中插入一些字符。例如，你想要在 "Test String." 中间插入一个 "must"，使其变为 "Test must String."，就不能简单地把文件指针定位到 5，然后写入一个 "must"，这只会把 "String" 这个单词的前几个字符覆盖掉。

19.9　标准 I/O

相信读者已经对 "System.out.println(…)" 这样的代码习以为常了，这条语句中的 out 对象就是标准输出流。Java 的 System 类还拥有 in 和 err 两个对象，它们也是标准 I/O 中的一部分，in 是标准输入流，err 是标准错误输出流。

标准 I/O 这个概念来自 UNIX 系统，在 Windows 系统中也有类似的实现。标准 I/O 的目的是让程序可以从标准输入中读取数据，然后向标准输出中写入数据，如果出现了错误，则可以把错误数据发送到标准错误中。

19.9.1 从标准输入中读取数据

代码 19.18 从控制台中读取一行文本，然后打印出来。

代码 19.18　GetInput.java

```java
import java.io.InputStreamReader;
import java.io.BufferedReader;
import java.io.IOException;

public class GetInput {
    public static void main(String[] args) {
        try(
            InputStreamReader isr = new InputStreamReader(System.in);
            BufferedReader br = new BufferedReader(isr)){
            while(true){
                String line = br.readLine();
                if(line == null || line.length() == 0) break;
                System.out.println(line);
            }
        }
        catch (IOException e) {
            e.printStackTrace();
        }
    }
}
```

System.in 的类型是 InputStream，如果要读取一行文本，那么显然 InputStream 是不行的，因此我们先使用 InputStreamReader 将字节流转换为字符流，然后使用 BufferedReader 提供的带缓冲的读取功能。

如果我们想要从标准输入流中读取一个基本类型的数据，如 int 或者 double 类型的数据，则应该在读取用户输入的数据后，使用这些类型的封装类来解析字符串。不要认为使用 DataInputStream 可以解决这个问题，它只会让问题变得更糟糕，因为我们在控制台窗口中输入的是数字字符，而不是数字本身。

19.9.2　Scanner

Scanner 类是 Java 5 新增的类，可以使用它来读取用户的输入，这个类位于 java.util 包中。Scanner 类可以使用正则表达式来解析基本数据类型和字符串。Scanner 使用分隔符模式将输入分解为 token，该模式默认匹配空白。

Scanner 的数据来源不仅限于标准输入流，而可以是任意的输入流、文件和字符串，就像它的名字一样，它是一个简单文本扫描器，根据指定的模式将输入的数据分解为一个个 token，然后调用 next 方法来得到分解后的 token。在调用 next 方法之前，应该先调用 hasNext 方法判断一下是否有下一个 token。

我们先看一个简单的例子，如代码 19.19 所示。

代码 19.19　UseScanner.java

```java
import java.util.Scanner;
```

```java
public class UseScanner{
    public static void main(String[] args){
        try(Scanner scan = new Scanner(System.in)){
            if(scan.hasNext()){
                String str = scan.next();
                System.out.println(str);
            }
        }
    }
}
```

Scanner 类实现了 Closeable 接口，因此也可以使用 try-with-resources 语句来自动关闭它。

当程序运行后，在控制台窗口中输入"Hello World"，输出结果为：Hello。

前面说了，Scanner 默认使用空白来分解输入的数据，因此第一个 next 方法调用，得到的是"Hello"，如果要得到"World"，则可以再次调用 next 方法。使用 next 方法时要注意，它只有在遇到模式匹配的字符时才会返回，对于默认的空白分隔符模式，如果你一直不输入空白，next 方法就一直阻塞。

下面的例子修改默认的分隔符模式，以逗号作为分隔符读取输入，如代码 19.20 所示。

代码 19.20　UseScanner.java

```java
import java.util.Scanner;

public class UseScanner{
    public static void main(String[] args){
        try(Scanner scan = new Scanner(System.in)){
            scan.useDelimiter(",");
            while(scan.hasNext()){
                String str = scan.next();
                if(str.equals("\r\n")){
                    break;
                }
                System.out.println(str);
            }
        }
    }
}
```

在程序运行后，输入"Hello,World,"（注意不要少了最后的逗号），输出结果为：

```
Hello
World
```

再次输入英文的逗号（,），然后按"回车"键，退出程序。因为现在分隔符改成了逗号，所以即使输入了空白也是有效字符，这一点请读者注意。

Scanner 类还有一个 nextLine 方法，可以按行获取数据，同时也有一个 nextLine 方法，用于判断在输入中是否有下一行。我们可以编写一个简单的 echo 程序，就是用户输入什么，我们回应什么，如代码 19.21 所示。

代码 19.21　UseScanner.java

```java
import java.util.Scanner;
```

```java
public class UseScanner{
    public static void main(String[] args){
        try(Scanner scan = new Scanner(System.in)){
            while(scan.hasNextLine()){
                String line = scan.nextLine();
                if(line.equals("q")){
                    System.out.println("你请求退出了");
                    break;
                }
                System.out.println("你的输入是: " + line);

            }
        }
    }
}
```

运行程序，输入"Hello World"，输出结果为：

你的输入是：Hello World

输入字符"q"并回车，输出结果为：

你请求退出了

Scanner 还可以将输入的文本转换为基本数据类型的数据返回给我们（除 char 类型外），它给出了一系列的 hasNextXxx 方法和 nextXxx 方法，如 hasNextInt 和 nextInt 方法。

下面我们编写一个程序，根据用户在控制台窗口中输入的数字，计算它们的总和，并打印输出，如代码 19.22 所示。

代码 19.22　UseScanner.java

```java
import java.util.Scanner;

public class UseScanner{
    public static void main(String[] args){
        try(Scanner scan = new Scanner(System.in)){
            int sum = 0;
            int count = 0;
            while(scan.hasNextInt()){
                int data = scan.nextInt();
                count++;
                sum += data;
            }
            System.out.printf("你输入了%d 个数字，总和是%d%n", count, sum);
        }
    }
}
```

运行程序，输入数字，每输入一个数字都按下"回车"确认，要结束输入，随便输入一个非数字字符即可。

程序运行的结果为：

1
3

```
5
7
10
a
你输入了 5 个数字,总和是 26
```

也可以在输入时用空白分隔数字,例如,输入 "1 3 5 7 9 a",最后输出的结果是一样的。

19.9.3 I/O 重定向

System 类给出了三个静态的 setXxx 方法,让我们可以自己设定标准 I/O 所使用的流对象,这三个方法如下所示:

- public static void setIn(InputStream in)
- public static void setOut(PrintStream out)
- public static void setErr(PrintStream err)

通过使用这 3 个方法,我们可以把原本针对控制台的输入/输出重定向到一个文件中。我们看代码 19.23。

代码 19.23　Redirect.java

```java
import java.io.InputStream;
import java.io.FileInputStream;
import java.io.FileOutputStream;
import java.io.PrintStream;
import java.io.BufferedOutputStream;
import java.io.BufferedInputStream;
import java.io.IOException;

public class Redirect {
    public static void main(String[] args) {
        PrintStream originalOut = System.out;
        try(
            FileOutputStream fos = new FileOutputStream("standard.txt");
            BufferedOutputStream bos = new BufferedOutputStream(fos);
            PrintStream ps = new PrintStream(bos)){

            System.setOut(ps);
            System.out.println("Vue.js 从入门到实战");
            System.out.println("VC++深入详解");
            System.out.println("Servlet/JSP 深入详解");
        }
        catch (IOException e) {
            System.out.println(e);
        }
        System.setOut(originalOut);

        InputStream originalIn = System.in;
        try(
            FileInputStream fis = new FileInputStream("standard.txt");
            BufferedInputStream bis = new BufferedInputStream(fis)){
            System.setIn(bis);
            byte[] buf = new byte[512];
            int len = 0;
```

```java
            while((len = System.in.read(buf)) != -1){
                System.out.println(new String(buf, 0, len));
            }
        }
        catch (IOException e) {
            System.out.println(e);
        }
        System.setIn(originalIn);
    }
}
```

程序运行的结果为:

```
Vue.js 从入门到实战
VC++深入详解
Servlet/JSP 深入详解
```

同时，在当前目录下会有一个 standard.txt 文件，文件内容和输出结果是一样的。

在进行标准 I/O 重定向时应该把原先的 I/O 流对象保存到一个临时变量中，当需要再次使用默认设置时，还可以把标准 I/O 重新恢复。

使用标准 I/O 重定向，可以让本应该输出到控制台的文本，写入到指定的文件中。在 Windows 的控制台上，我们还可以使用输出重定向符 ">" 把标准输出重定向到文件当中：

```
dir > dir.txt
```

在执行命令之后，dir.txt 这个文件就包含了 dir 命令所列出的文件。

19.10 对象序列化

Java 中的对象在程序运行期间保存在内存中，当程序运行结束，JVM 退出，进程的地址空间被清理，所有对象都会被清除。但有时候，保存对象的状态是很有用的，比如图形界面程序，用户对某个控件进行了字体、颜色等的修改，如此是希望在下次运行程序时还能看到原先设置好样式的控件。在网上商城应用程序中，用户向购物车中添加了一些商品，由于是临时数据，所以后台程序没有将它们保存到数据库中，这时 Web 服务器出现故障重启了，于是用户发现之前加入购物车的商品没有了。又如在使用远程方法调用（RMI，Remote Method Invoke）时，远程方法的对象参数如何传递，返回的对象如何接收，方法调用跨两个进程甚至网络，传递对象的地址肯定行不通。

这一切都需要有一种机制能够保存对象的状态，这就是 Java 的序列化机制。序列化机制可以将支持序列化的 Java 对象转化为字节序列，这些字节序列可以保存到磁盘上，或者通过网络传输，程序可以将读取的这些字节序列恢复成原来的对象。序列化机制使得对象可以脱离程序的运行而独立存在。

一个对象要支持序列化，对象所属的类必须要实现 Serializable 接口或者 Externalizable 接口，这两个接口都位于 java.io 包中。

Serializable 接口没有定义任何方法，它只是一个标记接口，Java 中的大多数类都实现了该接口。

Externalizable 接口可以让我们定制自己的序列化机制。

19.10.1 使用对象流实现序列化

要保存对象数据可以使用 ObjectOutputStream 类，这个类从 OutputStream 类继承，虽然它不是过滤流类，但也需要使用另一个输出流对象来构造。如果使用 FileOutputStream 来构造，就可以将对象保存到一个文件中。要保存一个对象，只需要调用 ObjectOutputStream 对象的 writeObject 方法即可。

要恢复对象，可以使用 ObjectInputStream 类，这个类从 InputStream 类继承，与 ObjectOutputStream 一样，ObjectInputStream 也需要使用另一个输入流对象来构造。要读取一个对象，只需要调用 ObjectInputStream 的 readObject 方法即可。从对象的字节序列中还原对象，称为反序列化。

我们来看一个例子，将一个 Student 对象通过序列化机制保存到文件中，之后再恢复该对象。首先定义一个 Student 类，如代码 19.24 所示。

代码 19.24 Student.java

```java
import java.io.Serializable;

public class Student implements Serializable{
    private int no;
    private String name;
    private float score;

    public Student(int no, String name, float score){
        this.no = no;
        this.name = name;
        this.score = score;
    }

    public String toString(){
        return String.format("学号：%d, 姓名：%s, 成绩：%.1f", no, name, score);
    }
}
```

不要忘记让 Student 类实现 Serializable 接口。

然后使用 ObjectOutputStream 和 ObjectInputStream 保存和恢复对象，如代码 19.25 所示。

代码 19.25　UseObjectStream.java

```java
import java.io.FileInputStream;
import java.io.FileOutputStream;
import java.io.ObjectInputStream;
import java.io.ObjectOutputStream;
import java.io.IOException;

public class UseObjectStream{
    public static void main(String[] args){
        try(
            FileOutputStream fos = new FileOutputStream("student");
            ObjectOutputStream oos = new ObjectOutputStream(fos)){
            Student stu1 = new Student(1, "张三", 98);
            Student stu2 = new Student(2, "李四", 75);
            oos.writeObject(stu1);
```

```
        oos.writeObject(stu2);
    }
    catch(IOException e){
        e.printStackTrace();
    }

    try(
        FileInputStream fis = new FileInputStream("student");
        ObjectInputStream ois = new ObjectInputStream(fis)){
        Student stu1 = (Student)ois.readObject();
        Student stu2 = (Student)ois.readObject();
        System.out.println(stu1);
        System.out.println(stu2);
    }
    catch(IOException | ClassNotFoundException e){
        e.printStackTrace();
    }
  }
}
```

ObjectInputStream 类的 readObject 方法的返回类型是 Object，如果要访问 Student 类的成员，就需要强制类型转换。

程序运行的结果为：

```
学号：1，姓名：张三，98.0
学号：2，姓名：李四，75.0
```

我们注意到序列化机制的两个特点：

（1）在保存对象数据时，对象字段的访问权限是什么不重要，私有的字段对序列化机制而言不是问题。

（2）Student 类并没有无参构造方法，在反序列化时，对象依然能够恢复，说明在反序列化时并不会调用对象的构造方法。有的读者可能会想，那是不是调用了有参的构造方法呢？你在 Student 类的有参构造方法中添加一条打印输出语句，就能明白了。不过要注意，在代码中本身有一条使用 new 运算符构造 Student 对象的语句。

在当前目录下会生成一个 student 文件，以二进制方式打开该文件，文件内容如图 19-8 所示。

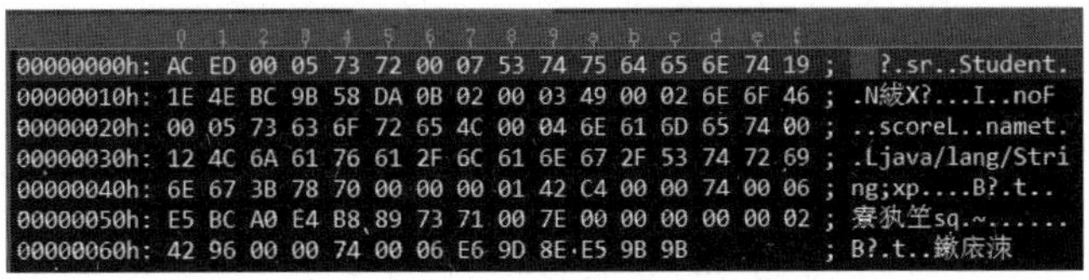

图 19-8 student 文件的内容

我们注意到文件中存储了类名、字段的名字和字段值。也就是说，类的方法信息并没有被序列化，对于一个对象来说，重要的是它的状态，而不是方法，且方法属于对象。文件中除了类名和字段数据外，没有 Student 类的其他类型信息。也就是说，通过反序列化得到的对象的类型信息并不完整，依然需要对象所属的类的 Class 对象。也就是说，**使用反序列化来恢复对象时，必须能够找到该对象所属类的字节码文件，否则会引发 ClassNotFoundException 异常**。

另外要注意的是：
- 当一个对象被序列化时，只保存对象的非静态成员变量，不能保存静态的成员变量。
- 如果一个对象的成员变量引用了另一个对象，那么这个对象的数据成员也会被保存，前提是该对象支持序列化。
- 如果一个可序列化的对象包含对某个不可序列化的对象的引用，那么整个序列化操作将会失败，并且会抛出一个 NotSerializableException 异常。我们可以将这个引用变量标记为 transient，那么对象仍然可以序列化。当对象被序列化时，标记为 transient 的字段会被跳过。例如，Thread 类的对象是不可被序列化的，如果在 Student 类中存在 Thread 类型的字段，则在保存 Student 对象时会抛出 NotSerializableException 异常，这时可以通过添加 transient 说明符来解决这个问题，如下所示：

```
transient Thread t;
```

19.10.2 对象引用的序列化

我们再定义一个 Teacher 类，也实现 Serializable 接口，同时在 Student 类中添加一个 Teacher 类型的字段，如代码 19.26 所示。

代码 19.26　Student.java

```
import java.io.Serializable;

public class Student implements Serializable{
    private int no;
    private String name;
    private float score;
    private Teacher teacher;

    public Student(int no, String name, float score, Teacher teacher){
        this.no = no;
        this.name = name;
        this.score = score;
        this.teacher = teacher;
    }

    public Teacher getTeacher(){
        return teacher;
    }

    public String toString(){
        return String.format(
            "学号：%d, 姓名：%s, 成绩：%.1f, 老师：%s", no, name, score, teacher.getName());
    }
}

class Teacher implements Serializable{
    private String name;

    public Teacher(String name){
        this.name = name;
    }
```

```java
    public String toString(){
        return name;
    }
    public String getName(){
        return name;
    }
    public void setName(String name){
        this.name = name;
    }
}
```

接下来编写一个程序，对 Student 对象和 Teacher 对象进行序列化，保存到一个文件中，如代码 19.27 所示。

代码 19.27　ObjectReferenceWrite.java

```java
import java.io.FileOutputStream;
import java.io.ObjectOutputStream;
import java.io.IOException;

public class ObjectReferenceWrite{
    public static void main(String[] args){
        Teacher t = new Teacher("王五");
        Student stu1 = new Student(1, "张三", 98, t);
        Student stu2 = new Student(2, "李四", 75, t);

        try(
            FileOutputStream fos = new FileOutputStream("student");
            ObjectOutputStream oos = new ObjectOutputStream(fos)){

            oos.writeObject(stu1);
            oos.writeObject(stu2);
            oos.writeObject(t);
        }
        catch(IOException e){
            e.printStackTrace();
        }
    }
}
```

代码中有三个对象 t、stu1 和 stu2，分别调用 ObjectOutputStream 的 writeObject 方法写入到文件中。当保存 stu1 和 stu2 时，它们所引用的 Teacher 对象 t 也一起被序列化；当单独保存 Teacher 对象 t 时，t 又一次被序列化。现在的问题是，程序中不管 stu1 还是 stu2 引用的都是同一个 Teacher 对象，如果反序列化两个 Student 对象却得到不同的 Teacher 对象，那么问题就严重了。想象一下，一个班级所有学生的数学老师都是同一个人，在通过序列化机制保存、反序列化时，每个学生都有一个不同的老师，岂不是乱套了。

下面就让我们来看看序列化机制能否解决上述问题，编写一个反序列化程序，从 student 文件中恢复两个 Student 对象和一个 Teacher 对象。如代码 19.28 所示。

代码 19.28　ObjectReferenceRead.java

```java
import java.io.FileInputStream;
import java.io.ObjectInputStream;
import java.io.IOException;
```

```java
public class ObjectReferenceRead{
    public static void main(String[] args){
        try(
            FileInputStream fis = new FileInputStream("student");
            ObjectInputStream ois = new ObjectInputStream(fis)){
            Student stu1 = (Student)ois.readObject();
            Student stu2 = (Student)ois.readObject();
            Teacher t = (Teacher)ois.readObject();

            System.out.println("stu1 和 stu2 的 Teacher 引用是否相同: "
                + (stu1.getTeacher() == stu2.getTeacher()));
            System.out.println("stu1 的 Teacher 引用和 t 是否相同: "
                + (stu1.getTeacher() == t));
        }
        catch(IOException | ClassNotFoundException e){
            e.printStackTrace();
        }
    }
}
```

程序运行的结果为：

```
stu1 和 stu2 的 Teacher 引用是否相同: true
stu1 的 Teacher 引用和 t 是否相同: true
```

从输出结果来看，Java 的序列化机制是能够解决同一个对象多次被序列化的问题。

实际上，序列化机制是通过为对象添加一个序列号来解决这个问题的。每个被保存的对象都赋予一个序列号，如 1、2、3 等。在保存时，先检查相同的对象是否已经被保存，如果对象没有被保存，则写入对象的数据；如果对象已经被保存，则只写入已保存的对象的序列号。图 19-9 给出了代码 19.27 中的对象内存与序列化后的文件格式示意图。

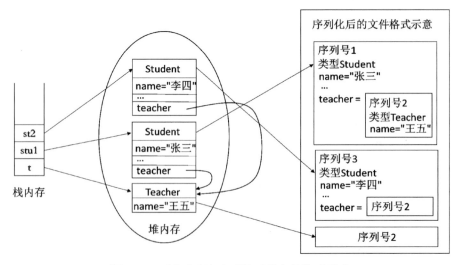

图 19-9 对象内存与序列化后的文件格式示意

Java 的序列化机制采用序列号避免了对象的重复存储，但由此也引发了新的问题，我们看代码 19.29。

代码 19.29　SerialNumberProblem.java

```java
import java.io.FileInputStream;
import java.io.FileOutputStream;
import java.io.ObjectInputStream;
import java.io.ObjectOutputStream;
import java.io.IOException;

public class SerialNumberProblem{
    public static void main(String[] args){
        try(
            FileOutputStream fos = new FileOutputStream("student");
            ObjectOutputStream oos = new ObjectOutputStream(fos)){

            Teacher t = new Teacher("王五");
            oos.writeObject(t);
            t.setName("赵六");
            oos.writeObject(t);
        }
        catch(IOException e){
            e.printStackTrace();
        }

        try(
            FileInputStream fis = new FileInputStream("student");
            ObjectInputStream ois = new ObjectInputStream(fis)){
            Teacher t1 = (Teacher)ois.readObject();
            Teacher t2 = (Teacher)ois.readObject();

            System.out.println("t1 和 ts 引用的是否同一个对象：" + (t1 == t2));
            System.out.println("教师名字：" + t2.getName());

        }
        catch(IOException | ClassNotFoundException e){
            e.printStackTrace();
        }
    }
}
```

在序列化 Teacher 对象 t 后，修改了 t 的名字，之后再次保存。在反序列化时，读取了两次 Teacher 对象，我们预期 t1 的名字是"王五"，t2 的名字是"赵六"。

程序运行的结果为：

```
t1 和 ts 引用的是否同一个对象：true
t1 的名字：王五
t2 的名字：王五
```

从结果中可以看到，t1 和 t2 是同一个对象。t1 和 t2 的名字都是王五，说明修改名字后的 Teacher 对象并没有被再次写入，这是符合 Java 序列化机制的。在第二次写入时，由于是同一个对象，所以写入的仅仅是对象的序列号。

所以，当使用 Java 序列化机制保存对象时一定要注意，只有在第一次调用 writeObject 方法写入对象时才会保存对象的数据，当后面对象的数据发生变化而想再次保存时，是不会保存新数据的。这也提醒我们，不能把序列化机制当作临时存储对象状态的一种手段来使用，只有在真正需要的时候，才对对象进行序列化保存。

19.10.3 序列化过滤器

Java 9 为 ObjectInputStream 类新增了 setObjectInputFilter 和 getObjectInputFilter 两个方法，前者用于为对象输入流设置一个序列化过滤器，后者用于得到对象输入流的序列化过滤器。

序列化过滤器是一个 ObjectInputFilter 接口实现类的对象。ObjectInputFilter 是一个函数式接口，在该接口中只有一个 checkInput 方法，该方法的签名如下所示：

- ObjectInputFilter.Status checkInput(ObjectInputFilter.FilterInfo filterInfo)

如果为输入流设置了过滤器，那么在反序列化时，会为流中的每个类和引用都调用过滤器的 checkInput 方法。在 checkInput 方法的实现中可以通过参数 filterInfo 检查类、数组长度、引用的数量、图形的深度和输入流的大小，并根据检查的结果返回一个 Status 枚举值。

在 FilterInfo 接口中定义了如下的方法：

- long arrayLength()
  在反序列化类的数组时，数组元素的数目。
- long depth()
  当前深度。深度从 1 开始，每一个嵌套的对象深度都加 1，每返回一个嵌套的对象，深度都减 1。
- long references()
  对象引用的当前数目。
- Class<?> serialClass()
  正在被反序列化的对象的类。对于数组而言，返回的是数组类型。
- long streamBytes()
  当前已读取的流的字节数。

Status 枚举类型定义的枚举值只有三个，如下所示：

- ALLOWED
  允许恢复。
- REJECTED
  拒绝恢复。
- UNDECIDED
  未决定状态，继续执行检查。

ObjectInputStream 的 readObject 方法会根据 ObjectInputFilter 的检查结果来决定是否执行反序列化，如果 checkInput 方法返回 Status.REJECTED，则反序列化将被阻止；如果 checkInput 方法返回 Status.ALLOWED，则可以正常执行反序列化。如果过滤器返回 Status.REJECTED、null 或者抛出一个 RuntimeException，那么 readObject 方法将抛出 InvalidClassException 异常。

如果使用 ObjectInputStream 读取基本类型和字符串类型数据，则不会调用过滤器。

下面我们通过一个例子来学习序列化过滤器的用法，如代码 19.30 所示。

代码 19.30　UseSerializationFilter.java

```java
import java.io.FileInputStream;
import java.io.ObjectInputStream;
import java.io.IOException;
import java.io.ObjectInputFilter;
import java.io.ObjectInputFilter.Status;

public class UseSerializationFilter{
    public static void main(String[] args){
        try(
            FileInputStream fis = new FileInputStream("student");
            ObjectInputStream ois = new ObjectInputStream(fis)){

            ois.setObjectInputFilter(info -> {
                // 首先检查是否配置了进程范围的过滤器，如果配置了
                // 则使用该过滤器执行默认的检查
                ObjectInputFilter filter =
                    ObjectInputFilter.Config.getSerialFilter();
                if(filter != null){
                    System.out.println("filter != null");
                    // 首先执行默认的检查
                    Status status = filter.checkInput(info);
                    if (status != Status.UNDECIDED) {
                        return status;
                    }
                }

                // 如果要恢复的对象不是 1 个，例如有嵌套的对象
                if (info.references() != 1) {
                    // 不允许恢复对象
                    return Status.REJECTED;
                }
                // 如果恢复的对象的类不是 Teacher，则不允许恢复
                if(info.serialClass() != null &&
                    Teacher.class != info.serialClass()){
                    return Status.REJECTED;
                }
                return Status.UNDECIDED;
            });

            Teacher t = (Teacher)ois.readObject();
            System.out.println(t.getName());

        }
        catch(IOException | ClassNotFoundException e){
            e.printStackTrace();
        }
    }
}
```

如果代码要正常运行，则需要使用上一节代码 19.29 生成的序列化文件格式。

19.10.4　定制序列化

默认的序列化机制会将类中的非静态字段依次序列化，如果该字段是对象类型，则被引用的对象也会被序列化。对于不能序列化的字段（如线程对象），或者不想序列化的字段（如账户密码）等，可以将字段声明为 transient。

但如果想要在序列化时提供更多的控制行为，例如，对某个字段进行加密保存，在读取时再进行解密，那么可以在可序列化的类中定义具有如下签名的方法：

- private void writeObject(java.io.ObjectOutputStream out) throws IOException
- private void readObject(java.io.ObjectInputStream in)throws IOException, ClassNotFoundException;

只要你在类中定义了具有上述签名的方法，在序列化保存对象时（调用 ObjectOutputStream 的 writeObject 方法），类中的 writeObject 方法就会被调用，并为你准备好 ObjectOutputStream 实例；在反序列化时（调用 ObjectInputStream 的 readObject 方法），类中的 readObject 方法就会被调用，并为你准备好 ObjectInputStream 实例。不管方法是私有的还是其他访问权限，Java 的序列化机制都保证了只要方法签名相同，就能调用。

在 writeObject 方法中，你可以利用参数 out 来写入字段数据，至于字段按什么顺序、什么格式、是否加密进行写入，都由你说了算。在 readObject 中，**需要按照字段写入的顺序来恢复对象的状态**。ObjectOutputStream 实现了 DataOutput 接口，ObjectInputStream 实现了 DataInput 接口，支持基本类型数据的读写，不用担心各种不同类型的字段写入和读取的问题。

下面我们看一下如何定制序列化，首先修改 Student 类，在类中定义 writeObject 和 readObject 方法，如代码 19.31 所示。

代码 19.31　Student.java

```
import java.io.Serializable;
import java.io.IOException;

public class Student implements Serializable{
    ...
    private void writeObject(java.io.ObjectOutputStream out)
        throws IOException{
        out.writeInt(no);
        out.writeUTF(name);
        out.writeFloat(score - 60);
        out.writeObject(teacher);
    }

    private void readObject(java.io.ObjectInputStream in)
        throws IOException, ClassNotFoundException{
        no = in.readInt();
        name = in.readUTF();
        score = in.readFloat() + 60;
        teacher = (Teacher)in.readObject();
    }
}
    ...
```

在写入成绩时，我们简单地将成绩减去 60 再写入，当读取时再加回来。对于账号、密码等敏感信息，你可以采用加密后写入，在读取时进行解密。

除了写入类中所有字段外，还可以写入额外的数据。如果所有字段都不需要进行处理，仅仅是为了写入一些额外数据，那么可以在 writeObject 方法中调用 out.defaultWriteObject()，执行默认的写入，以省略无趣的字段写入代码；在 readObject 方法中调用 in.defaultReadObject()，执行默认的读取，以省略无趣的字段读取代码。

然后按照正常流程编写序列化和反序列化的代码，如代码 19.32 所示。

代码 19.32　CustomSerialization.java

```java
import java.io.FileInputStream;
import java.io.FileOutputStream;
import java.io.ObjectInputStream;
import java.io.ObjectOutputStream;
import java.io.IOException;

public class CustomSerialization{
    public static void main(String[] args){
        Teacher t = new Teacher("王五");
        Student stu1 = new Student(1, "张三", 98, t);
        Student stu2 = new Student(2, "李四", 75, t);

        try(
            FileOutputStream fos = new FileOutputStream("student");
            ObjectOutputStream oos = new ObjectOutputStream(fos)){
            oos.writeObject(stu1);
            oos.writeObject(stu2);
        }
        catch(IOException e){
            e.printStackTrace();
        }

        try(
            FileInputStream fis = new FileInputStream("student");
            ObjectInputStream ois = new ObjectInputStream(fis)){
            System.out.println(ois.readObject());
            System.out.println(ois.readObject());

        }
        catch(IOException | ClassNotFoundException e){
            e.printStackTrace();
        }
    }
}
```

程序运行的结果为：

学号：1，姓名：张三，成绩：98.0，老师：王五
学号：2，姓名：李四，成绩：75.0，老师：王五

19.10.5 替换对象

在序列化对象时,我们还可以将这个对象替换为另一个对象,只要可序列化的类中定义了如下签名的方法即可:

- ANY-ACCESS-MODIFIER Object writeReplace() throws ObjectStreamException;

writeReplace 方法由序列化机制调用,所以 ANY-ACCESS-MODIFIER 可以是任意的访问说明符。当序列化某个对象时,如果该对象存在 writeReplace 方法,则调用该方法,然后序列化这个方法返回的对象。如果返回的对象也有 writeReplace 方法,则继续调用新对象的 writeReplace 方法。如果返回的对象没有定义 writeReplace 方法,但定义了 writeObject 方法,则调用它,执行自定义的序列化;如果没有定义 writeObject 方法,则执行默认的序列化。

修改 Student 类,定义 writeReplace 方法,将对 Student 对象的序列化替换为一个 Map 对象,如代码 19.33 所示。

代码 19.33　Student.java

```java
import java.io.Serializable;
import java.io.ObjectStreamException;
import java.util.HashMap;

public class Student implements Serializable{
    private int no;
    private String name;
    private float score;
    private Teacher teacher;

    ...
    private Object writeReplace() throws ObjectStreamException{
        HashMap<String, Object> hm = new HashMap<>();
        hm.put("no", no);
        hm.put("name", name);
        hm.put("score", score);
        hm.put("teacher", teacher.getName());
        return hm;
    }
}
...
```

接下来编写序列化和反序列化的代码,如代码 19.34 所示。

代码 19.34　UseWriteReplace.java

```java
import java.io.FileInputStream;
import java.io.ObjectInputStream;
import java.io.FileOutputStream;
import java.io.ObjectOutputStream;
import java.io.IOException;
import java.util.Map;

public class UseWriteReplace{
    public static void main(String[] args){
        Teacher t = new Teacher("王五");
```

```java
        Student stu = new Student(1, "张三", 98, t);
        try(
            FileOutputStream fos = new FileOutputStream("student");
            ObjectOutputStream oos = new ObjectOutputStream(fos)){
            oos.writeObject(stu);
        }
        catch(IOException e){
            e.printStackTrace();
        }

        try(
            FileInputStream fis = new FileInputStream("student");
            ObjectInputStream ois = new ObjectInputStream(fis)){

            @SuppressWarnings("unchecked")
            Map<String, Object> stuMap = (Map<String, Object>)ois.readObject();
            stuMap.forEach((key, value) ->
                System.out.println(key + "=" + value));
        }
        catch(IOException | ClassNotFoundException e){
            e.printStackTrace();
        }
    }
}
```

序列化保存 Student 对象是透明的,不过在反序列时,你要知道实际保存的是一个 Map 对象。

程序运行的结果为:

```
no=1
score=98.0
teacher=王五
name=张三
```

与之相对,在反序列化时,也可以替换反序列化的对象,这是通过在类中定义如下签名的方法来实现的。

- ANY-ACCESS-MODIFIER Object readResolve() throws ObjectStreamException;

与 writeReplace 一样,ANY-ACCESS-MODIFIER 可以是任意的访问说明符。这个方法会在自定义的 readObject 方法(如果有)调用之后被调用,然后用 readResolve 方法返回的对象替换反序列化后的对象。

再来看一个例子,首先修改 Student 类,添加 readResolve 方法的实现,将 Student 对象替换为一个字符串对象,如代码 19.35 所示。

代码 19.35　Student.java

```java
import java.io.Serializable;
import java.io.ObjectStreamException;
import java.util.HashMap;

public class Student implements Serializable{
    private int no;
    private String name;
```

```
    private float score;
    private Teacher teacher;

    ...
    private Object readResolve() throws ObjectStreamException{
        return String.format(
            "学号:%d,姓名:%s,成绩:%.1f,老师:%s", no, name, score, teacher.getName());
    }
}
...
```

然后编写序列化和反序列化的代码，如代码 19.36 所示。

代码 19.36　UseReadResolve.java

```java
import java.io.FileInputStream;
import java.io.ObjectInputStream;
import java.io.FileOutputStream;
import java.io.ObjectOutputStream;
import java.io.IOException;

public class UseReadResolve{
    public static void main(String[] args){
        Teacher t = new Teacher("王五");
        Student stu = new Student(1, "张三", 98, t);
        try(
            FileOutputStream fos = new FileOutputStream("student");
            ObjectOutputStream oos = new ObjectOutputStream(fos)){
            oos.writeObject(stu);
        }
        catch(IOException e){
            e.printStackTrace();
        }

        try(
            FileInputStream fis = new FileInputStream("student");
            ObjectInputStream ois = new ObjectInputStream(fis)){
            String str = (String)ois.readObject();
            System.out.println(str);
        }
        catch(IOException | ClassNotFoundException e){
            e.printStackTrace();
        }
    }
}
```

虽然在序列化时保存的是 Student 对象，但在反序列化时被 Student 对象的 readResolve 方法替换为了一个字符串。

程序运行的结果为：

学号:1,姓名:张三,成绩:98.0,老师:王五

在类中定义 writeReplace 或者 readResolve 方法时，虽说可以使用任意的访问说明符，但

如果不是 private 或者 default 访问权限，那么这两个方法就会被子类继承，当子类对象序列化或反序列化时，就会调用父类的 writeReplace 或者 readResolve 方法，这会让子类很困扰，写入或者恢复子类对象的结果却变成了另外的对象，总是让子类重写 writeReplace 或者 readResolve 方法也是一种负担。所以，除非是在 final 类中定义 writeReplace 或者 readResolve 方法，否则，都应该将它们声明为 private。

19.10.6 使用 Externalizable 接口定制序列化

Java 中另一种实现序列化的方式就是实现 java.io.Externalizable 接口，这种序列化的方式由我们自己决定如何保存和恢复对象数据。Externalizable 接口中定义的方法如下所示：

- void writeExternal(ObjectOutput out) throws IOException
- void readExternal(ObjectInput in) throws IOException, ClassNotFoundException

可序列化的类在 writeExternal 方法中保存对象的状态，java.io.ObjectOutput 接口扩展自 DataOutput 接口，并增加了 writeObject 方法，那么这个接口对象能干什么就不用多说了吧；在 readExternal 方法中实现反序列化，读取对象的状态，java.io.ObjectInput 接口扩展自 DataInput 接口，并增加了 readObject 方法。**实际上，ObjectOutputStream 实现的是 ObjectOutput 接口，ObjectInputStream 实现的是 ObjectInput 接口。**

一个类实现 Externalizable 接口，与 19.10.4 节介绍的定制序列化是类似的，当调用 ObjectOutputStream 的 writeObject 方法保存对象时，会自动调用该对象的 writeExternal 方法，并传入 ObjectOutputStream 实例，利用该实例来写入数据；当调用 ObjectInputStream 的 readObject 方法恢复对象时，会自动调用该对象的 readExternal 方法，并传入 ObjectInputStream 实例，利用该实例来读取数据。

下面我们依然通过一个例子来学习这种序列化方式的应用。首先修改 Student 类，让它实现 Externalizable 接口，给出 writeExternal 和 readExternal 方法的实现，如代码 19.37 所示。

代码 19.37　Student.java

```java
import java.io.Externalizable;
import java.io.IOException;
import java.io.ObjectInput;
import java.io.ObjectOutput;

public class Student implements Externalizable{
    private int no;
    private String name;
    private float score;
    private Teacher teacher;

    ...
    public Student(){}
    public void writeExternal(ObjectOutput out) throws IOException{
        out.writeInt(no);
        out.writeUTF(name);
        out.writeFloat(score);
        out.writeObject(teacher);
    }

    public void readExternal(ObjectInput in)
        throws IOException, ClassNotFoundException{
```

```
            no = in.readInt();
            name = in.readUTF();
            score = in.readFloat();
            teacher = (Teacher)in.readObject();
        }
    }

...
```

要注意的是，在使用 ObjectInputStream 的 readObject 反序列化对象时，会先调用类中公有的无参构造方法来创建实例，然后才会调用对象的 readExternal 方法来恢复数据，因此实现 **Externalizable** 接口的类必须提供 **public** 访问权限的无参构造方法。

接下来编写序列化和反序列化的代码，如代码 19.38 所示。

代码 19.38　UseExternalizable.java

```
import java.io.FileInputStream;
import java.io.FileOutputStream;
import java.io.ObjectInputStream;
import java.io.ObjectOutputStream;
import java.io.IOException;

public class UseExternalizable{
    public static void main(String[] args){
        Teacher t = new Teacher("王五");
        Student stu1 = new Student(1, "张三", 98, t);
        Student stu2 = new Student(2, "李四", 75, t);

        try(
            FileOutputStream fos = new FileOutputStream("student");
            ObjectOutputStream oos = new ObjectOutputStream(fos)){
            oos.writeObject(stu1);
            oos.writeObject(stu2);
        }
        catch(IOException e){
            e.printStackTrace();
        }

        try(
            FileInputStream fis = new FileInputStream("student");
            ObjectInputStream ois = new ObjectInputStream(fis)){
            System.out.println(ois.readObject());
            System.out.println(ois.readObject());

        }
        catch(IOException | ClassNotFoundException e){
            e.printStackTrace();
        }
    }
}
```

可以看到，这种序列化实现机制与 19.10.4 节介绍的机制是非常相似的。

程序运行的结果为：

```
学号：1，姓名：张三，成绩：98.0，老师：王五
学号：2，姓名：李四，成绩：75.0，老师：王五
```

另外要提醒读者的是，实现 Externalizable 接口的类也可以使用 writeReplace 和 readResolve 方法指定替换对象。

19.10.7 序列化版本

前面已经介绍过，在反序列化对象时，必须给出该对象的字节码文件，不过随着项目的推进，代码随时会发生更新，可能会删除或增加类的某些字段，因此类的字节码文件也会发生改变，当一个保存原先类对象的序列化文件与新的类一起工作时，如何保证兼容性呢？

Java 序列化机制允许为支持序列化的类添加一个 private static final 的长整型常量 serialVersionUID，这个常量用于标识这个类的序列化版本。当类升级后，只要 serialVersionUID 常量的值不变，Java 序列化机制就认为它们是同一个版本，允许使用新类的字节码文件来恢复对象。

- 如果新类增加了额外的字段，那么在恢复对象时，会将这些字段设置为默认值（数值型设为 0，boolean 类型设为 false，char 型设为'\0'，对象类型设为 null）。
- 如果新类删除了某些字段，那么在恢复对象时，会忽略这些字段。
- 如果新类修改了字段的类型，那么反序列化将失败，在这种情况下，新类应该为 serialVersionUID 常量更新值。
- 如果新类只是修改了方法，或者静态变量与 transient 实例变量，那么反序列化将不受影响。

如果类中没有定义 serialVersionUID 常量，那么默认也会根据类的成员信息产生一个版本唯一 ID，当升级类后，类的成员信息会有所变动，因此重新计算的版本 ID 也会有所不同，从而导致对象在反序列化时因版本不兼容而失败。

serialVersionUID 常量的值可以是任意的数字，不过为了保证唯一性，一般会用稍微复杂些的数字。在 JDK 安装目录的 bin 子目录下有一个 serialver.exe 工具，可以获取某个类的序列化版本的唯一 ID。打开命令提示符窗口，执行下面的命令，可以得到我们编写的 Student 类的序列化版本的唯一 ID。

```
F:\JavaLesson\ch19>serialver.exe Student
Student:    private static final long serialVersionUID = -6415563668408184691L;
```

只需要将生成的 serialVersionUID 这条语句复制到 Student 类中即可。

并不是所有支持序列化的类都需要定义 serialVersionUID 常量，例如在使用远程方法调用时，对象只是短期序列化以便于传参或作为返回值，这种情况就不需要去考虑版本和定义 serialVersionUID。在网上商城应用中，商品类支持序列化如果只是为了防止服务器宕机，那么也不需要考虑版本。只有在对象需要长期持久化时，才应该去考虑版本，以及为类定义 serialVersionUID 常量。

19.11　NIO

NIO 即 New I/O，是 JDK 1.4 引入的，为此单独增加了一个包：java.nio。这个包提供了

一种新的针对 I/O 的编程模式，新引入的 java.nio 包提高了 I/O 操作的速度。为了让所有用户都能体验到这个新的 I/O 类库的好处，原先的 IO 类也使用 NIO 重新实现了一遍。这样，即使我们不显式地使用 NIO 的类来进行 I/O 操作也可以享受到 NIO 的好处。JDK 1.4 发布至今已经过去很长时间了，新的 I/O 已经不再新了，所以现在普遍将 NIO 称为 Non-blocking I/O，即非阻塞的 I/O。

NIO 在应用于网络通信时更能发挥它的优势，可以实现非阻塞的 IO 操作。

NIO 由三个核心部分组成：

- Buffer（缓冲区）
- Channel（通道）
- Selector（选择器）

传统的 I/O 是基于字节流或字符流进行操作的，而 NIO 是基于 Channel 和 Buffer 进行操作的，数据总是从通道读取到缓冲区中，或者从缓冲区写入到通道中。Selector 用于监听多个通道的事件（比如：连接打开、数据到达等），单个线程可以监听多个数据通道。Selector 我们将在第 23 章中介绍。

19.11.1 缓冲区（Buffer）

扫码看视频

在 NIO 编程中，通道并不直接与数据打交道，而是通过缓冲区来存储和访问数据。可以把通道想象成铁路，缓冲区就是运载货物的列车。

在 java.nio 包中定义了一个抽象基类 Buffer，从该类继承下来的缓冲区类包括：

- ByteBuffer
- CharBuffer
- ShortBuffer
- IntBuffer
- LongBuffer
- FloatBuffer
- DoubleBuffer

最常用的是 ByteBuffer 和 CharBuffer。这些缓冲区类都是抽象的，因此不能直接通过 new 运算符来创建它们。至于如何得到这些缓冲区类的对象，后面我们会讲述。

缓冲区是一个特定的基本类型的线性有限元素序列，除了内容外，缓冲区的基本属性是容量、限制和位置。

- 容量（capacity）：缓冲区的容量是它包含的元素数目。缓冲区的容量是固定的，且不会为负数。
- 限制（limit）：缓冲区的限制是不能读或写的第一个元素的索引。缓冲区的限制永远不会超过其容量，也不会为负数。
- 位置（position）：缓冲区的位置是要读或写的下一个元素的索引。缓冲区的位置不会超过限制，也不会为负数。

这些属性值满足：$0 \leqslant \text{position} \leqslant \text{limit} \leqslant \text{capacity}$。

缓冲区的读写与 RandomAccessFile 类对文件的访问有些类似，读取或写入操作在 position 处发生，任何一次读取或写入操作，都会改变 poistion，使其递增，指向下一个元素。limt 用来限制可以读取或写入的元素数目。

在 Buffer 类中定义了很多方法，用于控制缓冲区的读写位置，如表 19-6 所示。

表 19-6 控制读写位置的方法

方　　法	作　　用
int capacity()	返回缓冲区容量
int limit()	返回缓冲区的 limit 值，limit 值代表了缓冲区的有效数据量
Buffer limit(int newLimit)	设置缓冲区的 limit。如果 position 大于 newLimit，则将 poistion 设置为 newLimit。如果已经定义了标记（mark），且标记大于 newLimit，则丢弃标记
int position()	获取 position 值。position 值代表了读取和写入的位置
Buffer position(int pos)	设置缓冲区的位置。如果已经定义了标记（mark），且标记大于 pos，则丢弃标记
Buffer mark()	将缓冲区的标记设置在当前位置
Buffer reset()	将缓冲区的位置重置为先前标记的位置
Buffer clear()	清除缓冲区，将 position 设置为 0，limit 设置为缓冲区容量，并丢弃标记。该方法并不没有真正删除缓冲区中的数据，而只是"遗忘"它们
Buffer flip()	将 limit 设置为当前位置，然后将 position 设置为 0。该方法主要用于在写入数据后为读取这些数据做准备，即切换为读取模式
Buffer rewind()	将 position 设置为 0，丢弃标记。该方法在读写操作之前调用，回到缓冲区的起始位置处进行读写操作
int remaining()	返回当前位置和限制之间的元素数，值为：limit – position
boolean hasRemaining()	判断当前位置和限制之间是否还有元素

Buffer 类并没有给出读写缓冲区中数据的方法，而是在它的子类中定义了 get 和 put 方法，用于读取或写入数据。

BytcBuffer 类中的 get 和 put 方法如下所示：

- public abstract byte get()
  读取缓冲区当前位置的字节，并递增 position。
- public abstract byte get(int index)
  读取指定索引处的字节。
- public ByteBuffer get(byte[] dst)
  将缓冲区中的数据读取到 dst 字节数组中。
- public ByteBuffer get(byte[] dst, int offset, int length)
  从缓冲区的当前位置开始，将数据读取到 dst 字节数组的 offset 处，读取数据的长度由参数 length 指定，同时缓冲区的 position 也增加 length。如果缓冲区中剩余的字节数小于 length，即 remaining() < length, 则不传输任何字节，并引发 BufferUnderflowException。
- public abstract ByteBuffer put(byte b)
  将指定的字节在当前位置写入到缓冲区，然后递增 position。
- public abstract ByteBuffer put(int index, byte b)
  将指定字节在指定索引处写入缓冲区。
- public final ByteBuffer put(byte[] src)
  将 src 字节数组的内容全部写入到缓冲区中。

- public ByteBuffer put(byte[] src, int offset, int length)
  将 src 字节数组从 offset 开始,参数 length 指定的长度的数据写入到缓冲区的当前位置,同时缓冲区的 position 也增加 length。如果从 src 数组中要复制的字节数大于缓冲区剩余的字节数,即 length > remaining(),则不传输任何字节,并引发 BufferOverflowException。
- public ByteBuffer put(ByteBuffer src)
  将 src 指定的缓冲区中的剩余字节写入到这个缓冲区中。如果 src 中剩余的字节数大于此缓冲区中的字节数,即 src.remaining() > this.remaining(),则不传输任何字节,并引发 BufferOverflowException。

ByteBuffer 类中还定义了读写其他基本数据类型的方法(boolean 类型除外),形式为:getXxx 或者 putXxx,例如 getInt、putInt。

要构造一个 ByteBuffer 类的对象,可以调用该类的如下两个静态方法,通过指定容量来分配缓冲区。

- public static ByteBuffer allocate(int capacity)
  分配一个新的字节缓冲区。新缓冲区的 position 为 0,limit 为 capacity,每个元素都初始化为 0,字节顺序为 BIG_ENDIAN。
- public static ByteBuffer allocateDirect (int capacity)
  分配一个新的直接字节缓冲区。新缓冲区的 position 为 0,limit 为 capacity,每个元素都初始化为 0,字节顺序为 BIG_ENDIAN。

也可以将一个现有的字节数组进行包装来创建缓冲区,相关的两个静态方法如下所示:

- public static ByteBuffer wrap(byte[] array)
  将 array 字节数组包装到缓冲区中。新的缓冲区将由 array 来支持,也就是说,对缓冲区的修改会导致 array 被修改,反之亦然。新缓冲区的容量和限制是 array 的长度,位置是 0,字节顺序为 BIG_ENDIAN。
- public static ByteBuffer wrap(byte[] array, int offset, int length)
  将 array 字节数组包装到缓冲区中。新的缓冲区将由 array 来支持,也就是说,对缓冲区的修改会导致 array 被修改,反之亦然。新缓冲区的容量是 array 的长度,位置是 offset,限制是 offset + length,字节顺序为 BIG_ENDIAN。

如果要得到缓冲区使用的字节数组,可以调用 array 方法,该方法的签名如下所示:

- public final byte[] array()

要注意的是,对缓冲区内容的修改会导致返回的数组内容被修改,反之亦然。

了解了相关方法,接下来还是要回到缓冲区的三个基本属性上来,只有彻底明白了读写数据时 positon 和 limit 的变化,才能真正地掌握对缓冲区的读写操作。

我们看代码 19.39。

代码 19.39 UsingBuffer.java

```
import java.nio.Buffer;
import java.nio.ByteBuffer;

public class StringSort {
    public static void printIndexs(String desc, Buffer buf){
        System.out.printf("%s: \t[position=%d limit=%d capacity=%d]\n",
            desc, buf.position(), buf.limit(), buf.capacity());
    }
```

```java
public static void main(String[] args) {
    ByteBuffer buf = ByteBuffer.allocate(12);
    String str = "Hello";
    // 将字节数组的内容写入到缓冲区中
    buf.put(str.getBytes());
    printIndexs("写入后", buf);  // (1)
    // 调用flip方法后，limit将是当前位置，即5，而postion则为0
    buf.flip();
    printIndexs("flip方法调用后", buf);  // (2)

    System.out.printf("%c", buf.get());
    // 在缓冲区当前位置（1）设置一个标记
    buf.mark();

    // 循环读取字节
    while(buf.hasRemaining()){
        System.out.printf("%c", buf.get());
    }
    System.out.println();
    printIndexs("数据读取后", buf);  // (3)

    // 回到先前标记的位置，即1
    buf.reset();
    printIndexs("reset方法调用后", buf);  // (4)
    // 回到缓冲区起始位置，position为0，丢弃标记
    buf.rewind();
    printIndexs("rewind方法调用后", buf);  // (5)

    // 将limit重新设置为缓冲区的容量，否则将无法在索引为5处进行读写操作
    buf.limit(buf.capacity());
    // 将postion设置为5
    buf.position(5);
    buf.put(" World".getBytes());
    printIndexs("写入新的字节数组后", buf);  // (6)

    // 打印输出缓冲区中的数据，要注意，不能直接使用返回的数组长度
    // 数组长度是缓冲区的容量，而数组中实际元素数目不到12
    System.out.println(new String(buf.array(), 0, buf.position()));
}
```

程序运行的结果为：

```
写入后：             [position=5 limit=12 capacity=12]
flip方法调用后：      [position=0 limit=5 capacity=12]
Hello
数据读取后：         [position=5 limit=5 capacity=12]
reset方法调用后：    [position=1 limit=5 capacity=12]
rewind方法调用后：   [position=0 limit=5 capacity=12]
写入新的字节数组后： [position=11 limit=12 capacity=12]
Hello World
```

为了让读者看得更清晰，笔者对输出结果排了一下版。

下面让我们来看看在程序运行过程中，缓冲区的 postion 和 limit 的变化情况。

第 1 步，创建一个 ByteBuffer 对象。这时，capacity 为 12，limit 为 12，position 为 0，如图 19-10 所示。

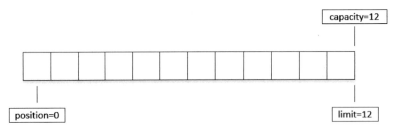

图 19-10　初始创建 ByteBuffer 对象后

第 2 步，使用 put 方法向缓冲区中写入数据，capacity 是始终不变的，此时 limit 也没有变化，仍然为 12，由于写入了 5 个字节，position 变为 5（索引从 0 开始），如图 19-11 所示。

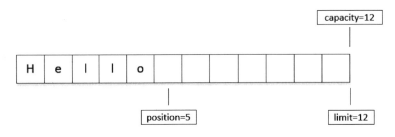

图 19-11　向缓冲区写入数据后

第 3 步，调用 flip 方法，该方法会将 limit 设置为当前位置，然后将 position 设置为 0，此时 limit 为 5，如图 19-12 所示。

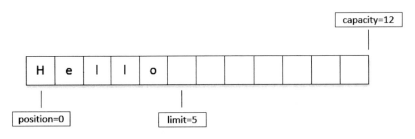

图 19-12　调用 flip 方法后

第 4 步，从缓冲区的起始位置开始读取数据，在有效数据读取完毕后，position 变为 5，limit 没有变化，如图 19-13 所示。

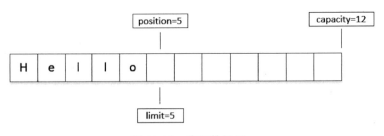

图 19-13　读取数据后

第 5 步，调用 reset 方法回到先前标记的位置，即索引为 1 的位置，此时 position 变为 1，limit 没有变化，如图 19-14 所示。

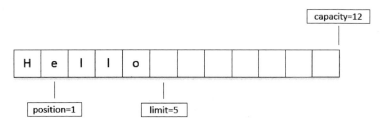

图 19-14　调用 reset 方法后

第 6 步，调用 rewind 方法，该方法会回到缓冲区的起始位置，并丢弃标记，此时 postion 为 0，limit 没有变化，如图 19-15 所示。

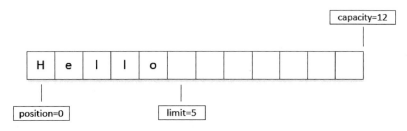

图 19-15　调用 rewind 方法后

第 7 步，调用 limit 方法，将 limit 设置为缓冲区的容量，即 12；然后调用 position 方法将位置移动到索引为 5 的地方，开始写入 6 个字节数据。position 始终是要读或写的下一个元素的索引，因此此时 position 为 11，如图 19-16 所示。

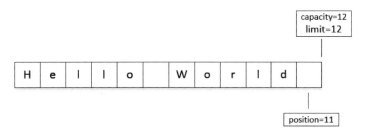

图 19-16　调用 limit 方法并写入新数据后

19.11.2　通道（Channel）

可以将通道类比为传统 I/O 中的流，数据总是从通道读取到缓冲区中，或者从缓冲区写入到通道中。在引入 NIO 的同时，Sun 公司对 FileInputStream、FileOutputStream 和 RandomAccessFile 类也做了修改，分别增加了一个 getChannel 方法，该方法返回一个 FileChannel 对象。FileChannel 类位于 java.nio.channels 包中，实现了 java.nio.channels.Channel 接口。FileChannel 是用于读取、写入、映射和操作文件的通道。

扫码看视频

下面我们使用 FileChannel 类结合缓冲区来读写文件，如代码 19.40 所示。

代码 19.40　UseFileChannel.java

```
import java.io.FileInputStream;
import java.io.FileOutputStream;
```

```java
import java.io.IOException;
import java.io.RandomAccessFile;

import java.nio.ByteBuffer;
import java.nio.channels.FileChannel;

public class UseFileChannel {
    public static void main(String[] args) {
        String text = "Vue.js 从入门到实战";
        // 使用 FileOutputStream 关联的文件通道写入数据
        try(
            FileOutputStream fos = new FileOutputStream("1.txt");
            FileChannel fc = fos.getChannel()) {
            // 将缓冲区中的数据写入通道
            fc.write(ByteBuffer.wrap(text.getBytes()));
        }
        catch(IOException e){
            e.printStackTrace();
        }

        // 使用 FileInputStream 关联的文件通道读取数据
        try(
            FileInputStream fis = new FileInputStream("1.txt");
            FileChannel fc = fis.getChannel()) {
            ByteBuffer buf = ByteBuffer.allocate(1024);
            // 从通道中读取数据到缓冲区
            fc.read(buf);
            System.out.println(new String(buf.array(), 0, buf.position()));
        }
        catch(IOException e){
            e.printStackTrace();
        }

        // 使用 RandomAccessFile 关联的文件通道读写数据
        try(
            RandomAccessFile raf = new RandomAccessFile("1.txt", "rw");
            FileChannel fc = raf.getChannel()) {
            // position 方法用于设置通道的文件位置
            // size 方法返回通道文件的当前大小
            // 移动到文件的末尾，准备继续写入数据
            fc.position(fc.size());
            String str = " Servlet/JSP 深入详解";
            fc.write(ByteBuffer.wrap(str.getBytes()));

            // 移动到文件开头，准备读取数据
            fc.position(0);
            ByteBuffer buf = ByteBuffer.allocate(1024);
            // 从通道中读取数据到缓冲区
            fc.read(buf);
            System.out.println(new String(buf.array(), 0, buf.position()));
        }
        catch(IOException e){
```

```
                e.printStackTrace();
            }
        }
    }
```

程序运行的结果为:

```
Vue.js 从入门到实战
Vue.js 从入门到实战 Servlet/JSP 深入详解
```

在传统 I/O 的文件操作中,由我们自己定义字节数组来存放文件中的数据,而在 NIO 编程中,数据都存储在缓冲区中。

当通过 FileInputStream 对象得到 FileChannel 对象时,这个 FileChannel 对象只能对文件进行读操作;当通过 FileOutputStream 对象得到 FileChannel 对象时,这个 FileChannel 对象只能对文件进行写操作;当通过 RandomAccessFile 对象得到 FileChannel 对象时,这个 FileChannel 对象可以对文件进行读写操作,不过最终是只读、只写还是可读写,是由 RandomAccessFile 类的构造方法的 mode 参数来决定的。

19.11.3 使用通道复制文件

下面我们使用 FileChannel 类来实现文件的复制,看看有哪些细节需要注意,如代码 19.41 所示。

代码 19.41　CopyFileUseFileChannel.java

```java
import java.io.FileInputStream;
import java.io.FileOutputStream;
import java.io.IOException;
import java.nio.ByteBuffer;
import java.nio.channels.FileChannel;

public class CopyFileUseFileChannel {
    public static void main(String[] args) {
        if(args.length < 2){
            System.out.println(
                "Usage: java CopyFileUseFileChannel [srcFile] [destFile]");
            System.exit(1);
        }
        try(
            FileInputStream fis = new FileInputStream(args[0]);
            FileOutputStream fos = new FileOutputStream(args[1]);
            FileChannel in = fis.getChannel();
            FileChannel out = fos.getChannel()){

            ByteBuffer buf = ByteBuffer.allocate(4096);
            // 开始循环读取源文件数据,并写入到目标文件
            int len = in.read(buf);
            while(len != -1 && len != 0){
                // 调用 flip 方法准备写入数据
                // 这会将缓冲区的 postion 设置为 0
                // 然后将 limit 设置为已经读取的有效数据的下一个位置
                buf.flip();
```

```java
            // 向目标文件写入数据
            out.write(buf);
            // 清除缓冲区，准备下一次的数据读取
            buf.clear();
            len = in.read(buf);
        }
    }
    catch (IOException e) {
        e.printStackTrace();
    }
}
```

FileChannel 的 read 方法在通道已经到达流的末尾时，会返回-1 或者 0。其他需要注意的细节，已经在注释中详细说明了。

这里给读者留一个问题，将上述代码中 flip 方法的调用换成 rewind 方法是否可行？

上述代码虽然并不是很复杂，但依然有一些需要注意的细节，主要是在读与写切换时，控制缓冲区的索引位置，并在写入数据后，调用 clear 方法清除缓冲区。

在 FileChannel 类中有两个方法，可以将数据从一个通道传输到另一个通道，利用这两个方法，可以简化文件的复制，并可以获得效率上的提升。这两个方法的签名如下所示：

- public abstract long transferFrom(ReadableByteChannel src, long position, long count) throws IOException

  将字节从给定的可读字节通道传输到该通道的文件中。参数 postion 指定文件中开始传输的位置，count 指定要传输的最大字节数。这个方法不会修改此通道的位置。

- public abstract long transferTo(long position, long count, WritableByteChannel target) throws IOException

  将字节从该通道的文件传输到指定的可写字节通道。参数 postion 指定文件中开始传输的位置，count 指定要传输的最大字节数。这个方法不会修改此通道的位置。

使用这两个方法中的任意一个方法都可以完成对文件的复制，相比使用循环从源通道读取并写入目标通道，这两个方法的效率会更高，因为操作系统可以直接使用文件系统缓存来进行数据传输，而不用实际复制数据。

不用担心你看到的两个新的类型，因为 FileChannel 类已经实现了 ReadableByteChannel 和 WritableByteChannel 接口。

修改代码 19.41，使用上述两个方法中的任意一个方法，实现文件的复制功能，如代码 19.42 所示。

代码 19.42　CopyFileUseTransfer.java

```java
import java.io.FileInputStream;
import java.io.FileOutputStream;
import java.io.IOException;
import java.nio.channels.FileChannel;

public class CopyFileUseTransfer {
    public static void main(String[] args) {
        if(args.length < 2){
            System.out.println(
                "Usage: java CopyFileUseFileChannel [srcFile] [destFile]");
```

```
            System.exit(1);
        }
        try(
            FileInputStream fis = new FileInputStream(args[0]);
            FileOutputStream fos = new FileOutputStream(args[1]);
            FileChannel in = fis.getChannel();
            FileChannel out = fos.getChannel()){

            out.transferFrom(in, 0, in.size());
            // 或者调用
            // in.transferTo(0, in.size(), out);
        }
        catch (IOException e) {
            e.printStackTrace();
        }
    }
}
```

19.11.4 视图缓冲区

虽然 ByteBuffer 中给出了读写其他基本数据类型的 getXxx 和 putXxx 方法（boolean 类型除外），让我们可以直接读取或写入一个 char、short、int、long、float 或者 double 类型的值，但有时候，直接使用这些类型的缓冲区会更为方便。在 ByteBuffer 类中给出了一系列的 asXxx 方法，让我们可以得到一个基本数据类型的缓冲区视图，对视图缓冲区的修改会反映到字节缓冲区中，反之亦然。不过，两个缓冲区的位置、限制和标记值是独立的。

缓冲区与文件通道之间的关系如图 19-17 所示。

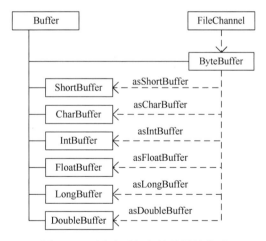

图 19-17　缓冲区与文件通道的关系

代码 19.43 演示了视图缓冲区的使用。

代码 19.43　ViewBuffer.java

```
import java.nio.ByteBuffer;
import java.nio.CharBuffer;
import java.nio.ShortBuffer;
import java.nio.IntBuffer;
import java.nio.DoubleBuffer;
```

```java
public class ViewOfBuffer{
    public static void main(String[] args){
        ByteBuffer buf = ByteBuffer.allocate(64);
        // 此时 CharBuffer 的 postion 是 0，容量和限制是 buf 的字节数处于 2
        CharBuffer charBuf = buf.asCharBuffer();
        // 利用 CharBuffer 直接写入一个字符串
        // 注意：Java 中一个字符占两个字节，分配的字节缓冲区容量要足够
        charBuf.put("Hello World!");
        // 视图缓冲区和得到它的字节缓冲区的位置、限制和标记值是独立的
        // 因此使用 buf 读取时，可以直接读取，不需要重置 postion
        // 但不能使用 hasRemaining 作为循环判断的条件
        // 因为现在 buf 的 limit 值是缓冲区的容量
        char ch = 0;
        while((ch = buf.getChar()) != 0){
            System.out.print(ch);
        }
        System.out.println();

        // 此时 ShortBuffer 的 postion 是 0，容量和限制是 buf 剩余的字节数处于 2
        ShortBuffer shortBuf = buf.asShortBuffer();
        shortBuf.put((short)30);
        shortBuf.flip();
        // ShortBuffer 的 get 方法返回一个 short 型数据
        System.out.println(shortBuf.get());

        // 清除字节缓冲区
        buf.clear();
        // 此时 IntBuffer 的 postion 是 0，容量和限制是 buf 的字节数处于 4
        IntBuffer intBuf = buf.asIntBuffer();
        intBuf.put(50);
        intBuf.flip();
        // IntBuffer 的 get 方法返回一个 int 型数据
        System.out.println(intBuf.get());

        // 清除字节缓冲区
        buf.clear();
        // 此时 DoubleBuffer 的 postion 是 0，容量和限制是 buf 的字节数处于 8
        DoubleBuffer doubleBuf = buf.asDoubleBuffer();
        doubleBuf.put(3.1415926);
        // 使用 ByteBuffer 的 getDouble 方法读取一个 double 型数据
        System.out.println(buf.getDouble());
    }
}
```

程序运行的结果为：

```
Hello World!
30
50
3.1415926
```

一定要仔细看代码中的注释，以免遗漏细节。

19.11.5 字节顺序

我们先看一个简单的程序，向一个文件中写入两个整型数据，如代码 19.44 所示。

代码 19.44　WriteIntData.java

```java
import java.io.FileOutputStream;
import java.io.IOException;
import java.nio.ByteBuffer;
import java.nio.IntBuffer;
import java.nio.channels.FileChannel;
import java.nio.ByteOrder;

public class WriteIntData{
    public static void main(String[] args){
        ByteBuffer buf = ByteBuffer.allocate(8);
        IntBuffer intBuf = buf.asIntBuffer();
        intBuf.put(1);
        intBuf.put(2);
        try(
            FileOutputStream fos = new FileOutputStream("data");
            FileChannel fc = fos.getChannel()) {
            // 将缓冲区中的数据写入通道
            fc.write(buf);
        }
        catch(IOException e){
            e.printStackTrace();
        }
    }
}
```

运行程序，在当前目录下会创建一个 data 文件，在 Windows 系统下，以二进制方式打开该文件，可以看到如图 19-18 所示的内容。

图 19-18　整数 1 和 2 的文件存储形式（十六进制表示）

两个整型数据共占 8 个字节，第一个整型数据 1 存储在编号为 00000000-00000003 的地址中，第二个整型数据 2 存储在编号为 00000004-00000007 的地址中。可以看到，在存储时，是将一个整型数据的高位字节放到低地址中，而低位字节放到高地址中，在内存中也是如此，这种存储方式被称为 BIG_ENDIAN，即高位优先。与之相反的是 LITTLE_ENDIAN，即低位优先，将数据的低位字节存放在低地址中，高位字节存放在高地址中。在网络上发送的数据也是采用高位优先的方式。

ByteBuffer 是以高位优先的形式存储数据的，如果要更改 ByteBuffer 的字节顺序，则可以调用它的 sort 方法，传入一个 ByteOrder 对象。sort 方法的签名如下所示：

- public final ByteBuffer order(ByteOrder bo)

ByteOrder 位于 java.nio 包中，是一个代表字节顺序的类。在该类中定义了两个静态常量，分别代表了高位优先和低位优先的字节顺序，如下所示：

- public static final ByteOrder BIG_ENDIAN
- public static final ByteOrder LITTLE_ENDIAN

接下来，我们编写一个程序，来看一下因字节顺序的不同而导致的数据变化，如代码 19.45 所示。

代码 19.45　TestByteOrder.java

```java
import java.nio.ByteBuffer;
import java.nio.IntBuffer;
import java.nio.ByteOrder;

public class TestByteOrder {
    public static void main(String[] args){
        byte[] src = new byte[]{0, 0, 0, (byte)255};
        ByteBuffer buf = ByteBuffer.wrap(src);
        // 默认使用高位优先字节顺序，读取 4 个字节，返回整数 255
        System.out.println(buf.getInt());

        buf.rewind();
        // 修改字节顺序为低位优先
        buf.order(ByteOrder.LITTLE_ENDIAN);
        IntBuffer intBuffer = buf.asIntBuffer();
        System.out.printf("%x", intBuffer.get());
    }
}
```

255 的十六进制是 ff。在代码中改变字节顺序后，将得到的整数数据以十六进制输出。程序运行的结果为：

```
255
ff000000
```

虽然我们是以整型数据为例在讲解字节顺序，但是对于其他的多字节数据，也是适用的。

19.11.6　直接和非直接缓冲区

为了安全的考虑，操作系统是不允许用户进程直接访问 I/O 设备的，进程必须通过操作系统调用来请求系统内核协助完成 I/O 访问，而内核会为每个 I/O 设备都维护一个缓冲区。当读取文件数据时，用户进程向操作系统发起请求，内核在接受到请求后，从文件中获取数据到内核缓冲区中，再将缓冲区中的内容复制到用户进程地址空间的缓冲区中。在 Java 传统 I/O 编程中，还牵涉到 Java I/O 库使用的缓冲区到程序自己定义的字节数组间的数据复制，因此效率是比较低的。

Java NIO 改进了底层的 I/O 访问实现，并将缓冲区与用户共享，来减少数据复制的次数。第 19.11.3 节用到的 transferFrom 和 transferTo 方法之所以高效，就是直接用内核缓冲区来传输数据的。

在分配字节缓冲区时，可以调用 ByteBuffer 类的 allocateDirect 方法来分配直接缓冲区，相对的，allocate 方法分配的就是非直接缓冲区了。在 ByteBuffer 类的 JavaDoc 文档中，对直接缓冲区和非直接缓冲区是这样说明的：

- 字节缓冲区可以是直接的，也可以是非直接的。如果是直接字节缓冲区，Java 虚拟机将尽最大努力直接在此缓冲区上执行本机 I/O 操作。也就是说，在每次调用底层操作系统的本机 I/O 操作之前（或之后），虚拟机都会尽量避免将缓冲区的内容复制到中间缓冲区（或从中间缓冲区中复制内容）。

- 直接字节缓冲区可以通过调用 ByteBuffer 类的 allocateDirect 工厂方法创建。此方法返回的缓冲区通常比非直接缓冲区具有更高的分配和释放成本。直接缓冲区的内容可能位于正常垃圾收集堆之外，因此它们对应用程序内存占用的影响可能并不明显。所以，建议将直接缓冲区主要分配给受底层系统本机 I/O 操作影响的大型、持久的缓冲区。一般来说，只有当直接缓冲区在程序性能方面会带来明显的增益时，才分配直接缓冲区。

- 直接字节缓冲区也可以通过将文件的一个区域直接映射到内存中来创建。Java 平台的实现可以选择性地支持通过 JNI 从本机代码创建直接字节缓冲区。如果其中一种缓冲区的实例引用了内存中不可访问的区域，那么试图访问该区域不会更改缓冲区的内容，并将导致在访问时或稍后某个时间引发未指定的异常。

- 字节缓冲区是直接的还是非直接的，可以通过调用它的 isDirect 方法来确定。提供此方法是为了在性能关键型代码中执行显式缓冲区管理

19.11.7 分散和聚集

分散（scatter）读取是指将一个通道中的数据分散读取到多个缓冲区中，而聚集（gather）写入则是将多个缓冲区的数据写入同一个通道。

分散读取的原理如图 19-19 所示。

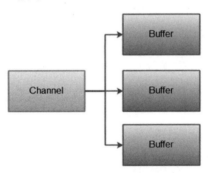

图 19-19 分散读取的原理

分散读取会将从通道中读取的数据按照缓冲区的顺序依次填满缓冲区。

聚集写入的原理如图 19-20 所示。

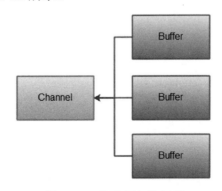

图 19-20 聚集写入的原理

聚集写入会按照缓冲区的顺序，向通道依次写入缓冲区从 **postion** 到 **limit** 之间的数据。

如果数据是由一个或多个固定长度的报头和一个可变长度的正文组成，那么使用分散读取和聚集写入就很有用了。例如，某些自定义的文件格式，或者在网络通信中自定义的消息格式。

在 java.nio.channels 包中给出了 ScatteringByteChannel 和 GatheringByteChannel 接口，前者定义了分散读取的方法，后者定义了聚集写入的方法。

ScatteringByteChannel 接口中的方法如下所示：

- long read(ByteBuffer[] dsts) throws IOException
- long read(ByteBuffer[] dsts, int offset, int length) throws IOException
  dsts 是存放从通道中读取的字节序列的缓冲区数组。offset 指定存放数据的第一个缓冲区在数组中的索引，length 指定要访问的最大缓冲区数，其值不能大于 dsts.length – offset。

GatheringByteChannel 接口中的方法如下所示：

- long write(ByteBuffer[] srcs) throws IOException
- long write(ByteBuffer[] srcs, int offset, int length) throws IOException
  srcs 是要写入通道的缓冲区数组。offset 指定要写入通道的第一个缓冲区在数组中的索引，length 指定要访问的最大缓冲区数，其值不能大于 srcs.length – offset。

看到这里，读者心里一凉：又要学习两个新的接口，了解如何得到它们的实例。不用担心，FileChannel 已经实现了这两个接口，当你需要使用分散读取和聚集写入时，直接调用方法就可以了。

下面我们看一个例子，如代码 19.46 所示。

代码 19.46　UseScatterAndGather.java

```java
import java.io.FileInputStream;
import java.io.FileOutputStream;
import java.io.IOException;
import java.nio.ByteBuffer;
import java.nio.CharBuffer;
import java.nio.channels.FileChannel;

public class UseScatterAndGather {
    /**
     * 聚集写入
     */
    public static void GatheringWrite(){
        String book = "[图书]";
        String[] names = {"Vus.js 从入门到实战", "Servlet/JSP 深入详解"};

        ByteBuffer buf1 = ByteBuffer.allocate(8);
        buf1.asCharBuffer().put(book);
        ByteBuffer buf2 = ByteBuffer.allocate(64);
        ByteBuffer buf3 = ByteBuffer.allocate(64);
        CharBuffer charBuf2 = buf2.asCharBuffer();
        CharBuffer charBuf3 = buf3.asCharBuffer();
        charBuf2.put(names[0]);
        charBuf3.put(names[1]);
```

```java
            buf2.limit(charBuf2.position() * 2);
            buf3.limit(charBuf3.position() * 2);

            try(
                FileOutputStream fos = new FileOutputStream("1.txt");
                FileChannel channel = fos.getChannel()){
                channel.write(new ByteBuffer[]{buf1, buf2, buf3});
            }
            catch(IOException e){
                e.printStackTrace();
            }
        }

        /**
         * 分散读取
         */
        public static void ScatteringRead(){
            try(
                FileInputStream fis = new FileInputStream("1.txt");
                FileChannel channel = fis.getChannel()){
                ByteBuffer buf1 = ByteBuffer.allocate(8);
                ByteBuffer buf2 = ByteBuffer.allocate(64);
                ByteBuffer buf3 = ByteBuffer.allocate(64);

                channel.read(new ByteBuffer[]{buf1, buf2, buf3});
                buf1.flip();
                buf2.flip();
                buf3.flip();
                if(!buf3.hasRemaining()){
                    System.out.println("缓冲区 3 中没有数据");
                }
                System.out.println(buf1.asCharBuffer().toString());
                System.out.println(buf2.asCharBuffer());
            }
            catch(IOException e){
                e.printStackTrace();
            }
        }

        public static void main(String[] args){
            GatheringWrite();
            ScatteringRead();
        }
    }
```

程序运行的结果为：

```
缓冲区 3 中没有数据
[图书]
Vus.js 从入门到实战 Servlet/JSP 深入详解
```

虽然代码并不复杂，但有不少容易出错的地方。我们先看聚集写入方法 GatheringWrite，为了方便向缓冲区中写入字符串，我们使用 ByteBuffer 的 asCharBuffer 方法得到字符缓冲区，然后调用它的 put 方法直接写入一个字符串。在调用文件通道的聚集写入方法时，写入的是字节缓冲区数组。由于字符缓冲区和得到它的字节缓冲区的位置、限制和标记值是独立的，所以，如果不对字节缓冲区做任何处理就直接写入管道，那么写入的数据量将是三个字节缓冲区的总容量（因为字节缓冲区初始的 limit 就是容量）。这就是为什么程序中会有如下的代码调用：

```
buf2.limit(charBuf2.position() * 2);
buf3.limit(charBuf3.position() * 2);
```

为什么字符缓冲区的位置要乘以 2？因为 1 个字符占两个字节。字符缓冲区写入一个字符，position 增加 1，相当于字节缓冲区写入 2 个字节，position 增加 2。

之所以不用处理 buf1，是因为 buf1 分配的容量正好存满 book 的字符数。

可以看到，虽然利用视图缓冲区来写入基本类型的数据会很方便，但是由此也会带来一些副作用，我们一定要清楚虽然视图缓冲区和字节缓冲区的内容是共享的，但是它们有各自独立变化的位置、限制和标记。所以，为了简单起见，始终使用字节缓冲区来读写数据也未尝不是一个明智的选择。

接下来，我们再来看看分散读取的方法 ScatteringRead，分散读取会将从通道中读取的数据按照缓冲区的顺序依次填满缓冲区。也就是说，如果缓冲区数组中的第一个缓冲区已经足以存下从通道中读取的数据，那么后面的缓冲区将不会被使用。

在代码中定义的字节缓冲区 buf2 足以存下文件中除"[图书]"外的剩余数据，因此在 buf3 中没有任何有效的数据。CharBuffer 的 toString 方法可以得到包含缓冲区中字符的字符串，前面已经不止一次说过，System.out.println 会自动调用对象的 toString 方法，因此你在打印输出时，也可以不显式地调用 CharBuffer 的 toString 方法。

19.11.8 字符缓冲区的问题

如果用 Windows 记事本程序打开上一节程序生成的 1.txt 文件，你会看到如图 19-21 所示的内容。

图 19-21　1.txt 文件内容显示为乱码

我们先看一个简单的程序，如代码 19.47 所示。

代码 19.47　DataConvert.java

```java
import java.nio.ByteBuffer;
import java.nio.CharBuffer;

public class Byte2Char{
    public static void main(String[] args){
        String str = "Some";
        byte[] strBuf = str.getBytes();
        System.out.println("strBuf 的长度：" + strBuf.length);
        ByteBuffer buf = ByteBuffer.wrap(strBuf);
        CharBuffer cbuf = buf.asCharBuffer();
        System.out.println(cbuf.toString());
```

```
            cbuf.clear();
            cbuf.put("lisi");
    }
}
```

程序运行的结果为:

```
strBuf 的长度: 4
卯浥
Exception in thread "main" java.nio.BufferOverflowException
        at java.base/java.nio.CharBuffer.put(CharBuffer.java:969)
        at java.base/java.nio.CharBuffer.put(CharBuffer.java:997)
        at Byte2Char.main(Byte2Char.java:14)
```

既有乱码也有异常。有点懵,让我们先缓缓,再继续。

首先来看为什么会出现乱码,String 类的 getBytes 方法使用平台默认的字符集将字符串编码为字节序列,在中文环境下,默认的字符集是 GBK,GBK 对小于 127 的字符仍然采用 ASCII 编码方案,1 个字符占 1 个字节,所以调用 getBytes 得到的字节数组长度是 4,字符串 "Some" 编码为 0x53、0x6f、0x6d、0x65 4 个字节序列。

当我们将字节缓冲区转换为字符缓冲区后,由于 Java 中的字符是用 Unicode 编码来表示的,1 个字符占 2 个字节,0x53 和 0x6f 组合在一起,就是 Unicode 编码 \u536f;0x6d 和 0x65 组合在一起,就是 Unicode 编码 \u6d65,它们正好是汉字卯和浥的 Unicode 编码。在打印输出时,会先将 Unicode 编码转换为 GBK 编码,输出到控制台,中文系统再根据 GBK 字符集画出相应的字符,最终看到汉字:卯浥。

其次来看看发生异常的原因。字节缓冲区根据字符串 "Some" 的 getBytes 方法调用得到的字节数组创建,因此容量是 4。当你用字符缓冲区视图写入 "lisi" 时,虽然是 4 个字符,但字节数目是 8,所以抛出缓冲区溢出异常。

在第 19.7.3 节介绍过 Charset 类,当需要使用字符缓冲区时,配合使用这个类就可以解决上述问题。我们看代码 19.48。

代码 19.48　Byte2CharUseChatset.java

```
import java.nio.ByteBuffer;
import java.nio.CharBuffer;
import java.nio.charset.Charset;

public class Byte2CharUseChatset{
    public static void main(String[] args){
        String str = "Some";
        Charset cs = Charset.forName("unicode");
        ByteBuffer buf = cs.encode(str);
        // 不用使用 asCharBuffer 来得到字符缓冲区
        CharBuffer cbuf = cs.decode(buf);
        System.out.println(cbuf.toString());

        cbuf.clear();
        cbuf.put("lisi");
    }
}
```

程序运行的结果为:

```
Some
```

接下来要解决上一节代码生成的文件内容显示乱码的问题,同样使用 Charset 类来解决这个问题,如代码 19.49 所示。

代码 19.49　UseScatterAndGather.java

```java
import java.io.FileInputStream;
import java.io.FileOutputStream;
import java.io.IOException;
import java.nio.ByteBuffer;
import java.nio.channels.FileChannel;
import java.nio.charset.Charset;

public class UseScatterAndGather {
    /**
     * 聚集写入
     */
    public static void GatheringWrite(){
        String book = "[图书]";
        String[] names = {"Vus.js 从入门到实战", "Servlet/JSP 深入详解"};

        Charset cs = Charset.forName("GBK");
        ByteBuffer buf1 = cs.encode(book);
        ByteBuffer buf2 = cs.encode(names[0]);
        ByteBuffer buf3 = cs.encode(names[1]);

        try(
            FileOutputStream fos = new FileOutputStream("1.txt");
            FileChannel channel = fos.getChannel()){
            channel.write(new ByteBuffer[]{buf1, buf2, buf3});
        }
        catch(IOException e){
            e.printStackTrace();
        }
    }

    /**
     * 分散读取
     */
    public static void ScatteringRead(){
        try(
            FileInputStream fis = new FileInputStream("1.txt");
            FileChannel channel = fis.getChannel()){
            // 因为写入文件的是 GBK 编码的数据
            // 字符串"[图书]"读取的时候只要 6 个字节就可以了
            // 如果采用 UTF-8,则需要 8 个字节
            ByteBuffer buf1 = ByteBuffer.allocate(6);
            ByteBuffer buf2 = ByteBuffer.allocate(64);
            ByteBuffer buf3 = ByteBuffer.allocate(64);
```

```
            channel.read(new ByteBuffer[]{buf1, buf2, buf3});

            buf1.flip();
            buf2.flip();
            buf3.flip();
            if(!buf3.hasRemaining()){
                System.out.println("缓冲区 3 中没有数据");
            }
            Charset cs = Charset.forName("GBK");

            System.out.println(cs.decode(buf1).toString());
            System.out.println(cs.decode(buf2));
        }
        catch(IOException e){
            e.printStackTrace();
        }
    }

    public static void main(String[] args){
        GatheringWrite();
        ScatteringRead();
    }
}
```

程序运行的结果为:

缓冲区 3 中没有数据
[图书]
Vus.js 从入门到实战 Servlet/JSP 深入详解

此时再用 Windows 记事本程序打开生成的 1.txt 文件,可以看到文件内容正常显示了。

实际上,这些问题的根源都是因为使用了中文字符,想要简化对这类问题的处理有两种方法,一是不使用中文字符,二是始终通过字节缓冲区来进行读取和写入。

19.11.9　内存映射文件

如果一个文件相当大,那么将整个文件的数据全部读取到内存中显然是不现实的,笔者曾经做过的一个药厂项目,研发的药品信息以 PDF 文件存储,基本都是以 G 为单位的文件。

对于这些大型的文件,我们可以采用内存映射文件的方式,将文件或文件的一部分映射到虚拟内存中,这样就可以像文件在内存字节数组中一样访问文件,这比传统的文件访问要快。

在 FileChannel 类中有一个 map 方法,用于将通道文件的一个区域直接映射到内存中,该方法的签名如下所示:

- public abstract MappedByteBuffer map(FileChannel.MapMode mode, long position, long size) throws IOException

  参数 mode 指定文件映射到内存的模式,postion 指定文件映射区域开始的位置,size 指定要映射的区域的大小,这个参数的值不能超过 Integer.MAX_VALUE。

MapMode 是 FileChannel 中定义的一个静态内部类,该类以静态常量的形式定义了三种映射模式,如下所示:

- READ_ONLY
  只读映射模式。
- READ_WRITE
  读写映射模式。
- PRIVATE
  写时复制模式。对缓冲区的修改是私有的，并不会写入到文件，同时此修改对映射到同一文件的其他程序不可见。

map 方法返回的类型是 MappedByteBuffer，它是 ByteBuffer 的子类，因此可以像使用 ByteBuffer 一样使用它。

代码 19.50 展示了如何使用内存映射文件向文件中写入 8MB 的数据。

代码 19.50　MappedFile.java

```java
import java.io.RandomAccessFile;
import java.io.IOException;
import java.nio.MappedByteBuffer;
import java.nio.channels.FileChannel;

public class MappedFile {
    public static void main(String[] args) {
        long len = 8192 * 1024;

        try(
            RandomAccessFile raf = new RandomAccessFile("data.dat", "rw");
            FileChannel fc = raf.getChannel()){

            MappedByteBuffer buf = fc.map(
                FileChannel.MapMode.READ_WRITE, 0, len);
            for(long i = 0; i < len; i++){
                buf.put((byte)'a');
            }
        }
        catch (IOException e) {
            System.out.println(e);
        }
    }
}
```

当程序运行后，会在当前目录下找到一个 8MB 大小的 data.dat 文件。

接下来，我们以 10MB 数据为例，来看看内存映射文件与普通方式访问文件在读写性能上的差异。依然使用第 13.4.3 节的测试框架来测试性能，如代码 19.51 所示。

代码 19.51　AccessedFilePerformance.java

```java
import java.io.FileOutputStream;
import java.io.FileInputStream;
import java.io.BufferedOutputStream;
import java.io.BufferedInputStream;
import java.io.RandomAccessFile;
import java.io.IOException;
import java.nio.MappedByteBuffer;
import java.nio.channels.FileChannel;
```

```java
import java.time.Instant;
import java.time.Duration;

interface Test {
    void test();
}
class Tester {
    public static long runTest(Test t){
        Instant begin = Instant.now();
        t.test();
        Instant end = Instant.now();
        Duration d = Duration.between(begin, end);
        return d.toMillis();
    }
}
public class AccessedFilePerformance{
    private static int FILE_LENGTH = 10 * 1024 * 1024;
    // 文件同时读写访问会比较慢，所以使用较小的文件长度进行测试
    private static int READ_WRITE_FILE_LENGTH = 16 * 1024;

    /**
     * 测试普通方式写入
     */
    public static void testNormalWrite(){
        long time = Tester.runTest(() -> {
            try(
                FileOutputStream fos = new FileOutputStream("1.txt");
                BufferedOutputStream bos = new BufferedOutputStream(fos)){
                for(int i = 0; i < FILE_LENGTH; i++){
                    bos.write('x');
                }
            }
            catch(IOException e){
                e.printStackTrace();
            }
        });
        System.out.printf("普通方式写入：%d 毫秒%n", time);
    }

    /**
     * 测试内存映射文件写入
     */
    public static void testMappedWrite(){
        long time = Tester.runTest(() -> {
            try(
                RandomAccessFile raf = new RandomAccessFile("1.txt", "rw");
                FileChannel fc = raf.getChannel()){
                MappedByteBuffer buf = fc.map(
                    FileChannel.MapMode.READ_WRITE, 0, FILE_LENGTH);
                for(int i = 0; i < FILE_LENGTH; i++){
                    buf.put((byte)'x');
                }
```

```java
            }
            catch(IOException e){
                e.printStackTrace();
            }
        });
        System.out.printf("内存映射文件写入：%d 毫秒%n", time);
    }

    /**
     * 测试普通方式读取
     */
    public static void testNormalRead(){
        long time = Tester.runTest(() -> {
            try(
                FileInputStream fis = new FileInputStream("1.txt");
                BufferedInputStream bis = new BufferedInputStream(fis)){
                for(int i = 0; i < FILE_LENGTH; i++){
                    bis.read();
                }
            }
            catch(IOException e){
                e.printStackTrace();
            }
        });
        System.out.printf("普通方式读取：%d 毫秒%n", time);
    }

    /**
     * 测试内存映射文件读取
     */
    public static void testMappedRead(){
        long time = Tester.runTest(() -> {
            try(
                RandomAccessFile raf = new RandomAccessFile("1.txt", "r");
                FileChannel fc = raf.getChannel()){
                MappedByteBuffer buf = fc.map(
                    FileChannel.MapMode.READ_ONLY, 0, FILE_LENGTH);
                for(int i = 0; i < FILE_LENGTH; i++){
                    buf.get();
                }
            }
            catch(IOException e){
                e.printStackTrace();
            }
        });
        System.out.printf("内存映射文件读取：%d 毫秒%n", time);
    }

    /**
     * 测试普通方式读写
     */
    public static void testNormalReadWrite(){
```

```java
        long time = Tester.runTest(() -> {
            try(RandomAccessFile raf = new RandomAccessFile("1.txt", "rw")){
                for(int i = 0; i < READ_WRITE_FILE_LENGTH; i++){
                    raf.write('x');
                    //System.out.println(raf.getFilePointer());
                    raf.seek(raf.getFilePointer() - 1);
                    raf.read();
                }
            }
            catch(IOException e){
                e.printStackTrace();
            }
        });
        System.out.printf("普通方式读写：%d 毫秒%n", time);
    }

    /**
     * 测试内存映射文件读写
     */
    public static void testMappedReadWrite(){
        long time = Tester.runTest(() -> {
            try(
                RandomAccessFile raf = new RandomAccessFile("1.txt", "rw");
                FileChannel fc = raf.getChannel()){
                MappedByteBuffer buf = fc.map(
                    FileChannel.MapMode.READ_WRITE, 0, FILE_LENGTH);
                for(int i = 0; i < READ_WRITE_FILE_LENGTH; i++){
                    buf.put((byte)'x');
                    buf.get(i);
                }
            }
            catch(IOException e){
                e.printStackTrace();
            }
        });
        System.out.printf("内存映射文件读写：%d 毫秒%n", time);
    }

    public static void main(String[] args){
        testNormalWrite();
        testMappedWrite();
        testNormalRead();
        testMappedRead();
        testNormalReadWrite();
        testMappedReadWrite();
    }
}
```

程序运行的结果为：

普通方式写入：164 毫秒
内存映射文件写入：31 毫秒

普通方式读取：50 毫秒
内存映射文件读取：34 毫秒
普通方式读写：253 毫秒
内存映射文件读写：3 毫秒

可以看到，在文件较大时，使用内存映射文件可以提高性能，特别是在同时对文件进行读写操作时，性能的提升尤为明显。

I/O 流类已经使用 NIO 重新实现了一遍，因此与内存映射文件做性能比较测试也是有代表性的，当然也可以使用通道和缓冲区来访问文件，与内存映射文件做性能比较测试。

19.11.10　对文件加锁

如果某个文件可能会被多个程序进程所修改，那么就可以对该文件进行加锁。当锁定一个文件后，只有锁定了这个文件的程序进程才可以访问这个文件，其他的程序进程只能等待这个程序访问结束之后才可以继续访问。这里"其他的程序进程"可以是同一个 Java 虚拟机上运行的其他程序，也可以是不同 Java 虚拟机上运行的程序，甚至是其他语言编写的程序。Java 的文件锁是映射到操作系统的本地锁定功能。

在 FileChannel 类中给出了两个锁定文件的方法，如下所示：

- public final FileLock lock() throws IOException
  获取此通道文件的独占锁。如果当前锁不可用，则该方法会一直阻塞，直到获得锁。
- public final FileLock tryLock() throws IOException
  尝试获取此通道文件的独占锁。与上面的 lock 方法不同的是，这个方法会立刻返回，返回锁对象或者 null（如果该锁不可用）。

如果只想锁定文件的一部分，则可以调用下面的两个方法。

- public abstract FileLock lock(long position, long size, boolean shared) throws IOException
- public abstract FileLock tryLock(long position, long size, boolean shared) throws IOException

参数 postion 指定文件中锁定开始的位置，size 指定锁定区域的大小。锁定区域的大小是固定的，如果锁定区域最初包含文件的结尾，但后来写入文件的内容超出了该区域，那么多出来的部分并没有被锁定。如果预计文件的大小会增加，并且需要对整个文件进行锁定，那么应该锁定一个从 0 开始且不小于文件预期大小的区域。无参数的 lock 方法锁定的文件大小是从 0 开始到 Long.MAX_VALUE，你也可以用这两个值调用 3 个参数的 lock 方法。

如果参数 shared 为 true，则表示请求共享锁，如果为 false，则表示请求独占锁。共享锁防止其他并发运行的程序获取重叠的独占锁，但允许它们获取重叠的共享锁；独占锁防止其他程序获取任何类型的重叠锁。不过要注意的是，某些操作系统不支持共享锁，在这种情况下，对共享锁的请求会自动转换为对独占锁的请求。返回的锁是共享的还是独占的，可以调用 FileLock 的 isShared 方法来判断。

要释放锁，可以调用 FileLock 的 release 方法。不过要注意的是，关闭获取该锁的文件通道也会释放锁，另外文件锁是由整个 Java 虚拟机持有的，如果 Java 虚拟机退出，则文件锁也会被释放。要判断锁的有效性，可以调用 FieLock 的 isValid 方法。

锁是否能够真正阻止另一个程序访问锁定区域的内容取决于操作系统，因此不要过分依赖于文件锁的锁定功能来控制不同应用程序对共享文件的并发访问。对于外部共享资源的并发访问，数据库是一个很好的选择。

如代码 19.52 所示是一个使用文件锁的简单示例。

代码 19.52　LockedFile.java

```java
import java.nio.channels.FileChannel;
import java.nio.channels.FileLock;
import java.io.RandomAccessFile;
import java.io.IOException;

public class LockedFile {
    public static void main(String[] args){
        try(
            RandomAccessFile raf = new RandomAccessFile("test.txt", "rw");
            FileChannel fc = raf.getChannel()){
            FileLock lock = fc.tryLock();

            if(lock != null){
                if(lock.isShared()){
                    System.out.println("共享锁");
                }
                else{
                    System.out.println("独占锁");
                }
                System.out.println("文件锁定");
                lock.release();
                System.out.println("释放锁");
            }
        }
        catch (IOException e){
            e.printStackTrace();
        }
    }
}
```

程序运行的结果为：

```
独占锁
文件锁定
释放锁
```

19.11.11　管道

在传统 I/O 中，管道流分为管道输入流（PipedInputStream）和管道输出流（PipedOutputStream），而在 NIO 中，使用 Pipe 类来表示一个单向管道，这个类位于 java.nio.channels 包中。

Pipe 类使用非常简单，首先调用 open 方法打开一个管道，该方法的签名如下所示：

- public static Pipe open() throws IOException

接下来调用 sink 方法得到管道的接收器通道，利用该通道来写入数据。调用 source 方法得到管道的源通道，利用该通道来读取数据。这两个方法的签名如下所示：

- public abstract Pipe.SinkChannel sink()
- public abstract Pipe.SourceChannel source()

如果要实现两个线程间的通信，则可以让一个线程持有接收器通道对象，负责写入数据，而另一个线程持有源通道对象，负责读取数据。

代码 19.53 展示了 Pipe 类的用法。

代码 19.53　UserPipe.java

```java
import java.io.IOException;
import java.nio.ByteBuffer;
import java.nio.channels.Pipe;

class Producer extends Thread{
    private final Pipe.SinkChannel sink;
    public Producer(Pipe pipe){
        sink = pipe.sink();
    }
    @Override
    public void run(){
        try(sink){
            ByteBuffer buf = ByteBuffer.allocate(512);
            for(int i = 0; i<10; i++){
                buf.putInt(i);
            }
            buf.flip();
                sink.write(buf);
                buf.clear();
        }
        catch(IOException e){
            e.printStackTrace();
        }
    }
}

class Consumer extends Thread{
    private final Pipe.SourceChannel source;
    public Consumer(Pipe pipe){
        source = pipe.source();
    }
    @Override
    public void run(){
        ByteBuffer buf = ByteBuffer.allocate(512);

        try(source){
            while(source.read(buf) > 0){
              buf.flip();
              while(buf.hasRemaining()){
                  System.out.print(buf.getInt() + " ");
              }
              buf.clear();
            }
        }
        catch(IOException e){
            e.printStackTrace();
        }
```

```
        }
    }
    class UsePipe{
        public static void main(String[] args){
            try{
                Pipe pipe = Pipe.open();
                new Producer(pipe).start();
                new Consumer(pipe).start();
            }
            catch(IOException e){
                e.printStackTrace();
            }
        }
    }
```

以上代码与第 19.3.8 节的例子代码是类似的,唯一要注意的是,在使用缓冲区读写数据时,缓冲区的位置和限制的变化。

程序运行的结果为:

```
0 1 2 3 4 5 6 7 8 9
```

19.12　Files 类与 Path 接口

有时候除了对文件的读写外,我们还需要对文件或目录做更多的操作,例如创建文件或目录、读取和设置文件属性、为文件或目录创建符号链接等,Java 7 在 java.nio 包中新增了一个 file 子包,定义了访问文件、文件属性和文件系统的接口和类。

19.12.1　Path 接口

Path 接口位于 java.nio.file 包中,与原有 I/O 中的 File 对象表示文件或目录类似,新的 Path 类用于定位文件系统中的目录或文件。要得到一个 Path 对象,可以调用 java.nio.file.Paths 类的 get 方法,如下所示:

- public static Path get(String first, String... more)
拼接路径字符串转换为一个 Path 对象。

例如:

```
Path filePath = Paths.get("F:\\JavaLesson\ch19", "UserPipe.java");
```

也可以调用 Java 11 在 Path 接口中新增的 of 静态方法来得到 Path 对象,如下所示:

- static Path of(String first, String... more)

例如:

```
Path filePath = Path.of("F:\\JavaLesson\ch19", "UserPipe.java");
```

还可以利用 Java 7 在 java.io.File 类中新增的 toPath 方法来得到 Path 对象,如下所示:

- public Path toPath()

与之对应，在 Path 接口中也给出了 toFile 方法，可以得到 File 对象，如下所示：

- File toFile()

这样，原先的 File 对象和新的 Path 对象就有了交互的渠道，而不是各自孤立的了。

Path 接口定义了对路径操作的各种方法，例如，获取文件名，得到子路径、得到根路径等。代码 19.54 演示了 Path 接口的用法。

代码 19.54　UserPath.java

```java
import java.nio.file.Paths;
import java.nio.file.Path;
import java.net.URI;

public class UsePath{
    public static void main(String[] args){
        Path filePath = Paths.get("F:\\JavaLesson\\ch19", "UserPipe.java");
        System.out.println("文件名：" + filePath.getFileName());
        if(filePath.isAbsolute()){
            System.out.println("filePath 是绝对路径");
        }

        // 得到父路径
        Path parentPath = filePath.getParent();
        System.out.println("文件的父路径：" + parentPath);
        System.out.println("文件的根路径：" + filePath.getRoot());

        // 返回路径中索引为 1 的名字元素
        Path partPath = filePath.getName(1);
        if(!partPath.isAbsolute()){
            System.out.println(partPath + " 不是绝对路径");
        }
        System.out.println("filePath 各个组成部分是：");
        for(Path path : filePath){
            System.out.print(path + "\t");
        }
    }
}
```

Path 接口实现了 Iterable 接口，因此可以使用"for each"循环来遍历路径中的各个元素。程序运行的结果为：

```
文件名：UserPipe.java
filePath 是绝对路径
文件的父路径：F:\JavaLesson\ch19
文件的根路径：F:\
ch19 不是绝对路径
filePath 各个组成部分是：
JavaLesson        ch19    UserPipe.java
```

19.12.2 读写文件

在 java.nio.file 包中的 Files 工具类定义了对文件和目录操作的各种静态方法，几乎涵盖了文件系统支持的各种操作。

如果要使用传统的字节流对文件进行读写操作，则可以调用 Files 类的如下两个静态方法：

- public static InputStream newInputStream(Path path, OpenOption... options) throws IOException
- public static OutputStream newOutputStream(Path path, OpenOption... options) throws IOException

参数 options 指定文件打开的方式，该选项的值由 StandardOpenOption 枚举来指定。StandardOpenOption 中定义的枚举值及其含义如表 19-7 所示。

表 19-7 StandardOpenOption 的枚举值

枚 举 值	含 义
CREATE	如果文件不存在，则创建它
CREATE_NEW	创建新文件，如果文件已经存在，则失败
READ	打开进行读取访问
WRITE	打开进行写入访问
APPEND	如果文件是为写入访问而打开的，那么字节将写入文件的末尾而不是开头
TRUNCATE_EXISTING	如果文件已经存在，并且是为写入访问而打开的，则将文件长度截断为 0
DELETE_ON_CLOSE	在关闭文件时删除文件。如果没有调用 close 方法，那么在 JVM 终止时删除文件
DSYNC	要求对文件内容的每次更新都同步写入底层存储设备
SYNC	要求对文件内容或元数据的每次更新都同步写入底层存储设备

得到输入/输出流后，就可以按照传统的 I/O 方式对文件进行读写操作。

如果要使用传统的字符流对文件进行读写操作，则可以调用 Files 类的如下四个静态方法：

- public static BufferedReader newBufferedReader(Path path) throws IOException
- public static BufferedReader newBufferedReader(Path path, Charset cs)throws IOException
- public static BufferedWriter newBufferedWriter(Path path, OpenOption... options) throws IOException
- public static BufferedWriter newBufferedWriter(Path path, Charset cs, OpenOption... options) throws IOException

如果要使用 NIO 对文件进行读写操作，可以调用 Files 类的如下静态方法：

- public static SeekableByteChannel newByteChannel(Path path, OpenOption... options) throws IOExccption

SeekableByteChannel 是双向管道，可读可写，FileChannel 类实现了该接口。

上述方法在得到相应的对象后，对文件进行读写的方式在前面已经介绍过了，这里就不再给出示例了。我们主要关注 Files 类中给出的其他一些便利读写的方法。

我们先看一下 Files 类中的三个重载的 write 方法，如下所示：

- public static Path write(Path path, byte[] bytes, OpenOption... options) throws IOException

  将字节数组写入文件。如果没有给出 options 参数值，则相当于指定了 CREATE、

TRUNCATE_EXISTING 和 WRITE 选项。
- public static Path write(Path path, Iterable<? extends CharSequence> lines, OpenOption... options) throws IOException

  这是 Java 8 新增的方法，即将文本行写入文件。每一行是一个字符序列，按顺序写入文件，每一行由平台的行分隔符终止，字符使用 UTF-8 字符集编码成字节。如果没有给出 options 参数值，则相当于指定了 CREATE、TRUNCATE_EXISTING 和 WRITE 选项。

- public static Path write(Path path, Iterable<? extends CharSequence> lines, Charset cs, OpenOption... options) throws IOException

  将文本行写入文件。每一行是一个字符序列，按顺序写入文件，每一行由平台的行分隔符终止，使用指定的字符集将字符编码为字节。如果没有给出 options 参数值，则相当于指定了 CREATE、TRUNCATE_EXISTING 和 WRITE 选项。

对于带有 Iterable 类型参数的两个 write 方法，要知道 String 类实现了 CharSequence 接口，而 Collection 接口扩展自 Iterable 接口，也就是说，我们可以直接将一个 Collection 集合中的所有字符串元素写入到文件中。

相应的，在 Files 类中也给出了三个读取方法，如下所示：

- public static byte[] readAllBytes(Path path) throws IOException

  从文件中读取所有字节。当然，如果文件比较大，就不建议使用这个方法了。

- public static List<String> readAllLines(Path path) throws IOException

  这是 Java 8 新增的方法即读取文件中的所有行。文件中的字节使用 UTF-8 字符集解码为字符。

- public static List<String> readAllLines(Path path, Charset cs) throws IOException

  读取文件中的所有行。文件中的字节使用指定的字符集解码为字符。

在读取行时，行分隔符可以是回车换行、回车（0x0D）或者换行。

我们看代码 19.55。

代码 19.55　UseFilesReadWrite.java

```
import java.io.IOException;
import java.nio.file.Paths;
import java.nio.file.Path;
import java.nio.file.Files;
import java.nio.charset.Charset;

import java.util.List;
import java.util.ArrayList;

public class UseFilesReadWrite{
    public static void main(String[] args){
        Path path1 = Paths.get("1.txt");
        Path path2 = Paths.get("2.txt");
        Path path3 = Paths.get("3.txt");
        try{
            Files.write(path1, "Vue.js从入门到实战".getBytes());
            byte[] buf = Files.readAllBytes(path1);
            System.out.println(new String(buf));
```

```
            List<String> list = new ArrayList<>();
            list.add("Vue.js 从入门到实战");
            list.add("Servlet/JSP 深入详解");
            list.add("VC++深入详解");

            Files.write(path2, list);
            System.out.println(Files.readAllLines(path2));

            // 中文环境下,默认的字符集是 GBK
            Files.write(path3, list, Charset.defaultCharset());
            System.out.println(Files.readAllLines(path3, Charset.defaultCharset()));
        }
        catch(IOException e){
            e.printStackTrace();
        }

    }
}
```

程序运行的结果为:

```
Vue.js 从入门到实战
[Vue.js 从入门到实战, Servlet/JSP 深入详解, VC++深入详解]
[Vue.js 从入门到实战, Servlet/JSP 深入详解, VC++深入详解]
```

很多软件都会使用一些配置文件,这些配置文件都是文本格式的文件,文件内容以行分隔符进行分隔,而且文件都比较小,那么使用 Files 类来进行读写就很方便了。

在某些特殊场景下,你可能只想向文件(从文件)写入(读取)一个字符串,或者你的字符串本身就带有行分隔符,例如从网络或者数据库接收到的一个 XML 文档格式的字符串数据,那么使用前面讲述的方法依然不是很方便,这时候,你可以考虑使用 Java 11 在 Files 类中新增的读取和写入字符串的方法,如下所示:

- public static Path writeString(Path path, CharSequence csq, OpenOption... options) throws IOException
- public static Path writeString(Path path, CharSequence csq, Charset cs, OpenOption... options) throws IOException
- public static String readString(Path path) throws IOException
- public static String readString(Path path, Charset cs) throws IOException

这些方法的参数含义与前述方法是一致的。

这几个方法非常简单,笔者相信读者的能力,这里就不给出示例了。

前面讲述的读取方法都适用于较小的文件,要是一次性读取较大文件的所有数据显然不太现实,这时候可以使用下面的两个方法来读取数据:

- public static Stream<String> lines(Path path) throws IOException
- public static Stream<String> lines(Path path, Charset cs) throws IOException

这两个方法将文件中的所有行作为流读取。与 readAllLines 方法不同,这两个方法不会将所有行读取到列表中,而是在流被消耗时惰性地填充,并且支持与 readAllLines 相同的行分隔符。第一个方法使用 UTF-8 字符集将文件中的字节解码为字符,第二个方法使用指定的字符集将文件中的字节解码为字符。**这两个方法必须在 try-with-resources 语句或类似的控制**

结构中使用，以确保流的操作完成后立即关闭流的打开文件。

我们看一个例子，如代码 19.56 所示。

代码 19.56　UseFilesStream.java

```java
import java.io.IOException;
import java.nio.file.Paths;
import java.nio.file.Path;
import java.nio.file.Files;
import java.nio.charset.Charset;
import java.util.stream.Stream;

public class UseFilesStream {
    public static void main(String[] args){
        Path path = Paths.get("UseFilesReadWrite.java");
        try(Stream<String> stream = Files.lines(path, Charset.defaultCharset())){
            stream.forEach(System.out::println);
        }
        catch(IOException e){
            e.printStackTrace();
        }
    }
}
```

这段代码将前面一个程序的源代码打印输出到控制台窗口中，由于代码较长，这里就不给出输出结果了。

既然得到了 Stream 对象，自然也可以应用 Stream API 定义的各种操作，读者可以参照第 14 章，发挥自己的想象力，来实现各种功能。

19.12.3　遍历目录

java.io.File 类中的 list 和 listFiles 方法可以得到目录中的所有文件和子目录，同样，在 Files 类中也有类似的方法，如下所示：

- public static Stream<Path> list(Path dir) throws IOException

    这是 Java 8 新增的方法。这个方法也必须在 try-with-resources 语句或类似的控制结构中使用，以确保流的操作完成后立即关闭流的打开目录。

要是想对文件进行过滤怎么办？都得到了 Stream 对象了，过滤还是问题吗？不要忘了 Stream API 的强大功能。我们看一个例子，如代码 19.57 所示。

代码 19.57　UseFilesList.java

```java
import java.io.IOException;
import java.nio.file.Paths;
import java.nio.file.Path;
import java.nio.file.Files;
import java.util.stream.Stream;
import java.util.regex.Pattern;

public class UseFilesList{
    public static void main(String[] args) {
        if(args.length < 1){
            System.out.println("usage: java UseFileList [pathname]");
```

```java
            System.exit(1);
        }
        
        Path path = Paths.get(args[0]);
        // Files 类的静态方法 isDirectory 用于判断 Path 对象是否是目录
        if(!Files.isDirectory(path)){
            System.out.println("给出的路径名不是目录");
            System.exit(1);
        }
        
        Pattern pattern = Pattern.compile(".*\\.java", Pattern.CASE_INSENSITIVE);
        
        try(Stream<Path> paths = Files.list(path)){
            paths.filter(p -> {
                if(Files.isDirectory(p)){
                    return false;
                }
                else{
                    return pattern.matcher(p.toString()).matches();
                }
            }).forEach(System.out::println);
        }
        catch(IOException e){
            e.printStackTrace();
        }
    }
}
```

这段代码与第 19.1.4 节中代码 19.3 实现的功能是一样的，这里就不给出程序运行结果了。

如果要逐级遍历目录中子目录下的文件，是否要像第 19.1.4 节那样编写递归调用呢？答案是不需要，在 Files 类中给出了两个 walk 方法，这两个方法可以自动实现递归遍历，如下所示：

- public static Stream<Path> walk(Path start, FileVisitOption... options) throws IOException
- public static Stream<Path> walk(Path start, int maxDepth, FileVisitOption... options) throws IOException

这两个方法都是 Java 8 新增的方法。参数 maxDepth 指定要访问的目录的最大级别数，若值为 0 则表示只有起始路径被访问。FileVisitOption 是一个枚举类型，只定义了一个枚举值：FOLLOW_LINKS，我们暂时也用不上。options 是可变参数，因此可以不用传值。与 list 方法一样，这个方法也必须在 try-with-resources 语句或类似的控制结构中使用，以确保流的操作完成后立即关闭流的打开目录。

接下来我们使用 walk 方法递归遍历目录中的文件，如代码 19.58 所示。

代码 19.58　UseFilesWalk.java

```java
import java.io.IOException;
import java.nio.file.Paths;
import java.nio.file.Path;
import java.nio.file.Files;
import java.util.stream.Stream;
```

```java
import java.util.regex.Pattern;

public class UseFilesWalk{
    public static void main(String[] args) {
        if(args.length < 2){
            System.out.println("usage: java FileSearch [pathname] [suffix]");
            System.exit(1);
        }

        Path path = Paths.get(args[0]);
        // Files 类的静态方法 isDirectory 用于判断 Path 对象是否是目录
        if(!Files.isDirectory(path)){
            System.out.println("给出的路径名不是目录");
            System.exit(1);
        }

        Pattern pattern = Pattern.compile(".*\\" + args[1], Pattern.CASE_INSENSITIVE);

        try(Stream<Path> paths = **Files.walk(path)**){
            paths.filter(p -> {
                if(Files.isDirectory(p)){
                    return false;
                }
                else{
                    return pattern.matcher(p.toString()).matches();
                }
            }).forEach(System.out::println);
        }
        catch(IOException e){
            e.printStackTrace();
        }
    }
}
```

可以看到，虽然这段代码与第 19.1.4 节中代码 19.4 实现的功能是一样的，但更为简单。

19.12.4　小结

Files 类提供的方法有很多，基本上所能想到的文件操作都有对应的方法实现，例如文件复制的 copy 方法，文件移动的 move 方法，获取文件大小的 size 方法，创建目录的 createDirectory 方法，创建文件的 createFile 方法等，限于篇幅，我们不可能详细介绍这个类各个方法的应用。给读者的建议是，如果你对文件的操作不是读写，那么应该去查看 Files 类的 API 文档，仔细看看是否有满足你需求的方法。

19.13　异步文件通道

文件的读取和写入要等到操作完成后，方法才会返回，这称为同步的读写。Java 7 在 java.nio.channels 包中新增了 AsynchronousFileChannel 类，让我们可以对文件进行异步读写，读写方法无须等待操作完成就可以返回，然后我们可以做别的事情，等到文件读写完毕，再去获取结果。

要创建一个异步文件通道，可以调用 AsynchronousFileChannel 类的 open 静态方法，该方法有两个重载形式，如下所示：

- public static AsynchronousFileChannel open(Path file, OpenOption... options) throws IOException
- public static AsynchronousFileChannel open(Path file, Set<? extends OpenOption> options, ExecutorService executor, FileAttribute<?>... attrs) throws IOException

第一个方法生成的通道与默认线程池关联，任务提交到该线程池以处理 I/O 事件。第二个方法生成的通道与指定的线程池关联，任务提交到该线程池以处理 I/O 事件。调用第一个方法等价于以如下形式调用第二个方法：

```
open(file, opts, null, new FileAttribute<?>[0]);
```

19.13.1 写入数据

要向异步文件通道中写入数据，可以调用 AsynchronousFileChannel 类的 write 方法，write 方法有两个重载形式，如下所示：

- public abstract Future<Integer> write(ByteBuffer src, long position)
  参数 src 是包含要写入数据的字节缓冲区；position 是写入文件的起始位置。
- public abstract <A> void write(ByteBuffer src, long position, A attachment, CompletionHandler<Integer,? super A> handler)
  参数 src 是包含要写入数据的字节缓冲区；position 是写入文件的起始位置；attachment 要附加到 I/O 操作的对象，如果不需要，则可以设置为 null，如果给出了附加对象，则该对象会被传入 handler 对象的方法；handler 是对写入结果进行处理的完成处理程序。

第一个方法返回一个 Future 对象，通过该对象可以检查写入操作是否完成，以及获取写入操作的结果。第二个方法需要给出一个完成处理程序，即 CompletionHandler 接口的实现类对象，在写入操作完成后，会调用该对象的方法，并通知我们，以便我们可以在写入操作完成后进行后续处理。

CompletionHandler 接口中的方法如下所示：

- void completed(V result, A attachment)
  在操作完成时被调用。
- void failed(Throwable exc, A attachment)
  在操作失败时被调用。

代码 19.59 给出了两种写入方法的用法示例。

代码 19.59　UseAsynchronousFileChannelWrite.java

```java
import java.nio.ByteBuffer;
import java.nio.file.Path;
import java.nio.file.StandardOpenOption;
import java.nio.channels.AsynchronousFileChannel;
import java.nio.channels.CompletionHandler;
import java.nio.charset.Charset;
import java.io.IOException;
```

```java
import java.util.concurrent.Future;
import java.util.concurrent.ExecutionException;

public class UseAsynchronousFileChannelWrite{
    public static void main(String[] args){
        // 通过系统属性user.dir得到当前路径
        String currentPath = System.getProperty("user.dir");
        Path filePath = Path.of(currentPath, "asyn.txt");

        Charset cs = Charset.forName("GBK");
        ByteBuffer buf1 = cs.encode("Vue.js从入门到实战");
        ByteBuffer buf2 = cs.encode("Servlet/JSP深入详解");
        AsynchronousFileChannel channel = null;
        try{
            // 打开异步文件通道
            channel = AsynchronousFileChannel.open(
                filePath, StandardOpenOption.CREATE, StandardOpenOption.WRITE);

            Future<Integer> result = channel.write(buf1, 0);
            // Future的get方法会阻塞，直到写入完成
            int count = result.get();
            System.out.println("文件写入的字节数是：" + count);

            // 在文件末尾继续写入
            channel.write(buf2, count, channel, new CompletionHandler<>(){
                /**
                 * 关闭文件通道
                 */
                private void closeChannle(AsynchronousFileChannel channel){
                    if(channel != null){
                        try{
                            channel.close();
                        }
                        catch(IOException e){
                            e.printStackTrace();
                        }
                        channel = null;
                    }
                }
                @Override
                public void completed(Integer result,
                    AsynchronousFileChannel attachment){
                    System.out.println("文件写入成功，写入的字节数是：" + result);
                    closeChannle(attachment);
                }
                @Override
                public void failed(Throwable exc,
                    AsynchronousFileChannel attachment){
                    System.out.println("文件写入失败，失败原因是：" + exc.toString());
                    closeChannle(attachment);
                }
            });
            // 让主线程睡眠1000毫秒，以等待完成处理程序执行完毕
```

```
            Thread.sleep(1000);
        }
        catch(InterruptedException | IOException | ExecutionException e){
            e.printStackTrace();
        }
    }
}
```

程序运行的结果为：

```
文件写入的字节数是：18
文件写入成功，写入的字节数是：19
```

以上代码其实并不复杂，但却有需要注意的地方。异步文件通道的写入方法在调用时会立即返回，在通道内部会创建线程来负责文件的写入操作。对于返回 Future 对象的 write 方法，可以在该对象上调用 get 方法获取异步执行的结果，这个方法会阻塞，使得主线程等待，当然也可以轮询该对象的 isDone 方法的返回值，以判断异步操作是否完成。

对于使用完成处理程序的 write 方法，会在异步写入操作完成后调用完成处理程序，这个调用也是异步执行的，如果主线程很快退出了，那么有可能会出现完成处理程序没机会执行的情况。这也是为什么我们在代码中调用 Thread.sleep(1000)让主线程睡眠 1 秒钟的原因。至于写入操作就不用担心了，因为只要执行写入操作的不是后台线程（守护线程），那么即使主线程退出了，写入线程就也可以继续执行完毕。

由于异步文件通道的读写操作都是异步执行的，所以你在调用 close 方法关闭通道的时候，一定要小心，不要习惯性地使用 try-with-resources 语句来关闭通道。如果在关闭通道时，还有未完成的异步操作，那么将以 AsynchronousCloseException 异常来完成所有的未完成异步操作。

在代码中给出了一种关闭异步文件通道的思路，就是将文件通道对象作为异步 I/O 操作的附加对象传入完成处理程序，在完成处理程序中关闭文件通道。

19.13.2 读取数据

要从异步文件通道中读取数据，可以调用 AsynchronousFileChannel 类的 read 方法，read 方法有两个重载形式，如下所示：

- public abstract Future<Integer> read(ByteBuffer dst, long position)
- public abstract <A> void read(ByteBuffer dst, long position, A attachment, CompletionHandler<Integer,? super A> handler)

理解了 write 方法，那么 read 方法就不是问题了，方法的参数含义都是类似的。

代码 19.60 给出了两种读取方法的用法示例。

代码 19.60　UseAsynchronousFileChannelRead.java

```
import java.nio.ByteBuffer;
import java.nio.file.Path;
import java.nio.file.StandardOpenOption;
import java.nio.channels.AsynchronousFileChannel;
import java.nio.channels.CompletionHandler;
import java.nio.charset.Charset;
import java.io.IOException;
import java.util.concurrent.Future;
```

```java
import java.util.concurrent.ExecutionException;

public class UseAsynchronousFileChannelRead{
    public static void main(String[] args){
        // 通过系统属性user.dir得到当前路径
        String currentPath = System.getProperty("user.dir");
        Path filePath = Path.of(currentPath, "asyn.txt");

        Charset cs = Charset.forName("GBK");
        ByteBuffer buf = ByteBuffer.allocate(64);

        AsynchronousFileChannel channel = null;
        try{
            // 打开异步文件通道
            channel = AsynchronousFileChannel.open(
                filePath, StandardOpenOption.READ);

            Future<Integer> result = channel.read(buf, 0);
            // Future的get方法会阻塞，直到读取完成
            int count = result.get();
            System.out.println("读取的字节数是：" + count);
            buf.flip();
            System.out.println("读取的内容是：" + cs.decode(buf).toString());

            buf.clear();
            // 重新读取
            channel.read(buf, 0, buf, new CompletionHandler<>(){
                @Override
                public void completed(Integer result,
                    ByteBuffer attachment){
                    attachment.flip();
                    System.out.println("文件读取成功，读取的字节数是：" + result);
                    System.out.println("读取的内容是：" + cs.decode(attachment).toString());
                }
                @Override
                public void failed(Throwable exc,
                    ByteBuffer attachment){
                    System.out.println("文件读取失败，失败原因是：" + exc.toString());
                }
            });
            // 让主线程睡眠1000毫秒，以等待完成处理程序执行完毕
            Thread.sleep(1000);
        }
        catch(InterruptedException | IOException | ExecutionException e){
            e.printStackTrace();
        }
    }
}
```

需要说明的是：

（1）在调用带完成处理程序参数的read方法时，我们将存放读取的数据的字节缓冲区作

为附加对象传入了完成处理程序，以方便对读取的文件内容做进一步处理。

（2）在使用缓冲区时，要注意缓冲区的位置、限制等，这一点在本章中已经多次强调。

（3）本例没有编写关闭文件通道的代码。

程序运行的结果为：

```
读取的字节数是：37
读取的内容是：Vue.js 从入门到实战 Servlet/JSP 深入详解
文件读取成功，读取的字节数是：37
读取的内容是：Vue.js 从入门到实战 Servlet/JSP 深入详解
```

建议读者结合下一章的内容一起来理解本节的内容，你会发现，关于异步文件通道的内容其实并不难。

19.14 总结

本章内容较多。除了讲解传统 I/O 编程外，还介绍了 New IO，以及 Java 7 新增的 Path 接口、Files 类，以及异步文件通道的用法。

传统 I/O 编程，要掌握 I/O 库的设计原则，合理使用流的串联来简化 I/O 访问。

New IO 相对麻烦一些，重点是理解 Buffer 的容量、限制、位置和标记等概念，在进行读写访问时，一定要清楚当前的位置和限制，否则就容易出错。对于大文件的访问，可以采用内存映射文件的方式来进行读写，能够大幅提高访问效率。

Java 7 在 java.nio 中增加的 file 子包定义了访问文件、文件属性和文件系统的接口和类。如果要对文件系统进行各种操作，则建议先去 java.nio.file 包中查看相关类与接口的说明文档，凡是你能想到的功能，使用 file 子包中的 API 基本都能完成。

19.15 实战练习

1. 编写程序，实现对任意文件的加密和解密。要求程序从命令行读入三个参数，分别是：要加密的文件名、加密算子、是否覆盖原文件。第三个参数采用可选项，若有，只能为 "replace"，表示要覆盖原文件；若无，则表示生成新的加密文件。程序要实现两种不同模式对文件的读写，若用户要求生成新文件，则应该采用一个 FileInputStream 和一个 FileOutputStream 分别对原文件读取和对新文件写入；若用户要求覆盖原文件，则应采用 RandomAccessFile 来完成对文件的读和写。

文件的加密规则是：将原文件中每个字节与加密算子都做异或运算，得到的值作为加密后的文件相应字节上的值（解密时规则一样）。

2. 自己定义一种类似 Java 语言的新型计算机语言，该语言与 Java 语言的区别在于使用的关键字和运算符不一样。给出该语言的关键字与 Java 语言的关键字的对应关系，将这种对应关系保存到一个配置文件中，如：

type:class
openly:public
closely:private
inherit:extends

realize:implements
current:this
parent:super
->:.
#:+
<-:=

冒号（:）左边是新型语言中使用的关键字和运算符，冒号右边是 Java 语言中对应的关键字和运算符。现在要求编写程序：把一个用这种新型语言编写的源代码文件翻译成 Java 源代码文件。

3．已存在 config.txt 文件，文件内容如下

className:Student

constructorParameter:tony

methodName:printName

methodParameter:hello

编写程序，自行选择一种便利地读取文件的方式，根据读取的文件内容生成一个 Student 对象，并调用该对象的 printName 方法。

4．在 student.txt 和 course.txt 中分别保存了学生信息和课程信息，文件中的每一行都代表一条记录，文件格式如下：

student.txt

张三|1,2,5

李四|2,4

...

course.txt

      1:数学

      2:语文

      3:英语

      4:化学

      5:物理

      …

编写程序，从 student.txt 和 course.txt 中读取学生信息和课程信息，选择合适的集合类来保存信息，然后按照以下格式向 selected.txt 文件中写入数据。

学生姓名 1：选课名称 1，选课名称 2，...

学生姓名 2：选课名称 1，选课名称 3，...

第 20 章 Java 并发编程

Java 语言从面市以来就支持多线程的开发，线程的实现主要通过继承 Thread 类或者实现 Runnable 接口，通过 synchronized 关键字来进行加锁，线程的挂起和唤醒主要通过 Object 对象的 wait、notify 和 notifyAll 方法来实现，这种编程方式过于初级，随着计算机技术的发展，应用的多样性，Java 多线程编程的局限性就体现出来了。

- 一个简单的多线程功能也需要编写大量的代码，且没有现成的功能性框架可以使用，例如缺少线程池的实现。
- 加锁方式太单一，很容易造成死锁。
- 由于某些常用功能缺少标准实现，使得不同的开发人员会重复编写类似的代码来实现这些功能。
- 对共享资源的访问，需要自己小心翼翼地去做同步，没有现成的安全数据结构可以使用。

这种状况一直持续到 Java 5 发布，一些可扩展的线程框架和一些工具类被添加到 java.util.concurrent（简称 JUC）包中，使得我们可以更安全、便捷地进行多线程开发。同时加入的一些高性能的工具类，也使得程序运行效率更高。

由于并发包的开发方式与传统的多线程开发方式差别较大，因此我们将并发包的内容单独作为一章来进行讲解。

20.1 Callable 和 Future 接口

扫码看视频

Runnable 接口的 run 方法是没有返回值的，但有时候我们希望某个任务在执行完毕后返回一个结果，那么可以实现 Callable<V>接口，该接口也是函数式接口，只有一个方法，如下所示：

- V call() throws Exception

要注意的是，call 方法允许抛出 checked 异常。

Thread 类并不接受 Callable 对象，如果要使用 Thread 对象来执行 Callable 任务，则可以使用 FutureTask 类，这个类实现了 Runnable 接口和 Future<V>接口。

Future 表示异步计算的结果，该接口定义了检查计算是否完成、等待计算完成，以及获取计算结果的方法。Future 接口中定义的方法如下所示：
- V get() throws InterruptedException, ExecutionException
  获取结果。该方法会阻塞，直到计算完成。
- V get(long timeout, TimeUnit unit) throws InterruptedException, ExecutionException, TimeoutException
  该方法在指定时间内等待计算完成，获取结果。如果在计算完成之前超时，则会抛出 TimeoutException。
- boolean cancel(boolean mayInterruptIfRunning)
  取消任务的执行。如果任务已完成、已取消，或者由于某些原因无法取消，则该方法失败。如果任务已经启动，而 mayInterruptIfRunning 为 true，则中断执行任务的线程以取消任务；如果为 false，则进行中的任务可以继续完成。
- boolean isDone()
  判断任务是否已经完成，如果已经完成，则返回 true，如果正在进行，则返回 false。不管是正常完成，还是发生异常或取消了任务，该方法都返回 true。也就是说，当调用 cancel 方法后，不管 cancel 方法的返回值是什么，isDone 都返回 true。
- boolean isCancelled()
  如果任务在正常完成之前被取消，则返回 true。如果 cancel 方法返回 true，那么之后调用 isCancelled 方法将总是返回 true。

FutureTask 类实现了 Future 接口，在构造 FutureTask 对象时，可以传递 Callable 对象。我们看一个例子，如代码 20.1 所示。

代码 20.1　CallableSumTask.java

```java
import java.util.concurrent.Callable;
import java.util.concurrent.FutureTask;
import java.util.concurrent.ExecutionException;

public class CallableSumTask {
    public static void main(String[] args){
        FutureTask<Integer> task = new FutureTask<>(() -> {
            int sum = 0;
            for(int i=1; i<=100; i++){
                sum += i;
            }
            return sum;
        });

        new Thread(task).start();
        try{
            int result = task.get();
            System.out.println("1 加到 100 的结果为: " + result);
        }
        catch(InterruptedException | ExecutionException e){
            e.printStackTrace();
        }
    }
}
```

代码中使用了 Lambda 表达式来实现 Callable 接口。

程序运行的结果为：

```
1 加到 100 的结果为：5050
```

20.2 新的任务执行框架

在 Java 5 版本之前执行任务是将 Runnable 对象传递给 Thread 类的构造方法，然后调用线程对象的 start 方法开始执行任务，如果想对任务进行调度，或者是控制同时执行任务的线程数量，就需要编写额外的代码来完成。在 JUC 中给出了一个新的任务执行框架，并可以使用线程池来执行任务。这个框架主要由 3 个接口及相应的实现类组成，如图 20-1 所示。

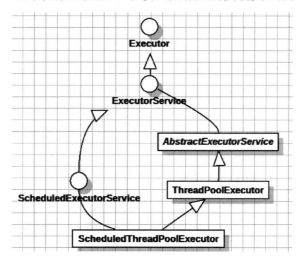

图 20-1 新的任务执行框架接口与实现类

20.2.1 Executor 接口

Executor（执行器）是执行提交的 Runnable 任务的对象。该接口只有一个方法，如下所示：

- void execute(Runnable command)

Executor 接口提供了一种将任务提交与每个任务的运行机制相分离的方式，对用户屏蔽线程的使用、任务调度等信息。

我们很少使用该接口，更多地使用它的子接口 ExecutorService。

扫码看视频

20.2.2 ExecutorService 接口

ExecutorService 接口扩展自 Executor，定义了执行任务和终止任务的方法，该接口中的主要方法如下所示：

- Future<?> submit(Runnable task)

  提交 Runnable 任务以供执行，返回表示该任务的 Future 对象。

- <T> Future<T> submit(Runnable task, T result)

  提交 Runnable 任务以供执行，返回表示该任务的 Future 对象。Future 的 get 方法将在成功完成后返回 result。

- <T> Future<T> submit(Callable<T> task)
  提交 Callable 任务以供执行，返回表示该任务的 Future 对象。Future 的 get 方法将在成功完成后返回任务的结果。
- void shutdown()
  执行已提交的任务，但不接受新任务。
- <T> List<Runnable> shutdownNow()
  尝试停止所有正在执行的任务，停止处理等待的任务，并返回等待执行的任务列表。
- boolean isShutdown()
  判断该 ExecutorService 是否已关闭。
- boolean isTerminated()
  如果关闭后所有任务都已完成，则返回 true。注意，除非首先调用 shutdown 或 shutdownNow，否则 isTerminated 永远不会返回 true。
- boolean awaitTermination(long timeout, TimeUnit unit) throws InterruptedException
  阻塞当前线程，以等待所有任务执行完成。如果任务完成，则返回 true；如果超时，则返回 false。该方法在 shutdown 方法之后调用，等待所有任务的完成。

虽然 ExecutorService 接口有具体的实现类，但为了简便起见，我们通常使用 Executors 类中的工厂方法来得到 ExecutorService 对象。

20.2.3 Executors 工具类

Executors 工具类定义了如下的工厂方法来得到一个 ExecutorService 对象：
- public static ExecutorService newCachedThreadPool()
- public static ExecutorService newFixedThreadPool(int nThreads)
- public static ExecutorService newSingleThreadExecutor()

newCachedThreadPool 创建一个可自动增长容量的线程池。在执行任务时，如果有可用的线程，则直接使用它来执行任务，如果没有可用的线程，则创建一个新的线程加入到线程池中。空闲线程只保留 60 秒，超过时间的空闲线程将被终止并从线程池中删除。

newFixedThreadPool 创建一个固定数量线程的线程池。如果提交的任务多于空闲线程，则将多出来的任务放到队列中，等待其他任务执行完毕有空闲线程后，再执行这些排队的任务。线程池中的线程一直存在，除非被显式关闭。

newSingleThreadExecutor 创建单个工作线程的线程池。如果提交的任务多于 1 个，则按提交任务的先后顺序执行。

对于大量短期运行的任务，建议使用 newCachedThreadPool 创建的线程池。如果任务数量并不是很多，且希望得到最优的并发执行效率，则可以使用 newFixedThreadPool 创建与 CPU 内核数相同数量线程的线程池。

> 提示：Runtime 类的 availableProcessors 方法可以获取 JVM 可用的处理器数量。

使用 JUC 新的 API 来执行任务，通常遵循以下步骤：
（1）调用 Executors 的 newXxx 方法创建一个线程池，即得到一个 ExecutorService 对象。
（2）调用 ExecutorService 的 submit 方法提交 Runnable 任务或者 Callable 任务，可提交多个。

(3) 保存好 submit 方法调用返回的 Future 对象，以便得到结果或取消任务。

(4) 当不需要再提交新的任务时，调用 ExecutorService 的 shutdown 方法。

下面我们使用线程池来并发计算多个数的阶乘，如代码 20.2 所示。

代码 20.2　FactorialWithExecutor.java

```java
import java.util.ArrayList;
import java.util.concurrent.Callable;
import java.util.concurrent.ExecutionException;
import java.util.concurrent.ExecutorService;
import java.util.concurrent.Executors;
import java.util.concurrent.Future;

/**
 * 计算阶乘的任务
 */
class FactorialTask implements Callable<Integer>{
    private int number;

    public FactorialTask(int number){
        this.number = number;
    }

    @Override
    public Integer call() throws Exception{
        return calculate(number);
    }

    /**
     * 采用递归调用计算某个数的阶乘
     */
    public int calculate(int number){
        if(number < 0)
            throw new IllegalArgumentException();
        if(0 == number || 1 == number)
            return 1;
        return number * calculate(number - 1);
    }
}

public class FactorialWithExecutor{
    public static void main(String[] args){
        ExecutorService exec = Executors.newCachedThreadPool();
        ArrayList<Future<Integer>> results = new ArrayList<Future<Integer>>();

        for(int i=0; i<10; i++){
            results.add(exec.submit(new FactorialTask(i)));
        }
        // 启动有序关闭，这将阻止新任务的添加，但不会影响先前提交任务的执行
        exec.shutdown();
        for(int i=0; i<10; i++){
            Future<Integer> result = results.get(i);
            try{
```

```
                System.out.println(i + "的阶乘是: " + result.get());
            }
            catch (InterruptedException | ExecutionException e){
                e.printStackTrace();
            }
        }
    }
}
```

程序运行的结果为:

```
0 的阶乘是: 1
1 的阶乘是: 1
2 的阶乘是: 2
3 的阶乘是: 6
4 的阶乘是: 24
5 的阶乘是: 120
6 的阶乘是: 720
7 的阶乘是: 5040
8 的阶乘是: 40320
9 的阶乘是: 362880
```

扫码看视频

20.2.4 ThreadFactory

在 Executors 类中,每个静态地创建 ExecutorService 对象的方法都被重载为可以接受一个 ThreadFactory 对象作为参数,而这个对象则被用来创建新的线程。ThreadFactory 接口只有一个方法,如下所示:

- Thread newThread(Runnable r)

你可以给出 ThreadFactory 接口的实现,根据需要使用特定优先级的线程,或者自定义的线程子类作为线程池中的线程来使用。

我们看一个例子,如代码 20.3 所示。

代码 20.3　DaemonThreadFactory.java

```java
import java.util.concurrent.ExecutorService;
import java.util.concurrent.Executors;
import java.util.concurrent.TimeUnit;

public class DaemonThreadFactory{
    public static void main(String[] args){
        ExecutorService exec = Executors.newCachedThreadPool(r -> {
            Thread t = new Thread(r);
            // 线程工厂创建的都是后台线程
            t.setDaemon(true);
            return t;
        });
        
        Runnable task = () ->
            System.out.println(Thread.currentThread().getName());
        
        // 提交 5 个任务
```

```
        for(int i=0; i<5; i++){
            exec.submit(task);
        }
        try{
            // 等待 100 毫秒，让后台线程有机会完成任务
            exec.awaitTermination(100, TimeUnit.MILLISECONDS);
        }
        catch(InterruptedException e){
            e.printStackTrace();
        }
    }
}
```

代码中使用了 Lambda 表达式来实现 ThreadFactory 接口。由于线程工厂创建的是后台线程，当主线程执行完毕，即使还有后台线程在运行，整个进程也会退出。为了能够看到输出结果，我们调用 ExecutorService 的 awaitTermination 方法，让主线程等待 100 毫秒。也正因为在线程池中都是后台线程，所以不用调用 ExecutorService 的 shutdown 方法来进行关闭。

程序运行的结果为：

```
Thread-3
Thread-4
Thread-0
Thread-2
Thread-1
```

20.2.5　ScheduledExecutorService

ScheduledExecutorService 接口扩展自 ExecutorService 接口，它提供了延迟或定期执行任务的方法，这些方法如下所示：

- ScheduledFuture<?> schedule(Runnable command, long delay, TimeUnit unit)
  提交在指定延迟后执行的一次性 Runnable 任务。
- <V> ScheduledFuture<V> schedule(Callable<V> callable, long delay, TimeUnit unit)
  提交在指定延迟后执行的一次性 Callable 任务。
- ScheduledFuture<?> scheduleWithFixedDelay(Runnable command, long initialDelay, long delay, TimeUnit unit)
  提交在初始延迟后周期性执行的任务，在一次执行终止和下一次执行开始之间的延迟时间由参数 delay 给出。
- ScheduledFuture<?> scheduleAtFixedRate(Runnable command, long initialDelay, long period, TimeUnit unit)
  提交在初始延迟后周期性执行的任务，周期长度由参数 period 给出。在第一次执行完毕后，下一次执行时间是 initialDelay + period，再下一次是 initialDelay + 2 * period，依此类推。

除了 schedule 方法可以接受 Callable 类型的参数外，其他两个方法只能接受 Runnable 类型的参数，也就是说，能够重复执行的任务只能是 Runnable 任务。

Executors 类也为 ScheduledExecutorService 接口的实现提供了工厂方法，如下所示：

- public static ScheduledExecutorService newScheduledThreadPool(int corePoolSize)

- public static ScheduledExecutorService newSingleThreadScheduledExecutor()

下面我们通过一个定期报时的例子来学习 ScheduledExecutorService 的用法，如代码 20.4 所示。

代码 20.4　UseScheduledExecutorService.java

```java
import static java.util.concurrent.TimeUnit.SECONDS;

import java.text.SimpleDateFormat;
import java.util.Date;
import java.util.concurrent.Callable;
import java.util.concurrent.ExecutionException;
import java.util.concurrent.Executors;
import java.util.concurrent.ScheduledExecutorService;
import java.util.concurrent.ScheduledFuture;

public class UseScheduledExecutorService{
    public static void main(String[] args){
        // 创建一个线程数为 2 的可定期执行或在给定延迟后运行任务的线程池
        ScheduledExecutorService scheduledService =
            Executors.newScheduledThreadPool(2);

        // 在 1 秒后开始运行报时任务，并每隔 3 秒运行一次
        ScheduledFuture<?> future1 = scheduledService.scheduleAtFixedRate(
            new TimeTask("A"), 1, 3, SECONDS);
        // 在 1 秒后开始运行报时任务，并在每次任务运行完成后，等待 3 秒再次运行任务
        ScheduledFuture<?> future2 = scheduledService.scheduleWithFixedDelay(
            new TimeTask("B"), 1, 3, SECONDS);

        // 10 秒后开始运行任务，该任务的目的是为了取消前两个任务，并关闭线程池
        ScheduledFuture<?> future3 = scheduledService.schedule(() -> {
            future1.cancel(true);
            future2.cancel(true);
            scheduledService.shutdown();
            return "所有任务终止！";
        }, 10, SECONDS);

        try{
            System.out.println(future3.get());
        }
        catch (InterruptedException | ExecutionException e){
            e.printStackTrace();
        }
    }

    /**
     * 创建一个 Runnable 任务，执行报时功能
     */
    private static class TimeTask implements Runnable{
        private int count = 0;
        private String executor;
```

```java
        public TimeTask(String executor){
            this.executor = executor;
        }

        @Override
        public void run(){
            SimpleDateFormat dateFormat = new SimpleDateFormat("yyyy-MM-dd hh:mm:ss");

            String timeStr = dateFormat.format(new Date());
            System.out.printf("%s 第%d 次报时: %s\r\n", "["
                + executor + "] ", ++count, timeStr);
            try{
                SECONDS.sleep(1);
            }
            catch (InterruptedException e){}
        }
    }
}
```

通过在报时任务中让线程睡眠一秒钟来延长任务的执行时间，这样可以看出 scheduleAtFixedRate 和 scheduleWithFixedDelay 这两个方法的区别。程序运行的结果为：

```
[A] 第 1 次报时: 2020-06-24 11:56:31
[B] 第 1 次报时: 2020-06-24 11:56:31
[A] 第 2 次报时: 2020-06-24 11:56:34
[B] 第 2 次报时: 2020-06-24 11:56:35
[A] 第 3 次报时: 2020-06-24 11:56:37
[B] 第 3 次报时: 2020-06-24 11:56:39
[A] 第 4 次报时: 2020-06-24 11:56:40
所有任务终止!
```

注意，A 和 B 报出的时间是不一样的。

如果没有 "SECONDS.sleep(1);" 这句代码，那么程序的输出结果为：

```
[A] 第 1 次报时: 2020-06-24 11:57:52
[B] 第 1 次报时: 2020-06-24 11:57:52
[A] 第 2 次报时: 2020-06-24 11:57:55
[B] 第 2 次报时: 2020-06-24 11:57:55
[A] 第 3 次报时: 2020-06-24 11:57:58
[B] 第 3 次报时: 2020-06-24 11:57:58
[A] 第 4 次报时: 2020-06-24 11:58:01
所有任务终止!
```

注意，A 和 B 报出的时间是一样的。

20.2.6 批量执行任务

在 ExecutorService 接口中还定义了批量执行任务的方法，如下所示：

- <T> List<Future<T>> invokeAll(Collection<? extends Callable<T>> tasks) throws InterruptedException

  批量执行任务，这个方法会阻塞，直到所有任务完成时返回一个保存它们状态和结果的 Future 列表。对列表中的元素调用 isDone 方法都会返回 true。
- <T> List<Future<T>> invokeAll(Collection<? extends Callable<T>> tasks, long timeout, TimeUnit unit) throws InterruptedException
  批量执行任务，在所有任务完成或超时时返回一个保存它们状态和结果的 Future 列表。对列表中的元素调用 isDone 都会返回 true，但未完成的任务则会被取消。
- <T> T invokeAny(Collection<? extends Callable<T>> tasks) throws InterruptedException, ExecutionException
  批量执行任务，返回某个已成功完成任务的结果。无法知道返回的是哪个任务的结果。不管该方法是正常返回还是异常返回，未完成的任务都会被取消。
- <T> T invokeAny(Collection<? extends Callable<T>> tasks, long timeout, TimeUnit unit) throws InterruptedException, ExecutionException, TimeoutException
  批量执行任务，如果在给定的超时时间之前执行了某个任务，则返回已成功完成的任务的结果。不管该方法是正常返回还是异常返回，未完成的任务都会被取消。

下面看一个例子，计算 1 到 1000 万的整数的和，将计算过程分成 5 个任务同时执行，如代码 20.5 所示。

代码 20.5　BatchTasksExecute.java

```java
import java.util.Collection;
import java.util.List;
import java.util.ArrayList;
import java.util.concurrent.Callable;
import java.util.concurrent.Future;
import java.util.concurrent.ExecutorService;
import java.util.concurrent.Executors;
import java.util.concurrent.ExecutionException;

public class BatchTasksExecute {
    private static class CallableSumTask implements Callable<Long> {
        private long start;
        private long end;

        public CallableSumTask(long start, long end) {
            this.start = start;
            this.end = end;
        }

        public Long call() throws Exception {
            System.out.println(
                    String.format("Start:%d End:%d", start, end));
            long sum = 0L;
            for(long i = start; i <= end; i++){
                sum += i;
            }
            return sum;
        }
    }

    public static void main(String[] args){
        final long MAX = 10000000;
        ExecutorService exec = Executors.newFixedThreadPool(5);
```

```java
        Collection<CallableSumTask> cl = new ArrayList<>();

        for(int i = 0; i < 5; i++){
            cl.add(new CallableSumTask(i * MAX / 5 + 1, (i + 1) * MAX / 5));
        }
        try{
            List<Future<Long>> res = exec.invokeAll(cl);
            long sum = 0L;
            for(Future<Long> f : res){
                try {
                    sum += f.get();
                    System.out.println("Result:" + f.get());
                }
                catch (ExecutionException e) {
                    e.printStackTrace();
                }
            }
            System.out.println("Sum:" + sum);
        }
        catch(InterruptedException e){
            e.printStackTrace();
        }
        finally {
            exec.shutdown();
        }
    }
}
```

程序运行的结果为:

```
Start:4000001 End:6000000
Start:1 End:2000000
Start:2000001 End:4000000
Start:6000001 End:8000000
Start:8000001 End:10000000
Result:2000001000000
Result:6000001000000
Result:10000001000000
Result:14000001000000
Result:18000001000000
Sum:50000005000000
```

可以看到，在批量执行任务时，虽然任务被执行的顺序是不确定的，但得到的结果顺序是集合中添加任务的顺序。不过这里需要说明的是，**invokeAll 返回的列表中元素的顺序与迭代器为给定的任务列表生成的顺序相同**，代码中的任务是保存在 ArrayList 对象中的，它本来就有序列表，因此结果顺序与任务顺序相同，但如果你换成 HashSet 来保存任务，那么结果顺序也会与任务顺序不同。

20.2.7　CompletionService 接口

批量执行任务的一种替代形式是使用 CompletionService 接口，CompletionService 在内部使用队列保存每个任务的 Future 对象，保存的顺序是任务执行完成的顺序，哪个任务先执行完毕，该任务就将被先加入到队列中。

CompletionService 接口中定义的方法如下所示：

- Future\<V\> submit(Runnable task, V result)
  提交 Runnable 任务。
- Future\<V\> submit(Callable\<V\> task)
  提交 Callable 任务。
- Future\<V\> poll()
  获取并删除队列中下一个已完成任务的 Future 对象，如果不存在已完成任务，则返回 null。
- Future\<V\> poll(long timeout, TimeUnit unit) throws InterruptedException
  获取并删除队列中下一个已完成任务的 Future 对象，如果不存在，则等待指定的时间。
- Future\<V\> take() throws InterruptedException
  获取并删除队列中下一个已完成任务的 Future 对象，如果不存在，则一直等待。

我们在使用 submit 方法提交任务后，可以调用 poll 或者 take 方法从队列中获取已完成任务的 Future 对象，不需要直接使用 submit 方法返回的 Future 对象。这样就将异步任务的产生与已完成任务的结果处理分离开了，生产者提交任务以供执行，消费者接受已完成的任务，并按完成的顺序处理结果。例如，CompletionService 可用于管理异步 I/O，在异步 I/O 中，执行读取的任务在程序的某个地方提交，在读取完成时在程序的另一个地方对结果进行处理。

CompletionService 依赖于单独的执行器来实际执行任务，ExecutorCompletionService 是该接口的实现类，在构造 ExecutorCompletionService 对象时，需要传递一个执行器对象作为参数。

下面我们使用 CompletionService 来完成与上一节例子代码相同的功能，如代码 20.6 所示。

代码 20.6　UseCompletionService.java

```
import java.util.Collection;
import java.util.ArrayList;
import java.util.concurrent.Callable;
import java.util.concurrent.ExecutorService;
import java.util.concurrent.Executors;
import java.util.concurrent.CompletionService;
import java.util.concurrent.ExecutorCompletionService;
import java.util.concurrent.ExecutionException;

public class UseCompletionService {
    private static class CallableSumTask implements Callable<Long> {
        ...
    }

    public static void main(String[] args){
        final long MAX = 10000000;
        ExecutorService exec = Executors.newFixedThreadPool(5);
        Collection<CallableSumTask> cl = new ArrayList<>();
```

```java
        for(int i = 0; i < 5; i++){
            cl.add(new CallableSumTask(i * MAX / 5 + 1, (i + 1) * MAX / 5));
        }
        CompletionService<Long> cs = new ExecutorCompletionService<>(exec);

        cl.forEach(cs::submit);
        long sum = 0L;
        try{
            for (int i = 0; i <cl.size(); i++) {
                Long result = cs.take().get();
                if (result != null){
                    sum += result;
                    System.out.println("Result:" + result);
                }
            }
            System.out.println("Sum:" + sum);
        }
        catch(InterruptedException | ExecutionException e){
            e.printStackTrace();
        }
        finally{
            exec.shutdown();
        }
    }
}
```

CallableSumTask 类与上一节中的代码 20.5 一样,所以我们省略了实现代码。程序运行的结果与上一节代码的结果也是类似的,为了节省篇幅,这里就不给出结果了。

使用 CompletionService,也可以实现 ExecutorService 接口中定义的 invokeAny 方法类似的功能,在得到队列中第一个已完成任务的结果后,取消其他未完成的任务。

要取消任务,可以调用 Future 对象的 cancel 方法,传递 true。CompletionService 的 submit 方法在提交任务的时候会返回表示该任务计算结果的 Future 对象,你只需要在调用 submit 方法提交每个任务时,用列表保存返回的 Future 对象,然后在得到第一个已完成任务的结果后,循环遍历 Future 列表,依次调用 cancel(true)就可以了。如下面的代码所示:

```java
ExecutorService exec = Executors.newFixedThreadPool(5);
Collection<CallableSumTask> cl = new ArrayList<>();
for(int i = 0; i < 5; i++){
    cl.add(new CallableSumTask(i * MAX / 5 + 1, (i + 1) * MAX / 5));
}
int n = cl.size();
CompletionService<Long> cs = new ExecutorCompletionService<>(exec);
ArrayList<Future<Long>> futures = new ArrayList<>(n);
cl.forEach(task -> futures.add(cs.submit(task)));

long sum = 0L;
try{
    for (int i = 0; i <n; i++) {
        Long result = cs.take().get();
        if (result != null){
            sum += result;
```

```
                System.out.println("Result:" + result);
                break;
            }
        }
    }
    catch(InterruptedException | ExecutionException e){
        e.printStackTrace();
    }
    finally{
        futures.forEach(future -> future.cancel(true));
        exec.shutdown();
    }
```

将取消任务的条件修改一下，改成某个任务失败，取消所有未完成任务，这在实践中有很多的应用。例如，通过多线程同时向一个文件写入数据，每个任务都各自负责一块区域的数据写入，有任何一个任务执行失败，整个文件就是不完整的，因此当一个任务失败后，就没有必要再执行其他的任务了。

20.2.8 ThreadPoolExecutor 类

扫码看视频

ThreadPoolExecutor 是 ExecutorService 接口的实现类，通过该类创建线程池，可以定制线程池的各种参数。

ThreadPoolExecutor 类有四个构造方法，如下所示：

```
✧   public ThreadPoolExecutor(int corePoolSize,
                int maximumPoolSize,
                long keepAliveTime,
                TimeUnit unit,
                BlockingQueue<Runnable> workQueue)
✧   public ThreadPoolExecutor(int corePoolSize,
                int maximumPoolSize,
                long keepAliveTime,
                TimeUnit unit,
                BlockingQueue<Runnable> workQueue,
                RejectedExecutionHandler handler)
✧   public ThreadPoolExecutor(int corePoolSize,
                int maximumPoolSize,
                long keepAliveTime,
                TimeUnit unit,
                BlockingQueue<Runnable> workQueue,
                ThreadFactory threadFactory)
✧   public ThreadPoolExecutor(int corePoolSize,
                int maximumPoolSize,
                long keepAliveTime,
                TimeUnit unit,
                BlockingQueue<Runnable> workQueue,
                ThreadFactory threadFactory,
                RejectedExecutionHandler handler)
```

我们只需要关注最后一个带 7 个参数的构造方法就行了，其他三个构造方法都是调用最后一个构造方法。构造方法的参数说明如下所示：

- corePoolSize

线程池中核心线程的最大数量。线程池中有两类线程：核心线程和非核心线程。当调用方法 execute(Runnable)提交新任务时，如果运行的线程数少于 corePoolSize，则会创建一个新的核心线程来处理该任务，即使其他的工作线程处于空闲状态也是如此。默认情况下，核心线程将始终存在于线程池中（除非调用了 allowCoreThreadTimeOut(true)，且 keepAliveTime 为非 0 值），即使核心线程处于空闲状态。但如果非核心线程的空闲时间超过了 keepAliveTime，则会被终止。

- maximumPoolSize

线程池中允许的最大线程数，其值等于核心线程数 + 非核心线程数。当线程总数量超过 corePoolSize 时，新提交的任务会在任务队列中排队，由空闲的核心线程依次从队列中获取任务来执行。当任务队列已满，并且正在执行的线程数量少于 maximumPoolSize 时，则会创建非核心线程来执行任务。通过将 corePoolSize 和 maximumPoolSize 设置为相同值，则可以创建一个固定大小的线程池。如果将 maximumPoolSize 设置为一个很大的值，例如 Integer.MAX_VALUE，则允许线程池容纳任意数量的并发任务。

- keepAliveTime

非核心线程的最大空闲时间。如果在此时间内，一直没有新任务需要执行，那么空闲的线程将被终止。如果调用了 allowCoreThreadTimeOut(true)，那么该时间也会作用于核心线程。

- unit

keepAliveTime 的时间单位。

- workQueue

在任务执行前用于保留任务的阻塞队列。此队列将只保存由 execute 方法提交的 Runnable 任务。关于阻塞队里，请参看 20.6.2 节。

- threadFactory

创建线程的工厂。

- handler

当要执行的任务超过了线程总数和队列容量后采取的拒绝处理策略。

ThreadPoolExecutor 创建的线程池执行任务的流程如图 20-2 所示。

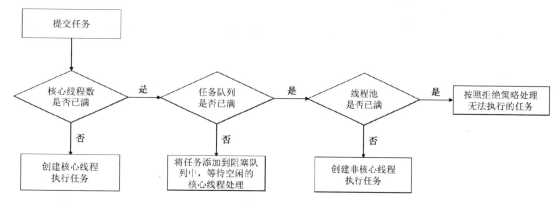

图 20-2　ThreadPoolExecutor 创建的线程池执行任务的流程

在前面对 ThreadPoolExecutor 类构造方法的参数说明中，已经描述了线程池执行任务的流程，这里我们再总结一下。

（1）当调用方法 execute(Runnable)提交新任务时，如果运行的线程数少于 corePoolSize，则会创建一个新的核心线程来处理该任务。

（2）否则，判断任务队列是否已满，如果未满，则将新提交的任务加入到任务队列中，等待空闲的核心线程进行处理。

（3）如果任务队列已满，则判断正在执行的线程数量是否少于 maximumPoolSize，如果少于，则创建非核心线程来执行任务。

（4）如果线程总数达到了 maximumPoolSize，则采取设定的拒绝处理策略来处理无法执行的任务。

可以看到，如果使用 ThreadPoolExecutor 创建线程池，调用会比较复杂，所以我们会使用 Executors 工具类来创建线程池，实际上，20.2.3 节讲述的 Executors 类的静态方法创建的线程池也是通过 ThreadPoolExecutor 来创建的线程池。通过分析这些静态方法的源代码，我们可以更好地理解这三种线程池。

（1）Executors.newCachedThreadPool 方法的源代码如下所示：

Executors.newCachedThreadPool 方法的源代码

```
public static ExecutorService newCachedThreadPool() {
    return new ThreadPoolExecutor(0, Integer.MAX_VALUE,
                                  60L, TimeUnit.SECONDS,
                                  new SynchronousQueue<Runnable>());
}
```

corePoolSize 为 0，意味着没有核心线程。线程池最大线程数为 Integer.MAX_VALUE，可以认为最大线程数是无限的。使用的阻塞队列是 SynchronousQueue，即同步队列，来一个任务，必须处理一个任务，否则新提交的任务会阻塞。在处理队列中的任务时，如果没有空闲线程，就创建一个新的非核心线程来执行任务。这相当于是线程无限，新提交的任务无需排队，总有线程来处理。不过线程也是一种资源，每个线程都要分配自己的栈空间，实际上并不存在无限线程的理想情况，因此在高并发的场景下，就容易引发 OutOfMemoryError 错误。

当需要执行很多短时间的任务时，CacheThreadPool 的线程复用率比较高，可以显著地提高性能。

（2）Executors.newFixedThreadPool 方法的源代码如下所示：

Executors.newFixedThreadPool 方法的源代码

```
public static ExecutorService newFixedThreadPool(int nThreads) {
    return new ThreadPoolExecutor(nThreads, nThreads,
                                  0L, TimeUnit.MILLISECONDS,
                                  new LinkedBlockingQueue<Runnable>());
}
```

核心线程数与最大线程数相等，意味着任务的执行都是由核心线程来完成的。使用的阻塞队列是 LinkedBlockingQueue，由于调用的是无参构造方法，因此生成的阻塞队列的大小是 Integer.MAX_VALUE。在执行提交的任务时，如果核心线程空闲，则由核心线程来执行任务，否则，任务被添加到阻塞队列中等待。当要执行的任务耗时比较长，而提交的任务数过多，由于使用的几乎是无界的阻塞队列，大量的任务提交可能会引发 OutOfMemoryError 错误。

（3）Executors.newSingleThreadExecutor 方法的源代码如下所示：

Executors.newSingleThreadExecutor 方法的源代码

```
public static ExecutorService newSingleThreadExecutor() {
    return new FinalizableDelegatedExecutorService
        (new ThreadPoolExecutor(1, 1,
                            0L, TimeUnit.MILLISECONDS,
                            new LinkedBlockingQueue<Runnable>()));
}
```

核心线程数与最大线程数都是 1，意味着只有一个核心线程来执行任务，根据任务提交的先后顺序依次执行。使用的阻塞队列是 LinkedBlockingQueue，由于调用的是无参构造方法，因此生成的阻塞队列的大小是 Integer.MAX_VALUE。当这唯一一个核心线程在执行任务时，新提交的任务将被添加到阻塞队列中等待。由于阻塞队列几乎是无界的，因此大量的任务提交可能会引发 OutOfMemoryError 错误。

阿里巴巴发布了一个《阿里巴巴 Java 开发手册》，其中强制规定线程池不允许使用 Executors 去创建，而要通过 ThreadPoolExecutor 来创建，主要就是为了避免资源耗尽的风险。实际上，有多少网站有淘宝、天猫的并发访问量，当我们了解了 Executors 是如何创建的线程池，结合我们的业务规模，确定了并发访问不会引发资源耗尽的风险后，是完全可以用 Executors 的便捷方法来创建线程池的，代码简单且易懂。

20.3 锁对象

锁对于共享资源的并发访问，其重要性毋庸置言，在 Java 5 版本之前的锁定功能是由 synchronized 关键字来实现的，但这种方式不够灵活，存在着一些问题。

- 每次只能对一个对象进行锁定，如果需要锁定多个对象，程序编写就比较麻烦，一不小心就会出现死锁。
- 如果线程因得不到锁而进入等待状态，则没有办法将其打断。

新增的锁 API 位于 java.util.concurrent.locks 包中，有三种类型的锁可以使用，它们的类结构如图 20-3 所示。

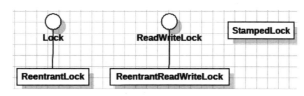

图 20-3 锁的类结构图

20.3.1 Lock 接口

在 Lock 接口中定义了加锁与解锁的方法，这些方法如下所示：
- void lock()
  获取锁。如果锁不可用，则当前线程处于等待状态，直到锁可用。
- boolean tryLock()
  如果锁可用，则立即获得锁，并返回 true；如果锁不可用，则直接返回 false。

扫码看视频

- boolean tryLock(long time, TimeUnit unit) throws InterruptedException
  如果锁可用，则立即获得锁，并返回 true。如果锁不可用，则等待指定的时间。
- void unlock()
  释放锁。

ReentrantLock 类是 Lock 接口的实现类。

20.3.2 重入互斥锁

ReentrantLock 表示可重入互斥锁，它用于替代 synchronized 锁定，与 synchronized 一样，一个线程可以多次获取同一个锁。

除了实现 Lock 接口外，这个类还定义了许多用于检查锁状态的方法。

ReentrantLock 的典型用法是：

```java
class X {
    private final ReentrantLock lock = new ReentrantLock();
    // ...

    public void m() {
        lock.lock();  // block until condition holds
        try {
            // ... method body
        } finally {
            lock.unlock()
        }
    }
}
```

关键是注意锁的释放位置，你保护的代码有可能会抛出异常，只有放到 finally 子句中，才能确保锁的释放。

下面回到我们久违的火车票售票程序，使用新的任务执行框架和重入互斥锁来保证售票程序的正常运行，如代码 20.7 所示。

代码 20.7　TicketSystem.java

```java
import java.util.concurrent.Executors;
import java.util.concurrent.ExecutorService;
import java.util.concurrent.locks.Lock;
import java.util.concurrent.locks.ReentrantLock;


class SellTicketTask implements Runnable{
    private int tickets = 100;
    private final Lock lock = new ReentrantLock();

    public void run(){
        while(true){
            lock.lock();
            try{
                if(tickets > 0){
                    System.out.printf("%s sell tickets: %d%n",
                        Thread.currentThread().getName(), tickets);
```

```
                    tickets--;
                }else{
                    break;
                }
            }
        }finally{
            lock.unlock();
        }
    }
}

public class TicketSystem{
    public static void main(String[] args){
        SellTicketTask task = new SellTicketTask();
        ExecutorService exec = Executors.newFixedThreadPool(5);
        for(int i=0; i<5; i++){
            exec.submit(task);
        }
        exec.shutdown();
    }
}
```

读者可自行运行一下该程序，看看输出结果。

20.3.3 读写锁

扫码看视频

重入互斥锁可以保证在同一时刻只有一个线程能够访问共享资源，但在很多情况下，线程只是对共享资源进行读取访问，多个线程同时读取共享资源并不会破坏资源的状态，这个时候，更适合的锁是允许多个线程同时读，但只能有一个线程进行写。

ReadWriteLock 维护一对关联锁：一个用于只读操作，一个用于写入。只要没有写入操作，**读锁就可以由多个读取线程同时保持，而写锁是独占的。**当一个线程在写入时，不管是读取线程还是其他写入线程都会等待，等待持有锁的线程写入结束释放锁。而当一个线程在读取时，其他的读取线程可以持有锁，但写入线程只能等待，等待所有持有锁的读取线程释放锁。

ReadWriteLock 接口与 Lock 接口没有继承关系，在该接口中只定义了两个方法，如下所示：

- Lock readLock()
  返回用于读取的锁。
- Lock writeLock()
  返回用于写入的锁。

ReentrantReadWriteLock 是 ReadWriteLock 接口的实现类。

下面我们以一个文件读写为例，来看看如何应用读写锁，如代码 20.8 所示。

代码 20.8　UseReadWriteLock.java

```
import java.io.*;
import java.nio.file.*;
```

```java
import java.nio.charset.Charset;
import java.util.concurrent.*;
import java.util.concurrent.locks.*;
import java.util.ArrayList;

class FileOperation{
    private final Path path;
    private final ReadWriteLock rwLock = new ReentrantReadWriteLock();
    private final Lock readLock = rwLock.readLock();
    private final Lock writeLock = rwLock.writeLock();
    private final Charset cs = Charset.forName("GBK");
    public FileOperation(String fileName){
        path = new File(fileName).toPath();
    }

    public String read(){
        // 加读锁
        readLock.lock();
        String data = null;
        try{
            data = Files.readString(path, cs);
        }
        catch(IOException e){
            e.printStackTrace();
        }
        finally {
            readLock.unlock(); // 释放读锁
        }
        return data;
    }

    public void write(String data){
        // 加写锁
        writeLock.lock();
        try{
            // 向文件末尾写入数据
            Files.writeString(path, data, cs, StandardOpenOption.APPEND);
        }
        catch(IOException e){
            e.printStackTrace();
        }
        finally {
            writeLock.unlock(); // 释放写锁
        }
    }
}

public class UseReadWriteLock{
    public static void main(String[] args){
        FileOperation fo = new FileOperation("1.txt");
        ExecutorService exec = Executors.newCachedThreadPool();
```

```
            Callable<String>  readTask = () ->
                Thread.currentThread().getName() + "读取内容: " + fo.read();

            Runnable writeTask = () -> fo.write("Servlet/JSP 深入详解");
            ArrayList<Future<String>> results = new ArrayList<>();

            // 分别提交 5 次读取任务和 5 次写入任务
            for(int i=0; i<5; i++){
                results.add(exec.submit(readTask));
                exec.submit(writeTask);
            }
            exec.shutdown();
            // 打印输出读取的文件内容
            for(int i=0; i<5; i++){
                Future<String> result = results.get(i);
                try{
                    System.out.println(result.get());
                }
                catch (InterruptedException | ExecutionException e){
                    e.printStackTrace();
                }
            }
        }
    }
```

主要关注 FileOperation 类中读写锁的应用,且要注意读写锁应分别获取、分别释放。在代码中提交了 10 个任务:5 个读取任务,5 个写入任务。1.txt 文件初始内容就是一个字符串:Vue.js 从入门到实战。

由于任务执行的顺序不是固定的,且有读写锁的存在,线程需要竞争锁,因此程序运行的结果也是不确定的,但可以保证输出的结果没有错乱的数据,某个线程读取的文件内容一定是完整的。一种可能的输出结果如下所示:

```
pool-1-thread-1 读取内容: Vue.js 从入门到实战
pool-1-thread-3 读取内容: Vue.js 从入门到实战
pool-1-thread-5 读取内容: Vue.js 从入门到实战 Servlet/JSP 深入详解 Servlet/JSP 深入详解
pool-1-thread-7 读取内容: Vue.js 从入门到实战 Servlet/JSP 深入详解 Servlet/JSP 深入详解 Servlet/JSP 深入详解 Servlet/JSP 深入详解
pool-1-thread-9 读取内容: Vue.js 从入门到实战 Servlet/JSP 深入详解 Servlet/JSP 深入详解
```

使用读写锁可以提高读取效率,它非常适合读取操作多而写入操作少的场景。

20.3.4　StampedLock

ReadWriteLock 可以解决同时读多个线程,但只有一个线程能够写的问题。读取线程获取读锁进行读取,写入线程获取写锁进行写入,当线程正在读的时候,写入线程是无法获得写锁的,只能等待,等待读取线程释放读锁后才能获取写锁。这种读锁我们称为悲观锁。

ReadWriteLock 本身就适用于读取线程多而写入线程少的场景,但由于悲观读锁的存在,有可能导致写入线程因迟迟无法获得写锁而无法进行写入操作的问题，影响程序执行的效率。为了提高并发执行的效率，Java 8 在 java.util.concurrent.locks 包中新增了 StampedLock 类，增加了乐观读锁，允许在读取的过程中进行写入操作，不过这样就有可能出现读取的数据不一致的情况，为此，StampedLock 类也提供了检测方法，用于判断在读取过程中是否有写入发生，如果有写入发生，那么再读取一次就行了。

StampedLock 类给出了三种控制读写访问的模式。

- public long writeLock()
  获取写锁，如果写锁当前不可用，则阻塞。写锁是一种独占锁。
- public long readLock()
  获取读锁，如果读锁当前不可用，则阻塞。读锁是一种非独占锁。
- public long tryOptimisticRead()
  获取乐观读锁。如果已经以独占方式锁定（即某个线程获取了写锁），则返回 0。

可以看到三种锁获取方法返回的都是一个 long 型值，表示锁的印记（stamp），该印记表示并控制与锁状态相关的访问。对于 writeLock 还提供了 tryWriteLock 版本，对于 readLock 还提供了 tryReadLock 版本。

在获取乐观读锁后，要判断是否有写入发生，可以调用 validate 方法，如下所示：

- public boolean validate(long stamp)
  如果在给定的印记之后没有以独占方式获取锁，则返回 true。如果 stamp 是 0，则返回 false。如果 stamp 表示当前持有的锁，则始终返回 true。

要释放锁，有如下三个方法：

- public void unlockRead(long stamp)
  如果锁状态与给定的印记匹配，则释放非独占锁。
- public void unlockWrite(long stamp)
  如果锁状态与给定的印记匹配，则释放独占锁。
- public void unlock(long stamp)
  如果锁状态与给定的印记匹配，则释放相应的锁定模式。

StampedLock 类还提供了读写锁互相转换的方法，如下所示：

- public long tryConvertToWriteLock(long stamp)
  如果 stamp 表示写锁，则直接返回它。如果 stamp 表示读锁，且写锁可用，则释放读锁，返回写锁。如果 stamp 是乐观读锁，则只在写锁立即可用时，返回写锁。除了这三种情况外，该方法均返回 0。
- public long tryConvertToReadLock(long stamp)
  如果 stamp 表示读锁，则直接返回它。如果 stamp 表示写锁，则释放它并获取读锁。如果 stamp 是乐观读锁，则只在读锁立即可用时，返回读锁。除了这三种情况外，该方法均返回 0。

在 StampedLock 类的 API 文档中给出了一个示例，展示了 StampedLock 的用法，我们借用这个示例，来学习一下如何使用 StampedLock，如代码 20.9 所示。

代码 20.9　Point.java

```
import java.util.concurrent.locks.StampedLock;

class Point {
    private double x, y;
```

```java
private final StampedLock sl = new StampedLock();

/**
 * 独占锁定的方法
 */
public void move(double deltaX, double deltaY) {
    // 获取写锁
    long stamp = sl.writeLock();
    try {
        x += deltaX;
        y += deltaY;
    } finally {
        // 释放写锁
        sl.unlockWrite(stamp);
    }
}
/**
 * 只读方法
 * 从乐观读升级为读锁
 */
public double distanceFromOrigin() {
    // 获取乐观读锁
    long stamp = sl.tryOptimisticRead();
    try {
        // 如果已经以独占方式锁定，则获取悲观读锁
        if (stamp == 0L)
            stamp = sl.readLock(); // 该方法会阻塞，直到读锁可用
        // 读取 x 和 y 的值，但 x 和 y 有可能被写线程所修改，假设 x 和 y 为：(5, 10)
        double currentX = x;
        // 已读取 x 的值 5，此时 x 和 y 有可能被写线程修改为：(20, 40)
        double currentY = y;
        // 已读取 y 的值，如果没有写入，那么 currentX 和 currentY 的值为：(5, 10)，
        // 如果有写入，那么读取的将是错误的数据：(5, 40)

        // 检查获取乐观读锁后，是否有写锁发生。如果有，则获取悲观读锁
        if (!sl.validate(stamp)){
            stamp = sl.readLock();   // 该方法会阻塞，直到读锁可用
        }
        // 再次读取 x 和 y
        currentX = x;
        currentY = y;
        return Math.hypot(currentX, currentY);

    }finally {
        // 如果是悲观读锁，则释放锁
        if (StampedLock.isReadLockStamp(stamp))
            sl.unlockRead(stamp);
    }
}

/**
 * 从乐观读锁升级为写锁
```

```java
 */
public void moveIfAtOrigin(double newX, double newY) {
    long stamp = sl.tryOptimisticRead();
    try {
        retryHoldingLock: for (;; stamp = sl.writeLock()) {
            // 如果已经以独占方式锁定，则返回循环获取写锁
            if (stamp == 0L)
                continue retryHoldingLock;
            // 读取 x 和 y 的代码并不是原子操作
            double currentX = x;
            double currentY = y;
            // 检查获取乐观读锁后，是否有写锁发生。如果有，则返回循环获取写锁
            if (!sl.validate(stamp))
                continue retryHoldingLock;
            if (currentX != 0.0 || currentY != 0.0)
                break;
            // 将悲观读锁转换为写锁
            stamp = sl.tryConvertToWriteLock(stamp);
            // 如果转换失败，则返回循环获取写锁
            if (stamp == 0L)
                continue retryHoldingLock;
            // 独占访问
            x = newX;
            y = newY;
            return;
        }
    } finally {
        if (StampedLock.isWriteLockStamp(stamp))
            sl.unlockWrite(stamp);
    }
}

/**
 * 从悲观读锁升级为写锁
 */
public void moveIfAtOrigin2(double newX, double newY) {
    // 获取悲观读锁，该方法会阻塞，直到读锁可用
    long stamp = sl.readLock();
    try {
        while (x == 0.0 && y == 0.0) {
            // 将悲观读锁转换为写锁
            long ws = sl.tryConvertToWriteLock(stamp);
            if (ws != 0L) {
                stamp = ws;
                x = newX;
                y = newY;
                break;
            }
            else {
                // 如果转换失败，则手动释放读锁，获取写锁
                sl.unlockRead(stamp);
                stamp = sl.writeLock();
```

```
                }
            }
        } finally {
            // 不管是读锁还是写锁，都释放它。
            sl.unlock(stamp);
        }
    }
}
```

在以上代码中给出了详细的注释，读者可参照 StampedLock 类的方法说明理解上述代码。StampedLock 类也可用于替代 ReadWriteLock，在 StampedLock 类中定义了三个获取锁视图的 asXxx 方法，如下所示：

- public Lock asWriteLock()
  返回此 StampedLock 的写锁视图。在返回的 Lock 对象上调用 lock 方法被映射为 StampedLock 类的 writeLock 方法，调用其他方法也如此。
- public Lock asReadLock()
  返回此 StampedLock 悲观锁视图。在返回的 Lock 对象上调用 lock 方法被映射为 StampedLock 类的 readLock 方法，调用其他方法也如此。
- public ReadWriteLock asReadWriteLock()
  返回此 StampedLock 的 ReadWriteLock 视图。ReadWriteLock 的 readLock 方法被映射为 StampedLock 类的 asReadLock 方法，ReadWriteLock 的 writeLock 方法被映射为 StampedLock 类的 asWriteLock 方法。

20.4 条件对象

扫码看视频

还记得第 17.6 节的生产者与消费者模式吗，为了让线程等待，我们需要调用 Object 的 wait 方法，要唤醒线程，需要调用 Object 的 notify 或者 notifyAll 方法。在 JUC 中也给出了替代方案，那就是使用 Condition（条件）对象。

Condition 接口位于 java.util.concurrent.locks 包中。要得到条件对象，可以调用 Lock 接口中的 newCondition 方法，该方法的签名如下所示：

- Condition newCondition()

一个锁对象可以有多个与之关联的条件对象，调用一次 newCondition 方法就得到一个新的条件对象。这比之前的方案要灵活多了，之前的方案需要加锁的对象与使用等待集的对象是同一个。

在 Condition 接口中定义了与 Object 的 wait、notify 和 notifyAll 方法相似功能的 await、signal 和 signalAll 方法。

下面我们使用锁和条件对象重新实现生产者与消费者模式，如代码 20.10 所示。

代码 20.10　ProduceAndConsumer.java

```java
import java.util.concurrent.locks.Lock;
import java.util.concurrent.locks.ReentrantLock;
import java.util.concurrent.locks.Condition;
import java.util.concurrent.Executors;
import java.util.concurrent.ExecutorService;
```

```java
class Queue{
    private int data;
    private boolean bFull = false;
    final Lock lock = new ReentrantLock();
    // 用于生产者线程的条件对象
    final Condition produced = lock.newCondition();
    // 用于消费者线程的条件对象
    final Condition consumed = lock.newCondition();

    public void put(int data){
        lock.lock();
        try{
            if(bFull){
                try{
                    // 生产者线程等待，并放弃锁
                    produced.await();
                } catch(InterruptedException ie){
                    ie.printStackTrace();
                }
            }
            this.data = data;
            bFull = true;
            // 唤醒消费者线程取数据
            consumed.signal();
        }
        finally{
            lock.unlock();
        }
    }

    public int get(){
        lock.lock();
        try{
            if(!bFull){
                try{
                    // 消费者线程等待，并放弃锁
                    consumed.await();
                }catch(InterruptedException ie){
                    ie.printStackTrace();
                }
            }
            bFull = false;
            // 唤醒生产者线程放置数据
            produced.signal();
            return data;
        }
        finally{
            lock.unlock();
        }
    }
}
```

```java
/**
 * 生产者任务，负责放置数据
 */
class ProducerTask implements Runnable{
    private Queue q;
    public ProducerTask(Queue q){
        this.q = q;
    }

    public void run(){
        for(int i=0; i<10; i++){
            q.put(i);
            System.out.println("Producer put: " + i);
        }
    }
}
/**
 * 消费者任务，负责取出数据
 */
class ConsumerTask implements Runnable{
    private Queue q;
    public ConsumerTask(Queue q){
        this.q = q;
    }

    public void run(){
        for(int i=0; i<10; i++){
            System.out.println("Consumer get: " + q.get());
        }
    }
}

public class ProduceAndConsumer{
    public static void main(String[] args){
        Queue q = new Queue();
        ExecutorService exec = Executors.newFixedThreadPool(2);
        exec.submit(new ProducerTask(q));
        exec.submit(new ConsumerTask(q));

        exec.shutdown();
    }
}
```

可以看到，使用 Condition，可以针对不同的线程使用不同的条件对象，让它们在各自的条件对象的等待集（wait set）中进行等待，这样线程等待与被唤醒都更加清晰。

Condition 的 await、signal 和 signalAll 方法与 Object 的 wait、notify 和 notifyAll 的工作原理是一样的，这里就不再赘述了。

20.5 同步工具类

JUC 中还有一些可用于线程同步控制的工具类，本节将介绍这些工具类。

20.5.1 CountDownLatch

扫码看视频

CountDownLatch 是一个同步辅助工具，它允许一个或多个线程等待在其他线程中执行的一组操作完成。

考虑这样一个场景：在一个汽车工厂中，如果装配流水线要装配一辆汽车，那么这个流水线必须要等到轮胎、车架、引擎等所有配件都准备齐全之后才能开工。我们可以把装配流水线看成一个线程，生产各种配件的任务由多个线程并发执行，在所有生产配件的线程完成之前，装配流水线独自运行毫无意义，因此可以让流水线线程阻塞，等到所有配件准备完毕，流水线线程再被唤醒，开始装配汽车。

CountDownLatch 就用于这样的场景，可以将任务分解为多个子任务，由多个线程并发运行，然后对任务进行后续处理的线程等待，等到所有子任务处理完毕后继续进行处理。

CountDownLatch 有一个计数器，其在构造它的对象时可以传递计数器的初始值。需要等待的线程调用 CountDownLatch 的 await 方法，每个执行任务的线程在执行完毕后调用 CountDownLatch 的 countDown 方法递减计数，当计数为 0 的时候，等待线程被唤醒并继续进行下一步操作。

CountDownLatch 类的方法很简单，如下所示：

- public CountDownLatch(int count)
  构造方法。使用指定的计数构造 CountDownLatch 对象。
- public void await() throws InterruptedException
  让当前线程等待，直到锁存器的计数为 0。如果当前计数为 0，则此方法立即返回。
- public boolean await(long timeout, TimeUnit unit) throws InterruptedException
  让当前线程等待指定时间。如果在指定时间内，锁存器的计数为 0，则返回 ture。如果发生超时，则返回 false。
- public void countDown()
  递减锁存器的计数。如果计数为 0，则释放所有等待的线程。如果当前计数等于 0，则不会发生任何事情。
- public long getCount()
  返回当前的计数。

下面我们以计算机组装为例，来看看 CountDownLatch 如何应用。主线程负责组装计算机，分别调用 5 个线程完成对 CPU、主板、硬盘、内存、显卡的生产，主线程调用 CountDownLatch.await()等待，在生产计算机配件的线程执行完毕后分别调用 countDown 方法来递减计数，当 5 个线程都结束时，CountDownLatch 的计数就会递减为 0，此时主线程被唤醒来组装计算机，如代码 20.11 所示。

代码 20.11 ComputerCountDownLatch.java

```
import java.util.concurrent.CountDownLatch;
import java.util.concurrent.ExecutorService;
import java.util.concurrent.Executors;
```

```java
public class ComputerCountDownLatch{
    public static void main(String[] args){
        System.out.println("开始电脑组装......");
        CountDownLatch latch = new CountDownLatch(5);
        ExecutorService exec = Executors.newCachedThreadPool();

        exec.submit(new AssemblyProducer(latch, "CPU"));
        exec.submit(new AssemblyProducer(latch, "主板"));
        exec.submit(new AssemblyProducer(latch, "硬盘"));
        exec.submit(new AssemblyProducer(latch, "内存条"));
        exec.submit(new AssemblyProducer(latch, "显卡"));

        exec.shutdown();

        try{
            latch.await();
        }
        catch (InterruptedException e){
            e.printStackTrace();
        }
        System.out.println("电脑组装完毕！");
    }
}

/**
 * 生产电脑配件的任务
 */
class AssemblyProducer implements Runnable{
    private String name;
    private CountDownLatch latch;
    public AssemblyProducer(CountDownLatch latch, String name){
        this.latch = latch;
        this.name = name;
    }

    @Override
    public void run(){
        System.out.println(name + "生产完成");
        latch.countDown();
    }
}
```

程序运行的结果为：

```
开始电脑组装......
CPU 生产完成
主板生产完成
显卡生产完成
硬盘生产完成
内存条生产完成
电脑组装完毕！
```

类似的应用还有很多，比如多线程分块下载文件，多个线程并发下载文件的不同部分，保存到临时文件中，负责校验文件和对临时文件进行后续处理的线程一直等待，等待所有线程的下载任务执行完毕才开始最后的收尾工作等。

除了将任务拆分为子任务交由多个线程并行处理，然后一个线程等待所有任务执行完毕再进行后续处理这种应用外，还可以反过来，通过使用计数 1 构造 CountDownLatch 对象，让所有线程调用 await 方法进行等待，直到某个线程调用 countDown 方法唤醒所有等待线程开始运行，实现一种简单的开/关锁存器。前者就像是将军分配任务交由士兵执行，将军等待所有士兵执行完任务后进行任务汇总；后者就像是所有士兵等待执行任务，将军在做好准备工作后，下令所有士兵开始执行任务。

20.5.2 CyclicBarrier

扫码看视频

CyclicBarrier 与 CountDownLatch 的功能有些类似，CyclicBarrier 也有一个计数，不过这个数字指的是调用 CyclicBarrier 的 await 方法进入等待的线程数，当等待的线程数达到构造 CyclicBarrier 对象时设定的初始数值时，所有进入等待的线程一起被唤醒并继续运行。另一个不同之处是，CountDownLatch 只触发一次，一旦计数为 0，则无法继续使用它；而 CyclicBarrier 可以重复使用，当所有等待线程被唤醒后，递减为 0 的线程计数值会被重置，因此称为循环 Barrier。Barrier 的中文翻译并不统一，有叫栅栏的，有叫屏障的，为了不误导读者，这里我们就直接用英文名。

很多读者都参加过旅游团，在到达目的地后，导游会让游客自行参观（线程各自运行），最后到指定的地点（Barrier）集合。每位游客参观的时间都不一样，到达集合地点的顺序也不一样，每位游客在到达集合地点后都要等候（线程等待）其他游客，直到所有游客都到齐了，再一起行动（唤醒所有等待的线程）。可以重复这一过程，下一批游客到达指定地点集合，然后统一行动。

在构造 CyclicBarrier 对象时，除了传递必须等待的线程数外，还可以传递一个 Runnable 对象，这个 Runnable 任务会在最后一个线程到达后，在唤醒所有等待线程前执行。这个 Runnable 任务只在每个 Barrier 处执行一次，如果要在所有参与线程继续执行之前更新共享状态，那么这个 Runnable 任务就很有用了。

CyclicBarrier 类的构造方法如下所示：

- public CyclicBarrier(int parties)
- public CyclicBarrier(int parties, Runnable barrierAction)

CyclicBarrier 类的其他方法如下所示：

- public int await() throws InterruptedException, BrokenBarrierException

  当前线程等待，直到所有线程都已调用了这个 Barrier 上的 await 方法才返回。返回值是当前线程的到达索引，getParties() – 1 表示第一个到达，0 表示最后一个到达。

- public int await(long timeout, TimeUnit unit) throws InterruptedException, BrokenBarrierException, TimeoutException

  当前线程等待，直到所有线程都已调用了这个 Barrier 上的 await 方法才返回，或者指定的等待时间已经过去。

- public int getNumberWaiting()

  返回当前在这个 Barrier 处等待的线程数。这个方法主要用于调试和断言。

- public int getParties()
  返回越过此 Barrier 需要的线程数。
- public boolean isBroken()
  判断这个 Barrier 是否处于损坏状态。
- public void reset()
  将此 Barrier 设置为初始状态。如果此时还有线程在等待，则等待的线程会抛出 BrokenBarrierException。

下面我们编写代码模拟军队在指定地点集结队伍执行任务的场景，如代码 20.12 所示。

代码 20.12　UseCyclicBarrier.java

```java
import java.util.concurrent.TimeUnit;
import java.util.concurrent.BrokenBarrierException;
import java.util.concurrent.Executors;
import java.util.concurrent.ExecutorService;
import java.util.concurrent.CyclicBarrier;
import java.util.concurrent.ThreadLocalRandom;

class Team implements Runnable {
    // 队伍名字
    private String name;
    private final CyclicBarrier cb;

    public Team(String name, CyclicBarrier cb) {
        this.name = name;
        this.cb = cb;
    }

    public void run() {
        int sleeptime;
        try{
            while(!Thread.interrupted()){
                sleeptime = ThreadLocalRandom.current().nextInt(1000);
                TimeUnit.MILLISECONDS.sleep(sleeptime);
                System.out.format("%s 到达集合地点。%n", name);
                cb.await();
            }
        }
        catch(InterruptedException | BrokenBarrierException e){
            e.printStackTrace();
        }
    }
}

public class UseCyclicBarrier {
    public static void main(String[] args) {
        final ExecutorService exec = Executors.newCachedThreadPool();
        CyclicBarrier cb = new CyclicBarrier(3, new Runnable(){
            private int missionNumber = 1;
            public void run() {
                try {
                    System.out.println("开始作战...");
```

```
                    TimeUnit.MILLISECONDS.sleep(500);
                    System.out.format("任务 %d 完成! %n", missionNumber++);
                    if(missionNumber > 3){
                        exec.shutdownNow();
                    }
                } catch (InterruptedException e) {e.printStackTrace();}
            }
        });
        exec.execute(new Team("狐狸队", cb));
        exec.execute(new Team("老鹰队", cb));
        exec.execute(new Team("狮子队", cb));
    }
}
```

在这个例子中，共有 3 个队伍来完成任务，每个队伍集结的时间不一样，为此我们使用随机数生成器来生成它们集结的时间（以线程睡眠的方式模拟集结时间）。等 3 个队伍都集结完毕后共同完成作战任务，最终的作战任务是在通过构造 CyclicBarrier 对象时向其传递的匿名 Runnable 对象来完成的。本例共集结队伍 3 次，完成 3 次作战任务。

当一个队伍到达集结地点，它会调用 await 方法进行等待，此时 CyclicBarrier 的等待线程数减 1，一旦 3 个队伍都到达集结地点，CyclicBarrier 的等待线程数变为 0，于是执行最终的作战任务（匿名 Runnable 任务）。

程序运行的结果为：

```
狐狸队 到达集合地点。
狮子队 到达集合地点。
老鹰队 到达集合地点。
开始作战...
任务 1 完成!
狮子队 到达集合地点。
老鹰队 到达集合地点。
狐狸队 到达集合地点。
开始作战...
任务 2 完成!
狮子队 到达集合地点。
老鹰队 到达集合地点。
狐狸队 到达集合地点。
开始作战...
任务 3 完成!
```

扫码看视频

20.5.3 Semaphore

Semaphore 翻译为中文是信号量，可以把它看成是一个发放许可证的对象。信号量也使用计数，不过这个计数是许可证的数量。对于互斥锁而言，在任何时刻都只能有一个线程访问共享资源，而信号量不同，且它允许多个线程同时访问共享资源。当然，使用信号量来控制对资源的访问与使用锁来控制对资源的访问是不同的，前者多用于对资源的集合进行访问控制。

相信读者都去银行办过事情，银行在建立的时候，其柜台数量就被固定下来了，银行能接待的客户数量受限于柜台的数量，每位客户都需要拿号排队，如果有柜台空闲，那么该空闲柜台就可以接待客户；如果没有空闲的柜台，那么客户必须等待，等待其他客户办完事释放柜台。这里的柜台数量就相当于信号量的许可证数量，客户就相当于线程，想要访问资源，必须先拿到许可证，在访问完资源后，需要释放许可证。没有拿到许可证的线程需要等待，同时能够访问资源的线程数受限于许可证的数量。

要构造一个 Semaphore 对象，可以调用如下两个构造方法的其中之一：

- public Semaphore(int permits)
  创建具有给定许可数的非公平的信号量。
- public Semaphore(int permits, boolean fair)
  创建具有给定许可数和给定公平性设置的信号量。如果参数 fair 为 true，那么此信号量将保证在竞争情况下 FIFO（先入先出）地授予许可证；如果参数 fair 为 false，那么此信号量将不保证线程获取许可的顺序。

Semaphore 类的主要方法如下所示：

- public void acquire() throws InterruptedException
  从此信号量获取一个许可证，并将可用许可证数量减一。如果当前没有剩余的许可证，则线程等待。
- public void acquire(int permits) throws InterruptedException
  从此信号量获取指定数量的许可证，并将可用许可证数量减去 permits，如果可用的许可证数量不足，则线程等待。
- public void release()
  释放许可证，将其返还给信号量，信号量的可用许可证数量加一。不要求释放许可证的线程必须通过调用 acquire 方法获得该许可证。
- public void release(int permits)
  释放指定数量的许可证，将它们返还给信号量，信号量的可用许可证数量加上 permits。

在 Semaphore 类中还有一些 tryXxx 方法，这一类的方法我们已经见过很多了，都是尝试获取，若获取不到，则立即返回，这里就不给出这些方法的说明了，读者可自行查阅 Semaphore 类的 API 文档。

对象池是一个使用信号量的典型例子。对象池与线程池类似，也包含一定数量的对象，用户向对象池请求对象，如果池中有足够的对象，那么这个用户可以获得一个对象，当用户使用完毕后应该归还这个对象。如果池中没有剩余对象了，那么请求对象的用户需要等待，直到其他用户归还一个对象为止。

代码 20.13 给出了使用信号量的对象池示例。

代码 20.13　UseObjectPool.java

```
import java.util.List;
import java.util.ArrayList;
import java.util.LinkedList;
import java.util.concurrent.Semaphore;
import java.util.concurrent.Executors;
import java.util.concurrent.ExecutorService;

interface Element{
  String work();
}
```

```java
/**
 * 对象池的实现
 */
class ObjectPool<T extends Element>{
    // 保存空闲对象的列表
    private List<T> free;
    // 保存已被使用的对象的列表
    private List<T> busy;

    private Semaphore sem;
    @SafeVarargs
    public ObjectPool(T... objs){
        int size = objs.length;
        free = new ArrayList<>(size);
        busy = new LinkedList<>();
        for(int i=0; i<size; i++){
          free.add(objs[i]);
        }
        // 创建信号量
        sem = new Semaphore(size, true);
    }

    public T getObject() throws InterruptedException {
        sem.acquire();
        return getAvailableObject();
    }

    public void releaseObject(T obj){
        if(returnObject(obj))
            sem.release();
    }

    private synchronized T getAvailableObject(){
        T tmp;
        tmp = free.remove(0);
        busy.add(tmp);
        return tmp;
    }

    private synchronized boolean returnObject(T obj){
        // 判断归还的对象是否是池中的对象
        if(busy.contains(obj)){
            free.add(obj);
            busy.remove(obj);
            return true;
        }
        return false;
    }
}

public class UseObjectPool {
    /**
```

```java
 * Element 接口的实现类
 */
private static class MyElement implements Element{
    private static int count;
    private int id = count++;
    public String work(){
        return String.format("Object %d is working", id);
    }
}
/**
 * 工作者任务，从对象池中取出一个对象，调用该对象的 work 方法
 */
private static class Worker implements Runnable{
    private ObjectPool<Element> pool;
    public Worker(ObjectPool<Element> pool){
        this.pool = pool;
    }
    @Override
    public void run(){
        try{
            Element elt = pool.getObject();
            System.out.println(
                Thread.currentThread().getName() + " : " + elt.work());
            pool.releaseObject(elt);
        }
        catch (InterruptedException e){
            e.printStackTrace();
        }
    }
}

public static void main(String[] args) {
    ExecutorService exec = Executors.newCachedThreadPool();
    MyElement[] mes = {new MyElement(), new MyElement(), new MyElement()};
    ObjectPool<Element> pool = new ObjectPool<>(mes);
    Worker task = new Worker(pool);
    for(int i = 0; i < 6; i++)
        exec.execute(task);

    exec.shutdown();
}
```

程序运行结果的为：

```
pool-1-thread-1 : Object 1 is working
pool-1-thread-2 : Object 0 is working
pool-1-thread-3 : Object 2 is working
pool-1-thread-5 : Object 0 is working
pool-1-thread-6 : Object 1 is working
pool-1-thread-4 : Object 2 is working
```

上面的例子中给出了一个对象池的实现 ObjectPool，其中存储的是 Element 对象。在对象池中使用了信号量，信号量中许可证的数量就是对象池中对象的数量。

要获取对象，就要调用 ObjectPool 的 getObject 方法，该方法调用信号量的 acquire 方法，请求许可证，如果没有剩余许可证，则线程阻塞，等待其他线程归还对象。如果获取到许可证，则再通过私有的 getAvailableObject 方法得到对象。

在线程任务使用完对象后，调用 releaseObject 方法归还对象，该方法调用私有的 returnObject 方法对归还的对象进行判断，如果是池中的对象，则归还该对象，然后 releaseObject 方法调用信号量的 release 方法释放许可证。

在 UseObjectPool 类中，以私有静态内部类的方式给出了 Element 接口和 Runnable 接口的实现类。在 Worker 类的 run 方法中，从对象池中获取一个对象，并调用该对象的 work 方法。

在 main 方法中，采用多线程同时执行 6 次任务。

在 ObjectPool 类中，还要注意两个私有方法：getAvailableObject 和 returnObject，这两个方法需要同步，因为这两个方法会对 free 和 busy 实例变量进行读写操作。

在构造信号量对象时，如果将许可证的数量设置为 1，那么可以将它用作互斥锁，这通常称为二进制信号量，因为它只有两种状态：一个可用的许可，零个可用的许可。但与真正的锁在使用上还是有差别的，因为信号量没有拥有者的概念，也就是说许可证可以由获得许可证之外的其他线程来释放，而锁则必须由获得锁的线程来释放。这在某些特定的上下文中非常有用，例如死锁恢复。

20.5.4 Exchanger

顾名思义，Exchanger 可以让两个线程互换数据，该类的 exchange 方法用于在两个线程间交换对象。就像餐厅中的服务生往空的杯子里倒水，顾客从装满水的杯子里喝水,在完成这两组动作后通过 Exchanger 的 exchange 方法交换杯子，服务生接着往空杯子里倒水，顾客接着喝水，周而复始。

上述场景是不是感觉有些熟悉？Exchanger 对象很适合在生产者与消费者模式中使用。生产者线程和消费者线程使用一个相同类型的容器，生产者向容器中放入数据，然后调用 Exchanger 对象 exchange 方法。消费者从容器中取出数据然后使用，当容器中没有剩余数据后，它也调用 Exchanger 对象 exchange 方法。当两个线程都进入 exchange 方法时，Exchanger 会交换两个线程的容器对象。如果一个线程进入了 exchange 方法，而另一个线程没有进入，那么这个线程会阻塞，直到双方都进入 exchange 方法。

Exchanger 的 exchange 方法的签名如下所示：

- public V exchange(V x) throws InterruptedException
  等待另一个线程到达这个交换点，然后将参数 x 代表的对象传输给它，并接收它的对象。

代码 20.14 使用 Exchanger 实现生产者与消费者模式。

代码 20.14　UseExchanger.java

```
import java.util.List;
import java.util.ArrayList;
import java.util.concurrent.Exchanger;
import java.util.concurrent.Executors;
import java.util.concurrent.ExecutorService;
```

```java
import java.util.concurrent.TimeUnit;

/**
 * 生产者任务
 */
class Producer implements Runnable {
    // 要交换的列表对象
    private List<String> list = new ArrayList<String>();
    // 交换的对象类型是：List<String>
    private Exchanger<List<String>> exch;

    public Producer(Exchanger<List<String>> exch) {
        this.exch = exch;
    }
    /**
     * 往空的列表中添加数据
     */
    private void putData(){
        for(int i=0; i<3; i++){
            list.add(String.format("String %d", i));
        }
    }
    public void run() {
        try {
            while(!Thread.interrupted()){
                if(list.size() == 0){
                    putData();
                    // 列表中数据满了，与消费者交换列表对象
                    list = exch.exchange(list);
                }
            }
        } catch (InterruptedException e) {
            System.out.println(Thread.currentThread().getName() + " 终止");
        }
    }
}
class Consumer implements Runnable {
    // 要交换的列表对象
    private List<String> list = new ArrayList<String>();
    // 交换的对象类型是：List<String>
    private Exchanger<List<String>> exch;

    public Consumer(Exchanger<List<String>> exch) {
        this.exch = exch;
    }
    private void getAndPrintData(){
        list.forEach(System.out::println);
    }
    public void run() {
        try {
            while(!Thread.interrupted()){
                // 如果列表为空，则与生产者交换列表对象
                if(list.size() == 0){
                    list = exch.exchange(list);
```

```
            }
            getAndPrintData();
            // 数据使用完毕,清空列表,准备接收下一次生产者交换的列表对象
            list.clear();
        }
    } catch (InterruptedException e) {
        System.out.println(Thread.currentThread().getName() + " 终止");
    }
    }
}

public class UseExchanger {
    public static void main(String[] args) {
        Exchanger<List<String>> exch = new Exchanger<>();
        ExecutorService exec = Executors.newFixedThreadPool(2);
        exec.execute(new Producer(exch));
        exec.execute(new Consumer(exch));
        try {
            TimeUnit.MILLISECONDS.sleep(100);
            exec.shutdownNow();
        } catch (InterruptedException e) {
            e.printStackTrace();
        }
    }
}
```

程序运行的结果为:

```
String 0
String 1
String 2
String 0
String 1
String 2
String 0
...
```

在这个例子中,Exchanger 交换的是列表对象。Producer 作为生产者,它向一个 ArrayList 中添加数据;Consumer 作为消费者,它从 exchange 方法交换得到的列表中读取数据并打印输出。

在程序初始运行时,消费者中的列表为空,于是消费者线程会被 exchange 方法所阻塞,等到生产者向列表中放置数据后调用 exchange 方法,这时两个线程都到达了交换点,开始交换彼此的列表对象(注意,两个列表对象不是同一个对象)。于是,生产者得到一个空的列表,消费者得到一个包含 3 个元素的列表,生产者继续放置数据,消费者对数据进行处理并清空列表。之后重复上述过程。

20.6 线程安全的集合

在 Java 5 版本之前要获取线程安全的集合类需要调用 Collections 类 synchornized*系列方

法，要不就使用遗留的 Vector 和 Hashtable 类，而这些集合类都是通过 synchronized 加锁来保证线程安全的，JUC 新增了一些并发集合类，通过底层的一些实现策略不仅保证了线程安全，还提高了并发的效率。表 20-1 给出了集合接口、常用集合类与并发集合类的对应关系。

表 20-1　集合接口、常用集合类与并发集合类的对应关系

接口	常用集合类	线程安全的集合类
List	ArrayList	CopyOnWriteArrayList
Set	HashSet / TreeSet	CopyOnWriteArraySet / ConcurrentSkipListSet
Queue	LinkedList	ConcurrentLinkedQueue / ArrayBlockingQueue / LinkedBlockingQueue
Deque	ArrayDeque/LinkedList	ConcurrentLinkedDeque / LinkedBlockingDeque
Map	HashMap / TreeMap	ConcurrentHashMap / ConcurrentSkipListMap

第 13.7 节曾经介绍过，使用 Collections 类 synchornized*系列方法返回的同步包装器只是对集合接口中的方法访问进行了同步，如果使用迭代器访问集合中的元素，则需要自己手动进行同步，但如果使用 JUC 新增的并发集合类，则不会存在这个问题。

JUC 新增的并发集合接口与实现类也纳入了 Java 的集合框架。

JUC 提供的并发集合类也都分别实现了集合框架中的基本接口，所以基本上是上手即可使用，不过为了帮助读者更好地理解这些类，我们还是要讲解一下这些集合类的特别之处。

20.6.1　写时拷贝

写时拷贝是为了避免多线程并发修改数据而采用的一种机制，以 CopyOnWriteArrayList 为例，它底层是用对象数组来实现的，当有一个线程对列表中的元素进行改动时（添加、修改或删除），就创建一个数组的副本，然后对副本中的数据进行更新，在更新完毕后，再将副本设置为列表所使用的数组。这样做的好处是，不需要对读取操作进行同步，只需要对更改（添加、修改和删除）操作进行同步，提高了并发读取的效率。唯一的问题是，当读取时，可能同时发生了写入操作，因此读取的数据可能是旧的数据，但因为写入是发生在副本上的，所以不会出现数据不一致的情况。

下面我们以 CopyOnWriteArrayList 为例，来看看并发读取和写入时数据的变化，如代码 20.15 所示。

代码 20.15　UseCopyOnWriteArrayList.java

```java
import java.util.concurrent.Executors;
import java.util.concurrent.ExecutorService;
import java.util.concurrent.CopyOnWriteArrayList;

public class UseCopyOnWriteArrayList{
    public static void main(String[] args){
        CopyOnWriteArrayList<Integer> list = new CopyOnWriteArrayList<>();
        list.add(1);
        list.add(2);
        list.add(3);

        ExecutorService exec = Executors.newCachedThreadPool();

        Runnable readTask = () -> System.out.println(list);
        Runnable writeTask = () -> {
            list.set(0, 4);
```

```
            list.add(1, 5);
            list.add(6);
            list.add(7);
        };

        exec.execute(readTask);
        exec.execute(readTask);
        exec.execute(writeTask);
        exec.execute(readTask);
        exec.execute(readTask);
        exec.shutdown();
    }
}
```

代码很简单，就是四个线程从 CopyOnWriteArrayList 中读取数据，中间穿插着一个线程修改列表中的数据。

在程序运行后，一种可能的输出结果如下所示：

```
[1, 2, 3]
[4, 5, 2, 3, 6, 7]
[1, 2, 3]
[4, 5, 2, 3, 6, 7]
```

可以看到，在对 CopyOnWriteArrayList 并发读写时，虽然有可能某个线程读取的数据是旧的，但数据肯定是一致的。

CopyOnWriteArraySet 实现了 Set 接口，底层采用 CopyOnWriteArrayList 来实现。

在多线程环境下，如果读取操作远高于写入操作，那么使用这两个类可以提高效率。

20.6.2　阻塞队列

阻塞队列由 BlockingQueue 接口来定义。阻塞队列是一种特殊的队列，当阻塞队列为空时，从阻塞队列中移出元素的线程会被阻塞，等到其他线程向阻塞队列添加元素后被唤醒。同样，如果阻塞队列已满，那么向队列中添加元素的线程也会被阻塞进入等待状态，直到队列中有空间才被唤醒继续操作。

这是不是和生产者消费者模式的存取操作一样？是的，阻塞队列主要就是用作生产者消费者模式中的队列，好处是不需要自己去判断队列是否为空，也不需要添加锁定、等待、唤醒等代码，后面我们会给出这样的示例。

BlockingQueue 接口扩展自 Queue 接口，并新增了阻塞调用的方法。BlockingQueue 中的方法有四种形式：（1）在操作失败时抛出异常；（2）返回特殊值（根据操作的不同，可以是 null 或 false）；（3）在操作成功之前无限期阻塞当前线程；（4）在放弃之前仅阻塞给定的最大时间限制。表 20-2 列出了这四种形式的方法。

表 20-2　BlockingQueue 接口中定义的方法

操作	抛出异常	返回特殊值	阻塞	超时
插入	add(e)	offer(e)	put(e)	offer(e, time, unit)
删除	remove()	poll()	take()	poll(time, unit)
检查	element()	peek()		

BlockingQueue 不接受空元素，如果在调用 add、put 或者 offer 方法时传入了 null，那么

将抛出 NullPointerException 异常。

根据需求的不同，BlockingQueue 有以下四种具体实现：

- ArrayBlockingQueue

这是由数组支持的有界阻塞队列，其构造方法必须传递一个 int 参数来指明其大小。队列中的元素是以 FIFO（先入先出）顺序进行排序的。

- LinkedBlockingQueue

这是基于链表实现的可选有界阻塞队列，如果向它的构造方法传递一个大小参数，那么生成的阻塞队列就有大小限制。如果调用无参构造方法，则生成的阻塞队列的大小由 Integer.MAX_VALUE 值来决定。队列中的元素是以 FIFO（先入先出）顺序进行排序的。

- PriorityBlockingQueue

无边界阻塞队列，使用与 PriorityQueue 相同的排序规则，并提供阻塞检索操作。

- SynchronousQueue

这是一种特殊的阻塞队列，称为同步队列，对它的操作必须是放和取交替完成。入队线程和出队线程必须一一匹配，否则任意先到达的线程都会阻塞。例如线程 A 进行入队操作，在其他线程执行出队操作之前，线程 A 会一直等待，反之亦然。SynchronousQueue 内部不保存任何元素，也就是说它的容量为 0，数据直接在配对的生产者和消费者线程之间传递，不会将数据缓冲到队列中。如果在生产者消费者模式中，传递的数据只有一份，那么使用同步队列就很方便了。

下面我们将阻塞队列应用到生产者消费者模式，如代码 20.16 所示。

代码 20.16　UseBlockingQueue.java

```java
import java.util.concurrent.Executors;
import java.util.concurrent.ExecutorService;
import java.util.concurrent.BlockingQueue;
import java.util.concurrent.ArrayBlockingQueue;

class ProducerTask implements Runnable{
    private BlockingQueue<Integer> q;
    public ProducerTask(BlockingQueue<Integer> q){
        this.q = q;
    }

    public void run(){
        for(int i=0; i<10; i++){
            try{
                q.put(i);
                System.out.println("Producer put: " + i);
            }
            catch(InterruptedException e){
                e.printStackTrace();
            }
        }
    }
}

class ConsumerTask implements Runnable{
    private BlockingQueue<Integer> q;
    public ConsumerTask(BlockingQueue<Integer> q){
```

```java
            this.q = q;
        }

        public void run(){
            try{
                for(int i=0; i<10; i++){
                    System.out.println("Consumer get: " + q.take());
                }
            }
            catch(InterruptedException e){
                e.printStackTrace();
            }
        }
    }

    public class UseBlockingQueue{
        public static void main(String[] args){
            // 阻塞队列的容量为5
            BlockingQueue<Integer> q = new ArrayBlockingQueue<>(5);
            ExecutorService exec = Executors.newFixedThreadPool(2);
            exec.submit(new ProducerTask(q));
            exec.submit(new ConsumerTask(q));

            exec.shutdown();
        }
    }
```

可以看到,使用阻塞队列,不需要再编写线程同步代码。
程序运行的结果为:

```
Producer put: 0
Producer put: 1
Producer put: 2
Consumer get: 0
Producer put: 3
Consumer get: 1
Producer put: 4
Consumer get: 2
Producer put: 5
Consumer get: 3
Producer put: 6
Producer put: 7
Consumer get: 4
Producer put: 8
Consumer get: 5
Producer put: 9
Consumer get: 6
Consumer get: 7
Consumer get: 8
Consumer get: 9
```

如果想实现放一个数据，取一个数据，则可以将 ArrayBlockingQueue 的容量设为 1，或者使用 SynchronousQueue。

20.6.3 延迟队列

DelayQueue 实现了 BlockingQueue 接口，是一种由延迟元素组成的无边界阻塞队列，其中的元素只有在其延迟过期时才能被获取。DelayQueue 中的元素必须实现 Delayed 接口，该接口的定义如下所示：

```
public interface Delayed extends Comparable<Delayed> {
    long getDelay(TimeUnit unit);
}
```

可以看到，Delayed 接口扩展自 Comparable 接口，因此，实现该接口的类除了给出 getDelay 方法的实现外，还要给出 compareTo 方法的实现。DelayQueue 使用 compareTo 方法比较的结果对队列元素进行排序，该方法应该定义与 getDelay 方法一致的顺序。

DelayQueue 中的元素只有在其 getDelay 方法返回的剩余延迟时间小于等于 0 时才出队，也就是说，在延迟队列中获取元素，如果队列中的元素延迟时间都没过期，则得不到元素，如果是阻塞方法调用，那么线程将等待。

下面我们看一个例子，生产者向一个延迟队列中发送通知，消费者从延迟队列中获取通知，每个通知消息都具有一定的延迟，只有延迟时间过期后，双方才能分别取得通知，如代码 20.17 所示。

代码 20.17　UseDelayQueue.java

```java
import java.util.Date;
import java.util.concurrent.ThreadLocalRandom;
import java.text.SimpleDateFormat;
import java.util.concurrent.Delayed;
import java.util.concurrent.TimeUnit;
import java.util.concurrent.Executors;
import java.util.concurrent.ExecutorService;
import java.util.concurrent.BlockingQueue;
import java.util.concurrent.DelayQueue;


class Notice implements Delayed{
    // 延迟时间
    private long delayedTime;
    // 到期时间
    private long expire;
    // 通知的具体内容
    private String message;

    /**
     * @param @msg 通知的具体内容
     * @param delay 延迟的时间
     * @unit 延迟时间的时间单位
     */
    public Notice(String msg, long delay, TimeUnit unit){
        message = msg;
```

```java
        // 将延迟时间转换为毫秒
        delayedTime = TimeUnit.MILLISECONDS.convert(delay, unit);
        // 以当前时间为基准点，计算到期时间
        expire = System.currentTimeMillis() + delayedTime;
    }

    /**
     * 以给定的时间单位计算剩余的延迟时间
     */
    public long getDelay(TimeUnit unit){
        return unit.convert(
            this.expire - System.currentTimeMillis(), TimeUnit.MICROSECONDS);
    }

    /**
     * 根据延迟时间，比较两个Notice对象的大小，先过期的排在前面
     */
    public int compareTo(Delayed o){
        if(o instanceof Delayed){
            Notice n = (Notice)o;
            long diff = delayedTime - n.delayedTime;
            if(diff < 0){
                return -1;
            } else if(diff > 0){
                return 1;
            } else {
                return 0;
            }
        }
        // 如果o不是Notice类型
        else{
            long diff = getDelay(TimeUnit.MICROSECONDS) -
                o.getDelay(TimeUnit.MICROSECONDS);
            return diff < 0 ? -1 : ((diff > 0) ? 1 : 0);
        }
    }

    public String toString(){
        SimpleDateFormat sdf = new SimpleDateFormat("yyyy-MM-dd HH:mm:ss");
        return String.format("通知内容：%s，延迟时间：%s 毫秒，到期时间：%s",
            message, delayedTime, sdf.format(new Date(expire)));
    }
}
class ProducerTask implements Runnable{
    private BlockingQueue<Notice> q;
    public ProducerTask(BlockingQueue<Notice> q){
        this.q = q;
    }

    public void run(){
        SimpleDateFormat sdf = new SimpleDateFormat("yyyy-MM-dd HH:mm:ss");
        for(int i=0; i<3; i++){
```

```java
            try{
                long delayedTime = ThreadLocalRandom.current().nextLong(5);
                String msg = "开会" + i;
                Notice notice = new Notice(msg, delayedTime, TimeUnit.SECONDS);
                q.put(notice);
                System.out.printf("%s，发送通知：[%s]，延迟%d秒%n",
                    sdf.format(new Date()), msg, delayedTime);
            }
            catch(InterruptedException e){
                e.printStackTrace();
            }
        }
    }
}

class ConsumerTask implements Runnable{
    private BlockingQueue<Notice> q;
    public ConsumerTask(BlockingQueue<Notice> q){
        this.q = q;
    }

    public void run(){
        try{
            for(int i=0; i<3; i++){
                System.out.println(q.take());
            }
        }
        catch(InterruptedException e){
            e.printStackTrace();
        }
    }
}
public class UseDelayQueue{
    public static void main(String[] args){
        BlockingQueue<Notice> q = new DelayQueue<>();
        ExecutorService exec = Executors.newFixedThreadPool(2);
        exec.submit(new ProducerTask(q));
        exec.submit(new ConsumerTask(q));

        exec.shutdown();
    }
}
```

程序运行的结果为：

```
2020-06-29 01:42:55，发送通知：[开会0]，延迟4秒
2020-06-29 01:42:55，发送通知：[开会1]，延迟4秒
2020-06-29 01:42:55，发送通知：[开会2]，延迟0秒
通知内容：开会2，延迟时间：0毫秒，到期时间：2020-06-29 01:42:55
通知内容：开会0，延迟时间：4000毫秒，到期时间：2020-06-29 01:42:59
通知内容：开会1，延迟时间：4000毫秒，到期时间：2020-06-29 01:42:59
```

从结果中可以看到，先过期的通知会先被获取到，且只有在通知的延迟时间过期后才能取到数据。

另外要注意的是，在 DelayQueue 调用元素的 getDelay 方法时，使用的时间单位是纳秒，从纳秒转换为毫秒可能会丢失精度，为了保证精确性，队列中的元素在实现 Delayed 接口时，最好也使用纳秒作为时间单位。

20.6.4 传输队列

Java 7 新增了一个 TransferQueue 接口，它扩展自 BlockingQueue 接口，增加了特殊的 transfer 方法，可以将生产者产生的数据直接传递给消费者。

在普通的阻塞队列中，当队列为空时，消费者线程会阻塞，等待生产者线程向队列中放入元素，而 transfer 方法比较特殊：

- 当消费者线程阻塞等待时，调用 transfer 方法的生产者线程不会将元素放入队列，而是直接传递给消费者。
- 如果调用 transfer 方法的生产者线程发现没有正在等待的消费者线程，则会将元素入队，然后会阻塞等待，直到有一个消费者线程来获取该元素。

TransferQueue 接口的主要方法如下所示：

- void transfer(E e) throws InterruptedException
  将元素传递给消费者，如果没有消费者等待接收元素，则阻塞等待。
- boolean tryTransfer(E e)
  立即将元素传递给等待的消费者。如果当前没有等待的消费者，则返回 false。
- boolean tryTransfer(E e, long timeout, TimeUnit unit) throws InterruptedException
  将元素传递给消费者，等待指定的时间。如果超时，则返回 false。

LinkedTransferQueue 是 BlockingQueue 接口的实现类，它是基于链表实现的无界传输队列。

20.6.5 ConcurrentHashMap

ConcurrentHashMap 是线程安全的支持高并发的散列映射。HashTable 和 Map 的同步包装器使用 synchronized 来保证线程安全，但在线程竞争激烈的情况下，它们的效率非常低下。synchronized 的问题在于不管你是读还是写，只要有一个线程获取了锁，其他线程就都只能等待，这在高并发的场景下，会严重影响性能。

ConcurrentHashMap 内部的实现较为复杂，采用了数组+链表+红黑树的结构，它对并发控制采用的策略是对散列表的每个位置（称为桶，bucket）都进行加锁，这样做的好处是：当一个线程访问某个元素时，不影响其他线程访问其他的元素。

与 HashMap 一样，在构造 ConcurrentHashMap 时，可以指定它内部使用的表的初始大小，默认大小是 16。由于 ConcurrentHashMap 是对表的每个位置都进行加锁，因此最多可以有 16 个线程同时进行写操作。ConcurrentHashMap 适用于高并发的读取和一定数量的写入。

与 HashMap 不同，ConcurrentHashMap 不允许将 null 作为键或者值。

ConcurrentHashMap 类实现了 ConcurrentMap 接口，而后者扩展自 Map 接口。表 20-3 列出了 ConcurrentMap 接口中定义的方法，为了简单起见，我们对方法的泛型参数进行了简化。

表 20-3　ConcurrentMap 接口中的方法

方法签名	方法说明
V getOrDefault(Object key, V defaultValue)	返回指定 key 对应的值，如果不存在该 key，则返回 defaultValue
void forEach(BiConsumer action)	遍历映射，对其中的每一个 entry 都执行指定的 aciton
V putIfAbsent(K key, V value)	如果在映射中不存在指定的 key，则插入 key 和 value；否则，直接返回该 key 对应的值
boolean remove(Object key, Object value)	删除与 key 和 value 完全匹配的映射项，如果成功，则返回 true，否则返回 false
V replace(K key, V value)	如果存在 key，则将值替换为 value，返回旧的 value，否则返回 null
boolean replace(K key, V oldValue, V newValue)	如果存在 key，且值等于 oldValue，则将值替换为 newValue，并返回 true，否则返回 false
void replaceAll(BiFunction function)	将映射的每个条目的值都替换为调用 function 的结果
V computeIfAbsent(K key, Function mappingFunction)	如果不存在指定的 key，则通过 mappingFunction 计算 value 并插入，并返回当前的值
V computeIfPresent(K key, BiFunction remappingFunction)	如果存在指定的 key，则通过 remappingFunction 计算 value，并替换旧值、返回新值。如果 remappingFunction 返回 null，则删除该条目
V compute(K key, BiFunction remappingFunction)	根据指定的 key，查找 value，然后根据 key 和 valuc 调用 remappingFunction 计算新值，替换旧值，并返回新值。如果 remappingFunction 返回 null，则删除该条目
V merge(K key, V value, BiFunction remappingFunction)	如果 key 不存在，则插入 key 和 value；否则，将 key 的值替换为调用 remappingFunction 的结果，如果该函数返回 null，则删除该条目

Java 8 为 ConcurrentHashMap 类新增了很多方法，例如，用于搜索的 search 系列方法，归约操作的 reduce 系列方法，遍历元素的 forEach 系列方法，这 3 类方法都有 4 个版本，分别针对键、值、键和值、Map.Entry 对象，同时这 3 类方法在调用时需要指定一个 parallelismThreshold 参数值，代表并行操作的阀值，如果映射中包含的元素多于阀值，则方法在执行时会采用并行操作。在调用方法时，如果希望采用一个线程来完成，可以将阀值设置为 Long.MAX_VALUE；如果希望尽可能多的线程来并发完成，则可以将阀值设置为 1。

下面我们给出一个简单的示例，来学习一下 ConcurrentHashMap 中特有的方法的用法，如代码 20.18 所示。

代码 20.18　UseConcurrentHashMap.java

```java
import java.util.concurrent.ConcurrentHashMap;

public class UseConcurrentHashMap{
    public static void main(String[] args){

        ConcurrentHashMap<Integer, String> chm = new ConcurrentHashMap<>();
        for(int i=1; i<=3; i++){
            chm.computeIfAbsent(i, key -> key.toString());
```

```java
        }
        System.out.println(chm);


        for(int i=1; i<=5; i++){
            // 将映射中 key 的值转换为整数，加上 10 之后，转换为字符串作为 key 的新值
            // 如果 key 不存在，则插入 key，字符串"10"作为它的值
            // v1 是映射中 key 的值，v2 是字符串"10"
            chm.merge(i, "10", (v1, v2) ->
                Integer.toString(Integer.parseInt(v1) + Integer.parseInt(v2))
            );
        }
        System.out.println(chm);

        // 对映射中所有的 key 进行归约操作，返回一个整型数
        // 第一个参数是并行操作的阈值
        // 第二个参数是一个转换器函数，这里将 Integer 转换为基本类型
        // 第三个参数是归约操作的初始默认值
        // 第四个参数对两个 int 数进行二元操作的函数，返回一个 int 结果，这里进行累加操作
        int result = chm.reduceKeysToInt(1L, Integer::intValue, 0, Integer::sum);
        System.out.println(result);

        // 对映射中所有的 value 进行归约操作，返回一个整型数。
        result = chm.reduceValuesToInt(1L, Integer::parseInt, 0, Integer::sum);
        System.out.println(result);
    }
}
```

程序运行的结果为：

```
{1=1, 2=2, 3=3}
{1=11, 2=12, 3=13, 4=10, 5=10}
15
56
```

20.6.6 ConcurrentSkipListMap

SortedMap 接口是根据键进行排序的 Map，定义了根据键范围进行查找的方法，比如返回映射中最大或最小的键，返回某个键范围的子 Map 视图等。为了进一步增强有序 Map，Java 6 引入了 NavigableMap 接口，该接口扩展自 SortedMap，定义了根据指定 Key 返回最接近项、按升序/降序返回所有键的视图等方法，然后让 TreeMap 重新实现了 NavigableMap 接口。

为了在多线程环境下应用有序的 Map，Java 6 新增了 ConcurrentNavigableMap 接口，该接口扩展自 ConcurrentMap 和 NavigableMap 接口。ConcurrentNavigableMap 接口提供的功能与 NavigableMap 接口几乎完全一致，很多方法仅仅是返回的类型不同。Java 6 同时也给出了 ConcurrentNavigableMap 接口的实现类 ConcurrentSkipListMap。

ConcurrentSkipListMap 内部采用跳表来提高元素的查询效率。跳表（Skip List）是一种类似链表的数据结构，其查询、插入、删除的时间复杂度都是 O(logn)。

在一个有序链表中搜索元素，至多需要进行 n 次比较。如果在链表的中部结点添加一个指针，则比较次数可以减少到 n/2+1。在搜索时，将要查找的元素与中间元素进行比较，如果要查找的元素较小，则只需要搜索链表的左半部分即可，否则，就搜索链表的右半部分。跳表就是基于这个原理来构造的。

跳表可以分为多层（level），每一层都可以看作是数据的索引，这些索引的意义就是加快跳表查找数据的速度。每一层的数据都是有序的，上一层数据是下一层数据的子集，在构建上层数据时可以通过二分法来选择数据的子集。第一层（level 1）包含了全部的数据；层次越高，跳跃性越大，包含的数据越少。

跳表包含一个表头，它查找数据时，从上往下、从左往右进行查找。现在我们以"1 2 9 14 32 47 65"数字序列为例，来看看普通的链表和跳表在数据查询上的不同。例如，要查询值为 47 的结点，对于普通链表查询过程如图 20-4 所示。

图 20-4　普通链表的查询过程

从头结点开始遍历链表，经过 6 次比较找到 47。

一个两层跳表的可能结构如图 20-5 所示。

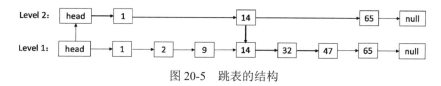

图 20-5　跳表的结构

查找 47 的过程如下：

（1）从头结点 head 开始，找到第一个结点的最上层，先在这一层对结点进行比较。47 大于 14，但小于 65，于是从 14 结点转到下一层进行比较。

（2）在下一层（Level 1）从 14 结点往后依次进行比较，找到 47 结点。

查找路径在图 20-5 中以黑色粗体箭头表示。

跳表可以有多层，但不用担心因为层数增多导致上下路径的增加而影响查询效率，实际上，每一层的每一个索引节点都有一个直接指向最底层节点的引用。

ConcurrentSkipListMap 可用于在并发环境下替代 TreeMap，ConcurrentSkipListMap 类的大部分方法我们在介绍 TreeMap 和 ConcurrentHashMap 类时已经介绍过了，这里就不再另行介绍了。

在 JUC 中还有一个采用跳表数据结构的类 ConcurrentSkipListSet，其内部是通过 ConcurrentSkipListMap 类来实现的，可用于在并发环境下替代 TreeSet，这里也不再介绍了。

20.7　Fork/Join 框架

Fork/Join 框架是 Java 7 新增的，其基本思想是采用分而治之的策略，将一个大任务分解（fork）为一系列的子任务，子任务可以继续被分解为更小的子任务，当各个子任务执行完成后，可以将它们的结果合并（join）成一个大结果，最终合并成大任务的结果，整个过程如图 20-6 所示。

扫码看视频

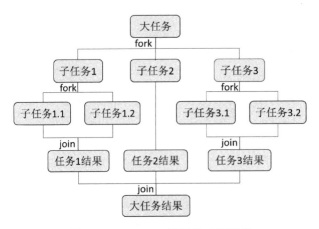

图 20-6 Fork/Join 框架的工作原理

在任务被分解后,如果采用单线程执行,那么就毫无意义了,所以必然要采用多线程来执行,为了减少新线程的创建开销,提高线程的利用率,Java 7 新增了一个线程池实现 ForkJoinPool 来调度任务。

一般的线程池只有一个任务队列,但是对于 Fork/Join 框架来说,Fork 出的各个子任务是平行关系,为了提高效率,减少线程竞争,ForkJoinPool 将这些平行的任务放到不同的队列中,然后创建多个线程分别执行队列中的子任务。各个线程处理自身任务的时间不同,这样就可能出现某个线程先执行完了自己队列中的任务的情况,这时为了提升效率,Fork/Join 框架让该线程去"窃取"其他任务队列中的任务,这称为工作窃取(work stealing)。

Fork/Join 框架的每个工作线程都采用双端队列来完成任务,线程从双端队列的队头获取任务(只有一个线程可以访问队头,所以不需要加锁),当其他线程空闲时,它会从双端队列的队尾"窃取"任务。

ForkJoinPool 内部调度的任务都是 ForkJoinTask 类的实例,该类定义了分解任务的 fork 方法,以及合并任务结果的 join 方法。ForkJoinTask 是一个抽象类,实现了 Future 接口,因此是一个异步任务。除了 ForkJoinTask 类,Fork/Join 框架还给出了该类的两个抽象子类:RecursiveTask 和 RecursiveAction,前者用于需要返回结果的任务,后者用于不需要返回结果的任务。一般我们在编写 ForkJoin 任务时,选择从这两个子类的其中之一来继承。

代码 20.19 展示了一个计算多个数的和的 ForkJoin 任务。

代码 20.19　SumTask.java

```java
import java.util.concurrent.RecursiveTask;
import java.util.concurrent.ForkJoinPool;
import java.util.concurrent.ForkJoinTask;
import java.util.concurrent.ExecutionException;

public class SumTask extends RecursiveTask<Long>{
    private final int begin;
    private final int end;
    private static final int THRESHOLD = 10000;
    public SumTask(int begin, int end){
        this.begin = begin;
        this.end = end;
    }
    
    /**
```

```java
 * 父类RecursiveTask中的抽象方法，任务执行的计算方法
 */
@Override
protected Long compute(){
    long sum = 0;
    // 分解子任务的过程实际上是递归分解
    // compute方法会被递归调用，因此必须要有结束递归的条件
    // 这里的结束条件是当计算的整数数量小于等于10000时，就不再分解任务，而是直接计算
    if(end - begin + 1 <= THRESHOLD){
        for(int i=begin; i<=end; i++){
            sum += i;
        }
    }
    else{
        int middle = (begin + end) / 2;
        SumTask task1 = new SumTask(begin, middle);
        SumTask task2 = new SumTask(middle + 1, end);
        // 安排执行子任务
        task1.fork();
        task2.fork();

        // 合并子任务计算完成后的结果
        sum = task1.join() + task2.join();
    }
    return sum;
}
}
```

接下来使用 ForkJoinPool 来执行任务。ForkJoinPool 提供了三种提交任务的方法，如下所示：

- 通过 invoke 方法提交的任务，调用线程直到任务执行完成才会返回，返回任务执行完毕的结果。这是一个同步方法。
- 通过 execute 方法提交的任务，调用线程会立即返回，但没有返回值。这是一个异步方法。
- 通过 submit 方法提交的任务，调用线程会立即返回，返回 ForkJoinTask 对象，之后可以调用该对象的 get 方法获取任务执行完毕的结果。这是一个异步方法。

接下来在 SumTask 类中添加一个 main 方法，使用 ForkJoinPool 来执行 SumTask，如代码 20.20 所示。

代码 20.20　SumTask.java

```java
...
public class SumTask extends RecursiveTask<Long>{
    ...

    public static void main(String[] args){
        ForkJoinPool pool = new ForkJoinPool();
        // 计算从1加到1000万的和的任务
        SumTask task = new SumTask(1, 10000000);
        ForkJoinTask future = pool.submit(task);
```

```java
        if (future.isCompletedAbnormally()) {
            System.out.println(future.getException());
        }
        try {
            System.out.println("从 1 加到 1000 万的结果是: " + future.get());
        }
        catch (InterruptedException | ExecutionException e) {
            e.printStackTrace();
        }
    }
}
```

要注意的是,ForkJoinTask 在执行的时候可能会抛出异常,但是在工作线程中抛出的异常是无法直接在主线程中进行捕获的,所以 ForkJoinTask 提供了 isCompletedAbnormally 方法来检查任务是否抛出了异常或者被取消了,可以通过 ForkJoinTask 的 getException 方法来得到异常对象。

程序运行的结果为:

从 1 加到 1000 万的结果是:50000005000000

20.8 CompletableFuture

虽然 Future 表示异步计算的结果,但在得到该对象后调用 get 方法获取值时,线程依然会阻塞等待,等到值可用。如果不想阻塞,则可以轮询 isDone 方法的返回值,在确认完成后,再调用 get 方法获取值。但这毕竟与我们想象中的异步执行有些差距,我们希望的异步执行是在调用方法后立即返回,当有结果后再通知我们。

为了解决这个问题,Java 8 新增了 CompletableFuture 类,这个类实现了 Future 和 CompletionStage 两个接口,提供了非常强大的 Future 扩展功能,可以帮助我们简化异步编程的复杂性,提供了函数式编程的能力,可以通过回调的方式处理计算结果,并且提供了转换和组合 CompletableFuture 的方法。

20.8.1 异步执行任务

要异步执行任务,不要将任务提交给 ExecutorService,而是调用 CompletableFuture 类的如下四个静态方法。

- public static CompletableFuture<Void> runAsync(Runnable runnable)
- public static CompletableFuture<Void> runAsync(Runnable runnable, Executor executor)
- public static <U> CompletableFuture<U> supplyAsync(Supplier<U> supplier)
- public static <U> CompletableFuture<U> supplyAsync(Supplier<U> supplier, Executor executor)

以 run 开头的方法执行 Runnable 任务,因此没有返回值。不带 Executor 参数的方法,默认使用 ForkJoinPool.commonPool()方法返回的线程池。

要获取任务执行的结果,一种方式是主动等待结果,除了调用 Future 接口的 get 方法外,还可以调用如下的两个方法:

- public T getNow(T valueIfAbsent)
  如果完成，则返回结果值，或者抛出任何遇到的异常。如果未完成，则返回 valueIfAbsent。
- public T join()
  如果完成，则返回结果值；如果任务涉及的计算引发了异常，则抛出一个 unckecked 异常，并将底层异常作为根原因异常。

join 方法与 get 方法一样，也会阻塞线程，等待计算结果。与 get 方法不同的是，join 方法不会抛出 checked 异常，但可能会抛出两个 unckecked 异常。当任务被取消时，抛出 CancellationException，如果任务被执行时抛出了异常或者此 Future 异常完成，则抛出 CompletionException。

我们看一个示例：

```
CompletableFuture<String> future = CompletableFuture.supplyAsync(() -> "Hello World");
try{
    System.out.println(future.get());
}
catch(InterruptedException | ExecutionException e){
    e.printStackTrace();
}
System.out.println(future.getNow("Welcome"));
System.out.println(future.join());
```

输出结果为：

```
Hello World
Hello World
Hello World
```

20.8.2 构造异步任务链

CompletableFuture 提供了一种类似 ES 6 中 Promise 异步编程的方案，在异步执行一个任务后，可以以方法链的方式继续执行后续的任务，后续的任务可以拿到前一个任务执行的结果并对其做进一步处理。当执行的任务抛出异常后，还可以对异常进行处理。

先看一个注册回调函数的方法，如下所示：

- CompletionStage<Void> thenAccept(Consumer<? super T> action)
  在任务正常完成后，以任务的结果调用 action 函数。

我们看下面的代码：

```
CompletableFuture.supplyAsync(() -> {
    try{
        Thread.sleep(1000);
    }
    catch(InterruptedException e){
        e.printStackTrace();
    }
    return "Hello World";
}).thenAccept(System.out::println);
System.out.println("主线程继续运行");
```

```
// 等待异步任务执行完成
ForkJoinPool.commonPool().awaitQuiescence(1000, TimeUnit.SECONDS);
```

supplyAsync 方法默认使用的是 ForkJoinPool.commonPool()方法返回的线程池，该线程池中的工作线程是后台线程，当主线程退出时，只剩下后台线程，整个 JVM 进程会退出，但我们的任务需要耗时 1 秒钟才能完成，为了能够看到任务执行完毕调用回调函数的结果，我们调用 awaitQuiescence 方法等待异步任务处理完成。

上述代码输出的结果为：

```
主线程继续运行
Hello World
```

从结果可以看到，这是真正的异步调用，返回"Hello World"的任务需要耗时 1 秒钟，但这并不影响主线程的运行，以方法链形式调用的 thenAccept 方法也是立即返回，它只注册了一个回调函数，等到任务执行完毕，某个线程会以任务的结果调用注册的回调函数，在回调函数中，我们打印任务的结果。

thenAccept 还有两个以 Async 结尾的重载方法，如下所示：

- CompletionStage<Void> thenAcceptAsync(Consumer<? super T> action)
  在任务正常完成后，使用该阶段的默认异步执行工具执行 action，并将任务的结果作为 action 的参数。
- CompletionStage<Void> thenAcceptAsync(Consumer<? super T> action, Executor executor)
  在任务正常完成后，使用指定的 executor 执行 action，并将任务的结果作为 action 的参数。

thenAcceptAsync 方法是异步执行的，而 thenAccept 方法是同步执行的。不过，如果任务链中的前一个任务是异步执行的，那么 thenAccept 方法看起来也像是异步执行的，因为它要等待前一个任务的结果，实际上在前一个异步任务执行完毕后，会同步执行 thenAccept 方法注册的回调函数。thenAcceptAsync 不管前一个任务是异步执行还是同步执行，它注册的回调函数都总是异步执行的。

CompletableFuture 的大部分方法都提供了异步版本，以 **Async** 结尾。这类异步方法会使用线程池来执行，如果没有传入 **Executor** 实例，那么默认使用 **ForkJoinPool.commonPool()** 方法返回的线程池。后面将不再对此进行说明。

20.8.3 结果转换

thenApply 方法可以将上一个任务执行的结果转换为另一种类型，这个方法类似于 Optional 和 Stream 的 map 方法。thenApply 方法的签名如下所示：

- <U> CompletionStage<U> thenApply(Function<? super T,? extends U> fn)

例如：

```
CompletableFuture<String> future = CompletableFuture.supplyAsync(() -> {
    int sum = 0;
    for(int i=1; i<=100; i++){
        sum += i;
    }
    return sum;
}).thenApply(sum -> "sum: " + sum);
```

```
System.out.println(future.join());
```

输出结果为：

```
sum: 5050
```

相比 thenApply，thenAccept 更适合作为任务链的末尾。

CompletableFuture 类中还有一个与 Optional 和 Stream 的 flatMap 方法类似的 thenCompose 方法，该方法的签名如下所示：

- \<U\> CompletionStage\<U\> thenCompose(Function\<? super T,? extends CompletionStage\<U\>\> fn)

与 thenApply 方法一样，thenCompose 也是用上一个任务的执行结果来调用函数的，不同的是 fn 函数返回的是另一个 CompletionStage\<U\>对象，当这个 CompletionStage\<U\>执行结束时，返回类型为 U 的结果。

例如：

```
CompletableFuture<String> future = CompletableFuture.supplyAsync(() -> {
    int sum = 0;
    for(int i=1; i<=100; i++){
        sum += i;
    }
    return sum;
}).thenCompose(sum -> CompletableFuture.supplyAsync(() -> "sum: " + sum));

System.out.println(future.join());
```

输出结果为：

```
sum: 5050
```

20.8.4 组合异步任务

thenCombine 方法可以组合两个异步任务，并用它们的结果来调用指定的函数，该方法的签名如下所示：

- \<U,V\> CompletionStage\<V\> thenCombine(CompletionStage\<? extends U\> other, BiFunction\<? super T,? super U,? extends V\> fn)

例如：

```
CompletableFuture<Integer> future = CompletableFuture.supplyAsync(() -> {
    int sum = 0;
    for(int i=1; i<=100; i++){
        sum += i;
    }
    return sum;
}).thenCombine(CompletableFuture.supplyAsync(() -> {
    int random = ThreadLocalRandom.current().nextInt(10);
    System.out.println("随机数是: " + random);
    return random;
}), (r1, r2) -> {
    return r1 / r2;
});
```

```
System.out.println("最终结果: " + future.join());
```

输出结果为:

```
随机数是: 5
最终结果: 1010
```

组合异步任务的方法还有如下三个:

- \<U\> CompletionStage\<Void\> thenAcceptBoth(CompletionStage\<? extends U\> other, BiConsumer\<? super T,? super U\> action)
- CompletionStage\<Void\> acceptEither(CompletionStage\<? extends T\> other, Consumer\<? super T\> action)
- \<U\> CompletionStage\<U\> applyToEither(CompletionStage\<? extends T\> other, Function\<? super T,U\> fn)

顾名思义,Both 结尾的方法就是等两个异步任务都执行完毕后,用它们的结果调用回调函数。Either 结尾的方法就是,两个异步任务,其中任意一个任务执行完毕后,就用它的结果调用回调函数,另一个没执行完的任务将被终止。

CompletableFuture 类还给出了如下的两个静态方法:

- public static CompletableFuture\<Void\> allOf(CompletableFuture\<?\>... cfs)
- public static CompletableFuture\<Object\> anyOf(CompletableFuture\<?\>... cfs)

其用法与上述 Both 和 Either 结尾的方法类似。

20.8.5 任务链完成时的结果处理和异常处理

当任务链完成后,可以调用 get 或者 join 方法获取结果,也可以调用 thenAccept 方法注册回调函数对结果进行处理。为了便于对任务链的结果或是任务执行过程中抛出的异常进行处理,CompletableFuture 类还给出了其他的一些方法。

(1) complete 和 completeExceptionally 方法

complete 方法的签名如下所示:

- public boolean complete(T value)

如果异步任务完成时间过长,或者阻塞,又或者 CompletableFuture 没有关联任何的回调函数、异步任务等,那么调用 get 方法将会一直阻塞下去,这时可以选择调用 complete 方法主动完成计算。**如果任务尚未完成,那么在调用 complete 方法后,获取任务结果的方法得到的是 complete 方法设置的值;如果任务已经完成,那么即使调用了 complete 方法,得到的也是任务的结果**。如果此次 complete 调用将 CompletableFuture 转换为已完成状态,则返回 true,否则返回 false。

例如:

```
CompletableFuture<String> future = CompletableFuture.supplyAsync(() -> {
    try{
        Thread.sleep(1000);
    }
    catch(InterruptedException e){
        e.printStackTrace();
    }
    return "Hello World";
});
```

```
// 判断任务是否已经完成
System.out.println("isDone: " + future.isDone());
boolean b = future.complete("Welcome you");
System.out.println("complete 方法返回: " + b);
System.out.println(future.join());

System.out.println("------------------");

future = CompletableFuture.supplyAsync(() -> "Hello World");
// 等待任务完成
while(!future.isDone());
System.out.println("isDone: " + future.isDone());
b = future.complete("Welcome you");
System.out.println("complete 方法返回: " + b);
System.out.println(future.join());
```

输出结果为:

```
isDone: false
complete 方法返回: true
Welcome you
------------------
isDone: true
complete 方法返回: false
Hello World
```

除了通过设置一个值来完成任务外，还可以使用异常来完成任务，如下所示:

- public boolean completeExceptionally(Throwable ex)
  如果任务未完成，那么后续获取任务的结果，将会抛出指定的异常。如果任务已经完成，则可以正常得到任务的结果。如果此次调用将 CompletableFuture 转换为已完成状态，则返回 true，否则返回 false。

例如:

```
CompletableFuture<String> future = CompletableFuture.supplyAsync(() -> "HelloWorld");
// 等待异步任务执行完成
ForkJoinPool.commonPool().awaitQuiescence(1000, TimeUnit.SECONDS);
System.out.println("isDone: " + future.isDone());
boolean b = future.completeExceptionally(new RuntimeException("异常结束任务"));
System.out.println("completeExceptionally 方法返回: " + b);
System.out.println(future.join());

System.out.println("------------------");

future = future = CompletableFuture.supplyAsync(() -> {
    try{
        Thread.sleep(1000);
    }
    catch(InterruptedException e){
        e.printStackTrace();
    }
    return "Hello World";
```

```
});
System.out.println("isDone: " + future.isDone());
b = future.completeExceptionally(new RuntimeException("异常结束任务"));
System.out.println("completeExceptionally方法返回: " + b);
System.out.println(future.join());
```

输出结果为:

```
isDone: true
completeExceptionally方法返回: false
HelloWorld
------------------
isDone: false
completeExceptionally方法返回: true
Exception in thread "main" java.util.concurrent.CompletionException:
java.lang.RuntimeException: 异常结束任务
    ...
```

（2）completeOnTimeout 和 orTimeout 方法

这两个方法是 Java 9 新增的方法，与 complete 和 completeExceptionally 方法一样，它们也是用于完成 CompletableFuture 的，但支持超时值。这两个方法的签名如下所示：

- public CompletableFuture<T> completeOnTimeout(T value, long timeout, TimeUnit unit)
  如果在超时前任务未完成，则使用给定的值完成此 CompletableFuture。
- public CompletableFuture<T> orTimeout(long timeout, TimeUnit unit)
  如果在超时前任务未完成，则使用 TimeoutException 异常完成此 CompletableFuture。

这两个方法通过使用超时值让我们有机会等待任务的完成。

例如：

```
CompletableFuture<String> future = CompletableFuture.supplyAsync(() -> "HelloWorld")
        .completeOnTimeout("Welcome you", 500, TimeUnit.MILLISECONDS);
System.out.println("isDone: " + future.isDone());
System.out.println(future.join());

System.out.println("--------------------");

future = future = CompletableFuture.supplyAsync(() -> {
    try{
        Thread.sleep(1000);
    }
    catch(InterruptedException e){
        e.printStackTrace();
    }
    return "Hello World";
}).orTimeout(500, TimeUnit.MILLISECONDS);
System.out.println("isDone: " + future.isDone());
System.out.println(future.join());
```

输出结果为:

```
isDone: true
HelloWorld
------------------
isDone: false
Exception in thread "main" java.util.concurrent.CompletionException:
java.util.concurrent.TimeoutException
```

（3）whenComplete 方法

whenComplete 方法的签名如下所示:

- CompletionStage<T> whenComplete(BiConsumer<? super T,? super Throwable> action)

whenComplete 方法与 thenAccept 方法类似，不同的是增加了异常处理。如果上一个任务发生了异常，那么 BiConsumer 的第一个参数就是 null，第二个参数是异常对象。

例如:

```
ExecutorService exec = Executors.newCachedThreadPool();
CompletableFuture.supplyAsync(() -> "HelloWorld", exec)
    .whenComplete((r, ex) -> System.out.println("任务正常完成，结果为：" + r));

CompletableFuture.supplyAsync(() -> {
    throw new RuntimeException("发生了异常");
}, exec).whenComplete((r, ex) -> System.out.println(ex.toString()));

exec.shutdown();
```

输出结果为:

```
任务正常完成，结果为：HelloWorld
java.util.concurrent.CompletionException: java.lang.RuntimeException: 发生了异常
```

（4）exceptionally 方法

exceptionally 方法的签名如下所示:

- public CompletableFuture<T> exceptionally(Function<Throwable,? extends T> fn)

  如果上一个任务发生了异常，则调用 fn 对异常进行处理，返回 T 类型的值作为任务的结果。如果上一个任务正常完成，则返回的 CompletableFuture 的结果是上一个任务的结果。该方法不常用，一般使用 whenComplete 和 handle 方法。

例如:

```
ExecutorService exec = Executors.newCachedThreadPool();
CompletableFuture.supplyAsync(() -> "HelloWorld", exec)
    .exceptionally(ex -> ex.getMessage())
    .thenAccept(System.out::println);

CompletableFuture.supplyAsync(() -> 5 / 0, exec)
    .exceptionally(ex -> 0)
    .thenAccept(System.out::println);
exec.shutdown();
```

输出结果为：

```
HelloWorld
0
```

（5）handle 方法

handle 方法的签名如下所示：

- <U> CompletionStage<U> handle(BiFunction<? super T,Throwable,? extends U> fn)
  以上一个任务的结果（发生异常则为 null）和异常（正常完成则为 null）作为参数调用 fn 函数，然后以该函数的返回值作为新的 CompletionStage 的结果。

例如：

```java
CompletableFuture<String> future = CompletableFuture.supplyAsync(() -> {
    int sum = 0;
    for(int i=1; i<=100; i++){
        sum += i;
    }
    return sum;
}).handle((r, ex) -> {
    if(r != null){
        return "sum: " + r;
    }else{
        return ex.getMessage();
    }
});
System.out.println(future.join());

future = CompletableFuture.supplyAsync(() -> 5 /0)
    .handle((r, ex) -> {
        if(ex != null){
            return ex.getMessage();
        }else{
            return r.toString();
        }
    });
System.out.println(future.join());
```

输出结果为：

```
sum: 5050
java.lang.ArithmeticException: / by zero
```

（6）obtrudeValue 与 obtrudeException 方法

obtrudeValue 与 obtrudeException 方法的签名如下所示：

- public void obtrudeValue(T value)
- public void obtrudeException(Throwable ex)

这两个方法与 complete 和 completeExceptionally 类似，不同的是，这两个方法强制设置值和异常，不管之前的任务是否已经完成，后续取值的方法都得到强制设置的值，或者引发指定的异常。这两个方法仅用于错误恢复操作。

例如：

```
CompletableFuture<String> future = CompletableFuture.supplyAsync(() -> "Hello World");
// 等待任务完成
while(!future.isDone());
System.out.println("isDone: " + future.isDone());
future.obtrudeValue("Welcome you");
System.out.println(future.join());

System.out.println("-------------------");

future = CompletableFuture.supplyAsync(() -> "Hello World");
// 等待任务完成
while(!future.isDone());
System.out.println("isDone: " + future.isDone());
future.obtrudeException(new RuntimeException("异常结束任务"));
System.out.println(future.join());
```

输出结果为：

```
isDone: true
Welcome you
-------------------
isDone: true
Exception in thread "main" java.util.concurrent.CompletionException: java.lang.RuntimeException: 异常结束任务
    ...
```

本节所有的代码都在本章目录的 UseCompletableFuture.java 文件中。

20.9 原子操作

所有的程序代码最终都要编译为机器指令交由 CPU 执行，将高级语言的一句代码转换为机器指令可能需要多条指令，在多线程程序中，多个处理器并发执行指令，如果需要多条指令才能完成对某个变量的修改，那么这个变量的值将是不确定的。例如将简单的"i = i + 1"转换为机器指令，就不是一条指令能解决的事情，那么这个操作就不是线程安全的。当然，我们可以对这个操作进行加锁，以保证线程安全，但如此简单的变量修改也要进行加锁，且不说代码的复杂度是否变高，仅是加锁导致的额外开销就会影响程序的性能。

为了应对这种情况，Java 5 在 java.util.concurrent.atomic 包中提供了一组原子操作的封装类。所谓原子操作，是指不会被线程调度机制打断的操作，这种操作一旦开始，就一直运行到结束，中间不会有任何线程上下文切换。原子操作可以是一个步骤，也可以是多个操作步骤，但是其顺序不可以被打乱，也不可以被切割，而只执行其中一部分，将整个操作视作一个整体是原子性的核心特征。

java.util.concurrent.atomic 包中的原子类如图 20-7 所示。

```
○ java.lang.Object
    ○ java.util.concurrent.atomic.AtomicBoolean (implements java.io.Serializable)
    ○ java.util.concurrent.atomic.AtomicIntegerArray (implements java.io.Serializable)
    ○ java.util.concurrent.atomic.AtomicIntegerFieldUpdater<T>
    ○ java.util.concurrent.atomic.AtomicLongArray (implements java.io.Serializable)
    ○ java.util.concurrent.atomic.AtomicLongFieldUpdater<T>
    ○ java.util.concurrent.atomic.AtomicMarkableReference<V>
    ○ java.util.concurrent.atomic.AtomicReference<V> (implements java.io.Serializable)
    ○ java.util.concurrent.atomic.AtomicReferenceArray<E> (implements java.io.Serializable)
    ○ java.util.concurrent.atomic.AtomicReferenceFieldUpdater<T,V>
    ○ java.util.concurrent.atomic.AtomicStampedReference<V>
    ○ java.lang.Number (implements java.io.Serializable)
        ○ java.util.concurrent.atomic.AtomicInteger (implements java.io.Serializable)
        ○ java.util.concurrent.atomic.AtomicLong (implements java.io.Serializable)
        ○ java.util.concurrent.atomic.DoubleAccumulator (implements java.io.Serializable)
        ○ java.util.concurrent.atomic.DoubleAdder (implements java.io.Serializable)
        ○ java.util.concurrent.atomic.LongAccumulator (implements java.io.Serializable)
        ○ java.util.concurrent.atomic.LongAdder (implements java.io.Serializable)
```

图 20-7　java.util.concurrent.atomic 包中的原子类

这些 Atomic 类通过无锁（lock-free）的方式实现了线程安全的访问，其内部是利用了 CAS（Compare and Swap，比较并交换）操作来实现并发性的。在 CAS 操作中，有这样三个值：当前内存值 V，预期值 E（即旧值），要修改的新值 N。比较并交换的过程为：判断预期值 E 是否等于变量在内存中的值 V，如果相等，则将变量在内存中的值修改为新值 N；如果不等，说明已经有其它线程更新了 V，则当前线程放弃更新，什么都不做。

假设有一个线程共享变量 i，值为 1。线程 A 想将变量 i 的值更新为 2，如果采用 CAS 来操作，那么首先用预期值 1 与 i 进行比较，如果 i 等于 5，说明 i 没有被其他线程修改过，于是将 i 的值更新为新的值 2；如果 i 的值不等于 1，则说明 i 被别的线程修改过，那么就什么都不做，此次 CAS 操作失败。

为了保证 CAS 更新能够成功，可以采用循环的方式，直到 CAS 操作成功。

20.9.1　AtomicInteger 类

以 AtomicInteger 类为例，该类的构造方法如下所示：

- public AtomicInteger()
  使用初始值 0 创建 AtomicInteger 对象。
- public AtomicInteger(int initialValue)
  使用给定的初始值创建 AtomicInteger 对象。

AtomicInteger 类的常用方法如表 20-4 所示。

表 20-4　AtomicInteger 类的常用方法

方法签名	方法说明
int get()	获取当前值
void set(int newValue)	将当前值设置为 newValue
int addAndGet(int delta)	以原子方式将给定值与当前值相加，并返回相加后的值
int incrementAndGet()	以原子方式递增当前值，并返回递增后的值。等价于 addAndGet(1)
int decrementAndGet()	以原子方式递减当前值，并返回递减后的值。等价于 addAndGet(-1)
int getAndAdd(int delta)	以原子方式将给定值与当前值相加，并返回旧值
int getAndIncrement()	以原子方式递增当前值，并返回旧值。等价于 getAndAdd(1)
int getAndDecrement()	以原子方式递减当前值，并返回旧值。等价于 getAndAdd(-1)
int getAndSet(int newValue)	以原子方式将值设置为 newValue 并返回旧值

续表

方法签名	方法说明
boolean compareAndSet(int expectedValue, int newValue)	如果当前值== expectedValue，则原子性地将值设置为 newValue
int getAndUpdate(IntUnaryOperator updateFunction)	这是 Java 8 新增的方法。使用 updateFunction 对当前值进行计算，并更新当前值，返回计算前的旧值
int updateAndGet(IntUnaryOperator updateFunction)	这是 Java 8 新增的方法。使用 updateFunction 对当前值进行计算，并更新当前值，返回计算后的新值
int accumulateAndGet(int x, IntBinaryOperator accumulatorFunction)	这是 Java 8 新增的方法。使用 accumulatorFunction 对当前值和 x 进行计算，并更新当前值，返回计算后的新值
int getAndAccumulate(int x, IntBinaryOperator accumulatorFunction)	这是 Java 8 新增的方法。使用 accumulatorFunction 对当前值和 x 进行计算，并更新当前值，返回计算前的旧值

利用 AtomicInteger（或 AtomicLong）类可以编写一个线程安全的全局唯一 ID 生成器，如下所示：

```
class IdGenerator {
    AtomicInteger ai = new AtomicInteger(0);

    public int getNextId() {
        return ai.incrementAndGet();
    }
}
```

下面我们看一个例子，通过对比普通的++操作与原子递增操作在多线程环境下的执行结果，来更好地理解原子类在线程安全方面的作用。代码如 20.21 所示。

代码 20.21　AtomicOperation.java

```
import java.util.concurrent.Executors;
import java.util.concurrent.ExecutorService;
import java.util.concurrent.atomic.AtomicInteger;
import java.util.concurrent.TimeUnit;

public class AtomicOperation{
    private static class NonThreadSafeTask implements Runnable{
        private int count = 0;

        public void run(){
            count++;
        }

        public int getCount(){
            return count;
        }
    }

    private static class ThreadSafeTask implements Runnable{
        private AtomicInteger ai = new AtomicInteger(0);
```

```java
    public void run(){
        ai.incrementAndGet();
    }

    public int getCount(){
        return ai.get();
    }
}

public static void main(String[] args){
    ExecutorService exec = Executors.newCachedThreadPool();
    NonThreadSafeTask nonSafetask = new NonThreadSafeTask();
    for(int i=0; i<1000; i++){
        exec.submit(nonSafetask);
    }
    exec.shutdown();
    try{
        // 等待所有任务执行完毕
        boolean bfinished = exec.awaitTermination(2, TimeUnit.SECONDS);
        if(bfinished){
            System.out.println(
                "非线程安全的递增count的结果: " + nonSafetask.getCount());
        }
    }catch(InterruptedException e){
        e.printStackTrace();
    }

    exec = Executors.newCachedThreadPool();
    ThreadSafeTask safeTask = new ThreadSafeTask();
    for(int i=0; i<1000; i++){
        exec.submit(safeTask);
    }
    exec.shutdown();
    try{
        // 等待所有任务执行完毕
        boolean bfinished = exec.awaitTermination(2, TimeUnit.SECONDS);
        if(bfinished){
            System.out.println(
                "线程安全的递增count的结果" + safeTask.getCount());
        }
        else{
            return;
        }
    }catch(InterruptedException e){
        e.printStackTrace();
    }
}
```

NonThreadSafeTask 类采用++操作递增 count 值，ThreadSafeTask 采用 AtomicInteger 递增 count 值。这两个任务分别在多线程环境下执行 1000 次，最后分别打印出它们的 count 值。

程序运行的结果为：

```
非线程安全的递增 count 的结果：993
线程安全的递增 count 的结果 1000
```

不管运行程序多少次，ThreadSafeTask 对象的 count 值始终都是 1000，但 NonThreadSafeTask 对象的 count 值是不确定的，只是偶尔会等于 1000，说明 NonThreadSafeTask 任务出现了线程安全的问题。

20.9.2 LongAdder

与 AtomicInteger 相似的类还有 AtomicLong，这两个类：一个封装了对整型数据的原子操作，一个封装了对长整型数据的原子操作，都是利用了底层的 CAS 操作来提供并发性的，内部使用一个 volatile 的 value 变量来保存当前的值。为了保证更新能够成功，底层的 CAS 方法会采用自旋的方式不断尝试更新目标值，直到更新成功。在高并发的情况下，多个线程同时对 value 变量进行并发更新，必然会出现大量失败并不断自旋的情况，从而严重影响性能。

为了解决这个问题，Java 8 新增了 LongAdder 类。LongAdder 的基本思路是将值分散到一个数组中，数组元素值的总和是当前值。你可以把数组的每一个元素都理解为一个变量，当多线程并发更新时，不同的线程对不同的变量进行 CAS 操作，这样就减少了冲突，等需要获取真正的值时，再将各个变量值累加返回。

LongAdder 类的方法比 AtomicLong 类要少很多，表 20-5 列出了其中的方法。

表 20-5　LongAdder 类的方法

方法签名	方法说明
void add(long x)	增加 x
void increment()	等价于 add(1)
void decrement()	等价于 add(-1)
long sum()	返回当前总和。要注意的是，只有在没有并发更新的情况下，这个方法返回的才是准确的结果。如果存在并发更新，那么在计算总和时发生的并发更新可能不会被合并
void reset()	重置变量，保持和为 0。这个方法可用于替代创建一个新的加法器，但只有在没有并发更新时才有效
long sumThenReset()	这个方法相当于连续调用 sun() 和 reset()
int intValue()	将 sum() 作为整型数返回
long longValue()	等价于 sum()
float floatValue()	将 sum() 作为浮点数返回
double doubleValue()	将 sum() 作为双浮点数返回
public String toString()	返回 sum() 的字符串表示形式

与 AtomicLong 一样，LongAdder 也以原子方式对 long 型值进行增减，不同的是，LongAdder 在增减后并不会返回增减后的值，如果要获取增减后的值，那么还需要再调用 longValue 或者 sum 方法，但这需要对两次方法调用做同步才能保证获取的是准确的值。如果业务需求需要精确地控制计数，做计数比较，使用 AtomicLong 会更合适。

LongAdder 类并不能完全替代 AtomicLong，只有在高并发更新 long 型值的场景下，使用 LongAdder 才可以显著提高性能。

Java 8 在引入 LongAdder 类的同时，还引入了另外三个类：LongAccumulator、DoubleAdder 和 DoubleAccumulator。

LongAccumulator 类允许我们定义自己的累加操作，它的构造方法如下所示：

- public LongAccumulator(LongBinaryOperator accumulatorFunction, long identity)
  使用给定的累加器函数和标识元素创建新实例。参数 identity 是累加器函数的初始值。

要加入新的值，可以调用 accumulate 方法，该方法的签名如下所示：

- public void accumulate(long x)
  累加给定的值。

要获取当前值，可以调用 get 方法，该方法的签名如下所示：

- public long get()
  返回当前值。与 LongAdder 的 sum 方法一样，该方法只有在没有并发更新的情况下，才能确保返回的是准确的结果。

例如：

```
LongAccumulator adder = new LongAccumulator(Long::sum, 10);
adder.accumulate(5);
System.out.println(adder.get());
```

输出结果为：15。

DoubleAdder 和 DoubleAccumulator 用于操作 double 类型的值。

20.10　变量句柄

变量句柄是 Java 9 新增的，主要用于动态操作数组的元素或类中的字段。变量句柄是由 VarHandle 类来表示的，该类位于 java.lang.invoke 包中。与 MethodHandle 类似，VarHandle 也通过 MethodHandles 类来获取实例。

VarHandle 实例是不可变的。这个类最让人感兴趣的是它提供了对数组元素或类中字段的原子访问。VarHandle 支持三种不同的访问模型：普通的读写访问，volatile 类型的读写访问，以及 CAS 访问。普通的读写访问（调用 get 和 set 方法）仅保证对引用和最多 32 位的基本类型值是原子性的访问。

如果访问数组元素，则可以调用 MethodHandles 类的静态方法 arrayElementVarHandle 来得到 VarHandle 实例，该方法的签名如下所示：

- public static VarHandle arrayElementVarHandle(Class<?> arrayClass) throws IllegalArgumentException

参数 arrayClass 是数组类型的 Class 对象。

例如：

```
VarHandle vh = MethodHandles.arrayElementVarHandle(int[].class);
```

得到的 vh 可用于对 int 类型的数组元素进行操作。

我们看一个访问数组元素的示例,如代码 20.22 所示。

代码 20.22　UseVarHandle.java

```java
import java.lang.invoke.MethodHandles;
import java.lang.invoke.VarHandle;
import java.util.Arrays;

public class UseVarHandle{
    public static void main(String[] args){
        VarHandle vh = MethodHandles.arrayElementVarHandle(int[].class);
        int[] nums = {1, 2, 3};
        // 设置数组索引为 0 的元素为 4,普通的写数据
        vh.set(nums, 0, 4);
        System.out.println(Arrays.toString(nums)); // [4, 2, 3]
        // 读取数组索引为 2 的元素的值
        System.out.println(vh.get(nums, 2));  // 3

        // volatile 访问模式
        // 设置数组索引为 1 的元素为 5,
        vh.setVolatile(nums, 1, 5);
        System.out.println(Arrays.toString(nums)); // [4, 5, 3]
        // 读取数组索引为 2 的元素的值
        System.out.println(vh.getVolatile(nums, 2));  // 3

        // CAS 访问模式
        // 如果数组索引为 2 的元素值是 3,则将它修改为 6
        boolean b = vh.compareAndSet(nums, 2, 3, 6);
        System.out.println(b ? "修改成功" : "当前值与期望值不同,返回 false");
        System.out.println(Arrays.toString(nums)); // [4, 5, 6]

        // 原子更新。给数组索引为 2 的元素值增加 4。
        int previousValue = (Integer)vh.getAndAdd(nums, 2, 4);
        System.out.println("数组索引为 0 的元素先前的值是:" + previousValue);
        System.out.println(Arrays.toString(nums)); // [4, 5, 7]
    }
}
```

程序运行的结果为:

```
[4, 2, 3]
3
[4, 5, 3]
3
修改成功
[4, 5, 6]
数组索引为 0 的元素先前的值是:6
[4, 5, 10]
```

Java 9 在 MethodHandles.Lookup 类中新增了三个静态工厂方法,用于得到类中字段的变量句柄,这三个方法如下所示:

- public VarHandle findVarHandle(Class<?> recv, String name, Class<?> type) throws NoSuchFieldException, IllegalAccessException

- public VarHandle findStaticVarHandle(Class<?> decl, String name, Class<?> type) throws NoSuchFieldException, IllegalAccessException
- public VarHandle unreflectVarHandle(Field f) throws IllegalAccessException

从方法签名就可以看出来，第一个方法是创建非静态字段的变量句柄，第二个方法是创建静态字段的变量句柄，第三个方法是通过字段对应的 Field 对象来创建变量句柄。

代码 20.23 演示了对类中字段使用变量句柄进行访问的用法。

代码 20.23　UseVarHandleAccessField.java

```java
import java.lang.invoke.MethodHandles;
import java.lang.invoke.VarHandle;

class Data{
    private int index;
    public static int count;
    protected String name;
}
public class UseVarHandleAccessField{
    public static void main(String[] args){
        MethodHandles.Lookup lookup = MethodHandles.lookup();
        Data data = new Data();
        try{
            // 获取非静态字段 name 的变量句柄
            // 第一个参数是字段所属的类
            // 第二个参数是字段的名字
            // 第三个参数是字段的类型
            VarHandle vh = lookup.findVarHandle(Data.class, "name", String.class);
            vh.set(data, "张三");
            System.out.println("name: " + vh.get(data));

            // 获取静态字段 count 的变量句柄
            vh = lookup.findStaticVarHandle(Data.class, "count", int.class);
            // 访问静态字段不需要类的对象。如果字段的值是 0，则将它修改为 1
            vh.compareAndSet(0, 1);
            System.out.println("count: " + vh.get());

            // 准备获取私有字段的变量句柄
            lookup = MethodHandles.privateLookupIn(Data.class, lookup);
            vh = lookup.findVarHandle(Data.class, "index", int.class);
            vh.getAndAdd(data, 1);
            System.out.println("index: " + vh.get(data));
        }
        catch(NoSuchFieldException | IllegalAccessException e){
            e.printStackTrace();
        }
    }
}
```

程序运行的结果为：

```
name: 张三
count: 1
index: 1
```

使用 VarHandle 类可以替代原子类的部分操作。

20.11 总结

本章主要介绍了 JUC 编程，Java 并发包主要由三大部分组成：（1）concurrent 包中新的任务执行框架、Fork/Join 框架、线程安全的集合，以及各种工具类；（2）locks 子包中的锁对象；（3）atomic 子包中的原子类。

此外，我们还介绍了 Java 9 新增的 VarHandle，使用它可以替代 atomic 包中原子类的部分操作。

对于简单的多线程任务，使用传统的线程创建方式来实现就可以了。如果程序中牵涉到大量的并发计算任务，那么可以选择合适的线程池实现和并发集合类，还可以选择任务的执行方式。

从应用层面来说，本章的内容足以满足大多数的多线程应用场景，对于性能要求比较高的场景，建议读者多做一些性能测试，以及深入了解一下相关类的底层实现。

20.12 实战练习

1．使用 RandomAccessFile 类，采用多线程并发向一个文件写入内容，最后打印输出文件的总长度。

2．修改上面的练习 1，使用 CompletionService，如果某个写入任务失败，则取消所有未完成任务。

3．有一个字符数组，保存 a~z 的 26 个字母，一个线程随机产生一个 1~26 的数字对应 26 个字母，另一个线程从该线程得到随机数字后，负责从字符数组中取出对应的字符进行输出，输出格式为：1:a 2:b ...。

4．模拟车库停车，车库有一个初始停车位数量，如果车库有空位，则可以停车，否则需要等待，等待有车开走。每当有车停入或开走时，打印输出车库的当前空余车位。

第 21 章 Eclipse 开发工具

工欲善其事，必先利其器。在进行项目开发时，一款优秀的 IDE（Integrated Development Environment，集成开发环境）可以大大提高我们的开发效率。本章将为读者介绍一款知名的 Java 开发工具——Eclipse。

之所以在本书快结束的时候才介绍 Eclipse，是因为一上来就使用 IDE 不利于初学者对 Java 知识的掌握，因为越是强大的 IDE，其提供的辅助开发功能就越多，能帮你自动完成很多代码，比如类型的导入，异常的自动捕获等，但这样不利于你掌握 Java 的类库结构和开发方式。当然，有经验的读者自然也可以选择先看本章的内容，再学习其他章节的内容。

21.1 Eclipse 简介

Eclipse 是一个开放源代码的、基于 Java 的可扩展的开发平台。大多数人都将 Eclipse 作为 Java 的集成开发环境使用，虽然 Eclipse 是使用 Java 语言开发的，但 Eclipse 不仅可以用于对 Java 的开发，还可以用于对其他语言的开发，如 C/C++。

Eclipse 只是一个框架和一组服务，它通过各种插件来构建开发环境，因此只要提供支持 C/C++或其他编程语言的插件，Eclipse 就可以作为这些语言的集成开发环境。

Eclipse 最早是由 IBM 开发的，后来，IBM 将 Eclipse 作为一个开放源代码的项目发布。现在 Eclipse 在 Eclipse.org 协会的管理与指导下开发。

21.2 下载并安装

打开浏览器，访问 Eclipse IDE 的下载页面，网址为：https://www.eclipse.org/downloads/，出现如图 21-1 所示的页面。

第 21 章 Eclipse 开发工具

图 21-1　Eclipse IDE 的下载页面

如果由于网站的变动，导致下载页面失效，则可以先访问 Eclipse 的官网（https://www.eclipse.org/），再去寻找下载链接。

单击"Download 64 bit"下载按钮，开始下载 Eclipse IDE。

在下载完成后，执行下载的"eclipse-inst-win64.exe"，在等待一会儿后将出现如图 21-2 所示的界面。

图 21-2　根据开发用途选择对应版本的 Eclipse IDE

我们主要是用 Eclipse 进行 Java 开发，因此选择第一项"Eclipse IDE for Java Developers"进行安装。接下来出现如图 21-3 所示的界面。

图 21-3　选择 Java 版本和设置 Eclipse 的安装路径

在图 21-3 这个界面中会列出你的计算机上当前安装的 Java 版本，你可以更改 Java 版本，以及设置 Eclipse IDE 的安装目录。在配置好后，单击"INSTALL"按钮，开始安装。

21.3　Eclipse 开发环境介绍

在 Eclipse 安装目录下找到"eclispe.exe"，运行该程序，你将看到如图 21-4 所示的对话框窗口。

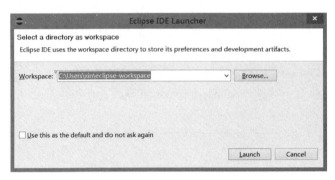

图 21-4　选择工作区对话框

Eclipse 将项目保存在一个称为工作区的目录中，这个对话框窗口就是让你选择用于本次会话的工作区目录。读者可以根据自身的情况选择用作工作区的目录，如果不想每次启动都看到这个窗口，则可以选中"User this as the default and do not ask again"复选框。

但这样不够灵活，不便于随时更换工作区，下面我们介绍另外一种设置工作区目录的方式。在桌面上找到 Eclipse 的快捷方式图标，单击鼠标右键，从弹出的菜单中选择【属性】，在出现的属性对话框中，选中"快捷方式"标签页，在"目标"一栏的最后添加-data 选项，后面写上用作工作区的目录的完整路径，如图 21-5 所示。

图 21-5　修改快捷方式的目标值

注意 data 选项和目录之间的空格。单击"确定"按钮，完成修改。之后如果想更换工作区目录，随时修改 data 选项的值就可以了。

> **提示**：如果在安装 Eclipse IDE 时，没有选择创建桌面快捷方式，那么可以在 Eclipse 安装目录下找到 eclipse.exe，在其上单击鼠标右键，选择【发送到】→【桌面快捷方式】来创建快捷方式图标。

再次运行 Eclipse，此时将不会再出现"选择工作区"对话框，直接出现如图 21-6 所示的欢迎界面。

图 21-6　Eclipse 的欢迎界面

欢迎界面右侧的 4 个链接，从上到下依次是"Eclipse 功能概述""Eclipse 指南""Eclipse 实例"和"新增内容"，可以作为学习使用。单击欢迎界面右上角的"Workbench"图标，可以进入工作台窗口（即桌面开发环境），如图 21-7 所示。

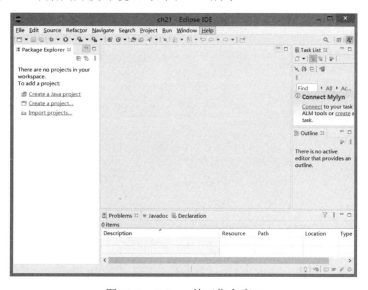

图 21-7　Eclipse 的工作台窗口

每个"工作台"窗口都包含一个或多个透视图，默认的透视图是"Java"透视图。透视图包含视图和编辑器，并且控制出现在某些菜单栏和工具栏中的内容。在任何给定时间，桌面上都可以存在多个"工作台"窗口。

如果你想要切换透视图，则可以在菜单栏上单击【Window】→【Perspective】→【Open Perspective】，选择【Debug】或者【Java Browsing】透视图，也可以单击【Other…】选择其他的透视图，如图 21-8 所示。

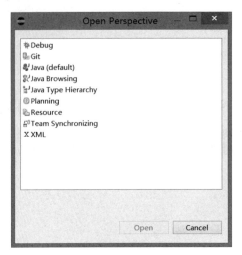

图 21-8　选择要打开的透视图

选择"Debug"透视图，打开后可以看到如图 21-9 所示的窗口。

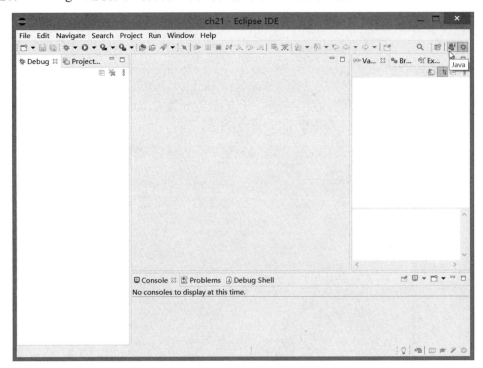

图 21-9　Debug 透视图

在右上角的快捷工具栏上单击"Java"图标切换回 Java 透视图。

透视图由视图和编辑器窗口组成。可以给某个透视图增加额外的视图，单击【Window】→【Show View】，如图 21-10 所示。

第 21 章 Eclipse 开发工具

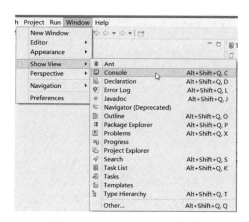

图 21-10　选择要显示的视图

选择列表中的视图，打开或者单击【Other…】菜单项查看所有的视图。单击【Console】菜单项，在 Java 透视图中打开 Console 视图，如图 21-11 所示。

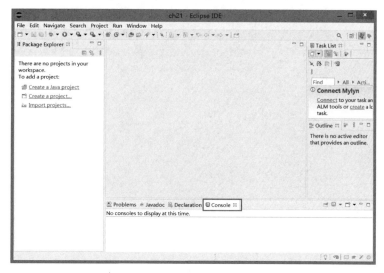

图 21-11　在 Java 透视图中显示 Console 视图

注意图 21-11 矩形框中的部分。可以单击视图标签右上角的叉号（×）来关闭视图窗口。

如果想要查看 Eclipse 的帮助文档，则可以单击菜单栏上的【Help】→【Help Contents】，如图 21-12 所示。

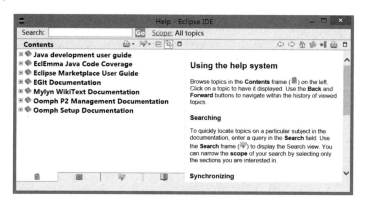

图 21-12　Eclipse 的帮助文档

其中"Java Development user guide"教你如何利用 Eclipse 开发 Java 程序。

21.4 配置 Eclipse

这一节我们对 Eclipse 进行一些配置。

21.4.1 配置 JDK

Eclipse 需要 Java 的运行时环境，在正常情况下，Eclipse 会自动找到你的计算机上安装的 JDK，但如果你想使用特定版本的 JDK（例如项目中有明确要求），则可以在 Eclipse 中进行配置。

单击菜单【Window】→【Preferences】，在左边的面板中选择【Java】→【Installed JRES】，如图 21-13 所示。

图 21-13　已经安装的 JRE

可以看到，Eclipse 自动找到了笔者计算机上安装的 JDK。如果还需要配置其他版本的 JDK，则可以单击窗口右边的"Add…"按钮，出现如图 21-14 所示的窗口。

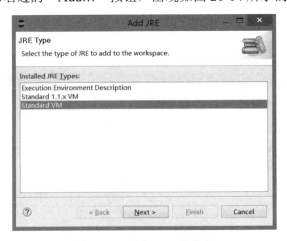

图 21-14　选择 JRE 的类型

选中"Standard VM"，单击"Next"按钮，出现如图 21-15 所示的窗口。

图 21-15　添加 JRE 配置

单击"Directory..."按钮，选择 JDK 的安装目录，然后单击"选择文件夹"按钮，回到"Add JRE"窗口，如图 21-16 所示。

图 21-16　自动配置 JDK 的属性

单击"Finish"按钮，回到"Preferences"窗口，选中你想使用的 JDK，单击右下方的"Apply and Close"按钮，结束 JRE 的配置。

> 提示：在安装 JDK 时，会分别安装 JDK 和 JRE，此外在 JDK 的安装目录下也有一个 JRE，两个 JRE 是一样的，在开发时选择哪一个 JRE 都可以。但要注意的是，在安装 JDK 11 版本时，不会安装 JRE，从该版本开始，Oracle 也不再提供 JRE 的下载。

21.4.2　配置字体

在编写代码时，不同的开发者喜欢不同的字体大小，Eclipse 也允许定制字体的大小。单击菜单【Window】→【Preferences】，在左边的面板中选择【General】→【Appearance】→【Colors and Fonts】，如图 21-17 所示。

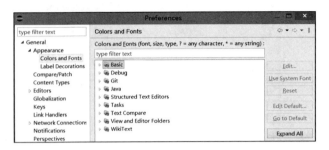

图 21-17　配置颜色和字体

在右边窗口中展开 Basic 节点，选中最下方的"Text Font"，单击窗口右侧的"Edit"按钮，就可以对字体的大小进行设置了。

21.4.3　配置和使用快捷键

Eclipse 提供了大量的快捷键，以方便我们开发程序。同时按下键盘上的"Ctrl + Shift + L"组合键，可以列出 Eclipse 中所有的快捷键，如图 21-18 所示。

图 21-18　Eclipse 中的快捷键

如果某个快捷键与别的软件使用的快捷键冲突了，又或者读者有自己习惯的快捷键组合按键，那么可以对 Eclipse 的快捷键进行定制。

单击菜单【Window】→【Preferences】，在左边的面板中选择【General】→【Keys】，如图 21-19 所示。

图 21-19　配置快捷键

在该窗口中就可以对 Eclipse 的快捷键进行配置。

21.4.4 配置字符集

我们已经介绍过在 Java 程序中产生字符乱码的原因和解决办法，为了避免在程序中出现中文乱码的问题，有必要统一文件使用的字符集。在实际项目开发中，往往也会有这方面的要求，一般都会选择 UTF-8 字符集。

单击菜单【Window】→【Preferences】，在左边的面板中选择【General】→【Workspace】，在右边窗口的底部找到 "Text file encoding" 选项，将默认的 GBK 修改为 UTF-8，如图 21-20 所示。

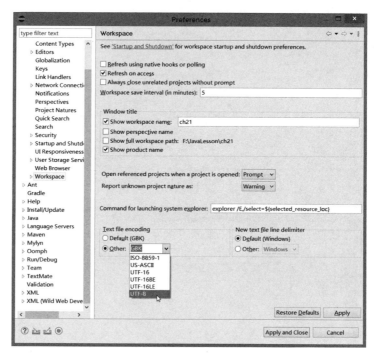

图 21-20　将工作区文本文件编码修改为 UTF-8

单击 "Apply and Close" 按钮，结束配置。

21.5　开发 Java 程序

Eclipse 以项目的方式来组织和管理我们编写的 Java 程序，所以使用 Eclipse 编写 Java 程序，首先就是创建一个新的项目。

单击菜单【File】→【New】→【Java Project】，出现如图 21-21 所示的窗口。

在这个窗口中，你可以指定项目的名称，选择项目的存放路径，配置项目使用的 JRE，以及指定是否将 Java 源文件和字节码文件单独存放。

我们将项目名指定为 ch21，选中 "Use a project specific JRE:" 单选按钮，选择 "jdk-11.0.7"，保持默认选中的 "Create separate folders for sources and class files" 选项，这会将 Java 源程序放到 src 目录下，而将编译后的字节码文件放到 bin 目录下。

单击 "Next" 按钮，出现如图 21-22 所示的窗口。

图 21-21　新建 Java 项目对话框

图 21-22　定义 Java 构建设置

在这个窗口中，取消"Create module-info.java file"的复选，保持默认的输出文件夹设置，单击"Finish"按钮完成新项目的创建。

在项目创建成功后，可以在包资源管理器视图中查看项目的结构，如图 21-23 所示。

图 21-23 包资源管理器视图

我们编写的 Java 程序需要放到 src 目录下。

Java 程序是以类为基本的编码单元，接下来新建一个 Java 类。单击菜单【File】→【New】→【Class】，或者在包资源管理器视图的 src 目录上单击鼠标右键，依次选择【New】→【Class】，出现如图 21-24 的窗口。

图 21-24 新建 Java 类

在这个窗口中，你可以指定包名、类名，选择类的说明符，指定基类和要实现的接口，选择是否要自动生成 main 方法、是否生成与基类构造方法对应的本类构造方法、是否覆盖基类（或实现接口）的抽象方法、是否生成 JavaDoc 注释。

我们将类名指定为 HelloWorld，选中自动生成 main 方法，其他保持默认选择，单击"Finish"按钮，完成类的创建，之后的 Eclipse 窗口如图 21-25 所示。

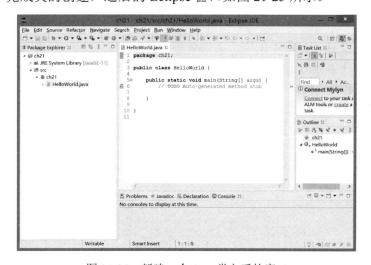

图 21-25 新建一个 Java 类之后的窗口

接下来，你就可以在中间的代码编辑器窗口中编写代码了。

下面我们编写一段简单的代码，计算从 1 到 100 的和，如代码 21.1 所示。

代码 21.1　HelloWorld.java

```java
package ch21;

public class HelloWorld {

    public int sum(int begin, int end){
        int result = 0;
        for(int i=begin; i<=end; i++) {
            result += i;
        }
        return result;
    }
    public static void main(String[] args) {
        HelloWorld hw = new HelloWorld();
        int result = hw.sum(0, 100);
        System.out.println("Hello, " + result);
    }
}
```

在保存代码时，Eclipse 会自动进行编译。

要运行程序有多种方式：（1）单击菜单【Run】→【Run】；（2）在包资源管理器视图中，选中"HelloWorld.java"，单击鼠标右键，选择【Run As】→【Java Application】；（3）按快捷键"Ctrl + F11"。

程序运行结果会在 Console 视图中输出。

21.6　调试代码

Java 有完善的异常处理机制，有经验的开发者通过分析异常信息就能找到错误的原因，但有时候错误的原因不是那么明显，这时候就需要跟踪代码的执行来找到问题所在，也就是我们所说的调试代码。

要调试代码，首先需要设置断点，当以调试模式运行程序时，程序会自动停止在断点处，然后我们可以利用调试工具单步执行，观察变量值的改变，跟踪方法的调用栈。

要设置断点，只需要在该行代码最前面的边框上双击鼠标左键，或者按下快捷键"Ctrl + Shift + B"，如图 21-26 所示。

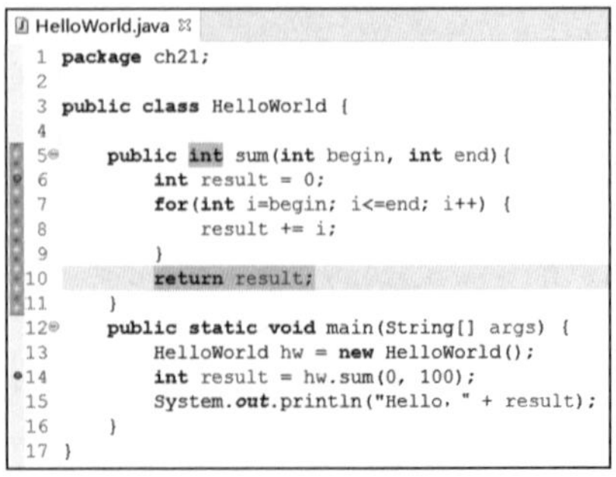

图 21-26　设置断点

要取消断点，只需要在断点位置再次双击鼠标左键，或者再次按下快捷键"Ctrl + Shift + B"。

要让程序运行到断点处停下来，必须以调试模式来运行程序。调试运行程序也有三种方式：（1）单击菜单【Run】→【Debug As】→【Java Application】；（2）在包资源管理器视图中，选中"HelloWorld.java"，单击鼠标右键，选择【Debug As】→【Java Application】；（3）按下快捷键 F11。这时会弹出一个对话框，询问你是否要切换到 Debug 透视图，如图 21-27 所示。

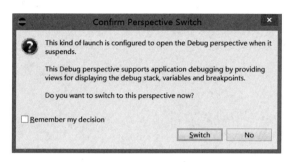

图 21-27　询问是否切换为 Debug 透视图对话框

单击"Switch"按钮，将 Java 透视图切换为 Debug 透视图。为了避免在再次调试程序时出现该对话框，可以选中"Remember my decision"复选框。切换后的窗口如图 21-28 所示。

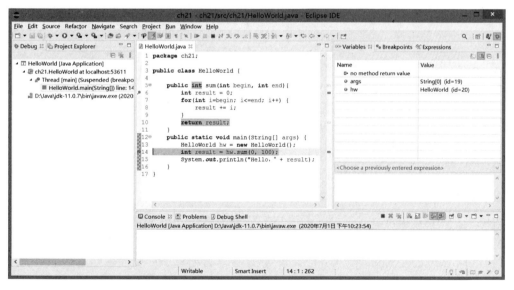

图 21-28　调试运行程序

可以看到，程序运行到断点处就暂停下来了。左边的 Debug 视图主要显示当前线程的方法调用栈，以及有调试信息的代码行数。右边的 Variables 视图显示当前方法的参数和本地变量，如果是非静态方法，则还会显示 this 引用，在这个视图中，可以修改变量的值。Breakpoints 视图显示当前设置的断点，在这个视图中，可以增加或删除断点，以及设置断点条件。Expression 视图可以编写表达式观察结果，或者修改变量的值。

接下来需要继续跟踪代码执行，可以选择【Run】菜单中的调试命令，常用的调试命令有如下几种，

- Step Into（F5）
  单步进入。如果当前代码调用了方法，则进入方法内部，否则转到下一行代码。
- Step Into Selection（Ctrl + F5）
  单步进入选择的方法。如果当前代码存在方法的嵌套调用，那么使用该命令可以进入选中的方法。
- Step Over（F6）
  单步跳过。如果当前代码存在方法调用，则不进入方法内部，直接跳过方法的执行，转到下一行代码。
- Step Return（F7）
  单步返回。执行完当前方法，返回到调用该方法的位置处。
- Resume（F8）
  恢复正常执行，直到遇到下一个断点。
- Terminate（Ctrl + F2）
  终止程序调试。

在调试透视图中，会出现一个快捷工具栏，如图 21-29 所示。

图 21-29　调试工具栏

将鼠标移动到工具栏上的各个图标位置，会显示对应的调试命令，这里就不再另行说明了。

21.7　JUnit 单元测试

一个软件系统开发完毕，必然需要经过一系列的测试以保证其正确性、稳定性和可靠性，对性能要求较高的软件系统还需要进行性能测试。

实际上测试从编写代码就开始了，一个方法完成的功能是否符合预期也需要进行测试。代码级别的测试，称为白盒测试，这通常由程序员自己来完成。

所谓单元测试，是指对一个独立的工作单元的测试，在 Java 程序中，一个独立的工作单元通常指的是一个方法，不过有时候，也会把一组相关方法作为一个单元进行测试。

1997 年，Erich Gamma 和 Kent Beck 为 Java 语言创建了一个简单而有效的单元测试框架，称为 JUnit，在之后的岁月中，JUnit 逐渐成为 Java 单元测试框架的事实标准。当然对于我们来说，这是一件好事，因为我们不用去学习其他的单元测试框架了。

Eclispe 内置了对 JUnit 的支持。下面我们使用 JUnit 测试框架对 HelloWorld 的 sum 方法进行单元测试。

单击菜单【File】→【New】→【JUnit Test Case】，或者在包资源管理器视图中，选中"HelloWorld.java"，单击鼠标右键，选择【New】→【JUnit Test Case】，出现如图 21-30 所示的窗口。

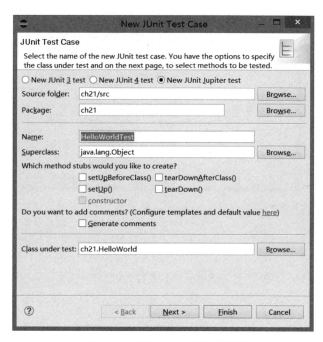

图 21-30　新建 JUnit 测试用例

在这个窗口中，选择 JUnit 的最新版本。包名一般是在要测试的类所在的包名前面添加 test，这样在程序打包时方便剔除测试类，因此这里将包名修改为：test.ch21。类名不用改动，默认是在要测试的类名后面添加 Test 后缀。其他的设置保持默认就可以了，因为很多设置是针对老版本的 JUnit 的，我们这里使用 Eclipse 支持的最新版本的 JUnit，所以这些设置对我们没用。要测试的类就是 HelloWorld，所以无须改动。

单击"Next"按钮，出现如图 21-31 所示的窗口。

图 21-31　选择要测试的方法

这个窗口列出了你要测试的类中的方法，以及它继承的基类中的方法。选中 sum 方法，单击"Finish"按钮，出现如图 21-32 所示的窗口。

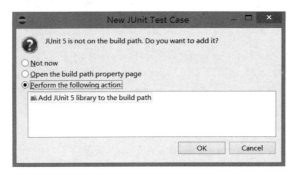

图 21-32　询问是否要将 JUnit 5 的类库添加到构建路径

我们知道，除了 Java 核心类库外，Java 中引用的类必须能够在 CLASSPATH 路径中找到，JUnit 作为第三方类库，其 JAR 包也必须配置到 CLASSPATH 路径中，这样才能使用其中的类。Eclipse 自身有一套机制维护 CLASSPATH 路径，我们只需要将使用的第三方类库添加到构建路径中，Eclipse 就能保证其中的类可以正常使用，所以这里单击"OK"按钮就好了。

创建完 JUnit 测试用例后的 Eclipse 窗口如图 21-33 所示。

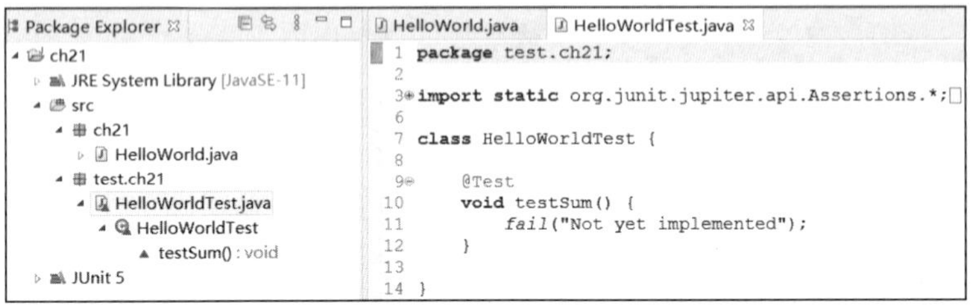

图 21-33　创建完 JUnit 测试用例后的 Eclipse 窗口

testSum 方法就是用来对 HelloWorld 的 sum 方法进行测试的，这种命名约定我们也应该遵循，那就是在要测试的方法前面添加 test 前缀。注意 testSum 方法上面的@Test 注解，**在测试用例中编写的测试方法要想使用 JUnit 框架来运行，那么必须添加@Test 注解，这一点请读者记住**。后期如果在 HelloWorld 类中新增了方法，则可以在 HelloWorldTest 类中手动编写测试方法，遵循这里的命名约定，以及使用@Test 注解。

JUnit 使用断言的方式来判断测试是否通过。断言是编写单元测试用例的核心方式，即判断预期值与方法调用的结果是否一致。

从图 21-33 中可以看到一个类 org.junit.jupiter.api.Assertions，该类是自动引入的，它定义了很多断言的静态方法，常用的方法如下所示：

- public static void assertTrue(boolean condition)
  断言 condition 为 true。
- public static void assertFalse(boolean condition)
  断言 condition 为 false。
- public static void assertNull(Object actual)
  断言 actual 为 null。
- public static void assertNotNull(Object actual)
  断言 actual 不为 null。

- public static void assertSame(Object expected, Object actual)
  断言 expected 和 actual 是同一个对象。
- public static void assertEquals(int expected, int actual)
  断言 expected 和 actual 是相等的。

每一种断言方法都有很多重载形式，其中一种重载形式可以指定一个在断言失败时显示的错误消息。

下面，我们使用断言完成 sum 方法的测试，如图 21-34 所示。

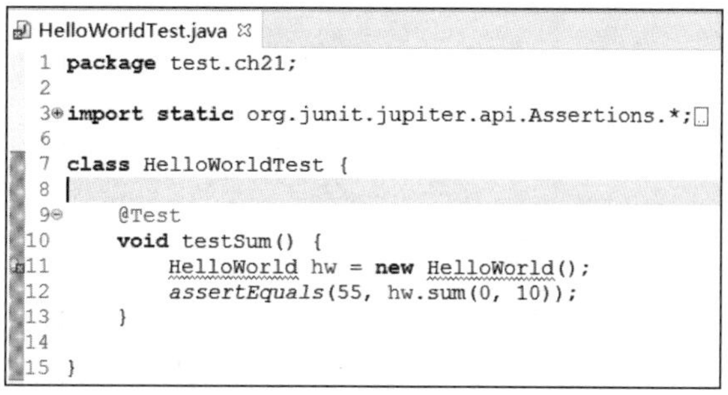

图 21-34　引用 HelloWorld 类出现下划线

在图 21-34 中，"HelloWorld"下方有一条波浪线，这是因为 HelloWorld 与 HelloWorldTest 类并不属于同一个包，且在 HelloWorldTest 类中没有导入 HelloWorld 类。无须自己编写 import 语句，将鼠标移动到 HelloWorld 上，按下"Ctrl + 1"组合键，这时会提示你是否导入 HelloWorld 类，如图 21-35 所示。

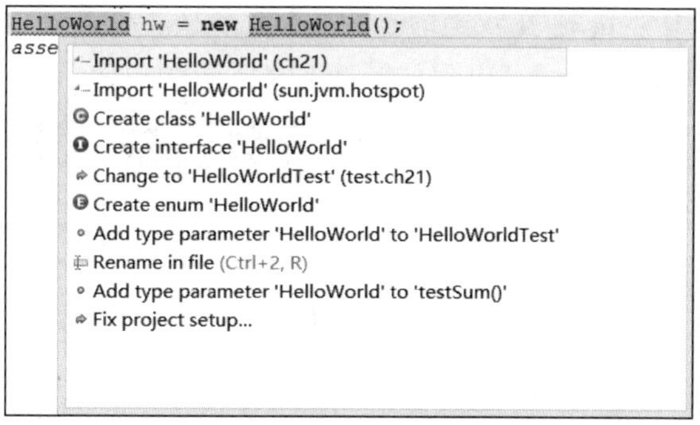

图 21-35　智能提示导入类

选择导入 HelloWorld 类，波浪线消失。从这个例子也可以看出，如果读者打算一直使用 Eclipse 开发 Java 程序，那么是很有必要仔细研究一下 Eclipse 的快捷键的。

接下来运行 JUnit 测试用例。在包资源管理器视图中找到 testSum 方法，单击鼠标右键，选择【Run As】→【JUnit Test】，你会看到如图 21-36 所示的测试成功的界面。

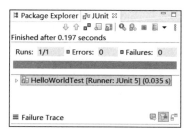

图 21-36　JUnit 单元测试成功

下面修改断言方法,将其改为下面这句代码:

```
assertEquals(50, hw.sum(0, 10));
```

再次运行 JUnit 测试用例,出现如图 21-37 所示的失败界面。

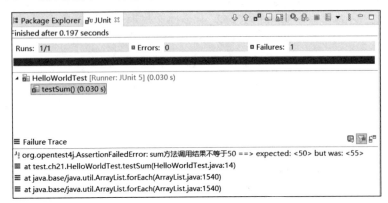

图 21-37　JUnit 单元测试失败

既然测试失败了,那么就需要检查为什么预期值和方法调用的结果不同,在必要的时候调试程序。

21.8　导入现有的 Eclipse 项目

读者下载的本书使用 Eclipse 开发的项目代码,多半是要导入到 Eclipse IDE 中来学习的。单击菜单【File】→【Import】,出现如图 21-38 所示的窗口。

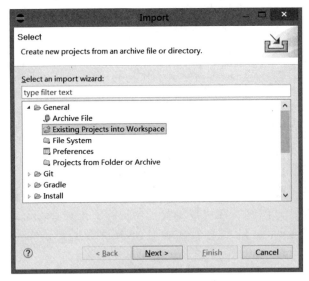

图 21-38　导入对话框

展开"General"节点,选中"Existing Projects into Workspace",单击"Next"按钮,出现如图 21-39 所示的窗口。

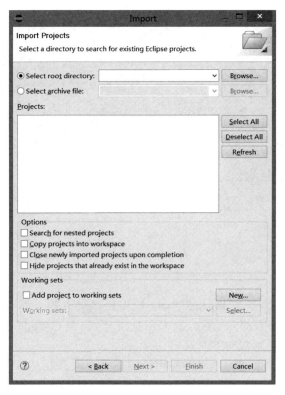

图 21-39　导入项目对话框

单击"Browse"按钮,在弹出的"选择文件夹"对话框中找到你要导入的项目的主目录进行导入即可。

21.9　总结

本章介绍了 Eclipse 开发工具的使用,包括如何下载与安装、Eclipse 开发环境的介绍、有用的配置、调试和 JUnit 测试等。

21.10　实战练习

下载并安装 Eclipse,根据自身的需要配置好 Eclipse,熟悉常用快捷键的使用,编写一个简单的程序,调试并进行 JUnit 测试。

第 22 章 图形界面编程

图形界面（GUI）编程不是 Java 的强项，很多程序员一辈子都没使用 Java 语言编写过图形界面程序，但考虑到本书的完整性，我们还是要介绍一下 Java 的图形界面编程，毕竟有些读者对这方面的内容还是感兴趣的。

Java 包含了一套用于创建图形界面应用程序的类库。最初是 AWT，之后进化到 Swing，当然也可以使用第三方的 GUI 编程框架——Eclipse 的 SWT。下面就让我们来了解一下 Java 的图形界面编程。

扫码看视频

22.1　AWT

AWT（Abstract Window Toolkit，抽象窗口工具包）是 Sun 公司提供的用于图形界面编程的类库。基本的 AWT 库处理用户界面元素的方法是，把这些元素的创建和行为委托给每个目标平台上（Windows、UNIX、Macintosh 等）的本地 GUI 工具进行处理。我们使用 AWT 在一个 Java 窗口中放置一个按钮，而实际上使用的是一个具有本地外观和感觉的按钮。这样，从理论上来说，我们所编写的图形界面程序能运行在任何平台上，做到了图形界面程序的跨平台运行。

AWT 类库在 java.awt 包中，这个包中的类有很多，不过只要我们掌握了它的基本结构，就可以随用随查了。

图 22-1 列出了 AWT 类库中类之间的关系。

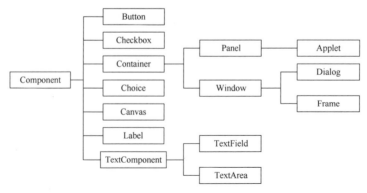

图 22-1　AWT 类库的结构图

从图 22-1 可以看到，Component 类是所有 AWT 图形组件的基类，这意味着任何图形组件都是一个 Component。另一个比较有趣的类是 Container 类，它继承自 Component，代表一个容器，也就是说，在其上可以放置其他的 Component。从 Container 类派生的子类 Window 代表一个窗口，不过这个窗口并不是我们常见的 Windows 的窗口，它没有边框，没有菜单栏，仅仅是一个矩形的区域。

Window 的子类 Frame 则是一个实际意义上的窗口（框架窗口），它有边框和标题栏，就像 Windows 的窗口一样。当需要编写一个图形界面应用程序时，我们可以通过创建一个 Frame 对象来创建一个窗口。

22.1.1 第一个 AWT 应用程序

启动 Eclipse，按照第 21.5 节讲述的步骤，新建一个项目，项目名为：ch22，记得取消对"Create module-info.java file"的复选。

新建一个 Java 类，类名为 SimpleWindow，选中"自动生成 main 方法"。在类创建完成后编写代码，如代码 22.1 所示。

快捷组合键"Ctrl + Shift + O"，可以帮你快速导入代码中所使用的类。

代码 22.1　ch22\SimpleWindow.java
```java
package ch22;

import java.awt.Frame;

public class SimpleWindow {
    public static void main(String[] args) {
        Frame f = new Frame("Simple Window");
        f.setVisible(true);
    }
}
```

参考第 21.5 节的步骤，运行该程序，你会看到如图 22-2 所示在屏幕左上角显示的窗口。

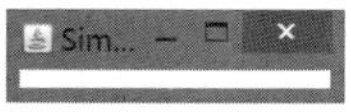

图 22-2　在屏幕左上角显示的窗口

下面让我们来看看上面这个简单的程序。首先创建一个 Frame 对象，构造方法的字符串参数用于设置窗口的标题。接下来调用 Frame 对象的 setVisible 方法，并传入参数 true。在 AWT 中，Frame 代表一个窗口，而 setVisible 方法则用于设置这个窗口的可见性。由于我们没有设置窗口的大小和显示位置，所以默认的显示位置在屏幕的左上角。

要想设置窗口的显示位置，可以调用 setLocation 方法，设置一个坐标，该坐标是以屏幕左上角为原点来度量的。若想设置窗口的大小，则可以调用 setSize 方法并传入窗口的长和宽。下面的代码设置窗口位置为(200,150)，大小为 600×400，它们的单位均为像素。

```java
f.setLocation(200, 150);
f.setSize(600, 400);
```

那么屏幕坐标系是怎么定义的呢？图 22-3 展示了当显示器分辨率为 640×480 时的屏幕坐标系的定义。左上角为原点，坐标值为(0, 0)，向右，x 坐标增加，向下，y 坐标增加。右下角的坐标为(640, 480)。

如果我们在 setLocation 方法的坐标参数中使用负数，那么这个窗口将会从屏幕的外面开始显示，结果就是我们无法看到窗口，或者只看到窗口的一部分。

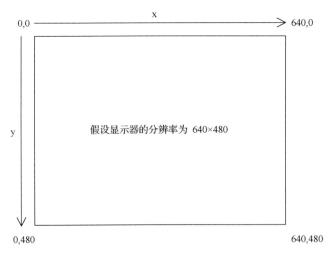

图 22-3　假设显示器的分辨率为 640×480 时的屏幕坐标系统

虽然窗口已经被显示出来了，但是当我们单击窗口右上角的"关闭"按钮时，会发现窗口没有任何反应，这是因为我们还没有编写关闭窗口的代码。此时可以使用 Windows 的任务管理器来关闭这个 Java 程序，或者在 Eclipse 的 Console 视图（如果没有该视图，则请参照 21.3 节打开该视图）中单击"Terminate"按钮终止程序，如图 22-4 所示。

图 22-4　Console 视图的"Terminate"按钮

22.1.2　关闭窗口

对于窗口应用程序来说，关闭窗口则意味着用户要退出程序。在 AWT 中，当用户单击系统菜单的【关闭】菜单项，或者窗口右上角的"关闭"按钮时，会触发窗口关闭事件，我们只需要捕获该事件，然后编写退出程序的代码就可以了。关于 AWT 的事件模型，会在第 22.3 节详细介绍。

在 ch22 项目中新增一个类，类名为 MyWindowsListener，实现接口 WindowListener，如图 22-5 所示。

图 22-5　创建类的同时实现接口

创建的 MyWindowsListener 类会自动实现 WindowListener 接口中所有的抽象方法。

在 MyWindowsListener 类中找到 windowClosing 方法，添加下面的代码：

```
System.exit(0);
```

WindowListener 接口中的其他方法保持空实现即可。

windowClosing 方法会在窗口关闭事件触发时被调用，在 WindowListener 接口中还有一个 windowClosed 方法，它是在窗口被关闭之后被调用的，所以一定不要搞混淆了。

接下来回到 SimpleWindow 类，在 main 方法中，向 Frame 对象注册窗口监听器，如代码 22.2 所示。

代码 22.2　ch22\SimpleWindow.java

```
package ch22;

import java.awt.Frame;

public class SimpleWindow {
    public static void main(String[] args) {
        Frame f = new Frame("Simple Window");
        f.setLocation(200, 150);
        f.setSize(600, 400);
        f.addWindowListener(new MyWindowListener());
        f.setVisible(true);
    }
}
```

再次运行程序，单击窗口右上角的"关闭"按钮，程序可以正常退出。

> 提示：如果只是为了释放窗口资源，那么可以调用 Window 类的 dispose 方法。在窗口事件处理方法中，可以通过事件对象得到产生事件的 Window 对象，调用形式为 e.getWindow().dispose()。

WindowListener 接口定义了很多处理窗口事件的方法，但很多时候我们可能只对某个事件感兴趣，实现其中一个方法就可以了，但 Java 的接口实现机制摆在那里，其他方法也必须给出一个空实现，这很无趣，无用的代码也让我们的心情不爽。为此，AWT 给出了一些适配器类，这些类帮助我们实现了事件监听器接口，不过其中的方法都是空实现，所以不能直接使用这些类。为了避免新手直接使用这些类，AWT 将这些类声明为抽象的，你只能继承它们，然后选择你感兴趣的事件处理方法，给出真正的实现。

与 WindowListener 接口对应的适配器类是 WindowAdapter，下面使用匿名内部类的方式继承 WindowAdapter，对窗口关闭事件做出响应，如代码 22.3 所示。

代码 22.3　ch22\SimpleWindow.java

```
package ch22;

import java.awt.Frame;
import java.awt.event.WindowAdapter;
import java.awt.event.WindowEvent;

public class SimpleWindow {
    public static void main(String[] args) {
```

```
        Frame f = new Frame("Simple Window");
        f.setLocation(200, 150);
        f.setSize(600, 400);
        f.addWindowListener(new WindowAdapter() {
            @Override
            public void windowClosing(WindowEvent e) {
                System.exit(0);
            }
        });
        f.setVisible(true);
    }
}
```

这样就没有无用的代码了。

22.1.3 向窗口内添加组件

Container 对象可以包含其他的 AWT 组件，Frame 类间接继承自 Container，自然也是可以包含其他组件的。下面我们向窗口中添加一个按钮，如代码 22.4 所示。

代码 22.4   ch22\SimpleWindow.java

```
package ch22;

import java.awt.Button;
import java.awt.Frame;
import java.awt.event.WindowAdapter;
import java.awt.event.WindowEvent;

public class SimpleWindow {
    public static void main(String[] args) {
        Frame f = new Frame("Simple Window");
        f.setLocation(200, 150);
        f.setSize(600, 400);
        f.addWindowListener(new WindowAdapter() {
            @Override
            public void windowClosing(WindowEvent e) {
                System.exit(0);
            }
        });

        Button bt = new Button("Button");
        f.add(bt);
        f.setVisible(true);
    }
}
```

运行程序，你会看到一个被按钮填满的窗口，如图 22-6 所示。

图 22-6　被一个按钮填满的窗口

在上面的程序中，Button 类是一个按钮类，它负责在窗口中绘制按钮，并处理与按钮相关的操作。我们只需要创建一个 Button 对象，并调用 Frame 对象的 add 方法添加 Button 对象就可以在窗口中加入一个按钮。不过这个按钮太大了，看着有莫名的喜感。在 AWT 中，组件的大小和显示位置是由布局管理器来控制的。

22.2　布局管理器

容器里组件的位置和大小是由布局管理器来决定的。容器对布局管理器的特定实例保持一个引用，当容器需要定位一个组件时，它将调用布局管理器来完成，当决定一个组件的大小时，也是如此。

AWT 提供了 5 种布局管理器：

- BorderLayout
- FlowLayout
- GridLayout
- CardLayout
- GridBagLayout

22.2.1　BorderLayout

BorderLayout（边框布局管理器）是 Frame 的默认布局管理器，它将整个窗口划分为 5 个部分：东（East）、南（South）、西（West）、北（North）、中（Center）。图 22-7 展示了 BorderLayout 的布局规则。

扫码看视频

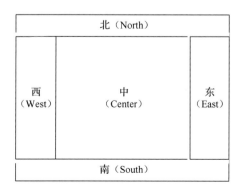

图 22-7　BorderLayout 的布局规则

当调用 Frame 对象的 add 方法添加组件时,默认将组件放在中间的位置,由于 4 个边没有组件,因此中间的组件将填满整个窗口。

在添加组件时,可以调用两个参数的 add 方法,第二个参数用于指定组件的摆放位置。

下面我们向窗口中添加 5 个按钮,并分别指定它们摆放的位置。如代码 22.5 所示。

代码 22.5　ch22\SimpleWindow.java

```java
package ch22;

import java.awt.BorderLayout;
import java.awt.Button;
import java.awt.Frame;
import java.awt.event.WindowAdapter;
import java.awt.event.WindowEvent;

public class SimpleWindow {
    public static void main(String[] args) {
        ...

        Button bnorth = new Button("North");
        Button bsouth = new Button("South");
        Button beast = new Button("East");
        Button bwest = new Button("West");
        Button bcenter = new Button("Center");
        f.add(bnorth, BorderLayout.NORTH);
        f.add(bsouth, BorderLayout.SOUTH);
        f.add(beast, BorderLayout.EAST);
        f.add(bwest, BorderLayout.WEST);
        f.add(bcenter, BorderLayout.CENTER);

        f.setVisible(true);
    }
}
```

在代码中调用 add 方法时,指定的位置参数是 BorderLayout 类中定义的常量。我们也可以用字符串来代替 BorderLayout 类中的常量:

```java
f.add(bnorth, "North");
f.add(bsouth, "South");
...
```

实际上,这些字符串就是 BorderLayout 类中对应常量的值。当然,不建议读者直接使用字符串,毕竟容易出现拼写错误。

运行程序,可以看到如图 22-8 所示的窗口。

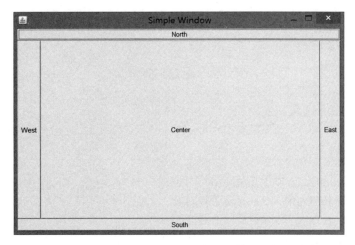

图 22-8　采用默认的 BorderLayout 布局管理器得到的窗口

当我们放大或缩小这个窗口时，窗口上的 5 个按钮的大小也会随之改变，但它们始终会充满整个窗口。

如果我们在一个区域放入多个组件会是什么效果呢？在代码 22.5 的 "f.setVisible(true);" 前面加入下面的代码：

```
Button bnorth2 = new Button("North2");
f.add(bnorth2, BorderLayout.NORTH);
```

在运行程序之后，我们会发现窗口的"北"位置仍旧只有一个按钮，而这个按钮是"North2"。也就是说，BorderLayout 只会在一个区域放置一个组件，而这个组件是最后加入容器的组件。

22.2.2　FlowLayout

FlowLayout（流式布局管理器）按照组件加入的顺序从左向右排列，当一行排不下时会换到下一行。当使用 FlowLayout 时，组件的大小均为最佳大小。

扫码看视频

修改代码 22.5，使用 FlowLayout 来布局组件，如代码 22.6 所示。

代码 22.6　ch22\SimpleWindow.java

```
package ch22;

import java.awt.FlowLayout;
...

public class SimpleWindow {
    public static void main(String[] args) {
        Frame f = new Frame("Simple Window");
        ...
        
        f.setLayout(new FlowLayout());
        Button b1 = new Button("Button 1");
        Button b2 = new Button("Button 2");
        Button b3 = new Button("Button 3");
        Button b4 = new Button("Button 4");
```

```
            Button b5 = new Button("Button 5");
            f.add(b1);
            f.add(b2);
            f.add(b3);
            f.add(b4);
            f.add(b5);
            f.setVisible(true);
     }
}
```

Frame 的 setLayout 方法用于指定布局管理器。

运行程序，你会看到如图 22-9 所示的窗口。当我们改变窗口大小之后，窗口内的按钮会重新排列，如图 22-10 所示。

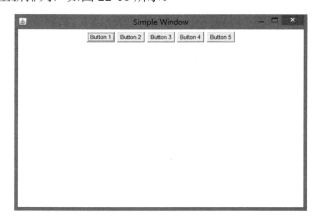

图 22-9　FlowLayout 布局管理器排列的 5 个按钮　　图 22-10　改变窗口大小之后的排列方式

当使用 FlowLayout 布局管理器时，向 Frame 中添加组件就不用像 BorderLayout 那样附带位置信息了，添加的组件会按照添加的顺序从左向右排列。

FlowLayout 类还有两个带参数的重载构造方法，如下所示：

- public FlowLayout(int align)
- public FlowLayout(int align, int hgap, int vgap)

参数 align 是排列组件时的对齐方式，hgap 和 vgap 是设置组件的水平和垂直间距。

align 参数的值可以是下面的常量，：

- FlowLayout.LEFT
  左对齐。
- FlowLayout.RIGHT
  右对齐。
- FlowLayout.CENTER
  居中对齐。
- FlowLayout.LEADING
  首对齐。
- FlowLayout.TRAILING
  尾对齐。

FlowLayout 默认的对齐方式是居中对齐。

> **提示**：读者可能对首对齐和尾对齐感到比较陌生，其实它们与左对齐和右对齐差不多，只不过它们还受到阅读方向的制约。如果当前区域的阅读方向是从右向左，那么首对齐等同于右对齐。如果当前区域的阅读方向是从左向右，那么首对齐等同于左对齐。可以调用 Component 类的 setComponentOrientation 方法来设置阅读方向。

此外要注意的是，在 FlowLayout 中，我们无法设置组件的大小。即使我们设置了一个组件的大小，在使用 FlowLayout 的 Frame 中，这个组件的大小依然是最佳大小。例如，我们修改代码 22.6，给"Button 1"按钮设置一个大小：

```
b1.setSize(50, 15);
```

运行程序，你会发现"Button 1"按钮还是原来的大小。

22.2.3 GridLayout

GridLayout（网格布局管理器）会把窗口划分为若干个网格，然后在每个格中都放入一个组件。这种布局与表格很相似，网格的数目受到行和列的限制，其排列组件会按照从左到右、从上到下的顺序。

扫码看视频

修改代码 22.6，使用 GridLayout 来布局组件，如代码 22.7 所示。

代码 22.7　ch22\SimpleWindow.java

```
package ch22;

import java.awt.GridLayout;
...

public class SimpleWindow {
    public static void main(String[] args) {
        Frame f = new Frame("Simple Window");
        ...

        f.setLayout(new GridLayout(3, 2));
        Button b1 = new Button("Button 1");
        Button b2 = new Button("Button 2");
        Button b3 = new Button("Button 3");
        Button b4 = new Button("Button 4");
        Button b5 = new Button("Button 5");

        f.add(b1);
        f.add(b2);
        f.add(b3);
        f.add(b4);
        f.add(b5);
        f.setVisible(true);
    }
}
```

运行程序，你会看到如图 22-11 所示的窗口。

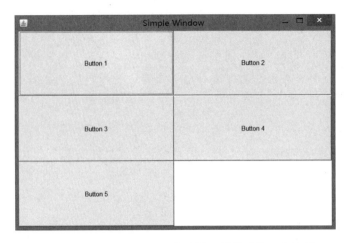

图 22-11 GridLayout 布局管理器排列的 5 个按钮

对于 GridLayout 布局管理器来说，它会根据窗口的大小来确定组件的大小，这与 FlowLayout 不同。当我们要为一个 Frame 设置 GridLayout 布局时，在 GridLayout 的构造方法中应该传入行数和列数。上面的程序构造了一个 3 行×2 列的 GridLayout 布局。

与 FlowLayout 相同，我们也可以使用重载的构造方法来设置组件间的水平间距和垂直间距，这非常简单，看看 Java Doc 文档就可以了。

22.2.4 CardLayout

CardLayout（卡片布局管理器）实现了一种翻牌式的布局。在某一时刻它只显示一个组件，可以通过事件触发来切换显示另一个组件，这很像翻牌的效果。这个布局管理器是用来实现 Tab 标签页效果的，不过 Swing 中的 JTabbedPane 组件提供了一种更方便地制作标签页的方法，所以这个布局管理器基本上就很少使用了。

22.2.5 GridBagLayout

GridBagLayout（网格包布局管理器）提供了一种非常灵活的布局方式。由于它的灵活，导致了这种布局方式的复杂，我们最好使用图形界面绘制工具来使用这种布局方式。

在 GridBagLayout 中，每一个组件都需要一个 GridBagConstraints 对象来指定它的大小和摆放位置。代码 22.8 给出了一个简单的示例。

代码 22.8   ch22\SimpleWindow.java

```
package ch22;

import java.awt.GridBagConstraints;
import java.awt.GridBagLayout;
...

public class SimpleWindow {
    public static void main(String[] args) {
        Frame f = new Frame("Simple Window");
        ...

        GridBagLayout gbl = new GridBagLayout();
        GridBagConstraints gbc = new GridBagConstraints();
        gbc.fill = GridBagConstraints.BOTH;
```

```
        f.setLayout(gbl);

        Button b1 = new Button("Button 1");
        Button b2 = new Button("Button 2");
        Button b3 = new Button("Button 3");
        Button b4 = new Button("Button 4");
        Button b5 = new Button("Button 5");

        gbc.gridwidth = GridBagConstraints.REMAINDER;
        gbl.setConstraints(b1, gbc);
        f.add(b1);

        gbc.gridheight = 2;
        gbc.gridwidth = 1;
        gbl.setConstraints(b2, gbc);
        f.add(b2);

        gbc.gridheight = 1;
        gbc.gridwidth = GridBagConstraints.REMAINDER;
        gbl.setConstraints(b3, gbc);
        f.add(b3);

        gbc.gridheight = 1;
        gbc.gridwidth = 1;
        gbl.setConstraints(b4, gbc);
        f.add(b4);

        gbc.gridheight = 1;
        gbc.gridwidth = GridBagConstraints.REMAINDER;
        gbl.setConstraints(b5, gbc);
        f.add(b5);

        f.setVisible(true);
    }
}
```

运行程序，你会看到如图 22-12 所示的窗口。

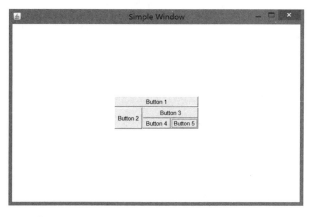

图 22-12　GridBagLayout 布局管理器排列的结果

GridBagConstraints 类似于 C 语言中的 struct（结构体），几乎没有方法，只有实例变量和静态变量，该对象主要用于保存组件的大小和位置。在上面的代码中，我们主要使用了 gridwidth 和 gridheight 两个实例变量，这两个实例变量用于设置组件占有的行和列中的单元格数量。

对于"Button 1"来说它占有整行宽度，高度为 1 行；对于"Button 2"来说，它的宽度为 1 列，而高度为 2 行；对于"Button 3"来说，它占有当前行的剩余宽度，高度为 1 行；对于"Button 4"和"Button 5"来说，它们均占有 1 行的高度和 1 列的宽度，最终的结果就如图 22-12 所示了。

22.2.6 组合多个布局管理器

一些复杂的界面需要组合多个布局管理器来实现，但一个容器组件只能有一种布局管理器，那么应该如何使用多个布局管理器呢？答案是，使用嵌套容器。一个容器组件设置一种布局管理器，然后添加其他的容器，其他容器再使用不同的布局管理器，将需要在界面中摆放的组件添加到各个容器组件中，这样就间接应用了多个布局管理器。组合不同的布局管理器，可以实现复杂的界面效果。

作为摆放组件的容器应该是最普通的，没有什么显示效果的容器，仅仅作为其他组件的容器而已，Panel 类就充当了这一角色。

下面我们看一个例子，这个例子让 Frame 使用 GridLayout，然后摆放 4 个 Panel，这 4 个 Panel 分别使用 BorderLayout、FlowLayout（Panel 默认的布局管理器）、GridLayout 和 CardLayout，然后在 4 个 Panel 中分别放置一些 Button 组件。代码如 22.9 所示。

代码 22.9　ch22\ComplexWindow.java

```java
package ch22;

import java.awt.*;

public class ComplexWindow {
    private static void setBorderLayout(Panel panel) {
        panel.setLayout(new BorderLayout());

        Button bnorth = new Button("North");
        Button bsouth = new Button("South");
        Button beast = new Button("East");
        Button bwest = new Button("West");
        Button bcenter = new Button("Center");

        panel.add(bnorth, BorderLayout.NORTH);
        panel.add(bsouth, BorderLayout.SOUTH);
        panel.add(beast, BorderLayout.EAST);
        panel.add(bwest, BorderLayout.WEST);
        panel.add(bcenter, BorderLayout.CENTER);
    }

    /**
     * Panel 默认的布局管理器就是 FlowLayout
     *
     */
```

```java
private static void setFlowLayout(Panel panel) {
    Button btn1 = new Button("Flow 1");
    Button btn2 = new Button("Flow 2");
    Button btn3 = new Button("Flow 3");
    panel.add(btn1);
    panel.add(btn2);
    panel.add(btn3);
}

private static void setGridLayout(Panel panel) {
    panel.setLayout(new GridLayout(2, 2));

    Button btn1 = new Button("One");
    Button btn2 = new Button("Two");
    Button btn3 = new Button("Three");
    Button btn4 = new Button("Four");

    panel.add(btn1);
    panel.add(btn2);
    panel.add(btn3);
    panel.add(btn4);
}

private static void setCardLayout(Panel panel) {
    panel.setLayout(new CardLayout());

    Button btn1 = new Button("红桃K");
    Button btn2 = new Button("黑桃A");

    panel.add(btn1);
    panel.add(btn2);
}


public static void main(String[] args) {
    Frame f = new Frame("Complex Window");
    f.setLocation(200, 150);
    f.setSize(600, 400);
    f.addWindowListener(new WindowAdapter() {
        @Override
        public void windowClosing(WindowEvent e) {
            System.exit(0);
        }
    });

    f.setLayout(new GridLayout(2, 2));

    Panel borderPanel = new Panel();
    setBorderLayout(borderPanel);
    Panel flowPanel = new Panel();
    setFlowLayout(flowPanel);
    Panel gridPanel = new Panel();
```

```
            setGridLayout(gridPanel);
            Panel cardPanel = new Panel();
            setCardLayout(cardPanel);

            f.add(borderPanel);
            f.add(flowPanel);
            f.add(gridPanel);
            f.add(cardPanel);

            f.setVisible(true);
        }
    }
```

代码虽多，但并不复杂。程序运行后的界面效果如图 22-13 所示。

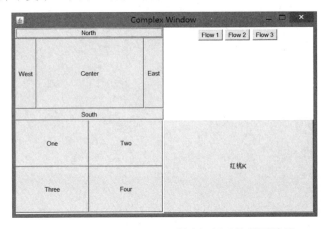

图 22-13　ComplexWindow 程序运行后的界面效果

22.3　事件模型

　　图形界面程序不是只有一个界面就可以了，它还需要实现与用户的交互，这种交互是通过事件机制来完成的。

　　用户对界面的操作会触发事件，程序对事件进行捕获，依据不同的事件类型做出不同的响应。从 JDK 1.1 开始，AWT 的事件采用委托模型来处理，在这个事件模型中有三个不同的对象参与进来，具体如下。

- 事件对象

  事件对象封装了事件的相关信息，如发生事件的组件、事件发生的时间、事件类型等信息。所有的事件对象都从 java.util.EventObject 继承，AWT 中的事件对象从 java.awt.AWTEvent 继承，后者是前者的子类。不同的事件类包含不同的信息。

- 事件源对象

  事件源对象是产生事件的组件。可以向组件注册监听器，当有事件发生时，组件将事件对象发送给所有注册的监听器。

- 事件监听器

  事件监听器是一个实现了监听器接口的对象，它负责接收事件对象，并对事件进行处理。

图 22-14 以 Button 组件的 ActionEvent 事件为例，展示了事件、组件（事件源）和事件监听器的关系。

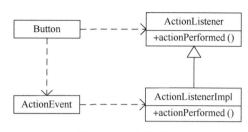

图 22-14 事件模型

22.3.1 按钮点击事件的处理

前面我们感受过了对窗口事件的处理过程，编写实现 WindowListener 接口的监听器，调用 Frame 对象的 addWindowListener 方法注册窗口监听器，在监听器的 windowClosing 处理器方法中对窗口关闭事件进行处理。

下面我们再看一个按钮点击事件的处理，按钮点击事件由 ActionListener 对象来进行处理。ActionListener 接口只有一个方法，如下所示：

- void actionPerformed(ActionEvent e)

Button 类给出了一个 addActionListener 方法，用于注册动作监听器。

新建一个类，类名为 SimpleEventHandle，如代码 22.10 所示。

代码 22.10　ch22\SimpleEventHandle.java

```java
package ch22;

import java.awt.Button;
import java.awt.Frame;
import java.awt.event.ActionEvent;
import java.awt.event.ActionListener;
import java.awt.event.WindowAdapter;
import java.awt.event.WindowEvent;

public class SimpleEventHandle extends Frame{
    public SimpleEventHandle(){
        this.setTitle("SimpleEventHandle");
        this.setSize(400, 300);
        this.setLocation(200, 200);
        Button btn = new Button("Hello");
        btn.addActionListener(new ActionListener(){
            public void actionPerformed(ActionEvent e) {
                // 事件对象的 getSource 方法可以得到事件源对象
                Button btn = (Button)e.getSource();
                if(btn.getLabel().equals("Hello"))
                    btn.setLabel("Welcome");
                else
                    btn.setLabel("Hello");
            }
        });
        this.addWindowListener(new WindowAdapter(){
            public void windowClosing(WindowEvent e) {
```

```
                System.exit(0);
            }
        });
        this.add(btn);
    }

    public static void main(String[] args) {
        SimpleEventHandle frame = new SimpleEventHandle();
        frame.setVisible(true);
    }
}
```

在本例中，通过事件对象获取事件源对象与直接使用 SimpleEventHandle 构造方法的本地变量 btn 是一样的。

这个程序实现的功能是：当用户点击按钮时，切换按钮上的文本。程序运行后的效果如图 22-15 和图 22-16 所示。

图 22-15　刚运行的时候

图 22-16　点击按钮之后按钮文本改变

22.3.2　事件监听器

事件监听器就是一个实现了特定接口的类，这些特定的接口一般都以"Listener"结尾，位于 java.awt.event 包中。

不同的组件会涉及不同的操作，这样就产生了不同的事件，而不同的事件就需要不同的事件监听器来处理。在 AWT 中，有一些常用的事件监听器接口，表 22-1 列出了这些常用的监听器接口。

表 22-1　常用的事件监听器接口

事件监听器接口	接口中的方法	注册监听器的方法
ActionListener	actionPerformed(ActionEvent)	addActionListener()
AdjustmentListener	adjustmentValueChanged(AdjustmentEvent)	addAdjustmentListener()
ComponentListener	componentResized(ComponentEvent) componentMoved(ComponentEvent) componentShown(ComponentEvent) componentHidden(ComponentEvent)	addComponentListener()
ContainerListener	componentAdded(ContainerEvent) componentRemoved(ContainerEvent)	addContainerListener()
FocusListener	focusGained(FocusEvent) focusLost(FocusEvent)	addFocusListener()
ItemListener	itemStateChanged(ItemEvent)	

续表

事件监听器接口	接口中的方法	注册监听器的方法
KeyListener	keyTyped(KeyEvent) keyPressed(KeyEvent) keyReleased(KeyEvent)	addKeyListener()
MouseListener	mouseClicked(MouseEvent) mousePressed(MouseEvent) mouseReleased(MouseEvent) mouseEntered(MouseEvent) mouseExited(MouseEvent)	addMouseListener()
MouseMotionListener	mouseDragged(MouseEvent) mouseMoved(MouseEvent)	addMouseMotionListener()
MouseWheelListener	mouseWheelMoved(MouseWheelEvent)	addMouseWheelListener
TextListener	textValueChanged(TextEvent)	addTextListener()
WindowListener	windowOpened(WindowEvent) windowClosing(WindowEvent) windowClosed(WindowEvent) windowIconified(WindowEvent) windowDeiconified(WindowEvent) windowActivated(WindowEvent) windowDeactivated(WindowEvent)	addWindowListener()

可以看到，有些事件监听器接口定义了多个方法，但在实际应用时，可能只需要一个或两个处理器方法，那么实现接口就不是很方便了。前面也说了，为了简化事件监听器的实现，AWT 给出了一些适配器类，这些类对监听器接口中的方法做了空实现。表 22-2 列出了事件监听器接口与对应的适配器类。

表 22-2　事件监听器接口与适配器类

事件监听器接口	适配器类
ComponentListener	ComponentAdapter
ContainerListener	ContainerAdapter
FocusListener	FocusAdapter
KeyListener	KeyAdapter
MouseListener	MouseAdapter
MouseMotionListener	MouseMotionAdapter
WindowListener	WindowAdapter

只有当监听器接口中的方法多于一个时，才有对应的适配器类。

22.3.3　观察者模式

AWT 的事件处理机制实际上是观察者设计模式的应用。下面我们通过模拟 AWT 的事件处理机制，来学习观察者设计模式。

首先创建一个事件类 ClickEvent，它负责封装点击事件的信息，如代码 22.11 所示。

代码 22.11　ch22\observer\ClickEvent.java

```java
package ch22.observer;

import java.util.EventObject;

public class ClickEvent extends EventObject {
    public ClickEvent(Object source) {
        super(source);
    }
}
```

这个类继承自 EventObject，EventObject 类负责保存产生事件的源对象，我们直接借用这个类就可以了。

接下来是监听器接口 ClickListener，它定义了一个 onClick 方法，该方法接受一个 ClickEvent 对象作为参数。如代码 22.12 所示。

代码 22.12　ch22\observer\ClickListener.java

```java
package ch22.observer;

public interface ClickListener {
    void onClick(ClickEvent e);
}
```

接下来是组件类，它负责触发事件并接受监听器对象的注册。在这个例子中，我们创建了一个简单的 MyButton 类，它有一个 click 方法，用来模拟用户点击按钮的操作，如代码 22.13 所示。

代码 22.13　ch22\observer\MyButton.java

```java
package ch22.observer;

public class MyButton {
    private String name;
    private ClickListener cl = null;

    public MyButton() {
        name = "Button";
    }

    public MyButton(String name){
        this.name = name;
    }

    public String getName() {
        return name;
    }

    public void setName(String name) {
        this.name = name;
```

```
    }

    public void setClickListener(ClickListener cl){
        this.cl = cl;
    }

    public void click(){
        ClickEvent e;
        if(cl != null){
            e = new ClickEvent(this);
            cl.onClick(e);
        }
    }
}
```

MyButton 类并不是一个真正意义上的按钮,它仅仅是模拟按钮的操作,如果我们"点击"这个按钮,那么就调用 click 方法。

setClickListener 方法用于注册监听器对象,而 click 方法负责创建一个 ClickEvent 对象,并调用事件监听器的 onClick 方法。当然,真正的 AWT 按钮并不是如此简单的,但是其原理是相同的。

最后我们创建一个 Observer 类让这些类"动"起来,如代码 22.14 所示。

代码 22.14　ch22\observer\Observer.java

```java
package ch22.observer;

public class Observer {
    public static void main(String[] args) {
        MyButton mb = new MyButton("Hello");
        mb.setClickListener(new ClickListener(){
            public void onClick(ClickEvent e) {
                MyButton mb = (MyButton)e.getSource();
                mb.setName("Welcome");
            }
        });
        System.out.println("按钮点击前: " + mb.getName());
        mb.click();
        System.out.println("按钮点击后: " + mb.getName());
    }
}
```

向 MyButton 对象注册 ClickListener 监听器与向一个 AWT 的 Button 对象注册 ActionListener 监听器的方式相同。在本例中,通过事件对象获取事件源对象与直接使用 main 方法的本地变量 mb 是一样的。

当 main 方法运行到 "mb.click();" 时,MyButton 对象会调用注册的 ClickListener 监听器的 onClick 方法,这样就修改了 MyButton 对象的 name 实例变量的值。

程序运行的结果为

```
按钮单击前: Hello
按钮单击后: Welcome
```

22.4 Swing

AWT 本身存在一些设计上的缺陷，于是就有了名为 Swing 的用户界面库。Swing 提供了一套丰富的组件和工作框架，以指定 GUI 如何独立于平台展现其视觉效果。Swing 并没有完全替代 AWT，而是构建在 AWT 的架构之上，在编写 Swing 程序时，还是在使用 AWT 的基本机制，特别是事件处理。

Swing 组件库位于 javax.swing 包中，图 22-17 列出了 Swing 常用组件间的继承关系。

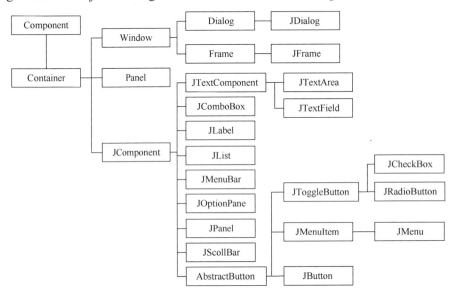

图 22-17 Swing 常用组件的继承树

从图 22-7 中可以看到，Swing 的所有组件都是从 AWT 的组件继承而来的。对于 Swing 来说，JComponent 是所有图形界面元素的基类，它与 AWT 中的 Component 类对应。同时我们也注意到，JComponent 是继承自 AWT 的 Container 类，这意味着 Swing 中的所有组件都可以包含其他组件。

如果我们要创建一个 Swing 的窗口，那么应该创建一个 JFrame 对象。JFrame 类对应着 AWT 中的 Frame 类，从图中也可以看到 JFrame 其实是继承自 Frame 类的。

接下来，我们就使用 Swing 来编写一个文本编辑器程序，在这个程序中，我们会接触到一些新的内容，如 JTextArea、JMenu、JMenuBar 等组件的使用。

22.4.1 基本的框架窗口

扫码看视频

要用 Swing 创建窗口应用程序，需要用到 JFrame 类。一般在编写图形界面程序时，很少直接在 main 方法中完成所有图形组件的创建和相关的设置，通常都是先编写一个类，继承 JFrame，然后针对图形界面中的各个组成部分编写相应的方法，最后在构造方法或某个初始化方法中组合调用相关方法，完成整个图形界面的创建。

下面我们先完成基本的框架窗口的创建工作，如代码 22.15 所示。

代码 22.15　ch22\swing\SwingEditor.java

```
package ch22.swing;
```

```
import java.awt.EventQueue;
import javax.swing.JFrame;

public class SwingEditor extends JFrame{
    public SwingEditor() {
        this.setDefaultCloseOperation(JFrame.EXIT_ON_CLOSE);
        this.setSize(600, 400);
        this.setLocation(300, 200);
        this.setTitle("文本编辑器");
    }
    public static void main(String[] args) {
        EventQueue.invokeLater(() -> {
            SwingEditor se = new SwingEditor();
            se.setVisible(true);
        });
    }
}
```

SwingEditor 类继承自 JFrame，在构造方法中对框架窗口进行了基本的初始化配置。在 Swing 编程中，不必像 AWT 那样为 Frame 对象注册一个 WindowListener 监听器，JFrame 类提供了一个 setDefaultCloseOperation 方法，用于设置当点击关闭按钮时的默认操作，常量 EXIT_ON_CLOSE 表示在关闭窗口时退出应用程序。

Swing 并非线程安全的，如果在多个线程中更新 Swing 组件，则很可能造成程序崩溃。为了避免这个问题，可以使用事件派发线程来更新 Swing 组件。在这里，我们将主界面的创建工作也交由事件派发线程来负责。当然，对于如此简单的程序，直接由主线程来负责框架窗口的创建也不会出现问题。

22.4.2 添加文本域和菜单栏

既然是一个文本编辑器程序，那么肯定得有一个文本编辑组件了，文本编辑组件分为单行文本框和多行文本域，对我们的示例程序来说，需要的是多行的文本域，多行文本域组件是 JTextArea。

扫码看视频

菜单栏是由多个菜单组成的，在每个菜单中都有 0 个或多个菜单项，对应的类就是 JMenuBar、JMenu、JMenuItem，在创建时，先将菜单项添加到菜单中，再将菜单添加到菜单栏中，最后将菜单栏放置到框架窗口上。

本例创建两个菜单："文件"菜单和"帮助"菜单，在"文件"菜单中，包含"新建""打开""保存"和"关闭"菜单项，而在"帮助"菜单中，只有一个"关于"菜单项。

完整的代码如代码 22.16 所示。

代码 22.16　ch22\swing\SwingEditor.java

```
package ch22.swing;

import java.awt.EventQueue;

import javax.swing.JFrame;
import javax.swing.JMenu;
import javax.swing.JMenuBar;
import javax.swing.JMenuItem;
```

```java
import javax.swing.JScrollPane;
import javax.swing.JTextArea;

public class SwingEditor extends JFrame{
    private final JTextArea textArea;

    public SwingEditor() {
        this.setDefaultCloseOperation(JFrame.EXIT_ON_CLOSE);
        this.setSize(600, 400);
        this.setLocation(300, 200);
        this.setTitle("文本编辑器");

        textArea = new JTextArea();
        JScrollPane pane = new JScrollPane();
        pane.getViewport().add(textArea);
        this.add(pane);

        initMenuBar();
    }
    private void initMenuBar() {
        JMenuBar menuBar = new JMenuBar();
        JMenu fileMenu = new JMenu("文件");
        JMenu helpMenu = new JMenu("帮助");
        JMenuItem newMenuItem = new JMenuItem("新建");
        JMenuItem openMenuItem = new JMenuItem("打开");
        JMenuItem saveMenuItem = new JMenuItem("保存");
        JMenuItem closeMenuItem = new JMenuItem("关闭");
        JMenuItem aboutMenuItem = new JMenuItem("关于");

        fileMenu.add(newMenuItem);
        fileMenu.add(openMenuItem);
        fileMenu.add(saveMenuItem);
        fileMenu.add(closeMenuItem);
        helpMenu.add(aboutMenuItem);
        menuBar.add(fileMenu);
        menuBar.add(helpMenu);

        this.setJMenuBar(menuBar);
    }

    public static void main(String[] args) {
        EventQueue.invokeLater(() -> {
            SwingEditor se = new SwingEditor();
            se.setVisible(true);
        });
    }
}
```

JFrame 默认使用的布局管理器是 BorderLayout。如果 JTextArea 中的文本超出了当前窗口，那么超出的文字是无法显示的，为了避免出现这样的问题，我们使用 JScrollPane 组件为窗口增加了滚动条。

运行程序，你将看到如图 22-18 所示的窗口。

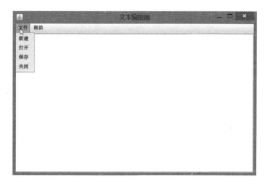

图 22-18　文本编辑器窗口

22.4.3　菜单功能

既然有了菜单，就不能只是将其作为摆设，接下来要实现菜单命令对应的功能。菜单点击事件也是由 ActionListener 来监听的。

扫码看视频

1．新建功能

当点击新建菜单项时，只需要将文本域的内容清空就好了，如下所示：

```
newMenuItem.addActionListener(event -> textArea.setText(""));
```

2．打开功能

当点击打开菜单项时，需要弹出一个文件选择对话框，让用户选择要打开的文件，然后将文件内容显示到文本域中。这个功能在 Swing 中很好实现，JFileChooser 类实现了打开和保存文件对话框的功能。

打开文件，显示到文本域中的代码如下所示：

```
openMenuItem.addActionListener(event -> {
    JFileChooser chooser = new JFileChooser();
    // 设置文件打开对话框的当前路径为当前用户目录
    chooser.setCurrentDirectory(new File(System.getProperty("user.dir")));
    // 弹出文件打开对话框，对话框的父组件是 SwingEditor 对象
    int ret = chooser.showOpenDialog(SwingEditor.this);
    // 如果用户在文件打开对话框上点击了"取消"按钮，则返回
    if (ret != JFileChooser.APPROVE_OPTION) {
        return;
    }

    File f = chooser.getSelectedFile();
    if(!f.exists()){
        return;
    }
    // 将文件名附加在窗口的标题后面
    SwingEditor.this.setTitle(SwingEditor.this.getTitle() + " - " + f.getName());
    Path path = f.toPath();
```

```
        try {
            byte[] buffer = Files.readAllBytes(path);
            textArea.setText(new String(buffer));
            
        } catch (IOException e) {
            e.printStackTrace();
        }
});
```

在添加上述代码后,运行程序,点击"打开"菜单项,出现如图 22-19 所示的文件打开对话框。

图 22-19　文件打开对话框

选择一个文本文件,打开它,你将看到如图 22-20 所示的显示效果。

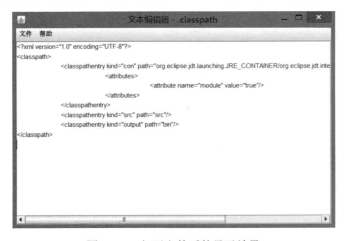

图 22-20　打开文件后的显示效果

3. 保存功能

当点击"保存"菜单项时,需要将文本域的内容保存到一个文件中。我们利用 JFileChooser 类弹出一个文件保存对话框,让用户输入文件名或者选择一个现有文件进行保存。实现代码如下所示:

```
saveMenuItem.addActionListener(event -> {
    String content = textArea.getText().trim();
    if("".equals(content)) {
```

```
            return;
        }
        JFileChooser chooser = new JFileChooser();
        // 设置文件保存对话框的当前路径为当前用户目录
        chooser.setCurrentDirectory(new File(System.getProperty("user.dir")));

        int ret = chooser.showSaveDialog(SwingEditor.this);
        // 如果用户在文件保存对话框上单击了"取消"按钮,则返回
        if (ret != JFileChooser.APPROVE_OPTION) {
            return;
        }

        File f = chooser.getSelectedFile();
        Path path = f.toPath();
        try {
            Files.writeString(path, content, Charset.forName("GBK"));
        } catch (IOException e) {
            e.printStackTrace();
        }
    });
```

在添加上述代码后,运行程序,在文本域中输入一些文字,点击"保存"菜单项,出现如图 22-21 所示的文件保存对话框。

图 22-21 文件保存对话框

输入文件名,保存文本域中的内容,之后打开该文件,验证保存是否成功。

4. 关闭功能

当单击关闭菜单项时,我们退出整个程序。实现原理与点击"关闭"按钮退出程序是一样的,不同的是,菜单项点击捕获的是动作事件而已。代码如下:

```
closeMenuItem.addActionListener(event -> System.exit(0));
```

5. 关于功能

很多软件在帮助菜单中都有一个"关于"菜单项,"关于"菜单项的功能基本上都是弹出一个消息框向用户显示关于本软件的一些信息。

在 Swing 中，JOptionPane 类提供了一些静态方法以方便我们显示一些简单的对话框。例如要显示一个消息框，那么直接调用 JOptionPane 类的 showMessageDialog 静态方法即可。在调用这个方法时，我们需要传入父窗口和消息内容。

"关于"菜单项功能的实现代码如下所示：

```
aboutMenuItem.addActionListener(
    event -> JOptionPane.showMessageDialog(SwingEditor.this, "简单的文本编辑器, 版本1.0"));
```

运行程序，点击"关于"菜单项，你会看到如图 22-22 所示的消息框。

图 22-22 "关于"消息框

至此，所有菜单项的功能都已经实现完毕，我们有了一个简单的文本编辑器。

22.4.4 弹出菜单

扫码看视频

在许多 GUI 程序中，单击鼠标右键时会弹出一个菜单。在 Swing 中，弹出菜单可以利用 JPopupMenu 类来实现。

实现右键弹出菜单，有一些细节需要注意。首先肯定是捕获鼠标单击事件，这是由 MouseListener 接口的实例来捕获的，在这个接口中定义了 5 个处理器方法，针对鼠标按下的不同动作分别进行处理。弹出菜单通常在松开鼠标按钮的时候弹出，所以我们应该在 mouseReleased 方法中对鼠标事件进行处理。其次，需要判断用户的本次鼠标事件是否由单击右键触发，MouseEvent 类封装了鼠标事件的相关信息，该类中有一个 isPopupTrigger 方法，用于判断鼠标事件是否是弹出菜单触发器事件。最后，弹出菜单都在鼠标单击时的窗口位置处弹出，所以在显示弹出菜单时，需要指定弹出菜单显示的位置。MouseEvent 类的 getX 和 getY 方法可以得到相对于源组件的 x 和 y 坐标。

解决了细节问题，就可以开始实现鼠标右键弹出菜单的功能。在 SwingEditor 的构造方法中为文本域注册鼠标事件监听器，在 mouseReleased 方法中创建弹出菜单并显示。代码如下所示：

```
textArea.addMouseListener(new MouseAdapter(){
    public void mouseReleased(MouseEvent e) {
        if(e.isPopupTrigger()) {
            JPopupMenu popupMenu = new JPopupMenu();
            JMenuItem copyMenuItem = new JMenuItem("复制");
            JMenuItem pasteMenuItem = new JMenuItem("粘贴");
            popupMenu.add(copyMenuItem);
            popupMenu.add(pasteMenuItem);
            popupMenu.show(textArea, e.getX(), e.getY());
        }
    }
});
```

运行程序，在文本域中单击鼠标右键，可以看到我们创建的弹出菜单，如图 22-23 所示。

图 22-23 右键弹出菜单

接下来，要实现复制和粘贴功能，JTextArea 已经封装了这两个功能的实现方法，我们只需要调用它的 copy 和 paste 方法就可以了。

分别为弹出菜单的两个菜单项注册动作监听器，代码如下所示：

```
copyMenuItem.addActionListener(event -> textArea.copy());
pasteMenuItem.addActionListener(event -> textArea.paste());
```

读者可以运行一下程序，感受一下复制和粘贴功能。

22.5 Swing 与并发

扫码看视频

在图形界面程序中，如果某些任务的执行耗时比较长，就很容易让程序处于"假死"的状态，表现为图形界面中的任何位置都点不动。这种情况发生的原因主要是开发人员将耗时比较长的任务放到了更新界面的线程中去执行了。

代码 22.17 演示了这种情况。

代码 22.17　ch22\concurrent\BlockedFrame.java

```java
package ch22.concurrent;

import java.awt.EventQueue;
import java.util.concurrent.TimeUnit;

import javax.swing.JButton;
import javax.swing.JFrame;

public class BlockedFrame extends JFrame{
    public BlockedFrame() {
        super("BlockedFrame");
        init();
    }

    private void init() {
        this.setLocation(200, 200);
        this.setSize(200, 100);
        this.setDefaultCloseOperation(JFrame.EXIT_ON_CLOSE);
        JButton btn = new JButton("Work");
        this.add(btn);
        btn.addActionListener(event -> {
            btn.setText("Working...");
            try {
                TimeUnit.SECONDS.sleep(3);
```

```
            } catch (InterruptedException ex) {}
            btn.setText("Done");
        });
    }
    public static void main(String[] args) {
        EventQueue.invokeLater(() -> {
            BlockedFrame bf = new BlockedFrame();
            bf.setVisible(true);
        });
    }
}
```

在运行程序后，点击按钮，在 3 秒内，你会发现你什么都做不了，甚至连关闭程序都做不到。

要解决这个问题，自然是将耗时比较长的任务放到一个单独的线程中去执行。这里面有一个问题，就是如果在任务执行完毕后需要更新界面，那么是否由执行任务的线程来更新界面呢？前面我们说过，Swing 并非线程安全的，它有一个专门的线程来接收 UI 事件并更新界面，如果其他线程也同时更新界面，那么就会出现并发访问的问题。因此在 Swing 开发中，界面的更新操作应该始终交由事件派发线程来负责，这个线程采用事件队列的方式依次对排队的任务进行处理。正如代码中看到的 EventQueue.invokeLater(…)调用一样，将主界面的创建工作交由事件派发线程来负责，而不是由主线程来创建，这样可以避免主线程和事件派发线程出现冲突。当然，本章所有例子中的主线程本身也不干别的事，即使由主线程来负责主界面的创建，也没有任何问题。

代码 22.18 将耗时的任务单独放到一个线程中执行，并在任务执行完毕后，利用事件派发线程来更新按钮的文本。

代码 22.18　ch22\concurrent\NonBlockedFrame.java

```
package ch22.concurrent;

import java.awt.EventQueue;
import java.awt.FlowLayout;
import java.util.concurrent.ExecutorService;
import java.util.concurrent.Executors;
import java.util.concurrent.TimeUnit;

import javax.swing.JButton;
import javax.swing.JFrame;

public class NonBlockedFrame extends JFrame{
    private final ExecutorService exec = Executors.newCachedThreadPool();
    
    public NonBlockedFrame() {
        super("NonBlockedFrame");
        init();
    }
    private void init() {
        this.setLocation(200, 200);
        this.setSize(200, 100);
```

```
        this.setLayout(new FlowLayout());
        this.setDefaultCloseOperation(JFrame.EXIT_ON_CLOSE);
        JButton btn = new JButton("Work");
        this.add(btn);

        btn.addActionListener(event -> {
            EventQueue.invokeLater(() -> {
                btn.setText("Working...");
                // 任务执行期间，禁用按钮
                btn.setEnabled(false);
            });
            exec.execute(() -> {
                try {
                    TimeUnit.SECONDS.sleep(3);
                    EventQueue.invokeLater(() -> {
                        btn.setText("Done");
                        // 任务执行完毕，使按钮可用
                        btn.setEnabled(true);
                    });
                } catch (InterruptedException ex) {}
            });
        });
    }
    public static void main(String[] args) {
        EventQueue.invokeLater(() -> {
            NonBlockedFrame nbf = new NonBlockedFrame();
            nbf.setVisible(true);
        });
    }
}
```

程序刚运行、点击按钮后和任务执行完毕的效果分别如图 22-24、图 22-25 和图 22-26 所示。

图 22-24　程序刚运行　　　　图 22-25　点击按钮后　　　　图 22-26　任务执行完毕

22.6　使用 WindowBuilder 快速开发图形界面程序

虽然使用编程的方式来创建一个图形界面能够获得最大的灵活性，但这种方式需要编写很多代码，且无法直观地看到界面的效果，只能不断地运行程序，看看效果再调整，如果是很复杂的界面，那么开发效率就真的很低了。

我们知道很多其他语言的 IDE 都提供了所见即所得的图形界面开发方式，如大名鼎鼎的 Visual Studio，Eclipse 是通过各种插件来构建开发环境的，下载的 Eclipse 版本中只包含了基本的 Java 开发所需要的插件，要使用所见即所得的图形界面编辑功能，可以单独安装 WindowBuilder 插件。

Eclipse WindowBuilder 由 Eclipse SWT Designer 和 Eclipse Swing Designer 组成，也就是说，使用 WindowBuilder 不仅可以编写基于 Swing 的图形界面程序，还可以编写基于 SWT 的图形界面程序。WindowBuilder 提供了所见即所得的可视化设计器和布局工具，可以使用拖放的方式添加组件，并向组件添加事件处理程序，以及使用属性编辑器更改组件的各种属性。

22.6.1　安装 WindowBuilder

可以将 WindowBuilder 下载后再安装，也可以在线安装。WindowBuilder 的下载网址如下：https://projects.eclipse.org/projects/tools.windowbuilder。

在线安装 WindowBuilder，首先启动 Eclipse，点击菜单【Help】→【Install New Software】，出现如图 22-27 所示的窗口。

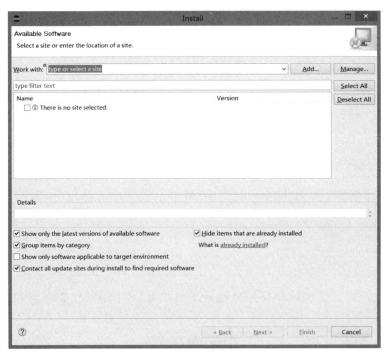

图 22-27　安装插件

然后点击"Add"按钮，出现如图 22-28 所示的对话框，在"Name"一栏为安装的插件取个名字，可以随便写，但一般使用插件的原有名字，在"Location"一栏就不能乱写了，必须是插件给出的在线更新地址。WindowBuilder 的在线更新地址是：https://download.eclipse.org/windowbuilder/latest/。

图 22-28　添加资料库

点击"Add"按钮，回到"Install"窗口，此时会列出找到的插件内容，如图 22-29 所示。

第 22 章 图形界面编程

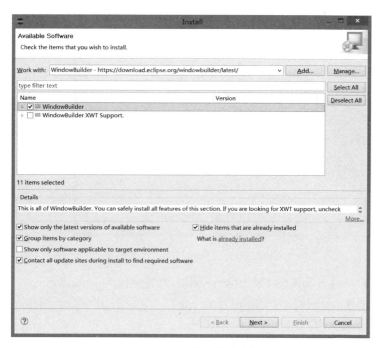

图 22-29　找到的插件内容

选中第一项就可以了，再点击"Next"按钮根据提示安装插件即可。之后可以在 Eclipse IDE 的右下角看到安装进度，如图 22-30 所示。

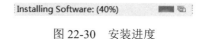

图 22-30　安装进度

耐心等待安装完成，在安装完成后，会提示你重启 Eclipse。

> 提示：其他的 Eclipse IDE 插件也可以采用本节介绍的方式进行安装。

22.6.2　用户登录界面

下面我们使用 WindowBuilder 来开发一个用户登录界面。

仍然使用本章的项目，点击菜单【File】→【New】→【Other】，在出现的"New"对话框中找到 WindowBuilder 节点，依次展开节点，如图 22-31 所示。

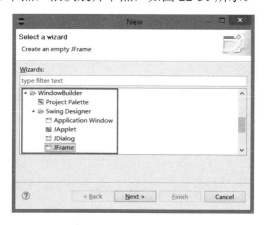

图 22-31　"New"对话框

选中"JFrame",点击"Next"按钮,出现如图 22-32 所示的对话框。

图 22-32 "New JFrame"对话框

在这里,我们将包名指定为 ch22.swing.wb,类名指定为 LoginFrame,点击"Finish"按钮,这时会自动创建一个类名为 LoginFrame 的类,继承自 JFrame,并完成了一些基本的初始化设置。如代码 22.19 所示。

代码 22.19   ch22\swing\wb\LoginFrame.java

```java
package ch22.swing.wb;

import java.awt.BorderLayout;
import java.awt.EventQueue;

import javax.swing.JFrame;
import javax.swing.JPanel;
import javax.swing.border.EmptyBorder;

public class LoginFrame extends JFrame {

    private JPanel contentPane;

    /**
     * Launch the application.
     */
    public static void main(String[] args) {
        EventQueue.invokeLater(new Runnable() {
            public void run() {
                try {
                    LoginFrame frame = new LoginFrame();
                    frame.setVisible(true);
                } catch (Exception e) {
                    e.printStackTrace();
                }
            }
        });
    }

    /**
     * Create the frame.
```

```
    */
    public LoginFrame() {
        setDefaultCloseOperation(JFrame.EXIT_ON_CLOSE);
        setBounds(100, 100, 450, 300);
        contentPane = new JPanel();
        contentPane.setBorder(new EmptyBorder(5, 5, 5, 5));
        contentPane.setLayout(new BorderLayout(0, 0));
        setContentPane(contentPane);
    }
}
```

可以看到在代码中创建了一个 JPanel 对象，并将该对象作为 JFrame 的内容窗格（content pane）。在向一个 JFrame 中添加组件时，会添加到它的内容窗格中，通常不需要替换 JFrame 的内容窗格，如果要替换，那么一般会使用 JPanel 对象。

在代码编辑窗口的底部有两个标签页：Source 和 Design，如图 22-33 所示。

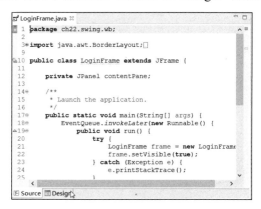

图 22-33　代码编辑窗口

单击"Design"标签页，会打开设计页面，如图 22-34 所示。

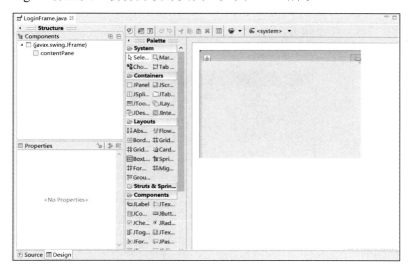

图 22-34　设计页面

选中主界面，在"Properties"（属性）窗口中，将标题（title 属性）设为登录。然后在主界面中选中内容窗格，单击鼠标右键，在弹出的菜单中选择【Set layout】→【GridBagLayout】，如图 22-35 所示。

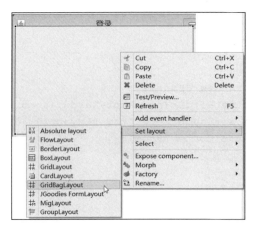

图 22-35　修改内容窗格的布局

在中间窗口的"Components"一栏列出了 Swing 的常用组件，可以选中想要的组件，然后放置到主界面上。接下来在主界面的内容窗格中摆放两个 JLabel、一个 JTextField、一个 JPasswordField 和两个 JButton，并利用属性窗口设置标签和按钮的文本（设置 text 属性的值）。设置完属性后的结果如图 22-36 所示。

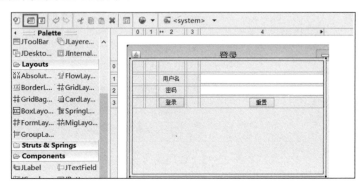

图 22-36　摆放组件后的主界面

可以点击图 22-36 左上角方框中的图标 ，实时查看界面效果，而无须运行程序。查看的效果如图 22-37 所示。

图 22-37　查看界面效果

> 提示：在设计界面中查看的窗口显示效果与程序运行后的实际窗口显示效果依然会有差距，这一点要注意。

显然，界面还是不太美观。可以选中文本框，单击鼠标右键，从弹出的菜单中依次选择【Horizontal alignment】→【Left】改为左对齐，如图 22-38 所示。

第 22 章 图形界面编程

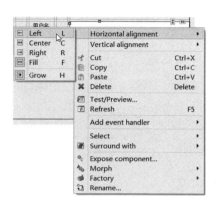

图 22-38 修改 JTextField 的对齐方式

修改对齐方式也可以通过图 22-39 所示的工具栏来调整。

图 22-39 对齐方式工具栏

然后在属性窗口中找到 columns 属性，通过修改它的值来调整文本框的宽度，如图 22-40 所示。

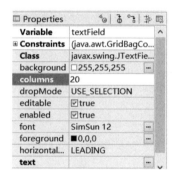

图 22-40 修改 columns 属性

对密码框按照同样的方式调整大小，将重置按钮也改为水平方向左对齐。之后选中主界面，通过界面周边的边框调整主界面的大小，最后的效果如图 22-41 所示。

图 22-41 调整后的效果

界面是不是美观很多了？当然如果你还不满意，可以继续调整。

22.6.3 注册事件监听器

仅仅摆放组件是不够的，某些组件要对用户的操作做出响应，接下来我们为"登录"按钮和"重置"按钮注册事件监听器。

右键单击"登录"按钮，从弹出的菜单中选择【Add event handler】→【action】→【actionPerformed】，如图 22-42 所示。

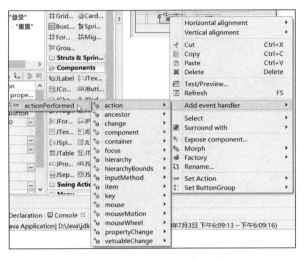

图 22-42　为"登录"按钮添加事件监听器

这时会自动跳转到代码编辑窗口,并定位到添加的事件处理器方法的代码处。编写代码,实现登录功能,如下所示:

```
btnNewButton.addActionListener(new ActionListener() {
    public void actionPerformed(ActionEvent e) {
        String username = textField.getText().trim();
        String password = new String(passwordField.getPassword());
        if("lisi".equals(username) && password.equals("1234")) {
            JOptionPane.showMessageDialog(LoginFrame.this, "登录成功");
        }
        else {
            JOptionPane.showMessageDialog(LoginFrame.this, "用户名或密码错误");
        }
    }
});
```

粗体显示的代码是我们自己编写的代码。

用同样的方式为"重置"按钮添加动作事件监听器,并编写如下的代码:

```
btnNewButton_1.addActionListener(new ActionListener() {
    public void actionPerformed(ActionEvent e) {
        textField.setText("");
        passwordField.setText("");
    }
});
```

粗体显示的代码是我们自己编写的代码。

最后运行程序,测试登录和重置功能。

使用 Eclipse 的 WindowBuilder 插件来辅助开发 Java 图形界面程序会非常方便,图形化的界面设计方式可以极大地发挥我们的创造力,当我们需要编写代码时,只需要关注与程序逻辑相关的部分即可。

22.7 总结

本章简要介绍了 Java 的图形界面编程，AWT 是让读者熟悉 Java GUI 库的开发方式，真正要做图形界面开发，还是要用 Swing。

Swing 包含了大量的组件，在组件类中又有大量的方法，若详尽介绍 Swing 开发则需要太多的篇幅，我们只要掌握了 Swing 的基本架构和开发方式，在实际开发中，再结合 Swing 的 API 文档开发出理想的图形界面程序，相信就不是什么难事。

在 Java 的世界中，AWT 和 Swing 并不是唯一的 GUI 库，Eclipse 使用了自己创建的 SWT（Standard Widget Toolkit）包来构建图形界面。SWT 最初是由 IBM 在开发 WebSphere Studio 时开发的，后来 IBM 捐助了 Eclipse 基金会，SWT 就交由 Eclipse 基金会来负责维护了。如果读者有兴趣了解 SWT 的开发内容，则可以到 SWT 的主页上获取信息：http://www.eclipse.org/swt/。本章介绍的 WindowBuilder 插件也支持 SWT 的开发。

22.8 实战练习

1. 编写一个简单的计算器程序，实现基本的加、减、乘、除等运算。
2. 参看 API 文档，使用 JProgressBar 实现进度条功能。

第 23 章 Java 网络编程

23.1 网络基础知识

为了帮助读者更好地理解和掌握网络编程,有必要介绍一下计算机网络的基础知识。

23.1.1 计算机网络

计算机网络是相互连接的独立自主的计算机的集合,最简单的网络形式是由两台计算机组成的网络,如图 23-1 所示。

图 23-1 两台计算机互联

在图 23-1 中,计算机 A 通过网络与计算机 B 进行通信,要完成一次通信,A 主机需要知道是与谁在进行通信。例如你正与张三进行通信,张三就是与你通信的人的名字。如果你的周围有许多人,你想要与张三进行通信,你就得说:"张三,我晚上请你吃饭"这样的话,其他人听到这句话是不会有反应的,于是你就完成了与张三的这次通信。

在网络上,一台主机要与另一台主机进行通信,首先要知道与之通信的那台主机的名称,在 Internet 上通过一个称之为 IP 地址的 4 字节的整数来标识网络设备,通常采用点分十进制的格式来表示 IP 地址(如图 23-1 所示的 192.168.0.118)。有了 IP 地址,就相当于主机有了身份。对 A 主机来说,它想要与 B 主机进行通信,它可以把数据发送给 IP 地址为 192.168.0.10 的那台主机。对 B 主机来说,如果要回复信息,则可以将信息回复到 IP 地址为 192.168.0.118 的主机。这样的话,主机 A 和主机 B 就可以完成这次通信了。但在通信的过程中,还有一个问题,例如当你与一个美国人交流时,如果你说的是中文,而对方说的是英文,那么你们之间是无法正常交流的。

我们在《智取威虎山》影视剧中看到，土匪之间是根据暗号进行通信的，一个说"天王盖地虎"，另一个说"宝塔镇河妖"，这个暗号就是土匪之间进行通信所制定的规则。同样，在 Internet 上，两台主机要进行通信也要遵循约定的规则。我们把这种规则称为协议。如果 A 主机和 B 主机采用相同的协议，它们之间就可以进行通信了。现在身份也有了，通信的规则也有了，两台主机是否就可以完成通信了呢？要注意的是，计算机是没有生命的，真正完成计算机间通信的是在计算机上运行的网络应用程序。但是在一台计算机上可以同时运行多个程序，例如，我们可以一边使用下载软件下载资料，一边可以通过影音软件在线收看流媒体电影，那么发送给某个 IP 地址所标识的主机的数据，应该由哪个网络应用程序来接收呢？于是，为了标识在计算机上运行的每一个网络通信程序，为它们都分别分配一个端口号。在发送数据时，除了指定接收数据的主机 IP 地址，还要指定端口号。这样，在指定 IP 地址的计算机上，将会由在指定端口号上等待数据的网络应用程序接收数据。网络通信与我们平时打电话的过程是类似的，IP 地址就相当于一个公司的总机号码，端口号就相当于分机号码。在打电话时，拨通总机后，还需要转到分机上。

23.1.2　IP 地址

IP 网络中的每台主机都必须有一个唯一的 IP 地址。IP 地址是一个逻辑地址，互联网上的 IP 地址具有全球唯一性。

IP 地址是一个 32 位、4 字节长的二进制整数，我们常用点分十进制的格式表示，例如：192.168.0.16，每个字节用一个十进制的整数来表示，用一个点（.）来分隔各字节。

> **提示**：由于 4 字节所能表示的 IP 地址资源实在有限，严重限制了互联网的应用和发展，因此互联网工程任务组（IETF）设计了用于替代 IPv4 的下一代 IP 协议——IPv6（Internet Protocol Version 6）。IPv6 的地址长度是 128 位，16 字节，是 IPv4 地址长度的 4 倍。不过由于目前 IPv6 的应用程度还不是很高，因此本书仍然以 IPv4 为主。

23.1.3　协议

为进行网络中的数据交换（通信）而建立的规则、标准或约定（等于语义+语法+规则），不同层具有各自不同的协议。

23.1.4　网络的状况

网络状况是非常复杂的，具体如下。
（1）多种通信媒介——有线、无线……
（2）不同种类的设备——通用、专用……
（3）不同的操作系统——UNIX、Windows ……
（4）不同的应用环境——固定、移动……
（5）不同业务种类——分时、交互、实时……
（6）宝贵的投资和积累——有形、无形……
（7）用户业务的延续性——不允许出现大的跌宕起伏。
它们互相交织，形成了非常复杂的系统应用环境。

23.1.5 网络异质性问题的解决

网络体系结构就是使这些用不同媒介连接起来的不同设备和网络系统在不同的应用环境下实现互操作性，也是满足各种业务需求的一种黏合剂。它营造了一种"生存空间"——任何厂商的任何产品、以及任何技术只要遵守这个空间的行为规则，就能够在其中生存并发展。

网络体系结构解决异质性问题采用的是分层方法——把复杂的网络互联问题划分为若干个较小的、单一的问题，在不同层上予以解决，就像我们在编程时把问题分解为很多小的模块来解决一样。

23.1.6 ISO/OSI 七层参考模型

ISO（国际标准化组织）提出了 OSI 七层参考模型，OSI（Open System Interconnection）参考模型将网络的不同功能划分为七层，如图 23-2 所示。

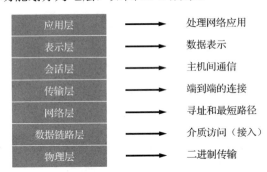

图 23-2　OSI 七层参考模型

OSI 参考模型从低到高各层的功能分别如下所述。

- 物理层

提供二进制传输，确定在通信信道上如何传输比特流。

- 数据链路层

提供介质访问，加强物理层的传输功能，建立一条无差错的传输线路。

- 网络层

提供 IP 寻址和路由。在网络上，数据可以经由多条线路到达目的地，网络层负责找出最佳的传输线路。

- 传输层

为源端主机到目的端主机提供可靠的数据传输服务，隔离网络的上下层协议，使得网络应用与下层协议无关。

- 会话层

在两个相互通信的应用进程之间建立、组织和协调其相互之间的通信。

- 表示层

处理被传送数据的表示问题，即信息的语法和语义。如有必要，可使用一种通用的数据表示格式，在多种数据表示之间进行转换。例如在日期、货币、数值等本地数据表示格式和标准数据表示格式之间进行转换，还有数据的加密解密、压缩和解压缩等。

- 应用层

为用户的网络应用程序提供网络通信的服务。

此外要注意以下几点：
- OSI 七层参考模型并不是物理实体上存在这七层，这只是一个功能的划分，是一个抽象的网络参考模型。
- 在进行一次网络通信时，每一层都为本次通信提供本层的服务。通信实体的对等层之间不允许直接通信。
- 各层之间严格单向依赖。
- 上层使用下层提供的服务——Service User。
- 下层向上层提供服务——Service Provider。

例如，如果传输层要使用网络层提供的服务，那么传输层就是服务的使用者，而网络层就是服务的提供者，如图 23-3 所示，展示了对等层通信的示例。

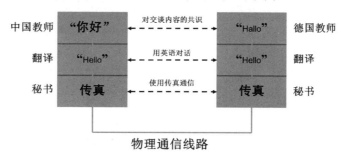

图 23-3　对等层通信示例

在图 22-3 所示的对等层通信示例中，在中国的一位教师要向在德国的一位教师问好，于是，他说："你好"。这句话被交给翻译，翻译将中文翻译为英文，并交给秘书，秘书使用传真通过电话线路将数据发送给在德国的秘书；在德国的秘书在接收到这个数据之后，交给德国的翻译，德国的这位翻译将英文的"Hello"翻译为德文的"Hallo"，之后交给德国教师，于是这位德国教师就知道那位中国教师在向他问好了。

这两位教师信息的传输过程与网络上两个通信实体进行通信的过程是相似的。作为上层，它要使用下层提供的服务。中国教师要使用翻译给他提供的翻译服务，而翻译需要使用秘书提供的传真服务。数据是从最底层通过物理通信线路传输出去的。但是对于这两个教师来说，他们之间有一个虚拟的连接，中国教师说的"你好"，到了德国教师处即为"Hallo"，中国教师认为他是与这位德国教师直接进行通信的，实际上这次通信是通过下层提供的服务来完成的。同样的，对于翻译来说，他们也认为他们之间是直接进行通信的，实际上，最终的通信是通过最底层的物理通信线路来完成的。在两个通信实体进行通信时，应用层所发出的数据经过表示层、会话层、传输层、网络层、数据链路层，最终到达物理层，在该层通过物理线路传输给另一个实体的物理层。数据再依次向上传递，传递给另一个实体的应用层。这就是两个通信实体在通信时数据传输的过程。

对等层通信的实质如下：
- 对等层实体之间虚拟通信。
- 下层向上层提供服务，实际通信在最底层完成。

下面我们介绍一下 OSI 七层参考模型中的应用层、传输层和网络层所使用的协议。
- **应用层**：远程登录协议（Telnet）、文件传输协议（FTP）、超文本传输协议（HTTP）、域名服务（DNS）、简单邮件传输协议（SMTP）、邮局协议（POP3）等。

其中，从网络上下载文件时使用的是 FTP，上网浏览网页时使用的是 HTTP。DNS 也是一个应用比较广泛的协议，我们在访问网络上一台主机时，通常不是直接输入主机的 IP 地址，而是输入这台主机的一个域名，例如在访问新浪网时，通常会输入：sina.com.cn，这就是新浪网的域名，通过 DNS 服务就可以将这个域名解析为它所对应的 IP 地址，通过 IP 地址就可以访问新浪网的主机了。在通过邮件客户端程序发送电子邮件时，就会使用 SMTP，在利用邮件客户端程序从邮件服务器（例如 163）上收取电子邮件时，就会使用 POP3。

- **传输层**：传输控制协议（TCP）、用户数据报协议（UDP）。

TCP：面向连接的可靠的传输协议。在利用 TCP 协议进行通信时，首先要经过三步握手，以建立通信双方的连接。一旦建立好连接，就可以进行通信了。TCP 提供了数据确认和数据重传的机制，保证了发送的数据一定能到达通信的对方。这就像打电话一样，首先要拨打对方的电话号码以建立连接，一旦电话拨通，连接建立之后，你所说的每一句话就都能够传送到通话的另一方。

UDP：无连接的、不可靠的传输协议。在采用 UDP 进行通信时，不需要建立连接，可以直接向一个 IP 地址发送数据，但是对方能否收到就不敢保证了。我们知道在网络上传输的是电信号，既然是电信号，那么在传输过程中就会有衰减，因此数据有可能在网络上就消失了，也有可能我们所指定的 IP 地址还没有分配，或者该 IP 地址所对应的主机还没有运行，这些情况都有可能导致接收不到发送的数据。这就好像寄信的过程，我们所寄的信件有可能在运输的途中丢失，也有可能收信人搬家了，这都会导致信件的丢失。另外，我们在寄信时不需要和对方认识，也就是说，不需要建立连接。既然 UDP 有这么多缺点，那为什么还要使用它呢？这主要是因为 UDP 不需要建立连接，而且没有数据确认和重传机制，所以实时性较高。对于一些实时性要求较高的场合，例如视频会议，就可以采用 UDP 来实现，因为对于这类应用来说，丢失少量数据并不会影响视频的观看。但对于数据完整性要求较高的场合，就应采用 TCP，例如从网络上下载某个安装程序，如果丢失了一些数据，那么这个安装程序将无法使用。

- **网络层**：网际协议（IP）、Internet 互联网控制报文协议（ICMP）、Internet 组管理协议（IGMP）。

23.1.7 数据封装

一台计算机要向另一台计算机发送数据，必须将该数据打包，打包的过程称为封装。封装就是在数据前面加上特定的协议头部，如图 23-4 所示。例如，在使用 TCP 传送数据时，当数据到达传输层时，就会加上 TCP 协议头，当该数据到达网络层时，在其前面还会加上 IP 协议头。

图 23-4　数据封装示意

在 OSI 参考模型中，对等层协议之间交换的信息单元统称为协议数据单元（PDU，Protocol Data Unit）。OSI 参考模型中的每一层都要依靠下一层提供的服务，下层为了提供服务，会把上层的 PDU 作为本层的数据封装，然后加入本层的头部（有的层还要加入尾部，例如数据链路层）。在头部的数据中含有完成数据传输所需要的控制信息。我们在寄信时，要把信件放到信封中，当收信人收到这封信时，他要拆开信封，取出信件。这种数据自上而下递交的过程实际上就是不断封装的过程，到达目的地后自下而上递交的过程就是不断拆封的过程。

由此可知，在物理线路上传输的数据，其外面实际上被封装了多层"信封"。但是，某一层只能识别由对等层封装的"信封"，而对于被封装在"信封"内部的数据仅仅是被拆封后提交给上层，本层不做任何处理。

23.1.8 TCP/IP 模型

TCP/IP 起源于美国国防部高级研究规划署（DARPA）的一项研究计划——实现若干台主机的相互通信。现在 TCP/IP 已成为 Internet 上通信的工业标准。

因为 OSI 七层参考模型比较复杂，所以目前被应用得比较多的是 TCP/IP 模型，该模型包括 4 个层次：

- 应用层
- 传输层
- 网络层
- 网络接口层

TCP/IP 与 OSI 参考模型的对应关系如图 23-5 所示。

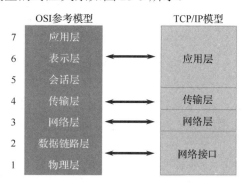

图 23-5 TCP/IP 与 OSI 参考模型的对应关系

TCP/IP 模型中的网络接口层对应 OSI 参考模型中的数据链路层和物理层；TCP/IP 模型中的网络层对应 OSI 参考模型中的网络层；TCP/IP 模型中的传输层对应 OSI 参考模型中的传输层；TCP/IP 模型中的应用层对应 OSI 参考模型中的会话层、表示层和应用层这三层。

23.1.9 端口

按照 OSI 七层参考模型的描述，传输层提供进程（也就是运行中的应用程序）通信的能力。为了标识通信实体中进行通信的进程，TCP/IP 协议提出了协议端口（Protocol Port，端口）的概念。

端口是一种抽象的软件结构（包括一些数据结构和 I/O 缓冲区）。应用程序通过系统调用与某端口建立连接（binding）后，传输层传给该端口的数据都被相应的进程所接收，相应进程发给传输层的数据都通过该端口输出。

端口用一个整数型标识符来表示，即端口号。端口号跟协议相关，TCP/IP 传输层的两个协议 TCP 和 UDP 是完全独立的两个软件模块，因此各自的端口号也相互独立。也就是说，基于 TCP 和 UDP 的不同的网络应用程序，可以拥有相同的端口号。端口使用一个 16 位的数字来表示，它的范围是 0～65 535，1024 以下的端口号保留给预定义的服务，例如：http 协议默认使用 80 端口。我们在编写网络应用程序时，要为程序指定 1 024 以上的端口号。

23.1.10 套接字（Socket）

为了能够方便地开发网络应用软件，美国伯克利大学在 UNIX 上推出了一种应用程序访问通信协议的操作系统调用 Socket（套接字）。Socket 的出现，使程序员可以很方便地访问 TCP/IP，从而开发出各种网络应用的程序。

随着 UNIX 的应用推广，套接字在编写网络软件中得到了极大的普及。后来，套接字又被引进了 Windows 等操作系统中。Java 语言也引入了套接字编程模型。

23.1.11 客户机 / 服务器模式

在 TCP/IP 网络应用中，通信的两个进程之间相互作用的主要模式是客户机/服务器模式（client/server），即客户向服务器提出请求，在服务器接收到请求后，提供相应的服务。

客户机/服务器模式的建立基于以下两点：首先，建立网络的起因是网络中的软硬件资源、运算能力和信息不均等，都需要共享，从而造就拥有众多资源的主机提供服务，资源较少的客户请求服务这一非对等作用。其次，网络间进程通信完全是异步的，相互通信的进程之间既不存在父子关系，又不共享内存缓冲区，因此需要一种机制为希望通信的进程之间建立联系，为二者的数据交换提供同步，这就是基于客户机/服务器模式的 TCP/IP。

这就好像我们在拨打 114 查号台时，位于电话另一端的工作人员就属于一种服务器，他等待我们的连接请求，作为客户方的我们，当拨打电话建立连接后，要提出我们的请求，比如查询服务的请求，114 的工作人员就为我们提供这样的一种服务。

客户机/服务器模式在通信过程中采取的是主动请求的方式。服务器方要先启动，并根据请求提供相应的服务：

1. 打开一个通信通道并告知本地主机，它愿意在某一地址和端口上接收客户请求。
2. 等待客户请求到达该端口。
3. 接收到重复服务请求，处理该请求并发送应答信号。接收到并发服务请求，要激活一个新的进程（或线程）来处理这个客户请求。新进程（或线程）处理此客户请求，并不需要对其他请求做出应答。在服务完成后，关闭此新进程（或线程）与客户的通信链路，并终止。
4. 返回第二步，等待另一客户请求。
5. 关闭服务器。

而客户方：

1. 打开一个通信通道，并连接到服务器所在主机的特定端口。
2. 向服务器发送服务请求报文，等待并接收应答；继续提出请求。
3. 在请求结束后关闭通信通道并终止。

23.2 基于 TCP 的套接字编程

基于 TCP（面向连接）的套接字编程就是客户机/服务器模式。一个服务器程序等待客户端的接入，当客户端接入后，服务器提供相应的服务。

Java 网络编程的 API 位于 java.net 包中。

基于 TCP 的套接字编程的服务器程序流程如下：

1. 调用 ServerSocket(int port)创建一个服务器套接字，并绑定到指定端口上。

② 调用 accept()，监听连接请求，如果客户端请求连接，则接受连接，返回通信套接字。

③ 调用 Socket 类的 getOutputStream() 和 getInputStream() 获取输出流和输入流，开始网络数据的发送和接收。

④ 关闭通信套接字。

基于 TCP 的套接字编程的客户端程序流程如下：

① 调用 Socket() 创建一个流套接字，并连接到服务器端。

② 调用 Socket 类的 getOutputStream() 和 getInputStream() 获取输出流和输入流，开始网络数据的发送和接收。

③ 关闭通信套接字。

服务器程序与客户端程序的交互过程如图 23-6 所示。

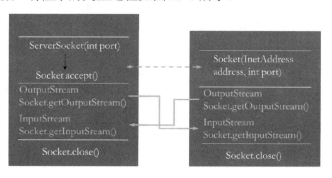

图 23-6　服务器程序与客户端程序的交互过程

23.2.1　服务器程序

下面我们按照上面讲述的基于 TCP 的网络通信程序编写流程，创建一个服务器程序。

Java 将套接字分为服务器套接字和通信套接字，服务器套接字类是 ServerSocket，主要用在服务器程序中监听客户连接请求。通信套接字是 Socket 类，它代表两台机器之间通信的端点。

扫码看视频

服务器程序创建 ServerSocket 类的实例，并指定一个端口，该实例会在指定的端口上进行监听，当一个客户端程序请求连接时，它接受连接，并返回一个 Socket 对象，用于随后与客户端的通信。代码如下所示：

```
ServerSocket ss = new ServerSocket(6000);
Socket clinter = ss.accept();
```

accept 方法是一个阻塞调用，服务器程序会在此处等待，一直等到有客户请求到来，接受连接并返回。

服务器程序是在本机等待客户端连接请求到来的，因此一般不需要显式地绑定地址，服务器套接字会自动绑定本机所有的 IP 地址（如果机器有多个 IP 地址的话）。如果你的服务器只想监听特定地址到来的连接请求，那么可以调用 ServerSocket 的 bind 方法，绑定到指定的 IP 地址和端口上。代码如下所示：

```
InetAddress address = InetAddress.getByName("111.229.37.167");
InetSocketAddress sockAddr = new InetSocketAddress(address, 6000);
ServerSocket ss = new ServerSocket();
ss.bind(sockAddr);
Socket clinter = ss.accept();
```

InetAddress 类的用法我们一会儿再说。

在得到 Socket 对象后，可以调用该对象的 getInputStream 和 getOutputStream 方法获取输入输出流对象，通过输入流对象读取客户端发送的数据，通过输出流对象向客户端发送数据。代码如下所示：

```
OutputStream out = clinter.getOutputStream();
InputStream in = clinter.getInputStream();
out.write("Hello".getBytes());
byte[] buf = new byte[1024];
int len = is.read(buf);
```

如果与当前连接的客户端通信完毕，则需要调用 Socket 对象的 close 方法来关闭套接字。服务器程序一般都是为多个客户提供服务的，所以 ServerSocket 对象可以不用关闭，继续监听连接请求。在代码实现上，一般通过循环的方式不断调用 accept 方法。如果服务器程序要退出了，那么也应该调用 ServerSocket 的 close 方法来关闭它。

下面我们编写一个完整的服务器程序。启动 Eclipse，新建一个项目，项目名为：ch23；新建一个类，类名为：TcpServer，包名为：ch23.tcp。如代码 23.1 所示。

代码 23.1　ch23\tcp\TcpServer.java

```java
package ch23.tcp;

import java.io.IOException;
import java.io.InputStream;
import java.io.OutputStream;
import java.net.ServerSocket;
import java.net.Socket;

public class TcpServer {
    public static void main(String[] args) {
        byte[] buffer = new byte[1024];
        try(ServerSocket server = new ServerSocket(6000)) {
            while(true){
                try(Socket socket = server.accept()){
                    try(
                        InputStream in = socket.getInputStream();
                        OutputStream out = socket.getOutputStream()){
                        out.write("欢迎访问本服务器".getBytes());
                        int len = in.read(buffer);
                        System.out.println("客户端发送的数据是："
                            + new String(buffer, 0, len));
                    }
                }
            }
        }
        catch(IOException e) {
            e.printStackTrace();
        }
    }
}
```

上面这个例子是一个提供长时间服务的服务器程序。它首先创建一个 ServerSocket 对象，并指定这个 ServerSocket 监听 6000 端口。然后在一个无限循环中调用 accept 方法，一旦有客户端的连接请求时，accept 方法就返回一个 Socket 对象。接下来就是获得这个 Socket 对象的输入输出流，向客户端发送一个欢迎信息，最后读取客户端发送的数据并打印输出。

输入输出流与套接字的关闭都是利用 try-with-resources 语句自动完成的。

23.2.2 客户端程序

扫码看视频

客户端程序不需要服务器套接字，只需要创建一个 Socket 对象连接到服务器，之后通过输入输出流读取和发送数据即可。

在创建 Socket 对象时，可以同时指定服务器的 IP 地址和端口，建立与服务器的连接。对应的构造方法如下所示：

- public Socket(InetAddress address, int port) throws IOException

参数 address 指定服务器的地址，port 指定服务器监听的端口号。

Java 用 InetAddress 类来表示主机名和 IP 地址，该类提供了获取主机名和 IP 地址，以及相互转换的方法。可以调用 InetAddress 类的静态方法 getByName 通过主机名来得到表示 IP 地址的 InetAddress 对象，该方法的签名如下所示：

- public static InetAddress getByName(String host) throws UnknownHostException

host 参数也可以是标准文本表示的 IP 地址，如果是 IPv4 地址（就是点分十进制格式的字符串），则 getByName 只是检查地址格式是否有效，然后返回代表该地址的 InetAddress 对象。如果 host 参数是 null，则 getByName 会返回本机回路地址，即 127.0.0.1。

> **注意**：当我们在一台机器上同时运行客户端和服务器程序时，本地回路地址就非常有用了。当我们的客户端程序要连接本机运行的服务器程序时，使用本地回路地址就可以了。无论这台计算机是否连接了网络，本地回路地址都是可用的。

接下来编写客户端程序，新建一个类，类名为：TcpClient，包名为：ch23.tcp。如代码 23.2 所示。

代码 23.2　ch23\tcp\TcpClient.java

```java
package ch23.tcp;

import java.io.IOException;
import java.io.InputStream;
import java.io.OutputStream;
import java.net.InetAddress;
import java.net.Socket;

public class TcpClient {
    public static void main(String[] args) {
        byte[] buffer = new byte[1024];
        try {
            InetAddress addr = InetAddress.getByName(null);
            try(Socket socket = new Socket(addr, 6000)){
                try(
                    InputStream in = socket.getInputStream();
                    OutputStream out = socket.getOutputStream()){
                    int len = in.read(buffer);
```

```java
                    System.out.println(new String(buffer, 0, len));
                    out.write("我是客户端".getBytes());
                }
            }
        } catch (IOException e) {
            e.printStackTrace();
        }
    }
}
```

接下来测试一下服务器程序与客户端程序的通信。先运行服务器程序，再运行客户端程序。在 Eclipse 的 Console 视图中，可以切换控制台窗口，以便观察服务器和客户端程序的输出，如图 23-7 所示。

图 23-7　切换控制台

服务器程序使用了无限循环等待客户端的连接，因此，你可以多次运行客户端程序。如果要终止服务器程序，则可以点击图 23-7 中的 ■ 图标。

要注意的是，我们是在一台机器上测试服务器和客户端程序的，所以客户端套接字连接的地址是本地回路地址。另外要注意的就是端口号，客户端程序连接的端口号是服务器程序监听的端口号。

扫码看视频

23.2.3　多线程的服务器程序

第 23.2.1 节的服务器程序在同一时刻只能为一个客户端提供服务，因为程序是串行执行的，当前一个客户端还在通信时，服务器将无法接受下一个客户端的连接请求。显然，这与我们理解的服务器程序有些偏差：一个服务器程序应该能够同时为多个客户端提供服务。

要实现这一点也很简单，只需要在连接建立后，启动一个新的线程与客户端进行通信，主线程继续 accept 就可以了。

代码 23.3 展示了真正的服务器程序。

代码 23.3　ch23\tcp\ThreadTcpServer.java

```java
package ch23.tcp;

import java.io.IOException;
import java.io.InputStream;
import java.io.OutputStream;
import java.net.ServerSocket;
import java.net.Socket;
import java.util.concurrent.ExecutorService;
import java.util.concurrent.Executors;
import java.util.concurrent.atomic.AtomicInteger;

public class ThreadTcpServer {
    // 用于记录服务过的客户端的数量
    private static AtomicInteger count = new AtomicInteger();

    // 与客户端进行通信的任务
```

```
        private static class SocketTask implements Runnable{
            private final Socket socket;
            public SocketTask(Socket socket) {
                this.socket = socket;
            }

            @Override
            public void run() {
                try(
                    socket;
                    InputStream in = socket.getInputStream();
                    OutputStream out = socket.getOutputStream()){
                    String data = "Hello, you are client: " + count.incrementAndGet();
                    out.write(data.getBytes());
                    byte[] buffer = new byte[1024];
                    int len = in.read(buffer);
                    System.out.println("客户端发送的数据是:"
                            + new String(buffer, 0, len));
                }
                catch(IOException e) {
                    e.printStackTrace();
                }
            }
        }
        public static void main(String[] args) {
            ExecutorService exec = Executors.newCachedThreadPool();
            try(ServerSocket server = new ServerSocket(6000)) {
                while(true){
                    Socket socket = server.accept();
                    // 启动一个新的线程与客户端进行通信
                    exec.execute(new SocketTask(socket));
                }
            }
            catch(IOException e) {
                e.printStackTrace();
            }
        }
    }
```

现在每当有一个客户端连接请求到来，程序都会启动一个新的线程与它进行通信，而主线程则继续监听，等待连接请求。

你可以在启动服务器程序后，连续运行多个客户端程序，看看客户端程序接收到的服务器的数据。

23.2.4 套接字超时

当我们通过套接字读取网络数据时，读取操作会被阻塞，阻塞的原因有很多，比如在读取时，数据还未到达，又或者底层网络驱动繁忙，无法及时为读取操作准备数据。

为了避免因读取操作而导致阻塞时间过长，可以调用 Socket 类的 setSoTimeout 方法为套接字设置一个超时值，该方法的签名如下所示：

- public void setSoTimeout(int timeout) throws SocketException

参数 timeout 以毫秒为单位。之后通过 Socket 关联的 InputStream 对象读取数据，如果发生超时,则会抛出 java.net.SocketTimeoutException 异常,但套接字依然有效。

客户端程序在连接服务器程序时,也可能会发生阻塞,我们也可以为连接设置一个超时值,但这就不能使用前面例子中的 Socket(InetAddress address, int port)构造方法了,因为这个构造方法在创建 Socket 的同时就会建立与服务器的连接。要为连接设置超时值,可以先用无参构造方法创建 Socket 对象,然后调用它的 connect 方法建立与服务器的连接,同时设置超时值。带超时值设置的 connect 方法的签名如下所示:

- public void connect(SocketAddress endpoint, int timeout) throws IOException

客户端建立连接的代码如下所示:

```
Socket socket = new Socket();
InetAddress serverAddr = InetAddress.getByName("111.229.37.167");
InetSocketAddress serverSockAddr = new InetSocketAddress(serverAddr, 6000);
socket.connect(sockAddr, 5000);
```

扫码看视频

23.3 基于 UDP 的套接字编程

在采用 UDP 进行通信时,通信双方不需要建立连接,可以直接向一个 IP 地址发送数据。因此,对于基于 UDP 的套接字编程来说,它的服务器和客户端这种概念不是很强化,我们可以把服务器端(即先启动的一方)称为接收端,客户端(即发送数据的一方)称为发送端。

基于 UDP 的套接字编程的接收端程序流程如下:

① 调用 DatagramSocket(int port)创建一个数据报套接字,并绑定到指定端口上。

② 调用 DatagramPacket(byte[] buf, int length),构造一个 DatagramPacket 对象,用于接收 UDP 包。

③ 调用 DatagramSocket 类的 receive()方法,接收 UDP 包。

④ 最后关闭数据报套接字。

基于 UDP 的套接字编程的发送端程序流程如下:

① 调用 DatagramSocket()创建一个数据报套接字。

② 调用 DatagramPacket(byte[] buf, int offset, int length, InetAddress address, int port),建立要发送的 UDP 包。

③ 调用 DatagramSocket 类的 send()方法,发送 UDP 包。

④ 关闭数据报套接字。

接收端程序与发送端程序的交互过程如图 23-8 所示。

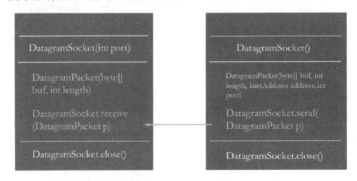

图 23-8 接收端程序与发送端程序的交互过程

23.3.1 接收端

下面我们按照上面讲述的基于 UDP 的网络通信程序编写流程，创建一个接收端程序。要先启动接收端程序，否则发送端程序发送的数据就"迷失"在网络中了。

UDP 通信与 TCP 通信不同，所以 Java 单独定义了一个数据报套接字 DatagramSocket。首先创建一个 DatagramSocket 对象，并指定一个端口，该实例会在指定的端口上接收数据，如下所示：

```
DatagramSocket recive = new DatagramSocket(6000);
```

然后就可以开始接收数据了，UDP 协议对数据的封装方式与 TCP 也是不同的，所以 Java 单独定义了一个类 DatagramPacket，用于接收 UDP 数据包。

下面的代码创建一个用于接收数据 DatagramPacket 对象：

```
byte[] buffer = new byte[1024];
DatagramPacket packet = new DatagramPacket(buffer, buffer.length);
```

开始接收数据，可以编写下面的代码：

```
receive.receive(packet);
```

在调用 receive 方法时会阻塞，等待数据的到来。receive 方法并不返回任何值，如果想知道实际收到的数据的字节数，可以调用 DatagramPacket 对象的 getLength 方法。DatagramPacket 还有一个 getData 方法，这个方法返回我们在创建 DatagramPacket 对象时设置的缓冲区（字节数组）。可以使用 getData 方法来获取接收到的数据，也可以直接使用前面定义的字节数组。

最后，调用 DatagramSocket 对象的 close 方法关闭数据报套接字。

新建一个类，类名为：UdpReceiver，包名为：ch23.udp，如代码 23.4 所示。

代码 23.4   ch23\udp\UdpReceiver.java

```java
package ch23.udp;

import java.io.IOException;
import java.net.DatagramPacket;
import java.net.DatagramSocket;

public class UdpReceiver {
    public static void main(String[] args) {
        try (DatagramSocket receive = new DatagramSocket(6000)){
            byte[] buffer = new byte[1024];
            DatagramPacket packet = new DatagramPacket(buffer, buffer.length);
            receive.receive(packet);
            System.out.println(new String(buffer, 0, packet.getLength()));

        } catch (IOException e) {
            e.printStackTrace();
        }
    }
}
```

可以看到，基于 UDP 通信的程序编写比基于 TCP 通信的程序要简单许多。

23.3.2 发送端

发送端程序也是先创建 DatagramSocket 对象,不过与接收端程序不同的是,不需要指定端口。当然,指定了端口也没有错,不过这个端口就不是接收端程序接收数据的端口了,而是数据报套接字绑定的端口,发送的数据会通过这个指定的端口发送出去。如果你没有指定端口,那么系统会帮你选择一个可用的端口进行绑定,在编写 TCP 客户端程序时也是如此。

这就和寄信的过程是一样的,寄送信件的人肯定要知道收信人的地址,但收信人可以不用知道寄信人的地址。当收信人收到信件后,从信封上自然就知道了寄信人的地址信息,如果要回信,就可以根据信封上的地址信息进行回复。通过 UDP 发送的每一个数据包都会带有发送者的地址信息,因此接收端是可以回复信息的,基于 UDP 的通信并不是只能一方接收数据、一方发送数据,双方是可以进行双向通信的。

发送的数据也通过 DatagramPacket 对象来承载,不过需要给出接收端的 IP 地址和端口号,可以使用如下的构造方法来实例化 DatagramPacket。

- public DatagramPacket(byte[] buf, int length, InetAddress address, int port)

创建一个包含发送数据的 DatagramPacket 对象的代码为:

```
byte[] buf = "Hello".getBytes();
DatagramPacket packet = new DatagramPacket(
                buf, buf.length,
                InetAddress.getByName(null), 6000);
```

当创建完 DatagramPacket 对象之后,调用 DatagramSocket 对象的 send 方法发送数据即可。

```
dsocket.send(packet);
```

在发送完数据之后,调用 DatagramSocket 对象的 close 方法关闭数据报套接字。

新建一个类,类名为:UdpSender,包名为:ch23.udp,如代码 23.5 所示。

代码 23.5　ch23\udp\UdpSender.java

```java
package ch23.udp;

import java.io.IOException;
import java.net.DatagramPacket;
import java.net.DatagramSocket;
import java.net.InetAddress;

public class UdpSender {
    public static void main(String[] args) {
        try(DatagramSocket sender = new DatagramSocket()) {
            byte[] buf = "Hello".getBytes();
            DatagramPacket packet = new DatagramPacket(
                    buf, buf.length,
                    InetAddress.getByName(null), 6000);
            sender.send(packet);
        } catch (IOException e) {
            e.printStackTrace();
        }
    }
}
```

现在可以试试基于 UDP 的通信了，先运行接收端程序，然后运行发送端程序，可以看到接收端程序收到的"Hello"字符串。

23.3.3 获取发送端的信息

前面说了，通过 UDP 发送的每一个数据包都会带有发送者的地址信息，Java 的网络库自然不会不遵循 UDP 协议的规则，DatagramPacket 类中给出了获取地址和端口的方法，在接收端收到 DatagramPacket 对象后，可以调用这些方法来得到发送端的相关信息。获取地址和端口的方法如下所示：

- public InetAddress getAddress()
- public int getPort()

在得到发送端的地址和端口信息之后，我们可以创建一个用于发送的 DatagramPacket 对象来向发送端发送数据。

```
InetAddress addr = packet.getAddress();
int port = packet.getPort();
DatagramPacket packetSend = new DatagramPacket(
        buffer, buffer.length, addr, port);
receive.send(packetSend);
```

在这段代码中，packet 是从发送端接收的数据，buffer 是接收端要发送的数据。

23.4 非阻塞的套接字编程

前面说了，在套接字编程中建立连接或读取数据时，都可能导致当前线程阻塞，当然，我们可以通过设置超时值避免长时间的等待，但这是治标不治本的办法。

想象一下我们去银行办事的场景：进入银行大门后有一台机器，我们根据自身要办理的业务选择一个类别，机器给我们打印出一张排号单，然后我们就可以在大厅玩会儿游戏、看看新闻，甚至可以离开银行去干点别的事情。等到办理我们业务的柜台空闲的时候，不需要任何的等待就可以去柜台办理业务。

如果在网络通信中，有人说，现在可以建立连接了、可以读取数据了，然后再去建立连接、读取数据，不用任何的等待，岂不美哉？

接下来就让我们一起来看看如何实现这种美妙的通信程序。

23.4.1 SocketChannel

扫码看视频

SocketChannel 类位于 java.nio.channels 包中，它是 NIO 库中的成员。

SocketChannel 是一个支持非阻塞套接字编程的通道类，基于 TCP 协议。要是基于 UDP 编程，可以使用 DatagramChannel 类。

在 SocketChannel 类中有一个 configureBlocking 方法，可以设置通道是阻塞模式还是非阻塞模式，该方法的签名如下所示：

- public final SelectableChannel configureBlocking(boolean block) throws IOException

如果 block 为 true，则这个通道是阻塞模式，否则是非阻塞模式。

要创建一个 SocketChannel 对象，调用该类的静态方法 open 就可以了。如果是客户端程序，则与服务器建立连接，调用 connect 方法即可。该方法的签名如下所示：

- public abstract boolean connect(SocketAddress remote) throws IOException

如果通道处于非阻塞模式，则调用此方法将启动非阻塞连接操作。如果连接立即建立，则返回 true，否则返回 false。如果通道处于阻塞模式，那么 connect 方法的调用也会阻塞，直到连接建立或者发生 I/O 错误。

在非阻塞模式下，如果 connect 方法返回 false，则之后必须调用 finishConnect 方法来完成连接操作。该方法的签名如下所示：

- public abstract boolean finishConnect() throws IOException

如果通道已经连接，则 finishConnect 方法并不会阻塞，而是立即返回 true。如果通道处于阻塞模式，那么这个方法调用也会阻塞，直到连接完成或失败。如果通道处于非阻塞模式，连接过程尚未完成，那么这个方法返回 false。

从 connect 和 finishConnect 方法的说明可以知道，如果通道处于非阻塞模式，那么不一定能成功建立连接。对于客户端程序而言，建立连接是首要的任务，因为需要服务器提供的服务，所以，客户端程序一般以阻塞的方式来建立连接。

客户端程序使用 SocketChannel 类以非阻塞的方式建立与服务器连接的代码如下所示：

```
SocketChannel channel = SocketChannel.open();
channel.configureBlocking(false);
channel.connect(new InetSocketAddress("111.229.37.167", 6000));
if(channel.finishConnect()){
    ...
}
```

在连接建立后，就可以调用 read 和 write 方法进行读写操作了，当然，你需要使用 Buffer 类。

23.4.2 ServerSocketChannel

扫码看视频

ServerSocketChannel 类也位于 java.nio.channels 包中，用于替代 ServerSocket。与 SocketChannel 的创建类似，ServerSocketChannel 也是调用该类的静态方法 open 来创建的。

ServerSocketChannel 同样有 configureBlocking 方法，用于设置通道是阻塞模式还是非阻塞模式。

在得到 ServerSocketChannel 实例后，需要调用它的 bind 方法将通道的套接字绑定到本地地址和端口上，该套接字会在指定地址和端口上进行监听。bind 方法的签名如下所示：

- public final ServerSocketChannel bind(SocketAddress local) throws IOException

之后就可以调用 accept 方法，接受与此通道套接字的连接。accept 方法的签名如下所示：

- public abstract SocketChannel accept() throws IOException

accept 方法返回一个 SocketChannel 对象，利用该对象的读写方法，就可以和客户端进行通信了。在非阻塞模式下，如果当前没有挂起的连接，那么该方法将返回 null。另外要注意的是，不管 ServerSocketChannel 本身处于阻塞模式还是非阻塞模式，返回的 SocketChannel 都是阻塞模式。

23.4.3 Selector

当 ServerSocketChannel 处于非阻塞模式下，调用 accept 不一定能建立与客户端的连接。在第 19.11 节介绍 NIO 时，有一个 Selector 我们没有介绍，现在是时候让它登场了。

Selector 是应用于可选择通道的多路复用器，一个可选择的通道是 SelectableChannel 类的实例，SocketChannel 和 ServerSocketChannel 都间接继承自该类。要创建一个 Selector 对象，可以调用该类的静态方法 open 打开一个选择器，该方法的签名如下所示：

- public static Selector open() throws IOException

可选择的通道调用 register 方法向指定的选择器进行注册，并指明感兴趣的网络操作。该方法的签名如下所示：

- public final SelectionKey register(Selector sel, int ops) throws ClosedChannelException

向选择器注册的通道必须处于非阻塞模式下，这意味着 FileChannel 不能与 Selector 一起使用，因为 FileChannel 不能切换为非阻塞模式。参数 ops 用于指定该通道感兴趣的网络操作，例如读取操作。ops 的值在 SelectionKey 类中以静态整型常量的形式定义，有如下 4 个值：

- OP_READ（值为：1 << 0）
- OP_WRITE（值为：1 << 2）
- OP_CONNECT（值为：1 << 3）
- OP_ACCEPT（值为：1 << 4）

在注册成功后，会返回一个 SelectionKey 对象，该对象包含了两个表示为整型值的操作集，一个是兴趣集，另一个是就绪集，兴趣集是你感兴趣的网络操作的集合，就绪集是通道已准备就绪的操作的集合。对应的方法如下所示：

- public abstract int interestOps()
- public abstract int readyOps()

简单来说，就是某个通道向选择器注册自己感兴趣的网络操作，注册的信息以 SelectionKey 对象来表示。SelectionKey 用整数的一个二进制位来代表一种操作，多个操作用位或的方式组织在一起，interestOps 返回的整数值就是该通道关心的所有网络操作。先调用选择器的 select 方法，选择器会对通道感兴趣的操作进行测试，判断哪些操作已就绪，然后将已就绪的操作放到就绪集中，readyOps 方法返回的就是已就绪的操作集，最后通道根据已就绪的操作进行相关方法调用，就可以避免阻塞了。

通常我们只对就绪集感兴趣，但 readyOps 方法返回的整数是一个以二进制位或运算组合在一起的就绪操作集合，虽然对整数的二进制位进行判断并不复杂，但也不是很方便，为此 SelectionKey 单独针对四种网络操作提供了判断是否就绪的方法，如下所示：

- public final boolean isAcceptable()
- public final boolean isConnectable()
- public final boolean isReadable()
- public final boolean isWritable()

也可以从 SelectionKey 对象中访问通道和选择器，这两个方法如下所示：

- public abstract SelectableChannel channel()
- public abstract Selector selector()

可以将一个对象附加到 SelectionKey 上，这样就能方便地识别某个给定的通道。例如，可以附加与通道一起使用的 Buffer。使用方法如下：

```
selectionKey.attach(obj);
Object attachedObj = selectionKey.attachment();
```

attachment 方法返回当前附加到 SelectionKey 上的对象。

还可以在通道调用 register 方法向选择器注册自身的时候附加对象。例如：

```
SelectionKey key = channel.register(selector, SelectionKey.OP_READ, obj);
```

一个选择器可以管理多个通道，一旦某个通道中有 I/O 操作发生，就可以调用 Selector 的 select 方法检测到。select 方法的签名如下所示：

- public abstract int select() throws IOException

可以通过返回值是否大于 0，来判断是否有某个通道准备好了 I/O 操作。select 方法本身是阻塞调用，它只在至少选择了一个通道或者当前线程被中断后返回，如果长时间没有任何通道就绪，那么 select 方法会返回 0。为避免长时间阻塞，也可以调用带有超时值参数的 select 方法，如下所示：

- public abstract int select(long timeout) throws IOException

参数 timeout 以毫秒为单位。

我们通过下面的代码来看看如何在服务器程序中，以非阻塞的方式与客户端建立连接。

```
// 打开一个服务器套接字通道
ServerSocketChannel serverChannel= ServerSocketChannel.open();
// 切换为非阻塞模式
serverChannel.configureBlocking(false);
// 绑定到所有本地地址和 6000 端口上进行监听
serverChannel.bind(new InetSocketAddress(6000));
// 获取一个选择器
Selector selector = Selector.open();
// 将通道注册到选择器，指定感兴趣的操作为接受连接
SelectionKey key = serverChannel.register(selector, SelectionKey.OP_ACCEPT);
// 查询注册到该选择器的通道上是否有就绪的操作
selector.select();
// 如果是接受连接的操作就绪，则调用 accept 方法建立连接
if(key.isAcceptable()) {
    SocketChannel socketChannel = serverChannel.accept();
    System.out.println("连接建立：" + socketChannel);
}
```

如果有多个通道注册到了同一个选择器上，那么维护每一个 register 方法返回的 SelectionKey 对象也是比较麻烦的。在 Selector 类中给出了一个 selectedKeys 方法，可以返回包含就绪操作的 SelectionKey 对象的 Set 集合。该方法的签名如下所示：

- public abstract Set<SelectionKey> selectedKeys()

有了这个方法，我们就可以循环遍历返回的 Set 对象，调用 SelectionKey 的 isXxx 方法来判断是哪种操作就绪，然后进行相应的操作就行了。

扫码看视频

23.4.4 非阻塞的服务器程序

结合非阻塞的通道与选择器，实现非阻塞的服务器程序，如代码 23.6 所示。

代码 23.6　ch23\tcp\nio\NonBlockingServer.java

```
package ch23.tcp.nio;

import java.io.IOException;
```

```java
import java.net.InetSocketAddress;
import java.nio.ByteBuffer;
import java.nio.channels.SelectionKey;
import java.nio.channels.Selector;
import java.nio.channels.ServerSocketChannel;
import java.nio.channels.SocketChannel;
import java.util.Set;

public class NonBlockingServer {

    private static final int BUF_SIZE = 1024;
    private static final int PORT = 6000;
    private static final int TIMEOUT = 2000;

    /**
     *  处理连接，将返回的SocketChannel设置为非阻塞模式，向选择器注册该通道
     * @param key
     * @throws IOException
     */
    private static void handleAccept(SelectionKey key) throws IOException {
        ServerSocketChannel serverChannel = (ServerSocketChannel)key.channel();
        SocketChannel sc = serverChannel.accept();
        sc.configureBlocking(false);
        // 将通道注册到选择器上，并指定感兴趣的操作是读取
        // 同时为创建的SelectionKey附加一个用于读取数据的ByteBuffer对象
        sc.register(key.selector(), SelectionKey.OP_READ,
                ByteBuffer.allocate(BUF_SIZE));

    }

    /**
     *  处理与客户端的通信
     *
     */
    private static void handleCommunication(SelectionKey key) throws IOException {
        SocketChannel sc = (SocketChannel)key.channel();
        // 得到SelectionKey附加的ByteBuffer对象
        ByteBuffer buf = (ByteBuffer)key.attachment();

        // 读取客户端发来的数据
        while(sc.read(buf) > 0){
            System.out.println("客户端发送的数据是："
                    + new String(buf.array(), 0, buf.position()));
            buf.clear();
        }
        // 向客户端发送一个回应信息
        sc.write(ByteBuffer.wrap("欢迎访问本服务器".getBytes()));

        // 与客户端通信完毕，取消选择器上的该通道的注册
        key.cancel();
        // 与客户端通信完毕，关闭通道
        sc.close();
```

```java
    }

    public static void main(String[] args) {
        try(
            // 打开一个服务器套接字通道
            ServerSocketChannel serverChannel= ServerSocketChannel.open();
            // 打开一个选择器
            Selector selector = Selector.open()){
            // 切换为非阻塞模式
            serverChannel.configureBlocking(false);
            // 绑定到所有本地地址和6000端口上进行监听
            serverChannel.bind(new InetSocketAddress(PORT));

            // 将通道注册到选择器,指定感兴趣的操作为接受连接
            serverChannel.register(selector, SelectionKey.OP_ACCEPT);

            while(true) {
                // 查询注册到该选择器的通道上是否有就绪的操作
                if(selector.select(TIMEOUT) == 0)
                    continue;

                Set<SelectionKey> keys = selector.selectedKeys();
                keys.forEach(key -> {
                    try {
                        // 如果是接受连接的操作就绪,则处理连接操作
                        if(key.isAcceptable()) {
                            handleAccept(key);
                        }
                        // 如果是读取操作就绪,则处理与客户端的通信
                        if (key.isReadable()) {
                            handleCommunication(key);
                        }
                    }
                    catch(IOException e) {
                        e.printStackTrace();
                    }
                    // 从返回的已选择键的集中删除已处理完的SelectionKey实例
                    // Selector不会自己从已选择键的集中删除SelectionKey实例
                    // 必须在处理完通道的就绪操作后自己删除
                    // 下次该通道变成就绪时,Selector会再次将其放入已选择键的集中
                    keys.remove(key);
                });
            }
        }
        catch(IOException e) {
            e.printStackTrace();
        }
    }
```

代码中给出了详细的注释,可以结合前面讲述的内容来理解代码。对于写入操作来说,一般不需要进行注册,否则会不断地触发写操作就绪。

23.4.5 非阻塞的客户端程序

结合非阻塞的通道与选择器,实现非阻塞的客户端程序,如代码 23.7 所示。

扫码看视频

代码 23.7　ch23\tcp\nio\NonBlockingClient.java

```java
package ch23.tcp.nio;

import java.io.IOException;
import java.net.InetSocketAddress;
import java.nio.ByteBuffer;
import java.nio.channels.SelectionKey;
import java.nio.channels.Selector;
import java.nio.channels.SocketChannel;

public class NonBlockingClient {
    public static void main(String[] args) {
        try(
            // 打开一个套接字通道
            SocketChannel channel = SocketChannel.open();
            // 打开一个选择器
            Selector selector = Selector.open()){
            // 切换为非阻塞模式
            channel.configureBlocking(false);
            // 连接到服务器
            channel.connect(new InetSocketAddress("127.0.0.1", 6000));

            // 如果连接建立成功
            if(channel.finishConnect()){
                // 将通道注册到选择器上,并指定感兴趣的操作是读取
                SelectionKey key = channel.register(selector, SelectionKey.OP_READ);
                // 向服务器发送数据
                channel.write(ByteBuffer.wrap("我是客户端".getBytes()));
                // 查询注册到该选择器的通道上是否有就绪的操作
                if(selector.select() > 0) {
                    // 如果是读取操作就绪,则读取服务器发回的响应信息
                    if(key.isReadable()) {
                        ByteBuffer buf = ByteBuffer.allocate(1024);
                        channel.read(buf);
                        System.out.println(new String(buf.array(), 0, buf.position()));
                    }
                }
            }
            else {
                System.out.println("连接未建立");
                return;
            }
        }
        catch(IOException e) {
            e.printStackTrace();
        }
    }
}
```

代码中给出了详细的注释，可结合前面讲述的内容来理解代码。

仅从这两个服务器和客户端程序还无法看出使用 Selector 的好处，如果某个应用需要打开很多的通道（例如一个聊天室服务器程序），但每个通道的流量都很少，那么为每个通道都创建一个线程进行读写操作就不合适，而且线程创建有开销，当没有数据的时候，读取线程阻塞对系统资源也是一种浪费，这时使用 Selector 就会很方便，可以创建一个单独的线程进行 select 操作，当有就绪的网络操作时再进行相应的处理。

23.5 URL 和 URLConnection

java.net 包中有两个类 URL 和 URLConnection，使用这两个类可以访问网络上的资源，也可以实现 HTTP 客户端的功能。

23.5.1 URL 类

URL（Uniform Resource Locator）是统一资源定位符。我们通常所说的网址就是一个 URL，例如：https://www.sina.com.cn/index.html。

URL 类表示一个 URL，我们可以用一个 URL 字符串来构建一个 URL 对象，如下所示：

```
URL url = new URL("http://www.baidu.com");
```

上面这个 URL 对象指向了百度的首页。

在创建 URL 对象之后，可以调用它的 getXxx 方法来得到与这个 URL 相关的信息。以下面的 URL 为例，我们来看看这些 getXxx 方法：

http://www.baidu.com/path/file.jsp?query=val1&name=val2

- public String getProtocol()
  返回 URL 的协议名。返回：http。
- public String getHost()
  返回 URL 的主机名。返回：www.baidu.com。
- public int getDefaultPort()
  返回与此 URL 关联的协议的默认端口号。返回：80。
- public int getPort()
  返回 URL 的端口号。返回：-1，因为 URL 并没有显式地给出端口号。
- public String getPath()
  返回 URL 的路径部分。返回：/path/file.jsp。
- public String getFile()
  得到 URL 的文件名。返回：/path/file.jsp?query=val1&name=val2。
- public String getQuery()
  得到 URL 的查询字符串。返回：query=val1&name=val2。

在 URL 类中，还有一个常用的方法是 openConnection，该方法返回一个 URLConnection 实例，表示与 URL 引用的资源的连接。openConnection 方法的签名如下所示：

- public URLConnection openConnection() throws IOException

23.5.2 URLConnection 类

通过调用 URL 类的 openConnection 方法，可以得到一个 URLConnection 对象，通过该对象，可以进一步获取资源的信息，甚至读取资源的内容。

URLConnection 类中的常用方法如下所示：

- public int getContentLength()
  返回 content-length 报头的值。
- public String getContentType()
  返回 content-type 报头的值。
- public InputStream getInputStream() throws IOException
  获取当前连接的输入流。
- public OutputStream getOutputStream() throws IOException
  获取当前连接的输出流。

23.5.3 一个实用的下载程序

URL 表示资源的路径，该类的 openConnection 方法可以建立与资源的连接，返回的 URLConnection 对象又可以调用 getInputStream 方法得到输入流来读取资源的内容，这是妥妥的资源下载功能的实现。

接下来我们就利用 URL 和 URLConnection 来实现一个下载程序。下面是下载程序的界面实现，如代码 23.8 所示。

代码 23.8　Downloader.java

```java
package ch23.download;

import java.awt.BorderLayout;
import java.awt.EventQueue;

import javax.swing.JButton;
import javax.swing.JFrame;
import javax.swing.JLabel;
import javax.swing.JPanel;
import javax.swing.JScrollPane;
import javax.swing.JTextArea;
import javax.swing.JTextField;

public class Downloader extends JFrame {
    private JTextField urlTextField = new JTextField();
    private JTextArea textArea = new JTextArea();

    public Downloader(){
        super("我的下载程序");
        init();
    }

    private void init(){
        this.setLocation(200,100);
        this.setSize(420, 350);
```

```java
        this.setDefaultCloseOperation(JFrame.EXIT_ON_CLOSE);

        JLabel label = new JLabel("地址");
        JButton downloadBtn = new JButton("下载");

        urlTextField.setColumns(25);
        JPanel northPanel = new JPanel();
        northPanel.add(label, BorderLayout.WEST);
        northPanel.add(urlTextField, BorderLayout.CENTER);
        northPanel.add(downloadBtn, BorderLayout.EAST);
        this.add(northPanel, BorderLayout.NORTH);

        JScrollPane pane = new JScrollPane();
        // 将文本域设置为不可编辑
        textArea.setEditable(false);
        pane.getViewport().add(textArea);
        this.add(pane, BorderLayout.CENTER);
    }

    public static void main(String[] args) {
        EventQueue.invokeLater(() -> {
            Downloader frame = new Downloader();
            frame.setVisible(true);
        });
    }
}
```

在绘制界面的代码中，创建一个 JPanel 实例，摆放在框架窗口的"北"边，在这个 Panel 中放置了 JLabel、JTextField 和 JButton。此外还创建了一个 JScrollPane 实例，摆放在框架窗口的中间区域，在 JScrollPane 中放置了 JTextArea。

运行上面的程序，你会看到如图 23-9 所示的窗口。

图 23-9 下载程序界面

接下来为"下载"按钮添加事件监听器，实现下载功能。由于我们要将下载的资源的相关信息显示在中间的文本域中，代码稍微有些多，所以单独定义一个 ActionListener 的实例变量，然后用 Lambda 表达式给出了 ActionListener 接口的实现，如代码 23.9 所示。

代码 23.9　"下载"按钮的事件监听器

```java
private ActionListener downloadListener = event -> {
    textArea.setText("");
```

```java
            String urlString = urlTextField.getText().trim();
            if("".equals(urlString)){
                JOptionPane.showMessageDialog(Downloader.this, "请输入下载资源的URL");
                return;
            }

            URL url;
            try {
                url = new URL(urlString);
                URLConnection urlConn = url.openConnection();
                StringBuilder sb = new StringBuilder();
                sb.append("Protocol:" + url.getProtocol() + "\n")
                  .append("Host:" + url.getHost() + "\n");
                if(url.getPort() == -1) {
                    sb.append("Port:" + url.getDefaultPort() + "\n");
                }
                else {
                    sb.append("Port:" + url.getPort() + "\n");
                }
                sb.append("Path:" + url.getPath() + "\n")
                  .append("File:" + url.getFile() + "\n")
                  .append("Query:" + url.getQuery() + "\n")
                  .append("Content Type:" + urlConn.getContentType() + "\n")
                  .append("Content Length:" + urlConn.getContentLength() + "\n\n");

                EventQueue.invokeLater(() -> {
                    textArea.setText(sb.toString());
                });

                JFileChooser jfc = new JFileChooser();
                int ret = jfc.showSaveDialog(Downloader.this);
                if (ret != JFileChooser.APPROVE_OPTION) {
                    return;
                }

                File f = jfc.getSelectedFile();

                try(
                    InputStream in = urlConn.getInputStream();
                    BufferedInputStream bis = new BufferedInputStream(in);
                    FileOutputStream fs = new FileOutputStream(f);
                    BufferedOutputStream bos = new BufferedOutputStream(fs)){
                    in.transferTo(bos);
                }

                JOptionPane.showMessageDialog(Downloader.this, "下载完成!");
            } catch (IOException e) {
                e.printStackTrace();
            }
        };
```

虽然代码有些多，但其实很简单，都是我们见过或用过的方法调用。"下载"按钮的事件处理程序只做 3 件事：(1) 创建 URL 和到 URL 的连接；(2) 向中间的文本域写入 URL 相关的信息；(3) 弹出一个保存文件对话框，让用户输入下载资源保存的文件名，然后下载资源。

在程序中还有一些细节需要注意：(1) 当用户没有输入 URL 就点击"下载"按钮时，将弹出消息框提示用户（也可以在用户没有输入 URL 时禁用"下载"按钮）；(2) 如果 getPort 方法返回-1，说明在 URL 中没有端口号，则调用 getDefaultPort 方法获取协议默认的端口号。

最后为"下载"按钮注册监听器，代码如下：

```
downloadBtn.addActionListener(downloadListener);
```

运行上面的程序，在文本框中输入一个 URL，如 "http://www.baidu.com"，然后单击"下载"按钮，程序弹出一个保存文件对话框，确定保存位置和保存文件名后，程序开始下载指定的资源并保存到指定的文件中。

不过在每次输入一个 URL 时，都要单击"下载"按钮来下载略显麻烦，为了提升用户体验，我们可以为 JTextField 添加一个 KeyListener 实例，监听回车键的按下，一旦用户输入完 URL 之后，按下回车键就可以开始下载了。代码如下所示：

```
urlTextField.addKeyListener(new KeyAdapter() {
    public void keyTyped(KeyEvent e) {
        if(e.getKeyChar() == KeyEvent.VK_ENTER){
            downloadBtn.doClick();
        }
    }
});
```

当判断按下的键为回车键时，调用 JButton 对象的 doClick 方法，该方法以编程方式执行"单击"按钮。

23.6　HTTP Client API

Java 从一开始就支持 HTTP/1.1，HTTP API 由 java.net 包中的几种类型组成。现有的 API 有以下问题：
- 它被设计为支持多个协议，如 http、ftp、gopher 等，其中许多协议已不再使用。
- 太抽象了，很难使用。
- 它包含许多未公开的行为。
- 它只支持一种模式，即阻塞模式，这要求每个请求/响应都有一个单独的线程。

在 HTTP/2 发布之后，Java 9 引入了一个新的 API 来提供对 HTTP/2 的支持。由于 Java 9 引入了 Java 平台模块系统（JPMS，Java Platform Module System），因此该 API 作为孵化器模块包含在内。孵化器模块旨在提供新 API，而不使它们成为 Java SE 标准的一部分。开发人员可以尝试使用这些 API 并提供反馈，一旦这些 API 经过市场的验证且已成熟，就可以将它们作为标准库的一部分。在 Java 11 发布之后，HTTP Client API 成为标准库的一部分，位于 java.net.http 包中。在 Java 9 和 Java 10 中，HTTP Client API 位于 jdk.incubator.http 包中。

HTTP Client API 定义的主要类型有：
- HttpClient
- HttpRequest

- HttpResponse
- WebSocket

如果读者了解 HTTP 协议的话，就会知道这套 API 是用于 HTTP 客户端编程的，HttpClient 用于发送请求和接收响应，HttpRequest 表示要发送到 HTTP 服务器的请求，HttpResponse 代表服务器发回的响应。WebSocket 则用于发送 WebSocket 消息。

 提示：如果使用 Java 9 或者 Java 10 版本，那么执行程序时要添加如下的命令行选项：

--add-modules jdk.incubator.httpclient

23.6.1 HttpClient

HttpClient 实例通过构建器来创建，构建器可用于配置每个客户端的状态，如首选协议的版本（HTTP/1.1 或 HTTP/2），是否遵循重定向、代理、身份验证器等。一旦构建，HttpClient 就不可变，可以用于发送多个请求。

可以通过如下的两个方法来创建 HttpClient 实例：

- public static HttpClient newHttpClient()
  使用默认设置创建一个 HttpClient 实例。等价于 newBuilder().build()。
- public static HttpClient.Builder newBuilder()
  创建一个 HttpClient 构建器，通过返回的构建器可以配置客户端的状态，最后调用构建器的 build 方法得到 HttpClient 实例。

使用默认设置创建 HttpClient 实例的代码如下所示：

```
HttpClient client = HttpClient.newHttpClient();
```

配置客户端状态的代码如下所示：

```
HttpClient client= HttpClient.newBuilder()
    .proxy(ProxySelector.getDefault()) // 配置代理
    .executor(Executors.newCachedThreadPool()) // 配置执行器
    .cookieHandler(CookieHandler.getDefault()) // 配置 Cookie 处理器
    .version(HttpClient.Version.HTTP_2) // 配置版本
    .build(); //根据配置信息创建 HttpClient 实例
```

请求可以在一个单独的线程中进行发送，只需要配置一个执行器就可以了，如上述粗体显示的代码所示。

在得到 HttpClient 实例后，就可以发送请求。请求可以同步或异步发送，异步发送就要用到第 20.8 节介绍的 CompletableFuture 了。

HttpClient 的 API 文档中给出了同步和异步发送请求的示例代码，如下所示：

```
// 同步示例
HttpClient client = HttpClient.newBuilder()
    .version(Version.HTTP_1_1)
    .followRedirects(Redirect.NORMAL)
    .connectTimeout(Duration.ofSeconds(20))
    .proxy(ProxySelector.of(new InetSocketAddress("proxy.example.com", 80)))
    .authenticator(Authenticator.getDefault())
    .build();
```

```java
HttpResponse<String> response = client.send(request, BodyHandlers.ofString());
System.out.println(response.statusCode());
System.out.println(response.body());

// 异步示例
HttpRequest request = HttpRequest.newBuilder()
    .uri(URI.create("https://foo.com/"))
    .timeout(Duration.ofMinutes(2))
    .header("Content-Type", "application/json")
    .POST(BodyPublishers.ofFile(Paths.get("file.json")))
    .build();
client.sendAsync(request, BodyHandlers.ofString())
    .thenApply(HttpResponse::body)
    .thenAccept(System.out::println);
```

sendAsync 方法的返回类型是：CompletableFuture<HttpResponse<T>>。

23.6.2　HttpRequest

HttpRequest 表示发送到 HTTP 服务器的一个请求，HttpRequest 实例的创建与 HttpClient 类似，其通过 HttpRequest 构建器来创建，如下所示：

- public static HttpRequest.Builder newBuilder()
- public static HttpRequest.Builder newBuilder(URI uri)

在得到 HttpRequest 构建器之后，可以设置请求的一些信息，例如，请求的 URI、请求的方法（GET、POST）、请求的报头信息等。如果是 POST 请求，那么还可以设置请求体的内容。调用 HttpRequest 构建器的 build 方法得到 HttpRequest 实例。

代码 23.10 向一个 URL 提交一个 GET 请求，打印返回的响应内容。

代码 23.10　HttpClientGet.java

```java
package ch23.chat.http2;

import java.io.IOException;
import java.net.URI;
import java.net.URISyntaxException;
import java.net.http.HttpClient;
import java.net.http.HttpClient.Redirect;
import java.net.http.HttpClient.Version;
import java.net.http.HttpRequest;
import java.net.http.HttpResponse;
import java.net.http.HttpResponse.BodyHandlers;
import java.time.Duration;

public class HttpClientGet {
    public static void main(String[] args) {
        HttpClient client = HttpClient.newBuilder()
                .version(Version.HTTP_1_1)
                .followRedirects(Redirect.NORMAL)
                .connectTimeout(Duration.ofSeconds(20))
                .build();
        try {
            String uri = "http://111.229.37.167/api/category";
```

```java
            HttpRequest request = HttpRequest.newBuilder()
                    .uri(new URI(uri))
                    .GET()
                    .build();
            HttpResponse<String> response =
                    client.send(request, BodyHandlers.ofString());
            System.out.println(response.statusCode());
            System.out.println(response.body());

        } catch (URISyntaxException | IOException | InterruptedException e) {
            e.printStackTrace();
        }
    }
}
```

输出结果是一个 JSON 字符串，如下所示：

```
200
[{"id":1,"name":"Java EE","root":true,"parentId":null,"children":[{"id":3,
"name":"Servlet/JSP","root":false,"parentId":1,"children":[]},{"id":4,"name":
"应用服务器","root":false,"parentId":1,"children":[]},{"id":5,"name":"MVC 框架
","root":false,"parentId":1,"children":[]}]},{"id":2,"name":"  程  序  设  计
","root":true,"parentId":null,"children":[{"id":6,"name":"C/C++","root":false
,"parentId":2,"children":[{"id":9,"name":"C11","root":false,"parentId":6,"chi
ldren":[]}]},{"id":7,"name":"Java","root":false,"parentId":2,"children":[]},{
"id":8,"name":"C#","root":false,"parentId":2,"children":[]}]}]
```

POST 请求需要发送请求体，HttpRequest.Builder 中的 POST 方法如下所示：

- HttpRequest.Builder POST(HttpRequest.BodyPublisher bodyPublisher)

POST 方法将请求方法设置为 POST，同时设置一个体发布器。BodyPublisher 用于将 Java 对象转换为适合作为请求体发送的字节缓冲区流。BodyPublisher 是 HttpRequest 类中定义的一个静态接口，那么要如何构建一个体发布器用于生成请求的内容呢？

在 HttpRequest 类中还定义了一个静态的内部类 BodyPublishers，该类以静态方法的形式给出了各种 BodyPublisher 接口的实现，例如从字符串、字节数组或者文件构建体发布器。常用的静态方法如下所示：

- public static HttpRequest.BodyPublisher ofString(String body)
- public static HttpRequest.BodyPublisher ofByteArray(byte[] buf)
- public static HttpRequest.BodyPublisher ofFile(Path path)throws FileNotFoundException

BodyPublishers 类还有重载的 ofString 和 ofByteArray 方法，也有从输入流构建体发布器的方法，详细内容请读者参阅该类的 API 文档。

代码 23.11 采用异步方式向一个 URL 提交一个 POST 请求，发送用户名和密码进行用户登录，并打印服务器发回的登录验证结果。

代码 23.11　HttpClientPost.java

```java
package ch23.chat.http2;

import java.net.URI;
import java.net.URISyntaxException;
import java.net.http.HttpClient;
```

```java
import java.net.http.HttpClient.Redirect;
import java.net.http.HttpClient.Version;
import java.net.http.HttpRequest;
import java.net.http.HttpResponse;
import java.net.http.HttpResponse.BodyHandlers;
import java.time.Duration;

public class HttpClientPost {
    public static void main(String[] args) {
        HttpClient client = HttpClient.newBuilder()
                .version(Version.HTTP_1_1)
                .followRedirects(Redirect.NORMAL)
                .connectTimeout(Duration.ofSeconds(20))
                .build();
        try {
            String uri = "http://111.229.37.167/api/user/login";
            // 构造一个 JSON 串，因为上面的 URL 只能处理 JSON 串形式的请求内容
            // 登录的用户名是 lisi，密码是 1234
            String body = "{\"username\": \"lisi\", \"password\": \"1234\"}";
            HttpRequest request = HttpRequest.newBuilder()
                .uri(new URI(uri))
                // 设置内容类型，也是针对上面的 URL 设置的
                .setHeader("Content-Type", "application/json")
                .POST(HttpRequest.BodyPublishers.ofString(body))
                .build();

            client.sendAsync(request, BodyHandlers.ofString())
                .thenApply(HttpResponse::body)
                .thenAccept(System.out::println)
                .join();
        } catch (URISyntaxException e) {
            e.printStackTrace();
        }
    }
}
```

程序运行的结果为：

{"code":200,"data":{"id":1,"username":"lisi","password":"1234","mobile":"13818678888"}}

23.6.3 HttpResponse

HttpResponse 表示 HTTP 服务器发回的响应。HTTP 服务器对请求的响应可以大致分为三部分：状态代码、响应报头和响应体（即响应的内容）。

在发送请求时，需要指定一个响应体处理器程序，它是 HttpResponse.BodyHandler 接口的一个实例。在 BodyHandler 接口中只有一个方法，如下所示：

- HttpResponse.BodySubscriber<T> apply(HttpResponse.ResponseInfo responseInfo)

apply 方法会在读取实际的响应体字节之前调用，可以在这个方法中检查响应状态代码

和响应报头。ResponseInfo 封装了初始的响应信息，包括 HTTP 协议版本、状态代码和响应报头。

例如：

```
BodyHandler<Path> bodyHandler = (rspInfo) -> rspInfo.statusCode() == 200
        ? BodySubscribers.ofFile(Paths.get("/tmp/f"))
        : BodySubscribers.replacing(Paths.get("/NULL"));
client.sendAsync(request, bodyHandler)
    .thenApply(HttpResponse::body)
    .thenAccept(System.out::println);
```

在 HttpClient 的 send 方法之后，会返回封装了完整响应信息的 HttpResponse 对象，通过该对象也可以得到状态代码、响应报头以及响应体的内容，之后可以根据状态代码进行不同的处理，例如状态代码 200 表示请求成功，此时可以对响应体进行正常处理；状态代码 404 表示请求的资源不存在，那么就无须处理响应体，此时应该给用户一个提示信息。

提供自定义的 BodyHandler 接口实现，是为了在读取响应体之前做出一些处理，例如替换响应体，或者丢弃响应体。在大多数情况下，都不需要这么麻烦，直接使用 BodyHandlers 类定义好的处理器实现就可以了。

BodyHandlers 是在 HttpResponse 类中定义的一个静态内部类，该类以静态方法的形式给出了各种 BodyHandler 接口的实现，例如将响应体作为字符串处理，或者将响应体流式处理到文件中。

例如：

```
// 以字符串形式接收响应体
HttpResponse<String> response = client
    .send(request, BodyHandlers.ofString());

// 以文件形式接收响应体
HttpResponse<Path> response = client
    .send(request, BodyHandlers.ofFile(Paths.get("example.html")));

// 以输入流形式接收响应体
HttpResponse<InputStream> response = client
    .send(request, BodyHandlers.ofInputStream());

// 丢弃响应体
HttpResponse<Void> response = client
    .send(request, BodyHandlers.discarding());
```

前面例子中，已经给出了响应体的处理方式，这里就不再单独举例了。

23.6.4 异步发送多个请求

我们可以利用执行器提供的线程服务，以异步的方式一次发送多个请求，等待每个请求的响应到来再进行处理，如代码 23.12 所示。

代码 23.12　HttpClientMultiRequest.java

```
package ch23.chat.http2;

import java.net.URI;
```

```java
import java.net.URISyntaxException;
import java.net.http.HttpClient;
import java.net.http.HttpRequest;
import java.net.http.HttpResponse;
import java.time.Duration;
import java.util.Arrays;
import java.util.List;
import java.util.concurrent.CompletableFuture;
import java.util.concurrent.ExecutorService;
import java.util.concurrent.Executors;
import java.util.stream.Collectors;

public class HttpClientMultiRequest {

    public static void main(String[] args) {
        ExecutorService executorService = Executors.newFixedThreadPool(3);
        HttpClient httpClient = HttpClient.newBuilder()
                .executor(executorService)
                .version(HttpClient.Version.HTTP_2)
                .connectTimeout(Duration.ofSeconds(10))
                .build();

        try {
            List<URI> targets = Arrays.asList(
                    new URI("http://111.229.37.167/api/category"),
                    new URI("http://111.229.37.167/api/book/new"),
                    new URI("http://111.229.37.167/api/book/hot"));

            List<CompletableFuture<String>> result = targets.stream()
                    .map(url -> httpClient.sendAsync(
                            HttpRequest.newBuilder(url)
                                    .GET()
                                    .build(),
                            HttpResponse.BodyHandlers.ofString())
                            .thenApply(HttpResponse::body))
                    .collect(Collectors.toList());

            result.forEach(future -> System.out.println(future.join()));
            executorService.shutdown();
        } catch (URISyntaxException e) {
            e.printStackTrace();
        }
    }
}
```

在代码中用到了 Stream API 的内容，如果读者已经有些遗忘，可以回顾一下第 14 章内容。程序输出的内容比较多，这里就不粘贴结果了。

23.6.5　启用 HttpClient 的日志记录功能

使用 HttpClient 编写 HTTP 客户端程序，与服务器的通信细节都被隐藏了，当没有得到正确的响应结果时，往往很难知道是什么原因导致的。做过 Web 开发的读者应该知道，打开浏览器的开发者工具，就可以清楚地看到请求与响应的详细信息，从而找到没能正确得到响应内容的错误原因。不幸的是，编写 HTTP 客户端程序，就相当于在实现浏览器的部分功能，谁又能提供开发者工具呢？

好在 JDK 有日志记录功能，我们可以启用针对 HttpClient 的日志记录，这样在运行程序时，可以通过日志信息来分析问题所在。

进入 JDK 安装的主目录，找到 conf 子目录下的 net.properties 文件，在该文件中添加下面的语句：

```
jdk.httpclient.HttpClient.log=all
```

开启针对 HttpClient 所有操作的日志记录功能。

接下来将名为 jdk.httpclient.HttpClient 的日志记录器的日志级别设置为 INFO，在 conf 子目录下找到 logging.properties 文件，添加下面的语句：

```
jdk.httpclient.HttpClient.level=INFO
```

至此，HTTP 客户端编程的内容就基本介绍完毕了，如果读者要做这方面的开发，建议先大致了解一下 HTTP 协议的内容，掌握请求方法、请求报头、响应的状态代码、响应报头等基本内容，这样有助于更好地开发 HTTP 客户端程序。

除了 HTTP 协议的客户端开发外，新增的 API 也支持针对 WebSocket 协议的程序开发，不过这需要读者先了解 WebSocket 协议的通信过程，才能更好地掌握这部分内容。限于篇幅，本章就不介绍 WebSocket 的开发了。

23.7 总结

本章详细介绍了 Java 的网络编程，除了比较底层的套接字通信外，还有针对应用层面的 URLConnection 与 HttpClient。

除了非阻塞套接字编程理解起来有些困难外，Java 的套接字编程实际上还是很简单的，但如果想要真正掌握网络编程，那么起码要对一些基本的网络协议有所了解，再结合 Java 网络编程的特点，就能得心应手地开发 Java 网络应用了。

23.8 实战练习

1. 基于 UDP，编写一个聊天室程序，要求在同一个程序中实现基于 UDP 的数据发送和接收功能。程序支持多人聊天，每个用户都输入聊天对象的 IP 地址或者主机名，发送信息，对方显示接收到的聊天信息。可以选择图形界面实现，或者基于控制台窗口的实现（可以考虑使用 Scanner 类）。

2. 使用 HttpClient 实现第 23.5.3 节介绍的下载程序。

第 24 章 数据库访问

数据库作为 Web 应用和企业级应用的主要数据源之一，已经变得越来越重要。早期对数据库的访问，都是调用数据库厂商提供的专有 API。为了在 Windows 平台下提供统一的数据库访问方式，微软推出了 ODBC（Open Database Connectivity，开放的数据库连接），并提供了 ODBC API，使用者只需要在程序中调用 ODBC API，由 ODBC 驱动程序将调用请求转换为对特定数据库的调用请求即可。在 Java 语言推出后，为了在 Java 语言中提供对数据库访问的支持，Sun 公司于 1996 年推出了 JDBC。

JDBC（Java Database Connectivity，Java 数据库连接）是应用程序编程接口（API），描述了一套访问关系数据库的标准 Java 类库。我们可以在程序中使用这些 API，连接到关系数据库，执行 SQL 语句，对数据进行处理。JDBC 不但提供了访问关系数据库的标准 API，还为数据库厂商提供了一个标准的体系结构，让厂商可以为自己的数据库产品提供 JDBC 驱动程序，这些驱动程序可以让 Java 应用程序直接访问厂商的数据库产品，从而提高了 Java 程序访问数据库的效率。

扫码看视频

24.1 JDBC 驱动程序的类型

通常一个数据库厂商在推出自己的数据库产品的时候，都会提供一套访问数据库的 API，这些 API 能以各种语言的形式提供，客户端程序通过调用这些专有的 API 来访问数据库。每一个厂商提供的数据库访问 API 都不相同，这导致使用某一个特定数据库的程序不能移植到另一个数据库上。为此，才有了 ODBC 和 JDBC。JDBC 以 Java 类库来取代数据库厂商的专有 API，客户端只需要调用 JDBC API，而由 JDBC 的实现层（即 JDBC 驱动程序）去处理与数据库的通信，从而让我们的应用程序不再受限于具体的数据库产品。

JDBC 驱动程序可以分为 4 类，分别是：
- JDBC-ODBC 桥。
- 部分本地 API，部分 Java 驱动程序。
- JDBC 网络纯 Java 驱动程序。
- 本地协议纯 Java 驱动程序。

24.1.1 JDBC-ODBC 桥

因为微软推出的 ODBC 比 JDBC 出现的时间要早,所以绝大多数的数据库都可以通过 ODBC 来访问,当 Sun 公司推出 JDBC 的时候,为了支持更多的数据库,提供了 JDBC-ODBC 桥。JDBC-ODBC 桥本身也是一个驱动,利用这个驱动,我们可以使用 JDBC API 通过 ODBC 去访问数据库。这种桥机制实际上是把标准的 JDBC 调用转换成相应的 ODBC 调用,并通过 ODBC 库把它们发送给 ODBC 数据源,如图 24-1 所示。

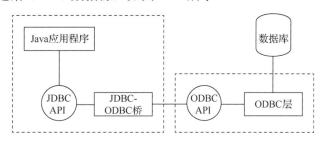

图 24-1　通过 JDBC-ODBC 桥访问数据库

可以看到通过 JDBC-ODBC 桥的方式访问数据库,需要经过多层的调用,因此利用 JDBC-ODBC 桥访问数据库的效率比较低。不过在数据库没有提供 JDBC 驱动,只有 ODBC 驱动的情况下,也只能利用 JDBC-ODBC 桥的方式访问数据库,例如,访问 Microsoft Access 数据库,就只能利用 JDBC-ODBC 桥来访问。

利用 JDBC-ODBC 访问数据库,需要客户的机器上具有 JDBC-ODBC 桥驱动、ODBC 驱动程序和相应数据库的本地 API。在 Java 7 及之前的 Java 版本中,提供了 JDBC-ODBC 桥的实现类:sun.jdbc.odbc.JdbcOdbcDriver 类。

24.1.2 部分本地 API 的 Java 驱动程序

大部分数据库厂商都提供与其数据库产品进行通信所需要的调用 API,这些 API 往往用 C 语言或类似的语言编写,依赖于具体的平台。这一类型的 JDBC 驱动程序可以使用 Java 编写,调用数据库厂商提供的本地 API。当我们在程序中利用 JDBC API 访问数据库时,JDBC 驱动程序将调用请求转换为厂商提供的本地 API 调用,数据库处理完请求将结果通过这些 API 返回,进而返回给 JDBC 驱动程序,JDBC 驱动程序将结果转化为 JDBC 标准形式,再返回给客户程序,如图 24-2 所示。

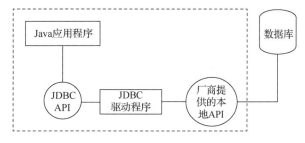

图 24-2　客户程序利用 JDBC 驱动程序调用厂商提供的本地 API 访问数据库

从图 24-2 中可以看到,通过这种类型的 JDBC 驱动程序访问数据库减少了 ODBC 的调用环节,提高了数据库访问的效率,并且能够充分利用厂商提供的本地 API 的功能。

在这种访问方式下,需要在客户的机器上安装本地 JDBC 驱动程序和特定厂商的本地 API。

24.1.3　JDBC 网络纯 Java 驱动程序

这种驱动利用作为中间件的应用服务器来访问数据库。应用服务器作为数据库的网关，客户端通过它可以连接到不同的数据库服务器。应用服务器通常有自己的网络协议，Java 客户程序通过 JDBC 驱动程序将 JDBC 调用发送给应用服务器，应用服务器使用本地驱动程序（例如上一节中所述的驱动）访问数据库，从而完成请求，如图 24-3 所示。

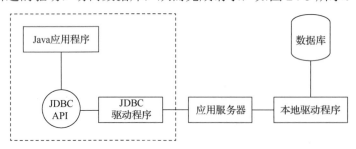

图 24-3　利用作为中间件的应用服务器访问数据库

BEA 公司（2008 年初被 Oracle 公司收购）的 WebLogic 和 IBM 的 Websphere 应用服务器就包含了这种类型的驱动。

24.1.4　本地协议的纯 Java 驱动程序

目前，绝大多数据库厂商已经支持允许客户程序通过网络直接与数据库通信的网络协议。这种类型的 JDBC 驱动程序完全用 Java 编写，通过与数据库建立直接的套接字连接，采用具体于厂商的网络协议把 JDBC API 调用转换为直接的网络调用（例如：Oracle Thin JDBC Driver），如图 24-4 所示。

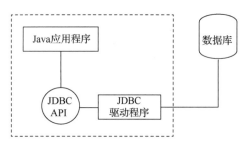

图 24-4　纯 Java 驱动程序访问数据库

这种类型的驱动是 4 种类型驱动中访问数据库效率最高的，不过，由于每个数据库厂商都有自己的协议，因此，访问不同厂商的数据库，需要不同的 JDBC 驱动程序。目前，几乎所有的数据库厂商（Oracle、Microsoft、Sybase 等）都为各自的数据库产品提供了这种类型的驱动。

24.2　安装数据库

在本章中，会介绍 Oracle 9i、Oracle 10g/11g、SQL Server 2000、SQL Server 2005 及之后版本、MySQL 8.0.13 这些数据库的访问，其中主要以 MySQL 为主。

MySQL 是开放源代码的数据库，读者可以从 https://dev.mysql.com/downloads/mysql/ 上

下载 MySQL 数据库管理系统，如图 24-5 所示。

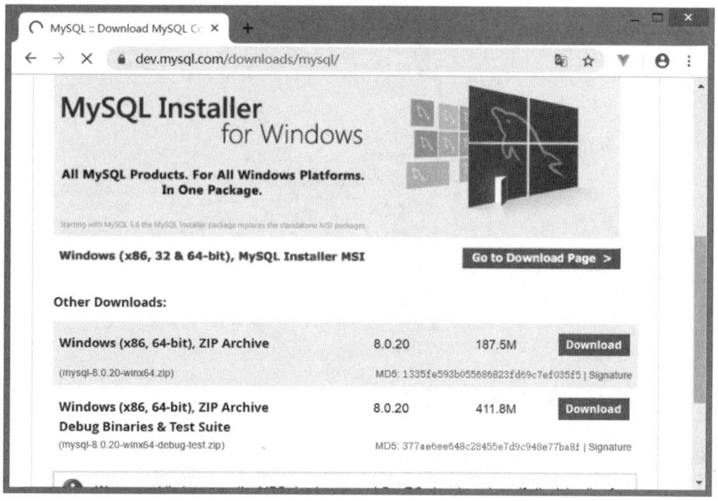

图 24-5　MySQL 数据库系统的下载页面

选择"Windows (x86, 64-bit), ZIP Archive"，点击右侧的"Download"按钮进行下载。

下载后是一个单独的压缩文件"mysql-8.0.20-winx64.zip"，直接解压缩文件即可，但是要让 MySQL 真正运行起来，还需要进行一些配置。接下来，请读者跟随笔者的步骤，让 MySQL 运行起来。

（1）解压缩该文件，得到 mysql-8.0.20-winx64 目录，在该目录下的文件和文件夹结构如图 24-6 所示。

图 24-6　MySQL 解压缩后的目录结构

（2）配置 Path 环境变量（环境变量的配置方法参看第 1.8.1 节），将 bin 子目录加到该环境变量中，如图 24-7 所示。

图 24-7　将 bin 子目录的完整路径添加到 Path 环境变量中

（3）安装 MySQL。右键单击 Windows 左下角的徽标，以管理员身份运行命令提示符（cmd），如图 24-8 所示。

图 24-8　以管理员身份运行命令提示符

之后在命令提示符窗口中执行下面的命令：

mysqld --initialize --console

结果如图 24-9 所示。

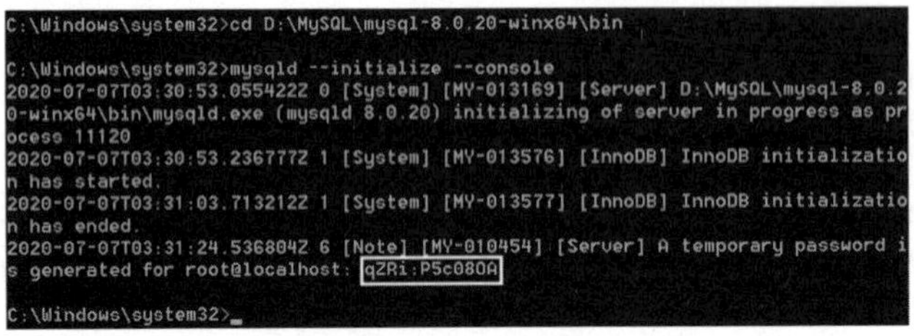

图 24-9　安装 MySQL

一定要注意图 **24-9** 矩形框中的内容，这是 **MySQL root** 用户的初始默认密码（不包含前面的空格），千万不要着急关闭命令提示符窗口，要将该密码记录下来，后面还要用到。

> 提示：如果在执行过程中出现下面的错误提示对话框，那么这是因为你的计算机上没有安装最新的 Visual C++运行库导致的，而 MySQL 的客户端程序需要该运行库。可以到微软的网站上下载 Visual C++运行库进行安装，下载地址是：https://visualstudio.microsoft.com/zh-hans/downloads/，在下载页面中搜索"Visual C++ Redistributable for Visual Studio 2019"，然后下载。

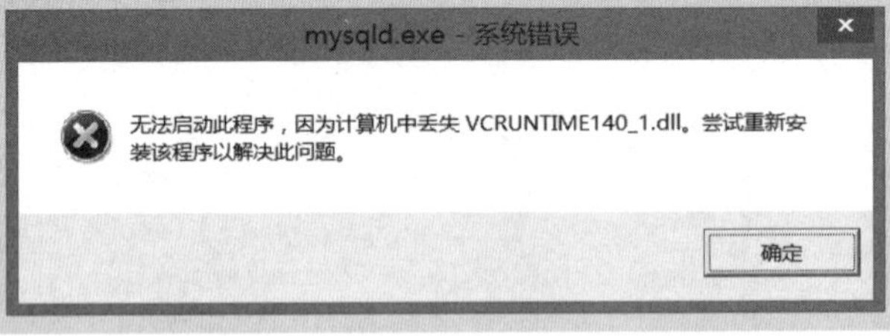

（4）安装服务。不要退出命令提示符窗口，继续执行下面的命令：

```
mysqld -install
```

这将默认安装名为 mysql 的 Windows 服务程序，如果不想要默认的名字，那么可以执行下面的命令：

```
mysqld -install [你的服务名]
```

（5）启动、停止、删除 MySQL 服务。可以分别执行下面的三个命令来启动、停止和删除 MySQL 服务，如图 24-10 所示。

```
net start mysql
net stop mysql
mysqld -remove
```

图 24-10　启动、停止、删除 MySQL 服务

图 24-10 只是演示三个命令的执行，你应该做的是在安装服务后启动服务。

（6）更改 root 用户的密码。在第（3）步安装 MySQL 的时候给出了 root 用户的密码，不过该密码是一个临时密码，我们需要重新设置一个密码。

将 MySQL 的服务重新安装并启动，执行下面的命令：

```
mysql -u root -p
```

出现如图 24-11 所示的界面。

图 24-11　使用 root 用户登录 MySQL

提示输入密码，输入刚才在第（3）步保存的密码（注意区分大小写），出现如图 24-12 所示的登录成功界面。

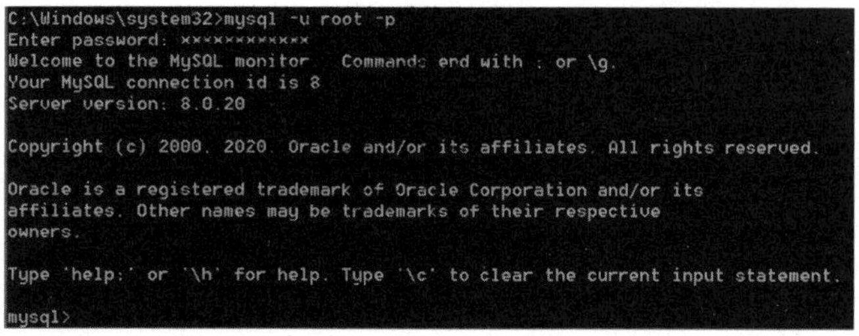

图 24-12　使用 root 用户和临时密码成功登录 MySQL

接下来执行下面的命令修改 root 用户的密码。

```
ALTER USER 'root'@'localhost' IDENTIFIED WITH mysql_native_password BY '新密码';
```

注意命令最后的英文分号（;）不能少，这是 MySQL 执行命令的语法。修改密码的结果如图 24-13 所示。

图 24-13　修改 root 用户的密码

因为我们只是用 MySQL 数据库来学习 JDBC 开发的，因此将密码设置简单一些会比较方便，这里将 root 用户密码设置为：12345678。

至此，MySQL 数据库系统的安装和配置就完成了。

24.3　下载 MySQL JDBC 驱动

本书所用的 MySQL JDBC 驱动版本为：mysql-connector-java-8.0.20。

MySQL 的 JDBC 驱动没有包含在数据库的安装包中，需要单独下载，下载的网址为 https://dev.mysql.com/downloads/connector/j/。

在浏览器中输入上面的网址，进入 MySQL 的 JDBC 驱动程序的下载页面，如图 24-14 所示。

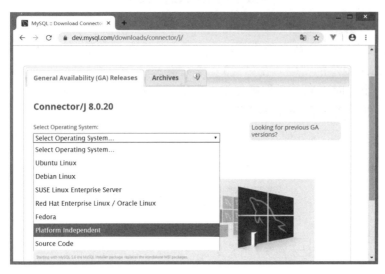

图 24-14　MySQL 的 JDBC 驱动程序下载页面

在"Select Operating System..."下拉列表框中选择"Platform Independent"，然后在图 24-15 所示的页面中选择 zip 压缩文件进行下载。

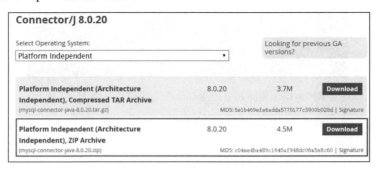

图 24-15　选择 zip 压缩文件进行下载

将下载后的文件解压缩，在主目录中有一个名为 mysql-connector-java-8.0.20.jar 的文件，这就是 MySQL 的 JDBC 驱动。

24.4 JDBC API

扫码看视频

JDBC API 包含在 JDK 中，被分为两个包：java.sql 和 javax.sql。java.sql 包定义了访问数据库的接口和类，其中一些接口由驱动程序提供商来实现。我们先看一段访问数据库的代码，如代码 24.1 所示。

代码 24.1　访问数据库的代码

```
1. Class.forName("com.mysql.cj.jdbc.Driver");
2. Connection conn=DriverManager.getConnection(
"jdbc:mysql://localhost:3306/bookstore?useSSL=false&serverTimezone=UTC",
     "root",
     "12345678");
3. Statement stmt=conn.createStatement();
4. ResultSet rs=stmt.executeQuery("select * from jobs");
```

我们在开发数据库访问程序时，经常会编写类似于上面的这段代码。可以看到，利用 JDBC 访问数据库非常简单，而且有统一的步骤。首先调用 Class 类的 forName 方法加载 JDBC 驱动类，接下来调用 DriverManager 类的 getConnection 方法建立与数据库的连接，然后调用 Connection 对象的 createStatement 方法，最后调用 Statement 对象的 executeQuery 方法执行查询语句得到 ResultSet 对象。在得到 ResultSet 对象后，就可以利用该对象的方法来获取数据库中的数据了。

24.5 加载并注册数据库驱动

扫码看视频

在代码 24.1 的第 1 行，调用 Class.forName 加载并注册 MySQL 8.0.x 的 JDBC 驱动程序类。下面我们介绍一下在这个调用背后发生的事情。

24.5.1 Driver 接口

java.sql.Driver 是所有 JDBC 驱动程序需要实现的接口。这个接口是提供给数据库厂商使用的，不同厂商实现该接口的类名是不同的，下面列出了几种主要数据库的 JDBC 驱动的类名。

- com.microsoft.**jdbc.sqlserver**.SQLServerDriver

这是微软的 SQL Server 2000 的 JDBC 驱动的类名。SQL Server 2000 的 JDBC 驱动需要单独下载，读者可以在微软公司的网站（http://www.microsoft.com）上下载 JDBC 驱动的安装文件。

- com.microsoft.**sqlserver.jdbc**.SQLServerDriver

这是微软的 SQL Server 2005 及之后版本的 JDBC 驱动的类名，注意和 SQL Server 2000 的 JDBC 驱动的类名相区分。SQL Server 2005 的 JDBC 驱动需要单独下载，读者可以在微软公司的网站（http://www.microsoft.com）上下载 JDBC 驱动的安装文件。

- oracle.jdbc.driver.OracleDriver

这是 Oralce 的 JDBC 驱动的类名，Oralce 的 JDBC 驱动不需要单独下载，在 Oracle 数库产品的安装目录下就可以找到。读者只需要在 Oracle 安装目录下搜索 jdbc 目录，找到后进入里面的 lib 子目录就可以看到了。Oracle 10g 和 Oracle 9i 的 JDBC 驱动类名和驱动的 JAR 文件是相同的，Oralce 11g 提供了两个 JDBC 驱动 JAR 文件，ojdbc5.jar 和 ojdbc6.jar 分别对应 JDK 5 和 JDK 6。

- com.mysql.jdbc.Driver

这是 MySQL 8.0 之前版本的 JDBC 驱动的类名。MySQL 的 JDBC 驱动需要单独下载，下载的方式已经在第 24.3 节介绍过了。

- com.mysql.cj.jdbc.Driver

这是 MySQL 8.0.x 版本的 JDBC 驱动的类名，本书所用的 MySQL 版本是 8.0.20，对应的 JDBC 驱动版本也是 8.0.20。

Driver 接口中提供了一个 connect 方法，用来建立到数据库的连接，该方法的签名如下所示：

- Connection connect(String url, Properties info) throws SQLException

在程序中不需要直接去访问这些实现了 Driver 接口的类，而是由驱动程序管理器去调用这些驱动。我们通过 JDBC 驱动程序管理器注册每个驱动程序，使用驱动程序管理器类提供的方法来建立数据库连接，而驱动程序管理器类的连接方法则调用驱动程序类的 connect 方法建立数据库连接，如图 24-16 所示。

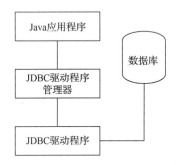

图 24-16 JDBC 驱动程序管理器与 JDBC 驱动程序通信

24.5.2 加载与注册 JDBC 驱动

加载 JDBC 驱动是调用 Class 类的静态方法 forName，向其传递要加载的 JDBC 驱动的类名。在运行时，类加载器从 CLASSPATH 路径中定位和加载 JDBC 驱动类。在加载驱动程序类后，需要注册驱动程序类的一个实例。

DriverManager 类是驱动程序管理器类，负责管理驱动程序，这个类中的所有方法都是静态的。在 DriverManager 类中提供了 registerDriver 方法来注册驱动程序类的实例，该方法的签名如下所示：

- public static void registerDriver(Driver driver) throws SQLException

通常不需要我们亲自去调用 registerDriver 方法来注册驱动程序类的实例，因为实现 Driver 接口的驱动程序类都包含了静态代码块，在这个静态代码块中，会调用 DriverManager.registerDriver 方法来注册自身的一个实例。当这个类被加载时（调用 Class.forName），类加载器会执行该类的静态代码块，从而注册驱动程序类的一个实例。

下面我们看一下 SQL Server 2000、Oracle 9i 和 MySQL 8.0.20 的驱动程序类对自身实例注册的代码片段。SQL Server 2000 JDBC 驱动程序类对自身实例注册的代码片段如代码 24.2 所示。

代码 24.2　SQL Server 2000 JDBC 驱动程序类的代码片段

```
// com.microsoft.jdbc.sqlserver.SQLServerDriver
public class SQLServerDriver extends BaseDriver
{
    …
    static
    {
        BaseDriver.registerDriver(new SQLServerDriver());
    }
    …
}
// com.microsoft.jdbc.base.BaseDriver
public abstract class BaseDriver implements Driver
{
    …
    protected static void registerDriver(BaseDriver basedriver)
    {
        try
        {
            DriverManager.registerDriver(basedriver);
        }
        catch(Exception exception) { }
    }
    …
}
```

从代码中可以看到，SQLServerDriver 类从 com.microsoft.jdbc.base.BaseDriver 类继承而来，在 SQLServerDriver 类中，有一个静态代码块，调用 BaseDriver 类的静态方法 registerDriver 注册 SQLServerDriver 类的一个实例。在 BaseDriver 类的 registerDriver 静态方法中，调用 DriverManager 类的静态方法 registerDriver 来注册驱动程序类的实例。

Oracle 9i JDBC 驱动程序类对自身实例注册的代码片段如代码 24.3 所示。

代码 24.3　Oracle 9i JDBC 驱动程序类代码片段

```
// oracle.jdbc.driver.OracleDriver
public class OracleDriver implements Driver
{
    private static OracleDriver m_defaultDriver;
    …
    static
    {
        …
        try
        {
            if(m_defaultDriver == null)
            {
                m_defaultDriver = new OracleDriver();
                DriverManager.registerDriver(m_defaultDriver);
            }
        }
        catch(RuntimeException runtimeexception) { }
        catch(SQLException sqlexception) { }
```

```
        }
        ...
}
```

可以看到在 OracleDriver 类中,也提供了静态代码块,调用 DriverManager 类的静态方法 registerDriver 来注册 OracleDriver 类的实例。

MySQL 8.0.20 JDBC 驱动程序类对自身实例注册的代码片段如代码 24.4 所示。

代码 24.4　MySQL 8.0.20 JDBC 驱动程序类的代码片段

```
// com.mysql.cj.jdbc.Driver
public class Driver extends NonRegisteringDriver implements java.sql.Driver {
    //
    // Register ourselves with the DriverManager
    //
    static {
        try {
            java.sql.DriverManager.registerDriver(new Driver());
        } catch (SQLException E) {
            throw new RuntimeException("Can't register driver!");
        }
    }
    ...
}
```

可以看到 Driver 类所包含的静态代码块也调用 DriverManager 类的静态方法 registerDriver 来注册 Driver 类的实例。

24.5.3　服务加载

JDBC API 定义了 Driver 接口,不同的数据库厂商都给出该接口的实现,如果厂商遵循 SPI 机制,那么就可以利用第 15.2 节介绍的服务加载器来找到并加载 Driver 实现类。

用解压缩软件打开 mysql-connector-java-8.0.20.jar,可以看到在 METF-INF\services 目录下有一个 java.sql.Driver 文件,文件内容如下:

com.mysql.cj.jdbc.Driver

这正是 MySQL 的 JDBC 驱动的类名。

查看 java.sql.DriverManager 类的源代码,可以发现在 ensureDriversInitialized 方法中,实现了 JDBC 驱动类的加载,如代码 24.5 所示。

代码 24.5　DriverManager 类的 ensureDriversInitialized 方法

```
// java.sql.DriverManager
private static void ensureDriversInitialized() {
    if (driversInitialized) {
        return;
    }

    synchronized (lockForInitDrivers) {
        if (driversInitialized) {
            return;
        }
        String drivers;
```

```java
        try {
            drivers = AccessController.doPrivileged(new PrivilegedAction<String>() {
                public String run() {
                    return System.getProperty(JDBC_DRIVERS_PROPERTY);
                }
            });
        } catch (Exception ex) {
            drivers = null;
        }

        AccessController.doPrivileged(new PrivilegedAction<Void>() {
            public Void run() {
                ServiceLoader<Driver> loadedDrivers = ServiceLoader.load(Driver.class);
                Iterator<Driver> driversIterator = loadedDrivers.iterator();

                try {
                    while (driversIterator.hasNext()) {
                        driversIterator.next();
                    }
                } catch (Throwable t) {
                    // Do nothing
                }
                return null;
            }
        });

        println("DriverManager.initialize: jdbc.drivers = " + drivers);

        if (drivers != null && !drivers.equals("")) {
            String[] driversList = drivers.split(":");
            println("number of Drivers:" + driversList.length);
            for (String aDriver : driversList) {
                try {
                    println("DriverManager.Initialize: loading " + aDriver);
                    Class.forName(aDriver, true,
                        ClassLoader.getSystemClassLoader());
                } catch (Exception ex) {
                    println("DriverManager.Initialize: load failed: " + ex);
                }
            }
        }

        driversInitialized = true;
        println("JDBC DriverManager initialized");
    }
}
```

　　熟悉的配方，熟悉的味道。只要 mysql-connector-java-8.0.20.jar 在类路径中能够被找到，DriverManager 就可以利用 SPI 机制找到并加载 MySQL 的 JDBC 驱动类。换句话说，对于支持 SPI 机制的 JDBC 驱动，可以不用调用 Class.forName 来加载驱动类。

在代码 24.5 中有如下一句代码：

```
System.getProperty(JDBC_DRIVERS_PROPERTY);
```

JDBC_DRIVERS_PROPERTY 是 DriverManager 类中定义的一个私有的静态字符串常量，值为：jdbc.drivers。

还有一种设置 JDBC 驱动类名的方式就是利用系统属性 jdbc.drivers 来设置，在执行程序时，使用-D 选项给出 JDBC 驱动的类名，如下所示：

```
java -Djdbc.drivers=com.mysql.cj.jdbc.Driver ch24.GetDBInfo
```

如果要设置多个 JDBC 驱动类名，以冒号（:）分隔即可。采用这种方式，也不需要调用 Class.forName，但这种方式并不常用。

DriverManager 类的 ensureDriversInitialized 方法会在建立数据库连接时被调用，具体内容参见下一节。

由于历史遗留原因，在大多数的数据库访问程序中，大家仍然习惯使用 Class.forName 来加载 JDBC 驱动类。

扫码看视频

24.6 建立到数据库的连接

代码 24.1 的第 2 行，调用 DriverManager 类的 getConnection 方法建立到数据库的连接，返回一个 Connection 对象。在 DriverManager 类中给出了 3 个重载的 getConnection 方法，如下所示：

- public static Connection getConnection(String url) throws SQLException
  该方法通过给出的数据库 URL 建立到数据库的连接。DriverManager 将从注册的 JDBC 驱动中选择一个合适的驱动，调用它的 connec 方法建立到数据库的连接。
- public static Connection getConnection(String url, String user, String password) throws SQLException
  该方法除了需要数据库的 URL 外，还需要用户名和密码来建立一个到数据库的连接。
- public static Connection getConnection(String url, Properties info) throws SQLException
  该方法需要数据库的 URL 和 java.util.Properties 对象。Properties 包含了用于特定数据库所需要的参数，以键值对的方式指定连接参数。在通常情况下，至少需要指定 user 和 password 属性。

JDBC URL 用于标识一个被注册的驱动程序，驱动程序管理器通过这个 URL 选择正确的驱动程序，从而建立到数据库的连接。JDBC URL 的语法如下：

```
jdbc:subprotocol:subname
```

整个 URL 用冒号（:）被分为了 3 个部分。

- 协议：在上面的语法中，jdbc 为协议，在 JDBC 中，它是唯一允许的协议。
- 子协议：子协议用于标识一个数据库驱动程序。
- 子名称：子名称的语法与具体的驱动程序相关，驱动程序可以选择任何形式的适合其实现的语法。

下面给出常用数据库的 JDBC URL 的形式。
- SQL Servler 2000
  jdbc:**microsoft:sqlserver**://localhost:1433;databasename=pubs
- SQL Servler 2005 及之后的版本
  jdbc:**sqlserver**://localhost:1433;databasename=pubs;
- Oracle 9i、10g 和 11g
  jdbc:oracle:thin:@localhost:1521:ORCL
- MySQL 8.0 之前版本
  jdbc:mysql://localhost:3306/databasename
- MySQL 8.0.x
  jdbc:mysql://localhost:3306/databasename?**useSSL=false&serverTimezone=UTC**

注意，与 MySQL 8.0.x 建立连接时，必须要设置 serverTimezone 参数，否则在建立到数据库的连接时会报错。useSSL 参数不是必需的，不过也建议读者加上。

24.7 访问数据库

数据库连接被用于向数据库服务器发送命令和 SQL 语句，在连接建立后，需要对数据库进行访问，执行 SQL 语句。在 java.sql 包中给我们提供了 3 个接口，分别定义了对数据库调用的不同方式，这 3 个接口是：Statement、PreparedStatement 和 CallableStatement。

24.7.1 Statement

代码 24.1 的第 3 行，调用 Connection 对象的 createStatement 方法创建了一个 Statement 对象。Statement 对象用于执行静态的 SQL 语句，返回执行的结果。在 Connection 接口中定义了 createStatement()方法，如下所示：

扫码看视频

- Statement createStatement() throws SQLException

该方法创建一个 Statement 对象，用于向数据库发送 SQL 语句。没有参数的 SQL 语句通常用 Statement 对象来执行。

Statement 接口中定义了下列方法用于执行 SQL 语句。

- ResultSet executeQuery(String sql) throws SQLException
  该方法执行参数 sql 指定的 SQL 语句，返回一个 ResultSet 对象。ResultSet 对象用于查看执行的结果。
- int executeUpdate(String sql) throws SQLException
  该方法执行参数 sql 指定的 INSERT、UPDATE 或者 DELETE 语句。另外，该方法也可以用于执行 SQL DDL 语句，例如：CREATE TABLE。
- boolean execute(String sql) throws SQLException
  该方法执行返回多个结果集的 SQL 语句。在某些情况下，一条 SQL 语句可以返回多个结果集或者更新行数。在通常情况下，我们可以不用这种方法，除非要执行一个返回多个结果集的存储过程或者动态执行一个未知的 SQL 串。如果使用了该方法，就必须使用 getResultSet()或者 getUpdateCount()方法来获取结果，并且调用 getMoreResults()方法来访问下一个结果集。如果返回的第一个结果是一个 ResultSet 对象，那么这个方法返回 true；如果返回的是一个更新的行数或者没有结果，那么这个方法返回 false。
- int[] executeBatch() throws SQLException
  该方法允许我们向数据库提交一批命令，然后一起执行。如果所有的命令都成功执行，那么返回值是一个更新行数的数组。数组中的每一个 int 元素都是按照加入命令的先后顺序来存储的，表示了相应命令的更新行数。可以使用 addBatch()方法将 SQL 命令加入到命令列表中。

下面我们通过一个网上书店数据库的例子，来学习 JDBC API 的用法。在这一节中，我们先创建存储图书信息的数据库和表。数据库名字为 bookstore，表名为 bookinfo，该表的结构如表 24-1 所示。

表 24-1　bookinfo 表的结构

字　段	描　述
id	bookinfo 表的主键，整型，一本图书信息唯一标识
title	字符串类型，书名
author	字符串类型，作者的名字
bookconcern	字符串类型，发行图书的出版社
publish_date	日期类型，图书发行的日期
price	单精度浮点数类型，图书的价格
amount	整型，图书库存数量
remark	字符串类型，备注

启动 Eclipse，新建一个项目，项目名为 ch24。新建一个类，类名为：CreateDB，如代码 24.6 所示。

代码 24.6　CreateDB.java

```
package ch24;

import java.sql.Connection;
import java.sql.DriverManager;
import java.sql.SQLException;
import java.sql.Statement;

public class CreateDB {

    public static void main(String[] args) {
        String url =
            "jdbc:mysql://localhost:3306?useSSL=false&serverTimezone=UTC";
        String user = "root";
        String password = "12345678";

        try {
            Class.forName("com.mysql.cj.jdbc.Driver");
        } catch (ClassNotFoundException e) {
            e.printStackTrace();
            System.exit(1);
        }
        try(
```

```
            Connection conn = DriverManager.getConnection(url,user,password);
            Statement stmt = conn.createStatement()){
            stmt.executeUpdate("drop database if exists bookstore");
            stmt.executeUpdate("create database bookstore");
            stmt.executeUpdate("use bookstore");
            stmt.executeUpdate("create table bookinfo(id INT not null primary key,title VARCHAR(50) not null,author VARCHAR(50) not null,bookconcern VARCHAR(100) not null,publish_date DATE not null,price FLOAT(5,2) not null,amount SMALLINT,remark VARCHAR(200)) ENGINE=InnoDB");
            stmt.addBatch("insert into bookinfo values(1,'VC++深入详解','孙鑫','电子工业出版社','2019-6-1',168.00,35,null)");
            stmt.addBatch("insert into bookinfo values(2,'Servlet/JSP深入详解','孙鑫','电子工业出版社','2019-6-1',139.00,20,null)");
            stmt.addBatch("insert into bookinfo values(3,'Vue.js从入门到实战','孙鑫','中国水利水电出版社','2020-4-1',89.80,10,null)");
            stmt.executeBatch();
        } catch(SQLException e) {
            e.printStackTrace();
        }
    }
}
```

以上代码首先调用 Class 类的静态方法 forName，加载并注册 MySQL 驱动程序，如果没有找到驱动程序类，则退出程序。接下来调用 DriverManager 类的静态方法 getConnection 得到数据库的连接对象，接着调用 Connection 对象的 createStatement 方法创建一个 Statement 对象。

在得到 Statement 对象后，调用它的 executeUpdate 方法创建 bookstore 数据库，并使用新创建的数据库，然后在 bookstore 数据库中创建 bookinfo 表，用来存储图书的信息。

接下来调用 Statement 对象的 addBatch 方法将插入数据的 SQL 语句组成一个命令列表，然后调用 executeBatch 方法批量执行这些 SQL 语句。大量 SQL 语句的批量执行可以显著地提高性能，减少服务器的负载，加快程序的执行速度。

在访问数据库时，也要注意各个数据库对象的关闭，在程序中使用 try-with-resources 语句来自动关闭 Statement 和 Connection 对象。

> **注意**：不同的数据库所使用的数据类型有一些差异。例如，代码 24.6 使用的数据库服务器是 MySQL，代码中创建 bookinfo 表使用的 DATE 类型在 SQL Server 中是没有的，SQL Server 的日期类型是 DATETIME 和 SMALLDATETIME。如果读者使用其他的数据库服务器来运行代码 24.6 的示例程序，则需要注意不同数据库之间的差异。

> **提示**：如果多次创建同一个数据库，就会引发异常，为了避免这个问题，代码 24.6 在创建数据库之前先执行了下面的代码：
> ```
> stmt.executeUpdate("drop database if exists bookstore");
> ```

使用 JDBC API 访问数据库，需要有该数据库的 JDBC 驱动。MySQL 的 JDBC 驱动我们已经下载下来了，但是需要在 Eclipse 中配置一下，才能找到该驱动。你可以选择配置外部文件，不过这样项目就只能在你的计算机上运行了，而且后期再运行项目时还得保证你的

MySQL 驱动没有更改位置。所以一般我们都是将驱动程序的 JAR 文件复制到项目目录下，然后再配置。

在 Eclipse 项目目录上单击鼠标右键，选择【New】→【Folder】，取名为 lib。然后将 mysql-connector-java-8.0.20.jar 文件复制到 lib 文件夹下，如图 24-17 所示。

图 24-17　复制 mysql-connector-java-8.0.20.jar 到 lib 文件夹下

在 mysql-connector-java-8.0.20.jar 文件上单击鼠标右键，选择【Build Path】→【Add to Build Path】，将这个 JDBC 驱动添加到构建路径中。

接下来就可以运行代码 24.6 的程序来创建数据库和表了，如果没有问题的话，就会看到"数据库创建成功！"。

扫码看视频

24.7.2　ResultSet

代码 24.1 的第 4 行，调用 Statement 对象的 executeQuery 方法创建了一个 ResultSet 对象。ResultSet 对象以逻辑表格的形式封装了执行数据库操作的结果集，ResultSet 接口由数据库厂商实现。ResultSet 对象维护了一个指向当前数据行的游标，在初始的时候，游标在第一行之前，可以调用 ResultSet 对象的 next 方法移动游标到下一行，该方法如下所示：

- boolean next() throws SQLException

next 方法移动游标到下一行，如果新的数据行有效，则返回 true，否则返回 false。通过判断这个方法的返回值，我们可以循环读取结果集中的数据行，直到最后。

在 ResultSet 接口中定义了很多方法来获取当前行中列的数据，根据表中字段类型的不同，采用不同的方法来获取数据。

```
    getArray()              getAsciiStream()         getBigDecimal()
getBinaryStream()
    getBlob()               getBoolean()             getByte()
getBytes()
    getCharacterStream()    getClob()                getDate()
getDouble()
    getFloat()              getInt()                 getLong()
getObject()
    getShort()              getString()              getTime()
getTimestamp()
```

在这些方法中，又提供了两种形式的调用：一种是以列的索引作为参数（注意索引从 1 开始），另一种是以列的名字作为参数。例如，对于 getString()方法，有下面两种形式：

- String getString(int columnIndex) throws SQLException
- String getString(String columnName) throws SQLException

如果你不知道要获取的列数据的类型，则可以一律采用 getString 方法来得到 String 类型的数据。

下面我们利用 ResultSet 对象取出上一节创建的 bookinfo 表中的数据，并打印输出，如代码 24.7 所示。

代码 24.7　SearchBook.java

```java
package ch24;

import java.sql.Connection;
import java.sql.DriverManager;
import java.sql.ResultSet;
import java.sql.SQLException;
import java.sql.Statement;

public class SearchBook{
    public static void main(String[] args) {
        try(Connection conn = getConnection()){
            listAllBooks(conn);
        } catch (SQLException e) {
            e.printStackTrace();
        }
    }

    private static Connection getConnection() {
        String url =
            "jdbc:mysql://localhost:3306/bookstore?useSSL=false&serverTimezone=UTC";
        String user = "root";
        String password = "12345678";
        try {
            Class.forName("com.mysql.cj.jdbc.Driver");
        } catch (ClassNotFoundException e) {
            e.printStackTrace();
            System.exit(1);
        }
        Connection conn = null;
        try {
            conn = DriverManager.getConnection(url,user,password);
        } catch (SQLException e) {
            e.printStackTrace();
        }
        return conn;
    }

    /**
     * 查询所有图书
     */
    private static void listAllBooks(Connection conn) {
        try(Statement stmt = conn.createStatement()){
            ResultSet rs = stmt.executeQuery("select * from bookinfo");
            printBookInfo(rs);
```

```java
        } catch (SQLException e) {
            e.printStackTrace();
        }
    }

    /**
     * 打印图书信息
     */
    private static void printBookInfo(ResultSet rs) {
        try(rs) {
            while(rs.next()) {
                System.out.print(rs.getString("title") + "\t");
                System.out.print(rs.getString("author") + "\t");
                System.out.print(rs.getString("bookconcern") + "\t");
                System.out.print(rs.getFloat("price") + "\t");
                System.out.print(rs.getDate("publish_date") + "\t");
                System.out.println();
            }
        } catch (Exception e) {
            e.printStackTrace();
        }
    }
}
```

重点关注 printBookInfo 方法，掌握如何遍历结果集。在 printBookInfo 方法中，利用 ResultSet 对象的 next 方法，循环取出每行的数据。要注意的是，在初始的时候，ResultSet 对象的游标在第一行之前，所以要先调用一次 next 方法（在 while 循环的条件判断中调用），将游标移动到第一行。在取数据的过程中，根据表中不同字段的类型，调用相应的 getXxx 方法来得到数据。读者也可以传递列的索引来获取数据（索引从 1 开始）。例如，要得到书名，可以调用 rs.getString(2)。利用索引来得到数据，需要清楚数据库表的结构，按照表中字段的顺序来传递索引值。

ResultSet 对象的用法就是如此。在程序中访问数据库，主要就是构建查询语句，若查询语句构建合适，就能得到想要的结果。下面我们再编写两个查询方法，看看如何在程序中构建查询语句。

第一个方法是在后台程序中常用的查询功能，用户可以在一个查询页面中输入不同的查询条件，在程序接收到查询条件后，需要编写 where 子句，组合查询条件，例如：

```
select * from bookinfo where title='Vue.js从入门到实战' and author='孙鑫'
```

但问题是你并不知道用户设置了几个查询条件，因此需要在程序中做判断，然后拼接 and 条件，可是 where 子句后的第一个条件是没有 and 关键字的，所以你还要判断是否已经有一个条件了，后面才好拼接 "and" 字符串。为了避免复杂的 if 判断，我们可以在 where 子句后附加一个恒等条件：1=1，这样就简化了条件的字符串拼接，只要某个条件存在，就统一拼接：and field=value，例如：

```
select * from bookinfo where 1=1 and title='Vue.js从入门到实战'
```

按照这种思路编写多条件查询方法，如代码 24.8 所示。

代码 24.8　SearchBook.java

```java
package ch24;

...

public class SearchBook{
    public static void main(String[] args) {
        try(Connection conn = getConnection()){
            listAllBooks(conn);
            listBook(conn, new String[] {"title"}, new String[] {"Vue.js 从入门到实战"});
        } catch (SQLException e) {
            e.printStackTrace();
        }
    }

    /**
     * 根据多个查询条件，精确找到图书
     */
    private static void listBook(Connection conn, String[] conds, String[] values) {
        try(Statement stmt = conn.createStatement()){
            StringBuffer sb=new StringBuffer("select * from bookinfo where 1=1");

            for(int i=0; i<conds.length; i++) {
                sb.append(" and " + conds[i] + "=" + "'" + values[i] + "'");
            }
            System.out.println(sb.toString());
            ResultSet rs=stmt.executeQuery(sb.toString());
            printBookInfo(rs);

        } catch (SQLException e) {
            e.printStackTrace();
        }
    }
    ...
}
```

这种查询方式存在 SQL 注入的安全风险，所以一般放在后台或管理程序中使用，用户需要授权才能访问，也就避免了 SQL 注入的风险。

第二个查询方法是实现关键字搜索查询，这也是在数据库应用中常见的功能。关键字搜索对于数据库应用而言是很简单的，就是一个 like 模糊查询而已，如代码 24.9 所示。

代码 24.9　SearchBook.java

```java
package ch24;

...

public class SearchBook{
```

```java
public static void main(String[] args) {
    try(Connection conn = getConnection()){
        ...
        listBookByKeyword(conn, "Vue.js");
    } catch (SQLException e) {
        e.printStackTrace();
    }
}

/**
 *  根据书名关键字查询图书
 */
private static void listBookByKeyword(Connection conn, String keyword) {
    try(Statement stmt = conn.createStatement()){
        String strSQL="select * from bookinfo where title like '%" + keyword + "%'";
        ResultSet rs=stmt.executeQuery(strSQL);
        printBookInfo(rs);

    } catch (SQLException e) {
        e.printStackTrace();
    }
}
...
}
```

与 Statement 和 Connection 类似，ResultSet 对象也需要关闭，我们统一将它们放到 printBookInfo 方法中使用 try-with-resources 语句来关闭。

扫码看视频

24.7.3 PreparedStatement

我们在程序中传递的 SQL 语句在执行前必须被预编译，包括语句分析、代码优化等，然后才能被数据库引擎执行。如果重复执行只有参数不同的 SQL 语句，则比较低效。如果要用不同的参数来多次执行同一个 SQL 语句，则可以使用 PreparedStatement 的对象。PreparedStatement 接口从 Statement 接口继承而来，它的对象表示一条预编译过的 SQL 语句。我们可以通过调用 Connection 对象的 prepareStatement 方法来得到 PreparedStatement 对象。PreparedStatement 对象所代表的 SQL 语句中的参数用问号（?）来表示，调用 PreparedStatement 对象的 setXxx 方法来设置这些参数。setXxx 方法有两个参数，第一个参数是要设置的 SQL 语句中的参数的索引（从 1 开始），第二个参数是要设置的 SQL 语句中的参数的值。

我们看下面的代码片段：

```
conn=DriverManager.getConnection(url,user,password);
Statement stmt=conn.createStatement();
stmt.executeUpdate("create table employee(id INT,name VARCHAR(10), hiredate DATE)");

PreparedStatement pstmt=conn.prepareStatement("insert employee values (?,?,?)");

pstmt.setInt(1,1);
```

```
pstmt.setString(2,"zhangsan");
pstmt.setDate(3,java.sql.Date.valueOf("2004-5-8"));
pstmt.executeUpdate();

pstmt.setInt(1,2);
pstmt.setString(2,"lisi");
pstmt.setDate(3,java.sql.Date.valueOf("2005-3-1"));
pstmt.executeUpdate();
```

注意代码中以粗体显示的部分。针对不同类型的参数，使用对应的 setXxx 方法，其中尤其要注意的是，在编写数据库访问程序时，对应数据库日期类型的 Java 类型是 java.sql.Date，而不是 java.util.Date（虽然 java.sql.Date 是 java.util.Date 的子类）。表 24-2 列出了 SQL 数据类型与 Java 数据类型的对应关系。

表 24-2　SQL 数据类型与 Java 数据类型的对应关系

SQL 数据类型	Java 数据类型
INTEGER、INT	int
TINYINT、SMALLINT	short
BIGINT	long
DECIMAL、NUMERIC	java.math.BigDecimal
FLOAT	float
DOUBLE	double
CHAR、VARCHAR	String
BOOLEAN、BIT	boolean
DATE	java.sql.Date
TIME	java.sql.Time
TIMESTAMP	java.sql.Timestamp
BLOB	java.sql.Blob
CLOB	java.sql.Clob
ARRAY	java.sql.Array

下面我们再创建一个用户账户表，使用 PreparedStatement 来插入数据，如代码 24.10 所示。

代码 24.10　CreateAccount.java

```
package ch24;

import java.sql.Connection;
import java.sql.DriverManager;
import java.sql.PreparedStatement;
import java.sql.SQLException;
import java.sql.Statement;

public class CreateAccount {
    public static void main(String[] args) {
        String url =
            "jdbc:mysql://localhost:3306/bookstore?useSSL=false&serverTimezone=UTC";
```

```java
            String user = "root";
            String password = "12345678";

            try {
                Class.forName("com.mysql.cj.jdbc.Driver");
            } catch (ClassNotFoundException e) {
                e.printStackTrace();
                System.exit(1);
            }
            try(
                Connection conn = DriverManager.getConnection(url,user,password);
                Statement stmt = conn.createStatement()){
                String sql = "create table account(userid VARCHAR(10) not null primary key,balance FLOAT(6,2)) ENGINE=InnoDB";
                stmt.executeUpdate(sql);
                sql = "insert into account values(?,?)";
                try(PreparedStatement pstmt=conn.prepareStatement(sql)){
                    pstmt.setString(1, "甲");
                  pstmt.setFloat(2, 500.00f);
                  pstmt.executeUpdate();

                  pstmt.setString(1, "乙");
                  pstmt.setFloat(2, 200.00f);
                  pstmt.executeUpdate();
                }
                System.out.println("创建account表成功!");

            } catch (SQLException e) {
                e.printStackTrace();
            }
        }
    }
```

在代码中调用 Statement 对象的 executeUpdate 方法创建了一个账户表 account。在表中有两个字段：一个是 userid，字符串类型，表示用户名；另一个是 balance，单精度浮点数类型，表示用户账户的余额。接下来调用 Connection 对象的 prepareStatement 方法创建一个 PreparedStatement 对象，利用 PreparedStatement 对象向 account 表中插入两行数据，分别是"甲"用户，账户余额为"500.00"；"乙"用户，账户余额为"200.00"。

执行程序，你会看到"创建 account 表成功！"。

24.7.4 CallableStatement

CallableStatement 对象用于执行 SQL 存储过程。CallableStatement 接口从 PreparedStatement 接口继承而来，我们可以通过调用 Connection 对象的 prepareCall 方法来得到 CallableStatement 对象。在执行存储过程之前，凡是存储过程中类型为 OUT 的参数必须被注册，这可以通过调用 CallableStatement 对象的 registerOutParameter 方法来完成。对于类型为 IN 的参数，可以利用 setXxx 方法来设置参数的值。我们看下面的代码片段：

```
CallableStatement cstmt=conn.prepareCall("call p_changesal(?,?)");
cstmt.registerOutParameter(2,java.sql.Types.INTEGER);
```

```
cstmt.setInt(1,7369);
cstmt.execute();
int sal=cstmt.getInt(2);
```

存储过程 p_changesal 有两个参数，第一个参数是 IN 类型，第二个参数是 OUT 类型。因为有一个 OUT 类型的参数，所以在执行这个存储过程之前，我们调用 registerOutParameter 方法注册存储过程的第二个参数。registerOutParameter 方法的第二个参数用于指定存储过程参数的 JDBC 类型，该类型在 java.sql.Types 类中定义。在执行存储过程后，可以直接调用 CallableStatement 对象的 getXxx 方法取出 OUT 参数的值。

CallableStatement 对象也可以用于执行函数（Oracle 和 MySQL 支持函数，SQL Server 只支持存储过程），我们看下面的代码片段：

```
CallableStatement cstmt=conn.prepareCall("? = call f_getsal(?)}");
cstmt.registerOutParameter(1,java.sql.Types.INTEGER);
cstmt.setInt(2,7369);
cstmt.execute();
int sal=cstmt.getInt(1);
```

函数的参数总是 IN 类型，如果要接收函数的返回值，则需要使用 "? =" 的语法形式，并调用 registerOutParameter 方法注册函数的返回值。

合理地利用存储过程来完成数据库访问操作，可以大大提高程序运行的效率，因为存储过程直接保存在数据库端，而数据库执行 SQL 语句的效率是非常高的，如果用 Java 代码来代替存储过程完成任务，则要涉及 SQL 命令的解析、数据的网络传输等开销，因此效率会比较低。不过要注意，不同数据库厂商提供的数据库产品采用的存储过程的语法是有差异的，如果不加限制地使用存储过程，那么当你要将现有的应用移植到其他数据库平台的时候，你会发现你的噩梦开始了。另外还要注意的是，有些数据库并不支持存储过程，例如 MySQL 5.0 之前的版本不支持存储过程。

24.7.5 元数据

在前面的例子中，我们利用查询语句从 bookinfo 表中取出图书的数据，但有时候我们可能需要得到数据库表本身的结构信息。例如，开发一个向用户显示数据库中所有表结构的工具。在 java.sql 包中，提供了一个接口 ResultSetMetaData，用于获取描述数据库表结构的元数据。在 SQL 中，用于描述数据库或者它的各个组成部分的数据称为元数据，以便和存放在数据库中的实际数据相区分。

可以调用 ResultSet 对象的 getMetaData 方法来得到 ResultSetMetaData 对象。ResultSetMetaData 接口中的常用的方法如下所示：

- int getColumnCount() throws SQLException
  该方法返回结果集中列的数量。

- int getColumnDisplaySize(int column) throws SQLException
  该方法返回列的最大字符宽度。

- String getColumnName(int column) throws SQLException
  该方法返回列的名字。

- int getColumnType(int column) throws SQLException
  该方法返回列的 SQL 类型，该类型称作 JDBC 类型，在 java.sql.Types 类中定义。

- String getColumnTypeName(int column) throws SQLException
  该方法返回列的数据库特定的类型名。
- String getTableName(int column) throws SQLException
  该方法返回列所属的表名。

在 java.sql 包中，还提供了 DatabaseMetaData 接口和 ParameterMetaData 接口。DatabaseMetaData 对象用于获取数据库的信息，ParameterMetaData 对象用于得到 PreparedStatement 对象中参数的类型和属性信息。可以通过调用 Connection 对象的 getMetaData 方法得到 DatabaseMetaData 对象，调用 PreparedStatement 对象的 getParameterMetaData 方法得到 ParameterMetaData 对象。

对于 ResultSetMetaData 接口中其他方法的信息，以及 DatabaseMetaData 接口和 ParameterMetaData 接口中定义的方法，请读者参看它们的 API 文档。

代码 24.11 利用 DatabaseMetaData 得到 bookstore 数据库中所有的表名，利用 ResultSetMetaData 获取 bookinfo 表的结构。

代码 24.11　GetDBInfo.java

```java
package ch24;

import java.sql.Connection;
import java.sql.DatabaseMetaData;
import java.sql.DriverManager;
import java.sql.ResultSet;
import java.sql.ResultSetMetaData;
import java.sql.SQLException;
import java.sql.Statement;

public class GetDBInfo {

    public static void main(String[] args) {
        String url =
            "jdbc:mysql://localhost:3306/bookstore?useSSL=false&serverTimezone=UTC";
        String user = "root";
        String password = "12345678";

        try {
            Class.forName("com.mysql.cj.jdbc.Driver");
        } catch (ClassNotFoundException e) {
            e.printStackTrace();
            System.exit(1);
        }
        try(
            Connection conn = DriverManager.getConnection(url,user,password)){
            DatabaseMetaData dbMeta=conn.getMetaData();
            try(ResultSet rs = dbMeta.getTables(null,null,null,new String[]{"TABLE"})){
                System.out.println("bookstore 数据库中的表有：");
                while(rs.next()){
                    // 获取表的名字
                    System.out.println(rs.getString("TABLE_NAME"));
```

```java
                }
            }
            System.out.println("--------------------------");
            try(
                Statement stmt = conn.createStatement();
                ResultSet rs = stmt.executeQuery("select * from bookinfo where 
id = 1")){
                ResultSetMetaData rsMeta=rs.getMetaData();
                int columnCount = rsMeta.getColumnCount();
                System.out.println("bookinfo 表的结构");
                for(int i=1; i<=columnCount; i++) {
                    // 字段名
                    System.out.print(rsMeta.getColumnName(i) + "\t");
                    // 字段类型
                    System.out.print(rsMeta.getColumnTypeName(i) + "\t");
                    // 字段最大宽度（以字符为单位）
                    System.out.print(rsMeta.getColumnDisplaySize(i) + "\t");
                    System.out.println();
                }
            }
        } catch (SQLException e) {
            e.printStackTrace();
        }
    }
}
```

在代码中调用 Connection 对象的 getMetaData 方法得到 DatabaseMetaData 对象后，调用该对象的 getTables 方法，传递"TABLE"参数（代码中使用 new String[]{"TABLE"}）获取数据库中所有表的信息，返回一个结果集对象。我们还可以传递"VIEW"来获取数据库中视图的信息，关于 getTables 方法的详细信息，请读者参看 API 文档。在 getTables 方法返回的结果集中，TABLE_NAME 是第 3 列，所以我们也可以调用 getString(3)来得到表的名字，关于其他各列的信息，请读者参看 API 文档。

接下来执行一条查询语句，得到 bookinfo 表中 id 为 1 的图书的查询结果集，然后利用结果集对象调用 getMetaData 方法得到 ResultSetMetaData 对象。ResultSetMetaData 的 getColumnCount 方法可以返回结果集中列的总数，在这里就是 bookinfo 表的字段总数。之后循环获取每个字段的名字、类型和最大字符宽度。

运行程序，输出结果为：

```
bookstore 数据库中的表有：
account
bookinfo
sys_config
--------------------------
bookinfo 表的结构
id      INT     10
title   VARCHAR 50
author  VARCHAR 50
bookconcern VARCHAR 100
publish_date    DATE    10
price   FLOAT   5
```

```
amount   SMALLINT     5
remark   VARCHAR  200
```

24.8 事务处理

考虑一下网上书店在线支付功能的实现，用户进入结算中心，在确认订单后，在程序中首先从 bookinfo 表中查询出图书的单价，乘以用户购买图书的数量，得到总的价格，然后从用户的 account 表中查询用户的余额是否可以完成这笔交易。接下来，更新 bookinfo 表中的图书库存数量，可就在这个时候，不幸的事发生了，程序所在的 Web 服务器发生了故障，当重启服务器后，我们发现图书的库存数量减少了，然而网站并没有得到收入，因为更新用户账户余额的操作因为服务器故障而导致没有执行。出现这样的问题，主要是由于我们在程序中没有采用事务处理。

所谓事务，是指构成单个逻辑工作单元的操作集合。事务处理保证所有的事务都作为一个工作单元来执行，即使出现了硬件故障或者系统失灵，也不能改变这种执行方式。当在一个事务中执行多个操作时，要么所有的操作都被提交（commit），要么整个事务回滚（rollback）到最初的状态。

当一个连接对象被创建时，默认情况下设置为自动提交事务，这意味着在每次执行一个 SQL 语句时，如果执行成功，就都会向数据库自动提交，也就不能再回滚了。为了将多个 SQL 语句作为一个事务执行，可以调用 Connection 对象的 setAutoCommit 方法，传入 false 来取消自动提交事务，在所有 SQL 语句成功执行后，调用 Connection 对象的 commit 方法来提交事务，或者在执行出错时，调用 Connection 对象的 rollback 方法来回滚事务。

为了避免多个事务同时访问同一份数据可能引发的冲突，我们还需要设置事务的隔离级别。事务隔离指的是数据库系统（或其他事务系统）通过某种机制，在并行的多个事务之间进行分离，使每个事务在其执行过程中保持独立（如同当前只有此事务单独运行）。要理解事务的隔离级别，需要了解 3 个概念：脏读（dirty read）、不可重复读（non-repeatable read）和幻读（phantom read）。

所谓脏读，是指一个事务正在访问数据，并对数据进行了修改，而这种修改还没有提交到数据库中，与此同时，另一个事务读取了这些数据，因为这些数据还没有提交，所以另一个事务读取的数据是脏数据，依据脏数据进行的操作可能是不正确的。如果前一个事务发生回滚，那么后一个事务读取的将是无效的数据。

所谓不可重复读，是指一个事务读取了一行数据，在这个事务结束前，另一个事务访问了同一行数据，并对数据进行了修改，当第一个事务再次读取这行数据时，得到了一个不同的数据。这样，在同一个事务内两次读取的数据不同，称为不可重复读（non-repeatable read）。

所谓幻读，是指一个事务读取了满足条件的所有行后，第二个事务插入了一行数据，当第一个事务再次读取同样条件的数据时，却发现多出了一行数据，就好像出现了幻觉一样。

标准 SQL 规范定义了 4 种事务隔离级别：

- Read Uncommitted

最低等级的事务隔离，它仅仅保证在读取过程中不会读取到非法数据。在这种隔离等级下，上述 3 种情况均有可能发生。

- Read Committed

此级别的事务隔离保证了一个事务不会读到另一个并行事务已修改但未提交的数据。也就是说，这个等级的事务级别避免了"脏读"。

- Repeatable Read

此级别的事务隔离避免了"脏读"和"不可重复读"，这也意味着，一个事务在执行过程中可以看到其他事务已经提交的新插入的数据，但是不能看到其他事务对已有记录的更新。

- Serializable

最高等级的事务隔离，也提供了最严格的隔离机制。上述 3 种情况都将被避免。在此级别下，一个事务在执行过程中完全看不到其他事务对数据库所做的更新。当两个事务同时访问相同的数据时，如果第 1 个事务已经在访问该数据，那么第 2 个事务只能停下来等待，必须等到第 1 个事务结束后才能恢复运行，因此这两个事务实际上是以串行化方式在运行。

4 种隔离级别对脏读、不可重复读和幻读的禁止情况如表 24-3 所示。

表 24-3　隔离级别对脏读、不可重复读和幻读的影响

隔离级别	禁止脏读	禁止不可重复读	禁止幻读
Read Uncommitted	否	否	否
Read Committed	是	否	否
Repeatable Read	是	是	否
Serializable	是	是	是

在 Connection 接口中定义了 setTransactionIsolation 方法，用于设置事务的隔离级别。同时，Connection 接口还定义了如下的 5 个常量，用作 setTransactionIsolation 方法的参数。

- TRANSACTION_NONE

不支持事务。

- TRANSACTION_READ_UNCOMMITTED

指定可以发生脏读、不可重复读和幻读。这个事务隔离级别表示在一个事务对一个数据行的所有修改操作提交之前，允许另一个事务读取这一行。如果第一个事务的所有更改操作被回滚，则第二个事务将获取到一个无效的数据行。

- TRANSACTION_READ_COMMITTED

指定禁止脏读，但可以发生不可重复读和幻读。也就是说，这个事务隔离级别只禁止事务在数据行的修改操作被提交之前读取这个数据。

- TRANSACTION_REPEATABLE_READ

指定禁止脏读和不可重复读，但可以发生幻读。这个事务隔离级别禁止事务读取一个还没有提交修改操作的数据行，并且它还禁止不可重复读的情况：一个事务读取了一个数据行，而另一个事务修改了这一行，然后第一个事务重新读取这个数据行，并在第二次读取时得到了不同的数据值。

- TRANSACTION_SERIALIZABLE

指定禁止脏读、不可重复读和幻读。这个事务隔离级别包括了 TRANSACTION_REPEATABLE_READ 隔离级别禁止的事项，同时还禁止出现幻读的情况：当一个事务读取满足 WHERE 条件的所有数据行后，另一个事务插入了一个满足 WHERE 条件的数据行，然后第一个事务再次读取满足相同条件的数据行时，将会得到一个新增的数据行。

下面我们看一个事务处理的例子，在这个例子中，用户"乙"购买 5 本《Vue.js 从入门到实战》，该书的价格是 89.80 元，库存数量是 10，5 本的总价是 449 元，虽然库存数量足够，但用户"乙"的账户余额只有 200 元，因此整个购买过程应该是失败的。在程序中把更新

bookinfo 表中图书数量的操作和更新 account 表中用户余额的操作作为一个事务来处理，只有在两个操作都完成的情况下，才提交事务，否则，就回滚事务，事务的隔离级别设为 Repeatable Read。

实例代码如代码 24.12 所示。

代码 24.12　TradeBook.java

```java
package ch24;

import java.sql.Connection;
import java.sql.DriverManager;
import java.sql.PreparedStatement;
import java.sql.ResultSet;
import java.sql.SQLException;
import java.sql.Statement;

public class TradeBook {
    public static void main(String[] args) {
        String url =
            "jdbc:mysql://localhost:3306/bookstore?useSSL=false&serverTimezone=UTC";
        String user = "root";
        String password = "12345678";

        try {
            Class.forName("com.mysql.cj.jdbc.Driver");
        } catch (ClassNotFoundException e) {
            e.printStackTrace();
            System.exit(1);
        }

        try(
            Connection conn = DriverManager.getConnection(url,user,password)){
            conn.setAutoCommit(false);
            conn.setTransactionIsolation(Connection.TRANSACTION_REPEATABLE_READ);
            try(Statement stmt = conn.createStatement()){
                float price;
                try(
                    // 查询 id 为 3 的图书的价格和库存数量
                    ResultSet rs = stmt.executeQuery("select price, amount from bookinfo where id=3")){
                    rs.next();
                    price = rs.getFloat(1);
                    int amount = rs.getInt(2);
                    // 如果库存数量大于等于 5，则将库存数量减去 5
                    if(amount >= 5) {
                        String updateSql = "update bookinfo set amount = ? where id = 3";
                        try(PreparedStatement pstmt=conn.prepareStatement(updateSql)){
                            pstmt.setInt(1, amount - 5);
                            pstmt.executeUpdate();
                        }
```

```
                    } else {
                        System.out.println("您所购买的图书库存数量不足。");
                        return;
                    }
                }
                // 查询用户乙的余额
                String sql = "select balance from account where userid = '乙'";
                try(ResultSet rs = stmt.executeQuery(sql);){
                    rs.next();
                    float balance = rs.getFloat(1);
                    float totalPrice = price * 5;
                    // 如果余额大于购买金额,则更新余额
                    if(balance >= totalPrice) {
                        String updateSql = "update account set balance = ? where userid = ?";
                        try(PreparedStatement pstmt = conn.prepareStatement(updateSql)){
                            pstmt.setFloat(1, balance - totalPrice);
                            pstmt.setString(2, "乙");
                            pstmt.executeUpdate();
                        }
                    }
                    else{
                        // 否则回滚事务
                        conn.rollback();
                        System.out.println("您的余额不足。");
                        return;
                    }
                    conn.commit();
                    System.out.println("交易成功!");
                }
            }
        } catch (SQLException e) {
            e.printStackTrace();
        }
    }
}
```

在代码中调用 Connection 对象的 setAutoCommit 方法,传递 false 参数,取消自动提交,然后调用 Connection 对象的 setTransactionIsolation 方法设置事务的隔离级别为 Repeatable Read。

请读者注意代码中的 rs.next()语句调用,有的人在循环获取结果集中的数据时不会忘记调用 rs.next(),但当返回的结果集中只有一行数据时,却往往忘记调用 rs.next()。

当用户"乙"的账户余额不足以支付图书购买时,调用 Connection 对象的 rollback 方法,回到交易开始之前的状态,也就是回滚到 bookinfo 表中《Vue.js 从入门到实战》的数量还没有发生改变的时候。要注意的是,如果在调用 rollback 方法之前,调用过 commit 方法,那么就只能回滚上一次调用 commit 方法之后所做的改变。当所有操作都成功后,调用 Connection 对象的 commit 方法提交事务,也就是向数据库提交所有的改变。

在本例中,为了演示在业务逻辑中对事务的提交与回滚,我们故意将两个更新操作分别执行，在正常情况下，应该做完判断后再统一更新数据库表。

24.9 可滚动和可更新的结果集

从 JDBC 2.1（包含在 JDK 1.2 版本中）开始就对结果集提供了更多的增强特性，支持可滚动和可更新的结果集，支持前面例子中用到的批量更新。

24.9.1 可滚动的结果集

在前面的例子程序中，我们通过 Statement 对象所创建的结果集只能向前滚动，也就是说只能调用 next 方法向前得到数据行，当到达最后一条记录后，next 方法将返回 false，我们无法再往回读取数据行。

如果要获得一个可滚动的结果集，则需要在创建 Statement 对象时，调用 Connection 对象的另一个重载的 createStatement 方法，如下所示：

- Statement createStatement(int resultSetType, int resultSetConcurrency)throws SQLException

参数 resultSetType 用于指定结果集的类型，可以有如下 3 个取值。

- ResultSet.TYPE_FORWARD_ONLY

结果集只能向前移动。这是调用不带参数的 createStatement 方法的默认类型。

- ResultSet.TYPE_SCROLL_INSENSITIVE

结果集可以滚动，但是对数据库的变化不敏感。

- ResultSet.TYPE_SCROLL_SENSITIVE

结果集可以滚动，并且对数据库的变化敏感。例如，在程序中通过查询返回了 10 行数据，如果另一个程序删除了其中的 2 行，那么在这个结果集中就只有 8 行数据了。

参数 resultSetConcurrency 用于指定并发性类型，可以有如下的两个取值。

- ResultSet.CONCUR_READ_ONLY

结果集不能用于更新数据库。这是调用不带参数的 createStatement 方法的默认类型。

- ResultSet.CONCUR_UPDATABLE

结果集可以用于更新数据库。使用这个选项，就可以在结果集中插入、删除或更新数据行，而这种改变将反映到数据库中（关于可更新的结果集，请参看下一节）。

对于 PreparedStatement 对象，在 Connection 接口中同样提供了一个重载的 prepareStatement 方法，如下所示：

- PreparedStatement prepareStatement(String sql, int resultSetType, int resultSetConcurrency) throws SQLException

ResultSet 接口提供了下面的方法来支持在结果集中的滚动。

- boolean isBeforeFirst() throws SQLException
- boolean isAfterLast() throws SQLException
- boolean isFirst() throws SQLException
- boolean isLast() throws SQLException

（以上 4 个方法分别用于判断游标是否位于第一行之前、最后一行之后、第一行和最后一行。）

- void beforeFirst() throws SQLException
  该方法移动游标到结果集第一行之前。

- void afterLast() throws SQLException
  该方法移动游标到结果集最后一行之后。
- boolean first() throws SQLException
  该方法移动游标到结果集的第一行。
- boolean last() throws SQLException
  该方法移动游标到结果集的最后一行。
- boolean absolute(int row) throws SQLException
  该方法移动游标到结果集中指定的行。row 可以是正数，也可以是负数。如果是正数，则游标相对于结果集的开始处移动，1 表示移动游标到第一行，2 表示移动游标到第二行。如果是负数，则游标相对于结果集的终点处开始移动，-1 表示移动游标到最后一行，-2 表示移动游标至倒数第二行。
- boolean previous() throws SQLException
  该方法移动游标到结果集先前的行。
- boolean relative(int rows) throws SQLException
  该方法将游标移动到相对于当前位置的一个位置。rows 可以是正数，也可以是负数。调用 relative(1)相当于调用 next()方法，调用 relative(-1)，相当于调用 previous()方法。调用 relative(0)也是有效的，但是并不改变游标的当前位置。

24.9.2　可更新的结果集

可以在创建 Statement 对象时，指定 ResultSet.CONCUR_UPDATABLE 类型，这样创建的结果集就是可更新的结果集。我们可以对结果集中的数据进行编辑，这种改变会影响数据库中的原始数据，也就是说，在结果集中的改变会自动在数据库中反映出来。

ResultSet 接口中定义了下面的方法用于修改结果集。

（1）更新一行

在 ResultSet 接口中提供了类似于 getXxx 方法的 updateXxx 方法，用于更新结果集中当前行的数据。updateXxx 方法可以接受列的索引或列的名字作为参数，例如下面的 updateString 方法：

- void updateString(int columnIndex, String x) throws SQLException
- void updateString(String columnName, String x) throws SQLException

updateXxx 方法只能修改当前行的数据，并不能修改数据库中的数据，所以在调用 updateXxx 方法后，还要调用 updateRow 方法，用当前行中新的数据更新数据库。如果你将游标移动到另一行，而没有调用 updateRow 方法，那么所有的更新将从结果集中被删除，并且这些更新不会被传到数据库中。可以调用 cancelRowUpdates 方法来放弃对当前行的修改，注意，要让这个方法有效，必须在调用 updateRow 方法之前调用它。可以调用 rowUpdated 方法来判断当前行是否已更新。

（2）插入一行

如果要在结果集中插入一个新行，并将这个新行提交到数据库中，首先调用 moveToInsertRow 方法移动游标到插入行，插入行是一个与可更新的结果集相联系的特殊的缓存行。当游标被放置到插入行时，当前游标的位置被记录下来。然后，将游标移动到插入行后，调用 updateXxx 方法，设置行中的数据。最后，在行数据设置完后，调用 insertRow 方法，将新行传递给数据库，从而在数据库中真正插入一行数据。当游标在插入行的时候，只有 updateXxx 方法、getXxx 方法和 insertRow 方法可以被调用，而且在一个列上调用 getXxx 方法之前，必须先调用 updateXxx 方法。可以调用 rowInserted 方法来判断当前行是否是插入行。

（3）删除一行

可以调用 deleteRow 方法从结果集和数据库中删除一行，当游标指向插入行的时候，不能调用这个方法。一个被删除的行可能在结果集中留下一个空的位置，可以调用 rowDeleted 方法来判断一行是否被删除。

可更新结果集的使用必须满足下面 3 个条件。

- 只能是针对数据库中单张表的查询。
- 在查询语句中不能包含任何的 join 操作。
- 在查询操作的表中必须有主键，而且在查询的结果集中必须包含作为主键的字段。

此外，如果在结果集上执行插入操作，那么 SQL 查询还应该满足下面两个条件。

- 查询操作必须选择数据库表中所有不能为空的列。
- 查询操作必须选择所有没有默认值的列。

24.10　行集

行集由 javax.sql.RowSet 接口定义，该接口继承自 ResultSet 接口，所以它是一个可滚动的、可更新的结果集，并且能够执行 ResultSet 对象可以执行的操作。

行集是表格式数据的容器，封装了一组从数据源获取的零个或多个数据行。RowSet 接口的基本实现，是从 JDBC 数据源中获取数据行，不过行集是可以定制的，这意味着行集中的数据也可以来自电子数据表（如 Excel 表）、文件、或者其他任何表格式样的数据源。

行集对象可以与数据源建立连接，并在其整个生命周期中保持该连接，在这种情况下，它被称为已连接的行集。行集还可以与数据源建立连接，从中获取数据，然后关闭连接，这样的行集称为断开连接的行集。断开连接的行集可以在断开连接时对其数据进行更改，然后将更改发送回原始数据源，但必须重新建立连接才能这样做。

断开连接的行集可以有一个读取器（RowSetReader 对象）和一个写入器（RowSetWriter 对象）与其关联。读取器可以用许多不同的方法实现，以填充行集的数据，包括从非关系数据源获取数据。写入器也可以通过许多不同的方式实现，以将对行集数据所做的更改写回基础数据源。

24.10.1　行集的标准实现

在 Java 5 发布的时候，为行集提供了 5 种标准实现，这些标准实现由两部分组成：接口和实现类。接口位于 javax.sql.rowset 包中，实现类位于 com.sun.rowset 包中。

标准的 RowSet 实现如下所示。

- JdbcRowSet

JdbcRowSet 是 ResultSet 对象的包装器。JdbcRowSet 对象是连接的行集，它通过 JDBC 驱动与数据库保持着连接。JdbcRowSet 的一个用途是创建可滚动和可更新 ResultSet 对象。在默认情况下，所有行集对象都是可滚动和可更新的。如果正在使用的驱动程序和数据库不支持可滚动和可更新的结果集，则应用程序可以使用 ResultSet 对象的数据填充 JdbcRowSet 对象，然后将 JdbcRowSet 对象当作 ResultSet 对象来操作。

- CachedRowSet

CachedRowSet 对象是一个容器，用于在内存中缓存行数据，所以它不需要维持到数据源的打开连接。通常它与数据源是断开连接的，除非它需要从数据源读取数据或者将数据写入数据源。由于 CachedRowSet 对象在内存中存储数据行，所以它不适合存储很大的数据集。

- WebRowSet

WebRowSet 是 CachedRowSet 接口的子接口，因此，它拥有 CachedRowSet 的所有功能。WebRowSet 接口添加了读写 XML 格式行集的能力。

- FilteredRowSet

FilteredRowSet 接口扩展自 WebRowSet，它让我们可以使用行集数据经过筛选的子集。

- JoinRowSet

JoinRowSet 接口也扩展自 WebRowSet，用于将来自不同行集对象的相关数据组合到一个 JoinRowSet 对象中，就如同 SQL 的 JOIN 操作。换句话说，JoinRowSet 对象充当来自行集对象的数据的容器，这些对象构成了 SQL 的 JOIN 关系。

位于 com.sun.rowset 包中的实现类名都是上述接口名字加上 Impl 后缀。Java 7 新增了一种屏蔽实现细节来获取行集对象的方式，如下所示：

```
import javax.sql.rowset.CachedRowSet;
import javax.sql.rowset.RowSetFactory;
import javax.sql.rowset.RowSetProvider;

RowSetFactory factory = RowSetProvider.newFactory();
CachedRowSet crs = factory.createCachedRowSet();
```

获取其他 4 种行集对象也有对应的 createXxx 方法。

24.10.2 行集的事件模型

行集事件模型使得 Java 对象或者组件能够收到 RowSet 对象产生的事件的通知。每一个希望得到事件通知的组件都必须实现 RowSetListener 接口，并向行集对象进行注册。RowSetListener 接口位于 javax.sql 包中，其定义的方法如下所示：

- void cursorMoved(RowSetEvent event)
- void rowChanged(RowSetEvent event)
- void rowSetChanged(RowSetEvent event)

在 RowSet 对象中可能发生三种事件：游标移动、数据行发生变化（插入、删除或者更新）、该对象的整个内容发生变化，RowSetListener 接口中的 cursorMoved、rowChanged 和 rowSetChanged 方法分别对应这些事件。当事件发生时，行集将创建一个 RowSetEvent 对象，这个对象将该行集作为事件源。

实现 RowSetListener 接口的对象调用 RowSet 对象的 addRowSetListener 方法进行注册，该方法的签名如下所示：

- void addRowSetListener(RowSetListener listener)

例如，一个表格组件负责显示行集中的数据，那么它可以实现 RowSetListener 接口，并向行集对象注册自身。之后行集对象的数据发生改变，表格组件得到通知，在对应的事件处理器方法中更新数据的显示。

24.10.3 CachedRowSet

我们以 CachedRowSet 为例，来看一下行集的应用。行集本身就有结果集所具有的功能，所以我们只是看一下行集特有的一些功能。

如果从数据库中查询出一个结果集，那么可以直接用这个结果集来填充 CachedRowSet 对象，如下所示：

```
ResultSet rs = ...;
RowSetFactory factory = RowSetProvider.newFactory();
CachedRowSet crs = factory.createCachedRowSet();
// 以结果集来填充 CachedRowSet 对象
crs.populate(rs);
// CachedRowSet 不需要保持数据库的打开连接
conn.close();
```

之后可以按照操作结果集的方式来操作行集对象。

也可以让 CachedRowSet 自己建立与数据库的连接，如下所示：

```
RowSetFactory factory = RowSetProvider.newFactory();
CachedRowSet crs = factory.createCachedRowSet();
crs.setUrl(url);
crs.setUsername(user);
crs.setPassword(password);
// 设置查询语句
crs.setCommand("select * from bookinfo");
// 执行查询，将查询结果填充到行集中
crs.execute();
while(crs.next()) {
    ...
}
```

如果有一个现有的连接对象，那么就没有必要设置数据库连接属性了，直接使用该连接对象来执行查询命令就可以了，如下所示：

```
RowSetFactory factory = RowSetProvider.newFactory();
CachedRowSet crs = factory.createCachedRowSet();
// 设置查询语句
crs.setCommand("select * from bookinfo");
Connection conn = getConnection();
// 执行查询，将查询结果填充到行集中，并关闭连接
crs.execute(conn);
while(crs.next()) {
    ...
}
```

前面说了，CachedRowSet 不适合存储大量的数据，如果查询的结果集较大，则可以调用 CachedRowSet 的 setPageSize 方法设置行集的页面大小，即填充的行数。如下所示：

```
crs.setCommand("select * from bookinfo");
crs.setPageSize(5);
crs.execute();
while(crs.next()) {
    ...
}
```

这样就只能得到查询结果集中的前 5 行数据，如果要得到下一页数据，则可以调用 nextPage 方法，如下所示：

```
crs.setCommand("select * from bookinfo");
crs.setPageSize(5);
crs.execute();
while(crs.next()) {
    ...
}
crs.nextPage();
while(crs.next()) {
    ...
}
```

之后如果修改了行集的内容，希望将更新后的数据写回数据库中，则可以调用 acceptChanges 方法，如下所示：

```
Connection conn = getConnection();
// 需要取消自动提交事务
conn.setAutoCommit(false);
crs.execute(conn);

crs.next();
crs.updateString("title", "Java 无难事");
crs.updateRow();
crs.acceptChanges(conn);
```

这会将对第一行的 title 列的更改写回到数据库中，不过要注意的是，需要将连接对象设置为非自动提交。

24.11 JDBC 数据源和连接池

在前面的示例程序中，我们要建立数据库的连接，首先需要调用 Class.forName 加载数据库驱动，然后调用 DriverManager.getConnection 方法建立数据库的连接。在 javax.sql 包中，定义了 DataSource 接口，给我们提供了另外一种建立数据库连接的方式。DataSource 接口由驱动程序供应商来实现，利用 DataSource 来建立数据库的连接，不需要在客户程序中加载 JDBC 驱动，也不需要使用 java.sql.DriverManager 类。在程序中，通过向一个 JNDI（Java Naming and Directory）服务器查询来得到 DataSource 对象，调用 DataSource 对象的 getConnection 方法建立数据库的连接。可以将 DataSource 对象看成是连接工厂，用于提供到该对象所表示的物理数据源的连接。下面的代码片段演示了如何使用 DataSource 来建立数据库的连接。

```
javax.naming.Context ctx = new javax.naming.InitialContext();
javax.sql.DataSource ds =
    (javax.sql.DataSource)ctx.lookup("java:comp/env/jdbc/bookstore");
java.sql.Connection conn=ds.getConnection();
...
conn.close();
```

javax.naming.Context 接口表示一个命名上下文。在这个接口中，定义了将对象和名字绑定,以及通过名字查询对象的方法。javax.naming.InitialContext 是 Context 接口的实现类。

要查询一个命名的对象,可以调用 Context 接口的 lookup 方法,该方法的签名如下所示:

- Object lookup(String name) throws NamingException

JNDI 名称空间由一个初始的命名上下文(context)及其下的任意数目的子上下文组成。JNDI 名称空间是分层次的,这与许多文件系统的目录/文件结构类似,初始上下文与文件系统的根类似,子上下文与子目录类似。JNDI 层次的根是初始上下文,在这里通过变量 ctx 来表示。在初始上下文下有许多子上下文,其中之一就是 jdbc,jdbc 子上下文保留给 JDBC 数据源使用。逻辑数据源的名字可以在子上下文 jdbc 中,也可以在 jdbc 下的子上下文中。层次中的最后一级元素是注册的对象(这和文件类似),在这个示例中是数据源的逻辑名,即 bookstore。

java:comp/env 是环境命名上下文(Environment Naming Context,ENC),引入它是为了解决 JNDI 命名冲突的问题。ENC 将资源引用名和实际的 JNDI 名相分离,从而提高了 Java EE 应用的可移植性。

javax.sql.DataSource 接口可以有以下 3 种类型的实现。

- 基本的实现——产生一个标准的连接对象,与调用 DriverManager.getConnection 方法得到的连接对象一样,这是一个到数据库的物理连接。
- 连接池实现——产生一个自动参与到连接池中的连接对象。这种实现需要和一个中间层连接池管理器一起工作。
- 分布式事务实现——产生一个用于分布式事务的连接对象,这种连接对象几乎总是参与到连接池中。这种实现需要和一个中间层事务管理器和连接池管理器一起工作。

那连接池又是什么呢?我们知道,建立数据库连接是相当耗时和耗费资源的,而且一个数据库服务器能够同时建立的连接数也是有限的,在大型的数据库应用中,可能同时会有成百上千个访问数据库的请求,如果应用程序为每一个客户请求都分配一个数据库连接,则将导致性能的急剧下降。为了能够重复利用数据库连接,提高对请求的响应时间和服务器的性能,可以采用连接池技术。连接池技术预先建立多个数据库连接对象,然后将连接对象保存到连接池中,当客户请求到来时,从池中取出一个连接对象为客户服务,当请求完成后,客户程序调用 close 方法,将连接对象放回池中。

在普通的数据库访问程序中,客户程序得到的连接对象是物理连接,调用连接对象的 close 方法将关闭连接,而采用连接池技术,客户程序得到的连接对象是连接池中物理连接的一个句柄,调用连接对象的 close 方法,物理连接并没有被关闭,数据源的实现只是删除了客户程序中的连接对象和池中的连接对象之间的联系。

要使用数据源和连接池,必须要有数据源和连接池的实现,这在 Java SE 的类库中是没有提供的。我们可以选择一个第三方的连接池实现,例如 Apache 的 DBCP 连接池实现。

使用连接池已经超出了本书的范围,这里就不给出示例了。感兴趣的读者可以查阅相关资料,或者参阅笔者的另一本著作《Servlet/JSP 深入详解》。

24.12 总结

本章主要介绍了如何使用 JDBC API 来访问数据库。

首先介绍了如何加载 JDBC 驱动,以及建立到数据库的连接。然后介绍了如何创建数据库和表,如何插入数据,并对 Statement、ResultSet、PreparedStatement 和 CallableStatement

的用法做了介绍。此外，还介绍了批量更新、元数据、事务处理、可滚动和可更新的结果集、行集，以及 JDBC 数据源和连接池等内容。

24.13 实战练习

选择自己熟悉的数据库，或者使用本章介绍的 MySQL 数据库，编写程序实现数据库表的创建，以及对表中数据的增、删、改、查操作。

第 25 章 Java 平台模块系统

模块化是软件工程中非常重要的一个概念，把独立的功能封装成模块，并提供接口供外部使用，这样做的好处是：
- 代码内聚，容易维护。
- 能够有效降低复杂度。
- 能提供更好的伸缩性和扩展性。

Java 平台一直以来存在的一个问题是，随着 JDK 版本的更新，类库越来越庞大，一个简单的 "Hello World" 程序也要加载几乎整个类库。Java 9 新增了模块系统，将 Java 类库分解为了多个模块，用户可以根据程序的需要选择相应的模块，而不需要包含整个类库。

扫码看视频

25.1 Java 平台的模块

能够最直观地感受模块系统的地方就是 Java 的 API 文档，在 Java 9 版本之前的 API 文档以包的形式来组织，从 Java 9 开始，API 文档被拆分为以模块的方式来组织。图 25-1 展示了 Java 8 的 API 文档样式，图 25-2 展示了 Java 11 的 API 文档样式。

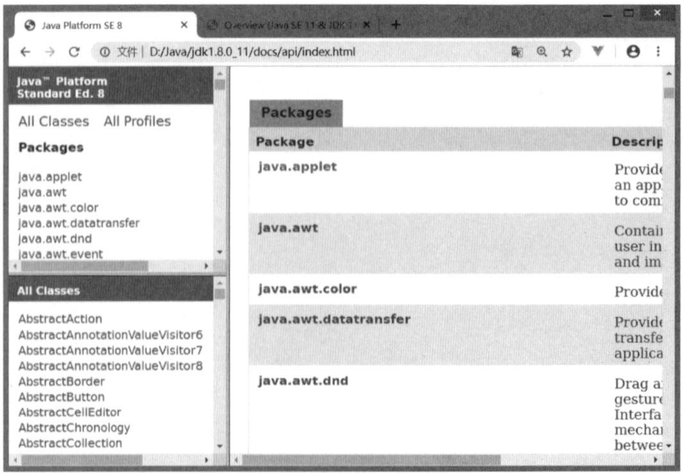

图 25-1　Java 8 的 API 文档

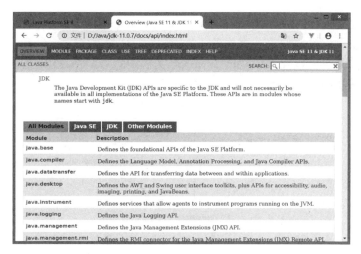

图 25-2　Java 11 的 API 文档

从 Java 9 开始，在 JDK 安装后的主目录下新增了一个 jmods 子目录，在该目录中包含了每一个模块的 jmod 文件。jmod 文件类似于 JAR 文件，也采用 ZIP 压缩格式，其中包含了属于这个模块的编译后的类文件，可以使用解压缩软件查看 jmod 文件的内容。

要查看 Java 中有哪些可用的模块，可以在命令提示符窗口中执行下面的命令：

```
java --list-modules
```

输出结果为：

```
java.base@11.0.7
java.compiler@11.0.7
java.datatransfer@11.0.7
java.desktop@11.0.7
java.instrument@11.0.7
java.logging@11.0.7
java.management@11.0.7
...
jdk.accessibility@11.0.7
jdk.aot@11.0.7
jdk.attach@11.0.7
...
```

以 java 开头的模块是标准的 Java 模块，以 jdk 开头的模块是 JDK 特定模块。

要查看某个模块的说明信息，可以执行下面的命令：

```
java --describe-module java.sql
```

输出结果为：

```
java.sql@11.0.7
exports java.sql
exports javax.sql
requires java.logging transitive
requires java.base mandated
requires java.xml transitive
requires java.transaction.xa transitive
uses java.sql.Driver
```

exports 关键字表示这些包可用于其他模块，requires 关键字表示此模块依赖于另一个模块，uses 关键字表示此模块使用一个服务。

模块的依赖关系也可以在该模块的 JavaDoc 文档中查看，图 25-3 就是 java.sql 模块在文档中给出的依赖关系图。

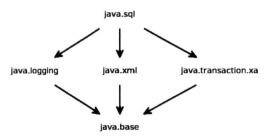

图 25-3　java.sql 模块的文档中给出的依赖关系图

Java 给出了一个 jlink 工具，可以使用该工具来创建只包含应用程序中需要用到的模块的 JRE，下面的命令将创建一个只有 java.base 模块的 JRE。

```
jlink --module-path D:\Java\jdk-11.0.7\jmods --add-modules java.base --output d:\java\jre
```

--module-path 选项指定模块的路径，--add-modules 选项添加要解析的模块，如果要添加多个模块，以逗号（,）分隔。

在生成的 d:\java\jre 目录下有一个 bin 子目录，其中就有执行 Java 程序所需要的 java.exe，可以使用它来运行 Java 程序。执行下面的命令可以列出自定义的 JRE 所包含的模块：

```
d:\java\jre\bin\java --list-modules
```

所有的模块都包含在 d:\java\jre\lib 目录下的运行时镜像文件 modules 文件中，本例中该文件的大小为 23MB，而 jdk-11.0.7 自带的 modules 文件大小为 131 MB。

25.2　模块的物理结构

模块是包的集合，模块名一般遵循包名的命名习惯，以"反向域名"来命名，即把顶级域名放前面。模块名与包名可以完全相同，不过要注意的是，包名是与文件系统的多级目录一一对应的，而模块名不管多复杂，也只对应一个目录。例如，java.sql 是模块名，那么在文件系统中就有一个 java.sql 的根目录，其下是包名对应的目录结构。java.sql 模块的目录结构如图 25-4 所示。

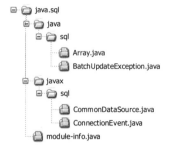

图 25-4　java.sql 模块的目录结构

在模块的根目录下，有一个 module-info.java 文件，该文件是模块的声明文件。

25.3 创建模块

扫码看视频

了解了模块的结构,我们可以尝试着创建一个模块化的程序,程序所在的包名为:com.sunxin,模块名与包名相同。

(1)源程序放在 src 目录下。在项目根目录下(本书在 ch25 目录下)新建 src 文件夹,然后新建与模块名相同的 com.sunxin 文件夹,之后依次创建包名对应的文件夹 com 和 sunxin。

(2)在 com.sunxin\com\sunxin 目录下新建 HelloWorld.java,如代码 25.1 所示。

代码 25.1　HelloWorld.java
```
package com.sunxin;

public class HelloWorld{
    public static void main(String[] args){
        System.out.println("Hello World");
    }
}
```

(3)在模块根目录 com.sunxin 下新建 module-info.java 文件,如代码 25.2 所示。

代码 25.2　module-info.java
```
module com.sunxin {
}
```

在这个文件中,以 module 关键字开始,后接模块的名字,在花括号中可以对模块做进一步的声明,这里先保持为空。

要注意的是,这个文件是用来说明模块的,并不是我们通常意义上的 Java 源文件,所以不需要存在名为 module-info 的类。

(4)在项目根目录下(本书在 ch25 目录下)新建 mods 文件夹,用于存放编译后的模块文件。

(5)编译模块。打开命令提示符窗口,进入到 ch25 目录下,执行下面的命令编译模块。

```
javac -d mods/com.sunxin src/com.sunxin/module-info.java
    src/com.sunxin/com/sunxin/HelloWorld.java
```

模块编译后的目录结构如图 25-5 所示。

图 25-5　模块编译后的目录结构

(6)执行模块。在命令提示符窗口中,执行下面的命令运行 HelloWorld 程序。

```
java --module-path mods --module com.sunxin/com.sunxin.HelloWorld
```

--module-path 选项指定模块的路径,--module 指定执行的模块,**这两个选项的简写语法分别为:-p 和 -m**。

运行结果为：

```
Hello World
```

（7）创建 JAR 文件。这一步不是必需的，但要是对外提供模块，可以考虑将模块打包为 JAR 文件。继续在命令提示符窗口下执行下面的命令：

```
jar -c -f helloworld.jar -e com.sunxin.HelloWorld -C mods/com.sunxin .
```

其中"-C mods/com.sunxin ."表示要打包 mods/com.sunxin 目录下的所有文件。这时在项目的主目录（ch25）下会生成一个 helloworld.jar 文件，要运行这个 JAR 文件，可以执行下面的命令：

```
java -p helloworld.jar -m com.sunxin/com.sunxin.HelloWorld
```

-p 是--module-path 的简写，-m 是--module 的简写。

扫码看视频

25.4 模块依赖

现在修改一下 HelloWorld 类，使用 JDK 的日志记录 API，如代码 25.3 所示。

代码 25.3　HelloWorld.java

```java
package com.sunxin;

import java.util.logging.Logger;
import java.util.logging.Level;

public class HelloWorld{
    private static Logger logger = Logger.getLogger(HelloWorld.class.getName());
    public static void main(String[] args){
        System.out.println("Hello World");
        logger.log(Level.INFO, "logging: Hello World");
    }
}
```

按照第 25.3 节的第（5）步编译模块，出现如图 25-6 所示的错误。

图 25-6　程序包 java.util.logging 不可见

这是因为 JDK 已经模块化了，java.util.logging 包现在包含在 java.logging 模块中，在我们的模块化程序中要使用这个包，必须声明依赖于这个模块，声明的方式是在 module-info.java 文件中使用 requires 语句指定依赖的模块。修改 module-info.java 文件，如代码 25.4 所示。

代码 25.4　module-info.java

```
module com.sunxin {
    requires java.logging;
}
```

再次编译 com.sunxin 模块，一切正常，按照第 25.3 节的第（6）步执行模块，运行结果如下所示：

```
Hello World
7月 12, 2020 8:43:10 下午 com.sunxin.HelloWorld main
信息: logging: Hello World
```

要注意是，**java.base** 模块中的包都可以直接引用，而不需要显式地声明对该模块的依赖。

25.5　导出包

扫码看视频

下面我们再定义一个模块，模块名为 org.sx.utils，包名与模块名相同，请读者在 src 目录下按照模块与包对应的目录层次结构创建对应的文件夹。

在 org.sx.utils/org/sx/utils 目录下新建 Greeting.java，如代码 25.5 所示。

代码 25.5　Greeting.java

```
package org.sx.utils;

public class Greeting{
    public String sayHello(String name){
        return "Hello, " + name;
    }
}
```

在模块根目录 org.sx.utils 下新建 module-info.java 文件，如代码 25.6 所示。

代码 25.6　org.sx.utils\module-info.java

```
module org.sx.utils {
}
```

在命令提示符窗口下执行下面的命令编译模块。

```
javac -d mods/org.sx.utils src/org.sx.utils/module-info.java
    src/org.sx.utils/org/sx/utils/Greeting.java
```

接下来修改 HelloWorld 类，调用 org.sx.utils 模块中的 org.sx.utils.Greeting 类向用户显示欢迎信息，如代码 25.7 所示。

代码 25.7　HelloWorld.java

```
package com.sunxin;

import org.sx.utils.Greeting;

public class HelloWorld{
```

```
    public static void main(String[] args){
        Greeting greeting = new Greeting();
        System.out.println(greeting.sayHello("张三"));
    }
}
```

修改 com.sunxin 模块的声明文件 module-info.java，添加对 org.sx.utils 模块的依赖，如代码 25.8 所示。

代码 25.8　com.sunxin\module-info.java
```
module com.sunxin {
    requires org.sx.utils;
}
```

按照 25.3 节的第（5）步重新编译 com.sunxin 模块，结果出现如图 25-7 所示的错误。

图 25-7　找不到 org.sx.utils 模块

如果一个模块依赖于另一个自定义模块，那么在编译时，需要指定该模块的路径。使用 --module-path 选项（或者-p）给出 org.sx.utils 模块的路径，再次编译 com.sunxin 模块，如下所示：

```
javac -p mods -d mods/com.sunxin src/com.sunxin/module-info.java
    src/com.sunxin/com/sunxin/HelloWorld.java
```

结果出现如图 25-8 所示的错误。

图 25-8　程序包 org.sx.utils 不可见

要注意的是，如果一个模块要使用其他模块中的包，那么需要使用 requires 语句指定依赖的模块，但这并不能让被依赖的模块中的包变为可用。**模块通过使用 exports 语句来声明其中哪些包可用，这样外部的模块才能引用这些包。**

修改 org.sx.utils 模块的 module-info.java 文件，使用 exports 语句导出 org.sx.utils 包，如代码 25.9 所示。

代码 25.9　org.sx.utils\module-info.java
```
module com.sunxin {
    exports org.sx.utils;
}
```

重新编译 org.sx.utils 模块和 com.sunxin 模块，可以看到一切正常，执行下面的命令来运行 HelloWorld 程序。

```
java -p mods -m com.sunxin/com.sunxin.HelloWorld
```

输出结果为:

```
Hello, 张三
```

接下来我们对这两个模块分别打包,如下所示:

```
jar -c -f greeting.jar -C mods/org.sx.utils .
jar -c -f helloworld.jar -e com.sunxin.HelloWorld -C mods/com.sunxin .
```

运行程序,指定两个模块的路径,并指定包含主类的模块,如下所示:

```
java -p helloworld.jar;greeting.jar -m com.sunxin/com.sunxin.HelloWorld
```

多个模块路径之间以分号(;)分隔。

> **注意**:在 module-info.java 中说明模块时,exports 语句后面是包名,而 requires 语句后面是模块名。

25.6 可传递的模块与静态依赖

扫码看视频

在 module-info.java 中使用 requires 语句说明依赖的模块时,还可以使用两个关键字:transitive 和 static,语法格式分别为:

- requires transitive <module name>

带有 transitive 关键字的 requires 语句表明读取本模块的任何模块都会自动读取可传递模块。例如,模块 A 包含了一个公共可用的方法并返回另一个模块 B 的类型,当不使用传递的时候,任何读取模块 A 的模块都必须显式地添加依赖模块 B。

- requires static <module name>

带有 static 关键字的 requires 语句表明该模块只是在编译时需要,但在运行时不需要。例如,在模块化程序中使用了注解,这些注解仅在编译时进行处理,在运行时不需要,而当这些注解位于其他模块中时就可以使用带有 static 关键字的 requires 语句声明对包含注解的模块的依赖。

25.7 开放包

扫码看视频

在 module-info.java 中还可以使用 opens 语句来开放模块中的包,它与 exports 语句的区别如下。

(1) opens 不是针对编译时的,它只在运行时打开,而 exports 是针对编译时和运行时的。我们知道,通过反射 API 来访问类可以不需要类型信息,也就是在编译时不需要导入类,在运行时能找到类就可以了。opens 语句主要就是用于这种情况,**允许其他模块对指定包中的类型使用反射**。

(2) 既然 exports 导出的包在编译时和运行时都可以访问,自然也可以通过反射 API 来访问,那么 opens 岂不是没什么用了?要注意,在模块化程序中使用反射 API,是不能访问导出的类型中的私有成员的,而 opens 可以。

下面我们通过一个例子,来理解 opens 语句的用法。

首先为 org.sx.utils 模块中的 org.sx.utils.Greeting 类添加一个私有的成员变量,如代码 25.10 所示。

代码 25.10　Greeting.java

```
package org.sx.utils;

public class Greeting{
    private String message;
    public String sayHello(String name){
        return "Hello, " + name;
    }
}
```

执行下面的命令重新编译 org.sx.utils 模块。

```
javac -d mods/org.sx.utils src/org.sx.utils/module-info.java
    src/org.sx.utils/org/sx/utils/Greeting.java
```

参照第 15.5 和第 15.6 节中的代码 15.8 和代码 15.9，编写 ObjectFactory 类，通过反射 API 访问 Greeting 类的方法和私有字段，如代码 25.11 所示。**注意将 ObjectFactory 类放到 com.sunxin 模块中。**

代码 25.11　ObjectFactory.java

```
package com.sunxin;

import java.lang.reflect.Constructor;
import java.lang.reflect.InvocationTargetException;
import java.lang.reflect.Method;
import java.lang.reflect.Field;

public class ObjectFactory{
    public static void main(String[] args){
        try{
            Class<?> clz = Class.forName("org.sx.utils.Greeting");
            // 得到无参的公有构造方法
            Constructor cons = clz.getConstructor();
            Object obj = cons.newInstance();

            // 得到 sayHello 方法对应的 Method 对象
            Method mth = clz.getMethod("sayHello", String.class);
            // 调用 sayHello 方法
            System.out.println(mth.invoke(obj, "李四"));

            // 得到字段 message
            Field f = clz.getDeclaredField("message");
            // message 字段是私有的，
            // 调用 Field 对象的 setAccessible 方法将其设置为可访问的
            f.setAccessible(true);
            // 设置 message 字段的值为 welcome
            f.set(obj, "welcome");
            // 打印 message 字段的值
            System.out.println(f.get(obj));
            f.setAccessible(false);
        }
```

```
        catch(ClassNotFoundException
            | NoSuchMethodException
            | InstantiationException
            | IllegalAccessException
            | InvocationTargetException
            | NoSuchFieldException e){
            System.out.println(e.toString());
        }
    }
}
```

执行下面的命令编译 ObjectFactory.java。

```
javac -p mods -d mods/com.sunxin src/com.sunxin/module-info.java
    src/com.sunxin/com/sunxin/ObjectFactory.java
```

执行下面的命令运行 ObjectFactory。

```
java -p mods -m com.sunxin/com.sunxin.ObjectFactory
```

出现如图 25-9 所示的错误。

图 25-9 运行 ObjectFactory 报错

从上图中可以看到，反射 API 访问公共的 sayHello 方法没有问题，问题出现在对私有字段的访问上。

然后修改 org.sx.utils 模块的 module-info.java 文件，添加 opens 语句，如代码 25.12 所示。

代码 25.12　org.sx.utils\module-info.java

```
module org.sx.utils {
    exports org.sx.utils;
    opens org.sx.utils;
}
```

如果要在运行时开放模块中所有的公共类型，则可以在 module 关键字前面添加 open（注意没有后面的 s），如下所示：

```
open module org.sx.utils {
    ...
}
```

这样，org.sx.utils 模块中的所有公共类型（即包中的公共类、接口、注解、枚举等）在运行时都可以通过反射 API 来访问。

重新编译 org.sx.utils 模块，再次执行 ObjectFactory 类，结果如下所示：

```
Hello, 李四
```

welcome

扫码看视频

25.8 限定导出和开放

限定导出和开放就是针对特定模块的导出和开放。在使用 exports 和 opens 语句时，添加 to 关键字，指定哪些模块可以访问包，例如：

```
module org.sx.utils {
    exports org.sx.utils to com.sunxin;
    opens org.sx.utils to com.sunxin;
}
```

这就限定了只有 com.sunxin 模块可以访问 org.sx.utils 包。如果要指定多个模块，那么以逗号（,）分隔即可。

扫码看视频

25.9 服务加载

第 15.12 节介绍了 Java 中的 SPI 机制，在这种机制中，一方发布一个公共的接口或者抽象基类，另一方给出接口的实现类或者子类，然后在 JAR 文件的 META-INF/services 目录下给出以接口或者抽象基类的完整限定名命名的文件，文件内容为实现类或者子类的完整限定名。模块系统对此的改进是使用 provides…with 语句声明模块提供服务实现，在 provides 子句后给出接口或者抽象基类的名字，在 with 子句后给出实现类或者子类的名字。服务的使用者模块使用 uses 语句声明要使用的服务接口或者抽象基类。当调用 ServiceLoader.load 方法加载服务接口时，匹配的服务实现类被加载，即使该服务实现类所在的包没有被导出也可以加载。

下面我们以第 15.12 节的例子为基础，来具体看一下如何在模块系统中应用 SPI 机制。

（1）在 src 目录下新建 computer 文件夹作为模块名，然后在 computer 目录下再新建一个 computer 文件夹作为包名，将 CPU.java、GraphicsCard.java、Mainboard.java 和 Computer.java 这 4 个源文件复制到 computer\computer 目录下。

（2）在 scr\computer 目录下新建 module-info.java 文件，使用 uses 语句声明要使用的服务接口。文件内容如代码 25.13 所示。

代码 25.13　computer\module-info.java

```
module computer {
    exports computer;
    uses computer.CPU;
    uses computer.GraphicsCard;
}
```

（3）编译 computer 模块。在本章程序根目录下执行下面的命令编译 computer 模块：

```
javac -d mods/computer src/computer/module-info.java src/computer/computer/*.java
```

（4）在 src 目录下新建 computer.spi 文件夹，作为服务提供者程序的模块目录，在 src\computer.spi 依次新建 computer 文件夹和 spi 子文件夹，将 IntelCPU.java 和

NVIDIACard.java 文件复制到 src\computer.spi\computer\spi 目录下。

（5）在 scr\computer.spi 目录下新建 module-info.java 文件，使用 provides…with 语句声明模块提供的服务实现。文件内容如代码 25.14 所示。

代码 25.14   computer.spi\module-info.java

```
module computer {
    requires transitive computer;
    provides computer.CPU with computer.spi.IntelCPU;
    provides computer.GraphicsCard with computer.spi.NVIDIACard;
}
```

（6）编译 computer.spi 模块。在本章程序根目录下执行下面的命令编译 computer.spi 模块。

```
javac -p mods -d mods/computer.spi src/computer.spi/module-info.java
    src/computer.spi/computer/spi/*.java
```

（7）执行 computer.Computer 类，测试能否正确找到服务实现类。在本章程序根目录下执行下面的命令：

```
java -p mods -m computer/computer.Computer
```

输出结果为：

```
Starting computer...
Intel CPU calculate.
Display something
```

说明 Computer 类中的服务加载器找到了另一个模块中提供的服务实现类。

25.10　未命名模块

扫码看视频

相信读者从前面的内容中也已经感受到，不同模块之间的类型访问不是那么简单的，有很多限制。一个模块中的类型要想能够被其他模块访问，它必须导出或者开放对应的包。一个模块要访问其他模块中的类型，它必须使用 requires 语句声明依赖关系。这本身就是 Java 引入模块系统的目的。

从 Java 9 版本开始，Java 的类库就都已经模块化了，那为什么本书前面章节编写的都是未模块化的程序，却可以正常运行呢？Java 为了保持向后兼容，将任何不在模块中的类作为未命名模块的一部分，未命名模块可以访问所有其他的模块，包括 Java 平台内部的模块。这也是为什么我们前面编写的程序，可以正常运行的原因。正因为有了未命名模块，所以 Java 9 版本之前编写的程序可以不经任何修改而运行在新的 Java 平台上。

未命名模块中的所有包都会被导出，并且都是开放的。这是不是意味着其他命名模块也可以访问未命名模块中的类型呢？不幸的是，这是不允许的，也没办法通过 requires 语句来声明对未命名模块的依赖关系。这种限制是必须的，否则就失去了引入模块系统的所有好处，又重新回到了依靠 CLASSPATH 的老路上了。未命名模块的主要目的是保持向后兼容，如果一个包同时在某个命名模块和未命名模块中出现，那么在未命名模块中的包会被忽略，也就是说，在 CLASSPATH 中的包不会干扰到命名模块中的代码。

扫码看视频

25.11 自动模块

不使用模块的应用程序访问其他命名模块的问题解决了,但还有一个问题是,如果我的程序采用了模块化开发,但用到了一个第三方的类库,该类库没有使用 Java 的模块化机制,那么应该如何访问呢?如果将这个第三方类库放到 CLASSPATH 中,它就会出现在未命名模块中,在第 25.10 节已经说过了,命名模块是不能访问未命名模块中的类型的。为了解决这个问题,Java 模块系统给出了另外一种机制:自动模块。我们只需要将第三方类库放到模块路径下,它就会被转换成自动模块。

自动模块具有下面的特性:

- 自动模块隐式地包含对其他所有命名模块的 requires 语句,即自动模块可以访问其他所有的命名模块。
- 自动模块导出所包含的全部包,并且都是开放的。
- 自动模块可以访问未命名模块。
- 自动模块对其他自动模块是传递可访问的。

要访问自动模块,一样需要使用 requires 语句来声明对它的依赖,但自动模块的名字是什么呢?与其他显式创建的命名模块不同,自动模块是从普通的 JAR 文件自动创建出来的,在这些 JAR 文件中并没有包含模块声明文件 module-info.class,自动模块的名字是从 JAR 文件的名字中自动推断出来的。以第 15.7 节代码 15.14 使用的 dom4j 库 dom4j-2.1.3.jar 文件为例,这个类库没有使用 Java 的模块机制,如果将其放到模块路径下,那么自动模块的名字将是去掉版本号后的文件名,即 dom4j。如果剩余的文件名中存在非字母和数字的字符,则将其转换为点号(.),例如 commons-dbcp2-2.0.1.jar 的模块名为 commons.dbcp2。如果 JAR 文件的清单文件 MANIFEST.MF 中配置了 Automatic-Module-Name 属性,那么就以这个属性的值作为模块名。

下面我们以 dom4j 库为例,来看看如何在模块化程序中访问它。先将第 15.7 节的代码 15.14 的 BeanFactory 放到 com.sunxin 模块下的 com.sunxin 包中(复制 BeanFactory.java,编辑该文件,修改包名),然后修改 com.sunxin 模块的 module-info.java 文件,添加对 dom4j 自动模块的依赖,如代码 25.15 所示。

代码 25.15　com.sunxin\module-info.java

```
module com.sunxin {
    requires org.sx.utils;
    requires dom4j;
}
```

接下来将 dom4j-2.1.3.jar 文件所在的目录作为模块路径的目录,在--module-path(-p)选项中指定,执行下面的命令编译 com.sunxin 模块。

```
javac -p mods;F:\JavaLesson\ch15\ioc\ -d mods/com.sunxin src/com.sunxin/module-info.java src/com.sunxin/com/sunxin/BeanFactory.java
```

在笔者的计算机上,dom4j-2.1.3.jar 文件位于 F:\JavaLesson\ch15\ioc 目录下,你可以将该文件复制到本章程序所在目录的 mods 子目录下,这样在指定模块路径时,只需要指定 mods 目录就可以了。

编译的结果如图 25-10 所示。

```
F:\JavaLesson\ch25>javac -p mods;F:\JavaLesson\ch15\ioc\ -d mods/com.sunxin src/com.sunxin
/module-info.java src/com.sunxin/com/sunxin/BeanFactory.java
src\com.sunxin\com\sunxin\BeanFactory.java:33: 错误: 无法访问InputSource
                 Document doc = saxReader.read(is);
  找不到org.xml.sax.InputSource的类文件
1 个错误
```

图 25-10　找不到 org.xml.sax.InputSource 类

这是因为 dom4j 用到了 java.xml 模块中的 org.xml.sax.InputSource 类，由于 dom4j 库本身并没有模块化，自然也就不存在模块的传递性配置。要注意的是，自动模块对其他自动模块是传递可访问的，但是对命名模块不是。再次修改 com.sunxin 模块的 module-info.java 文件，添加对 Java 平台的 java.xml 模块的依赖，如代码 25.16 所示。

代码 25.16　com.sunxin\module-info.java

```java
module com.sunxin {
    requires org.sx.utils;
    requires dom4j;
    requires java.xml;
}
```

使用上述命令再次编译 com.sunxin 模块，一切正常。

通过这两节内容的讲解，我们应该也知道了，在项目中使用 Java 的模块系统要慎重。对于已有的项目来说，由于 Java 平台的向后兼容性做得还是不错的，所以没必要将项目升级为模块化。

如果决定将项目升级为模块化，那么建议采用自底向上的方式来升级。首先升级底层的基础库，然后再升级上层的应用。例如，项目有 3 个子系统或模块，分别以 A、B、C 来表示。它们之间的依赖关系是 A -> B -> C，先将 C 升级为模块，然后依次是 B 和 A。当 C 升级为模块后，A 和 B 还处于未命名模块中，可以继续访问模块 C 中的类型。之后在升级 B 为模块时，声明依赖模块 C。最后升级 A 为模块，就完成了整个项目的升级。

如果在项目中用到了第三方类库，而这些类库并没有模块化，那么可以按照本节讲述的内容将它们放到模块路径中，转换为自动模块来使用。自动模块是 CLASSPATH 和命名模块之间的桥梁，最终目的是把 Java 9 版本之前的类库都升级到命名模块。

如果是在 Java 9 版本之后的平台上开发全新的项目，那么是否使用模块机制，就可以自行衡量。当然，不管使用还是不使用模块机制，它都会出现在你眼前，除非你不使用 Java 语言开发项目了，所以，勇敢地接受模块机制未尝不是一个好的选择。

25.12　为什么要引入模块系统

扫码看视频

为什么要引入模块系统？官方是这样解释的。

- 可靠的配置（Reliable configuration）

开发人员长期以来一直在为配置程序组件而使用脆弱的、易出错的 CLASSPATH 机制。类路径无法表示组件之间的关系，因此，如果缺少必需的组件，那么只有在使用该组件时才会发现。类路径还允许从不同的组件加载同一个包中的类，从而导致不可预知的行为和难以诊断的错误。模块系统可以声明组件之间的依赖关系。

- 强封装（Strong encapsulation）

在 Java 9 版本之前，Java 语言和 Java 虚拟机没有任何一种机制可以禁止其他组件访问自身组件内部的公共包，现在模块系统可以声明哪些包可以被访问，哪些包不能被访问。

- 可扩展的平台（A scalable platform）

Java SE 平台的规模不断扩大，使得其在小型设备中的使用变得越来越困难。模块系统允许将 Java SE 平台及其实现分解为一组组件，开发人员可以将这些组件组装成定制配置，这些配置只包含应用程序实际需要的功能。

- 更好的平台完整性（Greater platform integrity）

随意地访问 Java SE 平台实现内部的 API 既不安全也会增加维护成本，模块系统提供的强封装可以保证 Java SE 平台内部的 API 不被访问。

- 更高的性能（Improved performance）

当已知一个类只引用了其他几个特定组件中的类而不是在运行时加载的所有类时，许多事先的、整体的程序优化技术可能会更有效。当应用程序的组件可以与实现 Java SE 平台的组件一起优化时，性能更能得到增强。

25.13 总结

本章详细介绍了 Java 9 版本引入的模块系统，引入模块系统有 Java 自身的考虑，开发人员是否使用模块系统也有自身的考量，笔者的建议是，遗留项目不用考虑升级，新的项目是否模块化可以根据公司的规定来。如果读者未来从事开源项目的开发，或者从事基础性的框架开发，则建议一开始就引入模块机制。

25.14 实战练习

自己编写两个模块化程序，其中一个模块需要使用另一个模块提供的功能。